Die Entwicklung Oldenburgs zur modernen Stadt

Veröffentlichungen des Stadtmuseums Oldenburg
Band 62
Herausgeber der Reihe:
Friedrich Scheele für die Stadt Oldenburg

Lioba Meyer

Die Entwicklung Oldenburgs zur modernen Stadt

Wasser, Gas und Elektrizität 1850–1930

Edition Temmen

Impressum

Bibliografische Information Der Deutschen Bibliothek
Die Deutsche Bibliothek verzeichnet diese Publikation in der Deutschen Nationalbibliografie. Detaillierte bibliografische Daten sind im Internet über <http://www.d-nb.de> abrufbar.

Zugleich: Dissertation an der Carl von Ossietzky Universität Oldenburg

Die Drucklegung erfolgte mit freundlicher Unterstützung: EWE

Umschlagabbildung: Horst Janssen: Energieversorgung Weser-Ems von 1930–1980.
Plakat zum Jubiläum der EWE Oldenburg 1980.

Katalog- und Umschlaggestaltung: Christine Klein

Hohenlohestr. 21
28209 Bremen
Tel. 0421-34843-0
Fax 0421-348094
info@edition-temmen.de
www.edition-temmen.de

Gedruckt auf säurefreiem und chlorfrei gebleichtem Papier
Gesamtherstellung: Edition Temmen
ISBN 978-3-8378-4036-0

Inhalt

Vorwort

Die vorliegende Arbeit setzt sich zum Ziel, die Entwicklung der technischen Infrastruktur in der Stadt Oldenburg zu untersuchen. Das heute niedersächsische Oldenburg spielte bis unmittelbar nach dem Zweiten Weltkrieg als Landeshauptstadt eine zentrale Rolle, nicht zuletzt, weil es eine große wirtschaftliche und politische Bedeutung für die es umgebende Region hatte. Aus historischer Perspektive blickt Oldenburg auf eine nahezu zehn Jahrhunderte umfassende Stadtgeschichte zurück. Im Focus dieser Untersuchung steht die Stadtentwicklung von der Mitte des 19. bis ins frühe 20. Jahrhundert: in diesem Zeitraum wurden mit dem Aufbau der Stadttechnik Veränderungsprozesse in Gang gesetzt, die wesentlichen Einfluss auf das gesellschaftliche und politische Leben in der Stadt hatten, und die auch noch hundert Jahre später unser Alltagsleben nachhaltig prägen. Um 1900 war Oldenburg eine Residenzstadt, deren Bevölkerung in den Jahren seit 1850 um das Dreifache angewachsen war. Statistisch gesehen gehörte Oldenburg mit seinen rund 26.800 Einwohnern zu den mittelgroßen Städten in Deutschland.

Mit der Zunahme der Stadtbevölkerung verschärfte sich der Druck auf die kommunale Verwaltung, technische Infrastrukturen aufzubauen. Heute steht uns sauberes Trinkwasser in jeder Wohnung zur Verfügung, Abwasser und Müll werden problemlos entsorgt und die Versorgung mit Gas und Elektrizität ist heutzutage in den Industrieländern so weit verbreitet, dass wir sie als selbstverständliche Standards unseres Lebens betrachten. Erst ihr Fehlen würde uns die existentiellen Folgen bewusst machen, über die wir in unserem Alltag kaum nachdenken. Die technischen Infrastruktursysteme, die sich zuerst in den Städten durchgesetzt haben, haben längst die Umlandgemeinden erreicht und gehören insofern heute zur Normalität des Alltags.

Die Untersuchung konzentriert sich auf die Mikroebene, denn nur diese erlaubt die notwendige Tiefenschärfe und eine gründliche Diskussion der einschlägigen lokalen Entwicklung. In ausgewählten Abschnitten erfolgt ein Wechsel auf die Makroebene. In diesem Zusammenhang werden vor allem Entwicklungen im medizinischen und ingenieurwissenschaftlichen Bereich diskutiert. Eine führende Rolle übernahmen dabei die Großstädte, sie waren die ersten Orte, an denen großtechnische Systeme zur zentralen Wasserver- und -entsorgung sowie Energieversorgung umgesetzt wurden. Ihre Schrittmacherfunktion resultierte daraus, dass sie nicht nur finanziell in der Lage waren, sondern ihnen auch Expertenwissen zur Verfügung stand, hygienische und technische Lösungen umzusetzen. Zudem unterlagen Großstädte größeren Veränderungen und somit einem stärkeren Handlungsdruck. Von den Großstädten ausgehend führte die Modernisierung im Laufe der nächsten Jahrzehnte zum flächendeckenden Wandel aller Lebensverhältnisse.[1]

Ein Vergleich der Entwicklungsgeschichte der Stadt mit einer Großstadt wie etwa Berlin oder Hamburg ist nur punktuell möglich. Auch ein Vergleich mit anderen mittelgroßen Städten steht vor zusätzlichen Problemen, zum einen verstärkte die föderalistische Struktur des Deutschen Reiches die Unterschiede, weil jedes Land nicht nur eine eigene Verfassung, sondern auch spezifische Gemeinde- und Stadtordnungen erlassen konnte. Entsprechend waren die Gestaltungsspielräume der Akteure in den städtischen Gremien sehr unterschiedlich. Darüber hinaus ist anzumerken, dass die politischen und wirtschaftlichen Entscheidungen über die infrastrukturelle Versorgung jeweils ausgeprägten regionalen und lokalen Bedingungen unterlagen.

Ein weiterer Aspekt erschwert den Vergleich mit anderen Städten: es liegen zwar verschiedene sozial- und kommunalhistorische Untersuchungen zur Bedeutung von Seuchen, insbesondere der Cholera, für die Entwicklung der städtischen Daseinsvorsorge im 19. Jahrhundert vor – so beispielsweise aus Münster, Osnabrück, Lübeck, Mainz, Solingen, Hannover, Linden und Gelsenkirchen. In diesen Arbeiten geht es vorrangig jedoch um die Hygienisierung der Stadt, die im Zusammenhang mit der Wasserver- und -entsorgung untersucht wird. Meines Wissens liegen nur wenige Lokalstudien vor, die die technischen Infrastrukturnetzwerke Wasser, Gas

[1] Vgl. Reulecke, Jürgen: Geschichte der Urbanisierung in Deutschland (Neue Historische Bibliothek), Frankfurt/M. 1985, S. 10ff.

und Elektrizität untersuchen.[2] Hier setzt die vorliegende Untersuchung an: am Beispiel einer mittelgroßen Stadt wird vor dem Hintergrund der Urbanisierung versucht, Sozial-, Politik-, Technik-, Wirtschafts- und Alltagsgeschichte miteinander zu verbinden. Der Gang durch die Geschichte der Stadttechnik in Oldenburg zeigt den damit verbundenen gesellschaftlichen Wandel auf, den die Stadt auf dem Weg in die Moderne vollzog.

Die vorliegende Untersuchung wurde 2010 als Dissertation an der Carl von Ossietzky Universität Oldenburg angenommen. Mein Dank gilt besonders Prof. Dr. Klaus Saul, der mich immer wieder ermutigt und motiviert hat, den forschenden Blick auf die Stadtgeschichte zu lenken. Durch die Erkrankung von Prof. Saul konnte der wissenschaftliche Diskurs nicht mehr bis zum Abschluss der Arbeit geführt werden. Vor diesem Hintergrund bin ich Prof. Dr. Dietmar von Reeken besonders dankbar für seine Bereitschaft, die Betreuung der Arbeit weiterzuführen und sich als Erstgutachter zur Verfügung zu stellen. Sein fachlicher Rat sowie die anregenden und weiterführenden Fragen gaben der Arbeit wichtige Impulse.

Ein herzliches Dankeschön gilt ferner Prof. Dr. Kurt Dröge, der ein wertvoller und sehr geschätzter Gesprächspartner war und dem ich zahlreiche Anregungen und konkrete Hinweise verdanke. Während meiner Recherchen konnte ich mich auf die aktive und hervorragende Unterstützung von Mitarbeitern und Mitarbeiterinnen im Oldenburger Stadtarchiv sowie im Niedersächsischen Staatsarchiv verlassen. Unzählige Akten wurden mir bereitwillig für die Untersuchung zur Verfügung gestellt. Prof. Dr. Gerd Steinwascher und Dr. Matthias Nistal vom Staatsarchiv sowie Klaus Ahrens vom Stadtarchiv möchte ich vielmals danken. Für ihre Hilfsbereitschaft danke ich auch den Mitarbeiterinnen und Mitarbeitern der Landesbibliothek Oldenburg. Der EWE AG danke ich vielmals dafür, dass sie mir Einblicke in das Firmenarchiv gewährte und Fotos für diese Publikation zur Verfügung stellte. Herzlich danken möchte ich außerdem Dr. Ute Maack, Heike Wiese, Christine Klein und Dr. Christoph Schottes. Mein besonderer Dank gilt der EWE, die durch einen großzügigen Druckkostenzuschuss die Herausgabe dieser Arbeit gefördert hat. Schließlich danke ich dem Direktor des Amtes für Museen, Sammlungen und Kunsthäuser, Dr. Friedrich Scheele, für die Veröffentlichung dieser Publikation in der Schriftenreihe des Stadtmuseums Oldenburg.

[2] Schulze-Berndt, Mariele: Die Geschichte der Gas-, Elektrizitäts- und Wasserversorgung in Köln bis 1914, Bonn 1989.

Einleitung

Die Geschichte der modernen Stadtentwicklung wurde wesentlich durch die Energie- und Wasserversorgung sowie durch die Abwasser- und Müllentsorgung geprägt. Diese technischen Infrastrukturen veränderten in der zweiten Hälfte des 19. und Anfang des 20. Jahrhunderts das städtische Leben nicht nur in Oldenburg grundlegend. Den Zeitgenossen standen mit dem Ausbau der infrastrukturellen Systeme Wasser, Gas oder Strom je nach Bedarf zur Verfügung. Das Wasser floss unbegrenzt aus dem Wasserhahn, der Zug am Spülkasten ließ menschliche Exkremente spurlos verschwinden, der Strom kam aus der Steckdose und das Gas strömte aus dem Gasrohr direkt zum Brenner. Die neuen Energien spendeten Licht, Kraft und Wärme. Ein privates Reservoir für Wasser, Gas und Strom war nicht erforderlich, denn die Versorgung der Verbraucher erfolgte über ein unterirdisches, für die Öffentlichkeit zumeist unsichtbares Netz, dem ein ausgeklügeltes, kompliziertes technisches System zugrunde lag. Die oberirdischen Symbole der Versorgungszentralen waren der Wasserturm, das Klärwerk, der Gasometer und das Elektrizitätswerk. Die Steuerung und Vernetzung der Infrastruktursysteme bedeuteten für die Kommune eine enorme logistische und ökonomische Herausforderung. In der Wahrnehmung der Zeitgenossen waren die Infrastruktureinrichtungen verbunden mit der positiven Seite des Fortschritts und dienten oft als Beweis für die Vorstellung, dass eine bessere Gesellschaft im Entstehen sei.[3]

Das 19. Jahrhundert bescherte den Industriestädten massive Bevölkerungszuwächse. Die Residenzstadt im Großherzogtum Oldenburg dagegen entwickelte sich zu einer Verwaltungs- und Dienstleistungsstadt sowie zu einem wichtigen Militärstandort. Dementsprechend bildeten zahlreiche Beamte und Angestellte der Staats- und Kommunalverwaltung, der Banken und der Versicherungen, der Eisenbahn und der Post sowie Militärangehörige ein bedeutendes Zuwanderungspotential. Die Sozialstruktur wurde gleichfalls geprägt durch den Zuzug von außergewöhnlich vielen Rentiers und Pensionären. Dabei handelte es sich um vermögende Bürger und Landbesitzer aus dem Umland, die ihren Wohnsitz in die Stadt verlegten und hier ihren Lebensabend verbrachten. Das gewerbliche Rückgrat der Stadt bildete das Handwerk mit den hoch qualifizierten Facharbeitern, ebenso bedeutsam waren Handel und Verkehr. Kleine Industriebetriebe siedelten sich seit Mitte des 19. Jahrhunderts hauptsächlich am Stau und in der Vorortgemeinde Osternburg an. Die Expansion der Oldenburgischen Glashütte und der Warpsspinnerei & Stärkerei fällt in diese Epoche, sie wandelte den Vorort Osternburg zu einem Industriestandort. Arbeiterinnen und Arbeiter, die in eigens für sie errichteten Siedlungen untergebracht waren, prägten dort das Bild. Einen wesentlichen Anteil am Wirtschaftswachstum der Stadt hatte die Staatseisenbahn, die ihr Streckennetz ab 1867 immer weiter verdichtete und insbesondere durch den Ausbau der Verbindung ins Ruhrgebiet einen direkten Anschluss an das Kohlerevier erhielt. Der Güter- und Warenverkehr konnte in wesentlich kürzerer Zeit und kostengünstiger als über den Schiffsverkehr abgewickelt werden, zugleich stieg die Mobilität der Bevölkerung.[4] Während in Osternburg die Industrialisierung die Bevölkerungszahl verfünffachte, erhöhte sich die Zahl der Oldenburger Bevölkerung zwischen 1855 und 1885 von 11.220 auf 21.437 Personen, also um knapp 100 Prozent.[5] Trotz der beachtlichen Zunahme der Bevölkerung war Oldenburg um 1900 mit rund 27.000 Einwohnern im Vergleich zu den Metropolen eine kleine Stadt. Ihre Position als zentraler Handels-, Banken- und Dienstleistungsplatz konnte sie vor dem Ersten Weltkrieg weiter ausbauen und behaupte-

---

[3] Andritzky, Michael/Hauser, Thomas: Alles, was Netz ist, in: Beyrer, Klaus/Andritzky, Michael (Hg.): Das Netz. Sinn und Sinnlichkeit vernetzter Systeme (Kataloge der Museumsstiftung Post und Kommunikation 12), Heidelberg 2002, S. 16; ferner Kaika, Maria: City of Flows. Der Wandel der symbolischen Bedeutung technischer Infrastrukturen in der Moderne, in: Moss, Timothy/Naumann, Matthias/Wissen, Markus (Hg.): Infrastrukturnetze und Raumentwicklung. Zwischen Universalisierung und Differenzierung (Ergebnisse sozial-ökologischer Forschung 10), München 2008, S. 96ff.

[4] Schulze, Heinz-Joachim: Oldenburgs Wirtschaft einst und jetzt. Eine Wirtschaftsgeschichte der Stadt Oldenburg vom Beginn des 19. Jahrhunderts bis zur Gegenwart, hg. vom Gewerbe- und Handelsverein von 1840 e.V., Oldenburg 1965, S. 34ff.

[5] Reinders-Düselder, Christoph: Oldenburg im 19. Jahrhundert – Auf dem Weg zur selbstverwalteten Stadt 1830-1880, in: Stadt Oldenburg (Hg.): Geschichte der Stadt Oldenburg (2 Bde.), Oldenburg 1996/97, Bd. 2 (1997), S. 35ff.

te diese, ungeachtet des Residenzverlustes und der Inflation in der unmittelbaren Nachkriegszeit, unverändert auch nach dem Abschluss der Eingemeindungen im Jahre 1933. Die Bevölkerung war dadurch auf 36.000 Einwohner angestiegen, aber die in der zweiten Hälfte des 19. Jahrhunderts geprägte Sozial- und Wirtschaftsstruktur hatte sich nicht grundlegend verändert.[6]

Das langsame, aber stete Wachstum Oldenburgs im 19. Jahrhundert wurde durch den Ausbau der Residenz sowie durch Handel und Verkehr verursacht. Voraussetzung und zugleich Folge dieser Entwicklung war jedoch die Schaffung von Infrastrukturen und Rahmenbedingungen, die die Grundbedürfnisse der Menschen befriedigten. Um die Zusammenhänge dieser Entwicklung geht es in der vorliegenden Studie. Der Fokus liegt dabei auf dem Wechselspiel von Wissenschaft, Technik und Stadtgeschichte. Aus historischer Perspektive soll untersucht werden, inwieweit neue wissenschaftliche Erkenntnisse, die im Verlauf des 19. Jahrhunderts von renommierten Wissenschaftlern, Technikern und Sozialreformern gewonnen worden waren, das Interesse der Zeitgenossen geweckt, das Agieren politischer Entscheidungsträger beim Aufbau von Infrastruktursystemen beeinflusst und zur gesellschaftlichen Veränderung beigetragen haben. Die Studie versteht sich vor allem als Beitrag, der die Stadtgeschichtsforschung um den Aspekt technischer Infrastruktursysteme und des damit verbundenen Modernisierungsprozesses ergänzt.

Urbanisierung

Zu der Frage, was eine Stadt ausmacht, wird in der akademischen Forschung ein differenziertes Bild gezeichnet. Bei der Analyse der Stadt, der Stadtentwicklung und speziell deren ökonomischer, gesellschaftlicher und individueller Ausprägung lassen sich mehrere interdisziplinäre Diskussionen erkennen. Der Fokus der Urbanisierungsforschung liegt auf den Großstädten, die sich im Zuge der Industrialisierung im 19. und 20. Jahrhundert entwickelt haben. Stadtgeschichtsforschung ist sowohl von der Theoriebildung als auch von der empirischen Forschung her nicht nur im deutschsprachigen Raum traditionell immer Großstadtforschung gewesen. So waren es auch meistens Großstädte, die für die Erforschung von Phänomen der Moderne wie Industrialisierung und Urbanisierung den bevorzugten Untersuchungsgegenstand abgaben.[7] Dabei konzentrierte sich jedoch, wie der Historiker Friedrich Lenger betont, die Urbanisierungsforschung keineswegs nur auf die schwerindustriellen Zentren, auch traditionelle Handels- und Hauptstädte wie etwa Hamburg, Berlin oder München wurden in den Blick genommen, zumal das Wachstum von Handels- und Verwaltungszentren in der Hochindustrialisierungsphase das von älteren Textilindustriestädten weit übertraf.[8] Hatten zur Zeit der Reichsgründung (1871) erst acht Städte mehr als 100.000 Einwohner, waren es am Vorabend des Ersten Weltkrieges bereits 48.[9]

In der Forschung nahm die Großstadt nicht nur wegen der rasanten demografischen Entwicklung eine besondere Rolle ein, sie wurde zu einer Metapher für die moderne industrielle Gesellschaft und ihre besonderen Lebensstile. Großstadt und Moderne wurden vielfach wie selbstverständlich gleichgesetzt.[10] 1993 formulierte die Soziologin Heidele Becker entsprechend: „An der großstädtischen Realität wird exemplarisch die Moderne erfahren, so dass sich urbane Erfahrung als die Erfahrung der Moderne schlechthin definieren lässt."[11] Für den Soziologen Georg Simmel war die Großstadt am Beginn des 20. Jahrhunderts Hauptschauplatz von Veränderungen. Die dort um 1900 entwickelten Lebensformen und großstäd-

6 Schulze: Oldenburgs Wirtschaft einst und jetzt, S. 40.

7 Neumann, Peter: Zur Bedeutung von Urbanität in kleinen Industriestädten – untersucht am Beispiel von Henningsdorf und Ludwigsfelde im Umland von Berlin (Münstersche Geographische Arbeiten 45), Münster 2002, S. 1.

8 Lenger, Friedrich: Stadt-Geschichten, Deutschland, Europa und die USA seit 1800, Frankfurt/M. 2009, S. 21.

9 Reulecke: Geschichte der Urbanisierung in Deutschland, S. 68.

10 Neumann: Zur Bedeutung von Urbanität in kleinen Industriestädten, S. 5, verl. auch Scherpe, K. R.: Zur Einführung – Die Großstadt aktuell und historisch, in: Scherpe, K. R. (Hg.): Die Unwirklichkeit der Städte. Großstadtdarstellungen zwischen Moderne und Postmoderne, Hamburg 1988, S. 7ff.

11 Zit. nach: Neumann: Zur Bedeutung von Urbanität in kleinen Industriestädten, S. 5.

tischen Moden übernahmen später eine Katalysatorfunktion weit über die Grenzen der Stadt hinaus.[12] „Tempo" und „Nervosität" wurden zu Schlüsselwörtern, die das Nebeneinander von Fortschrittsoptimismus und Zukunftsangst charakterisierten.[13]

Simmel bemerkte 1903 über die Wesensmerkmale der Großstadt: „Die psychologische Grundlage, auf der der Typus großstädtischer Individualitäten sich erhebt, ist die Steigerung des Nervenlebens, die aus dem raschen und ununterbrochenen Wechsel äußerer und innerer Eindrücke hervorgeht."[14] Die Großstadt ist für Simmel nicht nur gekennzeichnet durch die Merkmale Größe, Dichte und Heterogenität, sondern ist auch der Ort der Moderne. Der moderne Mensch ist der Großstadtmensch, weil die Großstadt der Entwicklung von Individualität und Subjektivität Freiräume eröffnet, die die Kleinstadt nicht kennt.[15] Seine vielzitierte Großstadtanalyse schuf sowohl die Grundlage für die moderne Stadtsoziologie und lässt sich zugleich als Dokument von Stadtwahrnehmung am Beginn des 20. Jahrhunderts lesen.

In aktuellen soziologischen Studien wird bezweifelt, dass diese Form der Urbanität, die besondere Bedeutung der kulturellen und geistigen Funktion der Großstadt, heute noch etwas spezifisch Großstädtisches ist.[16] Nach einer These von Hartmut Häußermann und Walter Siebel werden nicht nur Orte in der Stadt, sondern auch Lebensstile und Lebensweise urban genannt. Darüber hinaus kann Urbanität „jedoch in einem umfassenderen Sinne auch als historische Kategorie begriffen werden, die eine bestimmte Dimension gesellschaftlicher Entwicklung kennzeichnet."[17]

Auch die aktuelle historische Forschung fragt nach den Kriterien einer angemessenen Beschreibung von Urbanität. Nach den Ausführungen von Jürgen Reulecke lässt sich das Phänomen Stadt, insbesondere Großstadt, wegen des Facettenreichtums seiner Erscheinungsformen historisch und sozialwissenschaftlich kaum erschöpfend analysieren. Deswegen plädiert er für interdisziplinäre Kooperationen. Reulecke knüpft damit an die Theorie von Hans-Ulrich Wehler, dem Begründer der „Historischen Sozialwissenschaft" an, der die Wirtschaft und Gesellschaft in den Mittelpunkt der historischen Betrachtung rückt, und der Kooperationen zwischen Historikern, Soziologen und Ökonomen für unentbehrlich hält.

> Da die moderne Welt seit den Revolutionen des ausgehenden 18. Jahrhunderts in einem historisch beispiellosen Ausmaß auf sozialökonomischen Veränderungen basiert, rücken Sozial- und Wirtschaftsgeschichte, die meines Erachtens eine notwendige Einheit bilden, rücken Soziologie und Ökonomie bei jeder realistischen Analyse in eine zentrale Stellung.[18]

Andere Historiker wiederum wie etwa Alf Lüdtke, Lutz Niethammer oder Dorothee Wierling betonen die besondere Bedeutung der Alltags- und Mentalitätsgeschichte für die historische Stadtforschung. In den 1970er/80er Jahren wurde ein grundlegender Paradigmenwechsel eingeleitet, der neben der Arbeiter-, Frauen- und Geschlechtergeschichte oder der Alltagsgeschichte des Nationalsozialismus auch das Wechselverhältnis von Technik und Mensch/Gesellschaft in den Mittelpunkt stellte. Die der Alltagsgeschichte zugeordneten Studien konzentrieren sich meistens auf regionale oder lokale Themenfelder.[19] Auch die Volkskunde begann sich zunehmend für die Erforschung städtischer Lebensformen zu interessieren. Zu den einschlägigen Arbeiten, die sich urbanen Fragen zu-

---

12 Häußermann, Hartmut/Läpple, Dieter/Siebel, Walter: Stadtpolitik, Frankfurt/M. 2008, S. 28.

13 Engeli, Christian: Die Großstadt um 1900, in: Zimmermann, Clemens/Reulecke, Jürgen (Hg.): Die Stadt als Moloch? Das Land als Kraftquell?, Basel, Boston, Berlin 1999, S. 21.

14 Zit. nach: Hengartner, Thomas: Forschungsfeld Stadt. Zur Geschichte der volkskundlichen Erforschung städtischer Lebensformen, Berlin, Hamburg 1999, S. 214, (Hervorhebung im Original).

15 Häußermann, Hartmut/Läpple, Dieter/Siebel, Walter: Stadtpolitik, Frankfurt/M. 2008, S. 28.

16 Zimmermann, Clemens/Reulecke, Jürgen: Einleitung, in: Zimmermann, Clemens/Reulecke, Jürgen, (Hg.): Die Stadt als Moloch? Das Land als Kraftquell?. Wahrnehmungen und Wirkungen der Großstädte um 1900, Basel, Boston, Berlin 1999, S. 9.

17 Häußermann, Hartmut/Siebel, Walter: Urbanität, Wien 1992, S. 6; vergl. auch: Neumann: Zur Bedeutung von Urbanität in kleineren Industriestädten, S. 25.

18 Wehler, Hans-Ulrich: Geschichte als Historische Sozialwissenschaft, Frankfurt/M. 1973, 2. Aufl. 1977, S. 29.

19 Vergl. Lüdtke, Alf (Hg.): Alltagsgeschichte. Zur Rekonstruktion historischer Erfahrungen und Lebensweisen, Frankfurt/M., New York 1989.

wenden, gehört der von Thomas Hengartner veröffentliche Band zu den Grundlagen sowie historischen und aktuellen Tendenzen des Forschungsfeldes „Stadt".[20] Die in den 1980er Jahren von Gottfried Korff und Hermann Bausinger initiierte Diskussion „der inneren Urbanisierung" und „Großstadtkultur" wurde, wie Hengartner anmerkt, in der volkskundlichen Forschung kaum aufgenommen. Vielmehr beschränkte sich volkskundliches Forschen in der Stadt – zwar mit verfeinerten Methoden und veränderten Sichtweisen – aber eben doch im gewohnten und sicheren Rahmen, auf das „Dörfliche" in der Stadt. Nach wie vor beschäftigen sich volkskundliche Beiträge mit der Mikroanalyse städtischer Alltagskultur wie etwa die Untersuchung der Freizeitkultur, der Vereins- und Festkultur, Randgruppen oder Stadtteile.[21]

In den vergangenen drei bis vier Jahrzehnten hat sich, wie Paul Nolte erläutert, das Fach Geschichte mit atemberaubender Geschwindigkeit weiterentwickelt und das hat zu einer andauernden Neubestimmung seiner selbst geführt.[22] In jüngster Zeit habe nicht nur die Global- und Transfergeschichte an Bedeutung in der Geschichtswissenschaft gewonnen, sondern auch die Umbruchphase vom 19. zum 20. Jahrhundert.

> In dieser Zeit liegen nämlich die Ursprünge einer ‚alltäglichen', massenkulturellen Moderne, die im Laufe der nächsten Jahrzehnte, von den großen Metropolen ausgehend, zur flächendeckenden, ja globalen Kultur der Moderne geworden ist. Urbanisierung und technologischer Wandel, Wohlstandsentwicklung und Kommerzialisierung, Mobilität und kulturelle Dynamik entwickelten sich um 1900 sprunghaft weiter und ‚zündeten' gemeinsam zu jenem Konglomerat der Massenkultur, das auch hundert Jahre später noch das Leben in den westlichen Gesellschaften grundlegend prägt und seinen Siegeszug in anderen Teilen der Welt fortsetzt.[23]

Die exponierte Stellung der Großstadtforschung lässt sich schlagwortartig unter folgender Begrifflichkeit subsumieren: Städtewachstum, Verstädterung, Urbanisierung.[24] Weil dies nicht in jedem Fall für alle Städte zutrifft, liegt die Frage nahe, inwieweit die Vorstellung von Urbanität auf die Ebene einer Mittelstadt übertragbar ist.

Vor dem Hintergrund des aktuellen wirtschaftlichen Strukturwandels, der sich beispielsweise auch an dem Schrumpfungsprozess der Städte in Ostdeutschland zeigt, plädieren die Soziologen Häußermann und Siebel für eine Erweiterung des Stadtbegriffs: „Schließlich sollte ein neues Verständnis von Urbanität den bislang eindeutigen Großstadtterminus überwinden und unabhängig von der Größe eines möglichen Bezugs- und Untersuchungsraumes angewendet werden."[25]

Auch die Historiker Jörg Vögele und Ulrich Koppitz fordern einen Perspektivwechsel. Weil trotz jahrzehntelanger Forschungen, insbesondere von Wasserversorgungs- und Kanalisationssystemen noch immer überraschende Ergebnisse zu Tage treten, aber dennoch zahlreiche Desiderate fortbestehen, sehen sie in intensiven kleinräumigen Analysen einen besonders hohen Stellenwert.[26]

Großstadtforschung lässt sich historisch durchaus begründen, jedoch für die allgemeine Stadtgeschichtsforschung nicht länger als einzige oder zentrale Forschungsperspektive rechtfertigen. Die klassische Sicht, die die Moderne mit industriegesellschaftlicher Moderne gleichsetzt, – und damit mit Großstadt – und dies für die Zukunft festschreibt, gilt es, zu hinterfragen. In der historischen Forschung herrscht Einigkeit über die hohe Bedeutung, die der Urbanisierung für die Stadtgeschichte zugeschrieben wird. Die Frage aber, wie Urbanisierung zu erklären sei, wird uneinheitlich beantwortet. Be-

[20] Hengartner, Thomas: Forschungsfeld Stadt. Zur Geschichte der volkskundlichen Erforschung städtischer Lebensformen, Berlin, Hamburg 1999.
[21] Ebd., S. 160ff.
[22] Nolte, Paul: Abschied vom 19. Jahrhundert oder Auf der Suche nach einer anderen Moderne, in: Osterhammel, Jürgen u.a. (Hg.): Wege der Gesellschaftsgeschichte, Göttingen 2006, S. 104.
[23] Ebd., S. 127.
[24] Reulecke: Geschichte der Urbanisierung in Deutschland, S. 10.
[25] Zit. nach: Neumann: Zur Bedeutung von Urbanität in kleinen Industriestädten, S. 26.
[26] Vögele, Jörg/Koppitz, Ulrich: Sanitäre Reformen und der epidemiologische Übergang in Deutschland (1840-1920) in: Frank, Susanne/Gandy, Matthew (Hg.): Hydropolis, Frankfurt/M. 2006, S. 85.

gründet ist diese Ambivalenz in der Differenz unterschiedlicher theoretischer Ansätze, mit denen Urbanität von Historikern, Soziologen, Volkskundlern, Architekten, Ökonomen, Ökologen etc. begrifflich zu fassen versucht wird. Selbst über den Stadtbegriff, gibt es, wie Reulecke sagt, „eine geradezu ausweglose Vieldeutigkeit".[27]

Mittelstädte, vor allem kleinere Industrie- und Verwaltungsstädte, waren bislang eher selten Gegenstand der Urbanisierungsforschung. Der Historiker Holger Th. Gräf, der die Entwicklung der Kleinstadtforschung analysiert hat, zeigt auf, dass insbesondere seit den 1970er/80er Jahren auch die kleinen Städte in den Blick genommen wurden, dabei standen das hohe und späte Mittelalter sowie die frühe Neuzeit im Zentrum der Untersuchungen. Das Themenspektrum umfasste administrative Aspekte, stadtübergreifende Wirtschaftsräume und Wirtschaftsbeziehungen. Die Innovation dieser Forschungen liegt für Gräf darin, dass die kleinen Städte in einen größeren Zusammenhang von Stadt–Umland–Beziehungen oder von Städtenetzwerken gestellt wurden. Vorrangig ging es also um die Bedeutung der Städte für einen bestimmten Raum, während soziokulturelle oder gesellschaftsgeschichtliche Aspekte kaum eine Rolle spielten. In jüngster Zeit erfolgte jedoch ein Perspektivwechsel.[28] Der Wandel von der Industrie- zur Dienstleistungsgesellschaft, der demografische Wandel und die Globalisierung veränderten den Blick auf die Stadt. Für Jürgen Reulecke hat dieser sozioökonomische Strukturwandel wesentlichen Einfluss auf die moderne Stadt- und Urbanisierungsforschung.

> Dadurch, daß die als qualitativer Prozeß verstandene Urbanisierung in den westlichen Industriestaaten über die (Groß-)Städte hinaus auf die soziokulturelle Verfassung der gesamten Gesellschaft zu wirken begann, wurde hier Urbanität schließlich zum beherrschenden Lebensstil, der durchaus nicht mehr an ein Leben in der Stadt gebunden war und ist. Während die Verstädterung den Gegensatz zwischen Stadt und Land zunächst verschärfte, milderte die Urbanisierung auf lange Sicht dieses Spannungsverhältnis, ohne daß dadurch aber bereits die Unterschiede der soziokulturellen Milieus des Dorfes, der Klein-, Mittel- und Großstadt völlig verwischt worden wären.[29]

Aus dieser Perspektive betrachtet, ist es keine Frage, ob die Stadt Oldenburg Untersuchungsobjekt in der Urbanisierungsforschung sein kann. Denn die Entwicklung der modernen Gesellschaft vollzog sich zeitlich verzögert auch in mittelgroßen Städten. An der Wende vom 19. zum 20. Jahrhundert waren Verstädterung und Urbanisierung in Deutschland unterschiedlich weit fortgeschritten. Die Stadt Oldenburg hatte im ersten Jahrzehnt des 20. Jahrhunderts den Anschluss an die Moderne vollzogen. Die wichtigsten technischen Infrastrukturnetze wie Wasser-, Kanalisation- und Energieversorgung waren etabliert und das bedeutete für einen Großteil der Bewohner eine allmähliche Verbesserung der Lebensqualität und damit zunehmende Identifikation mit ihrer Stadt. In der vorliegenden Arbeit habe ich den vor zwei Jahrzehnten entwickelten Begriff der Urbanität rückwirkend auf die lokale Situation in Oldenburg angewandt.

Stadtverwaltung und städtisches Bürgertum

Dem Handlungsumfeld der Akteure und Experten aus dem Oldenburger Bürgertum widmet sich das folgende Kapitel. Angesichts des kommunalen Wahlrechts, das dem Bürgertum bis zum Ende der Monarchie im Stadtrat eine unangefochtene dominante Position einräumte, sollen im Folgenden die politischen Gestaltungsmöglichkeiten in der Stadt näher beleuchtet werden. Thematisiert werden im ersten Abschnitt insbesondere die verfassungs- und wahlrechtlichen Voraussetzungen, die Organisationsstruktur der Gemeindevertretung sowie die Funktion des Staates als Aufsichtsbehörde, im zweiten die Ausweitung der Aufgaben der städtischen Verwaltung sowie die Bedeutung von lokalen Experten in Kommissionen und

[27] Reulecke: Geschichte der Urbanisierung in Deutschland, 1985, S. 1.

[28] Gräf, Holger, Th.: Zur Konjunktur in der historischen Kleinstadtforschung, in: Johanek, Peter/Post, Franz-Joseph (Hg.): Vielerlei Städte. Der Stadtbegriff, Köln 2004, S. 153ff.

[29] Reulecke: Geschichte der Urbanisierung in Deutschland, S. 11.

wirtschaftlichen Vereinigungen. Nach dem Ende der französischen Okkupation stellte die Oldenburger Regierung 1814 die vormaligen Staatsverwaltungsformen weitgehend wieder her, zur selben Zeit jedoch begann eine Diskussion über die Einführung einer modernen Stadtverfassung.[30] Nach langwierigen und immer wieder ins Stocken geratenen Verhandlungen gelang ein entscheidender Schritt auf dem Weg zur Reform der Stadtordnung nach dem Regierungsantritt Großherzogs Paul Friedrich August, der nach dem Tode seines Vaters 1829 den Thron bestieg. Es war zugleich die Phase der revolutionären Umbrüche in Europa – Auslöser war die Julirevolution 1830 in Frankreich – die zwar in Oldenburg keine hohen Wellen schlug, aber nicht ohne Wirkung blieb.[31] Gegen die Widerstände namhafter Oldenburger Bürger sowie einiger Regierungsbeamter wurde schließlich durch Landesherrliche Verordnung am 12. August 1833 die Verordnung über die Verfassung und Verwaltung der Stadt Oldenburg verkündet. Vorausgegangen war bereits am 7. Januar 1832 die Verabschiedung einer „Landgemeindeordnung".[32] Nach dem Vorbild der preußischen Städteordnung basierte die Oldenburger Gemeindeordnung auf der Vorstellung, dass den gewählten Vertretern mehr Rechte bei der Durchsetzung von Kommunalinteressen eingeräumt werden sollten.[33]

Für die Stadt Oldenburg bedeutete die erste Stadtordnung, die am 20. Januar 1834 in Kraft trat, den Beginn einer sich schrittweise entwickelnden kommunalen Verfassungs- und Verwaltungsstruktur.[34] Mitglieder des Stadtmagistrats sahen darin „eine neue zeitgemäßere Vertretung der Gemeinde und eine neue Gemeindebehörde mit veränderten Verpflichtungen und Befugnissen".[35] Von einer Selbstverwaltung nach heutigem Verständnis war die Stadtordnung noch weit entfernt, denn die Regierung, vertreten durch das Großherzogliche Staatsministerium, war „die leitende und beaufsichtigende obere Behörde für das gesamte Gemeindewesen."[36] Die dominante Stellung des Ministeriums blieb noch bis zur Abdankung des Großherzogs 1919 erhalten, gleichwohl nahm gegen Ende des 19. Jahrhunderts der Einfluss der städtischen Organe auf das öffentliche Leben zu.

Die Stadtordnung regelte die Gemeindeangehörigkeit, das Bürgerrecht, das Wahlrecht, den Aufbau der Verwaltungsstruktur und die Aufgabenbereiche der städtischen Organe. Das Gesetzeswerk erfuhr allerdings zwischen 1833 und 1919 vielfältige Modifikationen, bis zur Weimarer Verfassung blieben die Voraussetzungen zum Erwerb des Bürgerrechts sowie zur Ausübung des aktiven und passiven Wahlrechts jedoch weitgehend unverändert. Das Bürgerrecht wurde vom Magistrat mittels Bürgerbrief verliehen und konnte erworben werden „durch Geburt und Legitimation, Verheiratung, Anstellung im öffentlichen Dienst, besondere Aufnahme oder durch selbständige Niederlassung".[37] Die Gemeindebürger waren stimmberechtigt und konnten sich unter bestimmten Bedingungen auch in den Stadtrat wählen lassen: sie mussten männlich sein, das 24. Lebensjahr vollendet haben und über Grundeigentum oder ein bedeutendes Einkommen verfügen. Wichtige Kriterien waren außerdem ein guter Leumund, eine dreijährige Ortsansässigkeit und finanzielle Selbständigkeit, das heißt, sie durften nicht auf die Unterstützung öffentlicher Kassen angewiesen sein. Ausgeschlossen von der Ausübung des Stimmrechts waren Männer, die das 24. Lebensjahr noch nicht vollendet hatten, Dienstboten und Gewerbegehilfen, die keine eigene Wohnung hatten, Straffällige sowie alle Frauen.[38] Versuche in der Revolutionsepoche, für alle Gemeindebürger die

[30] Runde, Justus Friedrich: Oldenburgische Chronik, 3. Ausgabe, Oldenburg 1862, S. 121.
[31] Ebd., ferner Schücking, Walther: Das Staatsrecht des Großherzogtums Oldenburg, Tübingen 1911, S. 6f.
[32] Schücking: Das Staatsrecht des Großherzogtums Oldenburg, S. 7.
[33] Runde: Oldenburgische Chronik, S. 189.
[34] Knollmann, Wilhelm: Das Verfassungsrecht der Stadt Oldenburg im 19. Jahrhundert, Oldenburg 1969, S. 108.
[35] Die Gemeinde-Verwaltung und der Gemeinde-Haushalt der Stadt Oldenburg vom Anfange des Jahres 1834 bis zum 30. April 1847, Oldenburg 1847, S. 5.
[36] Gemeinde-Ordnung für das Herzogthum Oldenburg vom 1. Juli 1855, Oldenburg 1855, S. 86.
[37] Verordnung über die Verfassung und Verwaltung der Stadt Oldenburg (= Oldenburgische Verordnungen a. d. J. 1831-1836, hg. von der Großherzoglichen Regierung Paul Friedrich August, 6. Teil), Oldenburg 1833, S. 34ff., ferner Knollmann: Verfassungsrecht, S. 151.
[38] Knollmann: Verfassungsrecht, S. 111f.

politische Gleichberechtigung einzuführen, insbesondere das Klassenwahlrecht abzuschaffen, scheiterten.[39]

Die Gemeindevertretung setzte sich aus dem Stadtmagistrat und dem Stadtrat zusammen. Anders als die revidierte Ordnung von 1855 hatte die erste Stadtordnung von 1833 noch eine Bürgerversammlung vorgesehen. Diese konnte auf Antrag des Magistrats einberufen werden, wenn es um Entscheidungen ging, „welche die Rechte, das Vermögen und das gemeine Beste der Stadt betreffen".[40] Rund zwei Jahrzehnte blieben die Bürger dann vom Beratungs- und Mitbestimmungsrecht ausgeschlossen, später regelte die revidierte Gemeindeordnung von 1873 durch Art. 27 die Bürgerbeteiligung dahingehend, dass neue oder abgeänderte Bestimmungen und Verordnungen 14 Tage lang öffentlich ausgelegt werden mussten und von den Bürgern kommentiert werden konnten.[41]

Dem Stadtmagistrat, der an der Spitze der gesamten Stadtgemeinde stand, gehörten der Stadtdirektor/Bürgermeister[42], der Stadtsyndikus sowie vier Magistratsmitglieder an. Ab April 1896 zählte der Stadtbaumeister Franz Noack als fünftes Magistratsmitglied dazu.[43] Der Bürgermeister führte den Vorsitz im Magistrat, der Syndikus übernahm die Vertretung. Sämtliche Magistratsmitglieder, einschließlich des Bürgermeisters, wurden „in vereinigter Versammlung des Magistrats und des Stadtrats durch absolute Stimmenmehrheit in geheimer Abstimmung einzeln gewählt".[44] Der Bürgermeister wie auch die besoldeten Stadtmagistratsmitglieder konnten auf Lebenszeit gewählt werden. Die Wahl des Bürgermeisters bedurfte außerdem noch der Zustimmung des Großherzogs.[45] Vor der Einführung in sein Amt legte der Bürgermeister den Amtseid ab und gelobte: „Treue dem Großherzoge, gewissenhafte Beobachtung der Staatsverfassung und der Gesetze und die treue Wahrnehmung der ihm übertragenen dienstlichen Obliegenheiten".[46] Der Bürgermeister, der Stadtsyndikus und der Auditor (Beisitzer) mussten Rechtswissenschaft studiert und die beiden juristischen Staatsprüfungen, der Auditor nur die erste, bestanden haben. Neben dem Stadtmagistrat übernahmen noch Hauptabteilungen wie das Stadtbauamt, die Stadtkämmerei und Magistratsaktuare (Amtsschreiber) sowie weitere Unterabteilungen städtische Verwaltungsaufgaben. Die Angestellten der Stadt einschließlich des Bürgermeisters wurden aus der Stadtkasse besoldet.[47]

Der Stadtrat nahm die Interessen der Stadtbewohner wahr und stand dabei dem Magistrat „berathend, controllierend und beschließend zur Seite".[48] Er setzte sich anfangs aus zwölf Personen zusammen, die von der Bürgerversammlung für vier Jahre gewählt wurden. Angesichts des Bevölkerungswachstums verdoppelte sich die Anzahl der Mitglieder im Stadtrat im Verlauf des 19. Jahrhunderts. Nach der Revision der Gemeindeordnung von 1873 erhöhte sie sich zunächst auf 18 Personen, und aufgrund des Gesetzes vom 8. Dezember 1899 wurden 1901 erstmals 24 Mitglieder in den Stadtrat gewählt.[49]

Die Klasseneinteilung des zu wählenden Stadtrats blieb bis zum Ende der Monarchie bestehen. Im Unterschied zu allen anderen Stadtordnungen in den Ländern des Deutschen Reiches galt in Oldenburg durch Art. 3 des revidierten Statuts I von 1875 die Bestimmung, „daß die Zusammensetzung der Gemeindevertretung unter Zugrundelegung bestimmter Berufsklassen geregelt wird, mit der Maßgabe jedoch, daß mindestens die Hälfte der Mitglieder der Gemeindevertretung

---

39 Ebd., S. 206.
40 Verordnung über die Verfassung und Verwaltung der Stadt Oldenburg, S. 49.
41 Revidirte Gemeinde-Ordnung für das Herzogthum Oldenburg (1873 April 15), Oldenburg 1873, S. 22, ferner Knollmann: Verfassungsrecht, S. 177.
42 Artikel 30 der revidierten Gemeindeordnung von 1873 legte die Umbenennung in „Bürgermeister" fest.
43 Uebersicht über die Gemeindeverhältnisse der Stadtgemeinde Oldenburg, deren Verwaltung und Vertretung, 1. Juli 1896, Oldenburg 1896, S. 7.
44 Schücking: Das Staatsrecht des Großherzogtums Oldenburg, S. 212.
45 Ebd.; geregelt durch den Artikel 30 der revidierten Gemeindeordnung von 1873.
46 Revidierte Gemeinde-Ordnung für das Herzogtum Oldenburg vom 15. April 1873 in der am 1. April 1910 geltenden Fassung, Oldenburg 1910, Art. 30, S. 29.
47 Uebersicht über die Gemeindeverhältnisse der Stadtgemeinde Oldenburg, S. 7f.
48 Knollmann: Verfassungsrecht, S. 120.
49 Statuten der Stadtgemeinde Oldenburg: Revidiertes Statut I. betreffend die Einrichtung des Gemeindewesens der Stadtgemeinde Oldenburg, Oldenburg 1875, S. 6; ferner Bekanntmachung, in: Gemeinde-Blatt, 48, 1901, S. 206ff.

Hausbesitzer sein müssen".[50] Diese Regelung hatte es schon in der ersten Stadtordnung von 1833 gegeben[51], war jedoch durch die Gemeindeordnung von 1855 wieder außer Kraft gesetzt geworden. Der Oldenburger Stadtsyndikus Murken, der 1902 eine Untersuchung über sämtliche Stadtordnungen in Deutschland vorgelegt hatte, bemerkte dazu:

> Mit dieser Scheidung der zu wählenden Stadtratsmitglieder nach Berufsklassen steht die Stadt Oldenburg, soweit ich habe feststellen können, in ganz Deutschland einzig dar. Schon dieser Umstand läßt nicht gerade auf ihre Mustergültigkeit schließen. [...] Daß die Beseitigung der fraglichen Vorschriften wünschenswert ist, dürfte von der Mehrzahl des Gesammtstadtrats (sic) wohl anerkannt werden.[52]

Über diese Frage entbrannte 1902 eine öffentliche Diskussion. Während Oberregierungsrat Peter Ramsauer, der seit dem 1. Januar 1900 dem Stadtrat angehörte, in seinem Antrag nicht für die Aufhebung der Einteilung der Stadtratsmitglieder nach Berufsklassen plädierte, sondern stattdessen die Anzahl der Mitglieder aus den drei Klassen anders gewichten wollte – vier aus der ersten, vier aus der zweiten und sechzehn aus der dritten Klasse[53] –, forderte der Stadtsyndikus Murken, den Passus zu streichen, der die Einteilung nach Berufsklassen vorsah, allerdings sollten jetzt statt der Hälfte zwei Drittel der Gemeindevertretung aus Grundbesitzern bestehen.[54]

Die Beratungen über die Neuregelung des Wahlrechts zogen sich über zwei Jahre hin und wurden schließlich im Juni 1904 dahingehend entschieden, dass das herkömmliche Wahlsystem weitestgehend bestehen blieb. Geringfügige Veränderungen bei den Berufsklassen gab es in der ersten und zweiten Klasse, so fiel die Auflage, dass mindesten drei Mitglieder der ersten Klasse aus dem Staatsdienst kommen sollten, fort. In der zweiten Klasse bestand der Personenkreis nicht mehr wie bisher allein aus Kaufleuten und Fabrikanten, sondern entsprechend der veränderten allgemeinen wirtschaftlichen Entwicklung konnten sich jetzt auch Vorsteher und Beamte kaufmännischer Unternehmungen sowie der Syndikus der Handelskammer zur Wahl stellen. Aber noch immer galt die Bestimmung, dass mindestens die Hälfte der Mitglieder Hausbesitzer sein mussten.[55]

Die Vertretung der Gesamtgemeinde (Stadt und Stadtgebiet) übernahm der Gesamtstadtrat. Er bestand aus den Mitgliedern des Stadtrats und aus Vertretern der umliegenden Stadtgebiete. Die Zahl der Mitglieder im Gesamtstadtrat war abhängig von der Bevölkerungszahl im Stadtgebiet, im Jahre 1901 vertraten vier Mitglieder das Stadtgebiet.[56] Der Gesamtstadtrat wählte den Vorsitzenden des Stadtrats und dessen Vertreter aus seiner Mitte.

In den ersten Jahrzehnten nach der Verabschiedung der Stadtordnung war der politische Spielraum für die Stadtverwaltung in Oldenburg sehr gering. Dieser änderte sich auch durch die revidierten Stadtordnungen in den 1850er und 1870er Jahren nur in langsamen Schritten, weil die staatliche Bürokratie die kommunalen Organe sehr stark bevormundete. Die Regierung konnte Beschlüsse der Stadtvertretung beanstanden und zurückweisen oder veranlassen, dass für bestimmte Leistungen die erforderlichen finanziellen Mittel bereitgestellt wurden. Diese Kontrollrechte sicherten dem Staat eine starke Einflussnahme auf die städtischen Finanzen und engten zugleich die Stadt Oldenburg in ihren Zuständigkeitsbereichen ein.[57] Während beispielsweise in Berlin zwischen 1870 und 1890 vor dem Hintergrund veränderter ökonomischer,

---

[50] Murken, Elimar: Überblick über die in Deutschland vorhandenen Gemeindewahlsysteme, Anlage II, in: Das Gemeindewahlrecht der Stadt Oldenburg, Oldenburg 1902, S. 20.
[51] Verordnung über die Verfassung und Verwaltung der Stadt Oldenburg, S. 43f.
[52] Murken: Überblick über die in Deutschland vorhandenen Gemeindewahlsysteme, S. 20.
[53] Antrag des Stadtmagistratsmitgliedes [Peter] Ramsauer, betreffend Aenderung des Artikels 3 des revidierten Statuts I, betreffend die Einrichtung des Gemeindewesens in der Stadt Oldenburg, Anlage I, in: Das Gemeindewahlrecht der Stadt Oldenburg, Oldenburg 1902, S. 8.
[54] Murken: Überblick über die in Deutschland vorhandenen Gemeindewahlsysteme, S. 22.
[55] Statut 56, betreffend Aenderung des Statuts I über die Einrichtung des Gemeindewesens in der Stadtgemeinde Oldenburg, in: Gemeinde-Blatt 51, 1904, S. 146f.
[56] Knollmann: Verfassungsrecht, S. 121f.
[57] Ebd., S. 118f.

politischer und soziokultureller Rahmenbedingungen die Handlungsmöglichkeiten der Stadt durch die Verabschiedung von liberalen Ortsstatuten teilweise erheblich erweitert wurden – sie regelten unter anderem die Rechte der städtischen Polizei neu, führten den Schlachthauszwang ein, verabschiedeten das Fluchtliniengesetz und bewilligten den Aufbau von städtischen Infrastruktureinrichtungen[58] – übte das Oldenburger Staatsministerium weiterhin restriktive Kontroll- und Eingriffsbefugnisse aus. So konnten nach der reformierten Gemeindeordnung von 1873 die Staatsbehörden der Stadt bei der Ausübung ihrer Verwaltungsaufgaben, seien es freiwillige oder Pflichtaufgaben, zwar keine Weisungen mehr erteilen, auch war ihre Kontrolle auf die Prüfung der Rechtmäßigkeit bestimmter Entscheidungen beschränkt, jedoch bei Beschlüssen, die der staatlichen Genehmigung bedurften, vertrat das Staatsministerium die Auffassung, dass es berechtigt sei, die Nützlichkeit und Zweckmäßigkeit der von den städtischen Organen getroffenen Beschlüsse zu kontrollieren und gegebenenfalls zurückzuweisen.[59] Dieses Recht beanspruchte der Staat bei der Wahl des Bürgermeisters und des Syndikus sowie beim Erlass von Ortsstatuten. Außerdem unterlagen die städtischen Finanzen, die Stadtrechnung, bestimmte Rechtsgeschäfte und steuerliche Maßnahmen der Prüfung bzw. der Genehmigung der Staatsbehörde.[60]

Die wichtigste Instanz, die zwischen den beiden städtischen Organen – Stadtmagistrat und Stadtrat – vermittelte, stellten die Kommissionen dar, sie waren besetzt mit Mitgliedern des Magistrats, des Stadtrats und mit Bürgern der Stadt, die das Bürgerrecht besaßen. Diese ehrenamtlich tätigen Bürger verfügten zumeist über Expertenwissen, das bei den Auseinandersetzungen um städtische Angelegenheiten eine große Bedeutung erlangte. Aber nicht erst durch Art. 7 der revidierten Gemeindeordnung von 1873 waren die Gemeindebürger verpflichtet, „unbesoldete Aemter und Functionen in der Verwaltung und Vertretung der Gemeinde zu übernehmen", diese ehrenamtliche Mitwirkung galt auch schon früher, wie das Beispiel der Armenfürsorge, die zu den traditionellen Kernaufgaben jeder Kommune gehörte, zeigt.[61]

Als das Armenwesen in den 1850er Jahren von den jeweiligen Kirchspielen auf die politischen Gemeinden übertragen wurde, erhielt die Stadtverwaltung ein neues Aufgabengebiet. Für die Bewältigung der Armenfrage wurde eine Kommission gebildet, der der Stadtsyndikus sowie Mitglieder des Stadtrats angehörten.[62] Außerdem wurden Bürger verpflichtet, sich ehrenamtlich der Armenfürsorge, als Armenväter, zu widmen. Sie konnten sich dem Auftrag nur unter Angabe von wichtigen Gründen entziehen, Voraussetzung war allerdings eine entsprechende wirtschaftliche Unabhängigkeit. Im Jahre 1912 war die Armenkommission auf 30 Personen angewachsen: sie wurde gebildet aus dem Oberbürgermeister, dem Stadtsyndikus, dem Assessor, einem Ratsherrn, 3 Mitgliedern des Gesamtstadtrats, 18 Armenvätern und 5 Pfarrern der Stadtgemeinde Oldenburg bzw. deren Stellvertretern. Der Stadtsyndikus führte die Vorstandsgeschäfte. Zum erweiterten Kreis der Armenpflege und Wohltätigkeit zählten noch die Armenpflegerinnen sowie das Armenarbeitshaus, der Armenarzt, die Trinkerfürsorgestelle, die Fürsorgestelle für Lungenkranke, die Wohlfahrtsvereinigung und die Gemeindewaisenräte. Die Armenpflege eröffnete auch Frauen, die sonst von politischer Partizipation ausgeschlossen waren, Mitwirkungs- und teilweise auch Mitbestimmungsmöglichkeiten.[63]

Die Zusammensetzung der Schulkommission erfolgte nach dem gleichen Prinzip, allerdings mit dem Unterschied, dass neben den Stadtvertretern drei Schuldirektoren und ein Rektor in dem Gremium saßen. Der Oberbürgermeister hatte den Vorsitz inne. Als Unterabteilungen wurden noch sechs

58 Jellinghaus, Lorenz: Zwischen Daseinsvorsorge und Infrastruktur. Zum Funktionswandel von Verwaltungswissenschaft und Verwaltungsrecht in der zweiten Hälfte des 19. Jahrhunderts, Frankfurt/M. 2006, S. 209ff.

59 Knollmann: Verfassungsrecht, S. 168f.

60 Ebd., S. 199f.

61 Revidirte Gemeinde-Ordnung für das Herzogthum Oldenburg, Oldenburg 1873, S. 7.

62 Knollmann: Verfassungsrecht, S. 159.

63 Die Gemeindeverwaltung der Stadt Oldenburg, 1912 im März, Oldenburg 1912, S. 24ff.

Schulvorstände gebildet, die unterschiedliche Schulformen, Konfessionsschulen und Stadtteilschulen vertraten.[64]

Die Etablierung der Gesundheitskommission wurde durch die Stadtordnung von 1875 verwirklicht, doch die städtischen Gesundheitsverhältnisse hatten schon zu Beginn des 19. Jahrhunderts eine besondere Rolle gespielt. Am 14. September 1818 war durch den Erlass von Herzog Peter Friedrich Ludwig ein Medizinalkollegium eingerichtet worden, das die Aufgabe hatte, neben einer besseren medizinischen Versorgung der Bevölkerung auch die Zulassung angehender Ärzte, Wundärzte, Apotheker, Hebammen und Tierärzte zu prüfen. Darüber hinaus sollten auch die Honorare der Ärzte und die Preise der Apotheker kontrolliert werden. Das Gesetz sah gleichfalls die Errichtung eines Hebammen-Instituts mit einem Entbindungshaus vor.[65] Dieses Kollegium blieb bis 1911 faktisch die oberste Medizinalbehörde des Großherzogtums. Aber bereits ab Mitte des 19. Jahrhunderts vermehrten sich die Proteste in der Oldenburger Ärzteschaft gegen dieses Kollegium, weil es sich unaufgeschlossen gegenüber den Ideen der medizinischen Reformbewegung verhielt, die sich in der Revolutionsepoche in Deutschland ausgebreitet hatte. Die Ärzte des Großherzogtums forderten eine Ärztekammer, in der sie ihre Angelegenheiten selber regeln wollten. 1873 schlossen sie sich zum Oldenburger Ärzteverein zusammen, um die „patriarchalischen Verhältnisse neuzeitlichen anzupassen".[66] Die Regierung erkannte den Ärzteverein jedoch nicht an, lehnte zugleich eine Ärztekammer ab und beharrte weiterhin auf der Existenz des Medizinalkollegiums als oberster Instanz. Angesichts der schlechten gesundheitlichen Verhältnisse in der Stadt versuchte der Ärzteverein 1878 erneut, die Regierung zum Einlenken zu bewegen. Der Verein beschränkte sich in seinem Schreiben nicht allein darauf, eine Ärztekammer zu fordern, sondern machte auch Vorschläge zur Verbesserung der Hygiene. Zu den wichtigsten Aufgaben der öffentlichen Gesundheitspflege gehörten nach seiner Auffassung die Medizinstatistik, das Impfwesen, die Errichtung von Schlachthäusern, Friedhöfen und Wasserleitungen. Im Interesse der öffentlichen Gesundheit forderte der Ärzteverein von der Großherzoglichen Regierung die Genehmigung zur Gründung einer Ärztekammer und die Umsetzung ihrer Forderungen, damit sich

> auf Grund derselben die Medicinalangelegenheiten des Herzogthums, welche ohne Zweifel hinter den Leistungen und Erfolgen der meisten übrigen Länder weit zurückgeblieben sind, den großartigen Fortschritten der medizinischen Wissenschaften gemäß heben und entwickeln werden.[67]

Die Regierung reagierte gar nicht auf den Brief, sondern bewilligte erst rund drei Jahrzehnte später, im Jahre 1911, eine Ärztekammer zu ihren Bedingungen. Diese wurde aber von einem Großteil der Ärzte abgelehnt, weil wesentliche Forderungen nicht berücksichtigt worden waren. Eine Einigung wurde schließlich 1928 erzielt, damit erhielt das Land Oldenburg als letztes Land eine moderne Ärztekammer.[68]

Während die staatliche Regierung zu keinem Zugeständnis gegenüber der liberalen Ärzteschaft bereit war – sie hätte dadurch ihren Einfluss auf das Medizinwesen eingebüßt –, genehmigte sie am 9. Dezember 1875 das revidierte Statut I der Stadtordnung, das durch Art. 21 eine ständige Kommission für öffentliche Gesundheitspflege vorsah. Dabei verfolgte der Staat von vornherein das Ziel einer politischen Einflussnahme, die er sich in der Gemeindeordnung gesichert hatte.[69] Als ständige Kommission bestand 1875 neben der Armen- und Baukommission nur noch die Gesundheitskommission. Ihre Aufgabe war es, die sanitären Missstände in der Stadt zu erfor-

[64] Die Gemeindeverwaltung der Stadt Oldenburg, 1908 Januar 1., Oldenburg 1908, S. 26ff

[65] Runde, Christian Ludwig: Kurz gefaßte Oldenburgische Chronik, Oldenburg 1831, S. 190.

[66] Steenken, Helmuth/Steenken, Sybille: Biografie einer deutschen Klinik: 100 Jahre Leben und Sterben im Evangelischen Krankenhaus zu Oldenburg, Oldenburg 1990, S. 86.

[67] Ebd.

[68] Ebd., S. 86f.

[69] Von der Aufsicht der Staatsbehörden, Artikel 94, in: Revidierte Gemeinde-Ordnung für das Herzogtum Oldenburg vom 15. April 1873 in der am 1. April 1910 geltenden Fassung, Oldenburg 1910, S. 82ff.

schen und sich für deren Beseitigung aktiv einzusetzen. Den Vorsitz im Gremium übernahmen ein rechtskundiges Mitglied des Magistrats und ein Ratsherr. Die übrigen sechs Kommissionsmitglieder, von denen mindestens eine Person Mitglied des Gesamtstadtrats und drei Mediziner oder Chemiker sein mussten, wurden vom Gesamtstadtrat gewählt.[70] Nach dem Stadtratsbeschluss vom 28. Februar 1882 nahm zusätzlich der Amtsarzt für den Bezirk der Stadt und des Amts Oldenburg an den Sitzungen teil, allerdings besaß er kein Stimmrecht.[71] Ab 1908 war der Amtarzt stimmberechtigter Teilnehmer in der Kommission, wodurch sich die Gesamtzahl auf acht Mitglieder erhöhte.[72]

Neben diesen zentralen Aufgabenbereichen gehörten das Finanz-, Bau- und Kirchenwesen, die Gerichte und das Feuerlösch- und Rettungswesen zu den Obliegenheiten der Stadtverwaltung. Auch hier wurden Kommissionen gebildet, die jeweils aus Mitgliedern des Magistrats und des Stadtrats bestanden. Im Jahre 1902 waren zu den bis dahin existierenden zwölf Kommissionen aus aktuellem Anlass noch die Kommission zur Beratung der Vorschläge über Krankenversicherung, die Kommission zur Beratung über die Neubeordnung des Abort- und Abfuhrwesens sowie die Gas- und Wasserkommission eingerichtet worden.[73]

Die zunehmende Professionalisierung der Stadtverwaltung zeigte sich vor allem an dem Anstieg der Kommissionen und Ausschüsse des Magistrats, Stadtrats, Gesamtstadtrats und der Stadtgebietsvertretung. Am Vorabend des Ersten Weltkrieges bestanden insgesamt 21 gemischte Gremien, die Zahl in der Klammer gibt die Anzahl der Mitglieder an: 1. Finanzkommission (8), 2. Dezisionskommission [Gemeindeberechnungen] (5), 3. Restantenkommission [Rückstände und Ausgaben der Gemeindekassen] (4), 4. Besichtigungskommission [Bauwesen] (12), 5. Kommission zur Vorbereitung von Vorlagen, betr. bauliche Einrichtungen (3), 6. Kommission zur Entwerfung von Ergänzungsvorschriften zur Bauordnung (4), 7. Licht- und Wasserkommission (11), 8. Schlachthofkommission (7), 9. Serviskommission [Steuer- und Abgabewesen] (4), 10. Visitation der Stadtkämmerei (3), 11. Kommission für das Abfuhrwesen (9), 12. Turnkommission (3), 13. Kommission zur Beratung von Schulsachen (9), 14. Kommission für Schulbäder (6), 15. Gesundheitskommission (7), 16. Badekommission (4), 17. Wegekommission für das Stadtgebiet (6), 18. Rechnungskommission für das Stadtgebiet (3), 19. Einkommenssteuer-Schätzungs-Ausschüsse I–III (30), 20. Grundsteuerausschuß, (7), 21. Militär-Ersatzkommission (5).[74]

Zum Handlungsumfeld der Stadt zählten auch zwei private Vereine, die für eine Zusammenarbeit mit der Gemeindevertretung prädestiniert gewesen wären: der 1840 gegründete Handels- und Gewerbeverein sowie der 1869 ins Leben gerufene Technische Verein. Während der Handels- und Gewerbeverein sich dadurch auszeichnete, dass die Mitglieder sich vornehmlich aus der Unternehmer- und Kaufmannschaft sowie aus Beamten der Staatsregierung rekrutierten, gehörten dem Technischen Verein hauptsächlich Ingenieure und Architekten an.[75] Der Oldenburgische Gewerbe- und Handelsverein war mit dem Ziel gegründet worden, Handel, Schifffahrt und Industrie zu fördern. Initiiert wurde der Aufbau des Vereins vorwiegend von Beamten der Staatsregierung. Das Hauptanliegen dieser Institution war der Ausbau der Verkehrsinfrastruktur, während die übrigen technischen Infrastrukturen

---

[70] Statuten der Stadtgemeinde Oldenburg, Revidirtes Statut I., 1875 December 9., Art. 21, S. 13f. Sammlung 1873–1891.

[71] Oeffentliche Sitzung des Magistrats, Stadtraths und Gesamtstadtraths, in: Gemeinde-Blatt 29, 1882, S. 46.

[72] Die Gemeindeverwaltung der Stadt Oldenburg, 1908 Januar 1., Oldenburg 1908, S. 39.

[73] Gemeinde-Uebersicht 1. Mai 1901, mit handschriftlichen Ergänzungen, Oldenburg 1901, o. S.

[74] Die Gemeindeverwaltung der Stadt Oldenburg, 1912 im März, S. 9ff.

[75] Ein Vergleich der Namenslisten dieser Privatvereine mit den Namen der Gemeindevertreter in der zweiten Hälfte des 19. Jahrhunderts, dem Hauptuntersuchungszeitraum, war nicht möglich, weil in den Berichten des Handels- und Gewerbevereins nur die Namen des Vorstands genannt wurden und vom Technischen Verein lediglich Mitgliederverzeichnisse aus den Jahren 1869 und 1875 vorliegen. Andererseits sind alle Namen der Stadtratsmitglieder ab 1854 bekannt und geben Aufschluss darüber, wer aus den drei Berufsklassen sich politisch engagierte. Auf eine weitergehende Analyse dieses Aspektes muss hier verzichtet werden, weil die überwiegende Mehrheit nur eine Legislaturperiode im Stadtrat aktiv war und zudem keine zuverlässige Antwort auf die Frage möglich ist, inwiefern es personelle Verquickungen zwischen den Privatvereinen und der Gemeindevertretung gegeben hat.

keine Rolle spielten.[76] Sie hatte auch auf bestimmte Anliegen der Regierung und der Verwaltung zu reagieren. So gehörte zu ihren Zuständigkeitsbereichen die Erstellung von Gutachten über verschiedene Disziplinen des Handelswesens (Zoll- und Steuerfragen, Verkehrsmittel), statistische Datenerhebung und -lieferung. Darüber hinaus ging es auch um wirtschaftspolitische Fragen wie Ausbildung und Kontrolle von Arbeitskräften, Löhne, Vertrieb, Maßeinheiten, Währungstausch etc.[77] Der Verein bewegte sich damit innerhalb der Grenzen, die die Staatsregierung markiert hatte, und die zu überschreiten nicht geduldet wurde.

Während der Handels- und Gewerbeverein sich 1840 konstituiert hatte, um seine spezifischen Interessen besser artikulieren und verteidigen zu können, traf sich zur selben Zeit eine kleine Gruppe von Architekten und Ingenieuren im privaten Kreis – hauptsächlich in den Wintermonaten, wenn auf den Baustellen die Arbeit ruhte – um über Fachfragen zu debattieren und persönliche Erfahrungen auszutauschen. Die Verhältnisse im Herzogtum änderten sich schlagartig, als in Wilhelmshaven mit dem Bau des Kriegshafens begonnen wurde und gleichzeitig die Eisenbahn das Oldenburger Land mit einem dichten Streckennetz überzog. Innerhalb weniger Jahrzehnte entstanden zahlreiche neue Brücken, Bahnhofsgebäude, spezielle Eisenbahntechniken und Hafenanlagen. Diese eminente Bautätigkeit löste einen Nachfrageboom nach ausgebildeten Architekten, Ingenieuren und Technikern aus, die allerdings nur selten auf dem lokalen Arbeitsmarkt zu finden waren. Weil jedoch in weiten Teilen des übrigen Landes der Eisenbahnbau vielfach bereits abgeschlossen war, fanden auswärtige Fachkräfte im Oldenburger Land ein neues Aufgabengebiet. Am 2. Februar 1869 fand die konstituierende Sitzung des Technischen Vereins statt, an der 33 Personen teilnahmen. Rund zehn Jahre später zählte der Verein 65 Mitglieder, die Mehrzahl waren Architekten, gefolgt von Ingenieuren und einigen technischen Leitern in Fabriken. Sie waren bei der staatlichen Eisenbahn, im Kriegshafen von Wilhelmshaven, im Siel- und Deichbauwesen und im Ministerium angestellt oder Selbständige. Die Mitglieder aus der Stadt Oldenburg überwogen, die übrigen kamen aus dem Umland.[78]

1871 schlossen sich die in verschiedenen Städten Deutschlands vereinigten Architekten und Ingenieure zum zentralen Architekten- und Ingenieur-Verein zusammen, der ab 1878 auch die Zeitschrift für Baukunde herausgab. Der Geheime Oberbaurat Buresch, angestellt bei der Oldenburgischen Staatsbahn, war als Abgeordneter des Technischen Vereins aus Oldenburg im Redaktionsausschuss des Fachorgans tätig. Neben Oldenburg gehörten Vertreter aus Vereinen in Bayern, Württemberg, Baden, Straßburg, Frankfurt/M., Mittelrhein und Niederrhein-Westfalen zum Herausgeberkreis der in München erscheinenden Zeitschrift.[79]

Der Oldenburger Verein tagte einmal im Monat, auf dem Programm standen dabei der Austausch von Fachfragen, wissenschaftliche Vorträge und das Studium der Fachzeitschriften, die der Verein abonniert hatte. Die Mitglieder konnten zwischen zehn technischen Fachzeitschriften, darunter zwei englische und eine französische, wählen.[80] Zusätzlich stellte der Magistrat der Stadt Oldenburg die Deutsche Vierteljahresschrift für öffentliche Gesundheitspflege für den Lesezirkel zur Verfügung.[81] Zu den Vereinsaktivitäten zählten auch Exkursionen. Diese führten zum Beispiel im Jahre 1879 auf Einladung des Bremer Architekten- und Ingenieurvereins zum Besuch des neuen Schlachthofs, des städtischen Wasserwerks auf dem Werder, der neu erbauten öffentlichen Badeanstalt und der „Weser-Actiengesellschaft für Maschinen- und

[76] Festschrift des Oldenburgischen Gewerbe- und Handelsvereins zu dessen fünfzigjährigem Jubiläum, 1891, S. 113.
[77] 150 Jahre Gewerbe- und Handelsverein von 1840, S. 52ff.
[78] Jahresbericht des Technischen Vereins zu Oldenburg 1869, Faksimile 1994 aus Anlass des 125jährigen Bestehens des Technischen Vereins, Oldenburg 1994, S. 89f.
[79] Zeitschrift für Baukunde, Organ der Architekten- und Ingenieur-Vereine, 1, München 1878, Titelblatt.
[80] Jahresbericht des Technischen Vereins, S. 33. (1. Zeitschrift des Oesterreichischen Ingenieur- und Architekten-Vereins; 2. Zeitschrift des Vereins deutscher Ingenieure; 3. Polytechnisches Centralblatt; 4. Der Civilingenieur; 5. Die deutsche Bauzeitung; 6. Industrieblätter; 7. Die Gewerbehalle; 8. Nouvelle annales de la construction; 9. The Engineer; 10. Engineering.)
[81] Technischer Verein zu Oldenburg, in: Zeitschrift für Baukunde, Organ der Architekten- und Ingenieur-Vereine, 2, München 1879, S. 701.

Schiffbau".[82] Die Frage, wie innerhalb des Technischen Vereins die Entscheidungsprozesse der Stadtverwaltung im Hinblick auf die technischen Infrastrukturen diskutiert worden sind, und inwieweit umgekehrt neue Technologien, die in dem Verbandsorgan und in Vorträgen thematisiert wurden, das Verwaltungshandeln beeinflussten wird Gegenstand dieser Untersuchung sein.

Infrastruktur: Ein kurzer Abriss der Begriffsentwicklung

In der vom „Deutschen Verein für öffentliche Gesundheitspflege" erstmals 1869 und dann periodisch herausgegebenen Publikation Deutsche Vierteljahresschrift für öffentliche Gesundheitspflege konnte der heute gebräuchliche Begriff der „Infrastruktur" für den Untersuchungszeitraum nicht nachgewiesen werden. Auch im Journal für Gasbeleuchtung, das seit 1857 erschien, taucht der Begriff nicht auf. Vielmehr wurden die entsprechenden Anlagen und Einrichtungen als Gasanstalt, Kanalisation, Wasser- oder Elektrizitätswerk bezeichnet, einen übergeordneten Begriff für diese technischen Neuheiten gab es noch nicht. Während sich diese Versorgungsbetriebe in ihrer Gründungsphase zumeist im Eigentum privater Unternehmen befanden, unterlag die öffentliche Gesundheitsfürsorge karikativen und kirchlichen Organisationen oder auch Stiftungen. Erst im ausgehenden 19. Jahrhundert traten in der Mehrzahl der deutschen Städte private Initiativen wie kirchliche Organisationen und Vereine sowie private Wirtschaftsbetriebe zurück und gesundheitliche, hygienische und technische Versorgungsaufgaben verlagerten sich schrittweise auf die Kommune, so dass im Zuge dieses Wandlungsprozesses kommunale Unternehmen entstanden.[83] Diese dienten aber nicht allein dazu, das Interesse des Gemeinwohls, d.h. auch die zunehmende Versorgungsbedürftigkeit moderner Stadtbewohner zu befriedigen, sondern neben den sozial- und gesundheitspolitischen Motiven spielten auch finanzwirtschaftliche Ziele beim Aufbau der kommunalen Leistungsverwaltung eine wichtige Rolle. Die Städte strebten verstärkt danach, durch kommunale Unternehmen ergiebige Einnahmequellen zu erschließen.[84] Für diese Entwicklung der „fiskalisch-erwerbswirtschaftlichen" Kommunaltätigkeit setzte sich in Deutschland der aus England stammende Begriff des „Munizipalsozialismus" durch.[85]

Ernst Forsthoff entwickelte 1938, in Anlehnung an Ausführungen von Karl Jaspers, die Begriffe „Daseinsvorsorge" bzw. „Leistungsverwaltung". Mit seiner Publikation Die Verwaltung als Leistungsträger[86] leitete er in der Verwaltungsrechtswissenschaft einen Paradigmenwechsel ein. Die beiden Bezeichnungen, die sich mit unterschiedlicher Gewichtung am inhaltlichen und rechtlichen Teil des Verwaltens orientierten, wurden bis weit ins 20. Jahrhundert hinein verwendet und griffen die wachsende Bedeutung der Kommune bei der Bewältigung der mit der Urbanisierung und Industrialisierung verbundenen Probleme auf.[87]

Der Begriff der „Infrastruktur" stammt ursprünglich aus Frankreich und steht im Zusammenhang mit der Entwicklung des Eisenbahnverkehrs im 19. Jahrhundert. „Infrastructure" beschreibt die fest installierten Anlagen wie Gleisanlagen, Tunnel, Brücken, Signalanlagen usw., davon ausgenommen sind Lokomotiven und Waggons. In der zweiten Hälfte des 20. Jahrhunderts führte die NATO den Begriff „Infrastruktur" ein, um damit Kasernen, Versorgungsdepots, Radarstationen und dergleichen zu bezeichnen. Bewegliche Güter wie Waffensysteme zählten jedoch nicht dazu.[88] Schließlich erhielt der Begriff in den 1960er Jahren in der Wirtschaftswissenschaft eine inhaltliche Konkretisierung. Die Infrastrukturnetzwerke

82 Technischer Verein zu Oldenburg, in: Zeitschrift für Baukunde, 3, 1880, S. 538f.

83 Matzerath, Horst: „Kommunale Leistungsverwaltung". Zu Bedeutung und politischer Funktion des Begriffs im 19. und 20. Jahrhundert, in: Blotevogel, Hans Heinrich (Hg.): Kommunale Leistungsverwaltung und Stadtentwicklung vom Vormärz bis zur Weimarer Republik, Köln, Wien 1990, S. 4ff.

84 Ebd., S. 10.

85 Krabbe, Wolfgang, R.: Städtische Wirtschaftsbetriebe im Zeichen des „Munizipalsozialismus". Die Anfänge der Gas- und Elektrizitätswerke im 19. und frühen 20. Jahrhundert, in: Blotevogel: Kommunale Leistungsverwaltung, S. 117.

86 Forsthoff, Ernst: Die Verwaltung als Leistungsträger, Stuttgart, Berlin 1938.

87 Krabbe, Wolfgang, R.: Die Lenkungsverwaltung: Eine Sonderform der Leistungsverwaltung, in: Blotevogel: Kommunale Leistungsverwaltung, S. 160.

88 Tietz, Hans-Peter: Systeme der Ver- und Entsorgung. Funktionen und räumliche Strukturen, Wiesbaden 2007, S. 5ff.

werden seitdem unterteilt in „technische bzw. materielle, in personelle bzw. soziale und in institutionelle Infrastrukturen". Zu den Anlagen der „technischen oder materiellen Infrastruktur" gehören Verkehrs- und Telekommunikationssysteme sowie Energie- und Wasserversorgung.

Die Institutionen im Bereich des Bildungs-, Kultur-, Gesundheits- und Freizeitwesens werden als „personelle oder soziale Infrastruktur" bezeichnet. Die „institutionelle Infrastruktur" umfasst Einrichtungen, die unsere Rechts-, Wirtschaft- und Sozialordnung prägen.[89] Eine abschließende Definition des Begriffs der „Infrastruktur" gibt es bisher nicht, nicht zuletzt deshalb, weil er im Verlauf der vergangenen Jahrzehnte immer wieder neu interpretiert, um Komponenten erweitert und mit neuer Terminologie umschrieben wurde.[90] So wird „Infrastruktur" im Lexikon der Politik in den 1970er Jahren definiert als

> Sammelbezeichnung für alle Einrichtungen, die, von der Gesellschaft geplant und geschaffen, in einer Wohngemeinde und in einem Lande heute und morgen menschliches Zusammenleben, menschliche Zusammenarbeit und Entfaltung der menschlichen Person ermöglichen.[91]

Der Bundesraumordnungsbericht 2000 verwendet den Begriff „Netzinfrastruktur" und begründet damit das Phänomen, dass die Ver- und Entsorgung der Nutzer in der Regel in „Netzen" stattfindet.[92] Jüngste Forschungen beschreiben „Infrastrukturnetzwerke" als

> die wichtigsten physischen und technologischen Aktivposten moderner Städte. Verkehrs- und Telekommunikationssysteme sowie Energie- und Wasserversorgung bilden als (physisch) vernetzte und regulierende Infrastrukturen die größten und am weitesten entwickelten technologischen Artefakte, die je von Menschen geschaffen wurden.[93]

Angesichts des Facettenreichtums von Infrastrukturen konnte es an dieser Stelle lediglich darum gehen, das Phänomen und die Terminologie der Infrastruktur in den Hauptaspekten der historischen Bedeutung zu beleuchten. Zentraler begrifflicher Bezugspunkt in dieser Arbeit ist der der technischen Infrastruktur, der hier auf lokalgeschichtlicher Ebene untersucht wird.

Allgemeine Fragestellungen

Vor diesem Hintergrund hat sich die vorliegende lokalhistorische Studie zum Ziel gesetzt, die Bemühungen und Schritte zu analysieren, die die Residenzstadt Oldenburg unternahm, um mit Hilfe von Infrastrukturleistungen die städtische Modernisierung während des Zeitraums 1850 bis 1930 zu fördern. Der Aufbau der Infrastrukturnetze spielte für die Gestaltung und Strukturierung der Stadt eine besonders wichtige Rolle, zugleich wirkte die Stadtentwicklung prägend auf die Infrastruktur zurück. Daraus resultiert die weiter zu verfolgende Frage nach dem Zusammenhang zwischen sozialen, technischen, institutionellen und kulturellen Faktoren. Welche Bedeutung hatten Bevölkerungs- und Wirtschaftswachstum während des Untersuchungszeitraums, gab es spezifische regionale Besonderheiten oder politische Brüche, die den städtischen Wandel und damit den Einsatz technischer Infrastrukturen begünstigten? Wie war die Zusammenarbeit zwischen städtischer Verwaltung und gewählten Politikern organisiert? Inwiefern wurden Infrastrukturnetzwerke beispielsweise durch die Wahl eines neuen Bürgermeisters oder die Einstellung eines fortschrittlichen Stadtbaumeisters beeinflusst? Konnten diese Akteure den Zeitpunkt des Aufbaus, die Art und Weise der technischen Umsetzung und die Organisationsstruktur steuern?

Untersucht werden soll zudem die Funktion zeitgenössischer, überregional agierender Wissenschaftler und Experten,

---

[89] Jellinghaus: Zwischen Daseinsvorsorge und Infrastruktur, S. 5; ferner Tietz: Systeme der Ver- und Entsorgung, S. 7.

[90] Jellinghaus: Zwischen Daseinsvorsorge und Infrastruktur, S. 5.

[91] Drechsler, Hanno/Hilligen, Wolfgang/Neumann, Franz: Gesellschaft und Staat. Lexikon der Politik, 5. neubearb. und erw. Aufl., Baden-Baden 1979, S. 274.

[92] Tietz: Systeme der Ver- und Entsorgung, S. 10.

[93] Graham, Stephan/Marvin, Simon: Splintering Urbanism. Infrastrukturnetzwerke, technologische Mobilität und die Bedingung des Städtischen, in: Moss/Naumann/Wissen: Infrastrukturnetze und Raumentwicklung, S. 39f.

z.B. der Mediziner, Techniker und Sozialreformer. Konkret steht dabei ihr Einfluss auf die kommunalen Entscheidungsträger und deren Handlungen zur Diskussion. Es hatte schon in früheren Jahrhunderten auf Regierungs- und Verwaltungsebene zwischen den Städten und Kommunen einen Informationsaustausch gegeben, etwa bei gesetzlichen Regelungen oder bei geplanten technischen Neuerungen wie beispielsweise bei der Einführung der Gasbeleuchtung. Das Neuartige bestand jetzt darin, dass erstmals theoretische Ansätze und empirische Forschungsfragen und -ergebnisse in das Verwaltungshandeln einbezogen und bestimmend für Entscheidungen wurden.

Gegenstand der Untersuchung ist weiterhin die Kommunalisierung der zunächst in privater Hand befindlichen Infrastrukturen. Wodurch wurde der Umschwung in der städtischen Politik eingeleitet und welche Schwierigkeiten und Konflikte begleiteten diesen Wandel? Inwieweit veränderten sich im Zuge des städtischen Modernisierungsprozesses die Machtstrukturen und Kompetenzen des Behördenapparats? Welche Debatten über die Kommunalisierung von Infrastrukturen wurden geführt? Standen die Auswirkungen auf eine günstigere Preispolitik, die Verbesserung der Qualität und Effizienz der Versorgungsleistungen oder eher das kommunale Gewinnstreben im Vordergrund?

Schließlich spielen in dieser Arbeit auch die gewerblichen und privaten Nutzer und Nutzerinnen eine Rolle. Es wird geprüft, welche Bevölkerungsgruppen in der Aufbauphase am meisten von den technischen Fortschritten bei der Stadthygiene, der Wasserver- und -entsorgung sowie bei der Versorgung mit Licht, Kraft und Wärme profitierten.

Waren alle Stadtteile gleichermaßen angeschlossen oder gab es einige, die vom Zugang zum Versorgungsnetz ausgeschlossen blieben? Untersucht werden auch die Motive der Bevölkerung, den Aufbau technischer Infrastrukturen zu befördern, zu erzwingen oder gar zu blockieren. In diesem Zusammenhang geht es auch um die Bemühungen der Versorgungsunternehmen, bei den Konsumenten Bedürfnisse zu wecken und Innovationen zu vermitteln. Hier ist der Kostenfaktor von grundlegender Bedeutung: Welche Kosten waren die Menschen bereit zu übernehmen, um am technischen Fortschritt teilzuhaben? Auf der Basis dieser Fragestellungen soll ein differenziertes Verständnis der Rolle und Bedeutung technischer Infrastrukturen für die Bevölkerung und die Entwicklung der Stadt im 19. und frühen 20. Jahrhundert herausgearbeitet werden.

Literatur und Quellen

Technische Infrastrukturen finden in der Geschichtswissenschaft seit etwa zwei Jahrzehnten große Aufmerksamkeit. Dabei zeichnet sich das Forschungsfeld durch seine enge Verbindung zur Stadt- und Urbanisierungsgeschichte aus. So beschäftigen sich viele Arbeiten der Stadtforschung mit den wichtigen Veränderungen, die in der zweiten Hälfte des 19. Jahrhunderts einsetzten und den Grundstein für unsere heutigen vernetzten Städte legten.[94]

Angesichts der Breite der wissenschaftlichen Forschung und der Fülle von Veröffentlichungen zu den unterschiedlichen Themenbereichen ist eine präzise Fokussierung erforderlich. Entsprechend werden im Folgenden in einem kurzen Überblick ausgewählte wirtschafts-, politik-, technik- und sozialhistorisch ausgerichtete Studien vorgestellt, die einerseits paradigmatisch den jeweiligen Forschungsstand beleuchten und andererseits im Hinblick auf ihre Fragestellungen, Methoden oder Ergebnisse dieser Arbeit wichtige Impulse gaben. Die Rolle der Kommune beim Aufbau von Infrastruktursystemen steht am Anfang dieser Darstellung. Grundlegende Studien und Überblicksdarstellungen zu den Aspekten Urbanisierung und kommunalpolitische Strukturen haben Jürgen Reulecke, Wolfgang R. Krabbe und Hans Heinrich Blotevogel vorgelegt.

Zum Klassiker avancierte die Darstellung von Krabbe *Die deutsche Stadt im 19. und 20. Jahrhundert*, in der er den innerstädtischen Wandlungsprozess darstellt, geprägt durch Bevölkerungswachstum, Industrialisierung, Urbanisierung und

[94] Grundlegend dazu Blotevogel: Kommunale Leistungsverwaltung.

die Entstehung der kommunalen Selbstverwaltung.[95] Eine Aufsatzsammlung zur Kommunalpolitik hat Hans Heinrich Blotevogel herausgegeben.

Die Autoren des Bandes betrachten aus verschiedenen Blickwinkeln das Spektrum der kommunalen Leistungs- und Lenkungsverwaltung im 19. und 20. Jahrhundert, angefangen bei der kommunalen Armen- und Gesundheitsfürsorge über die städtischen Wirtschaftsbetriebe und die Stadtplanung bis hin zur gegenwärtigen Wirtschaftsförderung, der Förderung des sozialen Wohnungsbaus und Sicherung von Arbeitsplätzen.[96]

Neuere Forschungen haben insbesondere die Wechselbeziehung zwischen Expertenwissen und der Entstehung der modernen städtischen Leistungsverwaltung untersucht. So zeigt Lorenz Jellinghaus in seiner Studie auf, wie Bevölkerungswachstum und Industrialisierung zu einem tief greifenden Wandel der Städte führten und welche Anforderungen sich daraus für die Kommunen ergaben.[97]

Speziell geht es in dieser ideengeschichtlich angelegten Untersuchung um die Frage, welche Ideen und wissenschaftlichen Erkenntnisse den Wandlungsprozess begleiteten. Die Errichtung von Infrastrukturnetzwerken konnte nicht ohne die Zustimmung von Politikern und Kommunalbeamten erfolgen. Es zeigte sich aber, dass diese in der Aufbauphase der städtischen Infrastruktursysteme technisches und politisches Neuland betraten und für ihre Entscheidungen auf Expertenwissen angewiesen waren: auf neue wissenschaftliche Erkenntnisse in der Medizin, im Ingenieurwesen, in den Naturwissenschaften und in der Verwaltungsrechtswissenschaft. In diesem Zusammenhang hebt Jellinghaus den engen Zusammenschluss vom „Verein für öffentliche Gesundheitspflege" und Kommune ab den 1870er Jahren hervor:

> Der Verein suchte die Nähe zu den städtischen Entscheidungsträgern und stattete diese auf den jährlich stattfindenden Versammlungen mit klaren und wissenschaftlich legitimierten Handlungsanleitungen aus. Auf den Jahresversammlungen des Vereins referierten die Fachleute über den neuesten Stand der Technik und die Vereinsmitglieder stimmten über die am besten geeigneten Infrastrukturmaßnahmen ab. Über diese Resolutionen sollte es gelingen, in den Städten einen breiten Rückhalt für den Infrastrukturaufbau zu finden.[98]

Darüber hinaus versuchte der Verein auch politischen Einfluss zu gewinnen, er verabschiedete zahlreiche Petitionen und verfasste eigene Gesetzesvorschläge. Eine wichtige Rolle spielte auch der 1873 gegründete „Verein der Architekten und Ingenieure", der seine Kernaufgaben in der Städteplanung und in der Bausicherheit sah. Ihrem Selbstverständnis nach vertraten diese Vereine unterschiedliche Themenschwerpunkte, aber es gab auch viele inhaltliche Berührungspunkte und oft waren sie auch personell eng miteinander verbunden.[99] Diese interdisziplinäre Kooperation zwischen den Expertengruppen, die vor allem dazu diente, die Aufgabenverteilung zwischen Staat, Gemeinden und Vereinen rechtlich abzusichern, sieht Jellinghaus in seiner stark verwaltungsgeschichtlich ausgerichteten Untersuchung als eine wichtige Entwicklungsstufe an, die den Übergang von der kommunalen Ordnungs- zur Leistungsverwaltung markiert.

Auch Anne I. Hardy untersucht den Einfluss von Expertenwissen auf die kommunalen Entscheidungsträger.[100] Sie skizziert die Entwicklung der öffentlichen Gesundheitspflege von den ersten autodidaktischen Versuchen im 18. Jahrhundert bis hin zu den bedeutenden Leistungen am Ende des 19. Jahrhunderts. Ein Schwerpunkt ihrer Studie sind medizinische The-

95 Krabbe, Wolfgang, R.: Die deutsche Stadt im 19. und 20. Jahrhundert. Eine Einführung, Göttingen 1989; Reulecke, Jürgen (Hg): Die deutsche Stadt im Industriezeitalter. Beiträge zur modernen Stadtgeschichte, Wuppertal 1978; ferner: Reulecke, Jürgen/Castell Rüdenhausen, Adelheid Gräfin zu (Hg.): Stadt und Gesundheit. Zum Wandel von „Volksgesundheit" und kommunaler Gesundheitspolitik im 19. und frühen 20. Jahrhundert (Nassauer Gespräche der Freiherr-vom-Stein-Gesellschaft 3), Stuttgart 1991.

96 Blotevogel: Kommunale Leistungsverwaltung.

97 Jellinghaus: Zwischen Daseinsvorsorge und Infrastruktur.

98 Ebd., S. 99.

99 Ebd., S. 93ff.

100 Hardy, Anne I: Ärzte, Ingenieure und städtische Gesundheit. Medizinische Theorien in der Hygienebewegung des 19. Jahrhunderts, Frankfurt/M., New York 2005.

orien, die in den medizinischen Fakultäten der Universitäten, in Fachkreisen und im „Verein für öffentliche Gesundheitspflege" diskutiert wurden und bei den Entscheidungen zur öffentlichen Gesundheitsfürsorge eine Rolle spielten. Differenziert arbeitet Hardy die Gründungsgeschichte und die Aktivitäten des „Vereins für öffentliche Gesundheitspflege" heraus und beschreibt die Strategien, die die Mediziner im Bündnis mit Ingenieuren und Verwaltungsbeamten verfolgten, um die hygienischen Probleme des 19. Jahrhunderts zu bewältigen. In diesem Kontext gelingt Hardy auch der Nachweis, dass Expertenurteile aufgrund verschiedener wirtschaftlicher, sozialer und politischer Interessen nicht immer nach dem „besten" Wissen gefällt wurden, sondern vor allem dem Einfluss des sozialen und kulturellen Umfeldes unterlagen.

Über die Auswirkungen sozialer Missstände auf die gesundheitlichen Verhältnisse der Stadtbewohner während der Industrialisierungsphase liegen mehrere Arbeiten vor. Die Autoren befassen sich jeweils mit einer ausgewählten Stadt oder untersuchen in vergleichender Perspektive die gesundheitspolitischen Entwicklungen in deutschen und anderen europäischen Großstädten. In mehreren Beiträgen werden die sanitären Reformen zur Verbesserung der hygienischen Zustände am Ende des 19. und zu Beginn des 20. Jahrhunderts analysiert. Dabei wird der zentralen Wasserversorgung und dem Ausbau der Kanalisation eine Schlüsselstellung zugewiesen. Während Marianne Pagel am Beispiel der Stadt Lüneburg das kommunale Gesundheitswesen untersucht,[101] hat Peter Münch die Analyse der Stadthygiene in München zu seinem Forschungsthema gemacht.[102] Beate Witzler diskutiert in einer vergleichenden Studie die Hygienepolitik in sechs Großstädten: Hamburg, München, Dresden, Leipzig, Köln, Frankfurt/M. in der Hochphase des Urbanisierungsprozesses, also von 1871 bis 1914.[103] In der von Jörg Vögele und Wolfgang Woelk herausgegebenen Aufsatzsammlung wird die Entwicklung der städtischen Gesundheitsverhältnisse aus einem internationalen Blickwinkel heraus betrachtet.[104] Beispiele aus England, Frankreich, der Schweiz, Österreich, Schweden und verschiedenen Städten in Deutschland beleuchten die Aspekte „Stadt, Krankheit und Tod" vom 18. bis ins frühe 20. Jahrhundert.

Die empirisch angelegte Untersuchung von Jörg Vögele rekonstruiert die Entwicklung der städtischen Gesundheitsverhältnisse vor allem unter dem Aspekt, ob vorrangig sanitäre Reformen oder verbesserte Lebensbedingungen zu einem Wandel der Sterblichkeitsursachen führten.[105] In diesem Zusammenhang untersuchte er die spezifische Entwicklung in den zehn größten deutschen Städten: Berlin, Breslau, Dresden, Düsseldorf, Frankfurt/M., Hamburg, Köln, Leipzig, München und Nürnberg. Vögele kommt in seiner differenzierten Analyse zu der Schlussfolgerung, dass mehrere Faktoren positiven Einfluss auf die Höhe und Entwicklung der städtischen Sterblichkeitsrate ausübten. Von besonderer Bedeutung sind für ihn zunächst die Hebung des Lebensstandards sowie der Ausbau der Wasserversorgung und der Kanalisation. Als in späteren Jahrzehnten darüber hinaus ein allgemeiner Ausbau des Gesundheitswesens erfolgte, darunter die Einführung der gesetzlichen Krankenversicherung und der kommunalen Wohnungsfürsorge, bewirkten diese sozialen Einrichtungen zusätzlich einen Sterblichkeitsrückgang.

Vögele geht in seiner Untersuchung davon aus, dass das Hauptmotiv für den Ausbau von Infrastrukturanlagen ökonomische, nicht medizinische Gründe waren. Vielfach, so Vögele, wurde der Öffentlichkeit vorgespielt, dass hygienische und medizinische Aspekte bei sanitären Maßnahmen im Vordergrund stünden, um die teuren Investitionen zu rechtfertigen.

---

[101] Pagel, Marianne: Gesundheit und Hygiene: Zur Sozialgeschichte Lüneburgs im 19. Jahrhundert (Veröffentlichungen der Historischen Kommission für Niedersachsen und Bremen 34), Hannover 1992.

[102] Münch, Peter: Stadthygiene im 19. und 20. Jahrhundert. Die Wasserversorgung, Abwasser- und Abfallbeseitigung unter besonderer Berücksichtigung Münchens, Göttingen 1993.

[103] Witzler, Beate: Großstadt und Hygiene. Kommunale Gesundheitspolitik in der Epoche der Urbanisierung, Stuttgart 1995.

[104] Vögele, Jörg/Woelk, Wolfgang (Hg.): Stadt, Krankheit und Tod. Geschichte der städtischen Gesundheitsverhältnisse während der Epidemiologischen Transition (Schriften zur Wirtschafts- und Sozialgeschichte 62), Berlin 2000.

[105] Vögele, Jörg: Sozialgeschichte städtischer Gesundheitsverhältnisse während der Urbanisierung (Schriften zur Wirtschafts- und Sozialgeschichte 69), Berlin 2001.

Differenziert legt der Autor dar, dass die rasant wachsenden Industrie- und Handelsstädte vor allem danach strebten, ihr tägliches Funktionieren aufrechtzuerhalten. Dafür boten ausreichende und adäquate sanitäre Infrastrukturen wesentliche Voraussetzungen. Die „Städteassanierung"[106] entwickelte sich auch zu einem wichtigen wirtschaftlichen und finanziellen Faktor. So war mit dem Ausbau der Infrastrukturen die Gründung von Wirtschaftsbetrieben verbunden, die die technischen Anlagen produzierten, aufbauten und betrieben, außerdem gewann das Ingenieurwesen, insbesondere der Tiefbau, einen rasanten Aufschwung. Für den Autor sind diese Beispiele ein Indiz für das Interesse privater oder kommunaler Unternehmen, den Ausbau sanitärer Maßnahmen zu fördern, weil sie sich davon ein lukratives Geschäft versprachen.[107]

Mit den Entstehungsbedingungen und dem lang andauernden Prozess bis hin zur flächendeckenden Wasserversorgung und Abwasserbeseitigung in Berlin setzt sich Shahrooz Mohajeri auseinander.[108] Im Zentrum seiner Studie stehen verschiedene frühe Entwürfe, die Hygiene der Stadt Berlin nach englischem Vorbild zu verbessern: angefangen mit der Straßenspülung, über eine zentrale Wasserversorgung bis hin zur Abwasserbeseitigung. Die Bemühungen um die Verbesserung der mangelhaften hygienischen Verhältnisse sieht Mohajeri in erster Linie darin begründet, dass Berlin seine kulturelle und politische Macht als preußische Hauptstadt demon-strieren wollte. Während der Ausbau des Wasserversorgungssystems relativ rasch durch ein englisches Unternehmen im Jahr 1852 geschah, stellte die Beseitigung von Abwässern ein immenses technisches, finanzielles und politisches Problem dar. Mohajeri gelingt es, in seiner Lokalstudie den langwierigen Prozess, der maßgeblich durch den Mediziner Rudolf Virchow und den Ingenieur James Hobrecht beeinflusst wurde, anschaulich aufzuzeigen. Der so genannte Hobrechtplan, der schließlich 1872 umgesetzt wurde, hatte bald Vorbildfunktion für viele andere Städte des Deutschen Reiches. In seiner ausführlichen Untersuchung analysiert Mohajeri darüber hinaus die Anschlussbewegung in der Berliner Bevölkerung. Er listet die Verteilung der Wasseranschlüsse in ausgewählten Stadtbezirken auf, die Verteilung der Wasserversorgung nach Stockwerken, nach Vorder- und Hinterhäusern und die Versorgung der Haushalte mit Wassertoiletten. Dadurch gelingt es ihm, die Wechselwirkung der neuen Technologie mit den sozialen, politischen und gesellschaftlichen Entwicklungen differenziert herauszuarbeiten und auch statistisch zu untermauern.[109] Mohajeri behandelt in seiner Arbeit auch die Etablierung des Wasserversorgungs- und Entsorgungssystems von der Jahrhundertwende bis zum Ausbruch des Zweiten Weltkrieges. Er zeigt auf, dass durch die Kommunalisierung der Werke bald eine Vollversorgung der Bevölkerung erreicht und die Versorgungstechnologie im Wesentlichen ausgereift war.

Ein wichtiger Wegbereiter der Modernisierung in Hamburg war der Ingenieur William Lindley. Ihm hat das Museum für Hamburgische Geschichte zu seinem 200. Geburtstag eine Ausstellung und eine umfangreiche Begleitpublikation gewidmet.[110] Die Autoren dieses Buches zeichnen ein facettenreiches Bild dieses Ingenieurs und Stadtplaners, der als „Pionier der technischen Hygiene" gilt.[111] Den Fokus der Darstellung bildet das Interesse an großstädtischen Innovationen wie Kanalisation und zentraler Wasserversorgung im Kontext mit Städtebau und stadthygienischen Maßnahmen, gleichwohl werden auch die Widerstände thematisiert, die in der Frühphase der Urbanisierung in Politik und Wirtschaft vorherrschend waren. Der Band bietet einen Überblick über die Aufbauphase der Modernisierung in Hamburg, bleibt dabei aber nicht auf der

106 Unter diesem Begriff verstand man „die Herbeiführung hygienischer Zustände durch Zuführung gesunden Trinkwassers, durch erprobte Einrichtungen zur Beseitigung der städtischen und gewerblichen Abfallstoffe, durch Sorge für unverdorbene Lebensmittel, durch gute Bauordnungen, endlich durch Beaufsichtigung der Kirchhöfe oder durch Anlage von Leichenöfen.", zit. nach Jellinghaus: Zwischen Daseinsvorsorge und Infrastruktur, S. 25.

107 Vögele: Sozialgeschichte städtischer Gesundheitsverhältnisse, S. 269ff.

108 Mohajeri, Shahrooz: Historische Entwicklung der Wasserversorgung und Abwasserentsorgung in Berlin bis zum Zweiten Weltkrieg, Univ. Diss., Berlin 2002.

109 Ebd., S. 62ff.

110 Pelc, Ortwin/Grötz, Susanne (Hg.): Konstrukteur der modernen Stadt. William Lindley in Hamburg und Europa 1808-1900 (Schriftenreihe des Hamburgischen Architekturarchivs 22), Hamburg 2008.

111 Ebd., S. 231.

Ebene des regionalen Beispiels stehen, sondern untersucht auch das Wirken Lindleys in anderen deutschen und europäischen Städten.

Die vorliegende Studie verfolgt das Ziel, neben dem Wasser auch die Gas- und Elektrizitätsversorgung zu betrachten, die zusammengenommen zum Verständnis von Prozessen der Stadtentwicklung im 19. und 20. Jahrhundert beitragen.
Als in den vergangenen zwei Jahrzehnten eine Reihe von Energieunternehmen auf ihr 75- oder 100-jähriges Bestehen zurückblicken konnte, löste dies einen Boom von Buchveröffentlichungen und Ausstellungen aus. Sie boten für die vorliegende Arbeit wichtige Anregungen und vermittelten einen anschaulichen Überblick über die Entwicklungsgeschichte der Elektrifizierung, den damit verbundenen Strukturwandel in verschiedenen Städten und Regionen Deutschlands sowie den Einfluss der Elektrotechnik auf den Alltag und die Lebensweise der Menschen.

Den Anfang in der Reihe der Jubiläumsschriften und Ausstellungen machte das Historische Museum in Frankfurt, das anlässlich des 100-jährigen Jubiläums der „Internationalen Elektrotechnischen Ausstellung" von 1891 eine Ausstellung konzipierte und begleitend eine Publikation herausgab.[112] Die Vereinigung Deutscher Elektrizitätswerke – VDEW e.V. –, die unmittelbar nach der Frankfurter Ausstellung von 1891 ins Leben gerufen worden war, feierte 1992 ihr 100-jähriges Bestehen und veröffentlichte aus diesem Anlass eine zweibändige Festschrift.[113] In den darauf folgenden Jahren begingen die Städte Bremen, Hamburg, Osnabrück, Karlsruhe und Dortmund Jubiläen ihrer regionalen Energieversorgung in ähnlicher Weise.[114] Die EWE AG in Oldenburg blickte 2005 auf ihr 75-jähriges Firmenjubiläum zurück und nahm dies zum Anlass, die Geschichte der Elektrifizierung in der Stadt Oldenburg und im Landkreis Cloppenburg in Kooperation mit dem Stadtmuseum Oldenburg und dem Museumsdorf Cloppenburg zu dokumentieren.[115]

Diese kultur-, wirtschafts- und technikhistorischen Forschungsbeiträge, die zumeist begleitend zur Ausstellung in den Museen entstanden sind, stellen eine wesentliche Bereicherung gegenüber herkömmlichen Festschriften dar, bei denen es sich vielfach um Auftragsarbeiten handelt, die nur die „erfolgreiche" Unternehmenspolitik im Blick haben und in erster Linie das Image des Unternehmens bedienen. Die moderne Unternehmensforschung widmet sich im Kontext der Geschichte eines Unternehmens, zumindest regional hieran anknüpfend, auch ökonomischen, technischen, politischen, sozialen und kulturellen Fragen und dokumentiert dadurch eine Öffnung der Forschungsperspektive. In zahlreichen Studien wurden erstmals auch die vielfältigen Einflüsse der Elektrotechnik auf die Arbeitsbedingungen und den Alltag der Menschen dokumentiert.

Die jüngsten Schriften zur Geschichte der Elektrifizierung haben zugleich deutlich gemacht, dass das Gründungsjahr eines Energieunternehmens nicht immer ein Indiz für den Beginn des Elektrizitätszeitalters einer Stadt war. In vielen Städten gab es private Vorläufergesellschaften oder städtische Elektrizitätswerke. Die Entwicklung in Deutschland verlief uneinheitlich und war abhängig von sozialräumlichen Rahmenbedingungen und technologischen Entwicklungen in den verschiedenen Regionen. Die Zeit vom späten 19. Jahrhundert bis in die 1930er Jahre, die als die wichtigste Aufbau- und Etablierungsphase des Infrastrukturnetzes gilt, war durch vielfältige Faktoren gekennzeichnet: technischer Wandel der Energieversorgung, Wechsel zwischen Kommunalisierung und Privatisierung der Werke, Gründung von gemischtwirtschaftlichen

112 Steen, Jürgen (Bearb.): „Eine neue Zeit...!" Die Internationale Elektrotechnische Ausstellung 1891, Frankfurt/M. 1991.

113 Fischer, Wolfram (Hg.): Die Geschichte der Stromversorgung, Frankfurt/M 1992; Voß, Alfred (Hg.): Die Zukunft der Stromversorgung, Frankfurt/M. 1992.

114 Christiansen, Jörn (Hg.): Bremen wird hell. 100 Jahre Leben und Arbeiten mit Elektrizität, (Veröffentlichungen des Bremer Landesmuseums für Kunst und Kulturgeschichte, Focke Museum 92), Bremen 1993; HEW Hamburgische Electrizitäts-Werke AG (Hg.): Stadt am Strom, 100 Jahre Strom und Fernwärme für Hamburg, Hamburg 1994; Spilker, Rolf: Unbedingt modern sein. Elektrizität und Zeitgeist um 1900, Bramsche 2001; Badisches Landesmuseum Karlsruhe (Hg.): Die elektrisierte Gesellschaft: Ausstellung des Badischen Landesmuseums in Zusammenarbeit mit dem Badenwerk aus Anlass des 75jährigen Jubiläums 6. Juli bis 13. Oktober 1996, Karlsruhe 1996; VEW (Hg.): Mehr als Energie. Die Unternehmensgeschichte der VEW 1925-2000, Dortmund 2000.

115 Meyer, Lioba: Mehr Licht! Die Geschichte der Energieversorgung Ems-Weser-Elbe, (Veröffentlichungen des Stadtmuseums Oldenburg 50), Oldenburg 2005; Tautz, Joachim: Mehr Licht! Elektrifizierung des ländlichen Raums (Veröffentlichung des Museumsdorfes Cloppenburg), Cloppenburg 2005.

Unternehmen, Fusionen, Konzentrationsprozesse, Herausbildung von Gebietsmonopolen, Verstaatlichungen.

Diese Entwicklungen hat im Einzelnen Bernhard Stier in seiner historischen Längsschnittstudie am Beispiel der drei Bundesstaaten Baden, Württemberg und Preußen sowie des Deutschen Reichs im Zeitraum von 1890 bis 1950 analysiert.[116] Im Mittelpunkt seiner Untersuchung steht die Elektrizitätspolitik, basierend auf „Abhängigkeiten und Wechselwirkungen zwischen technischer Innovation, ökonomischen Interessen, politischen Weichenstellungen und sozialen Auswirkungen der Technologie."[117] Die Untersuchung Stiers über die Entwicklung in Preußen lieferte dieser Arbeit wichtige Anhaltspunkte, nicht zuletzt, weil das städtische Elektrizitätswerk in Oldenburg durch aktive Intervention des preußischen Staates seine Autonomie einbüßte. Für das Staatsunternehmen „Preußenelektra" erarbeitete Stier in seiner Studie anhand eines intensiven Quellenstudiums aussagekräftige Ergebnisse. Dazu gehört der Befund, dass der Einfluss des preußischen Staates in der Zwischenkriegszeit für die Monopolisierung des Strommarktes eine bedeutsame Rolle gespielt hat. Der Autor macht deutlich, dass durch die politischen Umbrüche, die landesspezifische Finanz- und Wirtschaftspolitik sowie durch die Neuordnung der Wirtschaft nach der nationalsozialistischen Machtübernahme die Bedeutung staatlicher und kommunaler Akteure bei der Gewährleistung von öffentlichen Interessen der Energieversorgung einem Wandel unterlag. Die Studie konzentriert sich darauf, den öffentlich geführten Diskussionsprozess, die politischen Entscheidungen und die Unternehmensstrategien detailreich darzustellen. Stier gelingt dadurch ein präziser Blick auf die Entwicklung der Elektrizitätswirtschaft im Untersuchungszeitraum.

Beate Binder geht in ihrer kulturwissenschaftlichen Studie der Frage nach, unter welchen Umständen es der Elektrizitätswirtschaft gelang, ihre Ware Strom zu verkaufen.[118] Im Zentrum der Darstellung steht die Zeit von den Anfängen der Elektrifizierung bis zur Phase ihrer Etablierung in den 1920er Jahren. Exemplarisch zeigt sie die Entwicklungen an den Städten Stuttgart und Berlin auf. In der Reichshauptstadt waren im Untersuchungszeitraum die beiden größten elektrotechnischen Unternehmen Siemens & Halske und AEG angesiedelt, zusammen mit den Zulieferfirmen beschäftigte die Elektroindustrie um 1900 mehrere Zehntausend Menschen. Die Stadt übernahm im Hinblick auf die Elektrifizierung eine Vorreiterrolle, wesentliche Entwicklungen wurden hier zuerst erprobt und umgesetzt. Den Vergleich mit Stuttgart wählte Binder, um „die Bedingungen für die Akzeptanz und Aneignung der neuen Technik" im kleinstädtischen bzw. ländlichen Raum aufzuzeigen.[119]

Binder versteht unter Elektrifizierung einen Prozess, der durch Umsetzung von Innovationen gekennzeichnet ist und bei den Menschen die Bereitschaft voraussetzt, Veränderungen durch Lernen und das Trainieren neuer Sichtweisen zuzulassen, so ihre Ausgangsthese. Der Rolle der Produktwerbung der Elektroindustrie widmet die Abhandlung besondere Aufmerksamkeit, dabei stützt sich die Studie auf mehr als 20 Zeitungen, 50 Zeitschriften sowie auf Archivmaterial. Die zunehmende gesellschaftliche Akzeptanz der Elektrizität führt die Autorin im Wesentlichen auf die Inszenierungen von Licht und Kraft in den regionalen und internationalen Ausstellungen, die Werbung in Zeitungen und Zeitschriften sowie die effektvollen Illuminierungen in den großstädtischen Straßen, Geschäftshäusern, Hotels, Kinos etc. zurück.

> Erst im Miteinander von Funktionalität und Symbolkraft erhielt Elektrizität bzw. Elektrotechnik den Grad an Plausibilität, der für ihre Durchsetzung und Aneignung notwendig war. Schon lange bevor jeder Haushalt an das Stromnetz angeschlossen war, so die zweite These dieser Arbeit, war Elektrizität aus der Gesellschaft ‚nicht mehr wegzudenken', war das technische System in diesem Sinn etabliert.[120]

[116] Stier, Bernhard: Staat und Strom. Die politische Steuerung des Elektrizitätssystems in Deutschland 1890-1950, hg. vom Landesmuseum für Technik und Arbeit Mannheim (Technik und Arbeit 10), Ubstadt-Weiher 1999.
[117] Ebd., S. 33.
[118] Binder, Beate: Elektrifizierung als Symbol. Zur Symbolgeschichte einer Technik im Alltag, Tübingen 1999.
[119] Ebd., S. 45.
[120] Ebd., S. 11.

Besonderes Interesse widmet Binder der Phase der Etablierung der Stromversorgung in den 1920er Jahren. Der Nutzen des Stroms in Industrie und Handwerk war bereits zur Selbstverständlichkeit geworden und bedurfte keiner zusätzlichen Überzeugungsarbeit. Anders, so die Autorin, sah es mit der Elektrizität im Haushalt aus. Die Öffentlichkeitsarbeit der Elektrizitätswerke in dieser Zeit war beispiellos: Es wurden Lichtwochen organisiert und Verkaufs- und Informationsveranstaltungen für Hausfrauen angeboten, außerdem sollte die Zeitschriften-, Plakat- und Kinowerbung dazu dienen, den Stromverkauf zu intensivieren. Der Privathaushalt wurde als Teil der Volkswirtschaft begriffen. Der Autorin gelingt es in ihrer umfassenden Studie, aus der Perspektive der Energieversorger die Entwicklungsgeschichte der Elektrizität von den ersten Beleuchtungsversuchen über die Phase der Etablierung bis zur flächendeckenden Stromversorgung aufzuzeigen. Da das Ziel der Untersuchung nicht die kritische Analyse der Verkaufsstrategie der Elektrizitätswirtschaft war, sondern die gründliche Darstellung verschiedener Einflussfaktoren, die zum Wandel der Bedeutungszuschreibungen der Elektrizität beitrugen, vermittelt die Studie zwar zahlreiche Anregungen und zeigt unterschiedlichste Facetten auf, liest sich in Teilbereichen jedoch wie eine reine Erfolgsgeschichte der Elektrifizierung, wie sie vielfach auch in technikgeschichtlichen Abhandlungen oder in zeitgenössischen Firmenschriften zu finden ist.[121]

Empirische Untersuchungen über die Energieversorgung liegen für eine Reihe von Städten und Regionen vor. Nur wenige Studien haben ausschließlich die Gasversorgung zum Thema, häufiger spielt diese jedoch in Kombination mit der Elektrizitätsversorgung eine Rolle, denn zahlreiche Elektrizitätswerke betrieben gleichzeitig auch Gaswerke. Dies galt besonders für kommunale Unternehmen, denn in der Zeit vor dem Ersten Weltkrieg hatten Umstrukturierungen in vielen Städten zu einer Verknüpfung von Gas und Strom geführt. Gegen Ende der 1920er Jahre fand erneut ein Wandel in der Unternehmensstruktur statt: Zahlreiche ehemals als Privatunternehmen gegründete Elektrizitätswerke und kommunale Unternehmen wurden in gemischtwirtschaftliche Unternehmen umgewandelt, das bedeutete, dass das Unternehmenskapital von Privaten und öffentlichen Körperschaften stammte und die Leitung gemeinsam ausgeübt wurde.

An dieser Stelle sei besonders auf die Entwicklung der VEW, Vereinigte Elektrizitätswerke Westfalen GmbH verwiesen, die als das größte kommunale Elektrizitätswerk Westdeutschlands galt, zur Gesellschaft gehörte auch der Gasbetrieb. Die VEW war die Dachgesellschaft, die 1925 aus der Fusion zwischen dem städtischen Elektrizitätswerk Dortmund, dem Westfälischen Verbands-Elektrizitätswerk und dem Electrizitätswerk Westfalen hervorgegangen war. Sie versorgte insgesamt 31 Städte und Landkreise mit Strom und Gas. 1930 wurde sie in ein gemischtwirtschaftliches Unternehmen überführt und firmierte fortan als VEW AG.

Die Geschichte dieses Unternehmens mit seinen Vorläufergesellschaften bis zur Konzernentwicklung am Ende des 20. Jahrhunderts wird differenziert in einer Jubiläumsschrift anlässlich des 75-jährigen Bestehens dargestellt. In dieser schon erwähnten Publikation nimmt die Geschichte der Elektrizitätswirtschaft einen breiten Raum ein, gleichwohl spielt auch die Gasversorgung eine wichtige Rolle.[122] Den Autoren dieses Bandes ist es in besonderer Weise gelungen, anhand der VEW die facettenreiche Wechselwirkung von Politik, Wirtschaft, Technik und städtischen Arbeits- und Lebensbedingungen darzustellen, die über das lange 20. Jahrhundert hinweg die Geschicke des Unternehmens beeinflussten. Wie ein roter Faden durchzieht die Geschichte vom Kaiserreich bis zum wiedervereinigten Deutschland die Entwicklungsgeschichte des Unternehmens. Die VEW AG hat darüber hinaus eine separate Abhandlung über die Geschichte der Gasversorgung in ihrem Versorgungsgebiet aus unternehmerischer Sicht veröffentlicht.[123]

---

[121] Die deutsche Elektrizitätsversorgung, hg. vom Vorstand des Deutschen Metallarbeiter-Verbandes, Stuttgart 1927; Meyen, Fritz A.: Die Elektrizität in Haus und Gewerbe, 2. Aufl., Leipzig 1922; AEG-Zeitung, Berlin 1897ff.; Pohl, Manfred: Emil Rathenau und die AEG, Berlin, Frankfurt/M. 1988.
[122] VEW AG: Mehr als Energie.
[123] Heymann, Gerd: Vom Irrlicht zum Industriemotor. Die leuchtende Gas-Geschichte der VEW, Dortmund 1996.

Der aussagekräftige Materialfundus und das breite Spektrum des Untersuchungsgegenstandes beider Publikationen gaben für die vorliegende Studie wichtige Hinweise und Anregungen.

Aus Anlass des 150. Geburtstages des städtischen Gaswerks und 170 Jahre Gasversorgung in Berlin konzipierte das Deutsche Technikmuseum eine Sonderausstellung und einen Begleitkatalog zur Technik- und Kulturgeschichte des Gases.[124] Im Mittelpunkt der unterschiedliche Teilaspekte behandelnden Beiträge stehen die Unternehmensgeschichte, technische Aspekte, die Entwicklungsgeschichte der Straßenbeleuchtung und die Verbreitung des Gases im Haushalt zum Kochen und Heizen. Diese reich illustrierte Publikation vermittelt einen aufschlussreichen Einblick in die Modernisierungsgeschichte Berlins.

Dass den technischen Infrastrukturen in der historischen Forschung große Relevanz zugemessen wurde, ist an der Fülle der Publikationen abzulesen, auf die sich die vorliegende Studie stützen kann. Resümierend ist jedoch festzustellen, dass in der Stadtforschung für die Bereiche „Leistungsverwaltung" und städtische Gesundheitsentwicklung, die in Zusammenhang mit der zentralen Wasserversorgung und Kanalisationsanlagen stehen, eine Vielzahl von Forschungen vorliegt, während der Umfang der Untersuchungen über die Gas- und Stromversorgung viel geringer ist.

Zum oben umrissenen Themenkomplex finden sich aber nur vereinzelt Veröffentlichungen, die sich auf Entwicklungen in der Stadt Oldenburg beziehen. Einen facettenreichen und differenzierten Überblick über die Geschichte der Stadt bietet die zweibändige Publikation, die aus Anlass des 650-jährigen Stadtrechtsjubiläums herausgegeben wurde.[125] Obwohl im zweiten Band der Zeitraum untersucht wird, in dem die wichtigsten Weichenstellungen für eine Infrastrukturversorgung vollzogen wurden, findet dieses Thema nur punktuelle Beachtung. Auch die Rolle der Kommune als Unternehmer, der Wandel zur Leistungsverwaltung, jene Entwicklung, die zur modernen Stadt beigetragen hat, wird nur schlaglichtartig berücksichtigt.

Eine detaillierte Studie zur Wirtschaftsgeschichte der Stadt Oldenburg, die den städtischen Versorgungsbetrieben jedoch nur ein knappes Kapitel widmet, hat Heinz-Joachim Schulze bereits 1965 vorgelegt.[126] Vergleichbare neuere Forschungen zu diesem Themengebiet liegen nicht vor, einzelne Aspekte wurden jedoch in verschiedenen stadtgeschichtlichen Forschungsarbeiten aufgegriffen und eingehender erörtert.[127] Ein wichtiger Beitrag zur Geschichte der Modernisierung in Oldenburg ist die technik- und wirtschaftsgeschichtliche Studie über die Wasserversorgung und den öffentlichen Personennahverkehr.[128] Darüber hinaus hat Joachim Schrape am Beispiel des Wirkens des Stadtbaumeisters Franz Noack die städtischen Innovationen vom ausgehenden 19. Jahrhundert bis in die 1920er Jahre hinein untersucht.[129] Der Autor stützt sich in seiner Untersuchung im Wesentlichen auf Archivalien. Im Vordergrund der Bemühungen Noacks standen zunächst Hochbauten wie Schulen, Rathaus, Theater, eine Badeanstalt und der städtische Schlachthof sowie der Ausbau der Straßen und des Hafens. Darüber hinaus ging es ihm auch um die Verbesserung der stadthygienischen Verhältnisse. Das besondere Verdienst des Stadtbaumeisters war es, Schrape zufolge, dass er den Aufbau der modernen Infrastruktur – Straßenspülung, Kanalisation und Errichtung einer zentralen Wasserversor-

[124] Deutsches Technikmuseum Berlin (Hg.): Feuer und Flamme für Berlin. 170 Jahre Gas in Berlin. 150 Jahre städtisches Gaswerk (Berliner Beiträge zur Technikgeschichte und Industriekultur, 16), Berlin 1997.

[125] Stadt Oldenburg: Geschichte der Stadt Oldenburg.

[126] Schulze: Oldenburgs Wirtschaft einst und jetzt.

[127] Insbesondere in der zweibändigen Stadtgeschichte: Stadt Oldenburg: Geschichte der Stadt Oldenburg; Seitz, Walther: Energie für das Herzogtum Oldenburg um die Jahrhundertwende, in: Oldenburg um 1900, Hg. von der Handwerkskammer Oldenburg, der Landwirtschaftskammer Oldenburg und der Oldenburgischen Industrie- und Handelskammer, Oldenburg 1975, S. 159-171; Schachtschneider, Matthias: Osternburg. Ein Ort mit vielen Gesichtern, Oldenburg 1999; Koolmann, Egbert/Meyer, Lioba (Hg.): In Oldenburg gedruckt. Drucke, Drucker und Druckereien in Oldenburg seit 1599 (Veröffentlichungen des Stadtmuseums Oldenburg 35), Oldenburg 1999; Berg, Eugenie/Meyer, Lioba/Steitz, Ulf: Moderne Zeiten. Industrie- und Arbeiterkultur in Oldenburg 1845-1945 (Veröffentlichungen des Stadtmuseums Oldenburg Bd. 5), Oldenburg 1989.

[128] Daniel, Horst/Belling, Reimund/Hoffmann, Gerd: Verkehr und Wasser in Oldenburg. Zur Geschichte der Verkehr und Wasser GmbH, Oldenburg 1996.

[129] Schrape, Joachim: Franz Noack, Stadtbaumeister in Oldenburg von 1885 bis 1929 (Veröffentlichungen des Stadtarchivs Oldenburg 1), Oldenburg 1993.

gung – mit Nachdruck verfolgt hat. Zudem war Noack auch maßgeblich an der Kommunalisierung des Wasser-, Gas- und Elektrizitätswerks beteiligt. Eine Analyse der Auswirkungen städtehygienischer Maßnahmen auf die Verwaltungsstruktur und die Entfaltung der kommunalen Leistungsverwaltung fehlt jedoch in dieser Arbeit.

Wie bereits dargelegt, müssen ausreichend differenzierte Forschungen zum Modernisierungsprozess der Stadt Oldenburg als Desiderat bezeichnet werden, dies gilt vor allem für den Themenkomplex der technischen Infrastruktur. Diese Forschungslücke soll mit der vorliegenden Arbeit geschlossen werden, die sich dabei nicht nur auf die erwähnte vielfältige neuere Literatur, sondern auch auf Archivalien und gedruckte zeitgenössische Quellen stützen kann.

Die Grundlage der Untersuchung bilden hauptsächlich regionale Archivquellen. Für sich betrachtet vermitteln sie zwar nur ein unvollständiges Bild, in Verbindung mit den überregionalen Quellen und Darstellungen bieten sie jedoch eine beachtliche und aussagekräftige Materialbasis, die es ermöglicht, den Forschungsfokus von der lokalen Ebene in den Kontext allgemeiner wirtschaftlicher, politischer und sozialer Entwicklungslinien zu stellen.

Im Mittelpunkt der Archivrecherche standen die Akten der Oldenburger Landesregierung und der Stadtverwaltung, die im Niedersächsischen Staatsarchiv und im Stadtarchiv Oldenburg verwahrt werden. Diese umfangreichen Aktenbestände bildeten für den gesamten Untersuchungszeitraum die wichtigste Quellenbasis. Die Überlieferungen geben aus der Perspektive der Behörde Aufschluss über den Kraftakt, den die Kommune bei der Installation von Versorgungssystemen zu bewältigen hatte. Zugleich wird aus den Akten auch deutlich, dass die Komplexität der Materie die Behörde auf das Äußerste beanspruchte und manches Mal überforderte. Einen wichtigen Einblick in administrative Strukturen, Verwaltungsangelegenheiten, Stadtratsbeschlüsse sowie sozialhistorische Belange geben darüber hinaus die gedruckten Gemeindeblätter, die im Zeitraum von 1854 bis 1919 jährlich von der Stadt Oldenburg herausgegeben wurden.

Als ebenso aufschlussreich und interessant für den behandelten Themenkomplex erwies sich die regionale Presse, wobei die Zeitungssammlung der Landesbibliothek bis in das Jahr 1746 zurückreicht, darüber hinaus befindet sich auch im Stadtmuseum Oldenburg ein beachtlicher Zeitungs- und Zeitschriftenfundus, der für Teilaspekte dieser Arbeit ebenfalls wichtig war. Zudem erwies sich das Stadtmuseum als wahre Fundgrube für zeitgenössische Abhandlungen, Berichte und Darstellungen zur Geschichte der Stadt. Neben diesen gedruckten Quellen verfügt es über einen umfangreichen Materialfundus an historischen Ansichten und Darstellungen: Fotos, Postkarten, Bauzeichnungen, Stadtpläne, Gemälde, Zeichnungen, Aquarelle etc., die als Quelle und zur Veranschaulichung herangezogen werden konnten. Von besonderer Relevanz für die Darstellung der wirtschaftlichen Entwicklung der Infrastrukturwerke war das Firmenarchiv des örtlichen Energieversorgers. Geschäftsberichte und insbesondere die Dokumentation über den Verkauf der städtischen Werke an die EWE AG lieferten wichtige Informationen für die Darstellung über Veränderungen der Unternehmensstruktur.

Herangezogen wurden auch überregionale Quellen und zeitgenössische Abhandlungen, die sich aus unterschiedlichen Blickwinkeln mit Teilaspekten des Untersuchungsgegenstandes beschäftigten. Erwähnenswert ist insbesondere die *Deutsche Vierteljahresschrift für öffentliche Gesundheitspflege*, die sich zum Sprachrohr des „Deutschen Vereins für öffentliche Gesundheitspflege" entwickelte. Sie setzte sich vor allem mit Fragen der Gesundheit und Hygiene sowie ab 1900 mit dem dringender werdenden Problem der Flussverunreinigung wissenschaftlich auseinander.

Die seit 1858 herausgegebene Zeitschrift Journal für Gasbeleuchtung, die 1921 in Das Gas- und Wasserfach umbenannt wurde, ließ nicht nur Rückschlüsse über den wissenschaftlichen Kenntnisstand hinsichtlich der technischen Infrastruktursysteme im Untersuchungszeitraum zu, sondern konnte auch zur Erarbeitung der Einflussfaktoren auf die Entscheidungsprozesse der örtlichen Behörde und der Politiker herangezogen werden. Ursprünglich befasste sich die Zeitschrift nur mit der

Gasversorgung, 1871 kam die Wasserversorgung hinzu und schließlich erweiterte sich ab den 1880er Jahren das Themenspektrum um die Elektrizität. Die Beiträge konzentrierten sich dabei auf den Aufbau von Elektrizitätswerken und die elektrische Beleuchtung. Diese Zeitschrift, an der hauptsächlich Wissenschaftler, Ingenieure und Techniker mitwirkten, entwickelte sich im Verlauf der Jahrzehnte wegen der Qualität ihrer Beiträge, ihrer Themenvielfalt, der Darstellung neuester technischer Entwicklungen und ihrer Internationalität zu einem unentbehrlichen Kompendium für Privatunternehmen und Kommunen, die das Wasser- und Energiegeschäft betrieben.

Aufbau der Untersuchung

Die große Bandbreite des Untersuchungsgegenstandes, insbesondere die spezifischen Systemeigenschaften der technischen Infrastrukturen sowie die Komplexität der gesellschaftlichen, politischen und wissenschaftlichen Entwicklungen im Untersuchungszeitraum, erfordert eine Gliederung in die Sachbereiche Wasser, Gas und Elektrizität. Auf diese Weise lassen sich die unterschiedlichen Merkmale und Funktionen des jeweiligen Ver- und Entsorgungssystems differenzierter und verständlicher herausarbeiten.

Der Untersuchungszeitraum umfasst im Wesentlichen die Zeitspanne von 1850 bis 1930, die Beschreibung setzt jedoch dort, wo es zum allgemeinen Verständnis wichtig ist, schon vorher ein und geht teilweise über das Jahr 1930 hinaus. Die Hauptentstehungsphase der technischen Infrastrukturen liegt jedoch in der zweiten Hälfte des 19. Jahrhunderts.

Im Zentrum des ersten Teils der Untersuchung, der sich der Wasserinfrastruktur widmet, steht die Frage, welches gemeinwohlfördernde Lösungskonzept die Kommune im Verlauf des 19. Jahrhunderts anbot, um die Hygiene in der Stadt zu verbessern. In diesem Zusammenhang ist auch die Frage nach der Verantwortlichkeit und Steuerungsmöglichkeit der Bewohner, sich für eine gesunde Stadt einzusetzen, von Bedeutung. Außerdem wird nach der Rolle gefragt, die bürgerliche Akteure wie Mediziner und Techniker sowie der „Deutsche Verein für öffentliche Gesundheitspflege" übernahmen, um über die Problematiken einer unzureichenden hygienischen Versorgung aufzuklären und Lösungsstrategien zu entwerfen. Darüber hinaus wird die Frage untersucht, warum Anfang des 20. Jahrhunderts die Wasserinfrastruktur von privater in die öffentliche Hand überführt wurde und welche Faktoren für ihre Stabilität relevant waren. Schließlich wird analysiert, ob und inwieweit die flächendeckende Versorgung mit Trinkwasser und der Ausbau des Abwassersystems die Stadtbürger in ihrer Einstellung zur Körperhygiene und ihre Entscheidung zum Wasser- und Kanalisationsanschluss beeinflusste.

Der zweite Abschnitt behandelt die Gasversorgung. Eine der spezifischen Grundfragen dieses Kapitels ist, welche Faktoren dazu geführt haben, dass öffentliche Straßen mit künstlichem Licht beleuchtet wurden. In diesem Zusammenhang wird auch die Entwicklungsgeschichte des künstlichen Lichts behandelt. Von besonderer Bedeutung ist dabei, wer den Impuls für die neue Technologie der Gasbeleuchtung lieferte und welche Wirkungen sie in Deutschland und im Besonderen bei den Oldenburger Pionieren auslöste. Ein weiterer Aspekt beschäftigt sich mit dem Wandlungsprozess, den die zentrale Gasversorgung im Lebens- und Arbeitsalltag der Stadtbewohner verursacht hat. Das Bedürfnis nach Licht, Kraft und Wärme wurde durch vielfältige Werbemaßnahmen der Energieversorgungsbetriebe angeregt, doch wie reagierten die Stadtbewohner darauf? In der Darstellung des Übergangs von der privaten zur kommunalen Gasversorgung steht die Frage nach den ökonomischen und sozialen Folgen im Mittelpunkt. Gab es von Seiten der Kommune eine gemeinwohlorientierte Verantwortung für die Sicherung der Grundversorgung? Wie sah es im Besonderen in Krisenzeiten aus, wurden bei Versorgungsengpässen Belange des Gemeinwohls ausreichend berücksichtigt? Wie war die Organisationsstruktur des städtischen Gaswerks aufgebaut? Welche technischen, betrieblichen und arbeitsrechtlichen Strukturen bestimmten das Unternehmen und wie waren die Produktions- und Dienstleistungsprozesse organisiert?

Im Zentrum des dritten Teils über technische Infrastrukturen der Elektrizität stehen zunächst Fragen nach der Rolle und Bedeutung dieser Technologie in der Stadt der Moderne im frühen 20. Jahrhundert. Darüber hinaus geht es um die Umstände, die ausschlaggebend dafür waren, dass Oldenburg sich erst relativ spät für eine zentrale Elektrizitätsversorgung einsetzte. Untersucht wird auch die Frage, warum die AEG in Oldenburg das zentrale Elektrizitätswerk und Stromversorgungsnetz zwar aufbaute, aber nach wenigen Jahren an die Kommune verkaufte. Welche Rolle spielten dabei neue Formen der kommunalen Verwaltung und deren Einflussnahme auf die städtische Infrastruktur? Von Bedeutung sind auch Fragen nach dem Einfluss der Elektrizität auf die wirtschaftliche Entwicklung und die Technisierung des Alltags. Welche Bedeutung kam der Elektrizität im Arbeits- und Alltagsleben der Stadtbürger zu? Den Abschluss der Untersuchung über die Stadttechnik in Oldenburg bildet die Frage nach den Motiven für den Verkauf der städtischen Gas- und Elektrizitätswerke an das Staatsunternehmen Preußenelektra.

Im Schlusskapitel wird die Frage diskutiert, welche Mitwirkungsmöglichkeiten die städtischen Selbstverwaltungsorgane und das lokale Bürgertum an der Gestaltung der Stadt im Untersuchungszeitraum hatten.

Wasser

1 *Wasserturm in Donnerschwee, Aufn. 2005, Fotograf Robert Geipel.*

Oldenburgs Straßen- und Wassernetz

Schmutzige Straßen, belastete Flüsse – das 17. und 18. Jahrhundert

Die Lage am Wasser spielte für die Entwicklung Oldenburgs eine wichtige Rolle. Die Haaren und die Hausbäke, zwei natürliche kleine Bäche, flossen durch die Stadt und mündeten im Osten Oldenburgs in die Hunte. Die Flüsse dienten seit alten Zeiten als Verkehrswege für die Beförderung von Waren und als Verbindung zu den Ansiedlungen der Menschen in der Region, zumal die Straßen, mit Ausnahme der Heerstraßen, bis ins 18. Jahrhundert hinein schmal, in der Regel ungepflastert und nur als Sommerwege benutzbar waren.[1] Eine ebenso große Bedeutung kam den fließenden Gewässern im Alltag der Oldenburger zu. Sie entnahmen ihnen das Wasser, das sie zum täglichen Leben und bei der Arbeit brauchten, und sie schütteten das Brauchwasser in diese Gewässer zurück. Solange das Wachstum der Stadt sich in einem geringen Tempo vollzog, gab es keine Beeinträchtigung der Wasserqualität. Als Oldenburg 1345 das Stadtrecht erhielt, bildeten die Schütting- und Staustraße noch die städtischen Grenzen, doch zur selben Zeit gab es bereits Pläne, die Stadt im Norden bis zum heutigen Heiligengeistwall auszudehnen, weil die wachsende Einwohnerschaft im engen Umkreis der Burg nicht mehr genügend Wohnraum fand.[2] Über die Zahl der Einwohner liegen realistische Schätzungen erst ab dem frühen 17. Jahrhundert vor. Neuere Forschungen ergaben, dass im Jahre 1630 in insgesamt 611 Haushaltungen etwa 2730 Personen lebten, hinzu kamen schätzungsweise noch 400 Bewohner, die am inneren, mittleren und äußeren Damm sowie am Stau wohnten. Oldenburg war damit noch immer eine kleine Stadt, im Vergleich mit Bremen oder Emden, die damals schon 20.000 bis 25.000 Einwohner zählten.[3]

Trotz der geringen Einwohnerzahl war Oldenburg in hygienischer Hinsicht eine schmutzige und stinkende Stadt. Darauf weisen verschiedene Dekrete hin, die während der Regierungszeit Graf Anton Günthers (1605–1667) in der ersten Hälfte des 17. Jahrhunderts erlassen worden waren und die Bürger zur Reinhaltung der Straßen und der Gewässer aufforderten, weil „alles mit Unsauberkeit und bösem Gestank überfüllet" war, „woraus dieser Stadt böse Nachrede erwächset". Die Hygieneverordnungen sollten nicht nur Seuchen und Infektionskrankheiten verhindern, sondern auch dazu beitragen, dass sowohl „Fremde als Einheimische an Sauberkeit der Strassen ein Vergnügen haben".[4]

Die Obrigkeit ließ die bestehenden Hygienevorschriften wiederholt öffentlich bekannt machen, insbesondere wenn Nachrichten über neue Pestausbrüche das Oldenburger Land erreichten. In der Stadt grassierte die Pest im 16. und 17. Jahrhundert rund ein Dutzend Mal, genaue Zahlen sind in den Quellen nicht überliefert. Angesichts der gefährlichen Epidemie war am 3. August 1666 eine Pestordnung erlassen worden, die vor jeder Unsauberkeit warnte und zur Reinlichkeit im Hause, auf der Straße und am Körper aufforderte.[5] Aber auch nach Androhung eines Bußgeldes waren die Bewohner zu regelmäßiger, systematischer Hygiene nicht bereit, weil ihnen

[1] Strackerjan, Ludwig: Von Land und Leuten. Bilder und Geschichten aus dem Herzogtum Oldenburg, Oldenburg 1881, S. 128ff.

[2] Lasius, Otto: Oldenburg zur Zeit unsrer Väter. Eine Festgabe zur Feier des fünfhundertjährigen Bestehens unserer Stadt, Oldenburg 1845, S. 17; ferner: Strackerjan: Von Land und Leuten, S. 128.

[3] Schmidt, Heinrich: Oldenburg in Mittelalter und früher Neuzeit, in: Stadt Oldenburg (Hg.): Geschichte der Stadt Oldenburg, Bd. 1, Oldenburg 1997, S. 186.

[4] Verordnung, Wegen Säuberung der Gassen und Markts zu Oldenburg, Gräfl. Oldenb. bestalte Cantzler und Rähte, 24.1.1647, zit. nach: Roth, Max/Tornow, Peter: Aufsätze zur Medizingeschichte der Stadt Oldenburg / Oldenburg, Oldenburg 1999, S. 20f.

[5] Roth / Tornow: Aufsätze zur Medizingeschichte, S. 38.

in dieser Hinsicht das notwendige Bewusstsein für die eigene Verantwortlichkeit fehlte. Daran änderten auch die ständigen Wiederholungen der Vorschriften und die Verschärfung der Strafen nichts.[6]

In der Stadt bestand die übliche Praxis darin, menschliche Exkremente und Abwässer auf dem Grundstück versickern zu lassen oder im Dreckkasten so lange aufzubewahren, bis er von beauftragten Personen abgeholt wurde. Manche Einwohner führten ihren Dreck in die Straßenrinne ab, wo er dann oft tagelang liegen blieb, sich mit Kehricht und Dünger vermischte, bis der Regen das Ganze in die öffentlichen Gewässer trieb. Auch die Abfälle aus den Gewerbebetrieben und von Tieren gelangten so in die Hunte und die Haaren.[7]

Die Hygieneverordnung vom 24. Januar 1647 wurde durch eine königliche Kommission in den Jahren 1704 und 1708 wiederholt öffentlich bekannt gemacht.[8] Weil die Unsauberkeit in den Straßen und Häusern jedoch bestehen blieb, verschärfte die Regierung im Jahre 1724 die Verordnung.[9]

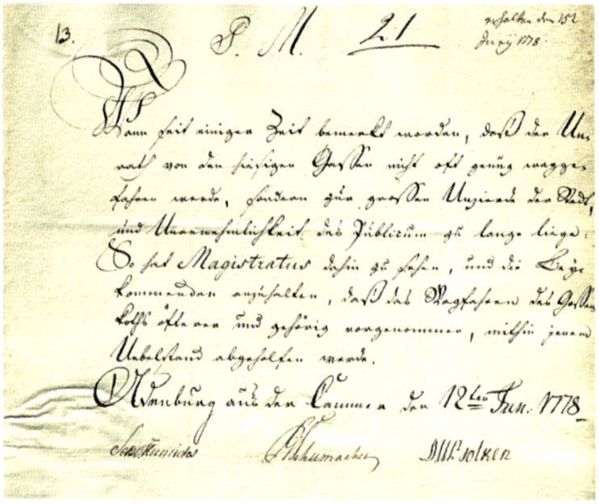

Wann seit einiger Zeit bemerkt worden, daß der Unrath von den hiesigen Gassen nicht oft genug weggeschaffet werde, sondern zum großen Ungemach der Stadt, und Unannehmlichkeit des Publicum zu lange liege: So hat Magistratus dahin zu sehen, und die Bürgercommandeurs anzuhalten, daß das Wegschaffen des Gassenkoths öfterer und gehörig vorgenommen, mithin jenem Uebelstand abgeholfen werde.

Oldenburg aus der Cammer den 12ten Jun. 1778

2 *Die Bürger werden aufgefordert, den „Unrath" aus den Gassen regelmäßig zu beseitigen. Kammerverordnung vom 12.6.1778. StAO, Best. 262-1 Nr. 3297.*

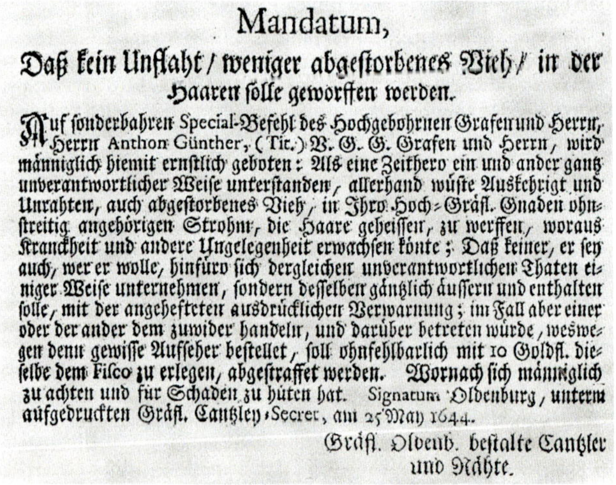

Mandatum,

Daß kein Unflaht / weniger abgestorbenes Vieh / in der Haaren solle geworffen werden.

Auf sonderbahren Special-Befehl des Hochgebohrnen Grafen und Herrn, Herrn Anthon Günther, (Tit.) N. G. G. Grafen und Herrn, wird männiglich hiemit ernstlich geboten: Als eine Zeithero ein und ander gantz unverantwortlicher Weise unterstanden, allerhand wüste Auskehrigt und Unrahten, auch abgestorbenes Vieh, in Ihro Hoch-Gräfl. Gnaden ohnstreitig angehörigen Strohm, die Haare geheissen, zu werffen, woraus Kranckheit und andere Ungelegenheit erwachsen könte; Daß keiner, er sey auch, wer er wolle, hinfüro sich dergleichen unverantwortlichen Thaten einiger Weise unternehmen, sondern desselben gäntzlich äussern und enthalten solle, mit der angehefteten ausdrücklichen Verwarnung; im Fall aber einer oder der ander dem zuwider handeln, und darüber betreten würde, weswegen denn gewisse Auffseher bestellet, soll ohnfehlbarlich mit 10 Goldfl. dieselbe dem Fisco zu erlegen, abgestraffet werden. Wornach sich männiglich zu achten und für Schaden zu hüten hat. Signatum Oldenburg, unterm aufgedruckten Gräfl. Cantzley-Secret, am 25 May 1644.

Gräfl. Oldenb. bestalte Cantzler und Rähte.

3 *Verordnung zur Reinhaltung der Haaren von 1644, in: Corpus Constitutionum Oldenburgicarum Selectarum (CCO) (1644) Bd. 1, Oldenburg 1772, S. 78/79.*

Mit derselben Gleichgültigkeit jedoch, wie sich die Menschen gegenüber dem Geruch und Gestank in den Straßen verhielten, behandelten sie auch die Verunreinigung der Flüsse. Die Oldenburger mussten erst lernen, dass die Abfallstoffe, die sie in die Gewässer einleiteten, Einfluss auf die Wasserqualität und damit zugleich auf ihre eigene Lebenssituation hatten. Denn die Hunte und die Haaren dienten den Bürgern als Trinkwasserquelle und spielten außerdem wegen ihres Fischreichtums eine wichtige Rolle. Die Frauen wuschen in den Flüssen ihre Wäsche, die sie anschließend auf dem benachbarten Wiesengelände zum Bleichen auslegten.[10] Doch die Gewässer wurden ebenfalls dazu benutzt, um stinkende und faulende Gegenstände wie Viehkadaver, verdorbene Lebensmittel oder sonstigen Müll auf bequeme Art loszuwerden. Es wurden zwar auch für die Gewässer besondere Schutzverordnungen erlassen, aber weil es keine ausreichenden Kontrollen

[6] Schmidt: Oldenburg in Mittelalter und früher Neuzeit, S. 188f.

[7] Roth, Max: Die hygienischen Zustände der Stadt Oldenburg in alten Zeiten und ihre Entwicklung in der Neuzeit, in: Ders. (Hg.): Aufsätze zur Geschichte der Medizin im Herzogtum Oldenburg, Oldenburg 1921, S. 254.

[8] Wie sah es in den Straßen unserer Stadt in alter Zeit aus? in: Nachrichten für Stadt und Land. Oldenburger Zeitung für Volk und Heimat (im Folgenden zit.: Nachrichten), Nr. 66, 19.3.1897.

[9] Dero Königl. Majest: zu Dännemarck/Norwegen ec. zu Regulierung des Stadt-Wesens allergnädigst verordnete Commisssarii, 21.8.1724, in: Stadtmuseum Oldenburg, SA. "

[10] Kohl, Dietrich: Forschungen zur Verfassungsgeschichte der Stadt Oldenburg, Teil 2: Die Allmende der Stadt Oldenburg, in: Jahrbuch für die Geschichte des Herzogtums Oldenburg, hg. vom Oldenburger Verein für Altertumsforschung und Landesgeschichte, Bd. 11, Oldenburg 1902, S. 30f.

gab und die Bürger den Nutzen sauberer Flüsse nicht erkannten und lieber auf ihre Bequemlichkeit setzten, dienten die Hunte und die Haaren, wie die zeitgenössische Presse berichtete, weiterhin der Müllentsorgung.[11]

***4** Fischer an der Haaren. Franz Michelis nach Johann Michael Bürmann, ohne Titel, Radierung mit Aquatinta, um 1806. Stadtmuseum Oldenburg.*

***5** Frauen waschen Wäsche in der Haaren, im Hintergrund das Palais des Prinzen Peter, Lithografie von Else Lasius 1849. Stadtmuseum Oldenburg.*

War schon während der Regierungszeit Graf Anton Günthers nichts Wesentliches zur Förderung der Stadthygiene unternommen worden, so verschärften sich die Probleme nach seinem Tod im Jahre 1667. Die Grafschaft Oldenburg verlor nicht nur ihre Autonomie, sondern verschiedene Schicksalsschläge führten auch zum ökonomischen Niedergang der Stadt. Weil es in der Grafenfamilie keinen legitimen Nachfolger gab, wurde Oldenburg von 1676 bis 1773 von Dänemark aus regiert, da hier verwandtschaftliche Verbindungen bestanden. Der Hauptwohnsitz der Regenten befand sich in Kopenhagen.[12]

1667 war außerdem das Jahr, in dem die Pest in Oldenburg ausbrach. Wenn auch eine Gesamtzahl der Todesopfer nicht überliefert ist, so gilt als sicher, dass die Seuche tiefe Spuren hinterlassen hatte, als sie im November 1668 zum Stillstand kam. Der erhebliche Bevölkerungsverlust blieb nicht ohne wirtschaftliche, soziale und psychische Folgen. Viele Überlebende waren verarmt, weil sie infolge ihrer Ausquartierung Hab und Gut oder ihre Arbeitsmittel verloren hatten, teils durch Diebstahl, teils auf Anordnung der Behörden durch Verbrennen.[13]

Die Not in Oldenburg vergrößerte sich noch, als im Juli 1676 infolge eines Blitzeinschlags ein Großteil der Stadt abbrannte. Innerhalb von 15 Stunden fielen rund 700 Häuser dem Brand zum Opfer. Von den öffentlichen Gebäuden blieben unter anderem die beiden Kirchen, das Schloss und das Rathaus erhalten.[14]

Und schließlich verursachte im Jahre 1717 die schreckliche Weihnachtsflut erneut große materielle Verluste. Die Stadt erholte sich nur langsam von diesen Katastrophen, denn die dänischen Monarchen hatten wenig Interesse, Gewerbe, Handel, Kunst und Wissenschaft zu fördern, um die Stadt wieder überlebensfähig und attraktiv zu machen. All dies trug zur

[11] Oldenburgische wöchentliche Anzeigen (im Folgenden zit.: OWA), Nr. 36, 1.9.1788, in: Barton, Walter: Oldenburgisches Leben im Spiegel der einheimischen Presse, Bd. 2, 1786-1805, S. 22ff.

[12] Heinrich Schmidt: Oldenburg in der „Dänenzeit", in: Stadt Oldenburg: Geschichte der Stadt Oldenburg, Bd. 1, S. 332. Schon im Jahre 1570 hatten die „königliche Dänische und die herzogliche Gottorpische Linie" wegen verwandtschaftlicher Beziehungen zum Oldenburger Grafengeschlecht vom damaligen Kaiser die Anwartschaft auf Oldenburg erhalten, in: Oldenburg's hundertjährige Jubelfeier am 14. De-cember 1873, Oldenburg 1873, S. VI.

[13] Rüthning, Gustav: Die Pest in Oldenburg, in: Jahrbuch für die Geschichte des Herzogtums Oldenburg, 1905, S. 105; ferner: Schmidt: Oldenburg in der „Dänenzeit", S. 335ff.

[14] Kohli, Ludwig: Handbuch einer historisch-statistisch-geographischen Beschreibung des Herzogthums Oldenburg sammt der Erbherrschaft Jever und der beiden Fürstenthümer Lübeck und Birkenfeld, Oldenburg 1844, S. 38.

Verschärfung der Krise bei. Mit der Regierungsübernahme des Herzogs Peter Friedrich Ludwig im Jahre 1785 änderte sich die Situation. Er führte eine Reihe von Maßnahmen durch, die zu einer Verbesserung der wirtschaftlichen und kulturellen Situation führten. Die Stadt gewann wieder an Attraktivität und begünstigte den Zuzug von Neubürgern vor allem aus dem Umland.[15] Zwischen 1769 und 1793 stieg die Zahl der Einwohner von 3.167 auf 4.189 Personen.[16]

Verordnung
wegen
Reinigung der Gassen in der
Stadt Oldenburg,
vom 4 Junii 1762.

Oldenburg,

6 *Titelblatt einer vier Seiten umfassenden „Verordnung wegen Reinigung der Gassen in der Stadt Oldenburg vom 4. Juni 1762". Stadtmuseum Oldenburg.*

Im Hinblick auf die Hygiene war im ausgehenden 18. Jahrhundert jedoch noch kein Wendepunkt zu erkennen. Die Straßenordnungen waren im Laufe der Zeit zwar immer differenzierter geworden und die Oldenburger hatten gelernt, ihren Müll nicht mehr vor der eigenen Haustür zu entsorgen. Als sauber galt die Stadt dennoch nicht, weil der Abfall vermehrt auf die brachliegenden Grundstücke, die seit dem Stadtbrand noch sehr zahlreich vorhanden waren, oder in die Gewässer geworfen wurde. Die Stadt ihrerseits reagierte mit jährlichen Inspektionen, so genannten Straßen- und Wasserschauungen, beauftragte Bürger mit der Reinigung der Flüsse und dem Aufräumen der Grundstücksbrachen, verbesserte die Entsorgung des Abfalls und entsandte Polizeikräfte zur Kontrolle.[17]

Oldenburgs Stadthygiene im 19. Jahrhundert

Während die Pest die gefährlichste Seuche des Mittelalters und der Frühen Neuzeit war, breitete sich im 19. Jahrhundert in Europa die Cholera[18] aus. Sie hatte ihren Ursprung in Indien, wo sie vermutlich schon seit Jahrhunderten, zunächst in Bengalen, im Mündungsgebiet des Ganges und des Brahmaputras, in Erscheinung trat, sich aber gegen Ende des 18. Jahrhunderts auch in anderen Teilen des Landes ausbreitete. Der erneute Ausbruch der Choleraepidemie 1817 in Indien und deren Verschleppung nach Europa stand im Zusammenhang mit den zunehmenden Menschen- und Warenströmen zwischen den Kontinenten. Von Händlern wurde die Seuche über den Ostseehafen Riga nach Preußen, hier über Danzig und Königsberg bis nach Berlin und schließlich in andere europäische Städte getragen.

Den Menschen in Europa erschien die Cholera, wo sie um 1830 erstmalig auftrat, wie eine neue Art Pest. Die Cholera tötete jeden zweiten Erkrankten; ihre Symptome tauchten in allen Fällen plötzlich auf, waren erschreckend und entwürdigend in ihrer Erscheinung. Die wissenschaftlichen Theorien über die Ursache der Krankheit waren bis gegen Ende des 19. Jahrhunderts geteilt. Allgemein anerkannt aber war die Tatsache, dass unreines Wasser, ungesunde Wohnungen, Schmutz und Armut die Cholera begünstigten. Vielfach wurde die Meinung vertreten, „die Cholera sei eine reine Arme-Leute-Krankheit".[19] Die Stadt Oldenburg stand zu Beginn des

[15] Schmidt: Oldenburg in der „Dänenzeit", S. 332ff.
[16] Hinrichs, Ernst: Oldenburg in der Zeit Herzog Peter Friedrich Ludwigs (1785-1829), in: Stadt Oldenburg (Hg.): Geschichte der Stadt Oldenburg, Bd. 1, S. 504.
[17] OWA, Nr. 40, 5.10.1798; OWA, Nr. 26, 25.6.1792, vgl. Barton, Walter: Oldenburgisches Leben im Spiegel der einheimischen Presse 1786-1805, Oldenburg 2004, S. 22ff.
[18] Hervorgerufen wird die Cholera durch eine Infektion mit dem Vibrio cholera, einem im Wasser lebenden Bakterium, das gegen Austrocknung empfindlich ist. In Süßwasser sowie auf feuchtem Untergrund, teilweise auch in Salzwasser, kann es jedoch wochenlang überleben und sich vermehren. Mittels kontaminierten Wassers oder kontaminierter Lebensmittel gelangt es in den Körper, vermehrt sich dort massenhaft im Darm und wird schließlich mit den Dejekten des Kranken ausgeschieden. Vgl. Dormann, Michael: „Das asiatische Ungeheuer". Die Cholera im 19. Jahrhundert, in: Hans Wilderotter (Hg.): Das große Sterben. Seuchen machen Geschichte (Veröffentlichung des Deutschen Hygiene-Museums Dresden), Dresden 1995, S. 204.
[19] Dormann Michael: „Das asiatische Ungeheuer", S. 208.

19. Jahrhunderts in dem Ruf, „eine recht ungesunde Stadt zu sein"[20], denn die hygienischen Verhältnisse hatten sich seit Jahrhunderten kaum verbessert. Neben dem Gassenkot, der vor allem von Pferden verursacht wurde, steuerten die Schweine, Kühe, Schafe, Federvieh etc., die täglich auf dem Weg zu den außerhalb der Stadtgrenzen liegenden Wiesen durch die Stadt getrieben wurden, gleichfalls ihren Teil zu der beträchtlichen Anhäufung von Schmutz auf den Straßen bei. Die Mengen an tierischen Ausscheidungen, die dabei anfielen, schufen in der Stadt zu jeder Jahreszeit beträchtliche Probleme. Bildete im Winter mit Kehricht, Unrat und Kot vermischter Schnee einen Missstand, war im Sommer der Staub die Hauptplage.

Insbesondere an den Abfuhrtagen vermengten sich Ausscheidungen von Mensch und Tier auf den Straßen mit der Asche aus dem Hausbrand zu einem feinen Staub, der die Kleidung verschmutzte und das Atmen erschwerte. Feste Bestandteile des Hausmülls und Fäkalien wurden in Dunggruben im Hof- oder Gartenraum gesammelt und als Dünger auf dem eigenen Grundstück verwertet oder zweimal wöchentlich von Fuhrunternehmen in Karren entsorgt und der landwirtschaftlichen Nutzung zugeführt. Der Rest aus Abwasser, tierischen Ausscheidungen und Straßenschmutz sammelte sich in einem Netz aus Straßenrinnen und Gräben in allen Teilen der Stadt und wurde in die Hunte und die Haaren geleitet.[21]

Wahrscheinlich kümmerte sich kaum jemand um die gültige Verfügung zur Reinhaltung der Stadt, so dass die Straßenordnung, die 1785 unter Herzog Peter Friedrich Ludwig veröffentlicht worden war, 1814 durch eine detaillierte Verfügung ersetzt wurde. Sie forderte die Bürger auf, sich bei der Reinigung der Straßen und der Häusinge[22] an die zeitlichen Vorgaben zu halten und die Straßen an den Abfuhrtagen gründlich zu spülen.[23] Ob sich die neuen Bestimmungen in der Praxis bewährt haben, ist ungewiss. Nach heutigem Verständnis ist vielmehr anzunehmen, dass die vorgeschriebene zweimalige Abfallbeseitigung in der Woche, angesichts der großen Menge an Unrat, die täglich anfiel, unzureichend gewesen sein muss. Zu Beginn des 19. Jahrhunderts unternahm die Stadtverwaltung ihrerseits den ersten Schritt zur Verbesserung der Straßenverhältnisse. Dabei spielten gleichermaßen hygienische Motive wie herrschaftliche Selbstinszenierung eine Rolle. Die im Jahre 1819 abgeschlossenen Pflasterarbeiten ließen moderne innerstädtische Hauptstraßen und Gassen entstehen, die das Bild der Stadt veränderten. Die Straße erhielt durch die Trennung des fahrenden Verkehrs von den Fußgängern eine neue Funktion. Die Einführung von Bürgersteigen sollte der Verschönerung der Stadt dienen und den Fußgängern einen sicheren und bequemen Weg ermöglichen.

Dahinter verbarg sich zugleich die Absicht, die Anlieger aufzufordern, die Straße, namentlich die Gehsteige, hauptsächlich unter dem Aspekt der Repräsentation und nicht mehr unter dem des Gebrauchs zu betrachten. So war es Handwerkern, speziell Schlachtern, Färbern, Fassbindern, Drechslern, Hutmachern etc., die traditionell ihre Produkte tagsüber vor ihrer Werkstatt auf der Straße aufbewahrten, nicht länger erlaubt, ihre Waren zu präsentieren, wenn Fußgänger dadurch behindert wurden. Anwohner mussten vorspringende Fensterbänke an ihren Häusern entfernen und durften nicht mehr ihre Betten, Kleidungs- und Wäschestücke zum Lüften nach draußen hängen.

Außerdem war das Aufstellen von Sitzmöbeln nur auf besonders breiten Gehwegen gestattet. Gossensteine, die vom Haus auf die Straße führten, mussten zur Sicherheit der Fußgänger abgedeckt werden. In Paragraf 1 der Bekanntmachung hieß es: „Die Trottoirs müssen stets rein gehalten, und daher nicht nur täglich, sondern, falls es bei Schnee- oder

[20] Roth: Aufsätze zur Geschichte der Medizin, S. 256.
[21] Roth / Tornow: Aufsätze zur Medizingeschichte, S. 22f.
[22] Im Oldenburgischen Ausdruck für den Zwischenraum zwischen zwei Häusern.
[23] Verordnung wegen Reinigung der Gassen und Häusinge in der Stadt Oldenburg vom 27.6.1785, in: Sammlung der im Herzogthum Oldenburg geltenden Gesetze, Verordnungen und Bekanntmachungen aus der Zeit vom 1. Dezember 1813 bis zum 1. Januar 1852, Oldenburg 1868, S. 31ff.

Regenwetter nöthig ist, mehreremale des Tages gefegt werden."[24]

Waren die Hygienevorschriften und deren Kontrolle schon seit Jahrhunderten unzureichend, so verschärften sich die Probleme angesichts der Zunahme der Bevölkerung in der ersten Hälfte des 19. Jahrhunderts. Zwischen 1816 und 1850 war die Zahl der Einwohner inklusive des Militärs in Oldenburg von 5 955 auf 10.210 Personen gestiegen.[25] Die zunehmenden Schwierigkeiten bei der Entsorgung von Müll und Fäkalien erforderten deshalb dringend die Schaffung von neuen Infrastrukturen, die zur Verbesserung der gesundheitlichen Verhältnisse beitragen sollten. Die Frage jedoch, auf welchem Wege eine geeignete Abhilfe geschaffen werden sollte, bestimmte noch für Jahrzehnte die öffentliche Diskussion. Lange Zeit bestand in Oldenburg vor allem Uneinigkeit darüber, ob die Fäkalien in Gruben oder in Tonnen gesammelt werden sollten. Zur selben Zeit wurde in einigen Großstädten wie Hamburg, Berlin und Frankfurt bereits über die Schwemmkanalisation diskutiert. Dabei zeichnete sich jedoch ein weiteres Problem ab: insbesondere die Einleitung ungereinigter Abwässer in die Flüsse, die den Menschen zugleich als Nahrungsquelle dienten, gefährdete die Gesundheit der Anlieger unterhalb der Einleitungsstellen.

In der medizinischen Theorie herrschte seit Langem die Vorstellung, dass verseuchtes Wasser, Schmutz, übler Geruch und beengte Wohnverhältnisse Krankheiten auslösen konnten. Als Pionier dieser Theorie gilt der Rechtsanwalt Edwin Chadwick aus England, der als Sekretär für die Kommission für Armenrecht in London arbeitete. Auf der Grundlage seiner Untersuchungen zu den Lebensbedingungen der Unterschichten entwickelte er in den 1840er Jahren das Konzept eines umfassenden Wasserver- und -entsorgungssystems, das eine zentrale Wasserversorgung, Wasserklosetts, Kanalisation und Rieselfelder, die die Abwässer aufnahmen, beinhaltete.[26] Sein Plan war erst in einigen Straßen Londons umgesetzt worden, als dort in den Jahren 1848/49 und 1854 Choleraepidemien ausbrachen.[27] Bereits im ersten Halbjahr nach Ausbruch der Epidemie 1848/49 waren 53.000 Menschen an den Folgen der Krankheit gestorben.[28] Über das verheerende Ausmaß der Epidemie in London berichtete auch die Oldenburger Zeitung am 4. Oktober 1849. Danach starben allein zwischen Juni und September 1849 von den 2,2 Millionen Einwohnern mehr als 12.000 Menschen.[29]

Wissenschaftler suchten zur selben Zeit nach den Ursachen der Krankheit. Der Epidemiologe John Snow gilt heute in der medizinhistorischen Literatur als der Erste, der nachwies, dass die Cholera durch das Trinkwasser übertragen wurde. Anhand von Feldforschungen, die er in London während der Choleraepidemien durchgeführt hatte, konnte er belegen, „dass die meisten Cholera-Fälle in Stadtvierteln auftraten, die mit Wasser aus besonders verschmutzten Abschnitten der Themse versorgt wurden".[30] Aufschluss über den Erreger der Cholera lieferte Snow hingegen nicht. Die Zeitgenossen in England fanden jedoch weder Chadwicks noch Snows Theorien überzeugend, so dass sie in der Seuchenbekämpfung nur eine unbedeutende Rolle spielten. Während Snows wissenschaftlicher Ansatz in Deutschland lediglich am Rande wahrgenommen wurde, fand die Idee Chadwicks in mehreren europäischen Ländern bis zum Ende des 19. Jahrhunderts zahlreiche Anhänger.[31] In Deutschland wurden seine Vorschläge zur Verbesserung der sanitären Verhältnisse vor allem durch seinen Freund und Schüler William Lindley verbreitet. Der Ingenieur Lindley hatte seine berufliche Laufbahn zunächst bei der englischen und dann bei der

---

[24] Ebd., S. 274ff.
[25] Schulze: Oldenburgs Wirtschaft einst und jetzt, S. 26.
[26] Hardy: Ärzte, Ingenieure und städtische Gesundheit, S. 98ff.
[27] Ebd., S. 275.
[28] Furrer, Daniel: Wasserthron und Donnerbalken. Eine kleine Kulturgeschichte des stillen Örtchens, Darmstadt 2004, S. 118.
[29] Oldenburger Zeitung, Nr. 117, 4.10.1849.
[30] Hardy: Ärzte, Ingenieure und städtische Gesundheit, S. 275.
[31] Ebd., S. 277.

hamburgischen Eisenbahn begonnen. In Hamburg war Lindley seit 1834 technischer Beauftragter der Rats- und Bürgerschaftsdeputation. Zunächst zeichnete er verantwortlich für den Bau der zentralen Stadtentwässerungsanlage, und nach dem großen Brand im Mai 1842, der ein Drittel der Stadt zerstörte, legte er zusammen mit dem Oberingenieur des Londoner Wasserwerks einen Entwurf über die zentrale Wasserversorgung der Stadt Hamburg mit unfiltriertem Elbwasser vor. Die Anlage konnte im Oktober 1848 in Betrieb genommen werden. Anlässlich des 100-jährigen Jubiläums heißt es in einem Rückblick:

> Hamburg war die erste deutsche Großstadt mit einer zentralen Wasserversorgung, die zu einem billigen Preis jedem Gebäude, selbst in den höchstgelegenen Teilen der Stadt, bis unter das Dach Wasser lieferte. [...] Die Häuser wurden durch einen unter dem Dach stehenden Haus-Wasserbehälter versorgt, der innerhalb 24 Stunden einmal zu füllen war.[32]

7 William Lindley, Aufn. 1879, Hofphotograph Otto von Bosch, Frankfurt/M., Staatsarchiv Hamburg, Best. 720-1 Nr. 215 Li 272.

In Berlin legte der gelernte Landvermesser Johann Jakob Baeyer nach dem Vorbild Chadwicks 1838/43 den Entwurf für ein Kanalisationsprojekt vor. In seiner Denkschrift plädierte er dafür, dass zur Förderung gesundheitlicher Verhältnisse aller Volksschichten „jede Küche einen Wasserhahn und eine Abflußröhre hat, jede Wohnung ein water closet". Der Plan scheiterte jedoch an den Kosten, weil die Stadt aus Prestigegründen dem Bau einer Gasanstalt Priorität eingeräumt hatte.[33]

Neben dem Ausbau der Trinkwasserversorgung dienten auch Straßenspülungen der Verbesserung der hygienischen Verhältnisse. Eine Vorreiterrolle in der Stadttechnik spielte Hannover. Der Ingenieur Kirchweger, Maschinen-Direktor bei der Königlich Hannoverschen Eisenbahn, hatte für die Stadt eine Wasserleitung entworfen, die 1847 in Betrieb genommen wurde und in der Öffentlichkeit große Anerkennung fand.[34] Das Oldenburgische Gemeinde-Blatt berichtete im Juli 1859, dass diese Wasserleitung zur besseren Brandbekämpfung, zur Bequemlichkeit der Bürger und vor allem durch das tägliche dreimalige Spülen der Straßen wesentlich zur Hygiene der Stadt beigetragen habe.[35]

Auch die Stadt Oldenburg plante 1852 den Bau einer Wasserleitung, um zur Feuerbekämpfung und zur Straßenreinigung ständig über einen entsprechenden Vorrat an Wasser verfügen zu können. Für die Projektierung der Anlage wurde eine Kommission gebildet, die sich aus sechs Mitgliedern des Stadtrats zusammensetzte. Die Kommission plädierte dafür, eine unterirdische Wasserleitung zu bauen. Dabei sollte das Wasser aus der Hunte oberhalb der großen Mühle entnommen und mittels eines Hebewerks in Leitungen gepumpt werden.[36] Mit ihrer Entscheidung ließ sich die Stadt anschließend aber viel Zeit. Gegen Ende der 1850er Jahre reisten Mitglieder der Kommission, darunter Stadtdirektor Wöbcken, Ratsherr Klävemann, Fabrikant Fortmann und Kupferschmied Meyer nach

32 Müller, Eberhard: Technische Entwicklung der Hamburger Wasserversorgung in den vergangenen 100 Jahren 1848 bis 1948, in: Das Gas- und Wasserfach 89, 1948, H. 12, S. 357; ferner: Tepasse, Heinrich: Stadttechnik im Städtebau Berlins, Bd.1: 19. Jahrhundert. Kompendium Stadttechnikgeschichte: Wasser und Abwasser, Gas und Strom, Berlin 2001, S. 19.
33 Tepasse: Stadttechnik im Städtebau Berlins, Bd. 1, S. 39f.
34 Magistrat in Hannover an Magistrat in Oldenburg, 4.11.1853, StAO, Best. 262-1 A Nr. 2254.
35 Allerlei. Bericht aus der Monatsschrift für deutsches Städtewesen, in: Gemeinde-Blatt 6, 1859, S. 125.
36 Magistratsbeschluss vom 29.7.1852; Kommission an Stadtmagistrat vom 22.8.1852, StAO, Best. 262-1 A Nr. 2254.

Bremen, um sich ein Bild von den technischen Bedingungen einer Wasserleitung zu machen und sich beraten zu lassen, weil dort die Straßenspülung bereits eingeführt worden war.[37] Außerdem hatten die Bremer schon 1857 den Plan gefasst, eine zentrale Wasserversorgung zu bauen, und dafür den Ingenieur Lindley aus Hamburg gewonnen. Sein Entwurf wurde aber aus Kostengründen zurückgestellt, so dass das Wasserwerk „Auf der Werder" erst 1873 in Betrieb genommen werden konnte.[38] Das aus der Weser geschöpfte Wasser wurde durch Sandfilter gereinigt. Diese Methode zur Reinigung des Flusswassers galt unter den Zeitgenossen als die beste.[39] Nach dem Informationsaustausch in Bremen erhielten die Kommissionsmitglieder Fortmann und Meyer den Auftrag, ein Gutachten für Oldenburg zu erstellen, das jedoch wirkungslos blieb, weil der Bau der Wasserleitung nicht weiter verfolgt und erst 1882 wieder auf die Tagesordnung gesetzt wurde.[40]

Substanzielle Verbesserungen der Stadthygiene wurden auf die lange Bank geschoben, so dass keine Verbesserung eintrat. Wie schon in den Jahren zuvor beschränkte sich die Stadtverwaltung auf die Wiederholung bekannter Vorschriften zur Reinhaltung der Straßen: die Anlieger mussten die Häusinge, Straßen und Rinnsteine an bestimmten Wochentagen und zu einer bestimmten Zeit reinigen. Je weiter sie von den öffentlichen Gewässern entfernt wohnten, desto früher am Tag musste mit der Reinigung begonnen werden. Anschließend war die Straße vor dem Grundstück gründlich mit Wasser nachzuspülen, damit der Dreck nicht nur bis zum Nachbargrundstück oder bis zur nächsten Straßenecke, sondern trotz des geringen Gefälles in der Stadt tatsächlich in den Stadtgraben, die Hunte oder die Haaren gelangte.[41] Die Straßen der Stadt wurden dadurch zwar etwas sauberer, doch ging dies zu Lasten der öffentlichen Gewässer. Durch die Einleitungen verdreckten und verschlammten die Flüsse und mussten regelmäßig mit hohem Kostenaufwand wieder gereinigt werden.[42]

Zur Unsauberkeit der Straßen und Flüsse kam noch die Geruchsbelästigung, die von den offenen Rinnsteinen und Gräben ausging. Presseberichte aus dem Jahre 1859 machen deutlich, dass die Bürger nicht gewillt waren, diesen Missstand länger hinzunehmen, und initiierten eine öffentliche Diskussion. Stein des Anstoßes war der Gestank, der von den Infanteriekasernen am Pferdemarkt verursacht wurde:

> Die neben der Straße am Pferdemarktsplatze laufenden Gräben verbreiten […] einen so intensiven, wirklich erschütternden Geruch, wie keine Kloake, keine Abflußrinne in irgend einem sonstigen Theile der Stadt. Fragen wir nach der Ursache, so ist diese leicht zu finden. Sie liegt darin, daß der Abfluß aus den Kasernenküchen in diese Gräben seine Leitung hat, hier, wo in der jetzigen dürren Zeit kein frisches Wasser zufließt, insbesondere in der Nähe der Dammstellen stagniert und in Fäulnis übergeht.[43]

8 *Erste Infanteriekaserne auf dem Pferdemarkt, erbaut 1819/20 durch Heinrich Carl Slevogt, der auch die kolorierte Federzeichnung 1820 anfertigte. Stadtmuseum Oldenburg.*

[37] Straßenpolizei, in: Gemeinde-Blatt 6, 1859, S. 162.
[38] Bremer Landesmuseum für Kunst- und Kulturgeschichte (Focke-Museum) (Hg.): Wasser. Zur Geschichte der Trinkwasserversorgung in Bremen, Bremen 1988, S. 75ff.
[39] Grahn, Ernst/Meyer, Andreas F.: Reisebericht einer von Hamburg nach Paris und London ausgesandten Commission über künstliche centrale Sandfiltration zur Wasserversorgung von Städten und über Filtration im kleinen Maasstabe, Hamburg 1877, S. 52.
[40] Straßenpolizei, in: Gemeinde-Blatt 6, 1859, S. 162.
[41] Bekanntmachung des Stadtmagistrats, 22.1.1852, in: Gemeinde-Blatt 3, 1856, S. 304f.
[42] Straßenpolizei, in: Gemeinde-Blatt 6, 1859, S. 160.
[43] Ebd., S. 153.

Auch in anderen Berichten wurde der unerträgliche Dunst, der vor allem im Sommer in den meisten Straßen der Stadt herrschte, angeprangert. Besonders ekelhaft wurde der Geruch an den so genannten „Abflußtagen" empfunden, wenn die Bewohner ihre Abwässer aus den Häusingen durch die Rinnsteine der Stadt in die Gewässer leiteten. Mit Nachdruck wurde die zuständige Baupolizei aufgefordert, die „Schmutzwirtschaft" nicht länger zu dulden und schärfere Kontrollen durchzuführen, um die Gesundheit der Anlieger nicht zu gefährden und die Stadt vor der Gefahr einer Choleraepidemie zu schützen. Zugleich wurde auch „endlich die Anlegung einer Wasserleitung" gefordert.[44]

Der üble Geruch in den Straßen Oldenburgs auf der einen Seite und die Verschmutzung der Flüsse auf der anderen Seite forderten die Stadt in der zweiten Hälfte des 19. Jahrhunderts zu neuem hygienischen und wasserwirtschaftlichen Engagement heraus. Es kamen nun auf die Stadtverwaltung Aufgaben zu, die mit der hergebrachten Vorstellung von Hygiene nicht mehr in Einklang standen. Dabei verschmolzen die Aufgaben privater und öffentlicher Hygiene immer mehr, ein Umstand, der die Handlungs- und Wahrnehmungsformen der Hygieniker in dieser Zeit prägte. In der wissenschaftlichen Diskussion wurde der Übertragung von Krankheiten durch Boden- und Luftverunreinigungen sowie über das Trinkwasser eine zunehmende Bedeutung zugewiesen. Der Nachweis über die Ursachen und die Art der Krankheitsübertragung von Cholera- und Typhusepidemien konnte zwar bis gegen Ende des 19. Jahrhunderts nicht erbracht werden, doch ungeachtet dessen wurde die Seuchenfrage in der medizinischen Fachliteratur hauptsächlich als städtisches Problem dargestellt. Die Wohnungsdichte und die städtische Lebenswelt bedrohten aus der Perspektive der Mediziner die Gesundheit der Stadtbewohner und folglich konzentrierten sich die Präventivmaßnahmen auf die Hygienebedingungen in der Stadt.[45]

Namhafte Vertreter waren neben dem bereits erwähnten Edwin Chadwick auch Rudolf Virchow und Max von Pettenkofer. Die Pioniere arbeiteten eng mit engagierten Medizinern, Ingenieuren und Sozialpolitikern zusammen und fanden in dem einflussreichen „Deutschen Verein für öffentliche Gesundheitspflege" (DVföG), der 1873 gegründet worden war, ihr wichtigstes Organ zur Verbreitung ihrer Hypothesen über die Ursachen und die Bekämpfung von Seuchen.[46] Eine Mitgliedschaft im DVföG erwarben nicht nur Mediziner, sondern auch Kommunalpolitiker, Verwaltungsbeamte und Ingenieure, die sich mit Fragen der Infrastruktur in ihrer Kommune beschäftigten. Der enge Zusammenhang zwischen Wasserversorgung und Abwasserbeseitigung spielte dabei die wichtigste Rolle.[47]

Auf Betreiben der Reformer waren in Städten wie London, Paris, Wien und Hamburg gegen Mitte des 19. Jahrhunderts die ersten Wasserversorgungs- und Kanalisationsanlagen gebaut worden. Diese Beispiele zeigten den Vertretern in den Kommunalbehörden sowie den Zeitgenossen in gesellschaftlichen und politischen Gremien, dass es technische Lösungen zur Verbesserung der Hygiene gab, viele Städte scheuten jedoch die damit einhergehenden hohen Kosten. Noch ein weiteres Problem verhinderte den Ausbau eines Hygienesystems in den Städten: im Zuge der Industrialisierung wurden die Flüsse durch die vermehrten Einleitungen so stark verunreinigt, dass sie als Trinkwasserreservoir nicht mehr in Frage kamen. Ein Schwemmkanalisationssystem wie das in Hamburg, das gleichermaßen Regenwasser und Fäkalien in den Fluss leitete, wurde deshalb in vielen Kommunen abge-

44 Allerlei, in: Gemeinde-Blatt 6, 1859, S. 156f.

45 Witzler, Beate: Großstadt und Hygiene. Kommunale Gesundheitspolitik in der Epoche der Urbanisierung (Medizin, Gesellschaft und Geschichte, Beiheft 5), Stuttgart 1995, S. 42ff.

46 Münch, Peter: Stadthygiene im 19. und 20. Jahrhundert. Die Wasserversorgung, Abwasser- und Abfallbeseitigung unter besonderer Berücksichtigung Münchens (Schriftenreihe der Historischen Kommission bei der Bayerischen Akademie der Wissenschaften, 49), Göttingen 1993, S. 27ff. Der Nachweis von Viren als Verursacher wasserbedingter Epidemien wie beispielsweise Hepatitis A oder Hepatitis B wurde jedoch erst in den 1920/40er Jahren erbracht.

47 Büschenfeld, Jürgen: Natürliches Element im technischen Zeitalter – Wasser- und Abwassertechniken und ihre wissenschaftlichen Begründungszusammenhänge, in: Frank, Susanne/Gandy, Matthew (Hg.): Hydropolis. Wasser und die Stadt der Moderne, Frankfurt/M. 2006, S. 97.

lehnt. Die Bedeutung von Kläranlagen hatte sich im Bewusstsein der Fachleute noch nicht durchgesetzt. Erst 1877 wurde in Frankfurt/M. das erste Großklärwerk Deutschlands in Betrieb genommen. Zwischen Baugenehmigung und Fertigstellung der Anlage lagen zehn Jahre, weil die Ingenieure zu jener Zeit technisches Neuland betraten und viele Dinge erst ausprobiert werden mussten. Verantwortlich für den Bau der Kläranlage war einer der drei Söhne des Ingenieurs William Lindley, der in Hamburg das Kanalisationssystem aufgebaut hatte.[48] In Oldenburg wie auch in zahlreichen anderen deutschen Städten, in denen eine moderne Wasserver- und -entsorgung noch nicht eingeführt worden war, herrschten nach wie vor katastrophale Verhältnisse. Vor allem in niederschlagsarmen Zeiten verwandelten sich die Gewässer in stinkende Kloaken, und die zunehmenden Einleitungen durch zahlreiche Gewerbebetriebe verschärften die gesundheitlichen Probleme. Dieses Dilemma bestimmte bis zum Ende des 19. Jahrhunderts die Diskussion über das „ideale" technische System: einige Städte bevorzugten die Schwemmkanalisation, d.h. die Ableitung von Fäkalien, Hausabwässern und Regenwasser, insbesondere wenn sie auf Grundwasser zur zentralen Wasserversorgung zurückgreifen konnten.

Wurden die Fäkalien nicht, wie bei der Schwemmkanalisation üblich, direkt in die Gewässer eingeleitet, so wurden sie in Tonnen gesammelt und teils als Dünger in der Landwirtschaft oder im eigenen Garten eingesetzt, teils vor den Toren der Stadt auf Rieselfeldern entsorgt. Andere Städte nutzten neben dem herkömmlichen Tonnen- bzw. Abfuhrsystem auch offene Straßenrinnen, die die Abwässer direkt in die Flüsse leiteten, wiederum andere verwendeten das Abfuhrsystem in Verbindung mit unterirdischen Kanalanlagen zur Ableitung des Haus- und Regenwassers.

Alles in allem waren es nur kleine Schritte auf dem Weg zur Bewältigung des Hygieneproblems. Trotz vieler neuer Erkenntnisse in der Medizin- und in der Ingenieurwissenschaft mussten die Experten zugeben, dass es noch keine zufriedenstellenden Lösungen gab, sondern nur vorläufige, die immer wieder neu zu erarbeiten und zu modifizieren waren.[49]

Mit der Zunahme der Bevölkerung in der Stadt Oldenburg und durch die verstärkte Bautätigkeit in den angrenzenden Stadtteilen wurde auch hier die Notwendigkeit einer grundlegenden Reform des Hygienesystems immer offenkundiger. Eine Zäsur stellte die Hygieneverordnung vom 18. Mai 1858 dar. Danach durften die Bewohner von neu erbauten Häusern den Abfluss aus Dunggruben sowie Haushaltsabwässer nicht mehr auf die Straße oder in den Straßengraben leiten.

9 Plan von der Stadt Oldenburg mit den Vorstädten 1840. Stadtmuseum Oldenburg.

Die Hausbewohner waren fortan verpflichtet, die Exkremente und das Abwasser entweder in tragbaren Tonnen zu sammeln oder Senkgruben auf ihrem Grundstück anzulegen und diese regelmäßig leeren zu lassen. Diese Neuerung fand indes nicht die uneingeschränkte Zustimmung der Bevölkerung, sondern

[48] Simson, John von: Kanalisation und Städtehygiene im 19. Jahrhundert, Düsseldorf 1983, S. 143ff.
[49] Hardy: Ärzte, Ingenieure und städtische Gesundheit, S. 93ff. Die Autorin bezieht sich dabei hauptsächlich auf Großstädte wie Hamburg, Berlin, München und Frankfurt.

rief beispielsweise bei Anliegern der neuen Heiligengeiststraße heftigen Widerstand hervor. Sie kritisierten vor allem, dass von den Senkgruben eine Geruchsbelästigung ausgehe, die besonders beim Entleeren ausgesprochen unangenehm sei. Außerdem befürchteten sie, dass die durchsickernde Flüssigkeit aus den undichten Gruben die benachbarten Brunnen vergiften würden. Der Stadtmagistrat wies die Kritik jedoch mit dem Hinweis auf die positiven Erfahrungen in anderen Vierteln zurück, wo die neue Ordnung wesentlich zur Sauberkeit der Straßen beigetragen habe.[50]

10 *Blick in die Heiligengeiststraße, 1885. Stadtmuseum Oldenburg.*

Ein großes Problem aber blieb die Geruchsbelästigung beim Entleeren und Abfahren der Grubeninhalte. Aufgrund zahlreicher Beschwerden sah sich die Verwaltung schließlich veranlasst, den Transport der übel riechenden Grubeninhalte nur noch in den Nachtstunden zwischen 11 Uhr abends und 6 Uhr morgens zu genehmigen.[51] Nach weniger als einem Jahrzehnt fand aufgrund neuer wissenschaftlicher Erkenntnisse jedoch ein Umdenken in der Verwaltung statt. Namentlich der Münchner Naturwissenschaftler und Mediziner Max von Pettenkofer, ein Schüler von Justus von Liebig, dem Begründer der organischen Chemie, galt bei amtlichen Stellen als führende Autorität. Pettenkofer war seinerzeit – obwohl nicht unumstritten – einer der maßgeblichen Vorkämpfer auf dem Gebiet des öffentlichen Gesundheitswesens. Er wies auf die gesundheitlichen Gefahren hin, die vor allem durch die Verseuchung des Erdreichs infolge undichter Senkgruben drohten. Er nahm an, dass durch Verdunstung des Abwassers krankheitserregende „Miasmen"[52] aus dem kontaminierten Boden in die Luft gelangten und durch Einatmen zur Infektion und Erkrankung des Menschen führten. Nach seiner „Boden- und Grundwassertheorie" war verseuchter Boden vielfach die Ursache für den Ausbruch von Epidemien. Die Ansteckung durch das Trinkwasser spielte für Pettenkofer keine Rolle. Im Gegensatz zu Chadwick und Snow vertrat Pettenkofer die Ansicht, dass in Flüssen und Seen keine Miasmen vorhanden seien.[53] Da neben dem Boden die Luft eine wesentliche Rolle bei der Verbreitung der Cholera spiele, solle kein schmuziges Wasser getrunken und das Einatmen von schlechter Luft vermieden werden.[54]

Die Oldenburger Stadtverwaltung griff die Anregungen Pettenkofers auf, weil seine Theorie dem Hygienebedürfnis besonders entgegenkam, und versuchte jetzt, die Anlegung von Abtrittsgruben zu verbieten und stattdessen ein Abfuhrsystem für die ganze Stadt einzurichten. Sukzessive sollten bis 1872 in den Neubaugebieten wie auch im historischen Stadtkern alle Abtrittsgruben wieder entfernt werden, dafür sollten die Bewohner nun Tonnen aufstellen, die regelmäßig von Abfuhrwagen entsorgt werden sollten.[55] Aufgrund des heftigen Widerstands in der Bevölkerung gegen das Abfuhrsystem zog der Stadtrat in seiner Sitzung vom 27. November 1868

50 Den Abfluß aus Gossensteinen betreffend, in: Gemeinde-Blatt 9, 1862, S. 159ff.
51 Stadtratsbeschluss, 8.3.1866, in: Gemeinde-Blatt 13, 1866, S. 60f.
52 Bei Hippokrates wurden „Miasmen" als Luftverunreinigungen beschrieben, die von faulenden, gärenden Stoffen ausgingen – auf diese Weise sollte die Entstehung und Verbreitung von ansteckenden Krankheiten erklärt werden. Vgl. Büschenfeld: Natürliches Element im technischen Zeitalter, S. 98.
53 Ebd., S. 99.
54 Weyer-von Schoultz, Martin: Max von Pettenkofer (1818-1901), Frankfurt/M. 2006, S. 140.
55 Stadtratsbeschluss, 25.10.1866, in: Gemeinde-Blatt 14, 1867, S. 201f.

seinen Entwurf wieder zurück.[56] Den Bewohnern blieb es fortan überlassen, sich für das eine oder andere System zu entscheiden.

Die Unentschiedenheit hinsichtlich des besseren Hygienesystems zeigte sich in einer entsprechenden statistischen Erhebung, die der Magistrat im Herbst 1873 im gesamten Stadtgebiet durchführen und vom Mediziner Kollmann auswerten ließ. Kollmann ging zunächst der Frage nach, wer von den Einwohnern Tonnen bzw. Gruben zur Entsorgung menschlicher Exkremente benutzte: danach hatten die Bewohner der inneren Stadt häufiger Tonnen in Gebrauch, während in der äußeren Stadt, wo Gärten die Häuser umgaben, Abtrittsgruben überwogen. In der äußeren Stadt gab es verhältnismäßig viele Häuser, die sowohl über Gruben als auch über Tonnen verfügten. Bezogen auf das gesamte Stadtgebiet zeigte sich, dass insgesamt die Zahl der Abtrittsgruben nur wenig höher lag als die der Tonnen, das Verhältnis betrug 964:892.

Der zweite Aspekt der Untersuchung galt dem Zustand der Abtrittsgruben: danach waren die meisten Gruben gemauert, der kleinere Teil bestand aus Zement und in den äußeren Bezirken hatten einige gar keine Mauern. Die Gruben befanden sich manchmal in einem Nebengebäude, meistens jedoch im Hof oder im Garten. Eine wichtige Rolle spielte in der Untersuchung auch der Abstand zwischen Grube und Brunnen. Dabei stellte Kollmann fest, dass rund 44,4 Prozent der Gruben in der Stadt weniger als zehn Meter von den Brunnen entfernt lagen. Einige Brunnen waren dadurch schon so stark verunreinigt, dass das Wasser selbst nach zeitgenössischer Einschätzung zum Trinken nicht mehr geeignet war.

Schließlich begutachtete Kollmann auch das Verhalten der Einwohner bei der Entsorgung des Mülls: das Entleeren der Gruben erfolgte im äußeren Stadtgebiet zumeist im eigenen Garten, hingegen nahmen die Bewohner in der Innenstadt in der Regel die Dienste der Abfuhrgesellschaft in Anspruch. Ein großes Problem blieb die Entsorgung der Haushaltswässer. Aufgrund der fehlenden Kanalisation schütteten die Bürger, die am Wasser wohnten, ihr Brauchwasser in den Fluss, andere nutzten die Straße oder das eigene Grundstück.[57]

***11** Der Abort neben dem Brunnen verunreinigt das Brunnenwasser, in: Kisskalt, Karl: Brunnenhygiene, Leipzig 1916, S. 3.*

Als Konsequenz aus dem Gutachten plante die Stadt erneut, keine neuen Abtrittsgruben mehr genehmigen und alle vorhandenen Gruben bis zum 1. Januar 1877 beseitigen zu lassen. Dagegen protestieren jedoch wiederum einige Bürger der Außenbezirke, weil ihnen die Dienste der spezialisierten Abfuhrgesellschaften zu teuer waren. In den Tonnen sollten nicht nur die festen Abfälle und Fäkalien gesammelt werden, sondern auch die Abwässer, damit fiel eine hohe Flüssigkeitsmenge an. Als die Großherzogliche Regierung ebenfalls Einwände gegen eine flächendeckende Einführung des Tonnensystems erhob, beauftragte der Magistrat die städtische Gesundheitskommission, das Für und Wider des Gruben- bzw. Tonnensystems abzuwägen. Die Kommission kam zu dem Ergebnis, die Einführung des Tonnensystems zu empfehlen, auch wenn sie darin nicht die beste Lösung sah. Abtrittsgruben sollten in den äußeren Bezirken nur dann zugelassen werden, wenn die Häuser über ein entsprechend großes Grundstück mit Garten verfügten und ein ausreichender Abstand zur

[56] Stadtratsbeschluss, in: Gemeinde-Blatt 15, 1868, S. 205f.

[57] Die Abtritte und Schwindgruben sowie die Entfernung des Unraths in der Stadt Oldenburg, in: Gemeinde-Blatt 21, 1874, S. 7f. und S. 10ff.

Brunnenanlage gewährleistet werden konnte. Zugleich regte die Kommission an, dass die Stadtverwaltung den Bau einer städtischen Wasserleitung forcieren solle. In der Sitzung vom 28. September 1875 beschlossen Magistrat und Stadtrat schließlich ein detailliertes Müllabfuhrsystem, das sich an den Empfehlungen der städtischen Gesundheitskommission orientierte.[58]

Parallel zur Verbesserung der Straßenreinigung waren auch erste Gewässerschutzmaßnahmen in Oldenburg ergriffen worden. Artikel 16 der Wasserordnung vom 20. November 1868 regelte die Benutzung öffentlicher Wasserzüge. So heißt es in Paragraf 1:

> Die Benutzung der öffentlichen Wasserzüge zum Schöpfen, Tränken, Baden und ähnlichen Zwecken ist, soweit nicht Polizeivorschriften entgegenstehen, jedem unverwehrt, jede Benutzung jedoch, welche das Wasser zu diesem Zwecke verdirbt, verboten, es sei denn, daß solche zu gewerblichen Zwecken geschehe, in welchem Falle eine amtliche Regelung der Benutzung des Wassers, soweit erforderlich, einzutreten hat.[59]

Die Belastung der Gewässer durch die Einleitungen war als großes Problem erkannt worden und die Obrigkeit bemühte sich um Schadensbegrenzung. Allerdings wurden den Gewerbebetrieben, den größten Verschmutzern der Gewässer, Sonderregelungen gewährt. Trotzdem kann diese Verordnung als eine frühe Quelle angesehen werden, die eine Sensibilität gegenüber menschlich verursachten Naturschäden und ein Bewusstsein für vernetzte Strukturen erkennen lässt.

Im Alltag der städtischen Bewohner erwies sich die praktische Umsetzung dieses Gesetzes jedoch als schwierig. Durch die Verordnung sollte verhindert werden, dass Seifenbrühe und Küchenabwasser aus den Wohnbereichen durch die offenen Gräben und Straßengossen in die Flüsse gelangten. Weil aber für die Bevölkerung keine Kanalisation zur Aufnahme der Abwässer zur Verfügung stand, war sie genötigt, das Schmutzwasser auf dem Grundstück versickern zu lassen. Dadurch kam es hier im Laufe der Zeit zu massiven Boden- und Grundwasserverunreinigungen.[60]

***12** Die Hausbäke in Höhe des Pulverturms, um 1930. Stadtmuseum Oldenburg.*

Obwohl die Kommunalbehörde die Verbesserung der hygienischen Verhältnisse im öffentlichen Raum durch eine Abwasserbeseitigung als notwendig erkannte, schränkten die beiden Ziele – die Reinhaltung sowohl der Stadt als auch der öffentlichen Wasserläufe – die Möglichkeit zum konkreten Handeln ein, da die Erreichung des einen der des anderen entgegenwirkte: die Ableitung der Abwässer aus den Straßenrinnen in die Hunte führte einerseits zur Verbesserung der Hygiene in der Stadt, bewirkte aber andererseits eine starke Verunreinigung des Flusses. Technische Lösungen, die das Problem der Gewässerverschmutzung hätten beheben können, wurden um 1870 in Deutschland, im Gegensatz zu England, wo seit langem Kläranlagen oder Rieselfelder in Betrieb waren, noch nicht angeboten.[61]

[58] Magistrats- und Stadtratssitzung, 16.5.1876, in: Gemeinde-Blatt 23, 1876, S. 91ff.
[59] Sammlung der im Herzogtum Oldenburg geltenden Gesetze, Verordnungen und Bekanntmachungen aus den Jahren 1813 bis 1903, Oldenburg 1905, S. 563f.
[60] Noack, Franz: Die Kanalisation der Stadt Oldenburg. Sonderdruck aus den Berichten des Technischen Vereins zu Oldenburg. Oldenburg o. J. [um 1889], S. 6f.
[61] Büschenfeld: Natürliches Element im technischen Zeitalter, S. 101f

13 Die Straße „Abraham" (heute Winkelgang) mit der Abflussrinne in der Mitte, um 1900. Stadtmuseum Oldenburg

Schon seit Beginn der 1870er Jahre gingen bei der Stadtverwaltung verschiedene Offerten von Experten ein, die anboten, ein Konzept für die Wasserwirtschaft der Stadt zu erarbeiten. So legte beispielsweise 1877/78 der Geheime Baurat Henoch aus Gotha einen in jeder Hinsicht sehr ambitionierten Entwurf über den Bau einer Kanalisation und eines Wasserwerks vor. Damals erklärte der Magistrat das Vorhaben jedoch für aussichtslos.[62] Die Diskussion über die Stadttechnik, die sich bis in die 1890er Jahre hinzog, wird weiter unten im Zusammenhang mit dem Bau der Kanalisation und des Wasserwerks dargestellt werden.

Volksaufklärung

In der zweiten Hälfte des 19. Jahrhunderts gewann neben den Hygieneverordnungen und deren Überwachung durch die Baupolizei auch die Information der Öffentlichkeit eine zunehmende Bedeutung. Die Volksaufklärung war eine Reaktion auf die großen Choleraepidemien, die seit 1831 in Nordwesteuropa immer wieder auftraten. Zum Glück blieb die Stadt Oldenburg jedoch von den vier großen Epidemiewellen, die sich in der Zeit zwischen 1831 und 1892 ausbreiteten, verschont. Es wurden lediglich sporadische Cholerafälle registriert, einige davon mit Todesfolge. Bei jedem erneuten Ausbruch der Seuche in der Nähe Oldenburgs appellierte die Stadtverwaltung an das Verantwortungsbewusstsein der Bürger, alles zu tun, um das Infektionsrisiko zu minimieren. In einer kleinen Druckschrift vom 13. Oktober 1831 mit dem Titel An das Publicum. Verfaßt auf Anordnung der Regierung vom Collegio medico geben Oldenburger Mediziner auf drei zentrale Fragen eine Antwort:

> 1) was haben wir von der genannten Krankheit zu erwarten? 2) wie können wir uns vor derselben bewahren? 3) an welchen Merkmalen ist die Krankheit zu erkennen und wie muß sie, da sie schnelle Hülfe erfordert, bis zur Ankunft des gerufenen Arztes behandelt werden?

Die Ausführungen sind sehr detailliert und in einer verständlichen Sprache geschrieben, so dass sie den Lesekundigen wichtige Handlungsanweisungen vermittelten. Auch wenn die Ursache der Krankheit damals noch nicht bekannt war, gaben die Mediziner Ratschläge zu ihrer Verhütung oder zum Verhalten bei einer Erkrankung. Sie wiesen der Hygiene und der Ernährung bei Ausbruch der Cholera eine zentrale Rolle zu.

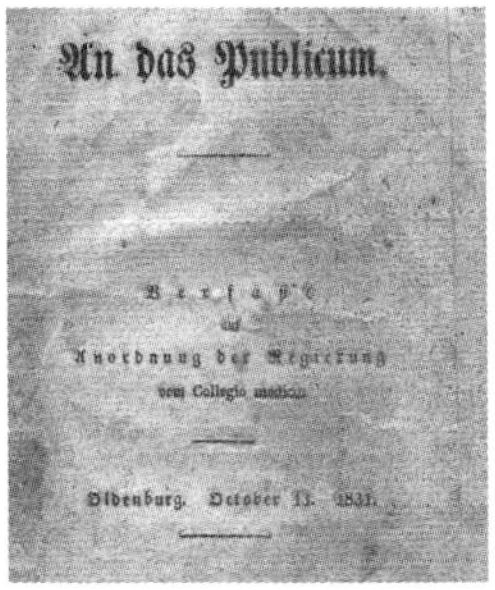

An das Publicum.

Oldenburg. October 13. 1831.

14 Titelblatt der 15 Seiten umfassenden Druckschrift „An das Publicum. Verfaßt auf Anordnung der Regierung vom Collegio medico, October 13. 1831". Stadtmuseum Oldenburg.

[62] Öffentliche Gesundheitspflege, Wasserleitung 1853-1877. StAO, Best. 262-1 A Nr. 2254; ferner: Öffentliche Gesundheitspflege, Wasserleitung 1877-1891. StAO, Best. 262-1 A Nr. 2255.

Die Vorsorge der Verwaltung wurde besonders dann offenkundig, wenn die Seuche kurz vor Beginn des Oldenburger Kramermarktes auftrat. Im September 1859 stellte der Magistrat bei der Großherzoglichen Regierung den Antrag, den Kramermarkt ausfallen zu lassen, weil fremde Kaufleute und Künstler die Seuche in die Stadt hinein tragen könnten. Zu diesem Zeitpunkt war die Cholera hauptsächlich in Hamburg und Umgebung, aber auch in Brake aufgetreten. Die Regierung informierte sich daraufhin beim örtlichen „Collegium medicum"[63] sowie bei Mitgliedern des Stadtrats, und weil mehrheitlich die Choleragefahr als gering eingeschätzt wurde, konnte der Kramermarkt in der gewohnten Weise stattfinden. Auch die Bürger hatten sich zuvor in einer Unterschriftenaktion für die Durchführung des Kramermarkts eingesetzt. Als sich in den Jahren 1865/66 in Norddeutschland erneut eine Choleraepidemie ausbreitete, erreichte sie auch Städte wie Bremen und Osnabrück sowie das Oldenburger Land. Erste Todesopfer im Oldenburgischen verstärkten sofort die behördlichen Aktivitäten. Im September 1866 beschlossen Magistrat, Stadtrat und Großherzogliche Regierung einvernehmlich, den Kramermarkt ausfallen zu lassen.[64]

Bei Ausbruch der Seuche in der Region informierte die Stadtverwaltung die Bevölkerung sehr ausführlich über Ausbreitung und Verlauf der Krankheit und forderte nachdrücklich zur Einhaltung der Hygienevorschriften auf. Sie griff dabei auf Publikationen von Medizinern zurück, in denen Ratschläge zur Behandlung und Vorsorge gegeben wurden. An exponierter Stelle standen wiederum die Schriften von Pettenkofer, der seinerzeit nicht nur ein Wegbereiter auf dem Gebiet des öffentlichen Gesundheitswesens, sondern auch in der Cholera-Forschung war. Zusammen mit den beiden Wissenschaftlern Wilhelm Griesinger und Carl Reinhold August Wunderlich hatte Pettenkofer die kleine Schrift Cholera-Regulativ herausgegeben, in der wichtige Maßregeln zum Schutz vor Ausbreitung der Seuche beschrieben wurden. Dazu gehörten vor allem Verbesserung der hygienischen Zustände in den Wohnungen, Entwässerung der Grundstücke, Reinhaltung des Bodens und kontrollierte Ableitung der Abwässer.[65] Das Cholera-Regulativ von 1866 diente fast drei Jahrzehnte lang zahlreichen kommunalen Behörden als Grundlage zur systematischen Erfassung und Bekämpfung der Krankheit. Eine besondere Bedeutung wies Pettenkofer der Desinfektion zu:

> Wo man die Einschleppung der Krankheit und ihre epidemische Entwicklung in einem Orte zu befürchten hat, soll man mit der Desinfection nicht warten, bis sich der epidemische Charakter ihres Auftretens in mehreren Häusern und mehreren Fällen constatirt hat. Die Desinfection soll nicht, wie bisher häufig geschehen ist, dem Ausbruche der Cholera in den einzelnen Häusern auf dem Fusse folgen, sondern ihm voraueilen. Nur als prophylaktische Massregel hat die Desinfection Bedeutung.[66]

Auch die Oldenburger Behörden und Ärzte reagierten mit entsprechenden Anweisungen auf diese Empfehlungen. Sie warteten hier nicht, bis die ersten Cholerafälle auftraten, sondern ergriffen Präventivmaßnahmen. So übernahm die Stadt beispielsweise die Kosten für die tägliche Desinfizierung und Reinigung von privaten und öffentlichen Gebäuden, Wirtshäusern, Fabriken, Häusingen und Rinnsteinen. Die Bewohner wurden aufgefordert, täglich die Abtritte und Kübel zu desinfizieren.[67] Schließlich kam es 1867 nach jahrzehntelangen Verhandlungen auch zur Entstehung der „Gemeinschaftlichen Preußen-Oldenburg-Bremischen Quarantaine-Anstalt an der Unterweser". Eine Kommission kontrollierte alle verdächtigen Schiffe und konnte veranlassen, dass

[63] Die Bezeichnung variierte: Collegio medico, Collegium medicum oder Medizinal-Collegium.

[64] Sitzung des Magistrats und Stadtrats vom 25.9.1866, in: Gemeinde-Blatt 13, 1866, S. 185; ferner Stadtratssitzung vom 16.9.1859 und Regierungsentscheidung, 23.9.1859, in: Gemeinde-Blatt 6, 1859, S. 169ff. Auch in den folgenden Jahren gab es seitens des Magistrats immer wieder Vorbehalte gegen die Durchführung des Kramermarkts, wenn Cholera- oder Typhusepidemien zur selben Zeit in der Nähe Oldenburgs auftraten. Manchmal wurde der Kramermarkt abgesetzt, in anderen Fällen konnte er in der gewohnten Art veranstaltet werden.

[65] Cholera, in: Gemeinde-Blatt 13, 1866, S. 185ff.

[66] Zit. nach: Weyer-von Schoultz: Max von Pettenkofer, S. 150.

[67] Magistrats- und Stadtratsbeschluss, 12.10.1866, in: Gemeinde-Blatt 13, 1866, S. 194ff.

Personen und Waren für einen bestimmten Zeitraum observiert und gegebenenfalls zur Desinfektion in ein Krankenhaus oder in eine Isolierbaracke gebracht wurden.[68] Möglicherweise war es der Umsicht der Behörden und dem zunehmenden Interesse der Bevölkerung an einer gesunden Umwelt zu verdanken, dass die Stadt Oldenburg von einer Choleraepidemie verschont blieb.

Der Ausbruch der folgenschwersten Choleraepidemie im Jahre 1892 in Hamburg mit rund 18.000 Erkrankten und 7 600 Todesfällen innerhalb von 9 Wochen[69] löste nahezu in allen Städten des Deutschen Reiches eine heftige Diskussion über die hygienischen Missstände aus. Die Epidemie in Hamburg hatte deutlich gemacht, dass die rasche Ausbreitung der Krankheit durch verseuchtes Leitungswasser verursacht worden war und dadurch Tausende von Menschen in der Stadt gleichzeitig erkrankten.[70] Besonders verhängnisvoll war dabei der Umstand, dass das Wasserwerk immer noch unfiltriertes Elbwasser an die Haushalte lieferte, obwohl Ingenieure und Hygieniker bereits seit 1853 den Bau einer Filteranlage gefordert hatten. Noch 1887 hatte die Wasserwerksleitung versichert, dass in nächster Zukunft eine Filteranlage gebaut werden sollte, tatsächlich geschehen war jedoch nichts.

Hamburg war zwar die erste Stadt in Deutschland gewesen, die eine zentrale Wasserversorgung gebaut hatte, doch das Versorgungssystem war nach über vierzig Jahren total veraltet. So wurden beispielsweise die Häuser in den hoch gelegenen Gebieten der Stadt nur während der Nachtstunden mit Wasser versorgt. Unter dem Dach des Hauses befand sich ein Wasserspeicher, und über Leitungen wurde das Wasser dann innerhalb des Hauses verteilt. Die Wohnungen verfügten über einen so genannten Wasserkasten, einen mit Zink ausgeschlagenen Holzkasten, der in der Regel im WC oberhalb der Toilette angebracht war und mit einem Schwimmerhahn möglichst gefüllt gehalten wurde. Das so gespeicherte Wasser diente nicht nur zur Toilettenspülung, sondern auch als Trink- und Kochwasser. Wegen der schlechten Trinkwasserqualität kaufte sich die wohlhabendere Bevölkerung Quellwasser, das von den umherfahrenden Wasserwagen angeboten wurde. Einige schalteten in die Leitungen Kohlefilter ein, in dem Glauben, dadurch einwandfreies Wasser zu erhalten, die ärmere Bevölkerung war auf das gelieferte ungefilterte Trinkwasser angewiesen.[71] Den Beweis, dass die Cholera über das Leitungswasser übertragen wurde und sich in Windeseile ausbreiten konnte, lieferte die Nachbarstadt Altona. Auch hier verwendete das Wasserwerk Elbwasser, das sogar vom Rohwasser her noch schlechter war als das Hamburger Leitungswasser. Während Hamburg das Flusswasser in ungereinigtem Zustand ablieferte, hatte das Altonaer Wasserwerk 1859 jedoch eine Sandfiltration angelegt und versorgte die Bevölkerung seitdem mit erheblich saubererem Wasser. Die in Altona gezählten Erkrankungen, so die Ermittlung der Mediziner, waren in den meisten Fällen von infizierten Arbeitern, Handwerkern, Putzfrauen usw. verbreitet worden, die sich an ihrem Arbeitsplatz in Hamburg angesteckt hatten. In Altona wurden

***15** Abgabe von gekochtem Wasser in Hamburg 1892 (aus einem Album veröffentlicht im Verlag Knackstedt & Näther, Hamburg-Eppendorf 1892), Staatsarchiv Hamburg Best. 720-1 Nr. 272-1, Medizinalwesen Mappe 1, Nr. 3 der „Hamburger Bilder aus der Cholera-Zeit".*

68 Schmidt, Johann: Oldenburger Seequarantäneanstalten an der Unterweser, in: Oldenburger Jahrbuch, Bd. 80, 1980, Sonderdruck, S. 190.
69 Kümmel, W.: Die Cholera in Hamburg und Altona, Bericht vom 23.10.1892, in: Journal für Gasbeleuchtung 35, 1892, Nr. 32, S. 638.
70 Evans, Richard J.: Tod in Hamburg. Stadt, Gesellschaft und Politik in den Cholera-Jahren 1830-1910, Hamburg 1990, S. 373ff.
71 Kümmel: Die Cholera in Hamburg und Altona, S. 638.

insgesamt 670 Erkrankungen und 330 Tote gezählt. Bereits vier Tage nach Ausbruch der Epidemie hatte Robert Koch, der Entdecker des Cholerabazillus, die hamburgische Behörde darauf hingewiesen, dass in dem Elb- und Leitungswasser die Ursache für die rasche Verbreitung der Epidemie zu finden war.[72] Koch, dem Begründer der wissenschaftlichen Bakteriologie, war es schon 1882 gelungen, den Erreger der Tuberkulose zu entdecken. Auf einer Forschungsreise nach Ägypten, wo 1883 eine Choleraepidemie herrschte, gelang es ihm gleichfalls, den Erreger der Cholera zu isolieren und nachzuweisen, dass, „dieser Bazillus von Keimträgern ausgeschieden wird und sich im Wasser vermehren und weiterverbreiten kann."[73] Zur Vorbeugung und Bekämpfung der Cholera empfahl Koch, die Erkrankten zu isolieren, Kleidung und Bettwäsche zu desinfizieren und das Trinkwasser abzukochen.[74]

Als bekannt wurde, dass in Hamburg die Seuche ausgebrochen war, verstärkte die Oldenburger Stadtverwaltung die öffentliche Aufklärung: mit Flugblättern, die an alle Haushalte verteilt wurden, und Veröffentlichungen in der Presse informierte sie die Bevölkerung über Hygieneregeln.[75] Am 26. August 1892 beschloss der Gesamtstadtrat ein umfassendes Desinfektionsprogramm und Vorbeugungsmaßnahmen: tägliche Spülung der Straßenrinnen und Desinfektion der Aborte, Bau einer Cholerabaracke für 100 Personen, Bereitstellung von zwei Krankentransportwagen, ärztliche Kontrolle der Personen, die mit dem Schiff oder mit der Bahn anreisten, Abkochen des Trinkwassers für Schulkinder.[76]

Die beste Absicherung vor der drohenden Choleragefahr nach außen müsse jedoch erfolglos bleiben, wenn nicht gleichzeitig gegen die hygienischen Missstände in der eigenen Stadt etwas unternommen würde, wie Kritiker in der örtlichen Presse einwandten. Zum einen beanstandeten sie, dass die Bürger die Desinfektion der Aborte mangels effektiver Kontrollen gar nicht durchführen würden, zum anderen wurde die unzureichende Versorgung mit gesundem Trinkwasser kritisiert. Insbesondere die Einleitung von krankheitserzeugenden Substanzen in die Hunte führte zu der Forderung, die Trinkwasserqualität für die Bewohner am Stau zu verbessern:

> Der größte Teil der dort wohnenden Familien (reichlich 30) ist darauf angewiesen, daß nötige Trinkwasser der Hunte zu entnehmen. Brunnen sind nicht vorhanden, resp. liefern dieselben vollständig ungenießbares Wasser.
>
> Die Beschaffenheit des Huntewassers zur Zeit der Ebbe ist während der Sommerzeit dermaßen, daß der Genuß des Huntewassers als Trinkwasser polizeilich verboten werden sollte. Der gesamte Unrat, welcher den Rinnsteinen der Stadt entlang läuft, wird der Hunte wieder zugeführt, wodurch das Wasser sehr stark mit Schlammteilen vermischt wird. Die flüssigen Oel-Abfälle von der Warpsspinnerei fließen in die Hunte. Es vergeht wohl kaum ein Tag, wo nicht ein stark in Verwesung begriffener Kadaver eines Hundes oder einer Katze ec. im Wasser treibt und somit das Wasser verpestet.
>
> Ein großer Teil der zuziehenden Bewohner erkrankt nach kurzer Zeit infolge des Genusses schlechten Wassers an Typhus. Es ist nicht zu leugnen, daß die Beschaffung von brauchbarem Trinkwasser nicht ohne erhebliche Kosten geschehen kann, indem die vorhandenen Brunnen auch nur mangelhaftes (sehr eisenhaltiges) Wasser liefern, aber vielleicht ließe sich durch Anlage von sog. Cisternen und Röhrenbrunnen ein brauchbares Trinkwasser erlangen. Die jetzigen Zustände müssen unter allen Umständen in Rücksicht auf die drohende Choleragefahr beseitigt werden. Wir haben jetzt Tatsachen vor Augen, welches unsägliche Elend das schlechte Trinkwasser in Hamburg herbeigeführt hat.[77]

Offensichtlich hatte der durch Robert Koch erbrachte Nachweis von krankheitsverursachenden Keimen im Trinkwasser, die zur Ausbreitung der Cholera in Hamburg geführt hatten, viele Oldenburger sensibilisiert, die Trinkwassergüte genauer

72 Ebd.
73 Dormann: „Das asiatische Ungeheuer", S. 236.
74 Kümmel: Die Cholera in Hamburg und Altona, S. 638.
75 Bekanntmachungen der Behörden, in: Nachrichten, Nr. 217, 16.9.1892.
76 Stadtmagistrat und Gesamtstadtrat, 25./26.8.1892, in: Gemeinde-Blatt 39, 1892, S. 129ff.
77 Trinkwasserverhältnisse am Stau, in: Nachrichten, Nr. 213, 12.9.1892.

in den Blick zu nehmen. Missstände wurden öffentlich angeprangert und die öffentliche Hand aufgefordert, die Versorgung mit gesundem Trinkwasser als eine elementare Aufgabe kommunaler Daseinsvorsorge zu garantieren.

Die Glasmacher im industriellen Vorort Osternburg erhielten dabei Unterstützung von ihrem Gewerkschaftsvertreter Ruf aus Bergedorf. Er wies in einem Leserbrief in der Oldenburger Presse auf die dringende Notwendigkeit hin, die Menschen in der Arbeitersiedlung „Kamerun" mit gesundem Trinkwasser zu versorgen:

> Angesichts der drohenden Choleragefahr ist es nicht genug anzuerkennen, daß die Behörden sich alle Mühe geben, die Seuche fern zu halten. Doch was nützen alle Anordnungen und Vorschriften, wenn sie von den beteiligten Personen nicht befolgt werden. Ich habe hier speziell die Wasserverhältnisse auf der sogenannten Kolonie Kamerun im Auge, welche Eigentum der hies. Glashütte ist. Auf genannter Kolonie, welche über 60 Wohnungen zählt, ist nicht ein einziger Brunnen, welcher gutes Trinkwasser enthält, vielmehr ist dasselbe, wenn es eine Stunde steht, wahrhaft ekelerregend!
>
> Unter solchen Verhältnissen braucht die Cholera nicht eingeschleppt zu werden, sondern es ist ein Wunder, wenn sie nicht von selbst entsteht, und das sollte auch die Direktion der Glashütte wissen. Auf erstattete Anzeige über diese mißlichen Verhältnisse beim Amte ist bis dato noch keine Untersuchung des Wassers erfolgt. Geschieht dies bald, so haben gegenwärtige Zeilen ihren Zweck erreicht.[78]

Der Direktor der Glashütte nahm die Kritik zum Anlass, in der Noll- und Behrensstraße 5 neue Brunnen bohren zu lassen, jedoch zeigten die Wasserproben, dass die Qualität mangelhaft war. Den Bewohnern der Arbeitersiedlung wurde deshalb empfohlen, das Wasser nur abgekocht zu trinken oder sich mit Trinkwasser aus dem Brunnen der Glashütte zu versorgen, weil dieser besseres Wasser lieferte.[79]

Obwohl in Oldenburg keine Choleraerkrankungen aufgetreten waren, führte das Ausmaß der Choleraepidemie in Hamburg hier wie andernorts erneut zu heftigen Diskussionen über die örtlichen hygienischen Verhältnisse. Als Ursachen für den allgemein schlechten Gesundheitszustand in Oldenburg wurden das schlechte Trinkwasser, die unzureichende Hygiene und die fehlende Kanalisation genannt.[80] Doch die politisch Verantwortlichen ließen einen konkreten Reformwillen nicht erkennen, es mangelte ihnen zu dieser Zeit noch am notwendigen Gestaltungswillen. Möglicherweise war das fehlende Interesse an stadthygienischen Maßnahmen darauf zurückzuführen, dass der Problemdruck in Oldenburg nicht so groß war. Während in vielen anderen Städten Bevölkerungswachstum und Industrialisierung die entscheidenden Beweggründe für eine Neuordnung der Städtetechnik waren, hielt sich das Wachstum in Oldenburg in überschaubaren Grenzen. Zwar stieg die Bevölkerungszahl inklusive der Militärangehörigen zwischen 1875 und 1895 von 17.462 auf 25.472 Personen, gleichwohl war Oldenburg noch immer eine kleine Stadt.[81] Folglich überrascht es auch nicht, dass sich die Politiker bis gegen Ende des 19. Jahrhunderts kaum um eine Verbesserung der gesundheitsrelevanten städtischen Infrastruktur bemühten. Hygienische Verbesserungen versuchten die Verantwortlichen durch Verordnungen und deren Kontrolle zu erreichen. Geeignete Schritte jedoch, die eine grundlegende Veränderung der Abwasserbeseitigung und Trinkwasserversorgung beinhalteten und mit hohen Kosten verbunden waren, die den städtischen Haushalt belasteten, wurden auf die lange Bank geschoben.

---

78 Osternburg, in: Nachrichten, Nr. 212, 10.9.1892.

79 Zum Artikel „Osternburg." in: Nachrichten, Nr. 214, 13.9.1892.

80 Bericht des Amtsarztes Dr. Kelp an den Stadtmagistrat über die Typhuserkrankungen in der Stadt Oldenburg im Sommer 1890, in: Gemeinde-Blatt 37, 1890, S. 276ff. Bericht über den Untersuchungszeitraum 1.5.-31.10.1891, in: Gemeinde-Blatt 39, 1892, S. 31f.

81 Schulze: Oldenburgs Wirtschaft einst und jetzt, S. 26.

Die Diskussion über Hochwasserschutz und Abwassersystem in den 1880/90er Jahren

Mit der Berufung Franz Noacks (1855–1945) zum Stadtbaumeister hatte die Stadt einen Ingenieur eingestellt, der sich nicht nur als Bau-, sondern auch als technischer Ingenieur verstand. Noack übernahm sein Amt in Oldenburg am 13. Januar 1885 im Alter von 29 Jahren. Nach seinem Studium des Bauingenieurwesens an der Technischen Hochschule in Hannover trat er seine erste Dienststelle in Chemnitz an, wo er zunächst als beratender Ingenieur den Bau des Schlachthofes begleitete und anschließend den Auftrag erhielt, die Trinkwasserversorgung der Stadt zu verbessern. Bevor das Chemnitzer Wasserprojekt jedoch realisiert wurde, wechselte Noack nach Oldenburg. In der Residenzstadt übernahm er die Bauleitung für zahlreiche öffentliche Gebäude wie Rathaus, Theater, Schlachthaus und einige Schulgebäude, darüber hinaus war er verantwortlich für die neue Baupolizeiordnung und den Aufbau moderner Infrastruktureinrichtungen. Noack arbeitete insgesamt 44 Jahre als Stadtbaumeister in Oldenburg.[82]

***16** Franz Noack im Alter von etwa 40 Jahren, um 1895, in: Schrape, Joachim: Franz Noack, Stadtbaumeister in Oldenburg von 1885 bis 1929, Oldenburg 1993, S. 121.*

1889 präsentierte Noack den Entwurf einer unterirdischen Kanalisation. In seinem rund 20-seitigen Erläuterungsbericht, den er mit Zeichnungen, Statistiken und Kostenberechnungen ergänzte, wurden die wasserwirtschaftlichen und hygienischen Bedingungen der Stadt Oldenburg beschrieben und Lösungsvorschläge zur Verbesserung der Infrastruktur entwickelt. Grundlage seines Berichts bildete das Gutachten des Oberbaudirektors L. Franzius aus Bremen, der vom Oldenburger Stadtmagistrat ein Jahr nach den schweren Überschwemmungen im Winter 1880/81 aufgefordert worden war, die Ursachen für die Überschwemmungen bei Sturmfluten in der Residenzstadt zu untersuchen und ein Konzept für die Umsetzung von Schutzmaßnahmen zu entwickeln.[83]

Franzius hatte in seiner Untersuchung festgestellt, dass zwischen der Hochwassergefahr bei Sturmfluten und dem mangelhaften Entwässerungssystem der Stadt Oldenburg ein unmittelbarer Zusammenhang bestand, der ein großes Risiko für die Bevölkerung bedeutete. Bei extremem Hochwasser – Oldenburg lag im Einflussbereich von Ebbe und Flut – drückte die Hunte übermäßig viel Wasser in die Stadt, so dass die natürlichen Bäche Haaren und Hausbäke nicht richtig abfließen konnten und über die Ufer traten. Dabei überschwemmte das Wasser oft wochenlang – im Winter 1880/81 sogar rund fünf Monate – die Stadt. Diese andauernden Überschwemmungen verursachten auf der einen Seite erhebliche materielle Schäden an den Gebäuden und ruinierten Waren, Vorräte, Hausrat und andere Gegenstände, die in den Kellern lagerten. Auf der anderen Seite vermischte sich in den Überschwemmungsgebieten das Wasser der Haaren und Hausbäke mit dem aus den

[82] Schrape: Franz Noack, S. 30ff.
[83] Noack, Franz: Die Kanalisation der Stadt Oldenburg, Bericht des Stadtbaumeisters vom 20.9.1889, StAO, Best. 262-1 A Nr. 2253.

Gossen und Gräben und verseuchte so den Boden und das Brunnenwasser.

Der Bremer Oberbaudirektor wies in seinem Gutachten auch auf die dadurch bedingten zunehmenden gesundheitlichen Gefahren hin, weil die Einleitungen gesundheitsschädlicher Stoffe in die offenen Gräben, Gossen und Flüsse von Jahr zu Jahr zugenommen hätten und der Bevölkerung bei Überschwemmungen kaum effektive Mittel zur Verfügung stünden, die Verseuchung des Bodens und des Brunnenwassers zu verhindern. Das vorgeschlagene Entwässerungssystem, das prinzipiell das gesamte Stadtgebiet umfassen sollte, diene, so Franzius, vor allem der Gesundheit der Bevölkerung und deshalb dürfe keinesfalls nur auf die Kosten geschaut werden.[84] Das von Franzius entwickelte Entwässerungskonzept verschwand jedoch bald danach in den Schubladen der Stadtverwaltung und wurde erst durch Noack wieder ans Tageslicht befördert.

In seinem Bericht von 1889 favorisierte Noack ebenso wie Franzius eine unterirdische Kanalisation zur Verbesserung der städtischen Hygiene. Nach dem Plan des Oldenburger Stadtbaumeisters sollte der Grundwasserspiegel durch ein flächendeckendes unterirdisches Kanalnetz abgesenkt werden, um bei extremem Hochwasser oder anhaltenden Regenfällen eine Überschwemmung der Stadt mit den beschriebenen materiellen Verlusten und gesundheitlichen Risiken zu verhindern. Zur Entwässerung der Stadt sollte das gesamte Stadtgebiet in fünf Teile geteilt und separat kanalisiert werden. In den jeweiligen Entwässerungsgebieten sollten die Kanäle das Regen- und Abwasser sammeln und es zunächst in die Haaren, die Hausbäke oder den Stadtgraben leiten, von wo es anschließend in die Hunte gelangen würde. Außerdem beabsichtigte Noack, ein Pumpwerk am Stau zu errichten, um einerseits zu verhindern, dass bei Hochwasser zu viel Wasser der Hunte in die Stadt floss, andererseits sollte es das Wasser der Haaren und der Hausbäke bei Niedrigwasser in die Hunte pumpen. Mit dem Kanalisationssystem wollte Noack zugleich das Problem mit der Entsorgung des Abwassers lösen. Die Hausabwässer sollten nicht mehr wie bisher auf den Privatgrundstücken versickern oder durch die offenen Rinnsteine und Straßengräben in die Gewässer fließen, sondern in unterirdischen Kanälen zusammen mit dem Regenwasser gesammelt und in die Gewässer geleitet werden. Noack legte sich allerdings nicht fest, ob auch die Fäkalien auf diese Weise abgeleitet werden sollten.[85]

In kleinem Umfang verfügte die Stadt schon seit 1785 über unterirdische Kanäle. Sie sammelten Regenwasser und Abwasser und leiteten alles zusammen in teils geschlossenen Röhren, teils in offenen, gemauerten Kanälen in die Haaren und die Hunte. Das unterirdische Rohrsystem verlief hauptsächlich rund um das Schloss sowie in einigen Straßen der Innenstadt wie beispielsweise in der Langen- und Kleinen Kirchenstraße, Bergstraße und Wall.[86] Im Laufe der Zeit waren jedoch unhaltbare Zustände eingetreten. Untersuchungen hatten gezeigt, dass ältere und neuere Rohre ungeachtet unterschiedlicher Querschnitte oft unmittelbar aneinander anschließend verlegt worden waren. Infolgedessen versickerte das Abwasser an den undichten Anschlussstellen und verseuchte den Boden und das Grundwasser.

Der Plan Noacks zeichnete sich vor allem dadurch aus, dass er den Projektentwurf von Franzius weiterentwickelte und ein umfassenderes Konzept zur Verbesserung der hygienischen Verhältnisse in Oldenburg vorlegte. Um seine Argumentation zu untermauern, hatte Noack die katastrophalen hygienischen Zustände und das marode Entwässerungssystem in der Residenzstadt kritisiert. Als besonders schädlich bewertete er außerdem die Müllentsorgung in die offenen Gräben und Kanäle:

> In den Straßengossen und den offenen Gräben ist bei städtischer Bebauung viel Seifenbrühe, Urin, auch Blut enthalten, welche leicht in Zersetzung übergehen. An heißen und stillen Sommer-

[84] Gutachten des Oberbaudirektors Franzius, betreffend die Sicherung der Stadt Oldenburg gegen Belästigung durch Hochwasser, in: Gemeinde-Blatt 29, 1882, S. 206ff.

[85] Die Kanalisation der Stadt Oldenburg. Bericht von Noack vom 20.9.1889, StAO, Best. 262-1 A Nr. 2253.

[86] Verzeichnis der öffentlichen Pumpen, Ziehbrunnen und Wasserleitungen vom 24.12.1785, StAO, Best. 262-1 A Nr. 3501.

> tagen entsteigen dann diesen Abwässerungszügen widerwärtige, die Gesundheit schädigende Miasmen. Da die offenen Gräben meist keine befestigte Sohle haben, so wird zugleich der benachbarte Untergrund derselben verunreinigt, es geht derselbe vollständig in einem breiartigen Morast über.

Als positives Beispiel für eine gelungene Stadttechnik erwähnte er London. Die Stadt verfüge schon seit langem über ein Kanalisationssystem und zähle inzwischen zu den herausragenden Großstädten, die auf dem Gebiet der Hygiene und der Gesundheit der Bevölkerung großartige Leistungen vollbracht hätten.[87]

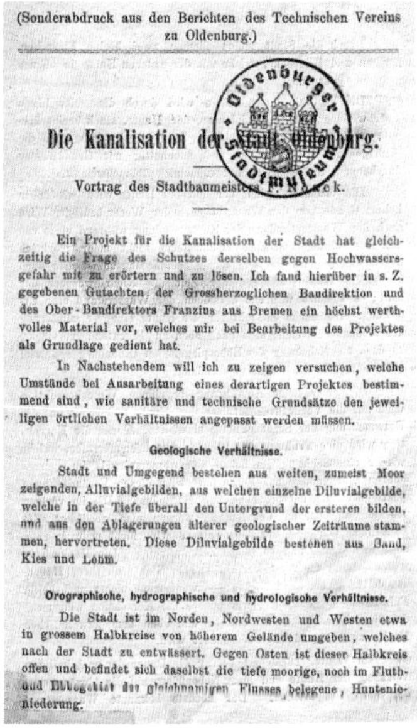
(Sonderabdruck aus den Berichten des Technischen Vereins zu Oldenburg.)

Die Kanalisation der Stadt Oldenburg.

Vortrag des Stadtbaumeisters F. Noack.

Ein Projekt für die Kanalisation der Stadt hat gleichzeitig die Frage des Schutzes derselben gegen Hochwassersgefahr mit zu erörtern und zu lösen. Ich fand hierüber in s. Z. gegebenen Gutachten der Grossherzoglichen Baudirektion und des Ober-Baudirektors Franzius aus Bremen ein höchst werthvolles Material vor, welches mir bei Bearbeitung des Projektes als Grundlage gedient hat.

In Nachstehendem will ich zu zeigen versuchen, welche Umstände bei Ausarbeitung eines derartigen Projektes bestimmend sind, wie sanitäre und technische Grundsätze den jeweiligen örtlichen Verhältnissen angepasst werden müssen.

Geologische Verhältnisse.

Stadt und Umgegend bestehen aus weiten, zumeist Moor zeigenden, Alluvialgebilden, aus welchen einzelne Diluvialgebilde, welche in der Tiefe überall den Untergrund der ersteren bilden, und aus den Ablagerungen älterer geologischer Zeiträume stammen, hervortreten. Diese Diluvialgebilde bestehen aus Sand, Kies und Lehm.

Orographische, hydrographische und hydrologische Verhältnisse.

Die Stadt ist im Norden, Nordwesten und Westen etwa in grossem Halbkreise von höherem Gelände umgeben, welches nach der Stadt zu entwässert. Gegen Osten ist dieser Halbkreis offen und befindet sich daselbst die tiefe moorige, noch im Fluth- und Ebbegebiet des gleichnamigen Flusses belegene, Hunteniederung.

17 „Die Kanalisation der Stadt Oldenburg". Titelblatt des Vortragsmanuskripts von Franz Noack, Sonderdruck des Technischen Vereins, Oldenburg 1889. Stadtmuseum Oldenburg.

Den Nutzen der Kanalisation sah Noack darin, dass die Bodenverunreinigungen aufhören und der widerliche Geruch aus den Straßen verschwinden werde, außerdem wurde der Straßenverkehr durch den Wegfall der offenen Rinnsteine sicherer. Der entscheidende Vorteil war jedoch die Verbesserung der Lebensqualität für die städtische Bevölkerung. Den Berechnungen Noacks zufolge betrugen die Gesamtinvestitionen für das Kanalisationsnetz und das Pumpwerk 800.000 Mark.[88]

Offenbar wurde die Bedeutung einer sauberen Stadt im Verhältnis zu den enormen Kosten als zu gering eingeschätzt, denn die ehrgeizigen Pläne Noacks wurden erst nach jahrelanger Diskussion und Überzeugungsarbeit realisiert. Dieser Prozess soll im Folgenden dargestellt werden.

Stadtbaumeister Noack erhielt am 16. Dezember 1890, rund ein Jahr nach Fertigstellung seines Kanalisationsplans, Gelegenheit, seinen Entwurf in der Stadtratssitzung vorzustellen.[89] Obwohl die Mitglieder dem Entwurf wohlwollende Prüfung zusicherten und nach internen Beratungen am 24. März 1891 eine Entscheidung treffen wollten, wurde der Antrag zurückgestellt. Die Versammlung war zu keiner Modernisierung der Stadttechnik bereit und beschloss, die Verhandlungen über das Projekt zu vertagen, weil zunächst das Ergebnis der neuen Steuergesetze abgewartet werden sollte. Angesichts der Dringlichkeit der hygienischen Probleme wurde die Diskussion über das Kanalisationsprojekt in der städtischen Verwaltung jedoch weitergeführt. 1892 unternahm der Magistrat einen erneuten Versuch, den Stadtrat für die Kanalisation zu gewinnen. Er wurde aufgefordert, endlich die sanitären Bedingungen in der Stadt zu verbessern und eine Entscheidung herbeizuführen. In ihrem Schreiben an den Stadtrat machten die Vertreter der Stadtverwaltung deutlich, dass die hygienische Frage in allen Kreisen der Bürgerschaft ein wichtiges Anliegen sei. Die Verwaltung entwickelte auch konkrete Vorstellungen, wie das Entwässerungsprojekt finanziert werden sollte.[90] Der Magistrat bekannte sich ausdrücklich als Befürworter des Kanalisationsprojekts und hoffte auf ein zustimmendes Votum des Stadtrats in der Sitzung am

[87] Noack, Franz: Die Kanalisation der Stadt Oldenburg. Bericht vom 20.9.1889, StAO, Best. 262-1 A Nr. 2253.
[88] Ebd.
[89] Sitzung des Stadtrats am 16.12.1890, in: Gemeinde-Blatt 37, 1890, S. 305.
[90] Schreiben des Magistrats an den Stadtrath im April 1892, in: Gemeinde-Blatt 39, 1892, S. 69ff.

10. Mai 1892. Im Verlauf der Debatte reichten die Mitglieder des Stadtrats und Gesamtstadtrats drei Anträge ein. Zuerst wurde die Verwaltung aufgefordert, nach einer kostengünstigeren Lösung zu suchen, dann sollte ein namhafter Ingenieur das Projekt begutachten. Schließlich wurde im dritten Antrag die Ablehnung des Kanalisationsprojekts gefordert, der mit 10 zu 4 Stimmen angenommen wurde.[91] Damit war das nicht zuletzt wegen der hohen Kosten ungeliebte Kanalisationsprojekt erneut infrage gestellt worden. Die Forderungen des Magistrats blieben also faktisch ohne nachhaltige Wirkung, so dass das Problem Stadthygiene fortbestand. Die Kommunalpolitiker vertraten im Wesentlichen die ökonomischen Interessen der Steuerzahler und gaben lieber Prestigeprojekten wie dem Ausbau der Bahnstrecke Oldenburg-Brake oder der Huntekorrektion den Vorzug, um damit wirtschaftlichen Interessengruppen entgegenzukommen. Darüber hinaus beklagten sie auch, dass es dem Kanalisationsprojekt an Expertenwissen mangele.[92] Angesichts der möglichen Konsequenzen für die Bevölkerung in Bezug auf die Hygiene und Gesundheit verurteilte insbesondere der Technische Verein[93], der 1869 in Oldenburg gegründet worden war, die Ablehnung des Kanalisationsprojekts im Stadtrat ganz entschieden. In seiner Stellungnahme warf er den Politikern vor, das Projekt gar nicht richtig zur Kenntnis genommen und die Relevanz nicht begriffen zu haben. Sie hätten das Projekt vermutlich deshalb in aller Konsequenz abgelehnt, weil sie bereits seit Jahren darüber verhandelt hätten und nun befürchteten, dass eine erneute Prüfung mit weiteren Kosten verbunden sei und schließlich doch nicht zu einem befriedigenden Ergebnis führen würde. Da der Technische Verein nicht hinnehmen wollte, dass die Stadt weiterhin im Dreck versank, entwickelte ein Komitee auf der Basis des Materials, das Noack zusammengetragen hatte, eine kostengünstigere Variante. Die Alternativvorschläge sahen Investitionskosten von 600.000 Mark vor, mithin 200.000 Mark weniger, als Noack berechnet hatte. Der Verein musste aber eingestehen, dass er „auf die Vorlage eines vollständig durchgearbeiteten Projekts leider verzichten musste" und auch die Kosten nur überschlägig ermittelt habe.[94] Auf den Entwurf des Technischen Vereins reagierten die Mitglieder des Stadtrats in ihrer Sitzung am 14. Dezember 1892 mit Desinteresse, eine Diskussion lehnten sie mit dem Hinweis ab, dass sie sich erst näher darüber informieren wollten.[95]

Die Debatte unter den kommunalpolitisch engagierten Personen, die vor allem durch gesundheitspolitische Ambitionen, persönliche Überzeugungen und kommunale Sparsamkeit geprägt war, hatte deutlich gemacht, dass die Prioritäten der Stadtverwaltung, hauptsächlich vertreten durch Noack, eindeutig bei Maßnahmen zur Entwässerung und Reinhaltung des Untergrundes lagen, die sich auf Pettenkofers Bodentheorie stützten. Die Politiker, die die Finanzierung zu verantworten hatten, forderten, bevor sie ihre Entscheidung trafen, eine technische Beratung von Experten, um die Wahl des geeigneten Systems besser beurteilen zu können.

18/19 *Buchtitel des ersten Jahresberichts des Technischen Vereins zu Oldenburg, 1869 sowie Titelblatt der Zeitschrift für Baukunde, Bd. 2, 1879. Der Technische Verein zu Oldenburg war Mitglied im Architekten- und Ingenieurverein mit Sitz in München.*

91 Kanalisation in Oldenburg, in: Nachrichten, Nr. 109, 11.5.1892; ferner: Sitzung des Stadtrats und Gesamtstadtrat vom 10.5.1892, in: Gemeinde-Blatt 39, 1892, S. 91f.t
92 Gutachten der Großherzoglichen Bau-Direktion über das vom Stadtbaumeister Noack ausgearbeitete Projekt der Kanalisation der Stadt Oldenburg, in: Gemeinde-Blatt 38, 1891, Nr. 10, S. 39 und Nr. 14, S. 56; Erklärung des Stadtbaumeisters Noack über das Gutachten der Großh. Bau-Direktion über das von ihm ausgearbeitete Projekt der Kanalisation der Stadt Oldenburg, ebd., Nr. 20, 89f.
93 Dem Verein gehörten Bauingenieure und -inspektoren, Eisenbahningenieure und -inspektoren sowie Ingenieure und Maschinenmeister an, vgl. Jahresbericht des Technischen Vereins zu Oldenburg 1869, Faksimile 1994 aus Anlass des 125jährigen Bestehens des Technischen Vereins, Oldenburg 1994, S. 8f. Später ging aus dem Technischen Verein der Architekten- und Ingenieurverein hervor.
94 Notizen und Vorschläge für eine Kanalisation der Residenzstadt Oldenburg, vorgelegt vom Technischen Verein am 1.12.1892, StAO, Best. 262-1 A Nr. 2253.
95 Sitzung des Stadtraths und Gesamtstadtraths am 14.12.1892, in: Gemeinde-Blatt 39, 1892, S. 204.

Wären die Politiker der Argumentation Noacks gefolgt, hätte es sich als problematisch erwiesen, dass die Kanalisation ohne geregelte Wasserversorgung geplant worden war. Vermutlich hatte Noack die Zusammenhänge zwischen Wasserversorgung und Abwässerentsorgung noch nicht richtig erkannt. Das grundlegende Dilemma bestand darin, dass mit dem Bau der Kanalisation nicht nur der Boden trockengelegt, sondern auch der Grundwasserspiegel abgesenkt worden wäre, und dies zu einer Wasserknappheit hätte führen können, denn der Bedarf an Trinkwasser in Oldenburg wurde hauptsächlich durch Grundwasser gedeckt. Auf der anderen Seite funktionierte ein modernes Kanalisationssystem nicht ohne ausreichende Wassermengen und setzte insofern ein zentrales Wasserversorgungssystem voraus. Aus diesem Grunde wurden in den meisten Kommunen zuerst ein Wasserversorgungs- und anschließend ein Kanalisationssystem geplant.[96] In Oldenburg favorisierte Noack den umgekehrten Weg, was vom Berliner Wasserexperten James Hobrecht im Rahmen eines Vortrags in Oldenburg im April 1893 heftig kritisiert wurde. Die Empfehlungen Hobrechts, den Bau des Wasserwerks und der Kanalisation parallel durchzuführen, leiteten schließlich den Umbruch zu einer umfassenden Stadthygiene ein.[97]

Das Abfuhrwesen

Die Frage, ob Fäkalien nach dem Prinzip der Schwemmkanalisation oder durch Abfuhr entsorgt werden sollten, bestimmte in der zweiten Hälfte des 19. Jahrhunderts die Diskussion unter Politikern, Verwaltungsbeamten, Ingenieuren, Ärzten, Wissenschaftlern und landwirtschaftlichen Verbänden. Während in Städten wie Hamburg, Berlin, Frankfurt, München und Danzig nach teilweise heftigen Kontroversen die Schwemmkanalisation eingeführt worden war, hielten andere Städte wie Augsburg, Stuttgart, Heidelberg und Straßburg am Abfuhrsystem fest. Die Argumente für oder gegen das eine oder andere System basierten auf dem damaligen wissenschaftlichen Kenntnisstand im Bereich der Hygiene und der Bakteriologie, von gleicher Bedeutung waren auch die zur Verfügung stehenden finanziellen und technischen Mittel. Gegen Ende des 19. Jahrhunderts waren viele Kommunen nicht bereit, die Investitionskosten für eine Kläranlage zu übernehmen.

Auch in Oldenburg war seit vielen Jahren das Kübel- bzw. Grubensystem üblich, aber im Zuge der Diskussion über den Ausbau eines Kanalisationsnetzes 1889 wurde hier die Frage nach der Wahl des Systems erneut diskutiert. Das desolate Abort- und Abfuhrsystem hatte die Zeitgenossen schon seit mehreren Jahrzehnten bewegt. Immer wieder hatte es Versuche gegeben, die gesundheitsgefährdenden Abortgruben zu beseitigen und ein effektiveres Entsorgungssystem einzuführen. Die Realisierung scheiterte jedoch stets aus zwei Gründen: zum einen war die Erneuerung des Verfahrens mit hohen Kosten verbunden, die weder die Bevölkerung noch die Kommune tragen wollten, zum anderen waren noch keine Kübel entwickelt worden, die modernen hygienischen Anforderungen entsprachen und sich vor allem leicht reinigen und desinfizieren ließen.[98]

Schließlich hatte zu Beginn des Jahres 1890 eine Kommission, die sich aus Vertretern des Magistrats und des Stadtrats zusammensetzte, die völlige Umgestaltung des Abfuhrsystems vorgeschlagen. Dabei dienten den Oldenburgern die holländischen Städte Groningen und Leuwarden als Vorbild. Der Plan sah für die engere Stadt eine städtische Müllabfuhr vor, die die menschlichen Exkremente, den Straßenkehricht, den Inhalt der Ascheimer sowie die Haushaltsabfälle entsorgen sollte. Den Bürgern sollten „ein Kübel und ein Wechselkübel für jeden Abort gratis geliefert" werden. Für den Hausmüll, so genannte trockene Abfälle, waren leicht transportable Behälter vorgesehen. Die Nutzung der städtischen Abfuhr

[96] Witzler: Großstadt und Hygiene, S. 81f.
[97] Vortrag von Stadtbaurat Dr. Hobrecht, in: Gemeinde-Blatt 40, 1893, S. 41ff. und S. 102; s. Kap. 2.4.
[98] Bericht der Kommission des Magistrats und Stadtraths zur zweiten Lesung der Vorlage, betr. Neubeordnung des Abort- und Abfuhrwesens in der Stadt Oldenburg, in: Gemeinde-Blatt 38, 1891, S. 107.

war freiwillig. Auch das Fegen der Straßen sollte von der städtischen Einrichtung übernommen werden. Durch eine differenzierte Gebührenordnung sollten die Kosten hauptsächlich den Hauseigentümern aufgebürdet werden, die sie sich später von ihren Mietern anteilig erstatten lassen konnten.[99] In Paragraf 1 des Entwurfs hieß es:

> Es ist verboten, die menschlichen Auswurfsstoffe in Gruben zu sammeln; auch ist verboten, die Ableitung der festen Auswurfsstoffe in Gräben, Gassen oder öffentliche Gewässer; dieselben dürfen bis zur Abfuhr nur in Tonnen oder Kübeln aufbewahrt werden. Ausnahmen kann der Stadtmagistrat aus besonderen Gründen gestatten.[100]

Am 8. April 1890 wurde der Vorschlag der Kommission im Stadtrat eingehend beraten. Dieser stimmte dem Entwurf in erster Lesung zwar zu, zugleich setzte sich unter den Mitgliedern jedoch die Überzeugung durch, dass die einzelnen Paragrafen des Statuts noch einmal überprüft und dann öffentlich ausgelegt werden sollten.[101]

Die amtliche Bekanntmachung des Satzungsentwurfs löste unter den Bürgern heftige Proteste aus. Der größte Widerstand kam von den Bewohnern der äußeren Stadtteile, sie wollten an den Abortgruben festhalten. Nach zahlreichen Änderungen und Ergänzungen der Statuten sowie dem Vorschlag, ein neuartiges Kübelsystem nach dem Greifswalder Vorbild[102] einzurichten, fanden die korrigierten Statuten schließlich am 10. Juli 1891 in zweiter Lesung die Zustimmung des Stadtrats.[103] Die Statuten legten fest, dass menschliche Exkremente nur in Tonnen oder Kübeln bis zur Abfuhr aufbewahrt werden durften. Diese Tonnen oder Kübel waren in wasserdichten Räumen aufzustellen und sollten einmal wöchentlich von der städtischen Müllabfuhr ausgewechselt werden. Küchenabfälle, Asche etc. mussten in leicht transportablen Behältern gesammelt, Dung- und Mistgruben mindestens alle drei Monate geleert werden. Die Abfuhr durfte nur nachts erfolgen. Die eigene Verwertung des Tonnen- oder Kübelinhalts im Garten war in der Regel untersagt, ausgenommen waren Besitzer, die mindestens über zehn Hektar Acker- oder Wiesenfläche verfügten.[104]

Der äußerst zähe Prozess der Neuordnung des Abort- und Abfuhrwesens war nach jahrzehntelanger Diskussion endlich zum Abschluss gekommen, als die Kritik des Großherzoglichen Staatsministeriums das Verhandlungsverfahren der Kommission stoppte. Das Ministerium beanstandete, dass sich die zweite Fassung vom ersten Entwurf grundlegend unterscheide und sie deshalb nochmals öffentlich ausgelegt werden müsse.

Die Bürger nahmen dies zum Anlass, einen Massenprotest zu initiieren: bei der Stadtverwaltung gingen 1 785 Erklärungen ein. In der Tendenz vertraten sie mehrheitlich die Auffassung, dass die sanitären Verhältnisse der Stadt zufriedenstellend seien und deshalb kein neues Müllabfuhrsystem erforderlich sei, zudem seien die Kosten für die Bürger zu hoch und insbesondere minderbemittelte Bürger würden finanziell zu stark belastet werden. Zugleich zeigten sich in einzelnen Stadtteilen wie im Haarentor- und Heiligengeisttorviertel sowie im Gerberhof Bestrebungen, die Einführung der städtischen Müllabfuhr vollständig abzulehnen.[105]

Die Kommission überarbeitete das 22 Paragrafen umfassende Werk zum dritten Mal, dabei orientierte sie sich im Wesentlichen an der zweiten Version. Die neuen Statuten sahen vor, dass alle Haushalte der engeren Stadt verpflichtet waren, die Gruben auf den Grundstücken zu beseitigen und sich an dem Tonnensystem zu beteiligen. Diese dritte überar-

99 Bericht der gemeinschaftlichen Kommission zur Berathung über Neubeordnung des städtischen Abfuhrwesens vom 20.2.1890, in: Gemeinde-Blatt 37, 1890, S. 48ff.
100 Ebd., S. 210.
101 Sitzung des Magistrats, Stadtraths und Gesamtstadtraths am 8.4.1890, ebd., S. 105.
102 Die Kübel in Greifswald zeichneten sich dadurch aus, dass sie leicht zu reinigen und zu desinfizieren waren, außerdem waren sie mit einem Verschlussdeckel versehen und wurden in geschlossenen Abfuhrwagen transportiert, so dass eine Entsorgung tagsüber stattfinden konnte, vgl. Gemeinde-Blatt 38, 1891, S. 110f.
103 Sitzung des Magistrats und Stadtraths am 10. Juli 1891, ebd., S. 133ff.
104 Statut betreffend Neubeordnung des Abort- und Abfuhrwesens in der Stadt Oldenburg (engere Stadt), ebd., S. 117ff.
105 Bericht der Kommission des Magistrats und Stadtraths, betreffend Neubeordnung des Abort- und Abfuhrwesens, ebd., S. 201ff.

beitete Fassung wurde jedoch am 11. Dezember 1891 vom Stadtrat mit 8 gegen 7 Stimmen abgelehnt.[106] Damit war der Weg zu einer Verbesserung der städtischen Hygiene erneut versperrt. Während die Bürger unmissverständlich zum Ausdruck gebracht hatten, dass sie nicht gewillt waren, die Kosten allein zu tragen, standen die politisch Verantwortlichen der sanitären Entwicklung offenbar nur mit halbherzigem Interesse gegenüber, da sie sich zu keiner Kostenübernahme oder -beteiligung entschließen konnten.

Der Ausbruch der Choleraepidemie in Hamburg im August 1892 machte bald die desolate sanitäre Situation in Oldenburg offenkundig. Insbesondere der Mediziner Dr. Kelb führte den politisch Verantwortlichen eindringlich vor Augen, dass von den Abortgruben, die es in großer Zahl in der dicht besiedelten Innenstadt gab, eine große Infektionsgefahr ausgehen würde. Er empfahl die tägliche Desinfektion der Aborte und das Verbot der Grubenleerung während der Zeit der akuten Ansteckungsgefahr.

Aus aktuellem Anlass versuchte der Magistrat seinerseits nun mit Hilfe einer neuen Bau-Polizei-Ordnung die Beseitigung der Gruben in der Innenstadt zu erreichen.[107] Der Entwurf sah vor, dass keine neuen Abortgruben in einem Teil der engeren Stadt angelegt werden durften, außerdem sollten vorhandene Gruben innerhalb eines Jahres beseitigt werden. Zugleich wurden aber auch Ausnahmeregelungen zugelassen, die noch 20 Jahre Gültigkeit haben sollten.[108] Der Stadtrat genehmigte am 14. Februar 1893 in zweiter Lesung diesen Entwurf, der schließlich am 11. März 1893 auch die Zustimmung des Staatsministeriums erhielt.[109]

Wesentliche Fortschritte waren damit jedoch nicht erzielt worden, denn die Regelung galt nur für das Stadtzentrum. Außerdem blieb weiterhin ungeklärt, wer den Unrat beseitigen sollte und wohin die Fäkalien entsorgt werden sollten. Trotz der gemeinsamen Interessenlage weiter Teile der städtischen Oberschicht, der Magistrats- und Stadtratsmitglieder, die ihr Bedürfnis nach einer Modernisierung der Fäkalienentsorgung artikulierten, zögerte die Mehrheit im Stadtrat die Umsetzung der gesetzlichen Regelung immer wieder hinaus, weil sie die Verbesserung der Hygiene als Teil der kommunalen Pflicht zur Daseinsvorsorge nicht anerkannten.

Einen erneuten Vorstoß, das Abort- und Abfuhrwesen grundlegend zu modernisieren, unternahm die Kommission, die sich aus Mitgliedern des Magistrats und Stadtrats zusammensetzte, im Jahre 1894. In der Einleitung des Entwurfs über die Neuordnung der Müllabfuhr heißt es:

> Das einzige Ergebniß, welches die seit etwa 18 Jahren schwebenden Verhandlungen, betreffend die Neubeordnung des anerkannter Maßen äußerst mangelhaften Abort- und Abfuhrwesens hiesiger Stadt, aufzuweisen haben, ist das im Jahre 1893 in Kraft getretene Statut 36, wodurch in einem Theile der engeren Stadt die Abortgruben beseitigt werden. Dass damit nicht denjenigen Anforderungen genügt ist, welche im dringenden gesundheitlichen Interesse der Stadt gestellt werden müssen, wird wohl von keiner Seite bestritten [...].[110]

Die Kommission legte einen detaillierten Vertragsentwurf vor, der mit Hinweis auf die allgemeine Verbesserung der hygienischen Verhältnisse von den Bürgern den größten Beitrag verlangte. Vor allem wegen der Kosten legten zahlreiche Bürger gegen die neue Verordnung Widerspruch ein.[111] Trotzdem wurden am 28. Mai 1895 in der Stadtratssitzung die Statuten mit einigen Änderungen in zweiter Lesung angenommen. Rund fünf Jahre hatten sich die Verhandlungen insgesamt hingezogen, mit dem Ergebnis, dass die Fäkalien in Tonnen

106 Sitzung des Magistrats und Stadtraths und Gesamtstadtraths am 11.12.1891, ebd., S. 222f., ferner: Schreiben des Stadtmagistrats an den Stadtrath vom 14.6.1894, StAO, Best. 262-1 A Nr. 3309.

107 Mitteilung aus der letzten Magistratssitzung, Juli 1892, in: Gemeinde-Blatt 39, 1892, S. 111f.

108 Sitzung des Magistrats und Stadtraths und Gesamtstadtraths am 4.10.1892, ebd., S. 139f.

109 Sitzung des Magistrats, Stadtraths und Gesamtstadtraths am 14.2.1893, in: Gemeinde-Blatt 40, 1893, S. 16, ferner: ebd., S. 19f.; vgl. auch: Erinnerung an das Statut 36, in: Gemeinde-Blatt 41, 1894, S. 7.

110 Bericht der gemeinschaftlichen Commission des Magistrats und Stadtraths, betreffend Neubeordnung des Abort- und Abfuhrwesens vom 6.6.1894, StAO, Best. 262-1 A Nr. 3309.

111 Vertraulicher Bericht der gemeinschaftlichen Commission des Stadtmagistrats und Stadtraths vom 4.5.1895, ebd.

bzw. Kübeln gesammelt werden mussten und ein- bis zweimal wöchentlich von einem Abfuhrinstitut entsorgt wurden.[112] Schließlich erteilte auch das großherzogliche Staatsministerium im Juli 1898 die Genehmigung der Statuten.[113]

Der Inhalt der Tonnen wurde zu einer Deponie in Bloherfelde „hinterm ‚Ammerländer' zwischen der Ofener- und Bloherfelder Chaussee" gebracht und dort zu Dünger verarbeitet. Auch der übrige feste Hausmüll sowie Küchenabfälle, Asche, Schutt und Sand wurden abgeholt, jedoch war für die Entsorgung der Haus- und Küchenabwässer keine Regelung vorgesehen, sie versickerten weiterhin auf dem Grundstück.[114] Als Beauftragter der Stadt übernahm zunächst der Schlengenmeister[115] Johann Friedrich Lehmkuhl die Organisation der Müllentsorgung, der den Abfall auf seinem Grundstück in Bloherfelde verwertete.[116] Im September 1900 erhielt zusätzlich eine Genossenschaft aus Eversten den Auftrag, die Müllabfuhr zu besorgen.[117]

Die Diskussion über das Abfuhrwesen war damit jedoch nicht beendet, sondern beschäftigte den Magistrat und den Stadtrat auch in den folgenden Jahren aus zweierlei Gründen: zum einen herrschte bei den Verantwortlichen Unsicherheit darüber, ob in absehbarer Zeit die Schwemmkanalisation eingeführt werden sollte, die das Tonnensystem überflüssig gemacht hätte. 1902 war bereits in vielen Straßen der engeren Stadt die Kanalisation fertiggestellt, die das Regenwasser und die Abwässer in die Hunte einleiteten. Zum anderen hatte sich die Stadt noch nicht festgelegt, wohin der Inhalt der Tonnen und der übrige Hausmüll entsorgt werden sollten. Die Kompostieranlage in Bloherfelde bot langfristig keine gute Lösung, einerseits war sie verkehrstechnisch ungünstig gelegen, andererseits beabsichtigte der Unternehmer Lehmkuhl den Betrieb aus Krankheitsgründen aufzugeben. Als Alternative plante die Stadt eine städtische Abfuhranlage. Zur Disposition standen eine Deponie an der oberen Hunte am Marschweg, auf dem Areal des heutigen Stadions und der Helene-Lange-Schule, bzw. eine an der unteren Hunte in der Nähe des neuen Pumpwerks.

Die Lage an der unteren Hunte wurde bevorzugt, weil sie den „Transport des Düngers auf dem billigen Wasserwege, namentlich zur Versorgung der Moorkolonien am Hunte-Ems-Kanal" ermöglichte, während die Deponie am Marschweg im Hinblick auf die Versorgung der landwirtschaftlichen Betriebe in Eversten und Umgebung verkehrsgünstiger lag. Eine Entscheidung sollte spätestens 1903 getroffen werden.[118] Um zu diesem Zeitpunkt jedoch nicht an vertragliche Verpflichtungen mit der Abfuhrgenossenschaft in Eversten und dem Unternehmer Lehmkuhl gebunden zu sein, kündigte die Stadt die Verträge und übernahm das Abfuhrwesen vorübergehend selbst.[119]

Während die Fäkalien in geschlossenen Behältern entsorgt wurden, blieben die widrigen Umstände, unter denen die Müllabfuhr erfolgte, jedoch bestehen. Zahlreiche Beschwerden kamen von Oldenburger Bürgern und auch der Oberbürgermeister Tappenbeck kritisierte in einer Stadtratssitzung die Verhältnisse bei der Müllentsorgung. Die Abfuhr des Straßenkehrichts und der Ascheneimer „in den offenen Wagen und die Staubentwickelung sind derartig belästigend und hygienisch bedenklich, daß die Stadt keine Kosten scheuen darf, hier Wandel zu schaffen." Tappenbeck schlug vor, die Müll- und Fäkalienabfuhr zu vermischen und beides

[112] Sitzung des Stadtraths und Stadtmagistrats vom 28.5.1895, ebd.
[113] Sitzung des Stadtrat und Stadtmagistrats vom 12.7.1898, ebd.
[114] Sitzung des Stadtraths und Stadtmagistrats am 28.5.1895, Gemeinde-Blatt 42, 1895, S. 79ff.; Ohlmüller: Gutachten, betreffend die Einleitung der Oldenburger Kanalwässer in die Hunte, Sonderabdruck aus: Arbeiten aus dem kaiserlichen Gesundheitsamte, o. J. [um 1896], S. 316, StAO, Best. 136 Nr. 20275.
[115] Schlenge, Schlengenwerk: In den niederdt. Marschländern früher gebräuchlicher Begriff für ein in das Wasser gebautes Flechtwerk zur Abhaltung des Hochwassers. Der Schlengenmeister war derjenige, der diese Dammvorrichtungen herstellte und instand hielt, s. Oekonomische Encyklopädie, oder allgemeines System der Staats- Stadt- Haus- und Landwirthschaft, in alphabetischer Ordnung, von Johann Georg Krünitz (242 Bde.), Berlin 1773-1858, Bd. 145, S. 479f.
[116] Protokoll der Verhandlungen zwischen Stadtmagistrat und Lehmkuhl vom 23.1.1895, ferner: Vertrag vom 21.2.1895, StAO, Best. 262-1 A Nr. 3309.
[117] Genehmigung der Satzung im Stadtrat und Magistrat am 18.9.1900,Vertrag über die Abfuhr von Fäkalstoffen, Straßenkehricht, Asche vom 27.9.1900, StAO, Best. 262-1 A Nr. 3321.
[118] Städtische Abfuhrwesen, in: Nachrichten, Nr. 235, 7.10.1902; ferner: Sitzung des Stadtrats, 7.10.1902, in: Gemeinde-Blatt 49, 1902, S. 214f.
[119] Sitzung der städtischen Kollegien im Rathause, in: Nachrichten, Nr. 236, 8.10.1902.

zusammen in einer Tonne zu entsorgen. Dieser Vorschlag wurde in der Praxis jedoch nicht umgesetzt.[120] Am 3. März 1903 beschloss der Stadtrat in erster Lesung, die Deponie am Marschweg einzurichten und die Stadt mit der Müllabfuhr zu beauftragen.[121] Unmittelbar nach Veröffentlichung des Beschlusses erhoben vor allem Anlieger der Gartenstraße gegen den gewählten Standort Einspruch, weil die meisten Transporte durch ihre Straße führen würden und der Wind die Gerüche in die Stadt treiben würde. Auch der Hofmarschall und die Kommission zur Beratung des Abfuhrwesens lehnten aus gesundheitlichen, ästhetischen und finanziellen Gründen die Wahl des Platzes ab. Weil keine Verständigung erzielt werden konnte, wurde für das Abfuhrwesen ein Alternativvorschlag eingebracht, der schließlich auch die notwendige Mehrheit fand.[122]

Der Stadtrat und das Großherzogliche Staatsministerium verständigten sich am 2. Februar 1904 darauf, das Abfuhrwesen nochmals zu reformieren. Nicht die Stadt, sondern eine Privatgesellschaft sollte die Müllabfuhr besorgen. Nach langwierigen Verhandlungen erhielt die Abfuhrgesellschaft in Eversten e.G.m.u.H. den Auftrag, „die Abfuhr der Tonnen und Kübel sowie des Haus- und Straßenkehrichts aus der Stadt Oldenburg" zu übernehmen und nach eigenem Ermessen zu verwerten. Die Genossenschaft, der 68 Landwirte aus Eversten, Bloherfelde, Metjendorf, Ofen, Wechloy etc. angehörten, arbeitete auf eigene Rechnung, kassierte die Gebühren von den Einwohnern und stellte alle für den Betrieb erforderlichen Arbeitskräfte sowie Mülltonnen und Pferdegespanne zur Verfügung. Die Kontrolle über die Einhaltung der Reinigungs- und Desinfektionsvorschriften übernahm der Magistrat. Der Vertrag hatte eine Laufzeit von zehn Jahren und konnte stillschweigend verlängert werden, wenn er nicht zwei Jahre vor Ablauf gekündigt wurde.[123] Wegen befürchteter öffentlicher Widerstände wurde die Wahl des Standorts der Deponie zunächst verschwiegen. In Absprache mit der Gemeinde Eversten veröffentlichte die Genossenschaft ihre Deponiepläne am 15. Juni 1904, die sich zunächst auf drei Standorte konzentrierten: an der Straße nach Friedrichsfehn, an der Hundsmühler Chaussee und an einem Privatweg in Wechloy. Schließlich verständigte sich die Abfuhrgesellschaft Eversten jedoch in ihrer Generalversammlung darauf, ein Grundstück des Landmanns Heinrich Meyer für 18.000 Mark zu erwerben, das verkehrsgünstig an der Eversten- und Hundsmühler Chaussee lag. Nach dem der Stadtmagistrat am 21. September 1904 die Bauerlaubnis erteilt hatte, konnte die Müllablagerung unweit der Stadt beginnen.[124] Die damit verbundene Geruchsprobleme und vor allem die Belastung des Grundwassers durch Sickerwasser spielten bei den Verantwortlichen keine nennenswerte Rolle, und entsprechend ignorierten sie die Proteste der Anlieger.[125]

Die Verordnung über das Abfuhrwesen trat am 1. November 1904 in Kraft.[126] Offenbar erfüllte die Abfuhrgesellschaft Eversten die Erfordernisse der Stadtreinigung, denn sie verrichtete die Entsorgung des Mülls mehr als 50 Jahre lang. Zum 1. Januar 1958 übernahm die Stadt Oldenburg die Müllabfuhr. Der Plan der Stadtreinigung war nach 14-jähriger Diskussion einen großen Schritt vorangekommen, doch eine wirkliche Verbesserung trat erst durch die Einführung der Schwemmkanalisation im Jahr 1907 ein. Während die Bürger die Genehmigung von Spültoiletten begrüßten, erlitt die Abfuhrgesell-

[120] Städtische Kanalisation und Abfuhr, in: Nachrichten, Nr. 97, 26.4.1902. Der Stadtmagistrat erhielt verschiedene Firmenprospekte, die den Transport von Hausmüll in staubfreien Wagen anboten, StAO, Best. 262-1 A Nr. 3316. [121] Sitzung des Stadtrats und Magistrats, StAO, Best. 262-1 A K Nr. 254.

[121] Sitzung des Stadtrats und Magistrats, StAO, Best. 262-1 A K Nr. 254.

[122] Neubeordnung des Abfuhrwesens in der Stadt Oldenburg, in: Nachrichten, Nr. 94, 23.4.1903; ferner: Kommissionsbericht, betrifft die Einrichtung des Abfuhrwesens, 18.1.1904, StAO, Best. 262-1 K Nr. 254.

[123] Statut 52, betreffend Einrichtung des Abfuhrwesens in der Stadt Oldenburg sowie Vertrag vom 16. Januar 1904 wegen Uebernahme der städtischen Abfuhr, in: Gemeinde-Blatt 51, 1904, S. 57ff.; Genehmigung des Staatsministeriums, Department des Innern vom 20.2.1904, ferner: Kommissionsbericht Betrifft die Einrichtung des Abfuhrwesens, 18.1.1904, StAO, Best. 262-1 K Nr. 254.

[124] Abfuhrgesellschaft an Stadtmagistrat, ebd.; ferner Oldenburgische Anzeigen, 159. Jg. Nr. 142, 19.6.1904.

[125] Schreiben der Garnison Verwaltung und eines Ziegeleibesitzers an den Stadtmagistrat, ebd.

[126] Statut 52, betreffend die Einrichtung des Abfuhrwesens, Oldenburg 1908, StAO, Best. 262-1 K Nr. 255.

schaft dadurch jedoch erhebliche finanzielle Verluste. Der Vertrag mit dem Unternehmen wurde infolgedessen in einigen Punkten geändert, zudem gewährte die Stadt der Gesellschaft vom 1. Mai 1908 an als Entschädigung für jedes beim Stadtmagistrat angemeldete WC 5 Mark mindestens aber 2.000 Mark jährlich.[127] Ungeachtet dessen dauerte die Kübelabfuhr noch bis in die zweite Hälfte des 20. Jahrhunderts an. Langsam und nur ganz allmählich verbesserten sich in den Stadtteilen und in den Vororten die hygienischen Zustände, weil erst die Satzung über die Müllabfuhr in der Stadt Oldenburg vom 12. Juni 1957 das Kübelsystem verbot.[128]

Während die Stadtverwaltung bei der Einführung der flächendeckenden Schwemmkanalisation vor allem auf die Kosten schaute, verhinderte auch der Egoismus Einzelner die notwendigen Schritte zur Verbesserung der Situation. Der Brief eines Oldenburgers an die städtische Verwaltung beschreibt eindrücklich, dass in den 1950er Jahren noch nicht jeder Anwohner einer Straße davon überzeugt war, dass auch er für die Sauberkeit der Straßen Verantwortung trug:

> [...] Es geht um die Kanalisation. Um die Abwässer aus der Küche. Und um die Fäkalien. Sehen Sie, früher konnten wir das alles auf unserem Gartenland lassen. Zusammen mit dem Mist. Von Kaninchen. Und Hühnern. Als wir dann unseren Garten los wurden, haben wir alles nach Bümmerstede gefahren. Hauptsächlich ich. Und Mutti. War ja nicht schön. So mit dem Kübel durch die Strassen. Stinkt ja so. Aber was sollen wir machen? Ich war ja auch noch kleiner. Damals fuhr die Abfuhrgesellschaft noch. Heute nicht mehr. Dass Vati Maurermann ist, habe ich schon gesagt. Ja, und nun kommt die Sache mit dem Gesetz. Dass man keine Kübel mehr haben darf. Und dass Kanalisation angeschafft werden musste. Hat dann Julius Peske [der Vermieter] auch getan. Aber nur für sich. Als die Arbeiter die Rohre legten, sagte mein Vater zu Julius: Bei uns auch. Darauf Julius: Hab kein Geld. Vati: Arbeit mache ich selber. Blos Material! Peske: Kein Geld. (Oberinspektor! Tochter als Beamter auch an der Bahn.) Trotzdem kein Geld. Und wir fuhren weiter mit dem Kübel. [...] Nebenbei: Die Abwässer von der Küche kippen wir alle auf die Strasse. Im wahrsten Sinne des Wortes. Wo sonst damit hin?
> Vati ist als Maurer alt geworden. Er kann nicht mehr. Mutti auch nicht. Meine Schwestern sind nicht mehr zu Hause. Ich kann auch nicht. Wegen der Motten [TBC]. Darum hat Vati den Kleingarten aufgegeben. Zum Ende dieses Jahres. Wo jetzt hin mit den Fäkalien? Zu Hause haben wir nur einen Blumengarten. Sonst nichts. Sollen wir den Kübel auch auf die Strasse kippen? Wie in Polen? Den Nachbarn gefällt das auch nicht. Immer die Abwässer auf die Strasse. Und unser Julius kümmert sich um nichts. Und in die Ruselerstr. kommt die Abfuhrgesellschaft auch nicht. [...]
> Der langer Rede kurzer Sinn: Herr Peske weigert sich, den Anschluss an die Kanalisation für uns zu legen. Mein Vater bot Herrn Peske zweimal an, die Arbeit zu übernehmen. Herrn Peske ist bekannt, dass wir den Kleingarten gekündigt haben. Mit meinem Schreiben möchte ich verhindern, dass mein Vater oder meine Mutter in diesem Winter abermals mit dem Kübel durch die Stadt fahren, um irgendwo einen Platz zu finden, wo sie ihn entleeren können. Nur weil ein Oberinspektor i. R. seinen Pflichten als Staatsbürger nicht nachkommt. Mein Vater hat nachweislich an dem Haus Herr Peskes schon so viel geändert oder verbessert, dass ich als Sohn die Haltung des Hausherrn einfach nicht verstehe. Ich bitte Sie, geeignete Schritte zur Abstellung dieses Übels zu unternehmen.[129]

20/21 *Nur wenige Monate liegen zwischen diesen beiden Aufnahmen aus 1994/95. Der Raum mit dem Plumpsklo wurde zu einem modernen WC mit Wasserspülung umgebaut. Fotograf Dieter Beckhusen.*

[127] Bericht des Stadtmagistrats, ebd.
[128] Satzungsentwurf 1955; ferner: Bauverwaltungsamt an Stadtkämmerei, 8.10.1957, Bauamt der Stadt Oldenburg.
[129] Auszug aus dem Brief von E.W., Ruselerstraße 34, Stadtteil Donnerschwee, vom 5.9.1955, Bauamt der Stadt Oldenburg.

Eine Spülwasserleitung zur Straßenreinigung

Wie das Abfuhrwesen, so sollte in den 1890er Jahren auch die Straßenreinigung reformiert werden, denn auch dieses Problem war noch nicht gelöst worden. Wegen der fehlenden Kanalisation belästigten der Dreck und der Gestank in den Straßen insbesondere an den Abfuhrtagen nach wie vor Augen und Nase der Bürger. Die Neuregelung der Straßenreinigung erhielt eine immer größere Bedeutung infolge des Zusammenwirkens verschiedener Aspekte wie Bevölkerungswachstum, Stadterweiterung, Cholera- und Typhusgefahr sowie dem Bedeutungszuwachs von Hygienebewusstsein und neuen medizinischen Erkenntnissen.

Angesichts fehlender technischer Hilfsmittel reichten Rinnsteinspülung und Straßenbesprengung, die von den Bürgern verrichtet wurden, sehr häufig nicht aus, um eine gründliche Reinigung zu erzielen. Eine erste Abhilfe schuf die Stadt 1882, indem sie ein Privatunternehmen mit der Säuberung der Straßen beauftragte. Der Inhaber der Expreß-Compagnie übernahm nach einem detaillierten Plan in der Zeit zwischen 6 Uhr morgens und 7 Uhr abends die tägliche Spülung der Straßen. Der Firma standen zwei Sprengwagen zur Verfügung, die eigens dafür von der Firma Beek & Co angefertigt worden waren. Während ein Wagen zum Spülen eingesetzt wurde, konnte der andere Wagen mit Wasser vollgepumpt werden, so dass die Arbeit ohne Unterbrechung erfolgten konnte.[130]

Als sich 1892 ein Ende der Debatte über die Finanzierung der Kanalisation nicht abzeichnete, beschloss der Stadtrat als Zwischenlösung eine Spülwasserleitung anzulegen. Ausschlaggebend war der Wunsch, die hygienischen Verhältnisse kurzfristig zu verbessern, denn der Ausbruch der Choleraepidemie in Hamburg im August 1892 hatte die Oldenburger Verwaltung zum schnellen Handeln gezwungen. Allerdings war das anfangs installierte technische System zur Spülung der Straßen in der Innenstadt völlig unzureichend: über lange Schläuche wurde das Wasser der Hunte zu einer alten Feuerspritze transportiert, die an einer Lokomobile angeschlossen worden war und das Wasser unter Druck in die Straßen pumpte. Der Betrieb war sehr kostspielig und die Anlage arbeitete nur mit mäßigem Erfolg.

Die Bürgerschaft gewöhnte sich jedoch schnell an die Straßenspülung und forderte eine effektivere Lösung. Bereits 1893 konnte eine moderne Wasserleitung zur Spülung der Straßen in Betrieb genommen werden. Die staatliche Turbinenanlage an der Mühlenhunte, die zur Erzeugung von elektrischem Licht diente, wurde mit einer kleinen Pumpstation verbunden.

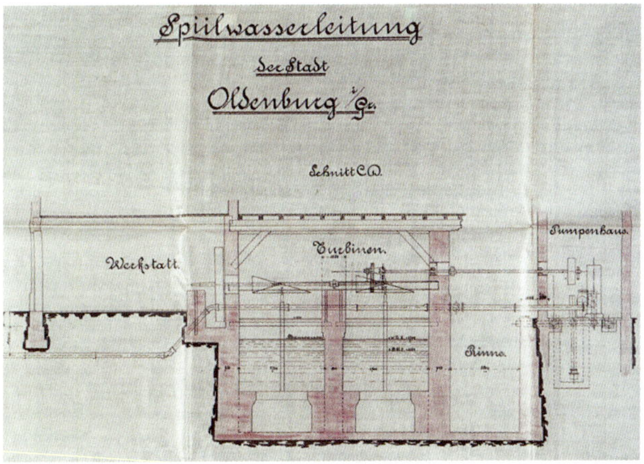

22 *Spülwasserleitung, die vom Turbinenhaus aus betrieben wurde, 1893. StAO, Best. 262-1 A Nr. 2263.*

Diese pumpte das Wasser der Hunte durch ein Hauptrohr, das mit 37 Hydranten ausgestattet war, zur Stadtmitte. Dieses System erfüllte zwei Funktionen, zum einen konnte damit die Spülung der Straße in verschiedene Richtungen erfolgen und zum anderen wurde es auch zu Löschzwecken eingesetzt. Die Anlage, so berichtete Stadtbaumeister Noack, „wirkt außerordentlich wohltätig und verursacht verhältnismäßig geringe Kosten. [...] Die Hydranten in der Stadt werden von einem Mann bedient, welcher dafür sorgt, daß alle Straßengossen gründlich gespült werden."[131]

[130] Besprengung der Straßen. Magistratsbeschluss vom 29.4.1882, in: Gemeinde-Blatt 29, 1882, S. 144f.
[131] Noack, Franz: Wasserleitung zur Spülung von Straßengossen in Oldenburg i. Gr., in: Gesundheits-Ingenieur 20, Nr. 13, 15.7.1897, S. 210f.

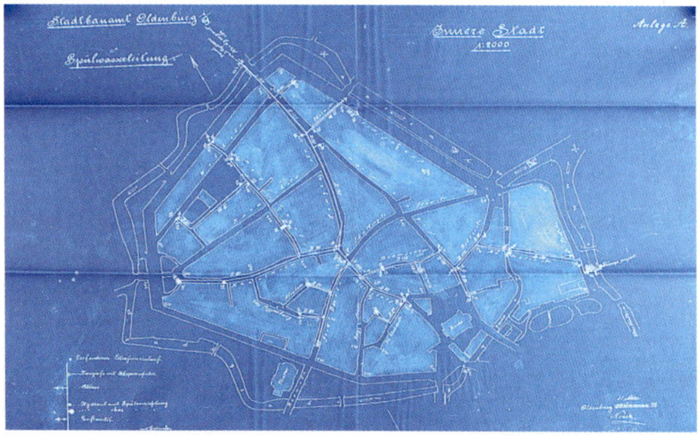

23 *Netzplan der Spülwasserleitung vom 11. Mai 1893. StAO, Best. 262-1 A Nr. 2263.*

Ein wesentlicher Wendepunkt in der hygienischen Entwicklung Oldenburgs wurde damit aber noch nicht eingeleitet, vielmehr blieben die Probleme der Entwässerung und die damit verbundenen gesundheitlichen Belastungen noch lange Zeit bestehen. Zudem belastete das Spülwasser die Hunte und verseuchte den Fluss noch stärker als zuvor, wie in der Presse zu lesen war:

> Es wird jetzt täglich in der Stadt gespült und dadurch aller Schmutz der Hunte zugeführt. Die Leute am unteren Stau sind aber gezwungen, das Huntewasser zu trinken, und es kann und wird niemand behaupten wollen, daß das Wasser sich auf der kurzen Strecke von der Stadt bis dahin wieder vollständig klärt. Wer solches aber dennoch behauptet, der gehe hin und sehe zu, wie das Wasser mitunter aussieht.[132]

In der zweiten Hälfte der 1890er Jahre zeichnete sich endlich ein Perspektivenwechsel ab. 1896 war die Genehmigung zum Bau eines Kanalisationssystems erteilt worden, bis zur praktischen Anwendung verging jedoch noch viel Zeit. Erst ab 1902 waren die technischen Anlagen zur Abführung der Hausabwässer in die unterirdische Kanalisation fertig gestellt.[133]

Oldenburg beschließt 1896 den Bau einer Kanalisation

Der Ausbruch der Choleraepidemie im August 1892 in Hamburg forderte die Oldenburger Verwaltung zum Umdenken auf, und es wurde ein bedeutender Wendepunkt in der hygienischen Entwicklung Oldenburgs eingeleitet. Im April 1893 stand das Kanalisationsprojekt im Stadtrat erneut auf der Tagesordnung. Noacks Kanalisationsentwurf sowie die Version des Technischen Vereins waren dem Berliner Stadtbaurat Dr. Hobrecht zur Begutachtung übergeben worden, der am 4. April 1893 nach Oldenburg kam und in einem Vortrag seinen Standpunkt darlegte. Der Experte für Kanalisationsfragen James Hobrecht war 1869 nach Berlin berufen worden und hatte für die Stadt ein Kanalisationsprojekt geplant, das schließlich auch umgesetzt wurde.[134] Er hatte sich kritisch mit Noacks Entwurf von 1889 auseinander gesetzt und war zu dem Schluss gekommen, dass das Projekt aufgrund von Planungsfehlern nicht in der vorgelegten Form realisiert, sondern von Noack noch einmal überarbeitet werden sollte. Seine Kritik richtete sich zum einen gegen den Plan Noacks, den Grundwasserstand im gesamten Gebiet der Haaren mittels eines Pumpwerks zu senken, zum anderen hielt er es nicht für zweckmäßig, sämtliche Keller der Stadt trocken zu legen.

An dem Entwurf des Technischen Vereins beanstandete Hobrecht vor allem, dass die Haaren auf der Strecke vom Haarenbis zum Stautor als Haupt- und Sammelkanal für die Abwässer benutzt werden sollte, was zu einer erheblichen Geruchsbelästigung der Anlieger und zur Verschlammung des Flusses geführt hätte. Hobrecht empfahl der Stadtverwaltung im Interesse der Hygiene und der Gesundheit, zuerst die Versorgung mit Trinkwasser durch ein Privatunternehmen zu veranlassen und anschließend eine Kanalisation mit städtischen Mitteln zu bauen.[135]

---

132 Das Trinkwasser am unteren Stau, in: Nachrichten, Nr. 209, 7.9.1892.
133 Statut 51, betreffend Aenderung der Baupolizei-Ordnung für die Stadtgemeinde Oldenburg, Statut 31, in: Gemeinde-Blatt 50, 1903, S. 183ff.
134 Hardy: Ärzte, Ingenieure und städtische Gesundheit, S. 144f.
135 Stadtbaurat Hobrecht über die Kanalisation der Stadt Oldenburg, in: Nachrichten, Nr. 79, 6.4.1893; ferner: Vortrag von Stadtbaurat Dr. Hobrecht, in: Gemeinde-Blatt 40, 1893, S. 41ff., S. 102.

Die Argumentation des Berliners fand bei den Kommunalvertretern Zustimmung, befreite der von Hobrecht angeregte Ausbau einer Wasserleitung durch einen privaten Anbieter doch den städtischen Haushalt von erheblichen finanziellen Belastungen, die durch den zeitgleichen Ausbau der Wasserver- und -entsorgung entstanden wären. Verwaltung und Politik verständigten sich bald darauf, dass die Grundbedingung zur Verbesserung der hygienischen Infrastruktur durch den parallelen Ausbau des Wasserleitungs- und Kanalisationsnetzes erfüllt werden sollte.

Im Anschluss an die Beratungen mit Hobrecht erhielt Noack vom Magistrat den Auftrag, einen neuen Entwurf für die Kanalisation Oldenburgs nach den Empfehlungen des Berliner Baurats auszuarbeiten. Das Projekt, das Noack am 1. Juni 1895 vorlegte, wurde nach eingehender Beratung schließlich am 16. Juni 1896 vom Stadtrat genehmigt.[136] Wiederum beschränkte sich das Kanalisationssystem auf die Entwässerung der Stadt und die Aufnahme der Abwässer aus den Wohnungen und den Gewerbebetrieben, die Fäkalien sollten nicht in die Kanalisation eingeleitet werden. Aber das Kanalnetz und die Kläranlage bei der Pumpstation waren so projektiert worden, dass sie bei entsprechender Nachfrage eine Schwemmkanalisation zuließen.[137]

Nachdem der Stadtrat dem Kanalisationsprojekt zugestimmt hatte, bedurfte es noch der Genehmigung des Großherzoglichen Staatsministeriums. Es vergingen zwei Jahre, bevor das Ministerium das Projekt unter Auflagen bewilligte. Die Einleitung der Kanalwässer in die Hunte sollte ausnahmslos an der Ecke Stau/Wehdestraße, dem Standort des heutigen Klärwerks, erfolgen, ausdrücklich wurde untersagt, Abwässer in den Hunte-Ems-Kanal gelangen zu lassen. Außerdem war die Stadt verpflichtet, das Flusswasser in der Nähe des Ausflussteils von Zeit zu Zeit chemisch und bakteriell zu untersuchen und das Ergebnis dem Ministerium mitzuteilen. Falls das Huntewasser infolge der Einleitungen zu stark verunreinigt war, musste die Stadt die Abwässer vorher reinigen.[138]

Abermals vergingen zwei Jahre bis zur Aufnahme der baulichen Maßnahmen. Die Arbeiten begannen zu Beginn des Jahres 1900, und rund drei Jahre später waren zahlreiche Häuser an die Kanalisation angeschlossen.[139] Unter dem Pflaster von 142 Straßen durchzog das Kanalnetz die Oldenburger Innenstadt und die angrenzenden Stadtteile wie Dobben-, Hunte-, Haarentor-, Heiligengeisttor- und Bahnhofsviertel.[140]

Am 1. September 1902 war das Kanalpumpwerk offiziell in Betrieb genommen worden. Es pumpte das Kanalwasser nach einem geregelten Plan, der durch Ebbe und Flut bestimmt wurde, in die Hunte. Vor allem im Frühjahr, wenn der Flusswasserstand bei Hochwasser über Wochen sehr hoch war, arbeitete das Pumpwerk während dieser Zeit nur eingeschränkt. Um keinen Rückstau beim Kanalwasser entstehen zu lassen, wurde hinter dem Sieltor ein Teich angelegt, der die Abwässer für einige Stunden vorübergehend aufnahm, solange das Hochwasser der Hunte keine zusätzlichen Einleitungen zuließ.[141]

Die Kanalisation der Stadt Oldenburg.

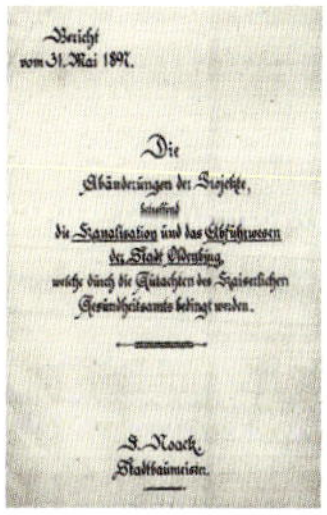
Bericht vom 31. Mai 1897.

24 Die Kanalisation der Stadt Oldenburg. Titelseite des zweiten Entwurfs von Franz Noack, 1895. StAO, Best. 262-1 A Nr. 2253.
25 Titelseite des dritten überarbeiteten Kanalisationsentwurfs von Noack vom 31.5.1897. StAO, Best. 262-1 A Nr. 2253.

136 Sitzung des Stadtmagistrats und Stadtraths, 1. Lesung über das Kanalisationsprojekt am 5.5.1896, in: Gemeinde-Blatt 43, 1896, S. 67f.; ferner: 2. Lesung am 16.6.1896, ebd., S. 82f.

137 Stadtmagistrat an Grossherzogliches Staatsministerium, 25.3.1907, StAO, Best. 136 Nr. 20275; ferner: Städtische Kanalisation und Abfuhr, in: Nachrichten, Nr. 97, 26.4.1902.

138 Schreiben des Staatsministeriums an den Stadtmagistrat vom 2.6.1898, StAO, Best. 262-1 A Nr. 2268.

139 Stadtmagistrat an Großherzogliches Staatsministerium, 25.3.1907, StAO, Best. 136 Nr. 20275.

140 Schrape: Franz Noack, S. 127.

141 Noack, Franz: Das Kanalpumpwerk zu Oldenburg i. Gr., in: Journal für Gasbeleuchtung 48, 1905, Nr. 45, S. 978.

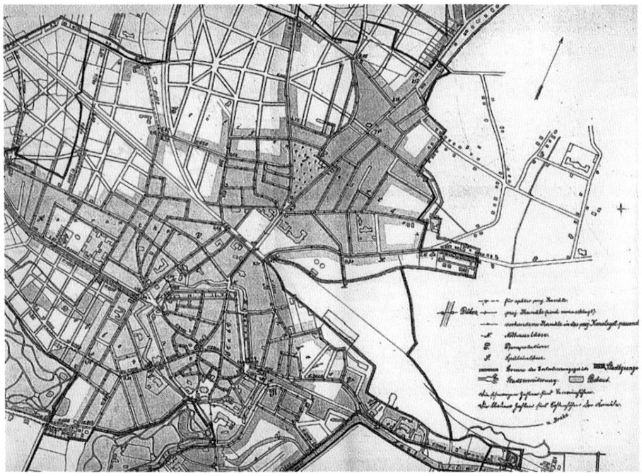

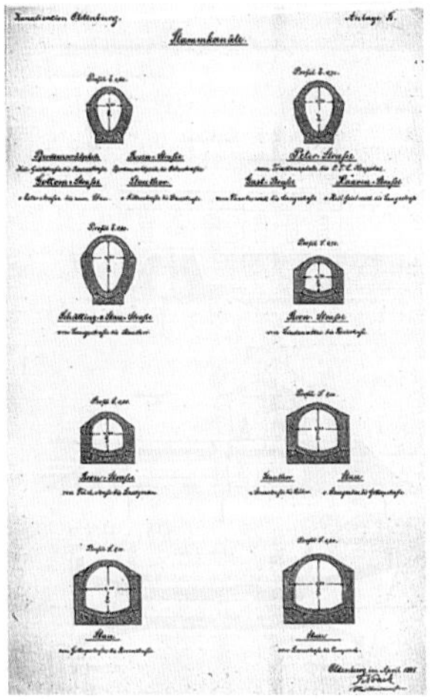

***26** Anlagen zum Entwurf von 1895: ein Netzplan und eine Übersicht über verschiedene Profile der Stammkanäle. StAO, Best. 262-1 A Nr. 2253.*

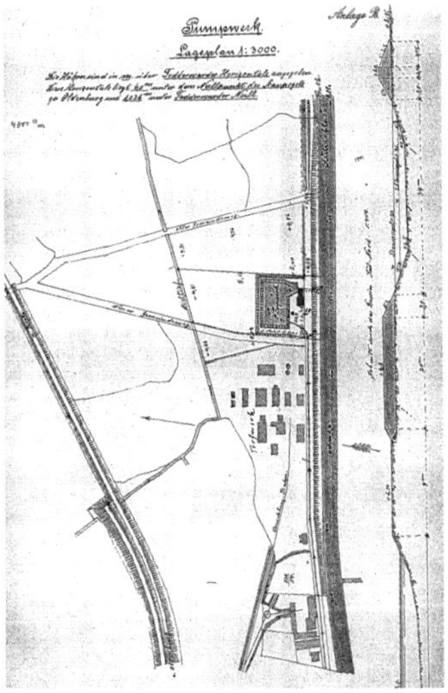

***27** Anlage zum Kanalisationsentwurf von 1897: Lageplan des Pumpwerks an der Ecke Wehdestraße (heute Zentralpumpwerk). StAO, Best. 262-1 A Nr. 2253.*

In das Kanalisationsnetz hatte die Stadt mehr als 1,2 Mio. Mark investiert,[142] hinzu kamen die von den Hauseigentümern getragenen Kosten für Hausanschlüsse, so dass die Gesamtkosten rund 2 Mio. Mark betrugen. Das wichtigste sanitäre Problem jedoch, die Einleitung der Fäkalien in das Netz, war noch nicht gelöst worden. Die Bestimmungen beschränkten sich auf die Aufnahme von Oberflächenwasser, Fabrik- und Hausabwässer sowie Pissoirabflüsse. Immer mehr Bürger griffen deshalb zur Selbsthilfe und schlossen ihre Wassertoiletten, deren Zahl auf mindestens 100 bis 150 geschätzt wurde, „schwarz" an die Kanalisation an. Kaum ein Oldenburger war noch bereit, beim Bau eines neuen Wohnhauses auf diese sanitäre Bequemlichkeit zu verzichten. Als auch das Evangelische Krankenhaus in seinen Neubau verbotene Spültoiletten installieren ließ, sah sich die Stadtverwaltung zum Handeln gezwungen.[143]

Die Verpflichtung der Stadt begründete sich nicht zuletzt aus dem Gutachten des Chemikers Struve, der in der Zeit von 1902 bis 1906 – vor dem Bau der Kanalisation und nach deren Fertigstellung – im städtischen Auftrag die Qualität des Huntewassers in regelmäßigen Abständen analysiert hatte. Auf der Grundlage seiner Untersuchungsergebnisse erklärte Struve die Zulassung des Anschlusses von Wassertoiletten an die Kanalisation für unbedenklich, obwohl bereits Fäkalien der angeschlossenen Toiletten ungeklärt in die Hunte gelangten.[144] Nicht allein die Bevölkerung, auch die Stadtverwaltung

[142] Vermögenslage der Stadtgemeinde Oldenburg, Stichtag 1.5.1901, in: Gemeinde-Blatt 48, 1901, S. 109.

[143] Stadtmagistrat an Grossherzogliches Staatsministerium, 25.3. und 5.10.1907, StAO, Best. 136 Nr. 20275.

[144] Stadtmagistrat an Grossherzogliches Staatsministerium, 25.3.1907, ebd.

befürwortete die Einführung der Schwemmkanalisation. Als langfristiges Ziel formulierte Oberbürgermeister Tappenbeck die Genehmigung von Wasserklosetts in allen Haushalten und verknüpfte damit vor allem die Hoffnung, dass endlich eine Lösung für die Abschaffung des lästigen Kübelsystems gefunden werde. Das größte Hindernis bestand jedoch darin, dass das Ministerium den Reinheitsgrad für Abwässer, die in die Hunte eingeleitet wurden, noch nicht festgelegt hatte und auf die Eingaben der Stadt gar nicht reagierte.[145]

28 *Bau des Mischwasserkanals in der Donnerschweer Straße im Juli 1901. OOWV.*

Während die Allgemeinheit auf die Genehmigung der Schwemmkanalisation wartete, gewährte der Stadtrat in den Jahren 1903 und 1904 drei besonders abwasserintensiven Unternehmen, der Seifenfabrik Wenzel, Lehmkuhlenstraße 5, der Seifen- und Kristall-Sodafabrik Schlömann, Achternstraße 13, und der Färberei und chemischen Waschanstalt Krämer, Kurwickstraße 11 und Mittlerer Damm 3, die Einleitung der Abwässer in die Kanalisation, sofern „die Abwässer keine Bestandteile enthalten, welche die Kanäle beschädigen oder ihre Haltbarkeit nachteilig beeinflussen könnten."[146]

Die Kommunalbehörde befürwortete das Schwemmsystem, weil es die hygienische Beseitigung des Abwassers ermöglichte. Dabei sollten Schmutzwässer und Fäkalien direkt in die Hunte abgeleitet werden, obwohl bereits seit vielen Jahren die schlechte Wasserqualität der Hunte infolge der Einleitungen beanstandet worden war. Das grundlegende Dilemma in diesem Zusammenhang war jedoch nicht die Entwässerung schlechthin, sondern dass in den Vorstellungen der Protagonisten um die Jahrhundertwende die Kombination aus Kanalisationssystem und Klärwerk noch keine wesentliche Rolle spielte. Die Befürworter vertrauten vielmehr auf die von Pettenkofer entwickelte Theorie von der Selbstreinigungskraft der Flüsse. Entsprechend argumentierte der Stadtmagistrat gegenüber dem Staatsministerium, dass Untersuchungen aus der Zeit vor 1907 ergeben hätten, dass nach 4,5 Kilometern, bei Iprump, eine Verunreinigung der Hunte durch Kanalabwässer nicht mehr nachgewiesen werden konnte. Zwar fehlten entsprechende Forschungsergebnisse und folglich eine plausible Beweisführung, aber es wurde angenommen, dass auch nach Ableitung sämtlicher Fäkalien aus der Stadt in die Kanalisation eine Verschlechterung des Huntewassers nicht eintreten würde, weil die selbstreinigende Kraft der Hunte ausreichend sei.[147]

Die Oldenburger Kommunalvertreter orientierten sich hauptsächlich an den Erklärungen des Deutschen Vereins für öffentliche Gesundheitspflege, der jahrzehntelang auf die

---

[145] Städtische Kanalisation und Abfuhr, in: Nachrichten, Nr. 97, 26.4.1902.

[146] Sitzung des Magistrats, Gesamtstadtrats und Stadtrats, 23.6.1903, in: Gemeinde-Blatt 50, 1903, S. 141; ferner: Sitzung vom 16.1.1904, in: Gemeinde-Blatt 51, 1904, S. 17f. Zur Ergänzung wurden später weitere Richtlinien hinzugefügt: Das Industrieabwasser durfte nicht in das Entwässerungssystem eingeleitet werden, wenn es das Personal gefährdete, zur Belästigung oder Gefährdung der Umgebung führte oder die Entwässerungsfunktion beeinträchtigte. Vgl. Rüffer, Hans/Masannek, Rosemarie: Abwasserreinigung zum Schutz der Gewässer und ihrer Nutzbarkeit, in: Höll, Karl: Wasser: Nutzung im Kreislauf Hygiene, Analyse und Bewertung, hg. von Grohmann, Andreas, 8. völlig neu bearb. Aufl., Berlin, New York 2002, S. 866.

[147] Stadtmagistrat an Grossherzogliches Staatsministerium, Department des Innern vom 25.3.1907, StAO, Best. 136 Nr. 20275.

Selbstreinigung des Wassers vertraut hatte und erst um 1900 neue stadthygienische Konzepte diskutierte.

So wurden auf einer Tagung des DVföG 1903 Bedenken gegen übermäßige Flussverunreinigung laut: am Beispiel der Stadt München wurde gezeigt, dass infolge der Einleitung ungeklärter Abwässer in die Isar noch nach 100 Kilometern Verschmutzungen nachweisbar waren, ebenso wurde darauf hingewiesen, dass ungeklärte Abwässer aus der Emscher eine Kloake gemacht hatten. Zwar führten solche Erkenntnisse bei den Delegierten noch nicht zu einer Neubewertung der Klärtechnik, immerhin wurde aber in so genannten Leitsätzen eine strengere hygienische Überwachung der Flüsse gefordert, ohne dass es zu den selbstreinigenden Effekten neue Erkenntnisse gegeben hätte.[148]

Viele Kommunen leiteten um die Jahrhundertwende ihre Abwässer ungeklärt in die Flüsse ab, obwohl es schon seit Ende der 1870er Jahre in einigen anderen Städten Kläranlagen gab, die nach physikalisch-chemischer Art betrieben wurden. Eine gründliche Reinigung des Wassers gewährleisteten die zu jener Zeit in Deutschland gebräuchlichen Reinigungsverfahren jedoch nicht. Eine technische Neuheit stellte schließlich der Direktor des Hygienischen Instituts in Hamburg, William Philipps Dunbar, auf der Münchner Konferenz des DVföG im Jahre 1903 vor. Auf einer Rundreise in England hatte er 1902 biologische Reinigungsverfahren kennen gelernt und berichtete den Versammelten, dass „in mehr als hundert englischen Städten [...] im Laufe der letzten Jahre Abwässerreinigungsanlagen geschaffen worden [seien], welche die Schmutzwässer der Städte mit einem Erfolg reinigen, wie man ihn bis vor kurzem gar nicht zu erhoffen gewagt habe".[149] In den nun folgenden Jahren setzte in Bezug auf die Neuentwicklungen zur Abwasserreinigung ein Umdenken bei den Delegierten des DVföG ein, wie bereits auf der Konferenz in Danzig 1905 offenkundig wurde. Erneut wurden Leitsätze verabschiedet, die die Frage der Abwasserreinigung behandelten. Unter Punkt 3 hieß es:

> Als Mittel zur Reinigung des Abwassers kommen nach dem heutigen Stande der Wissenschaft und Technik das Rieselverfahren und das sogenannte biologische Verfahren (Behandlung in Brockenkörpern) in Betracht. Bei beiden Verfahren ist es möglich, die Gesamtmenge der groben und feinen und einem verhältnismäßig großen Teil der feinsten (bzw. gelösten) Stoffe auszusondern, jedoch ist die Ausscheidung der letzteren beim Rieselverfahren mehr gesichert, als bei der Behandlung in Brockenkörpern.[150]

Bereits ab 1907 wurde in vielen Kommunen Deutschlands das biologische Verfahren eingeführt und hat sich seither mehr und mehr gegen das Rieselverfahren durchgesetzt.[151] Im März 1907 beantragte der Oldenburger Magistrat erneut beim Großherzoglichen Staatsministerium, das für die Wasserwirtschaft und das Wasserrecht der Flüsse zuständig war, die Genehmigung für eine Schwemmkanalisation und begründete den Antrag damit, dass aufgrund des Gutachtens des Chemikers Struve eine Schwemmkanalisation für das Huntewasser keine qualitative Beeinträchtigung bedeuten würde und

> die Fortschritte in der Abwässerreinigungstechnik, die praktischen Erfahrungen wie die Ergebnisse wissenschaftlicher Forschung, den heute unbestritten feststehenden Satz erbracht, dass trotz der wesentlich gesteigerten Anforderungen an die Reinhaltung der Flüsse die Einführung der menschlichen Auswurfstoffe und der sonstigen städtischen Abwässer in die Flüsse fast immer, d. h. von ganz besonders ungünstigen örtlichen Verhältnissen abgesehen, möglich und unter Voraussetzung der nötigen Vorkehrungen hygienisch zulässig ist.[152]

---

148 27. Versammlung des Deutschen Vereins für öffentliche Gesundheitspflege zu München. Die hygienische Überwachung der Wasserläufe, in: Deutsche Vierteljahresschrift für öffentliche Gesundheitspflege 35, 1903, S. 15-69.

149 Dunbar, William Philipps: Die hygienische Überwachung der Wasserläufe, [Diskussionsbeitrag] in: Deutsche Vierteljahresschrift für öffentliche Gesundheitspflege 35, 1903, S. 63f.

150 29. Versammlung des Deutschen Vereins für öffentliche Gesundheitspflege zu Danzig, Grundsatzreferat Bredtschneider: Städtische Kläranlage und ihre Rückstände, in: Vierteljahresschrift für öffentliche Gesundheitspflege 37, 1905, S. 172.

151 Rüffer/Masannek: Abwasserreinigung, S. 876.

152 Stadtmagistrat an Grossherzogliches Staatsministerium, 25.3.1907, StAO, Best. 136 Nr. 20275.

Das Staatsministerium stellte das Gutachten Struves jedoch in Frage und beauftragte seinerseits den Leiter des Bremer hygienischen Instituts Prof. Dr. med. Tjaden mit der Erstellung eines weiteren Sachverständigengutachtens. Als Tjaden die Begutachtung Struves jedoch bestätigt hatte, bewilligte das Staatsministerium schließlich am 13. November 1907 „die Einleitung der Fäkalien in das städtische Kanalnetz". Eine wesentliche Bedingung der Genehmigungsbehörde war indes der Bau einer Kläranlage. Die Abwässer mussten erst die Klärteiche durchfließen, bevor sie in die Hunte eingeleitet werden durften. Dabei war es verboten, den Schlamm aus den Klärbecken in die Hunte zu bringen, statt dessen musste er beseitigt oder verwertet werden. Um sicherzustellen, dass die Bestimmungen eingehalten wurden, beauftragte das Ministerium Sachverständige, die das Huntewasser regelmäßig zu kontrollieren hatten.[153]

29 Das neu errichtete biologische Klärwerk Oldenburg, 1955. Stadtmuseum Oldenburg.

In rascher Folge nahm die Zahl der Häuser, deren Toiletten und Haushaltsabwässer an die Kanalisation angeschlossen wurden, zu, so dass im Herbst 1914 bereits 1 430 Anschlüsse gezählt wurden. Die Stadt hatte inzwischen für Neubauten den Anschluss vorgeschrieben und für die übrigen Gebäude eine Anschlussfrist bis zum Jahre 1924 eingeräumt.[154]

Der Ausbruch des Ersten Weltkrieges und der Kapitalmangel in der Weimarer Republik führten jedoch zu einer Stagnation beim Ausbau von Sanitäreinrichtungen in Neubauwohnungen. Insbesondere die Wohnungsbaugesellschaften in Oldenburg, die zu Beginn der 1920er Jahre durch öffentliche Förderung die Qualität in der Wohnungshygiene erhöht hatten, waren infolge der Weltwirtschaftskrise gezwungen, billiger zu bauen, was vor allem in den Neubaugebieten am Stadtrand dazu führte, dass weder Gas noch Wasserleitung und Kanalisation vorhanden waren. Die Entwässerung erfolgte wie in früheren Zeiten durch Gräben.[155] Eine Möglichkeit, den Mangel einer umfassenden Infrastrukturversorgung zu beseitigen, zeichnete sich in den Randgebieten der Stadt sowie in einigen Vorortgemeinden, wie bereits erwähnt, erst in der zweiten Hälfte des 20. Jahrhunderts ab.

---

[153] Staatsministerium an Stadtmagistrat, 13.11.1907, StAO, Best. 262-1 A Nr. 2265.

[154] Schrape: Franz Noack, S. 129.

[155] Jahresberichte der Gemeinnützigen Siedlungsgesellschaft Oldenburg mbH. über das Jahr 1929/30, hg. von der Wohnungsfürsorge-Gesellschaft des Freistaates Oldenburg, Oldenburg 1931, S. 17.

Trinkwasser

Trinkwasserversorgung durch Brunnen

In direktem Zusammenhang mit der Entsorgung der Abfallstoffe aus Haushalt, Handel und Gewerbe stand die Versorgung der Oldenburger Bevölkerung mit Trink- und Brauchwasser. Bis zur Inbetriebnahme des Wasserwerks im Jahre 1896 existierten nur wenig geeignete Möglichkeiten, die Menschen mit sauberem Trinkwasser zu versorgen. Die meisten holten sich ihr Wasser aus Brunnen oder Flüssen, einige sammelten Regenwasser und speicherten es in Wasserkuhlen und Zisternen.[156] Die Stadt verfügte zwar über große Grundwasserreserven, die sich leicht erschließen ließen, so dass die Mehrzahl der Einwohner hinreichend mit Trinkwasser versorgt war, jedoch war die Qualität des Grundwassers je nach Lage der Brunnen sehr unterschiedlich. Darüber hinaus gab es auch einzelne Stadtteile, die nicht genügend oder gar nicht mit Brunnenwasser versorgt werden konnten, weil eine dichte Lehmschicht das Anlegen von Brunnen verhinderte. Hier erfolgte die Deckung des Wasserbedarfs vorrangig durch Regen- und Flusswasser.[157]

Die älteste Form der Wasserversorgung in deutschen Städten war die durch Brunnen. Sie galt als die beste Alternative zum Flusswasser, denn auch wenn ein Fluss oder ein Bach in der Nähe waren, bevorzugten die Menschen zur Befriedigung der persönlichen Bedürfnisse nach Möglichkeit Brunnenwasser. Es wurde als ein viel edleres Wasser als das Oberflächenwasser, das die Flüsse lieferten, geschätzt. Deshalb konnte sich die Grundwasserversorgung durch Haus- und Straßenbrunnen, auch dort wo Flusswasser vorhanden war, wie in Oldenburg, durchsetzen.[158]

__30__ Frauen schöpfen mit Eimern Wasser aus der Haaren, im Hintergrund das Schloss, Aquarell von Gottlob Friedrich Ferdinand David, um 1820. Stadtmuseum Oldenburg.

Die Versorgung mit Wasser zum Trinken, Kochen und Waschen lag in früherer Zeit ausschließlich in den Händen von Privatpersonen. Denn die Regierung in Oldenburg, die dem Gemeinwohl keine große Bedeutung einräumte, vertrat die Auffassung, dass es allein die Aufgabe der Einwohner war, sich Trinkwasser zu beschaffen. Die Erschließung und Unterhaltung der Brunnen waren jedoch sehr teuer und die Kosten konnten kaum von einzelnen Personen allein getragen werden, deshalb schlossen sich die Anwohner einer Straße oder eines Viertels zu Brunnengemeinschaften zusammen.[159] Im Jahre

[156] Verzeichniß und summarischer Inhalt der im Herzogthum Oldenburg vom 1sten Januar 1802 bis zum 8ten März 1811 ergangenen Verordnungen, Rescripte und Resolutionen, Oldenburg 1826, Teil 3, S. 149f.

[157] Gutachten des Baurats Henoch aus Gotha über die Wasserversorgung in Oldenburg, 30.3.1878, StAO, Best. 262-1 A Nr. 2259.

[158] Thiem, A.: Grundwasserversorgung mit besonderer Berücksichtigung der Enteisenung, in: Deutsche Vierteljahresschrift für öffentliche Gesundheitspflege 29, 1897, S. 9.

[159] Öffentliche Brunnen in der Stadt, z. B. diverse Protokolle über Reparaturen des Brunnens an der Staustraße: 10.8.1692, 24.8.1722,17.9.1724, 14.11.1726, StAO, Best. 262-1 A Nr. 3341.

1640 gab es beispielsweise in der Langenstraße eine Brunnengemeinschaft, der 27 Mitglieder angehörten. Die Liste mit den Namen und dem Brunnenzins, der für alle Mitglieder gleich war, zählt heute zu den ältesten noch erhaltenen Dokumenten über Brunnengemeinschaften in der Stadt.[160]

Auch in anderen Straßen existierten selbstverwaltete Genossenschaften. So in der Baumgartenstraße, wo die Gemeinschaft im Jahre 1689 aus 24 Mitgliedern bestand. Eine weitere Brunnengemeinschaft, der 40 Häuser angehörten, betrieb gemeinschaftlich den Brunnen bei der Waage.[161] Letztere unterschied sich von den anderen dadurch, dass ihre Mitgliedsbeiträge sich danach richteten, ob sie für ein ganzes, ein halbes, drei viertel oder ein viertel Haus galten. Nur das ganze Haus zahlte den vollen Jahresbeitrag. Bei den übrigen Mitgliedern verringerte sich der Brunnenzins in dem Maße, je geringer der Wasserbedarf aus dem Gemeinschaftsbrunnen war. Einige Häuser verfügten bereits über eine eigene Hauspumpe, andere hatten eine Wasserleitung, die vom Brunnen ins Haus führte.[162] Die Verpflichtung aller Nachbarn, sich finanziell an der Brunnengemeinschaft zu beteiligen, hatte zum einen solidarischen Charakter, zum anderen diente der Brunnen neben der Trinkwasserversorgung auch dem Brandschutz.[163] Die so genannten Brunnenbücher, eine über viele Jahre geführte Loseblattsammlung, enthielten die Namen der Nutzer, die Höhe des Brunnenzinses sowie die Reparaturkosten.[164]

Das Wachstum der Stadt führte auch zur Zunahme der Brunnen. 1785 gab es Brunnen und Pumpen am Markt, am Rathaus, in der Haaren- und Langenstraße, auf dem Panzenberg[165], in der Baumeister-, Gast- und Haarenstraße sowie zwischen den Baracken.[166]

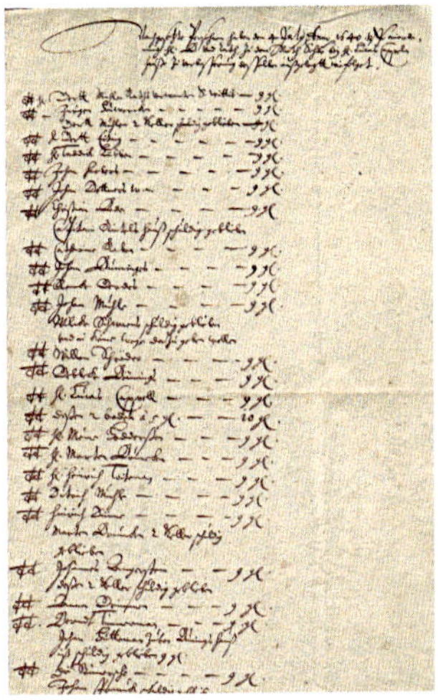

31 *Mitgliederliste der Brunnengemeinschaft in der Baumgartenstraße 1640. StAO, Best. 262-1 Nr. 3340.*

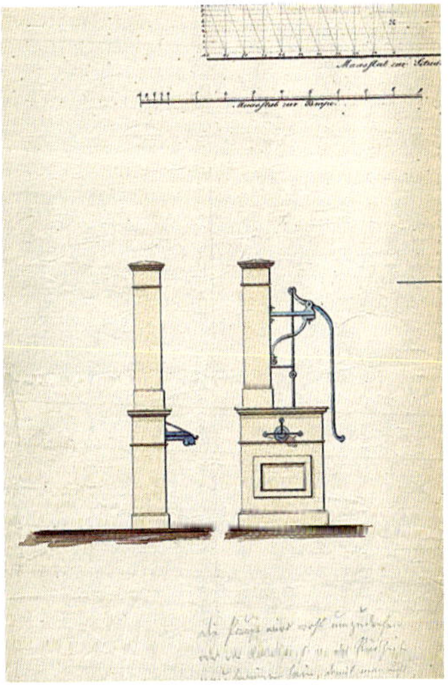

32 *Skizze von der Pumpe am Damm, 1851. StAO, Best. 262-1 Nr. 3369.*

[160] Mitgliederliste vom 4.7.1640, StAO, Best. 262-1 A Nr. 3340.
[161] Auflistung der Kosten für die Reparatur des Brunnens als Vorlage für die Mitglieder vom 9.9.1720 und 14.10.1721, StAO, Best. 262-1 A Nr. 3341.
[162] Mitgliederliste vom 7.9.1689, StAO, Best. 262-1 A Nr. 3340.
[163] Vgl. Olmer, Beate: Wasserwerke, in: von Borsdorf, Ulrich/Steiner, Jürg (Hg.): Wasser-Fälle an Rhein und Maas [Ausst.-Kat.], Essen 2002, S. 218.
[164] Öffentliche Brunnen in der Stadt, diverse Protokolle über Reparaturen von Brunnen in der Staustraße, Achternstraße, Baumgartenstraße: 10.8.1692, 24.8.1722,17.9.1724, 14.11.1726, StAO, Best. 262-1 A Nr. 3341.
[165] Der Name der Straße Pantzenbergh erschien erstmals 1645, wurde 1678 in Panzenberg und schließlich 1845 in Bergstraße umgewandelt, in: Kohl, Dietrich: Die Straßen der Stadt Oldenburg [Sonderdruck], Oldenburg 1919/20, S. 100f.
[166] Verzeichnis der öffentlichen Pumpen, Ziehbrunnen und Wasserleitungen vom 24.12.1785. Vermessung der Stadt, 1785-1789, StAO, Best. 262-1 A Nr. 3501.

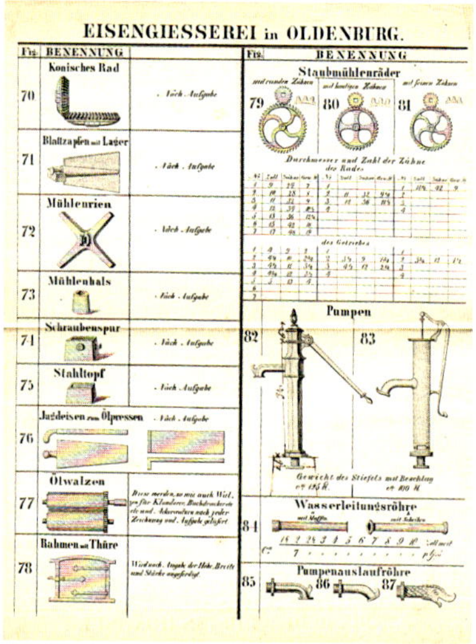

***33** Werbeblatt einer Oldenburger Eisengießerei für neuartige Pumpenmodelle, 1851. StAO, Best. 262-1 Nr. 3369.*

Für diese Gemeinschaften hatte sich im 19. Jahrhundert die Bezeichnung „Pumpen-Interessentschaften" durchgesetzt, deren Verträge teilweise seit Jahrhunderten Gültigkeit hatten.[167] Alle Vereinigungen unterlagen einem strengen Reglement, dem stets eine freiwillige vertragliche Vereinbarung zugrunde lag. Die Gemeinschaft entschied über die Herstellung, Erneuerung und Unterhaltung der Pumpe und wählte den Pumpenmeister für eine bestimmte Zeit. Dieser hatte die Aufgabe, die Pumpe zu beaufsichtigen und zu bedienen sowie die Beiträge der Mitglieder einzusammeln. Kleinere Reparaturen konnte er selbstständig in Auftrag geben, über größere Ausgaben entschieden besondere Bevollmächtigte der Genossenschaft. Ein Pumpenmeister konnte sein Amt ohne wichtigen Grund nicht vorzeitig niederlegen, für den Fall, dass die Gemeinschaft keine Ersatzkraft fand, bestimmte der Magistrat eine Person seiner Wahl. Alle Mitglieder besaßen das gleiche Stimmrecht und waren beitragspflichtig. Die Auflösung oder der Ausstieg aus einer Genossenschaft waren nur möglich, wenn die Pumpe kein gutes Trinkwasser mehr lieferte oder irreparabel war und stillgelegt werden musste.[168] Unter den Folgen litten dann alle Mitglieder. So gab es Fälle, in denen einzelne Mitglieder aus der Genossenschaft ausschieden, weil ihnen die Wasserqualität zu schlecht oder die Beiträge zu hoch waren, sie kauften sich dann bei anderen Vereinigungen ein. Für die Verbliebenen erhöhten sich dadurch zwangsläufig die Kosten und es kam vor, dass notwendige Reparaturen nicht durchgeführt wurden, die Anlage in einen schlechten Zustand geriet und schließlich verwahrloste.[169]

Im Stadtzentrum waren einige Brunnen vom Magistrat zu öffentlichen Brunnen erklärt worden, um den Brandschutz zu sichern. Zu diesem Zweck mussten sie stets über eine ausreichende Wassermenge verfügen und im Winter eisfrei gehalten werden. An den Betriebskosten beteiligte sich der Magistrat bis zum Beginn des 19. Jahrhunderts jedoch nicht, weil er die Ansicht vertrat, dass der Brandschutz vorrangig im Interesse der Bürger lag. Dieser Argumentation hatten sich die Anlieger der Straße, in der ein öffentlicher Brunnen angelegt war, zwangsläufig zu unterwerfen. Ob öffentlicher Brunnen oder nicht, die Brunnengemeinschaft trug allein die Kosten für die Instandsetzung und für den Unterhalt des Brunnenmeisters, zugleich sicherte sie sich dadurch das Recht, die Anlage selbst zu verwalten und zu nutzen.[170]

***34** Ansicht vom Brunnen am Markt, 1882, Fotograf Gustav A. Kahlmeyer. Stadtmuseum Oldenburg.*

[167] Die Pumpen-Interessentschaften in Oldenburg, in: Gemeinde-Blatt 18, 1871, S. 192ff.
[168] Ebd., 196ff.
[169] Ebd., S. 200f.
[170] Schreiben der Anlieger am Markt an den Magistrat vom 26.10.1758, StAO, Best. 262-1 A Nr. 3341.

Ein Privileg genossen nur die Anlieger am Markt. Sie konnten das Wasser seit alten Zeiten kostenlos schöpfen und brauchten sich auch nicht an den Kosten für Reparaturen zu beteiligen und zum Unterhalt des Brunnenmeisters beizutragen. Dies geht aus einem Brief hervor, den die Marktanrainer am 26. Oktober 1758 an den Magistrat richteten, weil dieser beschlossen hatte, den Brunnen am Markt zu versetzen, um an Markttagen den Platz besser nutzen zu können. Die Anlieger befürchteten jedoch, dass der Brunnen vollständig aufgegeben werden sollte und sie sich in Zukunft selbst um das Trinkwasser würden kümmern müssen. In ihrem Schreiben begründeten sie ihre ablehnende Haltung gegenüber einer Selbstversorgung damit, dass die Herstellung eines neuen Gemeinschaftsbrunnens oder hauseigene Pumpenanlagen hohe Investitionskosten erfordern würden, die von den Anliegern nicht allein finanziert werden könnten. Auch die Alternative zum Brunnenwasser – die Bedarfsdeckung aus der Haaren – lehnten die Marktbewohner aus gesundheitlichen Gründen ab, denn „das Wasser in dem Haaren-Fluß, wohin Magistrat uns zu verweisen gedenkt, ist weder zum Kochen noch Trinken tauglich indem viele Kloaken und die Unreinigkeiten aus der ganzen Stadt durch die Rennsteine hinein fließen."[171] So wie von den Marktbewohnern befürchtet, erhielt der Marktbrunnen tatsächlich Mitte der 1760er Jahre einen neuen Standort.[172] Er wurde aber nur um einige Meter versetzt und näher am Rathaus angelegt. Der Neubau wurde teils aus städtischen Mitteln, teils von Bürgern durch Spenden finanziert, weil er nicht nur Trinkwasser lieferte, sondern zugleich auch Repräsentationszwecken diente.[173] Rund 140 Jahre prägte der Brunnen das Bild am Markt, bis er im Zuge der Kanalisierung um 1900 abgerissen wurde.[174]

In einigen Fällen führte die Anordnung der Behörde, einen Gemeinschaftsbrunnen zu einem öffentlichen Brunnen zu erklären, zum Konflikt zwischen Magistrat und Brunnengemeinschaft. Denn die Nutznießer von öffentlichen Brunnen waren nicht nur die Mitglieder, sondern auch die Feuerwehr sowie viele Bürger, die keiner Brunnengemeinschaft angehörten und sich folglich nicht an den Unterhaltungskosten beteiligten. Die Brunnengemeinschaften in der Haarenstraße und vor dem Heiligengeisttor waren jedoch nicht länger mit dieser Regelung einverstanden und beantragten beim Magistrat einen Zuschuss für Instandsetzungsarbeiten ihrer Pumpen und beriefen sich dabei auf das Vorgehen beim Marktbrunnen.[175] Der Antrag wurde vom Magistrat mit dem Hinweis abgewehrt, dass der neue Marktbrunnen nicht allein aus steuerlichen Mitteln finanziert worden sei.[176]

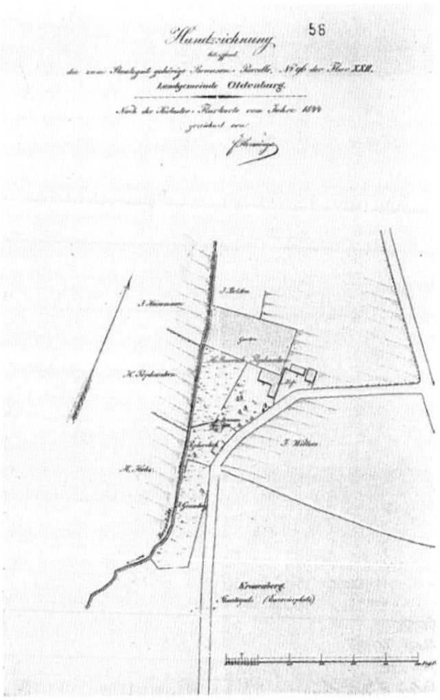

35 Skizze von der Brunnenparzelle vor den Toren der Stadt, 1844. Das Areal in Donnerschwee war bis 1866 Staatseigentum. 1896 wurde hier das Wasserwerk errichtet. StAO, Best. 71-5 Nr. 238.

Die brauchbarsten Brunnen lagen vor den Toren der Stadt. Der Bornhorster Brunnen war gegen Mitte des 18. Jahrhunderts erschlossen und 1786 unter staatliche Aufsicht gestellt worden. Er soll das beste Trinkwasser geliefert haben und ver-

[171] Ebd.
[172] Öffentliche Ausschreibung eines neuen Brunnens am Markt vom 4.6.1765, ebd.
[173] Schreiben des Magistrats vom 11.10.1763, ebd.; ferner: Skizze vom Brunnen am Markt, ebd.
[174] Schrape: Franz Noack, S. 127.
[175] Brunnengemeinschaften an Magistrat vom 10.7.1777, StAO, Best. 262-1 A Nr. 3341.
[176] Entscheidung des Magistrats vom 22.7.1777, ebd.

sorgte hauptsächlich den herrschaftlichen Hof sowie einzelne Stadtbürger. Gutes Trinkwasser spendeten auch zwei Brunnen in Donnerschwee. Die Oldenburger konnten täglich frisches Brunnenwasser von einem Fuhrmann erwerben, der es aus diesen Brunnen bezog. Abgesehen von dem sehr guten Trinkwasser war namentlich „der Bewerbäker Brunnen als ‚Gesundbrunnen' schon seit alter Zeit bekannt."[177] In der Nähe dieser Quellen wurde später das Wasserwerk errichtet. Über die Qualität des Gesundbrunnens notierte der Oldenburger Arzt Dr. Roth in seiner Aufsatzsammlung zur Geschichte der Medizin:

> Daß man freilich in der Stadt Oldenburg in alter Zeit jeden Brunnen mit nur einigermaßen gutem Trinkwasser als Gesundbrunnen anzusehen geneigt war, darf uns nicht wundern, liegt sie doch in der flachen sumpfigen Niederung der Hunte mit moorigem Untergrund. Die Trinkwasserverhältnisse waren deshalb auch bis vor wenigen Jahrzehnten noch die denkbar schlechtesten, so daß der Bürger, um gutes Trinkwasser zu haben, sich dieses von bestimmten einzelnen Brunnen [...] holen lassen mußte [...].[178]

Wenn auch die Regierung sich in der Regel weder an der Erschließung noch an der Unterhaltung der Trinkwasserbrunnen beteiligte, so bestimmte sie doch bis ins Detail deren Gestaltung. Zur Begründung hieß es, dass die schlecht gesicherten Brunnen zahlreiche Unglücksfälle verursacht hätten, so dass eine Bauvorschrift notwendig sei.[179] In der Verordnung vom 10. November 1805 legte die Regierung fest, dass sämtliche Ziehbrunnen, „mit einer 3½ Fuß hohen Einfassung von Steinen oder Holz versehen werden", und drohte dem Eigentümer mit drastischen Strafen, wenn bei Polizeikontrollen „ein Brunnen ohne ein solches Geländer" vorgefunden würde.[180] Nähere Ausführungsbestimmungen erfolgten schließlich am 11. März 1807. Während öffentlich zugängliche Brunnen in jedem Fall aus festem Material bestehen mussten, durfte auf Privatgrundstücken die Einfassung der Brunnen auch aus Flecht- oder Zaunwerk bestehen. Brunnen, die sich in den Häusern befanden, mussten zur Sicherheit mit einem Deckel oder einer Klappe versehen werden. Weiter heißt es in der Anordnung:

> Jeder Bewohner oder zeitiger Besitzer des Grundes, imgleichen bey gemeinschaftlichen Brunnen die Interessenten, werden für die fortdauernde Unterhaltung der Einfassungen verantwortlich gemacht, und mit Entschuldigungen, daß solche etwa erst seit kurzem beschädigt worden, nicht gehört werden.[181]

Ab 1800 setzten sich innerhalb des Stadtgebiets immer häufiger Pumpen durch, die wesentlich zur Verbesserung der Wasserqualität beitrugen. Denn in die offenen Brunnen stürzten manchmal Tiere, die dort verendeten, oder Bewohner entsorgten darin ihren Unrat und verseuchten dadurch das Wasser. Auch das bekannte Sprichwort „Das Kind ist in den Brunnen gefallen" verweist auf die Zeit der offenen Brunnen. In den Vorstädten existierten jedoch noch bis in die zweite Hälfte des 19. Jahrhunderts hinein überwiegend Brunnen, allerdings zeichnete sich auch hier ein Trend zum Einsatz von Pumpen ab.[182]

Gegen Mitte des 19. Jahrhunderts beschäftigte sich der Magistrat eingehend mit der Trinkwasserversorgung in der Stadt. Bevölkerungswachstum, Erweiterung der Stadtgrenzen, Feuerschutz, zunehmender Wasserbedarf für Haushalt und Gewerbe und nicht zuletzt die hygienischen Anforderungen führten zu der Frage, ob die herkömmlichen Brunnengemeinschaften genügend Sicherheiten boten, den Bedarf an Trink-

177 Roth: Aufsätze zur Geschichte der Medizin, S. 103f. Vgl. Handzeichnung betreffend die zum Staatsgut gehörige Brunnen-Parzelle, Nr. 96 oder Flur XXII, Landgemeinde Oldenburg, Flurkarte von 1844., StAO, Best. 71-5 Nr. 238.
178 Roth: Aufsätze zur Geschichte der Medizin, S. 103f.
179 Oldenburg aus der Cammer vom 10.11.1805, StAO, Best. 262-1 A Nr. 3341.
180 Verzeichniß und summarischer Inhalt der im Herzogthum Oldenburg vom 1sten Januar 1802 bis zum 8ten März 1811 ergangenen Verordnungen, Rescripte und Resolutionen. Teil 3, Oldenburg 1826, S. 138f.
181 Ebd., S. 149f.
182 Polizeiliches, in: Gemeinde-Blatt 6, 1859, S. 158.

wasser zu decken, oder ob die Pumpen- und Brunnenanlagen kommunalisiert werden sollten. Um die finanziellen Belastungen für die Kommune durch die Übernahme möglichst gering zu halten, sollten die Interessenten durch die Zahlung einer einmaligen Ablösesumme vom traditionellen Brunnenzins entbunden werden. Der Antrag erhielt von der Mehrheit im Stadtrat jedoch nicht die notwendige Unterstützung und wurde abgelehnt, so dass die Bürger weiterhin auf Selbsthilfe angewiesen waren.[183]

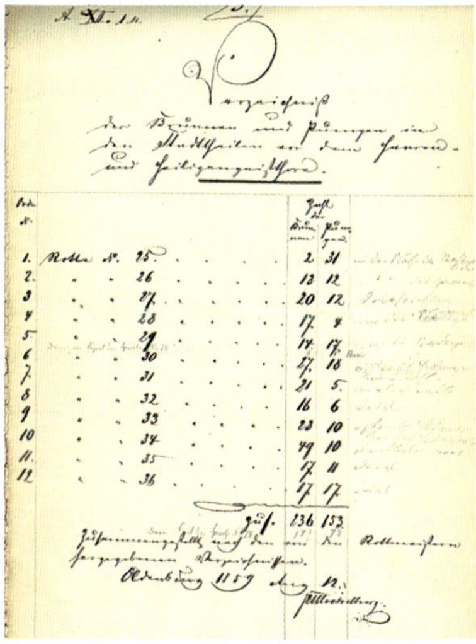

1.	Rolle No. 25	2	31
2.	26	13	12
3	27	20	12
4	28	17	4
5	29	14	17
6	30	27	18
7	31	21	5
8	32	16	6
9	33	23	10
10	34	49	10
11.	35	17	11
12	36	17	17
	zus.	236	153

Oldenburg 1859 Aug 12.

36 *„Verzeichnis der Pumpen und Brunnen in den Stadtteilen vor dem Haaren- und Heiligengeistthore" vom 12. August 1859. In diesen Bezirken gab es insgesamt 236 Brunnen und 153 Pumpen. StAO, Best. 262-1 Nr. 3369.*

37 *Wasserleitung aus Holz (Pipe), Privatbesitz. Fotograf Norbert Gerdes.*

38 *Ziehbrunnen, in: Kisskalt, Karl: Brunnenhygiene, Leipzig 1916, S. 7.*

39 *Bis in die 1950er Jahre hinein musste das Brunnenwasser in der Glashüttensiedlung "Kamerun" mit Eimern in die Wohnung getragen werden. Stadtmuseum Oldenburg.*

In der zweiten Hälfte des 19. Jahrhunderts wurde es für die Bevölkerung jedoch immer schwieriger, sauberes Trinkwasser zu erhalten. Wie bereits beschrieben, befanden sich die Abfall- und Fäkaliengruben oft in der Nähe der Brunnen und führten zu einer langsamen, aber stetigen Verseuchung des Brunnenwassers. Hinzu kam, dass ärmeren Menschen nicht die finanziellen Mittel zur Verfügung standen, um sich in eine Brunnengemeinschaft einzukaufen, sie waren auf Flusswasser angewiesen, das durch die Abwässereinleitungen ebenfalls verseucht war. Eine große finanzielle Belastung und unberechenbare Folgen für die Bewohner bedeutete es auch,

[183] Stadtratssitzung am 27.1.1858, in: Gemeinde-Blatt 5, 1858, S. 20.

wenn ein Brunnen geschlossen werden musste. War der Zugang zum Brunnenwasser abgeschnitten, waren die Menschen gezwungen, im eigenen wie auch nachbarschaftlichen Interesse einvernehmliche Regelungen zu treffen, wie folgendes Beispiel aus dem Jahre 1858 zeigt:

> Die Anwohner der Ritterstraße hatten früher gegen gewisse Verpflichtungen die Erlaubnis, den Brunnen neben dem alten Posthause für ihre Häuser mit zu benutzen. Nach dem Uebergang des alten Brunnens in Privatbesitz hat sich eine angemessene Vereinbarung über die fernere Mitbenutzung nicht erreichen lassen. Einige bei der Sache Interessirte an der Ritterstraße, an der Mühlenstraße und am Stau beabsichtigen nun, eine neue Pumpe an dem v. Gall'schen Garten herzustellen, in der Weise, daß die Pumpe von den Interessenten angelegt und unterhalten, aber der allgemeinen Benutzung übergeben werden soll, sofern ihnen die Stadt mit einem Zuschusse [...] zu Hülfe kommen will.[184]

Die Stadt bewilligte den Zuschuss, weil es sich um ein dicht besiedeltes Gebiet handelte und keine ausreichend guten Trinkwasserquellen zur Verfügung standen. In dieser Gegend wohnten zahlreiche Arbeiterfamilien, die keiner Brunnengemeinschaft angehörten und auf das Huntewasser angewiesen waren, folglich verschaffte der öffentliche Brunnen allen Anwohnern eine gute Trinkwasserqualität.[185]

40 *Wasserträgerinnen an der Pumpe vor dem Mengerschen Haus an der Ecke Haaren-/Langestraße. Zeichnung nach A. Strackerjan, 1857. Stadtmuseum Oldenburg.*

Als im Jahre 1859 die Wasserpumpe an der Ecke Haaren-/Langestraße am ehemaligen Mengerschen Haus aufgrund des Neubaus eines Hauses und der Verbesserung der Straße versetzt werden musste, kam es zwischen den Pumpen-Interessenten und dem Stadtmagistrat zu Meinungsverschiedenheiten. Als neuer Standort war der Platz nahe der katholischen Schule in der Haarenstraße vorgesehen, unweit der bisherigen Pumpstation.[186] Eine Probebohrung am geplanten Ort, deren Kosten die Stadt übernahm, ergab eine gute Wasserqualität, so dass der Stadtrat beschloss, einen neuen Brunnen anlegen zu lassen, obwohl sich 11 der 61 Pumpen-Interessenten aus unterschiedlichen Gründen dagegen ausgesprochen hatten. Im öffentlichen Interesse verweigerte der Stadtrat den Interessenten das Widerspruchsrecht und führte zur Begründung an, dass der neue Standort an der Schule verkehrstechnisch besser gelegen sei und der Öffentlichkeit einen ungehinderten Zugang ermögliche. Die Stadt übernahm die Kosten für die Anlegung des neuen Brunnens, während die bisherigen Interessenten für den Unterhalt der neuen Anlage aufkommen mussten.[187]

Auch die Anlieger der Ofener- und Auguststraße sowie am Haarentor suchten nach Lösungen, um ihre Trinkwassersituation zu verbessern. Sie versorgten sich mit Wasser, das entweder aus der Haaren oder aus einem entfernten Brunnen geholt werden musste, in Regenzeiten wurde das Wasser aufgefangen. Der Mangel an Trinkwasser in diesem Gebiet war darauf zurückzuführen, dass der Untergrund aus einer viele Meter dicken Tonschicht bestand und gutes Trinkwasser nur in sehr großen Tiefen geschöpft werden konnte.

> Man hat schon wiederholt Versuche gemacht, den Thon zu durchbohren, aber fast immer mit zweifelhaftem Erfolge. Soweit uns bekannt, ist es bis dahin nur bei der Ehlers'schen Brauerei gelungen, ein gutes Wasser zu erhalten und zwar durch ein Bohrloch von 75 Fuss [rd. 22 m] Tiefe.[188]

[184] Stadtrath, Sitzung vom 20.5.1858, ebd., S. 85.
[185] Ebd.
[186] Sitzung des Stadtrats am 28.3.1859, in: Gemeinde-Blatt 6, 1859, S. 65.
[187] Sitzung des Stadtrats am 7.7.1859, ebd., S. 131f.
[188] Correspondenz-Blatt für die Aerzte und Apotheker des Grossherzogthums Oldenburg, Bd. 2, Nr. 22, Oldenburg 1863, S. 38. (1 Fuss = 29,64 cm).

In späteren Jahren gelang es zwar, die Tonschicht an der Ofenerstraße zu durchbrechen und in rund 40 Metern Tiefe Wasser zu fördern. Jedoch war das unterirdische Wasserreservoir nicht sehr ergiebig und die Brunnen lieferten bei lang anhaltender Trockenheit zu wenig Wasser.[189]

In der Regel war es Sache der Bewohner eines Hauses zu entscheiden, wie das Wasser ins Haus kam. Üblich war, das Wasser an der Pumpstation in Eimern abzuholen und in die Wohnung zu tragen. Der tägliche Bedarf an Trink- und Brauchwasser wurde aus diesen Eimern geschöpft, solange der Vorrat reichte. Dann gingen die Hausfrau oder das Dienstpersonal erneut zur Wasserquelle und der Ablauf wiederholte sich. Manche Familien beauftragten Wasserträger, die ihnen das Wasser in die Wohnung lieferten.

***41** Wasserträgerinnen stehen Schlange vor einem Brunnen, im Hintergrund der Gertrudenfriedhof. Nach der Natur und auf Stein gezeichnet von D. Rosenberg, um 1800. Stadtmuseum Oldenburg.*

In einigen Haushalten wurde, wie exemplarisch dem Erinnerungsbericht des Oldenburger Geschäftsmannes Degode entnommen werden kann, noch gegen Ende des 19. Jahrhunderts Wasser aus der Hunte im Haushalt verwendet. Obwohl das Geschäftshaus von den öffentlichen Brunnen am Markt und am Rathaus nicht weit entfernt lag, wurde das Brunnenwasser nur zum Trinken und Kochen benutzt, während die Bewohner zum Reinigen und Waschen Flusswasser verwendeten:

> In der Küche stand eine Wasserbank mit zwei Eimern Wasser, davon war der eine voll mit Brunnenwasser aus dem alten Pumpenbrunnen auf dem Marktplatz, während der andere Huntewasser enthielt, zum Waschen und Spülen. Wasserleitung gab es damals noch nicht, sondern der Knecht mußte jeden Morgen mit einem Tragejoch, an dem zwei Eimer hingen, wegen des Huntewassers den Damm hinauswandern bis zur Hunte und das Trink- und Kochwasser dann auf die gleiche Weise vom Marktbrunnen holen.[190]

Das Verhalten in dem Geschäftshaushalt entsprach der anerkannten, in der wissenschaftlichen Literatur noch zu Beginn des 20. Jahrhunderts vertretenen Auffassung, dass das Flusswasser zwar grundsätzlich nicht als Trinkwasser geeignet, aber als Gebrauchswasser für die Reinigung des Hauses und der Wäsche zuzulassen sei.[191]

***42** Foto vom Marktbrunnen, vor 1886. Stadtmuseum Oldenburg.*

[189] Hausbesitzer an Oberbürgermeister, 2.10.1904, Stadtmuseum Oldenburg, Wasserwerk 1898, Nr. I.2.B.21.
[190] Schriftlicher Erinnerungsbericht um 1900 von Karl Wilhelm Degode, Enkel des Geschäftsgründers Diedrich Wilhelm Degode, Am Markt 24, unveröffentl. Ms., Stadtmuseum Oldenburg.
[191] Gärtner, A.: Die hygienische Überwachung der Wasserläufe, in: Deutsche Vierteljahresschrift für öffentliche Gesundheitspflege 35, 1903, S. 25.

***43** Wasserhahn 16./17. Jahrhundert, Landesmuseum für Kunst und Kulturgeschichte, Fotograf Nobert Gerdes.*

Einige Stadtbezirke verfügten bereits über unterirdische Wasserleitungen aus Ton, Eisen oder Blei, in denen das Wasser vom Brunnen zu den angeschlossenen Häusern geleitet wurde. Die Wasserrohre aus Blei stellten jedoch eine große gesundheitliche Gefahr für die Verbraucher dar, wie folgender Bericht belegt:

> In einigen Häusern in der Donnerschweerstraße erkrankten mehrere Bewohner unter Erscheinungen, welche auf eine Bleivergiftung schließen ließen; die Pumpen dieser Häuser erhielten das Wasser aus einem gemeinschaftlichen Brunnen und bestand die Leitung aus Bleiröhren; das Wasser erwies sich als bleihaltig und war hierdurch die Natur der Erkrankungen erklärt. Vom Stadtmagistrate wurden die Hauseigentümer zur Beseitigung der gesundheitsschädlichen Leitungsröhren angehalten.[192]

Im letzten Drittel des 19. Jahrhunderts veränderten sich die Strukturen der privaten Wasserversorgung. Es kam immer häufiger vor, dass Mitglieder aus der Brunnengemeinschaft ausstiegen und Pumpen im eigenen Haus anlegten, weil sich die technischen Möglichkeiten verbessert hatten. Dadurch verschlechterte sich jedoch die Grundversorgung der Gemeinschaft. Mangels Alternativen und um die allgemeine Versorgung der umliegenden Wohnungen aufrechtzuerhalten, übernahm die Stadt in manchen Fällen die Wasserstellen, doch blieben dies Ausnahmen. In diesem Zusammenhang ist auch der erneute Vorstoß im Jahr 1871 zu sehen, alle Pumpen und Brunnen in städtische Regie zu übernehmen, doch scheiterte der Plan wiederum am mangelnden politischen Durchsetzungswillen, so dass die Bevölkerung sich weiterhin selbst mit Trinkwasser versorgte.[193]

Analysen der Trinkwasserqualität

In der Oldenburger Innenstadt genossen vor allem die Brunnen auf dem Marktplatz und vor dem Ritterschen Haus in der Langenstraße einen guten Ruf. Die Analyse des Brunnenwassers in den 1870er Jahren hatte ergeben, dass diese Brunnen „gutes Trinkwasser" lieferten. Aber nicht alle Brunnenwasser waren von gleicher Qualität, wie die Untersuchungsergebnisse des Apothekers Wilhelm Kelp zeigten. Während die Brunnen in der Langen- und Haarenstraße „gutes, trinkbares Wasser" abgaben, fiel das Qualitätsurteil über die Brunnen am Waffenplatz und an der Neuen Straße ungünstiger aus, das Wasser wurde lediglich als „brauchbares Trinkwasser" eingestuft. Ausschlaggebend für die Einteilung in bestimmte Gütegruppen waren die Wasserinhaltsstoffe. Kelp hatte sich bei seinen Untersuchungen zum einen auf sichtbare Verschmutzungen durch organische Substanzen konzentriert, die in der Regel keine gesundheitlichen Gefahren darstellten, das Wasser aber trübten. Zum anderen bestimmte er Inhaltsstoffe, die erst durch menschliches Zutun oder aufgrund schlechter Bodenbeschaffenheit in das Wasser gelangten. Kamen sie in höheren Konzentrationen vor, galt das Wasser als ungenießbar.[194] Zur Untersuchungsmethode und zur Qualität des Wassers aus den beiden städtischen Brunnen erklärte er:

> Ich untersuchte einen Theil der Proben sogleich chemisch und mikroskopisch, einen anderen in gleicher Weise, nachdem ich die Proben in verkorkten Glassgefäßen einen Monat zurückgestellt hatte. Die Resultate der beiden Untersuchungen waren übereinstimmend. Die Wasserproben hatten sich im Laufe eines Monats nicht verändert, sie waren vollkommen klar geblieben,

[192] Bericht des Amtsarztes für die Stadt Oldenburg und das Amt Oldenburg über die Zeit vom 1.5.-31.10.1891, in: Gemeinde-Blatt 39, 1892, S. 31f.
[193] Die Pumpen-Interessentschaften in Oldenburg, in: Gemeinde-Blatt 18, 1871, S. 200f.
[194] Untersuchung von hiesigen Brunnen, ebd., S. 209; 19, 1872, S. 57f., S. 186f., und 20, 1873, S. 140f.

hatten keinen Bodensatz abgesetzt und der Geschmack und der Geruch, sowie die chemische Zusammensetzung zeigte keine Abweichung von den zuerst untersuchten Proben.[195]

Die Kontrollen des Brunnenwassers in Oldenburg durch den Apotheker Kelp erfolgten auf Initiative der städtischen Verantwortlichen und dienten vor allem dem Zweck, gesundheitswidrige Einflüsse in der Umwelt aufzuspüren, um Ursachen von Krankheiten und Seuchen besser erkennen und gegen bestehende Missstände gezielter vorgehen zu können. Dies konnte z.B. dadurch geschehen, dass vergiftete Brunnen stillgelegt wurden. So hatten Untersuchungen des Brunnens in der Rosenstraße so starke Verschmutzungen ergeben, dass der Apotheker Kelp das Wasser für nicht trinkbar hielt und sein Urteil folgendermaßen begründete:

> Als gutes Trinkwasser ist dieses Wasser durchaus nicht zu bezeichnen, denn auch abgesehen von seinem widrigen Geruch und dem vielleicht schädlichen Einfluß des Schwefelwasserstoffs auf die Gesundheit, sind die darin enthaltenen wenigen Infusorien und die wahrscheinlich den niederen Pilzen angehörenden pflanzlichen Gebilde allein schon hinreichend, den Gebrauch des frischen Wassers bedenklich erscheinen zu lassen. Brauchbar und unschädlich wird es nur in solchen Fällen sein, wo es in gekochtem Zustande zur Verwendung kommt. Daß das Wasser sich im Laufe der Zeit ändern und ein gutes Trinkwasser werden wird, glaube ich nicht, eine Verbesserung ist, da die schlechte Beschaffenheit höchst wahrscheinlich den ursprünglichen Bodenverhältnissen entstammt, meiner Ansicht nach nur dadurch zu erwarten, daß man durch weitere Bohrung bessere Verhältnisse zu gewinnen sucht.[196]

In den 1870er Jahren wurde die Zuverlässigkeit der Untersuchungen über die Qualität des Trinkwassers von den Wasserexperten jedoch infrage gestellt, weil es noch keine analytischen Verfahren gab, die zur Beurteilung der Wasserqualität ausreichten. Dies geht aus einer Resolution des Vereins von Gas- und Wasserfachmännern Deutschlands hervor, die 1876 in Breslau verabschiedet wurde. Der Beschluss unterstrich die besondere Verantwortung der kommunalen Behörden bei der Versorgung der Bevölkerung mit gesundem Trinkwasser. Doch was die Experten konkret darunter verstanden, darüber herrschte Uneinigkeit. Unter Punkt 3 der Resolution hieß es:

> Was die Qualität anbetrifft, so können Grenzwerthe für die erlaubte und unschädliche Menge fremder Bestandteile im Wasser zur Zeit nicht aufgestellt werden. Die Hauptsache ist, dass durch die Art der Anlage eine Verunreinigung namentlich durch animalische oder excrementielle Stoffe, sowie durch häusliche Stoffe ausgeschlossen ist.[197]

Als Qualitätsmerkmal für gutes Wasser galt unter den Zeitgenossen, wenn das Wasser klar, ohne Unreinheiten, Farbe, Geruch und Geschmack war, hatte es aber einen unangenehmen Geschmack, war augenscheinlich trübe und roch faulig, war es zum Trinken nicht geeignet. Zweifelhaft war diese Methode jedoch besonders dann, wenn so genanntes gutes Wasser giftige Schadstoffe enthielt, die noch nicht messbar waren.

> Solche Stoffe werden nun aber vom Wasser gelöst, und ein mit ihnen behaftetes Trinkwasser kann diese Krankheiten (Typhus und Cholera) durch seinen Genuss hervorrufen. Auch sollen ja andere Krankheiten wie Ruhr und Diarrhoe durch das Wasser übertragen werden können. [...] Fast alle über diesen Gegenstand angestellten Beobachtungen sind entweder unsicher oder zu neu und zu wenig umfassend, um daraus sichere Schlüsse ziehen zu können.[198]

Wenige Jahre später setzte sich die Grundlagenforschung auch in der Medizin und Chemie durch und beseitigte nicht nur viele Unsicherheiten bei der Beurteilung von Krankheitsursachen, sondern auch bei der Analyse der Wasserqualität.

---

195 Untersuchung hiesiger öffentlicher Brunnen, in: Gemeinde-Blatt 18, 1871, S. 209.
196 Gutachten des Herrn Apothekers Kelp, in: Gemeinde-Blatt 22, 1875, S. 150f.
197 Grahn/Meyer: Reisebericht, S. 38.
198 Ebd., S. 132.

Bis zu diesem Zeitpunkt jedoch blieb den Ärzten nur die Möglichkeit, den schädlichen Einfluss des verseuchten Wassers auf den Gesundheitszustand einer größeren Anzahl von Personen zu beobachten und entsprechende Vorkehrungen zu treffen.[199]

Engagement für eine öffentliche Gesundheitspflege

Gegen Ende des 19. Jahrhunderts unterschied sich der qualitative Zustand der Hygiene in Oldenburg nicht wesentlich von den Verhältnissen im Zeitalter Graf Anton Günthers. Es wurden Verordnungen erlassen und Kontrollen eingeführt, doch der Dreck und der Gestank in den Straßen blieben ein Alltagsproblem, das sich aufgrund des Bevölkerungswachstums im Laufe der Jahrhunderte noch verschärft hatte. Hinzu kam, dass es in der Medizin keine epochalen Fortschritte gegeben hatte. Diagnosen wurden von Ärzten nur vage gestellt und entsprechend beschränkte sich die Behandlung auf die Anwendung von Hausmitteln, die in Apotheken oder von Autodidakten teilweise nach eigener Rezeptur hergestellt wurden und deren Wirkung auf Erfahrung beruhte.[200] Komplexeren Krankheitsbildern, verursacht beispielsweise durch Seuchen, hatten die Mediziner nichts entgegenzusetzen und die Patienten blieben dem natürlichen Verlauf der Krankheit überlassen, der oft mit dem Tod des Erkrankten endete.[201] In den medizinischen Fakultäten der Universitäten wurden zwar Forschungen betrieben, jedoch dienten diese nur wissenschaftlichen Zwecken, die Wissenschaftler interessierten sich nicht dafür, „ob die behandelten Fragen praktisch wichtig sind.“[202]

Erst in den 1870/80er Jahren änderte sich das Bild grundlegend durch die Anwendung der naturwissenschaftlichen Denkweise in der Medizin, die experimentierte und analysierte, und den wissenschaftlichen Nachweis nach den Kriterien der Exaktheit führte. Auf dem Gebiet der Infektionskrankheiten betrieb vor allem Robert Koch Grundlagenforschung. „Koch entsprach demnach dem Idealbild des objektiven Beobachters, der seine Theorie aus vielen einzelnen Beobachtungen ableitete.“ In der Hygieneforschung führte er als anerkannter Wissenschaftler den Nachweis über den Wirkungszusammenhang von schlechtem Wasser und Cholerabakterien.[203]

In der Bakteriologie wurden zwischen 1878 und 1887 grundlegenden Entdeckungen gemacht, und neue Erkenntnisse über die Erreger von Gonorrhoe (1879), Malaria (1880), Typhus (1880), Cholera (1883), Diphtherie (1884), Wundstarrkrampf (1884), Lungenentzündung (1884) und Meningitis (1887) gewonnen. Die Bakteriologie avancierte zu einem der wichtigsten Forschungsfelder gegen Ende des 19. Jahrhunderts, denn zum ersten Mal wurden die Ursachen zahlreicher Krankheiten wissenschaftlich nachgewiesen, und durch vorbeugende Maßnahmen konnten Infektionskrankheiten verhindert werden.[204]

Auch in Oldenburg nutzten Mediziner neue Untersuchungsmethoden, um die Wasserqualität in den Brunnen und Gewässern zu analysieren. Eine wichtige Rolle spielte darüber hinaus die Analyse der Ursache-Wirkung-Beziehung zwischen ungesunden, engen und lichtlosen Wohnverhältnissen und Krankheiten der Bewohner.[205] 1890 hatte die Stadtverwaltung einen Amtsarzt damit beauftragt, die Morbiditäts- und Mortalitätsverhältnisse zu erforschen. Besonderes Augenmerk legte sie dabei auf die Untersuchung der Wohnverhältnisse.

---

[199] Hardy: Ärzte, Ingenieure und städtische Gesundheit, S. 348.

[200] Vgl. Dr. Makinson's Gebrauchsanweisung des Kamala (Rottlera tinctoria Roxbg.) gegen Bandwurm. [Veröffentlichung der Rezeptur. In einem anderen Artikel wurden die Ärzte im Herzogtum gebeten, über die Ergebnisse der Behandlung bei Wechselfieber mit einer Jodtinktur zu berichten], in: Correspondenz-Blatt für Aerzte und Apotheker des Grossherzogthums Oldenburg, Bd. 1, Oldenburg 1861, S. 52.

[201] Dormann: „Das asiatische Ungeheuer, S. 205f.; ferner: Müller, H.: Zur Naturgeschichte unserer Malaria, in: Correspondenz-Blatt für Aerzte und Apotheker des Grossherzogthums Oldenburg, Bd. 1, Oldenburg 1861, Nr. 13, S. 150ff.; Nr. 15, S. 180ff.; Nr. 16. S.189ff.; Nr. 17, S. 208ff.

[202] Hardy: Ärzte, Ingenieure und städtische Gesundheit, S. 347.

[203] Ebd., S. 348.

[204] Furrer: Wasserthron und Donnerbalken, S. 145f.

[205] Bericht des Amtsarztes Dr. Kelb an den Stadtmagistrat über die Typhuserkrankungen in der Stadt Oldenburg im Sommer 1890, in: Gemeinde-Blatt 37, 1890, S. 276ff.

Aus dem Bericht des Mediziners Dr. Kelp an den Stadtmagistrat geht hervor, dass im Sommer 1890 in der Stadt Oldenburg 51 Typhusfälle auftraten, davon 21 allein im Dobbenviertel, die übrigen 30 im Haareneschviertel, in Nadorst, in der Innenstadt und am Stau:

> Das Vorkommen von Typhusfällen am Stau hat seinen Grund in den dort bestehenden ungünstigen sanitären Verhältnissen, in Folge deren die Krankheit daselbst endemisch ist. In der Gegend von der Einfahrt in den Eisenbahnhafen bis zur Knochenmühle ist die Morbidität an Typhus von jeher eine besonders starke gewesen und müssen daselbst Infektionsherde existiren, welche von Zeit zu Zeit ihre Wirksamkeit äußern. Die Bewohner dieses Bezirks sind fast sämmtlich Fabrikarbeiter, welche für Reinlichkeit wenig Sinn haben; die Wohnungen sind schlecht ventilirt und feucht, und außerdem ist noch der Mangel an gutem Trinkwasser hervorzuheben; Brunnen sind nur wenige vorhanden, und ist das Wasser derselben zum Gebrauche nicht geeignet; die meisten Haushaltungen benutzen das Huntewasser zum Trinken, welches aber ebenfalls hygienischen Ansprüchen nicht genügt, denn, wenn auch nicht mehr die Hunte wie früher, wo sämmtliche Exkremente der Stadt hineingelangten, verunreinigt wird, so entleeren doch die Gossen ihren Inhalt noch in den Fluß und auch die Warpsspinnerei zu Drielake, welche durch einen Kanal mit der Hunte verbunden ist, trägt zur Verunreinigung mit bei. [...] Ich mache auf diese letzten Punkte besonders aufmerksam, da die Abtrittsverhältnisse im Staubezirk äußerst schlechte sind und die Exkremente lange Zeit, ohne abgeführt zu werden, in Gruben liegen bleiben.[206]

Offensichtlich wurden Typhuserkrankungen auch in den besseren Wohnvierteln festgestellt, trotzdem suggeriert der Bericht, dass sich Teile der Arbeiterschaft aufgrund ihrer Unsauberkeit selbst in ihre missliche Lage gebracht hätten und deshalb auch für den Zustand ihrer Verelendung verantwortlich seien. Der Bericht beschränkt sich nicht allein auf die vorgefundenen Verhältnisse, sondern der Verfasser reflektiert, wenn auch nur ansatzweise, die Hintergründe der unzureichenden Hygiene. In der Untersuchung über die Wohnverhältnisse im Johannisviertel, die derselbe Arzt zwei Jahre später vorlegte, differenzierte er bereits wesentlich stärker zwischen Ursache und Wirkung. Der Arzt wies darin auf die Wechselwirkung zwischen den schlechten sanitären Verhältnissen und dem häufigen Auftreten von Typhuserkrankungen in der Johannis- und Nelkenstraße hin:

> In den letzten Jahren haben sich die Typhusfälle wiederholt und wurde im Laufe dieses Sommers von Seiten des Stadtmagistrats eine Untersuchung der Wohnungen angeordnet, wobei sich herausstellte, daß nicht nur die Abtrittsverhältnisse äußerst ungünstige waren, sondern auch die übrige Einrichtung der Wohnungen den bescheidensten hygienischen Ansprüchen nicht entfernt genügte, es wohnten viele Menschen in engen, zum Theil feuchten Räumen und dabei herrschte eine solche Unreinlichkeit, daß das Vorkommen von Typhus in diesen Häusern nicht befremden kann.[207]

Als Ursachen für den allgemein schlechten Gesundheitszustand der Einwohner Oldenburgs galten das schlechte Trinkwasser und die unzureichende Hygiene. Folglich überrascht es auch nicht, dass es vor allem Mediziner, Ingenieure und fortschrittliche Verwaltungsbeamte waren, die sich in den 1890er Jahren gemeinsam für eine bessere Stadttechnik engagierten und die öffentliche Diskussion über Fragen der Hygiene intensivierten, um dem Phlegma der politischen Vertreter entgegenzuwirken.

Vorbildfunktion hatte die Wasserwirtschaft in London, Hamburg und Paris, wo der Modernisierungsprozess schon um 1850 begonnen hatte, jedoch dauerte es mehr als 50 Jahre, bis er zum allgemeinen Standard avancierte. Während die Verbesserungen in der Regel zunächst nur den Stadtzentren zugute kamen, blieben die Vorstädte meistens bis ins 20. Jahrhundert hinein vom sanitären Komfort ausgeschlossen. In zahlreichen Provinzstädten vollzog sich der Prozess der Hygi-

[206] Ebd.
[207] Bericht über den Untersuchungszeitraum 1. Mai bis 31. Oktober 1891, in: Gemeinde-Blatt 39, 1892, S. 31f.

enisierung seit der Mitte des 19. Jahrhunderts stufenweise und war zudem stark durch die jeweiligen örtlichen Verhältnisse geprägt.

***44** Das erste Badehaus wurde 1831 auf dem „Jordan" errichtet, in dem jedoch nur medizinische Bäder verabreicht wurden. Theodor Presuhn, Sepiatinte und Feder auf Papier, um 1848. Stadtmuseum Oldenburg.*

***44a** Zur Förderung der Gesundheit wurde in der Huntestraße 1881/82 die erste öffentliche Badeanstalt mit warmen und kalten Duschen, Wannenbädern und einer Schwimmhalle errichtet. Das Badehaus war täglich geöffnet, die Gebühren gering. Ansichtskarte um 1900. Stadtmuseum Oldenburg.*

Entwürfe zur Verbesserung des Trinkwassers

Im letzten Drittel des 19. Jahrhunderts gewann gutes Wasser für den alltäglichen Komfort und Nutzen in Privathaushalten sowie in der Körperhygiene im Bewusstsein der Bevölkerung eine zunehmende Bedeutung. Auch die Oldenburger Kommunalbehörde zeigte sich immer aufgeschlossener gegenüber einer modernen Stadthygiene und setzte sich mit verschiedenen Entwürfen zur Trinkwasserverbesserung auseinander. Weil es in der Behörde jedoch an geeigneten Fachkräften mangelte, herrschte große Unsicherheit über die richtige Wahl des Systems und die Dimensionierung der technischen Anlagen.

Die politischen Vertreter im Stadtrat erkannten zwar auch die Notwendigkeit einer Umgestaltung der bestehenden Verhältnisse an, sie lehnten es aber ab, das nötige Geld bereitzustellen, weil sie annahmen, dass sich die Investitionskosten nicht rentieren und einzelne Bürger zu hohe Lasten tragen müssten. Deshalb hielten sie über viele Jahre an ihrer zögerlichen Haltung fest und verhinderten die dringend notwendige Modernisierung der Wasserwirtschaft. Der lang andauernde Diskussionsprozess über die Umsetzung der erforderlichen Maßnahmen zur Verbesserung der Wasserversorgung und die Differenzen zwischen Kommunalbehörde und politischer Fraktion sollen nachfolgend dargestellt werden. Ab den 1870er Jahren erhielt die Stadtverwaltung verschiedene Offerten zur Versorgung der Stadt mit Trinkwasser. Es waren vor allem auswärtige Ingenieure, die die Initiative ergriffen und unaufgefordert ihre Pläne beim Magistrat einreichten. Sie arbeiteten teils mit Kapitalgesellschaften zusammen, die ihnen das Geld zur Verfügung stellten, teils mit Unternehmern, die sich auf Wasserver- und -entsorgung spezialisiert hatten. Es gab auch Spekulanten darunter, die unseriöse Angebote abgaben, wie das nachstehende Beispiel zeigt. Die erste Offerte zum Bau einer „Wasserversorgungsanstalt" erreichte die Residenzstadt 1872. Johannes Corvin, Ingenieur aus Bremen, versprach in seinem Vertragsentwurf den Aufbau und Betrieb eines Wasserwerks auf eigene Kosten, behielt sich jedoch das Recht vor, den Vertrag auf Dritte zu übertragen. Die Dauer der Konzession zur alleinigen Nutzung der Straßen, Wege und Plätze sollte 40 Jahre umfassen. Jeder Hausbesitzer erhielt auf eigenen Wunsch die Möglichkeit, sich eine Wasserleitung ins Haus legen zu lassen, dabei sollte der Trinkwasserverbrauch entweder mit einem Wasserzähler ermittelt werden oder sich pauschal an der Gebäudesteuer orientieren.

Der Ingenieur plante zusammen mit seinem Sozius C. Brandt aus Halberstadt eine Musteranlage in Oldenburg aufzubauen, die jedoch hauptsächlich als Empfehlung für das eigene Unternehmen dienen sollte. Corvin gab an, dass er als leitender Oberingenieur bei dem Berliner Unternehmen Granger & Hyan einschlägige Erfahrungen beim Aufbau von Wasserwerken in sechs größeren deutschen Städten wie Neustadt / Magdeburg, Essen, Wiesbaden, Posen, Schweidung[208] und Leipzig gesammelt habe. Auch sein Teilhaber habe am Aufbau von mindestens sechs Wasserwerken mitgewirkt.[209] Eine Anfrage der Oldenburger Behörde bei einigen der genannten Stadtverwaltungen und bei der Berliner Firma ergab jedoch, dass Corvin im Zusammenhang mit dem Bau von Wasserwerken gar nicht bekannt war.[210] Daraufhin erhielt

[208] Vermutlich Schweidnitz, Schlesien oder Schweinfurt, Bayern.
[209] Vertragsentwurf von Corvin vom 7.5.1872, StAO, Best. 262-1 A Nr. 2254.
[210] Schreiben aus Neustadt/Magdeburg vom 18.6.1872; aus Leipzig vom 2.7.1872, ebd.

der vermeintliche Oberingenieur eine Absage mit der Begründung, dass die geplante Brunnenanlage in der Sonnenstraße weder eine ausreichende Qualität noch Quantität an Trinkwasser für die Bevölkerung gewährleiste.[211]

Aus Bremen kam ein weiteres Angebot. Die Firma Wolterskorff & Schultze bot der Residenzstadt an, eine zentrale Trinkwasserversorgung zu errichten. Da sie zur selben Zeit in Bremen beim Bau des dortigen zentralen Flusswasserwerks (1869-1873) beteiligt war, versicherte sie, dass „die meisten Constructionen zur practischen Verwendung" auch in Oldenburg kommen könnten. Als Standort für das Wasserwerk war die Peterstraße in der Nähe der Brauerei Ehlers vorgesehen.[212] Die Antragsteller hatten zwei Wasserquellen in der Peterstraße untersuchen lassen und als Anlage die Ergebnisse beigefügt, die dem Wasser eine gute Qualität bescheinigten.[213]

Die Bremer Firma beantragte die Erteilung der Konzession und die Genehmigung zur Bildung einer Aktiengesellschaft und regte an, eine Kommission zu bilden, die aus Sachverständigen aus den eigenen Reihen sowie aus Oldenburger Experten bestehen sollte.[214] Der Magistrat äußerte in seinem Antwortschreiben zwar seine Bedenken gegen das Projekt insbesondere im Hinblick auf die Qualität und die Quantität der Brunnen an der Peterstraße, empfahl dem Unternehmen gleichwohl, sich mit den Ratsherren Wiencken und Fortmann über das geplante Projekt zu beraten.[215]

Die Verhandlungen verliefen jedoch ergebnislos, weil Wiencken eine Wasserleitung nicht für erforderlich hielt und seine ablehnende Haltung von den Bremer Vertretern gegenüber Fortmann zynisch kommentiert wurde.[216] Daufhin weigerte sich Fortmann, mit der Firma weiterhin zu verhandeln, und forderte sie auf, „weitere Mittheilungen gefälligst schriftlich dem hiesigen Stadtmagistrat zugehen zu lassen".[217] Nach mehrjähriger Pause setzten sich Magistrat und Stadtrat erneut mit dem Plan einer zentralen Wasserver- und -entsorgung auseinander. 1877 bot der Geheime Baurat Henoch aus Gotha den Oldenburgern an, zusammen mit einigen großen Bankhäusern auf eigene Rechnung ein Wasserwerk zu bauen und zu betreiben. Auf Wunsch der Stadt sei es auch möglich, die Anlage privatwirtschaftlich unter vorher festgelegten Bedingungen befristet zu betreiben, bis die Stadt das Werk erwerben und in eigener Regie weiterführen wolle. Als Referenz gab Henoch an, dass Wasserwerke nach seinen Plänen und unter seiner Mitarbeit in Plauen, Altenburg, Danzig, Erfurt, Gotha, Apolda etc. gebaut worden seien.[218] Für seinen Entwurf des Wasserwerks in Erfurt habe er 1876 auf der internationalen Ausstellung für Gesundheitspflege und Rettungswesen in Brüssel eine Auszeichnung erhalten.[219]

Der Magistrat sah in dem Projektvorschlag ein überzeugendes Angebot und lud Henoch nach Oldenburg ein, um Einzelheiten mit ihm zu beraten.[220] Bereits am 18. Dezember berichtete Henoch in einer öffentlichen Sitzung des Magistrats und des Stadtrats über seine Projektideen, nachdem er sich über die örtlichen Verhältnisse näher informiert hatte. Er stellte drei Entwürfe vor:

1. Zur Versorgung der Bevölkerung mit Trink- und Wirtschaftswasser sowie zum Reinigen der Straßen und für Feuerlöschzwecke sollte eine Wasserleitung vom Hoyer'schen Brunnen in Donnerschwee in die Stadt geführt werden. Von den geschätzten Kosten in Höhe von 450.000 Mark würde er selbst 300.000 Mark übernehmen.
2. Sollte die Bewässerungsanlage jedoch nur zum Reinigen der Straßen und zum Feuerlöschen dienen, empfahl er die

---

211 Stadtmagistrat an Corvin vom 15.11.1872, ebd.
212 Antrag Wolterskorff & Schultze an Stadtmagistrat vom 9.10.1872, ebd.
213 Bericht von Kelp über die Wasserqualität vom 1.10.1872, ebd.
214 Antrag Wolterskorff & Schultze an Stadtmagistrat vom 9.10.1872, ebd.
215 Stadtmagistrat an Wolterskorff & Schultze vom 23.10.1872, ebd.
216 Wolterskorff & Schultze an Fortmann vom 1.11.1872, ebd.
217 Fortmann an Wolterskorff & Schultze vom 2.11.1872, ebd.
218 Henoch an Stadtmagistrat vom 2.11.1877, StAO, Best. 262-1 A Nr. 2255.
219 Henoch an den Stadtmagistrat vom 21.12.1878, ebd.
220 Stadtmagistrat an Henoch vom 10. und 30.11.1877, ebd.

Verwendung von Flusswasser. Als Standort für die Pumpe sollte die Oberhunte bzw. die große Wassermühle dienen. Die Anlage, deren Kosten er auf 225.000 bis 240.000 Mark schätzte, würde er vollständig auf eigene Rechnung erstellen.
3. Vordringlich sei in Oldenburg jedoch eine Kanalisation anstatt einer zentralen Wasserversorgung. Henoch schlug vor, die Stadt in vier Ableitungsgebiete zu teilen und in jedem Gebiet eine separate Anlage zu installieren. Am wichtigsten sei die Entwässerung des Gebietes zwischen Ofener Straße und Alexanderweg. Er bot an, die Investitionskosten, die er auf 320.000 Mark kalkulierte, auf seine Rechnung zu übernehmen.

Nach einer ausführlichen Debatte in der Ratssitzung erhielt der Baurat aus Gotha den Auftrag, je einen detaillierten Entwurf für das Wasserwerk in Donnerschwee und für die Entwässerungsanlage in der Stadt auszuarbeiten. Eine Wasserleitung zur Straßenreinigung und zu Feuerlöschzwecken hielt der Rat nicht für dringend erforderlich. Die Stadt ihrerseits verpflichtete sich zur Übernahme der ausgehandelten Gebühren für die Expertise.[221]

Am 30. März 1878 legte Henoch einen ausführlichen Projektplan für die Wasserver- und Entsorgung vor. In diesem Zusammenhang wird jedoch nur die Trinkwasserversorgung erörtert. Der Ingenieur bot eine zukunftsweisende Lösung an, d.h. die Anlage sollte modular und damit erweiterungsfähig ausgebaut und dem Wachstum der Stadt angepasst werden. Er schätzte, dass innerhalb von 25 Jahren der Umfang der Stadt um 25 Prozent zunehmen, die Zahl der Einwohner bis zum Beginn des 20. Jahrhunderts also von 17.000 auf 22.000 Personen steigen würde. Den größten Bedarf an Leitungswasser vermutete er in Neubaugebieten, weil in diesen Haushalten die Bequemlichkeit einer Wasserleitung eine immer größere Rolle spielen würde. Insgesamt schätzte er den Wasserbedarf zum Waschen und Reinigen als gering ein, nicht zuletzt weil die Oldenburger dafür traditionell Regenwasser verwendeten und sich das Verhalten nicht so schnell verändern würde. Weil sich Fluss- und Brunnenwasser leicht erschließen ließen, sei auch keine große Nachfrage von Gewerbebetrieben zu erwarten. In der Hauptsache sah Henoch den Bedarf an Leitungswasser im häuslichen Bereich „zum Trinken, Kochen, Baden und zum Säubern der Höfe und Bewässern der Hausgärten, zum Tränken und Reinigen der Pferde und anderer Haustiere, zum Waschen und Reinigen der Wagen".

Auch das Kleingewerbe würde vor allem aus Gründen der Bequemlichkeit das Leitungswasser in Anspruch nehmen, so dass insgesamt etwa 40 Liter pro Kopf und Tag benötigt würden. Für Luxusbedarf, der in Mittelstädten stets sehr gering sei, berechnete Henoch 10 Liter pro Kopf und Tag. Den Wasserbedarf für die Straßenspülung, Unterhaltung der öffentlichen Anlagen und zu Feuerlöschzwecken kalkulierte er auf 30 Liter pro Kopf und Tag. Den Gesamtbedarf bezifferte er auf 80 Liter pro Tag. Entsprechend seiner Berechnungen sollten 15 Brunnen im Abstand von 30 Metern gebohrt werden, und um in der ganzen Stadt einen ausreichenden Wasserdruck zu erhalten, sollte die Höhe des Wasserturms 33 Meter betragen.[222]

Henoch befürwortete in seinem Entwurf die Grundwasserversorgung. Diese Wasserbezugsquelle war unter den Zeitgenossen jedoch heftig umstritten. Vor allem Ingenieure und Techniker lehnten die Grundwasserversorgung ab, weil sich die Quantitäten der unterirdischen Wasserströme nicht berechnen ließen und deshalb bei zunehmendem Wasserbedarf der Städte die Quellen schnell versiegen könnten. Auch Chemiker beanstandeten die Grundwasserversorgung, insbesondere wenn die Brunnen in dicht besiedelten Gebieten lagen. Diese Gruppe plädierte für die Trinkwasserversorgung mit Flusswasser, nicht zuletzt weil zahlreiche Städte mangels Alternativen darauf angewiesen waren. Voraussetzung war jedoch, dass das Wasser wegen der gesundheitswidrigen Einleitungen vorher gereinigt wurde. Um die Qualität des Flusswassers zu verbessern, wenn es als Trinkwasser verwendet werden sollte, waren in England mit der Sandfiltration gute Ergebnisse erzielt worden, und auch in Deutschland wurde diese Technik in vielen Städten bereits eingesetzt.

221 Protokoll der Magistrats- und Stadtratssitzung am 18.12.1877, ebd.
222 Gutachten von Henoch zur zentralen Wasserversorgung in Oldenburg, 30.3.1878, StAO, Best. 262-1 A Nr. 2259.

Aus hygienischer Sicht äußerten die Gegner der Flusswasserversorgung, dass aufgrund der Verunreinigungen durch Ableitungen der Städte, Bergwerke und Fabriken Flusswasser in chemischer Beziehung niemals ein geeignetes Trinkwasser sein könne. Als besonders gutes Trinkwasser galt unter den Hygienikern Quellwasser, das jedoch in Deutschland nur in seltenen Fällen zur Verfügung stand. Der Deutsche Verein für öffentliche Gesundheitspflege hatte 1874 eine Resolution verabschiedet, derzufolge der Verwendung von Quellwasser für die Wasserversorgung absolute Priorität eingeräumt werden solle, nur wenn kein Quellwasser zur Verfügung stünde, sollte nach anderen Quellen – natürlichen oder künstlichen – gesucht werden.[223]

Die Diskussion über die Qualitätskriterien der Trinkwasserversorgung in den 1870er Jahren ließ noch viele Fragen offen, nicht zuletzt, weil sich technische und medizinische Positionen scheinbar unvereinbar gegenüberstanden. Als Grundlage für eine Entscheidung der Systemfrage, die schließlich in den Kommunen getroffen wurde, dienten jedoch in der Regel die örtlichen Gegebenheiten.

In Oldenburg favorisierte Henoch die natürliche Sandfiltration, und weil die Stadt in der günstigen Lage war, in Donnerschwee über natürliche Sandvorkommen und nach seiner Erkenntnis über eine ausreichende Menge an Grundwasser zu verfügen, regte er an, das Wasserwerk in der nur dünn besiedelten Vorortgemeinde zu bauen. Die Investitionskosten für die gesamte Anlage bezifferte der Ingenieur auf rund 560.000 Mark. Bei der Ermittlung der Rentabilität des Oldenburger Wasserwerks hatte er zum Vergleich sowohl andere Residenzstädte als auch die Entwicklung des Wasserwerks in Gotha herangezogen und kam zu dem Ergebnis, dass nach etwa 8 bis 10 Jahren Gewinne erzielt werden könnten.[224]

Die von Henoch vorlegten Pläne, Gutachten und Kostenanschläge für die Wasserversorgung in Oldenburg waren aus der Perspektive der Stadtverwaltung jedoch nicht gründlich genug durchdacht. Ihre Kritik richtete sich vor allem gegen den Standort der Wassergewinnung in Donnerschwee. Wie bei den Projektvorschlägen in den Jahren zuvor, bezweifelte der Magistrat auch diesmal wieder die ausreichende Qualität und Quantität des Wassers. Hinzu kam noch, dass nach Ansicht der städtischen Verwaltung der Wasserturm mit Pumpwerk und Reservoir „zu großartig und zu kostspielig projektiert" waren. Daher wurde das von Henoch konzipierte Projekt wieder verworfen. Darüber hinaus erklärte der Magistrat auch die Kanalisation „für undurchführbar".[225]

In der Folgezeit gingen zwei weitere Offerten bei der Stadtverwaltung ein. Sie wurden im Stadtmagistrat mit Interesse zur Kenntnis genommen und mit der Hoffnung verknüpft, dass nun endlich das Problem der Trinkwasserversorgung gelöst werde könne. Entsprechend äußerte sich die Verwaltung im Oldenburgischen Gemeinde-Blatt und betonte, dass die zentrale Wasserversorgung schon seit Jahren auf der Tagesordnung stehe und dass es zweifellos ein großes Bedürfnis in der Stadt gebe. Auf die entscheidende Frage jedoch, ob die Stadt selbst die Anlage bauen und betreiben solle oder ob dies einem Unternehmer überlassen bleiben und die Stadt sich nur das Recht des jederzeitigen Erwerbs sichern solle, gab es keine eindeutige Antwort.[226]

Stadtbaumeister Noack hatte sich in einem Gutachten entschieden gegen ein Privatunternehmen ausgesprochen, weil es zwangsläufig ein anderes Interesse habe als die Stadt. Zusätzlich befürchtete er andauernde Streitigkeiten, wenn künftig mit Wasserleitung, Kanalisation und Gasleitung dreierlei Rohrsysteme von drei verschiedenen Betreibern in der Stadt verlaufen und gewartet werden müssten. Stattdessen plädierte Noack dafür, dass die Stadt selbst ein Wasserwerk bauen und betreiben sollte.[227] Trotz der klaren Absage Noacks, Privatunternehmen mit der Wasserversorgung zu beauftragen,

[223] Grahn, Ernst: Ueber Quellwasser- und Flusswasserversorgung, Vortrag vom 4.6.1875, in: Grahn/Meyer: Reisebericht, S. 113ff.
[224] Gutachten von Henoch zur zentralen Wasserversorgung in Oldenburg, 30.3.1878, StAO, Best. 262-1 A Nr. 2259.
[225] Mitteilung des Oldenburger Magistrats an den Magistrat in Osnabrück vom 22.11.1880, StAO, Best. 262-1 A Nr. 2255.
[226] Anlage einer Wasserleitung, in: Gemeinde-Blatt 33, 1886, S. 43ff.
[227] Vertragsentwurf der Firma Koenig vom 28.10.1885 und Gutachten Noack vom 4.1.1886, in: Gemeinde-Blatt, 33, 1886, S. 60ff.

verhandelte der Stadtmagistrat mit dem Wasserwerksunternehmer König aus Köln, dessen Konzept wurde jedoch nach eingehender Prüfung als völlig indiskutabel zurückgewiesen. Einige Zeit später kam es dann zu konkreten Vertragsverhandlungen mit dem Wasserwerksdirektor Ludwig Disselhoff aus Hagen/Westfalen und dem Ingenieur Fritz Geck aus Münster, die zusammen bereits ein Wasserwerk in Remscheid betrieben. In dem Vertrag wurde der Stadt das Recht eingeräumt, das Wasserwerk nach sechsmonatiger Kündigungsfrist jederzeit auf eigene Rechnung zu übernehmen und zu betreiben. Auch in vielen anderen Punkten kam die Firma der Residenzstadt sehr weit entgegen, so dass die politischen Vertreter dem Vertrag am 19. Juni 1888 zustimmten und dem Privatunternehmen den Auftrag erteilten, in Oldenburg ein Wasserwerk zu errichten.[228] Die Umsetzung des Vertrages erfolgte jedoch nicht. Der Grund wurde erst später im Zusammenhang mit der Vertragsverhandlung mit einer anderen Wasserwerksgesellschaft bekannt:

> Der Vertrag mit Geck und Disselhoff war, wie später allseitig anerkannt wurde, für die beiden Unternehmer so ungünstig, dass trotz aller von ihnen aufgewandten Mühe nicht möglich gewesen ist, die für das Unternehmen erforderlichen Geldmittel zu beschaffen, da nach den Vertragsbedingungen eine Rente für das Anlagecapital ausgeschlossen erschien.[229]

Die Stadt zog daraus die Konsequenz, den Auftrag zum Bau einer zentralen Trinkwasserversorgung nur einem Unternehmen zu übertragen, das über ausreichendes Kapital verfügte und die Anlage selbst finanzieren konnte.[230]

Oldenburg erhält 1896 eine zentrale Wasserversorgung

In den 1870/80er Jahren hatten mehrere Wasserwerksfirmen Gesuche bei der Stadtverwaltung eingereicht und um die Konzession zum Aufbau und Betrieb eines Wasserwerks gebeten. Der Stadtrat hatte die Angebote vor allem deshalb abgewiesen, weil die Regierungsmitglieder sich nicht darauf verständigen konnten, ob das Wasserwerk in kommunaler Regie geführt oder einem Privatunternehmen übertragen werden sollte.

Die abwartende Haltung führte zu einer jahrelangen Stagnation auf dem Gebiet der Stadthygiene.[231] Entscheidungshilfe über die Einrichtung eines Wasserwerks leistete schließlich der Berliner Stadtbaumeister Dr. James Hobrecht, der sich auf dem Gebiet der Stadttechnik in Deutschland einen Namen erworben hatte. Unter anderem regte er an, ein Privatunternehmen mit dem Bau und Betrieb des Wasserwerks zu beauftragen.[232] Unmittelbar nach dem Vortrag von Hobrecht im April 1893 gingen erste Offerten von Firmen ein, die in Oldenburg ein Wasserwerk bauen wollten.[233] Die Stadtverwaltung informierte sich ihrerseits auch in anderen Städten über Wasserwerksanlagen und schon bald fokussierte sich der Blick auf ein Unternehmen.

Die Aktiengesellschaft „Wasserwerk für das nördliche westfälische Kohlenrevier zu Gelsenkirchen", ehemals Schalke, hatte bereits in zahlreichen Städten und Gemeinden des Ruhrgebiets und des Münsterlandes sowie in Norddeutschland, darunter in Emden und Leer, Wasserwerke gebaut.[234] Das Unternehmen entwickelte sich in den 1890er Jahren zum größten deutschen Wasserversorger. Sämtliche Werke ver

[228] Erste Lesung des Vertragsentwurfs im Stadtrat, 6.4.1888, sowie anschließende Änderungen, in: Gemeinde-Blatt 35, 1888, S. 98, 103f., 129ff., 133ff.; zweite Lesung, 19.6.1888, in: ebd., S. 181f.
[229] Stadtmagistrat an Stadtrat vom 27.8.1894, StAO, Best. 262-1 A Nr. 2258.
[230] Ebd.
[231] Ebd.
[232] Vortrag des Berliner Stadtbaurats Hobrecht in der Sitzung des Stadtrats, 4.4.1893, in: Gemeinde-Blatt 40, 1893, S. 41ff.
[233] Schreiben der Firma Lauchhamer, Groeditz in Sachsen, an den Magistrat, 10.2.1893; Schreiben der Firma Tebbelmann, Bremen, an den Magistrat, 3.7.1893, StAO, Best. 262-1 A Nr. 2258.
[234] Schreiben des Wasserwerks für das nördliche westfälische Kohlenrevier zu Schalke an Oberbürgermeister Roggemann vom 14.10.1893, ebd.

sorgten im Jahre 1897 insgesamt 104 Städte und Gemeinden mit 573.309 Einwohnern mit Wasser.[235]

Im Herbst 1893 begannen Verhandlungen in Oldenburg auf höchster Ebene, Oberbürgermeister Dr. Roggemann vertrat die Stadt und Vorstandsmitglied Max Schmitt die Gesellschaft. Ein Prinzip der AG war es, dass sich die Verträge mit den verschiedenen Kommunen in der Regel höchstens um Nuancen voneinander unterschieden.[236] Folglich war auf der einen Seite der Verhandlungsspielraum für die Residenzstadt sehr gering, um Bedenken und Sonderwünsche anzusprechen, sie wurden mit Verweis auf vorliegende Vorstandsbeschlüsse meistens zurückgewiesen. Auf der anderen Seite verfügte die Gesellschaft über hinlängliche Erfahrung, die für ein zügiges Verfahren bis zum Vertragsabschluss sorgte. Gleichwohl waren nach Aussage des Oberbürgermeisters die Verhandlungen durch eine positive Gesprächsatmosphäre geprägt.[237] Der Vertragsentwurf über die Anlegung einer Wasserleitung in Oldenburg wurde erstmals in der Sitzung des Magistrats, Stadtrats und Gesamtstadtrats am 25. September 1894 beraten und anschließend an eine Kommission verwiesen, bestehend aus fünf Mitgliedern des Stadtrats und Magistrats, die den Auftrag erhielt, die Vorlage zu prüfen.[238] Nachdem in erster Lesung am 14. Dezember 1894 der Entwurf mit einigen Änderungsvorschlägen angenommen wurde,[239] genehmigte der Stadtrat den Vertrag am 22. Januar 1895 schließlich in zweiter Lesung mit nur einer Gegenstimme.[240]

Die Aktiengesellschaft Wasserwerk für das nördliche westfälische Kohlenrevier zu Gelsenkirchen hatte sich für 30 Jahre das alleinige Recht gesichert, in Oldenburg ein Wasserwerk zu bauen und zu betreiben. Voraussetzung war, dass sie gutes und brauchbares Trinkwasser fand und das Wasserwerk drei Jahre nach Vertragsunterzeichnung betriebsbereit war. Zu den Vertragsbedingungen zählte außerdem, dass die Stadt nach Ablauf von 30 Jahren das Wasserwerk käuflich erwerben konnte. Der Vertrag verlängerte sich anschließend automatisch um weitere 10 Jahre, wenn er nicht ein Jahr vor Ablauf gekündigt wurde, nach 80 Jahren ging der Betrieb in den Besitz der Stadt über.

Auf Seiten der Verbraucher gab es für die Haushalte keine Anschlusspflicht an eine Wasserleitung. Das führte dazu, dass nur diejenigen einen Wasseranschluss beantragten, die es sich leisten konnten, denn die Gebührenregelung gewährte keinen finanziellen Nachlass für sozial schwache Familien. Für jeden Hausanschluss musste eine Gebühr von 15 Mark bezahlt werden, eine Ausnahme wurde lediglich in den ersten Wochen nach Inbetriebnahme des Wasserwerks gemacht. Zwischen dem 22. Juni und 5. September 1896 diente der gebührenfreie Anschluss als Lockmittel für die Konsumenten.[241] Für jedes Privathaus waren unabhängig von der Anzahl der Bewohner als Minimalbetrag monatlich 2 Mark zu entrichten, der neben 7 Kubikmetern Leitungswasser auch die Miete für den Wasserzähler enthielt. Der Preis für den Mehrverbrauch betrug pro Kubikmeter 20 Pfennig. Die Ermittlung der abgegebenen Wassermenge erfolgte mittels des obligatorisch installierten Wassermessers.[242] Die Stadt erhielt das Trinkwasser für Feuerlöschzwecke und für vier Feuerwehrübungen im Jahr kostenlos, außerdem übernahm die Gesellschaft die Kosten für Installation und Reparatur der Endhydranten.[243]

---

[235] Olmer, Beate: Wasser. Historisch. Zu Bedeutung und Belastung des Umweltmediums im Ruhrgebiet 1870-1930, Europäische Hochschulschriften, Reihe 3, Geschichte und ihre Hilfswissenschaften, Bd. 795, Frankfurt/M 1998, S. 301.

[236] Grahn, Ernst: Die städtische Wasserversorgung im Deutschen Reiche sowie in einigen Nachbarländern, Erster Band: Königreich Preußen, München/Leipzig 1898,

[237] Magistrat an Stadtrat vom 27.8.1894, StAO, Best. 262-1 A Nr. 2258. S. 249f.

[238] Sitzung des Magistrats, Stadtraths und Gesammtstadtraths, 25.9.1894, ebd.

[239] Sitzung des Magistrats, Stadtraths und Gesammtstadtraths, 14.12.1894, in: Gemeinde-Blatt 41, 1894, S. 195f.

[240] Protokoll der Sitzung des Magistrats, Stadtraths und Gesammtstadtraths, 22.1.1895, StAO, Best. 262-1 A Nr. 2257.

[241] Die Bedingungen für die Entnahme von Wasser aus dem Wasserwerk, in: Nachrichten, Nr. 146, 24.6.1896.

[242] Bedingungen für die Entnahme von Wasser aus dem Wasserwerk der Stadt Oldenburg. Anlage zum Vertrag zwischen dem Stadtmagistrat der Stadt Oldenburg mit Genehmigung des Stadtraths einerseits und der Actiengesellschaft: „Wasserwerk für das nördliche westfälische Kohlenrevier" zu Gelsenkirchen, StAO, Best. 262-1 A Nr. 2257.

[243] Vertrag zwischen dem Stadtmagistrat der Stadt Oldenburg mit Genehmigung des Stadtraths einerseits und der Actiengesellschaft: „Wasserwerk für das nördliche westfälische Kohlenrevier" zu Gelsenkirchen, ebd.

Die Kosten der übrigen Hydranten trug die Kommune.[244] Der städtische Schlachthof erhielt ebenfalls Sonderkonditionen, wegen des hohen Wasserbedarfs betrug der Wasserpreis nur die Hälfte des sonst üblichen Preises, also 10 Pfennig pro Kubikmeter.[245]

Nach dem erfolgreichen Vertragsabschluss begann die Gesellschaft mit der Suche nach einem geeigneten Trinkwasserreservoir und mit den Grunderwerbsverhandlungen. An verschiedenen Stellen in der Stadt und im Umland waren Versuchsbrunnen gebohrt und das Wasser durch beauftragte Sachverständige analysiert worden. Dabei hatten neuere Untersuchungen bestätigt, dass die Brunnen in der Nachbargemeinde Ohmstede wie schon zu Graf Anton Günthers Zeiten über die beste Wasserqualität und -quantität verfügten. Der Oldenburger Chemiker Struve bemerkte dazu:

> Im allgemeinen sprechen auch alle Befunde dafür, daß das Wasser einem reinen Untergrunde entstammt und ist anzunehmen, daß, wenn nicht etwa in der Nähe den Boden verunreinigende Anlagen entstehen, aus dem weiten sandigen Gebiete ungehörige Zuführungen nicht stattfinden werden. Die Tiefe der Brunnen bürgt ferner dafür, daß auch von oben Krankheitskeime nicht in das Wasser hineingelangen können.[246]

Die Gesellschaft erwarb im Jahre 1896 ein 6,5 Hektar großes Grundstück an der Donnerschweer Straße und errichtete dort ein Wasserwerk mit Kessel- und Maschinenhaus, einen rund 50 Meter hohen Wasserturm und ein Wohngebäude.[247]

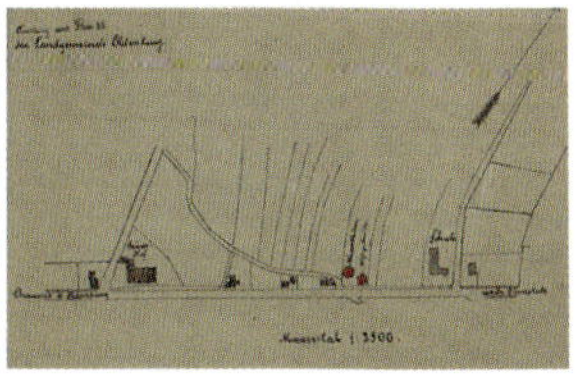

45 Situationsplan des Wasserwerks an der heutigen Donnerschweer Straße. StAO, Best. 262-1 Nr. 2257.

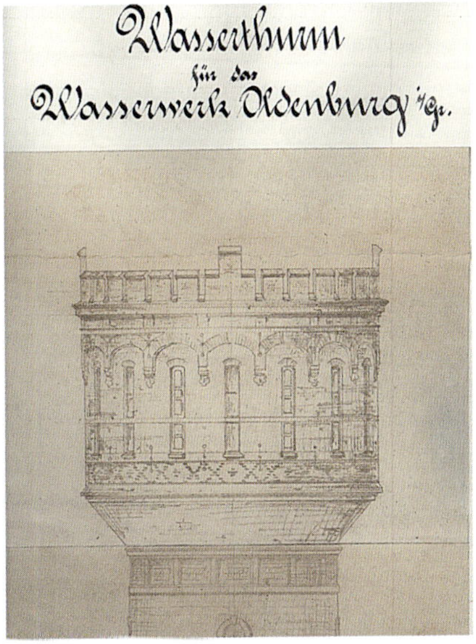

***46** Detail aus der Bauzeichnung des Wasserturms für das Wasserwerk in Oldenburg 1896. StAO, Best. 262-1 Nr. 2257*

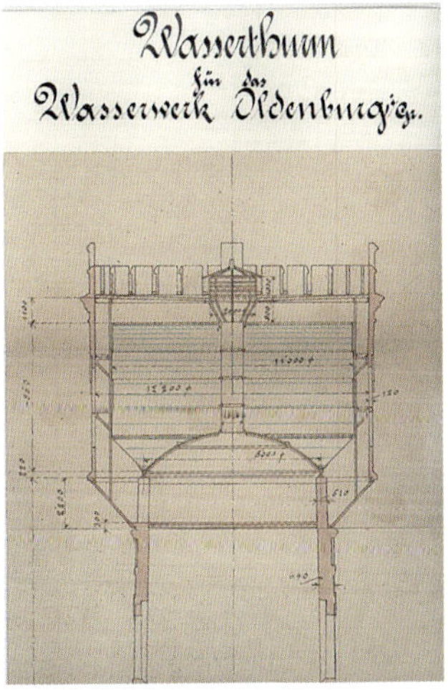

***47** Schnitt durch den Hochbehälter im Wasserturm 1896. StAO, Best. 262-1 Nr. 2257*

244 Magistrat an Stadtrat, 13.5.1896, ebd.
245 Wasserwerksgesellschaft an Oberbürgermeister Roggemann, 13.1.1897, ebd.
246 Schreiben des Chemikers Struve an den Stadtmagistrat, 2.3.1896, ebd.
247 Baugesuch der Wasserwerksgesellschaft sowie Beschreibung des Wasserturms, des Kessel- und Maschinenhauses und des Wohnhauses an der Donnerschweerstraße, Mitte Mai und 15.6.1896, ebd.

Schon nach wenigen Monaten Bauzeit konnte die Anlage im November 1896 in Betrieb genommen werden. Neben zahlreichen Privathäusern erhielten auch öffentliche Gebäude wie das Rathaus, die Feuerwehr, der Schlachthof sowie acht Schulen einen Anschluss an das Wassernetz.[248]

Zur Wasserförderung waren auf dem Gelände elf Brunnen mit durchschnittlich 20 Metern Tiefe gebohrt worden. Aus tieferen Schichten konnte kein Wasser gefördert werden, weil es dann brackig wurde.[249] Unmittelbar nach Inbetriebnahme der Werksanlage zeigten sich jedoch erhebliche Probleme mit der Wasserqualität. Der Eisengehalt des Trinkwassers war in einigen Brunnen unverhältnismäßig hoch. Während in fünf Pumpstationen der Eisengehalt zwischen 0,2 und 0,8 Milligramm pro Liter, wurden in zwei anderen Brunnen 1,2 bzw. 1,6 Milligramm/Liter gemessen. Die beiden am höchsten belasteten Brunnen enthielten 2,4 bzw. 7,2 Milligramm Eisen, sie wurden von der Verwaltung des Wasserwerks daraufhin sofort außer Betrieb gesetzt.[250]

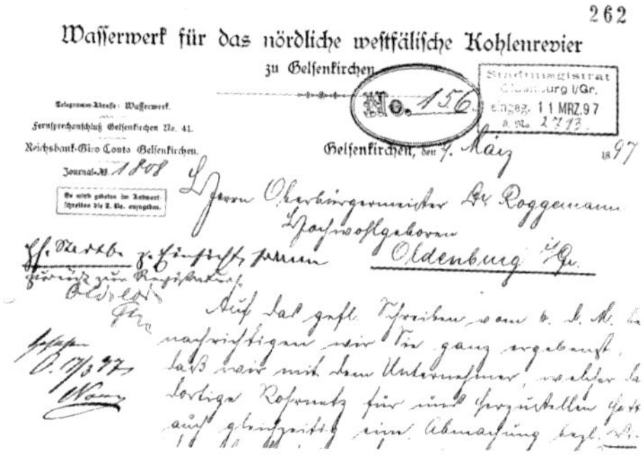
262

Wasserwerk für das nördliche westfälische Kohlenrevier
zu Gelsenkirchen

No. 156

Stadtmagistrat Oldenburg i/Gr. eingeg. 11 MRZ. 97

Telegramm-Adresse: Wasserwerk.
Fernsprechanschluß Gelsenkirchen Nr. 41.
Reichsbank-Giro Conto Gelsenkirchen.
Journal-№ 1808

Es wird gebeten im Antwortschreiben die J. No. anzugeben.

Gelsenkirchen, den 9. März 1897

Herrn Oberbürgermeister Dr. Roggemann
Hochwohlgeboren
Oldenburg i/Gr.

48 *Briefkopf „Wasserwerk für das nördliche westfälische Kohlenrevier zu Gelsenkirchen". Schreiben vom 9.3.1897 an den Oldenburger Oberbürgermeister Dr. Dietrich Gerhard Roggemann. StAO, Best. 262-1 A Nr. 2257.*

Eisenhaltiges Grundwasser bildete in Oldenburg keine Ausnahme, vielmehr war der Boden der norddeutschen Tiefebene reich an Eisenbeimengungen, die in Verwitterungsprodukten vieler Gesteinsarten und in tonigen Sedimenten zu finden waren und unter anderem als Rot-, Braun- oder Schwefeleisen vorkamen sowie als huminsaures Eisen oder als Eisensulfat. Je höher der Anteil des Eisens im Wasser, desto stärker zeigten sich Trübungen und Ausflockungen.[251]

Ein Eisengehalt unter 0,1 Milligramm/Liter im Trinkwasser galt aus der Sicht der Mediziner als unbedenklich, stieg der Anteil jedoch auf 1,0 Milligramm/Liter, schädigte das Wasser die Gesundheit und schränkte die tägliche Verwendung sehr stark ein. Das Wasser schmeckte nach Tinte und färbte sich bräunlich. Gegen das Überschreiten der Grenzwerte wurden seitens des Mediziners Kruse vom Hygienischen Institut der Universität Göttingen vor allem gesundheitliche Bedenken geltend gemacht:

> Die Verfärbung wirkt unappetitlich, der Geschmack stört, Farbe und Aroma der mit derartigem Wasser zubereiteten Speisen werden ungünstig beeinflußt. Beim Waschen wird die Wäsche gelb, und es treten die gefürchteten Rostflecke auf. Papierfabriken, Brauereien, Glacélederfabriken, Stärkefabriken, Molkereien und alle Nahrungsmittelfabriken können ein eisenhaltiges Wasser überhaupt nicht verwenden.
> Eisenhaltiges Wasser führt bei längerem Genuß zu einer gelblichen Verfärbung der Zähne und soll in der Wachstumszeit Zwergwuchs, Gelenkveränderungen und Ablagerungen in Leber, Milz und Knochenmark bewirken. [...] Lediglich eine Enteisenung durch Entzug des Eisenbikarbonats aus dem Wasser hilft auf Dauer. Wasser mit einem Eisengehalt von über 0,3 mg/l muß daher vor seiner Verwendung enteisenet werden.[252]

Wegen des Eisengehalts galt die Verwendung von Grundwasser bis zu Beginn der 1890er Jahre für die zentrale Wasserversorgung als ungeeignet. Nachdem jedoch die technischen

[248] Hoffmann, Gerd: 100 Jahre Trinkwasserversorgung in Oldenburg, in: Daniel, Horst/Belling, Reimund/Hoffmann, Gerd: Verkehr und Wasser in Oldenburg. Zur Geschichte der Verkehr und Wasser GmbH, Oldenburg 1996, S. 87.

[249] Wichmann, Oskar: Die Gas- und Wasserwerke der Stadt Oldenburg i. Gr. [Vortrag], in: Niedersächsischer Verein von Gas- und Wasserfachmännern (Hg.): Bericht über die 7. Jahresversammlung in Oldenburg i. Gr., 11.-13.9.1905, vom, München 1905, S. 35.

[250] Struve an Stadtmagistrat, 3.2.1897, StAO, Best. 262-1 A Nr. 2257.

[251] Kruse, Heinrich: Wasser. Darstellung seiner chemischen, hygienischen, medizinischen und technischen Probleme, Hannover 1949, S. 131.

[252] Ebd.

Möglichkeiten der Enteisenung sich verbessert hatten und der Gebrauch von Flusswasser, nicht zuletzt nach den Erfahrungen der Hamburger Choleraepidemie, immer nachdrücklicher von Hygienikern, Biologen und Medizinern in Frage gestellt worden war, gewann die Grundwassergewinnung an Bedeutung. Außerdem war von den Technikern die Wirksamkeit von Filteranlagen für Flusswasser noch immer nicht eindeutig nachgewiesen worden. Der Bakteriologe Robert Koch plädierte für die Wasserversorgung mit Grundwasser:

> Das Grundwasser giebt uns in Bezug auf Infectionsgefahr absolute Sicherheit und es sollte deswegen, wenn es nur in genügender Menge zu beschaffen ist und nicht etwa wegen chemischer Eigenschaften, z. B. wegen zu grosser Härte oder zu bedeutenden Gehalts an Chloriden beanstandet werden muss, dem Oberflächenwasser unter allen Umständen vorgezogen werden.[253]

Beträchtliche technische Schwierigkeiten hatte die Oldenburger Wasserwerksgesellschaft auch damit, den Sand aus dem Grundwasser herauszufiltern, der im Donnerschweer Gewinnungsgebiet extrem feinkörnig war. Erst nach dem Einbau von Filterrohren und durch Kiesschüttungen gelang eine Verbesserung der Wasserqualität. Weil jedoch anfangs die Nachfrage nach Trinkwasser noch sehr gering war, kam es nicht zu Engpässen bei der Versorgung.[254]

Das Wasserwerk hatte im ersten Jahrzehnt seines Bestehens sowohl in technischer als auch in ökonomischer Hinsicht weitere Schwierigkeiten zu bewältigen, die die Entwicklung der Wasserversorgung in der Residenzstadt wesentlich beeinflussten. Zum einen nahm der Eisengehalt im Trinkwasser immer mehr zu, so dass eine Enteisenungsanlage eingebaut werden musste. Zum anderen war das geförderte Wasser bleilösend, was zur Folge hatte, dass giftige Stoffe aus den Bleirohren ins Trinkwasser gelangten. Deshalb wurde bei Neuanlagen das Verlegen von Bleiröhren verboten und in den Häusern durften nur noch verzinkte Eisenrohre verwendet werden. Dem Leitungswasser wurde außerdem noch Kalkspat beigemischt, jedoch blieb der Bleigehalt des Trinkwassers, insbesondere nach längerem Stehen, sehr hoch. Nach zwölf Stunden betrug der Bleigehalt 0,5 bis 0,6 Milligramm pro Liter, bei frischem Wasser waren es „nur" 0,06 Milligramm.[255] In ökonomischer Hinsicht zeichnete sich 1901/02 für das Unternehmen eine gravierende Veränderung ab, die im Zusammenhang mit der Typhusepidemie in Gelsenkirchen stand und auch Auswirkungen für das Oldenburger Wasserwerk hatte. In der Residenzstadt hatte die zentrale Wasserversorgung mit der herkömmlichen dezentralen Versorgung durch Brunnen und Pumpen nur noch gemein, dass beide Versorgungssysteme auf Grundwasserquellen basierten. Wesentliche Unterschiede waren jedoch die räumliche Trennung von Wassergewinnung und Wasserverbrauch, die regelmäßige Überprüfung der Wasserqualität durch staatliche Aufsichtsbehörden und vor allem das Fernhalten von Abfall- und Fäkaliengruben in der Nähe von Gewinnungsstellen.

Verseuchte Grundwasserbrunnen, die früher Erkrankungen wie Typhus, Ruhr oder Cholera ausgelöst hatten, gehörten der Vergangenheit an. Aber nach Einführung der zentralen Wasserversorgung drohte nun die Gefahr, dass unzureichend aufbereitetes und infiziertes Wasser über das Leitungsnetz in zahlreiche Haushalte gelangen und dadurch gleichzeitig sehr viele Menschen infizieren konnte.[256] Ein Indikator einer durch Leitungswasser verbreiteten Infektionskrankheit war, dass sich das Gebiet, „in dem die Erkrankungen erfolgten, mit dem Wasserversorgungsnetz" deckte. Die Typhusepidemie in Gelsenkirchen, die zwischen dem 25. August und 30. Oktober 1901 herrschte, war dafür ein Beispiel.[257]

---

253 Zit. nach: Olmer: Wasser, S. 297.
254 Verwaltung des Wasserwerks Oldenburg an den Oberbürgermeister, 12.2.1897, StAO, Best. 262-1 A Nr. 2257; ferner: Wichmann: Die Gas- und Wasserwerke der Stadt Oldenburg, S. 35.
255 Wichmann: Die Gas- und Wasserwerke der Stadt Oldenburg, S. 36.
256 Spitta, Oskar: Die Wasserversorgung, in: Wasser und Abwasser. Die Hygiene der Wasserversorgung und Abwasserbeseitigung, bearb. von Kolkwitz, R./Reichle, C./Schmidtmann, A. u. a., Leipzig 1911, S. 42ff.
257 Kruse: Wasser, S. 148.

Eine der größten Typhusepidemien in Deutschland war die, welche in Gelsenkirchen im Herbst 1901 auftrat (3231 Typhuserkrankungen mit etwa 350 Todesfällen). Die Ursache wurde in der unerlaubten, mittels Stichrohres ermöglichten Zumischung unfiltrierten Ruhrwassers zum Grundwasser gesehen, doch ist absolute Klarheit über die Gründe, welche zu der Katastrophe geführt haben, leider nicht erbracht.[258]

Gegen die Wasserwerksdirektoren Eugen Hegeler und Karl Pfudel sowie gegen den Ingenieur Max Schmitt wurde im Juli 1904 vor dem Essener Landgericht Anklage „aufgrund des Reichsgesetzes vom 14. Mai 1879, betreffend den Verkehr mit Nahrungsmitteln, Genußmitteln und Gebrauchsgegenständen erhoben". Im Verlauf der Gerichtsverhandlungen konnte Schmitt nachgewiesen werden, dass er während seiner Zeit als Direktor des Wasserwerks in Gelsenkirchen die Benutzung des Stichkanals zur Ruhr angeordnet hatte.

Den Beschuldigten wurde vorgeworfen, vorsätzlich Trinkwasser „derart hergestellt zu haben, daß der Genuß desselben die menschliche Gesundheit zu beschädigen geeignet ist"; und dieses verdorbene und verfälschte Trinkwasser „unter Verschweigung dieses Umstandes verkauft zu haben" „mit der Folge, daß durch die Handlung eine schwere Körperverletzung sowie der Tod von Menschen verursacht worden ist".

Aufgrund dieser Anklage drohte den Beschuldigten eine Zuchthausstrafe von fünf Jahren, das Gericht verurteilte sie jedoch am Ende wegen fahrlässiger Nahrungsmittelverfälschung „nur" zu einer Geldstrafe, weil die Ursache der Epidemie nicht mit Sicherheit nachgewiesen werden konnte.[259]

Die verantwortliche Gelsenkirchener Wasserwerksgesellschaft geriet unmittelbar nach dem Trinkwasserskandal in finanzielle Schwierigkeiten und musste kurzfristig einen Teil ihrer Wasserwerke verkaufen, darunter auch das Werk in Oldenburg. Auf der Hauptversammlung der Gesellschaft in Essen / Ruhr kündigte die Verwaltung des Wasserwerks für das nördliche westfälische Kohlenrevier den Verkauf der norddeutschen Werke an. Die Oldenburger Presse zitierte einen Bericht, der in der Kölner Zeitung erschienen war:

Wie die Verwaltung weiter mitteilte, haben die Städte Emden, Oldenburg und Leer Angebote auf die in ihrem Bezirke gelegenen Wasserwerke der Gesellschaft eingereicht, um dieselben zu erwerben, und zwar haben geboten Emden 1.000.000 Mark, Oldenburg 800.000 Mark und Leer 400.000 Mark. Die Verwaltung empfiehlt die Annahme der Angebote von Leer und Oldenburg und die Ablehnung des Angebots von Emden, unter gleichzeitiger Ermächtigung des Aufsichtsrats, mit Emden weiter zu verhandeln. Die Versammlung beschloß einstimmig und ohne Erörterung nach diesem Antrage, nachdem die Verwaltung erklärt hatte, daß sie für die aus dem Verkauf eingehenden Gelder in der Erweiterung ihrer Anlagen und ihres Rohrnetzes nutzbringende Verwendung habe.[260]

Die AG Wasserwerk für das nördliche westfälische Kohlenrevier zu Gelsenkirchen konnte in den folgenden Jahrzehnten ihre dominante Stellung in der Wasserversorgung behaupten, 1931 versorgte sie 82 Stadt- und Landgemeinden mit Wasser, das waren 22 Werke weniger als 1897.[261]

Das Wasserwerk ab 1902 unter städtischer Regie

Im März 1902 begannen die Kaufverhandlungen über das Oldenburger Wasserwerk und bereits am 25. April 1902 bewilligte der Stadtrat in zweiter Lesung den Ankauf der Anlage. Die Residenzstadt kaufte das Werk zum 1. Mai 1902 für den Betrag von rund 800.000 Mark.[262] Die Betriebsleitungen des Wasserwerks und des Gaswerks, das die Stadt bereits am

258 Spitta: Die Wasserversorgung, S. 41.
259 Olmer: Wasser, S. 303f.; ferner: Deutscher Verein von Gas- und Wasserfachmännern (Hg.): 100 Jahre, München 1959, S. 136.
260 Die Stadt hat das Wasserwerk gekauft, zitiert in: Nachrichten, Nr. 67, 20.3.1902.
261 Wasser und Gas 22, Nr. 1, 1. Oktober 1931, S. 12.
262 Sitzung des Magistrats, Gesammtstadtraths und Stadtraths am 11.3., 8.4., 25.4.1902, in: Gemeinde-Blatt 49, 1902, S. 59, 71f., 79.

1. Juli 1901 aus Privatbesitz erworben hatte, wurden zusammengeschlossen und für die Verwaltung der städtischen Gas- und Wasserwerke neue Statuten verabschiedet.[263] Chef dieser beiden kommunalen Versorgungseinrichtungen wurde Dipl.-Ing. Oskar Wichmann, der am 7. Oktober 1902 eine unbefristete Anstellung als Gas- und Wasserwerksdirektor erhielt.[264]

Als der Besitz des Wasserwerks von der privatwirtschaftlichen Gesellschaft auf die Stadt Oldenburg überging, begann die Pionierarbeit des kommunalen Wirtschaftsbetriebes. Galt es doch, das Unternehmen gleichermaßen nach betriebswirtschaftlichen Kriterien zu führen, die entsprechend dem technischen Fortschritt notwendigen Investitionen zu berücksichtigen, den wachsenden Anforderungen an die Hygiene der Stadt, der Straßen, der Wohnungen und schließlich vor allem der Menschen gerecht zu werden. Der anfangs noch langsame Ausbau des Versorgungsnetzes wurde in den Folgejahren, mit Ausnahme der Kriegs- und unmittelbaren Nachkriegszeit, forciert.

***49/50** Ansicht vom Kessel- und Pumpenhaus sowie Wasserturm, um 1914. Die Aufnahmen entstanden nach der Vergrößerung der Wasserwerksanlage, in: Hanomag-Nachrichten, Jg. 11, 8 (1915), S. 132f.*

Zu den ersten Maßnahmen des städtischen Wasserwerks gehörte eine Gebührensenkung. Eine Anschlussgebühr wurde nicht mehr erhoben und auch die Anschlussleitung an das Straßenrohr war fortan kostenfrei. Außerdem wurde eine Staffelung der Gebühren eingeführt. Bei Häusern mit einem Brandkassenwert unter 7 000 Mark betrugen der monatliche Mindestbetrag für 3 Kubikmeter Wasser und die Mietgebühr für den Zähler 1,20 Mark. Der herkömmliche Tarif blieb bestehen bei Häusern über 7 000 Mark Brandkassenwert, für den Monatsbetrag von 2 Mark konnten 7 Kubikmeter Wasser verbraucht werden. Der Preis für jeden Kubikmeter Mehrverbrauch blieb mit 20 Pfennig konstant.[265] Zu diesem Schritt sah sich das städtische Wasserwerk veranlasst, weil die Zahl der Wasseranschlüsse an Privathäuser nach einem anfänglichen Boom nur noch langsam anstieg. Anfang 1903 waren in dem Versorgungsgebiet mit insgesamt 36.000 Einwohnern erst 1 293 Häuser angeschlossen. Pro Kopf und Tag wurden in den angeschlossenen Häusern durchschnittlich 53,3 Liter Wasser verbraucht, jedoch bezogen auf das Versorgungsgebiet waren es nur 14,7 Liter pro Kopf und Tag. Die Ursache lag im mangelhaften Netzausbau, in vielen Straßen im Stadtgebiet und in den Vorortgemeinden waren noch keine Wasserleitungen verlegt worden. Zur Verbesserung der Versorgung vereinbarte die Stadt Oldenburg unmittelbar nach dem Erwerb des Wasserwerks den Ausbau des Netzes sowie langfristige Lieferverträge mit den Ortsgemeinden Osternburg, Eversten und Ohmstede. Im Stadtgebiet erhielten die Linden-, Hafen-, Efeu-, Elisabeth-, Adler- und Koppelstraße sowie Kastanienallee, Waffenplatz und Dammschanze Wasserleitungen. Gleichzeitig begann in Osternburg und Eversten der Ausbau des Wassernetzes. Infolgedessen erweiterte sich im ersten Betriebsjahr des kommunalen Wasserwerks das Rohrnetz von 37,7 Kilometer

263 Veröffentlichung der Statuten, 14.11.1903, in: Gemeinde-Blatt 50, 1903, S. 272ff.

264 Sitzung des Magistrats, Stadtrats und Gesamtstadtrats am 7.10.1902, in: Gemeinde-Blatt 49, 1902, S. 216; ferner: Geschäftsbericht des städtischen Wasserwerks 1908/09, in: Gemeinde-Blatt 54, 1909, S. 226.

265 Sitzung des Magistrats, Gesammtstadtraths und Stadtraths am 17.6.1902, in: Gemeinde-Blatt 49, 1902, S. 119f.

auf eine Gesamtlänge von rund 41 Kilometer und die Zahl der neuen Hausanschlüsse nahm um 152 zu.[266] Dieser Trend setzte sich auch in den folgenden Jahren fort. Im Durchschnitt kamen zwischen 1902 und 1912 jährlich 178 Wasseranschlüsse hinzu, so dass 1912 insgesamt 2 918 Häuser an das Wassernetz angeschlossen waren; das Rohrnetz hatte eine Gesamtlänge von rund 70 Kilometern erreicht. Auf dem Wasserwerksgelände wurde inzwischen aus 17 Brunnen der tägliche Bedarf an Trinkwasser geschöpft und im Wasserwerk aufbereitet.[267]

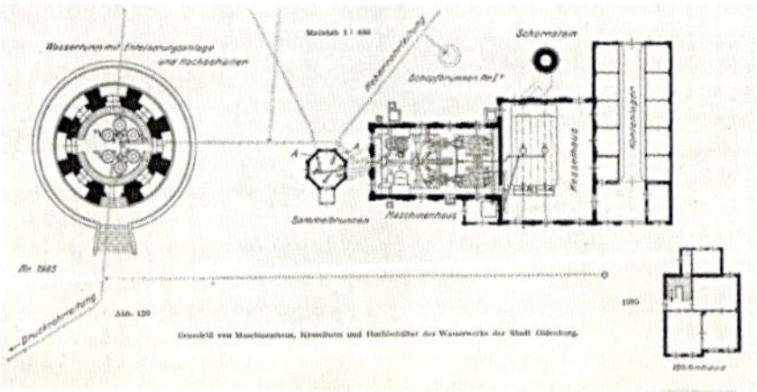

***51** Grundriss der Wasserwerksanlage 1914: Maschinen- und Kesselhaus sowie Wasserturm, in: ebd., S. 131.*

Der Verbrauch an Leitungswasser pro Kopf war im überregionalen Vergleich allerdings noch immer sehr niedrig. Nach einer statistischen Erhebung von 1905 in 50 deutschen Städten lag der Verbrauch im Durchschnitt bei 111,6 Litern täglich pro Kopf. Während der höchste Verbrauch in einer Stadt 332 Liter pro Kopf und Tag betrug, gab es lediglich zwei Städte, die weniger als 60 Liter täglich verbrauchten. Der Verbrauch in Oldenburg mit 18,45 Liter Wasser pro Kopf und Tag lag sogar noch wesentlich darunter. Als Hauptgrund für den auffallend geringen Wasserverbrauch nannte die Wasserwerksverwaltung,

> daß hier viele Straßen noch nicht mit Röhren belegt sind, daß gewerbliche Anlagen mit Wasserverbrauch hier fast ganz fehlen, daß ein großer Teil der angeschlossenen Häuser außer dem Leitungswasser noch Zisternen und Brunnen benutzt, und daß das Leitungswasser, von einzelnen Ausnahmen abgesehen, hier nicht zur Abortspülung benutzt wird.[268]

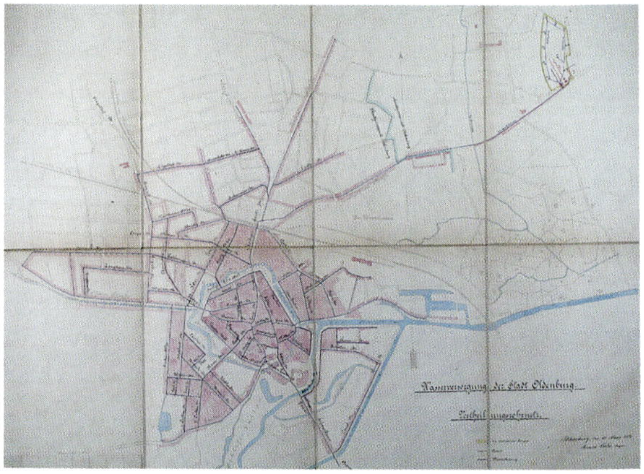

***52** Netzplan der Wasserversorgung vom 20.3.1896. StAO, Best. 262-1A Nr. 2257.*

Die unzureichende Versorgung der Bevölkerung mit Leitungswasser blieb nicht ohne gesundheitliche Folgen. Im Sommer und Herbst 1904 herrschte in den äußeren Stadtteilen und in den ländlichen Bezirken Oldenburgs, die noch nicht an das Wassernetz angeschlossen waren, infolge lang anhaltender Trockenheit Wassermangel. Zur selben Zeit registrierte der Amtsarzt Dr. Schlaeger zwischen Juni und Oktober 50 Typhusfälle, die in 32 Wohnhäusern auftraten.

Die meisten Erkrankten wohnten im Norden der Stadt, im Bereich Lamberti- und Nadorsterstraße sowie Melkbrink und Nedderend. Der Mediziner führte das vermehrte Auftreten der Typhuserkrankungen in diesem Gebiet auf die schlechte Bauhygiene zurück, insbesondere kritisierte er, dass jedes Haus über eine eigene Wasserversorgung und Entwässerung verfügte. So würden hinter dem Haus Brunnen, Dunggrube, Schweine- und Hühnerstall sehr dicht zusammen liegen, was zur Verseuchung des Bodens und des Brunnenwassers geführt habe. Er ordnete infolgedessen die Stilllegung der Brunnen an und forderte für dieses Gebiet eine umfassende Versorgung mit Leitungswasser sowie eine Bauordnung, die gesundes Bauen und Wohnen ermöglichte.[269] Obwohl bereits

266 Geschäftsbericht des städtischen Wasserwerks 1902/03, in: Gemeinde-Blatt 50, 1903, S. 222ff.
267 Geschäftsbericht des städtischen Wasserwerks 1911/12, StAO, Best. 262-1 A Nr. 2377.
268 Geschäftsbericht des städtischen Wasserwerks 1904/05, in: Gemeinde-Blatt 52, 1905, S. 219ff.
269 Auszug aus dem Halbjahresbericht des Amtsarztes Dr. Schlaeger, 1904, in: Gemeinde-Blatt 51, 1904, S. 266ff.

1896 einige Anlieger der Lambertistraße den Anschluss an die Wasserleitung gefordert hatten[270], wurden erst 1915 die ersten zehn Meter in der Straße verlegt. Der Ausbau der Leitungen am Melkbrink erfolgte zwischen 1905 und 1912 und am Nedderend schließlich ab 1913.[271]

Im Stadtgebiet war es üblich, dass die Erschließung einer Straße mit der Bebauung der Grundstücke in unmittelbarem Zusammenhang stand, je lückenhafter die Bebauung, desto unzureichender war die Infrastrukturversorgung. Das Missverhältnis der Versorgung mit Leitungswasser in der Stadt und im Stadtgebiet verdeutlichen folgende Zahlen: im Jahre 1906 betrug der Privatkonsum an Leitungswasser im Stadtzentrum insgesamt 224.077 Kubikmeter, während im Stadtgebiet nur 1 254 Kubikmeter nachgefragt wurden. Sogar die Vorortgemeinden waren besser versorgt: Eversten erhielt 4 004 Kubikmeter, Ohmstede 5 354 Kubikmeter und Osternburg 32.451 Kubikmeter. Der hohe Bedarf in Osternburg war hauptsächlich auf die Nachfrage der Glashütte zurückzuführen.[272] Im Verlauf der Jahre stieg zwar der Wasserbedarf insgesamt, die Verhältnisse in den jeweiligen Bezirken veränderten sich jedoch bis 1914 nicht: im Stadtzentrum waren insgesamt 2 650 Privathäuser angeschlossen, im Stadtgebiet verfügten 187 Konsumenten über einen Wasseranschluss, in Eversten erhielten 110, in Ohmstede 106 und in Osternburg 316 Privathäuser Leitungswasser.[273]

1913/14 umfasste das gesamte Versorgungsgebiet rund 6 000 Häuser, davon waren 3 369 an das Wassernetz angeschlossen. Damit verfügte mehr als die Hälfte der Wohngebäude über eine Wasserleitung.[274] Die nachstehende Liste zeigt den Verbrauch an Trinkwasser und die Erhöhung der Anschlussquote im Versorgungsgebiet in der Zeit von 1898 bis 1914. Die Angaben für 1898 bis 1902 liegen nur lückenhaft vor, weil das Wasserwerk während dieser Zeit noch von der Gelsenkirchener Wasserwerksgesellschaft betrieben wurde.

Jahr	Einwohnerzahl im Versorgungsgebiet	Durchschnittlicher Verbrauch pro Kopf und Tag nach Wassermessern	Angeschlossene Häuser	Zunahme Häuser
1898			738	
1899			888	105
1900			973	85
1901			1049	76
1902			1137	88
1903	34.000	13,70	1293	156
1904	34.000	15,75	1409	116
1905	35.500	18,46	1653	244
1906	36.000	19,98	1793	140
1907	37.000	20,51	1930	137
1908	38.500	21,83	2114	184
1909	38.500	24,16	2293	179
1910	43.100	26,19	2482	189
1911	43.100	26,31	2667	185
1912	43.100	30,30	2918	251
1913	43.100	30,28	3131	213
1914	43.100	34,30	3369	238

Wie aus der Tabelle ersichtlich ist, zeigen einige Jahre überdurchschnittliche Wachstumsraten, die verschiedene Ursachen hatten. Den wesentlichen Impuls gab das Wasserwerk selbst durch den Netzausbau. Zug um Zug wurden mittels eines engmaschigen Leitungsnetzes die Grundversorgung der Bürger sichergestellt und die dafür benötigten hohen Investitionssummen aus dem Betriebsüberschuss finanziert. In den ersten zehn Jahren unter städtischer Regie investierte das Wasserwerk für bauliche Maßnahmen über 520.000 Mark,

[270] Ein gutgemeintes Wort an alle Oldenburger, in: Nachrichten, Nr. 215, 12.9.1896.
[271] Geschäftsberichte des städtischen Wasserwerks 1903 bis 1917, in: Gemeinde-Blatt 1903 bis 1912; ferner: StAO, Best. 262-1 A Nr. 2377 und Nr. 2378.
[272] Geschäftsbericht des städtischen Wasserwerks für 1906/07, in: Gemeinde-Blatt 54, 1907, S. 175f.
[273] Geschäftsbericht des städtischen Wasserwerks für 1913/14, StAO, Best. 262-1 A Nr. 2378.
[274] Ebd.

in derselben Zeit dehnte sich das Wassernetz von knapp 41 Kilometern auf über 86 Kilometer aus und versorgte die Stadt und das Stadtgebiet sowie die Vororte Eversten, Osternburg und Ohmstede und außerdem das Kloster Blankenburg in der Gemeinde Holle mit Trinkwasser.[275] Trotz enormer finanzieller Anstrengungen blieben aber noch viele Straßen in den angrenzenden Stadtgebieten und Vororten unversorgt.

Durch die wachsende Ausdehnung des Versorgungsgebiets und die Zunahme der Bevölkerung erreichte das Wasserwerk schon bald die Grenzen seiner Leistungsfähigkeit, was eine Vergrößerung der Wasserwerksanlage erforderlich machte. Die Installation einer neuen Pumpmaschine im Jahr 1911, die mit der alten Pumpenanlage gekoppelt wurde, steigerte die Fördermenge von 60 Kubikmeter auf 132 Kubikmeter in der Stunde. Kernstück der Pumpstation zum Antrieb der Pumpen und zur Wasserbeförderung waren zwei Verbund-Dampfmaschinen. Überhitzter Dampf, der in der Kesselanlage erzeugt wurde, trieb die Dampfmaschinen an. Sukzessive wurde bis 1914 auch die Zahl der Röhrenbrunnen auf dem Wasserwerksgelände auf insgesamt 20 Stück erhöht.[276]

***53/54/55** Die Fotos zeigen die technischen Anlagen im Wasserwerk nach der Erweiterung des Werks, von o. n. u.: Dampfkesselanlage, Dampfmaschinen, Pumpenanlage, in: Hanomag-Nachrichten, S.134ff.*

Eine wichtige Rolle spielte außerdem das zunehmende Hygienebewusstsein, das das Verbraucherverhalten beeinflusste und die Nachfrage nach Anschlüssen forcierte. Der gebührenfreie Anschluss und die Preissenkung nach der Werksübernahme 1902 sorgten ebenso für eine erhöhte Nachfrage wie die 1907 erfolgte Genehmigung, Spültoiletten an die Kanalisation anzuschließen.

---

275 Auswertung der Geschäftsberichte des städtischen Wasserwerks 1903-1912, in: Gemeinde-Blatt 50-59, 1903-1912; ferner: Geschäftsberichte des städtischen Wasserwerks für 1913/14, StAO, Best. 262-1 A Nr. 2378.

276 Hanomag-Nachrichten, Sonderdruck, hg. von der Hannoverschen Maschinenbau-Actien-Gesellschaft, vorm. Georg Egestorff, Jg. 2, H. 8, August 1915, S. 130ff.; Geschäftsberichte des städtischen Wasserwerks für 1911/12, in: Gemeinde-Blatt 59, 1912, S. 211, ferner: Geschäftsbericht des städtischen Wasserwerks 1913/14, StAO, Best. 262-1 A Nr. 2378.

Besonders aufschlussreich sind Angaben über die Wasserabgabe an den einzelnen Wochentagen, die allerdings nur für die Jahre 1909 und 1910 vorliegen. Der hohe Verbrauch am Sonnabend macht deutlich, wozu das Wasser in den Haushaltungen verwendet wurde: sonnabends war Badetag. Und obwohl montags Waschtag war, lag hier der Verbrauch nicht besonders hoch. Dies führt zu der Annahme, dass damals in vielen Haushalten die Wäsche noch mit Wasser aus Brunnen oder Zisternen gewaschen wurde. Der Verbrauch des Wassers beschränkte sich jedoch nicht allein auf Privathaushalte, auch Handel, Handwerk und Industrie hatten einen erheblichen Wasserbedarf.

Die durchschnittliche Wasserabgabe in Kubikmetern an den Wochentagen bezifferte sich wie folgt:[277]

Tag	1909	1910
Montag	1299	1498
Dienstag	1306	1525
Mittwoch	1306	1502
Donnerstag	1281	1492
Freitag	1242	1510
Sonnabend	1508	1712
Sonntag	978	1096

Eine Nachfragesteigerung lösten auch die trockenen Sommer 1904 und 1911 aus. Weil die private Wasserversorgung infolge der Trockenzeit versagt hatte, entschlossen sich viele Oldenburger daraufhin zum Anschluss an das zentrale Wassernetz, vorausgesetzt, dass eine Wasserleitung in die Straße führte. Während 1904 infolge Wassermangels verschiedene Privatbrunnen entweder ausgetrocknet waren oder nur wenig und dann oft stark verseuchtes Wasser lieferten, so dass zahlreiche Typhuserkrankungen in der Stadt auftraten, musste 1911 sogar das Wasserwerk sparsam mit dem kostbaren Nass umgehen. Zu einer Einschränkung in der Wasserabgabe an die Konsumenten sei es jedoch nicht gekommen, hieß es im Geschäftsbericht für 1911/12:

> Nur während einiger weniger Stunden im Laufe dieser Hitzeperiode war, durch Störungen an den alten Pumpenmaschinen, der Wasservorrat im Behälter so gering geworden, dass der Druck nicht mehr ausreichte, die oberen Stockwerke der Häuser mit Wasser zu versorgen.[278]

Den größten Bedarf an Trinkwasser hatten Privathaushalte, Handel, Gewerbe und Industrie. 1903 wurden 84,77 Prozent der Gesamtfördermenge an Private abgegeben, der Rest fand Verwendung für städtische Zwecke: zum Straßensprengen, Kanalspülen und für den Selbstverbrauch. Nach der Installation der Enteisenungsanlage 1905 und der Ausdehnung des Rohrnetzes erhöhte sich der Verbrauch im Wasserwerk jedoch gravierend, weil die Anlagen regelmäßig gespült werden mussten. 1910 betrug der Anteil für Private noch rund 68 Prozent, und von den restlichen 32 Prozent der geförderten Wassermenge wurde etwas mehr als die Hälfte für öffentliche Zwecke und der kleinere Teil für den Selbstverbrauch benutzt.[279]

Der systematische Ausbau des Versorgungsnetzes wurde im Ersten Weltkrieg unterbrochen und setzte erst 1924, nachdem die wirtschaftliche Situation sich langsam wieder stabilisiert hatte, in nennenswertem Umfang wieder ein. Infolge der Materialknappheit während des Krieges und des Geldmangels in der unmittelbaren Nachkriegszeit betrug die Verlängerung der Rohrleitungen in der Zeit zwischen 1915 und 1924 durchschnittlich 0,6 Kilometer pro Jahr, so dass die Gesamtlänge von 87,6 Kilometern auf „nur" 93,1 Kilometer stieg. Zur selben Zeit sank auch die Nachfrage, und es kamen lediglich 732 Neuanschlüsse hinzu.[280] Nach Jahren der Stagnation verbesserten sich jedoch in der zweiten Hälfte der 1920er Jahre die Bedingungen für die Konsumenten wieder. Alle Anstrengungen der Werksleitung galten der Steigerung der Wasserförderung, jede Siedlung, auch entfernt liegende, sollte mit

277 Geschäftsberichte des städtischen Wasserwerks für 1908-1910, in: Gemeinde-Blatt 56/57, 1909/1910, S. 217f. und S. 210.
278 Geschäftsbericht des städtischen Wasserwerks 1911/12, StAO, Best. 262-1 A Nr. 2377.
279 Geschäftsbericht des städtischen Wasserwerks 1910/11, in: Gemeinde-Blatt 57, 1910, S. 211.
280 Auswertung der Geschäftsberichte des städtischen Wasserwerks von 1914/15 bis 1923/24, StAO, Best. 262-1 A Nr. 2378-2375.

einwandfreiem und ausreichendem Wasser versorgt werden. Von 1924 bis 1929 kamen mehr als 1000 neue Anschlüsse hinzu, so dass im Versorgungsgebiet schließlich 5431 Häuser über einen Wasseranschluss verfügten. Auch das Rohrnetz war erheblich ausgebaut worden und hatte eine Länge von 114,4 Kilometer erreicht.[281]

Dass das städtische Wasserwerk der Verbesserung der wasserwirtschaftlichen Infrastruktur große Bedeutung zumaß, zeigte sich unter anderem daran, dass die erwirtschafteten Betriebsüberschüsse vor allem in den technischen Ausbau investiert wurden. Die Verlängerung der Rohrleitung ab 1924 führte auf der einen Seite zur einem Nachfrageboom, hatte aber auf der anderen Seite zur Folge, dass das Werk den wachsenden Bedarf an Trinkwasser kaum noch befriedigen konnte und es zu Lieferengpässen kam. 1926/27 entschloss sich deshalb die Betriebsleitung, die Wassergewinnungsanlagen auszubauen, um die Fördermenge zu erhöhen. Auf der Wasserwerksanlage entstanden ein neuer Sammelbrunnen und ein Ausgleichbehälter. Trotz des Ausbaus war im trockenen Sommer 1928 die Versorgung der Bevölkerung mit Trinkwasser unzureichend. Es zeigte sich, dass in der Stadt und im Stadtgebiet die Nachfragesteigerung ohne einschränkende Maßnahmen beim Wasserverbrauch befriedigt werden konnte, aber in den weiter entfernt liegenden Stadtteilen war der Wasserdruck zeitweilig so schlecht, dass die Versorgung hier nur leidlich funktionierte. Offensichtlich war die Anlage schon in der Planungsphase zu klein projektiert worden.[282]

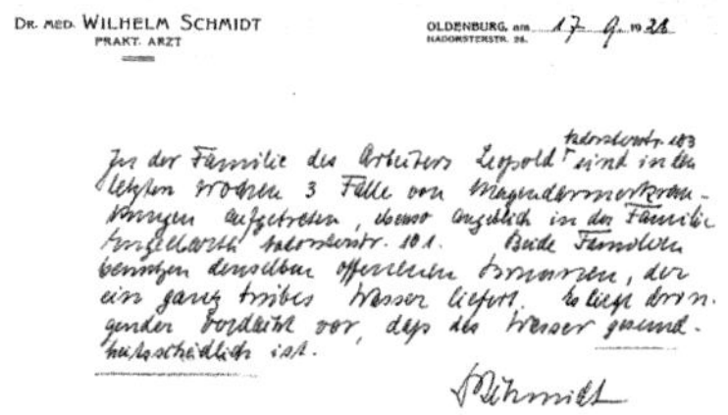
Dr. med. Wilhelm Schmidt
prakt. Arzt

Oldenburg, am 17. 9. 1928
Nadorsterstr. 24.

In der Familie des Arbeiters Leopold [Nadorsterstr. 183] sind in den letzten Wochen 3 Fälle von Magendarmerkrankungen aufgetreten, ebenso angeblich in der Familie [illegible] Nadorsterstr. 101. Beide Familien benutzen denselben öffentlichen Brunnen, der ein ganz trübes Wasser liefert. Es liegt dringender Verdacht vor, daß das Wasser gesundheitsschädlich ist.

Schmidt

56 *Schreiben des Mediziners Schmidt an das Polizeiamt, dass die Erkrankung in zwei Familien an der Nadorsterstraße auf die schlechte Wasserqualität des öffentlichen Brunnens zurückzuführen ist, 17. September 1928. StAO, Best. 262-1b Nr. 55.*

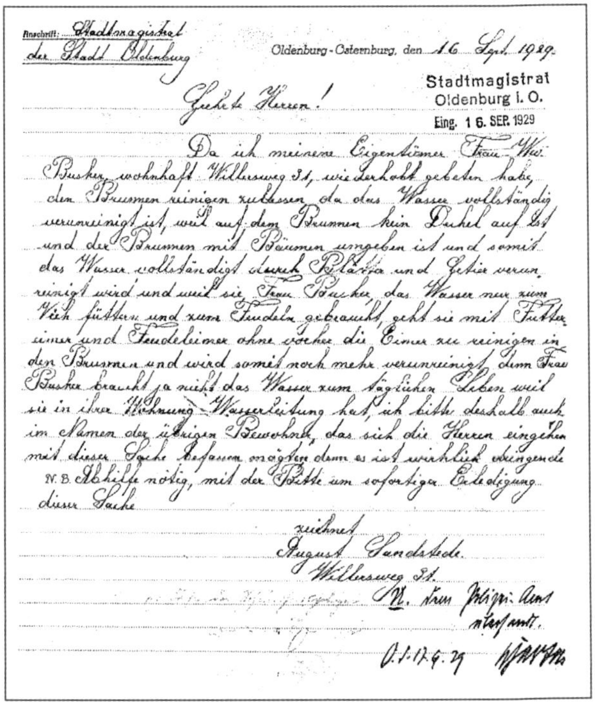
Anschrift: Stadtmagistrat der Stadt Oldenburg

Oldenburg-Osternburg, den 16. Sept. 1929.

Stadtmagistrat Oldenburg i. O.
Eing. 16. SEP. 1929

Geehrte Herren!

Da ich meinen Eigentümer Frau Wwe. Busker, wohnhaft Willersweg 31, wiederholt gebeten habe, den Brunnen reinigen zulassen, da das Wasser vollständig verunreinigt ist, weil auf dem Brunnen kein Deckel auf ist und der Brunnen mit Bäumen umgeben ist und somit das Wasser vollständigt durch Blätter und Getier verunreinigt wird und weil sie, Frau Busker, das Wasser nur zum Vieh füttern und zum Feudeln gebraucht, geht sie mit Futtereimer und Feudeleimer ohne vorher die Eimer zu reinigen in den Brunnen und wird somit noch mehr verunreinigt, denn Frau Busker braucht ja nicht das Wasser zum täglichen Leben weil sie in ihrer Wohnung Wasserleitung hat, ich bitte deshalb auch im Namen der übrigen Bewohner, das sich die Herren eingehen mit dieser Sache befassen mögten denn es ist wirklich dringende Abhilfe nötig, mit der Bitte um sofortiger Erledigung dieser Sache

N. B.

zeichnet
August Sandstede.
Willersweg 31.

U. dem Polizei-Amt übersandt.
O. 17. 9. 29 [illegible]

57 *Beschwerdeschreiben an die Stadt Oldenburg über einen verunreinigten Privatbrunnen am Willersweg, 16. September 1929. StAO, Best. 262-1b Nr. 564.*

58 *Die Bewohner der Nadorsterstraße werden mit frischem Wasser beliefert, 1929, in: Niemann-Witter, Dagmar (Hg.): „Also Langeweile gab es nicht", Oldenburg 1992, S. 19.*

[281] Auswertung der Geschäftsberichte des städtischen Wasserwerks von 1927-1929, Firmenarchiv EWE, Best. 100.
[282] Ebd.

Besonders negativ auf die Entwicklung des Wasserwerks wirkte sich der strenge Winter 1929 aus. Infolge der hohen Minustemperaturen waren einige Hauptrohrleitungen und außerdem sehr zahlreiche Hausleitungen eingefroren, so dass die Wasserversorgung in vielen Fällen zusammenbrach. Um die Engpässe zu überwinden, lieh sich das Wasserwerk Wagen von der Stadt, die sonst als Sprengwagen benutzt wurden, und verteilte das Wasser in den Straßen an die Bewohner, die das kostbare Nass dann in Eimern nach Hause transportierten.[283] Dass in den ersten drei Jahrzehnten des 20. Jahrhunderts immer mehr Oldenburger auf Leitungswasser zugreifen konnten, verdankten sie der umsichtigen Geschäftspolitik der Wasserwerksleitung, die in der Wasserversorgung für die öffentliche Hygiene und Gesundheit ein wichtiges Anliegen sah. Gemeinsam mit dem städtischen Bauamtsleiter Noack wurden für die technischen Einrichtungen wie das Verlegen der Hauptrohre in den Straßen und der Wasserleitungen in den Wohnungen strenge Regeln aufgestellt und die Arbeiten nach Fertigstellung von städtischen Inspektoren kontrolliert. Die Behörde handelte nach dem Grundsatz, dass es keinem nützt, im Wasserwerk gutes Trinkwasser zu erzeugen, wenn es in schlechten Leitungen verunreinigt wird und die Bewohner es dann nicht trinken können. Weil die Stadt im öffentlichen Interesse große Summen für die Wasserversorgung ausgab, achtete sie besonders sorgfältig darauf, dass die öffentlichen und privaten Wasserleitungen sich stets in einem guten Zustand befanden.[284]

Es ist charakteristisch für die Geschäftspolitik des Wasserwerks, dass möglichst viel Geld aus dem erwirtschafteten Betriebsüberschuss für den Ausbau der Rohrleitungen und der Werksanlagen ausgegeben wurde. Entsprechend trugen steigende Nachfrage und erhöhte Fördermengen zur positiven Entwicklung des Unternehmens bei. Die Entwicklung des prosperierenden Betriebes spiegelt sich in den jährlichen Geschäftsberichten des städtischen Wasserwerks wider. In den ersten Jahren unter städtischer Regie wurde der Gewinn aus dem Überschuss zur Abschreibung auf Anlagen und für Anschaffungs- und Baukosten verwendet. Erstmals erhielt die Stadtkasse im Geschäftsjahr 1909/10 einen Gewinnanteil von 6000 Mark. Derselbe Betrag konnte auch in den folgenden Jahren überwiesen werden.[285] 1913/14 steigerte sich der Anteil am Gewinn, der an die Stadtkasse gezahlt wurde, auf 10.000 Mark. Die höchsten Gewinne erzielte das städtische Wasserwerk in den Kriegsjahren. In den Geschäftsjahren 1914/15 und 1915/16 konnten jeweils 30.000 Mark an die Stadtkasse abgeführt werden, 1916/17 waren es 24.000 Mark und 1917/18 noch 16.000 Mark. Die Gewinne wurden hauptsächlich durch den hohen Wasserbedarf der Kriegsindustrie erwirtschaftet, und die Stadt vereinnahmte die Beträge, um damit ihren Teil zur Kriegsführung auf Kosten der Zivilbevölkerung beizutragen.

Im ersten Nachkriegsjahr sank der Gewinnanteil, der an die Stadtkasse bezahlt wurde, auf 4000 Mark, weil das Werk eine erhebliche Summe in den Neubau einer Enteisenungsanlage investiert hatte. Im Jahr 1919/20 musste das Werk einen Verlust von rund 56.000 Mark hinnehmen, der aber in den folgenden beiden Geschäftsjahren wieder ausgeglichen werden konnte. Die Absatzkrise war vor allem durch das Ende des Ersten Weltkrieges hervorgerufen worden, in dessen Folge die Kriegswirtschaft zusammenbrach und es den verbliebenen Betrieben an Aufträgen mangelte.

Darüber hinaus verlor die Stadt zahlreiche Einwohner, die zuvor in den Diensten des Militärs oder des Hofes gestanden hatten. Die Fördermenge sank in den Krisenjahren der Weimarer Zeit auf rund 900.000 Kubikmeter und stieg bis gegen Mitte der zwanziger Jahre wieder auf über 100.000 Kubikmeter, zur selben Zeit erhöhte sich der Privatverbrauch von 50 Prozent auf rund 68 Prozent.[286] Ab 1925 registrierte die Stadt jedoch wieder einen Bevölkerungszuwachs und entsprechend ver-

[283] Geschäftsbericht des städtischen Wasserwerks von 1928/29, ebd.

[284] Bedingungen für die Entnahme von Wasser aus dem Wasserwerk in der Stadt Oldenburg vom 23.1.1895, StAO, Best. 262-1 A Nr. 2257; ferner: Gemeinde-Blatt 42, 1895, S. 16ff.

[285] Auswertung der Geschäftsberichte des städtischen Wasserwerks für 1903-1912, in: Gemeinde-Blatt 50-59, 1903-1912.

[286] Geschäftsberichte des städtischen Wasserwerks 1919-1924, StAO, Best. 262-1 A Nr. 2371-2375.

besserte sich langsam die gesamtwirtschaftliche Lage und damit auch die des Wasserwerks.[287] Die Gewinne, die das Werk dann in der zweiten Hälfte der zwanziger Jahre erwirtschaftete, wurden im Wesentlichen für Abschreibungen und für Modernisierungen der Werksanlage verwendet.[288]

Die Absatzsteigerung im Wasserwerk wurde hauptsächlich durch die Vermehrung der Anschlüsse erzielt, der Pro-Kopf-Verbrauch der Konsumenten stieg jedoch nur unwesentlich, wie ein Vergleich der Jahre 1914 und 1929 zeigt. Während 1914 insgesamt 3 369 Häuser an das Wassernetz angeschlossen waren, die 539.654 Kubikmeter Wasser erhielten, d.h. pro Haus und Jahr 160 Liter, wurden im Jahre 1929 an 5 431 Häuser zusammen 910.315 Kubikmeter Wasser abgegeben, also pro Haus und Jahr 167,6 Liter.[289]

Der geringe Pro-Kopf-Verbrauch in Oldenburg im Verhältnis zu anderen deutschen Städten konnte bereits in einer statistischen Erhebung von 1905 gezeigt werden. Diese Entwicklung wurde 1929/30 in einer Untersuchung über die Wasserversorgung in 85 deutschen Städten, die vom Statistischen Amt in Nürnberg in Auftrag gegeben worden war, erneut bestätigt.[290] Untersucht wurden die Leistungsfähigkeit, geförderte Gesamtwassermenge und Gesamtwasserabgabe der einzelnen Werke innerhalb von 24 Stunden. Die höchste Leistungsfähigkeit aller Gewinnungsanlagen einer Stadt innerhalb eines Tages schwankte zwischen 900.000 Kubikmetern (Berlin) und 5 000 Kubikmetern (Oldenburg). Die höchste geförderte Gesamtwassermenge, ebenfalls innerhalb eines Tages, gab es mit 808.000 Kubikmetern wiederum in Berlin, die niedrigste dagegen in Jena mit 2 000 Kubikmetern. Für die Gesamtwasserabgabe eines Werkes lagen die Grenzfälle bei 808.000 Kubikmetern in Berlin und bei 3 000 Kubikmetern in Oldenburg.[291]

Der niedrige Verbrauch an Leitungswasser in Oldenburg hatte seinen Grund darin, dass um 1930 zwar ein Großteil der Häuser in der Stadt und den angrenzenden Vororten an das Wassernetz angeschlossen waren, der Bedarf an Leitungswasser diente im Haushalt hauptsächlich aber nur zum Trinken, Kochen und für sanitäre Bedürfnisse. Wasser zum Waschen und Reinigen, zum Wässern des Gartens, zum Tränken der Pferde und der sonstigen Haustiere sowie für gewerbliche Zwecke wurde entsprechend einer jahrhundertealten Tradition Brunnen, Zisternen oder Flüssen entnommen, weil diese natürlichen Wasserquellen leicht zu erschließen waren und außerdem kostenlos und unbegrenzt zur Verfügung standen. Obwohl die Qualität dieses Brauchwassers je nach Gewinnungsstelle großen Schwankungen unterworfen war und hohe Konzentrationen an organischen Verunreinigungen sowie die Einleitungen der Kanalisationswässer und von Fabrikanlagen enthalten konnte, hielt ein Großteil der Oldenburger die Nutzung vermutlich für gesundheitlich unbedenklich. Vielleicht waren ihnen die Gefahren, die durch die Verwendung von Brauchwasser entstehen konnten, auch gar nicht bewusst, weil dessen Nutzung eben typisch war in der Stadt und sie es immer schon so gemacht hatten.

Die Grundlagen für die Verbesserung der hygienischen Verhältnisse wurden in Oldenburg im ausgehenden 19. Jahrhundert gelegt, doch es dauerte noch mehr als ein halbes Jahrhundert, bis die Trennung zwischen Trink- und Brauchwasser aufhörte und der Verbrauch von Leitungswasser eine Selbstverständlichkeit wurde.

---

287 Ephraim, Hugo (Bearb.): Die Ergebnisse der Volks-, Berufs- und Betriebszählung am 16. Juni 1925 für den Freistaat Oldenburg, hg. vom Statistischen Landesamte (Statistische Nachrichten über den Freistaat Oldenburg 29), Oldenburg 1928, S. 12ff.

288 Auswertung der Geschäftsberichte des städtischen Wasserwerks von 1912/13 bis 1925/26, StAO, Best. 262-1 A Nr. 2368-2378.

289 Geschäftsbericht des städtischen Wasserwerks 1913/14, StAO, Best. 262-1 A Nr. 2378; und für 1928/29, Firmenarchiv EWE, Best. 100.

290 Die Statistik der Gas- und Wasserversorgung, in: Wasser und Gas 22, 1931/32, S. 12ff.

291 Ebd.

Haus- und Wohnungshygiene zu Beginn des 20. Jahrhunderts

Wasserversorgung und -entsorgung in Wohnhäusern

Von der Mitte des 19. Jahrhunderts bis zum Beginn des 20. Jahrhunderts war die Einwohnerzahl der Stadt Oldenburg von 11.000 auf knapp 30.000 Personen gestiegen. Während in vielen Städten Deutschlands eine der Hauptursachen des Bevölkerungswachstums in der anhaltenden Arbeitskräftenachfrage der Industrie lag, ging in der Residenzstadt der Bedarf vom Regierungs- und Verwaltungsapparat aus. Alle wichtigen Ämter und Institute befanden sich in der Hauptstadt wie Staatsministerium, Landtag, Gerichtsbarkeit, Staatseisenbahnverwaltung, Oberpostdirektion, Hauptsteueramt, städtische Verwaltung, Archive, Bibliothek, Gewerbeinspektion, Landesversicherungsanstalt, Kammern, Schulen. Dementsprechend war der Anteil der Beamten, aktiven und pensionierten, besonders hoch. Die Oberbeamten standen hinter den Fabrikanten, Großkaufleuten und Rentiers[292], an zweiter Stelle in der Hierarchie der Einkommens- und Vermögensskala, gefolgt von Mittel- und Unterbeamten, Lehrern, Kleinkaufleuten, Handwerkern und Gastwirten. Das Schlusslicht bildeten Arbeiterinnen und Arbeiter, Dienstboten, Rentenempfänger und Arme.[293]

Die Sozialstruktur der Stadt spiegelte sich unter anderem in den Wohnverhältnissen wider. In Oldenburg gab es am 1. Dezember 1905 insgesamt 3 302 bewohnte Gebäude, die zu 76 Prozent ganz oder teilweise von den Besitzern bewohnt wurden, 24 Prozent waren Mietshäuser. Kennzeichnend in der Residenzstadt war, dass in den meisten Häusern ein oder zwei Haushalte untergebracht waren. Die Zahl der Bewohner pro Haus lag durchschnittlich bei 8 Personen und pro Wohnung bei rund 3,5 Personen. Die Verhältnisse in Oldenburg und Bremen in Bezug auf Haushalte und Bewohner pro Haus waren annähernd gleich und es herrschten hier für die Mehrzahl der Einwohner nahezu vorbildliche Wohnbedingungen. Demgegenüber hatte ein Großteil der Häuser z.B. in Görlitz, Karlsruhe, Frankfurt, Leipzig, München und Berlin mindestens drei, häufig fünf und mehr Wohnungen, während die Zahl der Bewohner eines Hauses zwischen 20 und 70 Personen pro Haus variierte.[294]

Nach einer Statistik aus dem Jahre 1890 kamen in Deutschland in Städten mit mehr als 100.000 Einwohnern

> im Gesamtdurchschnitte 23,6 Einwohner und 5,3 Haushaltungen auf ein bewohntes Gebäude, in England 1891 6,1 Einwohner und 1,31 Haushaltungen auf ein bewohntes Haus. Die entsprechenden Zahlen für die Städte über 50 000 bis 100 000 Einwohner sind für Deutschland 18,5 Einwohner und 4,0 Haushaltungen, für England 5,5 Einwohner und 1,13 Haushaltungen. [...] Unter den deutschen Städten über 50 000 Einwohner sind nur zwei, welche bezüglich der je auf je ein Gebäude entfallenden Kopfzahl mit den englischen Städten überhaupt verglichen werden können. Es sind dies Bremen mit 7,6 und Lübeck mit 8,7 Einwohnern (1890).[295]

Über die Mietshäuser, die im letzten Drittel des 19. Jahrhunderts in zahlreichen Industriestädten wie Pilze aus dem Boden schossen, wurde viel geklagt. Mangelnde Hygiene und schlechte Luftzirkulation galten damals als Hauptursachen für ansteckende Krankheiten. In den schnell wachsenden Metro-

---

[292] Rentiers waren vermögende Personen, die meistens aus dem Umland in die Stadt zogen und hier ihren Lebensabend verbrachten.
[293] Ephraim, Hugo: Die Stadt Oldenburg in sozialstatistischer Beleuchtung, Tübingen 1910, S. 26ff. und S. 64ff.
[294] Ebd., S. 78ff.
[295] Oehmcke, Th.: Gesundheit und weiträumige Stadtbebauung, in: Deutsche Vierteljahresschrift für öffentliche Gesundheitspflege 36, 1904, S. 268.

polen lebte fast jeder Arbeiter und jede Arbeiterin in einem Wohnblock. Der Kaiserliche Ministerialrat Dr. Wasserfuhr aus Straßburg brachte 1886 den neuen Bautyp auf den Punkt:

> Dieser Häusertypus, welcher durch hohe, aber nur einem winzigen Hof einschliessende, vom Keller bis dicht unter das Dach mit Wohnungen versehene Gebäude charakterisiert wird, zeigt natürlich im Einzelnen je nach Städten, Stadttheilen und dem Mietherpublikum, auf welches man rechnet, mancherlei Modificationen und Abarten; im Allgemeinen aber ist es für die Wohnhäuser unserer grösseren Städte im letzten Jahrzehnt mehr und mehr der vorherrschende geworden. In sofern er es mit sich bringt, eine übergroße Anzahl von Personen, welche zur Miethe wohnen müssen, unter dem demselben Dache zu beherbergen, hat man ihn mit Recht den Miethscasernen-Typus genannt.[296]

Während in den bevölkerungsreichsten Städten um die Jahrhundertwende das Einzelwohnhaus in der Regel nur der „besseren" Gesellschaft vorbehalten war, konnte diese Tradition in Oldenburg zum einen wegen des im Verhältnis zu den Metropolen geringen Bevölkerungswachstums bewahrt werden, zum anderen verhinderte das neue Stadtbaurecht von 1890 den Bau von Wohnblocks. Als Vorbild diente die englische Wohnweise, die seit den 1860er Jahren in der Literatur und auf den volkswirtschaftlichen Kongressen in Deutschland eine zunehmende Rolle spielte. In England blieb ungeachtet der enorm wachsenden Großstädte selbst für die Arbeiterschaft das Wohnen im Einfamilienhaus die gebräuchlichste Wohnform.[297]

Bevor in Oldenburg die neue Bauordnung verabschiedet worden war, hatte sich der Stadtbaumeister über Standards in verschiedenen deutschen Großstädten informiert und sich vor allem mit den hygienischen Bedingungen in den Wohnblocks befasst.[298] Ein Vergleich der englischen und deutschen Wohnverhältnisse war für ihn richtungweisend, in seinem Entwurf auch Vorschriften hinsichtlich der Gesundheit und Hygiene aufzugreifen und für Neubauten genügend Licht und Luft zu fordern. Noack legte außerdem fest, dass in den Wohn- und Schlafräumen ebenso wie in den Badezimmern und Toilettenräumen nicht nur Fenster eingebaut wurden, sondern sie mussten für den Raum auch ausreichend groß sein und ins Freie führen. Besondere Aufmerksamkeit widmete Noack der Ableitung der Hausabwässer. Für jede Wasserstelle, sei es Spülbecken, Ausguss, Regenrinne oder Zisterne, gab es detaillierte Vorschriften über Material, Durchmesser, Wasserverschlüsse, Entlüftung etc. Bevor die Hausleitungen installiert werden konnten, mussten die Pläne beim Bauamt eingereicht und genehmigt werden.[299] In den ersten Jahren nach der Verabschiedung der Bauordnung ließ Noack es sich nicht nehmen, die Pläne selber zu kontrollieren und sie teilweise mit einem Kommentar zu versehen.[300] Hintergrund für die strenge Prüfung war, dass die Hauseigentümer zum Anschluss verpflichtet waren und die Kosten dafür selbst zu tragen hatten. Die Baubehörde konnte die Fertigstellung des Wohnhauses stoppen, wenn Konstruktionsfehler oder mangelhafte Ausführungen festgestellt worden waren. Und in Paragraf 51 Absatz 7 hieß es:

> Die Hauseigenthümer haben für die Unterhaltung und Reinigung der Leitungen zu sorgen. Insbesondere hat eine Reinigung vor den periodisch öffentlich bekannt zu machenden Terminen stattzufinden. Dem Magistrat steht das Recht zu, jederzeit eine Schauung der Leitungen vorzunehmen.[301]

Die Bauordnung von 1890 nahm zudem auf die bauliche Gestaltung des Stadtgebiets und der Vororte wesentlichen Einfluss. Zulässig waren freistehende Gebäude und Reihenhäuser. Die Höhe der Gebäude durfte nicht größer sein als die

296 Wasserfuhr, H.: Gesundheitsschädlichkeit der Bevölkerungsdichte in den modernen Mietshäusern, in: Deutsche Vierteljahresschrift für öffentliche Gesundheitspflege 18, 1886, S. 185.
297 Oehmcke: Gesundheit und weiträumige Stadtbebauung, S. 268ff.
298 Die Kommission zur Aufstellung einer neuen Baupolizeiordnung für die Stadt Oldenburg, in: Gemeinde-Blatt 34, 1887, S. 212f.
299 Entwurf, Statut 24 betreffend die Bau-Polizei-Ordnung für die Stadt Oldenburg, hier besonders § 43, in: Gemeinde-Blatt 34, 1887, Beilage Nr. 40, S. 36f.
300 Auswertung der Bauakten Adlerstraße, in: Archiv des Bauamtes der Stadt Oldenburg.
301 Verhandelt in der Stadtratssitzung vom 30.10.1888, in: Gemeinde-Blatt 35, 1888, S. 248ff.

Entfernung der gegenüberliegenden Baulinien. Als Beispiel wurde genannt: „Ist die Entfernung der Baulinien kleiner als 9 m, so sind Gebäude bis zu 9 m Höhe zulässig."[302]

Das typische Oldenburger Bürgerhaus, im Volksmund „Hundehütte" genannt, war in der Regel zweistöckig und beherbergte ein bis zwei Familien, die immer auch mit familienfremden Personen wie Dienstmädchen, Lehrlingen oder Mietern unter einem Dach wohnten, ihnen wurde meistens eine Kammer im Dachgeschoss oder im Keller zugewiesen. Nach einer statistischen Untersuchung setzte sich die Bewohnerschaft in einer Oldenburger Wohnung wie folgt zusammen:[303]

Personen im Haushalt	1 Wohnung Zimmer – Bewohner		Bewohner auf ein Zimmer
nur Familienangehörige	3,69	3,34	0,90
mit Dienstboten und/oder Gewerbegehilfen	6,95	4,96	0,71
mit Schlafgängern	4,94	4,89	0,99
mit Dienstboten, Gewerbegehilfen und/oder Schlafgängern	7,62	6,56	0,86

Die Untersuchungsergebnisse zeigen: je mehr fremde Personen unter einem Dach zusammenwohnten, desto weniger Wohnraum stand dem Einzelnen zur Verfügung.

Äußerlich unterschieden sich die Häuser vor allem durch ihre Größe und die verschieden aufwendig gestalteten Fassaden und Architekturstile, im Innern des Hauses prägten der zur Verfügung stehende Wohnraum und die Gestaltung der Einrichtung die individuelle Lebenssituation, die abhängig war von den wirtschaftlichen Verhältnissen der Bewohner. Bei aller Individualität der Haus- und Wohnungsgrundrisse und des Wohnkomforts gab es dennoch bis zur Wende ins 20. Jahrhundert eine bezeichnende Übereinstimmung. Das Trinkwasser wurde eimerweise in die Wohnung hineingetragen und das Brauchwasser nahm denselben Weg zurück. Menschliche Exkremente sammelten die Hausbewohner in Gruben oder Tonnen, die dann entsorgt werden mussten, wie bereits beschrieben wurde. Diese innere Organisation der hygienischen Verhältnisse in den Wohnhäusern änderte sich sukzessive mit der zentralen Wasserversorgung und der Kanalisation. Ausschlaggebend für die Nutzung der Infrastruktur war neben den finanziellen Möglichkeiten der Hausbewohner vor allem der Zeitpunkt, wann eine Straße mit dem erforderlichen Röhrennetz für Trinkwasser und Kanalisation versehen wurde.

Nur wenige Häuser verfügten zu Beginn des 20. Jahrhunderts über gesondert eingerichtete Badezimmer. Während sie in Deutschland noch einen Luxus darstellten und vorrangig in den vermögenden Haushalten zu finden waren, gehörten sie in England bereits zur Standardeinrichtung in Wohnhäusern.[304]

59 *Blick in die Hochhauser Straße, um 1950. Die Straße wurde ab 1903 nach dem Bebauungsplan von 1889 angelegt und zeigt ein geschlossenes Erscheinungsbild, Fotografin Edith Mädje. Stadtmuseum Oldenburg.*

302 Paragraf 45 in: Entwurf, Statut 39 betreffend die Bau-Polizei-Ordnung für die Stadt Oldenburg, in: Gemeinde-Blatt 34, 1887, Beilage Nr. 40, S. 38. Das Statut 39 wurde am 6.11.1888 vom Gesamtstadtrat und am 21.5.1890 vom Staatsministerium genehmigt, in: Schrape: Franz Noack, S. 187ff.

303 Ephraim: Die Stadt Oldenburg in sozialstatistischer Beleuchtung, S. 112.

304 Marcuse, Julius: Bäder und Badewesen der Neuzeit, in: Deutsche Vierteljahresschrift für öffentliche Gesundheitspflege, 32, 1900, S. 356.

Aufschluss über den damaligen technischen Standard vermittelt ein Vortrag des englischen Ingenieurs Roechling, den dieser in Deutschland 1895 vor Vertretern des öffentlichen Gesundheitswesens hielt.

> Man braucht ja auch gar nicht grosse Summen hierfür auszugeben, sondern kann sich ohne Ober-, Seiten- Unterdouche mit einer einfachen, hinreichend grossen Wanne begnügen, die mit kaltem und heissem Wasser versehen ist. [...] Das Zimmer, in dem das Bad aufgestellt ist, sollte geräumig sein, sein eigenes gutes Licht haben und gut ventilirt sein. Die Wanne kann an einer Innenwand, aber nicht in allzu grosser Entfernung von der Aussenwand aufgestellt sein, damit die Verbindungsleitung vom Ablauf zum Fallrohr keine zu lange wird. [...] Wo im Hause keine allgemeine Warmwasserleitung gelegt ist, wird man einen besonderen Ofen im Badezimmer aufstellen müssen, deren es ja sehr viele von verschiedener Form giebt, welche zum Theil ihre Aufgaben gut erfüllen. [...] Die Wannen werden meist aus Gusseisen oder Steingut hergestellt, Wannen aus Zink- oder Kupferblech kommen in England nur selten vor. Sie werden entweder mit einem Holzrahmen verkleidet oder völlig freistehend ausgeführt. Das Innere der gusseisernen Wannen kann man entweder mit einem dauerhaften Anstrich von hellem Ton versehen oder besser noch emailliren und ihr Aeusseres, da wo sie freistehen, lässt sich ebenfalls schön in Farbe gestalten.[305]

Wesentlichen Einfluss auf die Einrichtung von Badezimmern in Oldenburg hatte die zentrale Wasserversorgung ab 1896. Während in Neubauten Badezimmer immer selbstverständlicher wurden, schreckten viele Hauseigentümer bei Altbauten wegen der hohen Umbaukosten vor einer Modernisierung zurück. In diesen Wohnungen, in denen der Anschluss an die zentrale Wasserversorgung möglich war, wurde die Wasserleitung meistens in die Küche geführt, wo nicht nur gebadet wurde, sondern auch die tägliche Reinigung stattfand. Einige Oldenburgerinnen erinnerten sich an frühere Zeiten, als die Wohnungen noch keine Badezimmer und Spültoiletten hatten.

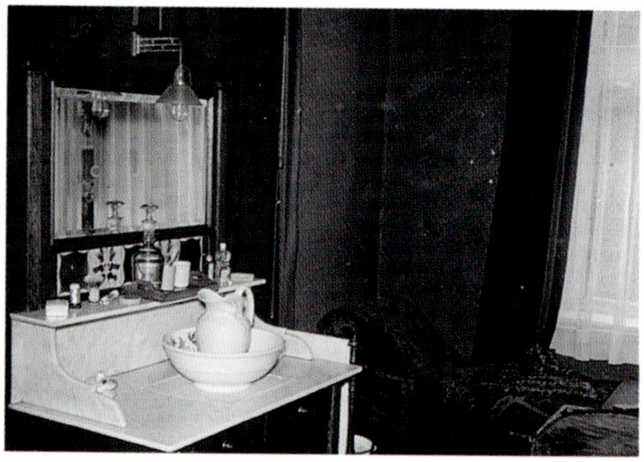

60 *Die Praktiken der Körperreinigung veränderten sich grundlegend seit dem ausgehenden 19. Jahrhundert. Schlafzimmer mit Waschgelegenheit, um 1950, Fotografin Edith Mädje. Stadtmuseum Oldenburg.*

61 *Als das Badezimmer noch keine Selbstverständlichkeit war, gehörte das samstägliche Baden in der Zinkwanne zur Routine, Sommer 1917, Fotografin Anna Feilner. Sammlung Birke Zöll.*

62 *Das Baden im Badezimmer wird durch die allmähliche Verbesserung der Sanitärtechnik erleichtert und bestimmt, 1939. Sammlung Erika Mitwer.*
63 *Blick in das Gäste-WC in der Francksen-Villa des Stadtmuseums, um 1900, Aufn. 2011, Fotografin Gerlinde Domininghaus.*

[305] Roechling, H. Alfred: Technische Einrichtungen für Wasserversorgung und Canalisation in Wohnhäusern, in: Deutsche Vierteljahresschrift für öffentliche Gesundheitspflege 27, 1895, S. 78.

Frau W. F., die 1918 in Oldenburg geboren wurde und zusammen mit den Eltern, zwei Geschwistern sowie den Großeltern in der Cloppenburger Straße wohnte, berichtete:

> Ein Badezimmer hatten wir nicht in der Wohnung, zwar war der Raum vorhanden, aber das Geld war nicht da für die Einrichtung. Die gründliche Reinigung wurde samstags in der Küche gemacht. Dafür war die große Zinkwanne da, auf dem Herd wurde das Wasser dafür warm gemacht. Jeden Tag wuschen sich meine Brüder und der Vater in der Küche, Mutter und ich im Schlafzimmer der Eltern, wo der Waschtisch mit dem Geschirr stand, aber das Wasser musste man raustragen. Wir hatten zum Glück in der Wohnung eine Spültoilette.[306]

Frau A. S., geboren 1920, wohnte während ihrer Kindheit in der Klävemannsiedlung in der Donnerschweerstraße. Sie erzählte, dass der Vater als Gelegenheitsarbeiter den Unterhalt für die Familie verdiente.

> Da war eine Waschküche, wo sich der Schweinestall befand und das Plumpsklo. Das Klo hatte eine Jauchekuhle. Wenn die voll war, wurde der Inhalt auf den Acker gebracht. Die Oberwohnungen in der Klävemannstiftung hatten keinen Stall, die Familien gingen unten auf die Toilette.[307]

Die Familie von Frau G. H. wohnte von 1918 bis 1926 zur Miete in einem Doppelhaus mit je zwei Wohnungen sowie einer Souterrain- und Dachgeschosswohnung in der Nordstraße. Die Straße erhielt in den Jahren 1904/05 und 1907/08 eine Wasserleitung, so dass ihre Familie von dieser modernen Einrichtung profitierte, weil eine Leitung in die Küche führte.

> Es war eine 3-Zimmer-Wohnung mit einem offenen Balkon zur Straße und einem überdachten Balkon nach hinten auf halber Treppe, an dem auch die Toilette lag, die man über diesen Balkon erreichte. Es gab noch kein Spülklosett, sondern ein Kübelklosett. Der Kübel wurde regelmäßig von der Abfuhrgesellschaft Eversten („Schiet-Eversten") mit einem Jauchewagen abgeholt und ausgewechselt. Eine anrüchige Arbeit für die Arbeiter. Erst im Jahre 1924/25 bekamen wir im Haus Spültoiletten, ein großer Fortschritt. Ein Badezimmer gab es nicht in der Wohnung. [...] Die morgendliche Körperwäsche fand in der Küche oder Schlafzimmer mit Wasser in der Waschschüssel aus der Leitung oder Kanne (Waschgeschirr aus Porzellan) statt. Und gebadet wurde sonnabends in einer Zink- oder Holzwanne wofür das Wasser im Waschkessel erwärmt wurde.[308]

Das Badezimmer konnte sich in den Oldenburger Haushaltungen nicht durchsetzen, solange eine Vorbedingung fehlte: fließendes warmes Wasser. Wenn das Haus schließlich an die Wasserleitung und die Kanalisation angeschlossen war, vollzog sich der Wandel vom Baden in der Küche zum Baden in einem separaten Zimmer nur langsam. Diese Entwicklung soll im folgenden Kapitel exemplarisch an der Adlerstraße aufgezeigt werden.

Hygienestandards in der Adlerstraße

Die Bebauung des Haareneschviertels stand im Zusammenhang mit der Ausdehnung der Stadt in der zweiten Hälfte des 19. Jahrhunderts. In dem Viertel zwischen Peterstraße, Ofener Straße und Philosophenweg ließen sich vornehmlich Rentner, Beamte, Handwerker und Militärangehörige geringer Dienstgrade nieder.[309] Die Adlerstraße, die durch die Haareneschstraße und die Bahnlinie Oldenburg–Leer begrenzt wird, wurde im Wesentlichen zwischen 1890 und 1913/14 bebaut, nur das Wohnhaus Nr. 19 am Ende der Sackgasse entstand 1927. Die Bebauung umfasst damit den Zeitraum, in dem zum einen das Wasserversorgungsnetz entstand und zum anderen sich Standards bei den sanitären Einrichtungsgegenständen her-

306 Niemann-Witter, Dagmar: „Also Langeweile gab es nicht". Kindheit und Jugend in Oldenburg 1900-1950 (Veröffentlichung des Stadtmuseums Oldenburg 13), Oldenburg 1992, S. 14f.
307 Ebd., S. 15.
308 Ebd., S. 14.
309 Böker, Doris: Stadt Oldenburg (Oldenburg), in: Baudenkmale in Niedersachsen (Veröffentlichung des Niedersächsischen Landesverwaltungsamtes Hannover 31), Hameln 1993, S. 183.

ausbildeten. Neben handwerklich hergestellten Sanitärartikeln kamen zunehmend Fabrikprodukte auf den Markt, die kostengünstiger waren und neue Käuferschichten anlockten. Ein Wandel zeigte sich auch bei den Warmwasserbereitungsanlagen. Am gebräuchlichsten waren Kohle- oder Holzbadeöfen, zur selben Zeit schritt auch die technische Entwicklung bei Gasbadeöfen voran. 1894 hatte Johann Vaillant aus Remscheid den ersten Gasdurchlauferhitzer zum Patent angemeldet.[310]

64 *Werbeplakat und Ansicht einer kompletten Badeeinrichtung mit Vaillant's Zylinder-Badeofen für Holz- und Kohlenfeuerung, in: Werbekatalog der Firma Johann Vaillant, Remscheid, 1912.*

Die Adlerstraße erweist sich für diese Untersuchung als besonders geeignet, weil sie immer schon eine reine Wohnstraße war. Mit Ausnahme einer Tischlerwerkstatt auf dem Hintergrundstück siedelten sich hier keine Geschäfte, Büros oder Handwerksbetriebe an. Zudem sind im städtischen Bauamt zu fast jedem Gebäude Unterlagen aus der Entstehungszeit wie Bauzeichnungen, Grundrisse und Angaben zur Hausentwässerung überliefert. Von Relevanz ist außerdem, dass kein Gebäude im Zweiten Weltkrieg zerstört oder später abgerissen wurde und der ursprüngliche Charakter der Straße dadurch bis heute bewahrt werden konnte.

Gegenstand der Untersuchung sind nicht die Fassadenarchitektur, verwendete Baustoffe oder das Interieur des Gebäudes, vielmehr soll anhand von konkreten Wohnungsgrundrissen die Ausstattung der Wohnungen mit sanitären Einrichtungen gezeigt werden. Es geht um die Frage, ob und wann ein Wohnhaus mit Badezimmer und WC ausgestattet, wo es innerhalb des Hauses angeordnet und wie es eingeteilt wurde, ob z.B. die Toilette getrennt oder mit Waschbecken und Badewanne in einem Raum untergebracht war.[311]

Das erste Gebäude in der Adlerstraße, die zunächst Croppstraße hieß, errichtete der Architekt und Ratsherr Carl Spieske, der vom Eigentümer Cropp mehrere Grundstücke erworben hatte, um dort Wohnhäuser zu errichten und diese dann gewinnbringend zu verkaufen. Spieske arbeitete mit dem Tischlermeister Wilhelm Kruse zusammen, der ebenfalls einige Bauplätze gekauft hatte und diese bebaute. Auch der Maurermeister Heinrich Wittholt betätigte sich als Bauherr, so dass diese drei Unternehmer zwischen 1891 und 1907 insgesamt elf Gebäude errichteten und damit einen wesentlichen Einfluss auf die Wohnstruktur ausübten.

65 *Die Postkarte zeigt die Adlerstraße um 1910. Stadtmuseum Oldenburg.*

In der Adlerstraße sind sämtliche Gebäude giebelständig, werden also an der Seite über ein Treppenhaus erschlossen, zudem verfügen sie jeweils über ein Souterrain und in der Regel über zwei, ausnahmsweise drei Obergeschosse. Nach den im Bebauungsplan niedergelegten Vorstellungen des

310 Hansgrohe (Hg.): Badewonnen. Gestern – Heute – Morgen, Köln 1993, S. 120ff. Zur Anwendung von Gas im Haushalt s. Teil II, Kap. 6.

311 Die nachfolgenden Ausführungen beziehen sich auf die Auswertung der Bauakten Adlerstr. 1-26. Zu jedem Haus sind einschlägige Daten von der Erbauung bis zur Gegenwart archiviert in: Archiv des Bauamtes der Stadt Oldenburg.

Stadtbaumeisters Noack sollte bei aller Verschiedenheit der Architekturstile, der Gebäudehöhe und der Grundstücksgröße der Charakter der Straße nicht allein durch Funktionalität bestimmt werden, sondern sich durch Ästhetik und Weitläufigkeit auszeichnen, vor allem sollte für genügend Licht und Luft in den Wohnungen gesorgt sein. Eine Straßenbreite von 6 Metern und auf beiden Seiten ein Bürgersteig von 3 Metern hielt Noack für angemessen, zusätzlich war hinter der Einfriedung des Grundstücks ein 3 Meter tiefer Vorgarten vorgeschrieben.[312]

Das Souterrain war ein besonderes Kennzeichen in der Adlerstraße. In nahezu allen Häusern herrschte die Gewohnheit, diverse Funktionsräume, die zur Parterrewohnung gehörten, in den Keller zu verlegen. Außer Küche und Esszimmer, die stets zur Straßenseite angelegt waren, gehörten auch Wirtschaftsräume wie eine Speisekammer, ein Raum für Feuerung, ein Keller, eine Waschküche, eine Plättstube, eine Zisterne, ein Abort und ein Pissoir dazu. In der Regel war auch die Kammer für das Dienstmädchen dort untergebracht. Durch die Nutzung des Souterrains gewannen die Bewohner im Erdgeschoss zusätzlichen Raum insbesondere zu repräsentativen Zwecken. So waren ein Salon in Verbindung mit einem oder zwei Wohnzimmern, die sich über die Straßenfront des Hauses erstreckten, und sich durch das Öffnen der Schiebe- oder Flügeltüren zu einem großzügigen Raumensemble umfunktionieren ließen, in allen Häusern üblich. Teilweise ist diese Anordnung von zwei angrenzenden Wohnzimmern, deren Verbindungstür bei Bedarf geöffnet wurde, auch in den Grundrissen für das Obergeschoss abzulesen.[313]

Als 1903, rund sieben Jahre nach Inbetriebnahme des Wasserwerks, in der Adlerstraße eine Wasserleitung verlegt wurde, waren hier bereits acht Häuser fertig gestellt und zwei befanden sich gerade im Bau. Von Bedeutung ist hier die Frage: wurden bei der Bauplanung in den Grundrissen bereits Badezimmer eingezeichnet?

In Nr. 23, Baujahr 1896, und in Nr. 25, Baujahr 1898, waren jeweils im Obergeschoss Badezimmer eingeplant, und in Nr. 10 und 11, Baujahr 1903, waren jeweils Badezimmer im Souterrain vorgesehen. Für die übrigen Gebäude liegen keine Angaben vor. Ob einige Häuser bereits vor 1907 mit Spültoiletten ausgestattet worden waren, konnte anhand der vorliegenden behördlichen Akten nicht festgestellt werden, weil sich die Hauseigentümer dadurch strafbar gemacht hätten. In die Kanalisation durften nur Abwässer aus der Küche, der Waschküche, dem Pissoir, der Regenrinne und der Zisterne geleitet werden. Dementsprechend beschränkten sich die Angaben in den Plänen auf diese Bereiche.

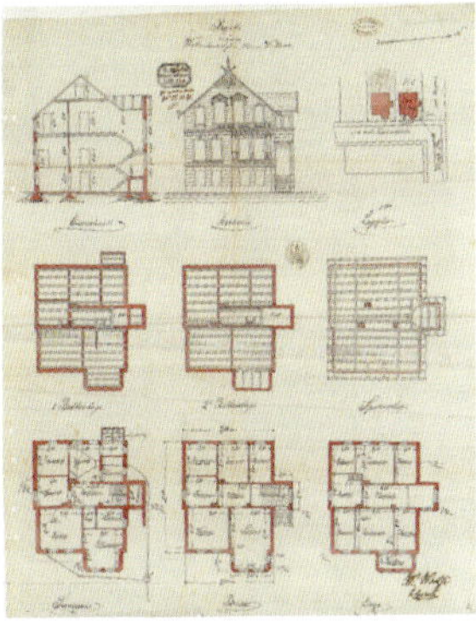

66 *Bauzeichnung Adlerstraße 3. Das Haus wurde 1891 errichtet. Unten Entwässerungsplan: Zur Entwässerung des Hauses wurde ein Kanal angelegt, der das Abwasser aus den Gossensteinen in der Küche, einem Pissoir und aus dem Zisternenüberlaufrohr aufnahm. Bauamt der Stadt Oldenburg.*

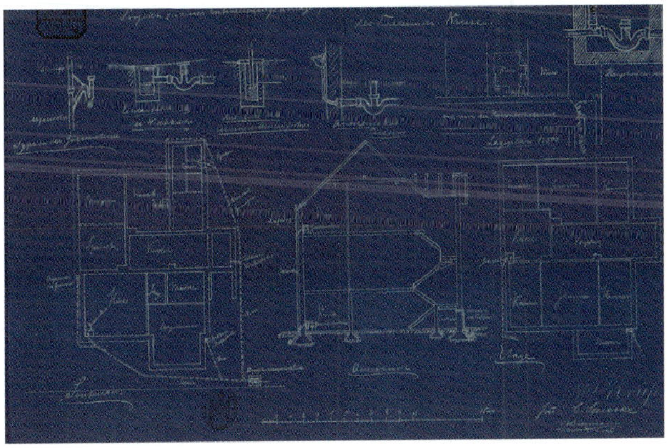

312 Schrape: Franz Noack, S. 168.
313 Auswertung der Wohnungsgrundrisse Adlerstraße 1-26, Bauamt der Stadt Oldenburg.

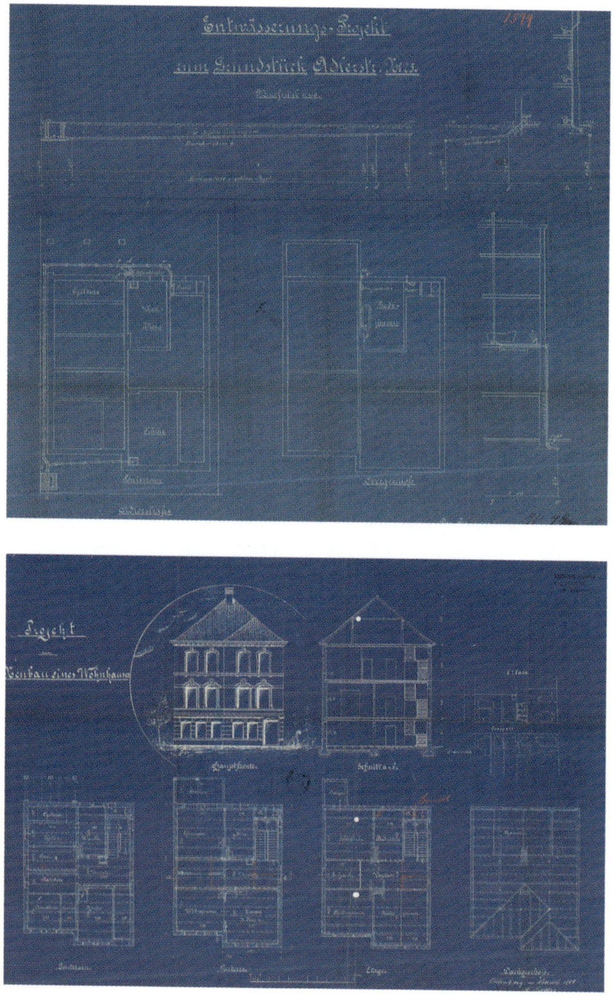

***67** Bauzeichnung Adlerstr. 25. Das Einfamilienhaus wurde 1898 gebaut. Das Badezimmer befand sich in der ersten Etage, die Küche und die Waschküche im Keller. Außerdem gab es im Keller und in der ersten Etage ein Pissoir. Entwässerungsplan von 1904. Als 1927 das Haus zu einem Zweifamilienhaus umgebaut wurde, erhielten die erste und zweite Etage ein Badezimmer. Bauamt der Stadt Oldenburg.*

***68** Bauzeichnung Adlerstraße 14. Das Dreifamilienhaus wurde 1906 errichtet. Die erste und zweite Etage verfügten je über ein Badezimmer, die Toiletten waren im Treppenhaus auf halber Treppe. Die Funktionsräume, die Küche, das Esszimmer sowie das Mädchenzimmer befanden sich im Keller. Die Bewohner der zweiten Etage hatten eine eigene Küche, der Dachboden wurde vermutlich gemeinschaftlich genutzt. Bauamt der Stadt Oldenburg.*

Ab 1907 bedurfte auch der Einbau von Spülklosettanlagen der behördlichen Genehmigung, so dass sich die Entwicklung der sanitären Verhältnisse anhand der vorliegenden Quellen grob skizzieren lässt. Quantitative Aussagen über die Verteilung der Badezimmer mit WC oder über die separate Anordnung von WC und Badezimmer, die in den Wohnungen vor 1914 eingebaut waren, ließen sich allerdings nicht ermitteln, weil insbesondere bei den ältesten Gebäuden die Angaben über Sanitärräume fehlen.

In mehreren Häusern wurde im Souterrain ein Badezimmer eingebaut, das von den Bewohnern der Parterrewohnung benutzt wurde. Das WC befand sich in den meisten Fällen in einem separaten Raum daneben. In anderen Häusern wurden im Zuge einer Modernisierung der Parterrewohnung neben dem Badezimmer und WC nun auch die Küche und das Esszimmer vom Keller- ins Erdgeschoss verlegt. Das Badezimmer hatte im Vergleich mit den anderen Zimmern in der Wohnung stets die kleinste Grundfläche.

In den Zweifamilienhäusern, die nach 1906 errichtet wurden, verfügten die Oberwohnungen jeweils über ein eigenes

Badezimmer, davon einige mit WC. Manchmal befand sich das WC in einem Extraraum oder im Treppenhaus auf dem Podest zwischen den Etagen. Wurde das Haus lediglich von einer Familie bewohnt, lag das Badezimmer mit WC im Obergeschoss, wo auch die Schlafzimmer untergebracht waren. Vereinzelt war im Erdgeschoss im Eingangsbereich zusätzlich ein Gäste-WC installiert.

Vor dem Ersten Weltkrieg war in der Adlerstraße die Mehrzahl der Häuser mit mindestens einem Badezimmer und einem WC ausgestattet. Das gilt jedoch nicht für alle Wohnungen innerhalb eines Hauses. Einige erhielten erst in den 1920er bzw. 1930er Jahren Toiletten mit Wasserspülung. Bis zu diesem Zeitpunkt benutzten die Bewohner den Abort im Souterrain und die Küche diente zugleich als „Badezimmer".

Ein Blick ins Stadtadressbuch aus dem Jahre 1914 zeigt, dass die Mehrzahl der Häuser von zwei Wohnparteien bewohnt wurden; Nr. 16, 17, 18, 24 und 25 waren Einfamilienhäuser und in Nr. 3, 6, 8 und 13 wohnten schließlich drei Parteien.[314] Die Folgen des Ersten Weltkriegs hinterließen bei den Bewohnern und in den meisten Häusern jedoch tief greifende Spuren. In den Inflations- und Krisenjahren der Weimarer Republik hatten die Rentner ihr Vermögen verloren und das Gehalt der Beamten war kaum noch etwas wert. Viele Bewohner der Adlerstraße konnten ihren ehemaligen Wohnstatus nicht mehr aufrechterhalten, die Wohnungen mussten geteilt und immer mehr Mieter aufgenommen werden. Die steigende Nachfrage nach Kleinwohnungen führte jedoch nicht gleichzeitig zu angemessenen sanitären Bedingungen, dafür fehlte den Hauseigentümern oft das Geld. 1924 konnte nur in sieben Häusern der Wohnstatus mit ein oder zwei Familien unter einem Dach gehalten werden, die übrigen Häuser beherbergten nun drei bis sechs Wohnparteien.[315]

Nach dem Zweiten Weltkrieg führten Kriegsschäden und Überbelegungen schließlich zu teilweise katastrophalen hygienischen Bedingungen wie aus einem Brief an das städtische Gesundheitsamt aus dem Jahre 1951 hervorgeht. Max P., der mit seiner vierköpfigen Familie im Haus Adlerstr. 9, das 1906 als Zweifamilienhaus konzipiert worden war, zur Untermiete in zwei Räumen wohnte, schrieb:

> Für meine Räume steht seit dem Einzug kein Abort zur Verfügung, obwohl uns zuvor vom Betriebsamt schriftliche Mitteilung gemacht wurde, daß die im Keller befindliche Anlage von uns mit benutzt werden kann. Dieser Entscheid scheint aber ohne Befragen der Mitbewohner getroffen worden zu sein. Diese verwehrten uns verständlicherweise die Benutzung des Aborts, zumal er schon von 9 Personen voll in Anspruch genommen ist. [...] In der Zwischenzeit bin ich gezwungen die Notdurft in einem Eimer zu verrichten, den ich im Abort des Hauptmieters der I. Etage entleeren darf.[316]

Für eine geringfügige Verbesserung sorgte der Einbau einer zusätzlichen Toilette im Dachgeschoss, die der Hauptmieter der ersten Etage im Einvernehmen mit dem Hausbesitzer einbauen ließ.[317]

Ausblick – Die 1950er Jahre

In Oldenburg standen mit dem Ausbau der zentralen Trinkwasserversorgung ab 1896, der Abwasserentsorgung ab 1902, der Schwemmkanalisation ab 1907 und schließlich mit der Einführung der Müllabfuhr 1904 die technischen Voraussetzungen einer modernen Stadttechnik zur Verfügung. Die Kommune hatte innerhalb eines Jahrzehnts technische und finanzielle Pionierleistungen vollbracht.

In der kommunalen Daseinsvorsorge folgte Oldenburg den Vorbildern in deutschen Großstädten in relativ kurzem Abstand, und konnte somit als Stadt mit 28.565 Einwohnern mit ihnen durchaus konkurrieren. So hatten bis 1900 alle größeren Städte mit mehr als 25.000 Einwohnern eine zentrale Wasserversorgung, in kleineren Städten mit 2 000 bis 25.000

---

314 Adressbuch der Haupt- und Residenzstadt Oldenburg mit Vororten, Oldenburg 1914, Stadt, S. 4f.

315 Einwohnerbuch der Stadt Oldenburg, Oldenburg 1924, Stadt, S. 5.

316 Patzell an das Gesundheitsamt der Stadt Oldenburg vom 13.10.1951, Bauamt der Stadt Oldenburg, Adlerstraße 9.

317 Deutsche Bundesbahn Eisenbahn-Betriebsamt Oldenburg an Baupolizeibehörde vom 8.11.1951, in: Bauamt der Stadt Oldenburg, Adlerstraße 9.

Einwohnern verfügten lediglich 47 Prozent über eine solche Einrichtung.

Auch beim Ausbau der Kanalisationsanlagen mit Pumpwerk und Klärwerk lag Oldenburg im üblichen Zeitrahmen. Abgesehen von einigen Großstädten, setzte in den meisten Städten in Deutschland der Ausbau der Kanalisation erst um die Wende zum 20. Jahrhundert ein.[318] Am Beispiel der Adlerstraße konnte gezeigt werden, dass in den „besseren" Wohnungen ein Badezimmer und WC sehr bald zur Grundausstattung gehörten. Es bleibt allerdings fraglich, wer in Oldenburg am Vorabend des Ersten Weltkrieges tatsächlich von diesen Entwicklungen profitierte. Eine Grundversorgung lag erst dann vor, wenn die Mehrheit der Häuser sowohl an die zentrale Wasserversorgung als auch an die Kanalisation angeschlossen war. In Oldenburg sollte es noch mehrere Jahrzehnte dauern bis zum flächendeckenden unterirdischen Wassernetz, vor allem für die ärmere Bevölkerung änderte sich am Wohnungsstandard wenig: Badezimmer mit Toilette oder die Trennung von Küche und Wohnraum blieben bis in die zweite Hälfte des 20. Jahrhunderts eine Ausnahme.

Die Einführung der Stadttechnik um 1900 hatte in weiten Teilen der Oldenburger Bevölkerung das Bewusstsein für die Notwendigkeit gefördert, hygienische Standards in das tägliche Leben zu integrieren. Bei der sanitären Versorgung mussten jedoch im Verlauf des 20. Jahrhunderts massive Rückschläge in Kauf genommen werden, davon betroffen waren nahezu alle Bevölkerungsschichten. Brachten nach dem Ersten Weltkrieg der Residenzverlust, die Verarmung der Rentiers und eine hohe Arbeitslosenquote oft den sozialen Abstieg der ganzen Familie mit sich[319], verschlechterten sich die Wohnbedingungen nach dem Zweiten Weltkrieg durch den Zuzug mehrerer tausend Flüchtlinge und Vertriebener, der zur Überbelegung der Wohnungen führte. So waren in der zweiten Hälfte des 20. Jahrhunderts nochmals erhebliche Anstrengungen städtischer Daseinsfürsorge erforderlich, um die Menschen in Oldenburg, die nun Großstadt geworden war, zu versorgen. Bildete die 1940 gebaute Umgehungsstraße noch die Grenze des Stadtraums, so wuchs die Stadt in den 1950er Jahren zum ersten Mal deutlich über die Stadterweiterungsgebiete des 19. Jahrhunderts hinaus.[320] Die Bevölkerung nahm zwischen 1939 und 1950 um insgesamt 55,4 Prozent zu, und infolge der Erschließung neuer Wohngebiete vergrößerte sich die bebaute Fläche der Stadt zwischen 1951 und 1965 um 50 Prozent.[321]

Ein städtebauliches Konzept gab es angesichts der großen Wohnungsknappheit in der unmittelbaren Nachkriegszeit nicht. Die Stadtplaner standen vor der schwierigen Herausforderung, das Entstehen sozialer Brennpunkte abzuwehren und die latent vorhandene Unzufriedenheit unter den Einheimischen und den Flüchtlingen abzumildern. Im Vordergrund stand deshalb der Wohnungsbau, während gleichzeitig der Ausbau der Infrastruktur, d.h. die Versorgung mit Wasser, Kanalisation, Energie und Straßen zunächst zurückgestellt wurde.

Zwischen 1949 und 1961 entstanden in Oldenburg knapp 12.500 Wohnungen, davon wurden viele aus Kostengründen weder an die Wasserversorgung noch an die Kanalisation angeschlossen. Die Wohnungen sollten lediglich den notwendigsten Ansprüchen genügen, die Planungen ließen aber die Möglichkeit offen, in späteren Zeiten den Wohnkomfort zu verbessern. Für die innenstadtnahen Mehrfamilienwohnungen, die in den 1950er Jahren errichtet wurden, galten bessere infrastrukturelle Bedingungen, insbesondere wenn sie an Straßen errichtet wurden, die bereits an das Versorgungsnetz angeschlossen waren. Betroffen von den unzureichenden Hygienestandards waren in erster Linie Wohnquartiere an der Peripherie.[322]

[318] Vögele: Sozialgeschichte städtischer Gesundheitsverhältnisse, S. 255f.
[319] Nistal, Matthias: Oldenburg wird moderne Hauptstadt. Vom Ende des Ersten Weltkrieges bis zum Beginn des Nationalsozialismus (1918-1932), in: Stadt Oldenburg: Geschichte der Stadt Oldenburg, Bd. 2, S. 306.
[320] Böker: Stadt Oldenburg, S. 25.
[321] Düselder, Heike: Oldenburg nach 1945 - Beständigkeit und Tradition, Wachstum und Dynamik, in: Stadt Oldenburg: Geschichte der Stadt Oldenburg, Bd. 2, S. 547f. und 581.
[322] Precht, Friedrich, Seggern, Andreas von: Ausgewählte Aspekte des Oldenburger Wohnungsbaus im Zeichen der Flüchtlingsnot in den frühen 1950er Jahren, in: Meyer, Lioba (Hg,): Zuhause war anderswo. Flüchtlinge und Vertriebene in Oldenburg, (Veröffentlichungen des Stadtmuseums Oldenburg 26) Oldenburg 1997, S. 121.

Zusammenhängende Großsiedlungen, die überwiegend aus Mehrfamilienhäusern bestanden, wurden hauptsächlich an den Rändern der Stadt errichtet und setzten neue städtebauliche Akzente. Bereits 1948/49 wurde mit ungewohnten Wohnungsbauformen begonnen: die für 42 Familien konzipierten Wohnblocks an der Alexanderstraße bildeten wegen ihres „Mietskasernencharakters" ein Novum für Oldenburg. In diesen wie auch in den Blocks für jeweils 16 bzw. 18 Familien war die Wohnfläche mit rund 42 m^2 äußerst knapp bemessen, zudem stand für vier bzw. fünf Familien lediglich ein Badezimmer im Keller zur Verfügung. Mit dieser pragmatischen Lösung war es möglich, innerhalb weniger Jahre viele neue Wohnungen zu bauen.[323]

***69** Heutzutage steht uns Leitungswasser unbegrenzt zur Verfügung.*

Einige Bezirke, so der Stadtteil Krusenbusch, erhielten erst gegen Ende der fünfziger Jahre eine zentrale Wasserver- und -entsorgung. Zur Wasserversorgung dienten wie in den Jahrhunderten zuvor Brunnen und Zisternen, das Abwasser wurde in Gräben entsorgt. Anfang der sechziger Jahre war schließlich die Phase der Hochkonjunktur im Siedlungsbau abgeschlossen, die Menschen hatten die Barackenlager und Kasernen geräumt und sich in einer Mietwohnung oder einem Eigenheim eingerichtet. In den Erinnerungsberichten der Flüchtlinge gilt der Einzug in die eigene Wohnung nach jahrelangen Untermietverhältnissen in einem winzigen Zimmer, einer kleinen Wohnung oder einer ehemaligen Kaserne als einer der wichtigsten Schritte zur Integration, die sie zu „Oldenburgern" machte.[324]

Die Kommunalverwaltung unternahm in der zweiten Hälfte des 20. Jahrhunderts einen enormen Kraftakt die Modernisierung der Stadt voranzutreiben und die infrastrukturelle Versorgung der Menschen sicherzustellen. Es gelang ihr, das unterirdische Wassernetz für Versorgung und Entsorgung bis in den letzten Winkel der Siedlungen auszubauen.

Heute gibt wohl kaum einen Haushalt in Oldenburg, der nicht an das Wassernetz angeschlossen ist. Das wöchentliche Bad ist für uns heute kein Thema mehr, außerdem ist die tägliche Dusche für die Mehrheit der Bevölkerung zur Selbstverständlichkeit geworden. Das Wasser, das quasi aus der Wand kommt, ist kristallklar, farblos, geruchsfrei, enthält keine Krankheitserreger und steht scheinbar in unbegrenzter Menge zur Verfügung. Die speziellen Anforderungen an die Beschaffenheit des Trinkwassers, die Pflichten des Wasserversorgungsunternehmens und die Überwachung des Betreibers durch Gesundheitsämter sind in der Trinkwasserverordnung, die zuletzt 2001 geändert wurde, geregelt. Für uns Verbraucher entstehen Kosten, die für Gewinnung, Aufbereitung, Verteilung und Entsorgung des Wassers aufgewendet werden müssen.[325] Bis zu diesem Ziel war es ein weiter Weg, der hier am Beispiel der Stadt Oldenburg aufgezeigt wurde.

323 Ebd., S. 111f.

324 Düselder: Oldenburg nach 1945, S. 580, ferner: Dröge, Kurt: Von der Notunterkunft zum Eigenheim. Zur Wohnform als Faktor der kulturellen Integration, in: Meyer: Zuhause war anderswo, S. 80ff.

325 Tietz: System der Ver- und Entsorgung, S. 196f.

Gas

70 *Gasflamme, EWE AG.*

Das Licht der Straße um 1800

Von Öllampen, Handlaternen und feudalen Illuminationen

Die Ära der öffentlichen Straßenbeleuchtung in Oldenburg begann erst im Jahre 1783.[1] Ein entscheidender Grund, warum hier erst rund einhundert Jahre später als beispielsweise in Paris (1667), Hamburg (1675) und in Berlin (1682) Straßenlaternen aufgestellt wurden, war der Niedergang der Stadt seit 1667.[2] Es war das Todesjahr von Graf Anton Günther. Weil es keinen legitimen Nachfolger gab, wurde die Grafschaft Oldenburg ab 1676 von Dänemark aus regiert, da hier verwandtschaftliche Verbindungen bestanden.[3] Während der „Dänenzeit", die schließlich bis 1773 dauerte, führten Seuchen und Naturkatastrophen sowie das Desinteresse der dänischen Monarchen an der Stadt zum wirtschaftlichen und kulturellen Abstieg.[4]

Das gesellschaftliche Leben spielte sich nach Einbruch der Dunkelheit bis weit ins 18. Jahrhundert hinein in erster Linie im häuslichen Bereich ab, denn die nächtlichen Straßen waren unsicher und die Nachtgänger galten nach der herrschenden Ordnung als suspekt. Oft mussten Personen, die nach Mitternacht auf der Straße einem Nachtwächter begegneten, ihren Namen und ihre Straße nennen, um nicht verhaftet zu werden.[5] Die Obrigkeit griff lieber zu Verboten und Sanktionen, um die nächtlichen Aktivitäten einzuschränken, als dass sie Versuche unternommen hätte, die Nacht wirtlicher und die Straßen sicherer zu machen. Aus diesem Grunde lag Oldenburg abends im Dunkeln. Lediglich in einzelnen Straßenzügen gaben „einige Thranlampen, die in Blechkästen mit zwei runden Scheiben brannten, ein kärgliches Licht".[6]

Ein Eindruck von der Dunkelheit einer mondlosen Nacht in den Straßen zu Beginn des 19. Jahrhunderts lässt sich aus dem Erinnerungsbericht eines Neuoldenburgers gewinnen. Ortskundige kannten in ihren Straßen die Gefahrenstellen und bewegten sich fast wie Blinde, um zu ihrem nächtlichen Ziel zu gelangen. Für Ortsfremde jedoch konnte ein Gang durch die dunkle Stadt in einem Fiasko enden. So erging es dem Rechtsanwalt Johann Pavenstedt aus Bremen, der das Amt des Unterpräfekten in Oldenburg übernehmen sollte:

> Erst im Dunklen – es war im November – kam ich in der Unterpräfektur in Oldenburg an. Mein erstes Geschäft war, den Herrn Unterpräfekt aufzusuchen, und erfuhr von seiner Haushälterin, er habe sich in einen Gasthof begeben. Der Richtung ihres Fingers folgend, begab ich mich in der vom Licht ganz entblößten Straße auf den Weg; ich mochte aber kaum 30 Schritte gegangen sein, als ich im Wasser lag, in dem für die Flußschiffer bestimmten Hafen [Stau]. Auf mein Hülfegeschrei ward ich von dem Zuckerfabrikanten Bulling und der benachbarten Torwache herausgezogen.[7]

[1] OWA, Nr. 36, 8.9.1783, Beschluss des Stadtrats vom 4.9.1783, zit. nach: Barton: Oldenburgisches Leben, Teil 1, S. 208.

[2] Zur Anwendung von Öllampen in Hamburg ab 1675, in Berlin ab 1682, vgl. Heymann: Vom Irrlicht zum Industriemotor, S. 30; in Paris ab 1667 vgl. Schivelbusch, Wolfgang: Lichtblicke, München/Wien 1983, S. 87.

[3] Schmidt: Oldenburg in der „Dänenzeit", S. 332. Schon im Jahre 1570 hatten die „königliche Dänische und die herzogliche Gottorpische Linie" wegen verwandtschaftlicher Beziehungen zum Oldenburger Grafengeschlecht vom damaligen Kaiser die Anwartschaft auf Oldenburg erhalten, vgl. Oldenburg's hundertjährige Jubelfeier, S. VI.

[4] Vgl. Teil I dieser Arbeit.

[5] Kammer-Publikation vom 8.5.1784, in: Verzeichniß und summarischer Inhalt der im Herzogthum Oldenburg vom 1sten Septb. 1775 bis zum 1sten Decb. 1793 ergangenen Verordnungen, Rescripte und Resolutionen, Oldenburg 1794, S. 141.

[6] Pleitner, Emil: Oldenburg im 19. Jahrhundert. Bd. 1: 1800-1848, Oldenburg 1899, S. 33.

[7] Pavenstedt, Johann: Erlebnisse eines Unterpräfekten im Arrondissement Oldenburg, 1811/12, zit. nach: Lübbing, Hermann (Hg.): Oldenburg. Eine feine Stadt am Wasser Hunte, 5. Aufl., Oldenburg 1990, S. 100f.

Wenn im frühen 18. Jahrhundert wegen eines besonderen festlichen Anlasses größerer Lichtbedarf in der Stadt bestand, wurden in den Fenstern des Rathauses und in den Wohnungen der wohlhabenden Bürger zahlreiche Einzellichter aufgestellt, die so die ganze Stadt illuminierten:

> Wenn wir uns die abendlich dunkelen und verlassenen Straßen des alten Oldenburg vorstellen, so verstehen wir auch die Vorliebe unserer Vorfahren für Illuminationen, durch die man besonders wichtige Tage auszeichnete. Dann waren vor allen Fenstern Lichte angebracht, ein Strom von Licht und Glanz ergoß sich in die Straßen, durch die die getreue Bürgerschaft wanderte, sich an dem ungewohnten Bilde erfreute und die Inschriften und Bilder einer mehr oder weniger sachverständigen Kritik unterzog.[8]

Ein bedeutender Anlass für die Illuminierung in Oldenburg war beispielsweise königlicher Besuch aus Dänemark.[9] In verschwenderischem Licht erstrahlte die Stadt ferner bei der 300-Jahrfeier des dänischen Königshauses im Jahre 1749[10] oder zu den Geburtstagen der Regenten. Dann luden die Oldenburger Honoratioren zu einem Ball ins Schloss ein, auch wenn das Fürstenpaar nicht persönlich daran teilnahm, sondern im fernen Kopenhagen weilte. Und die örtliche Presse versäumte nicht zu erwähnen, dass das Schloss und manchmal auch das Rathaus sowie einige andere große Häuser festlich beleuchtet gewesen seien.[11] Auch bei Ausbruch von Feuer wurden Lichter in die Fenster gestellt:

> War dagegen Feuer ausgebrochen und ertönte das Trommeln der Wächter und der durchdringende Ton der „Schnarren", so wurden die Fensterläden geöffnet und die Lichter auf die Fensterbretter gestellt. Dann war die ganze Straße erhellt, und die Rettungsmannschaften mit den Wassertonnen konnten ungehindert passieren.[12]

Nach dem Ende der „dänischen Zeit" begann in langsamen Schritten der Ausbau der Stadt zur modernen Residenz. Der Wechsel vom dänischen Königshaus 1773 zum Hause Gottorp in Holstein sowie die Erhebung und Vereinigung der beiden Grafschaften Oldenburg und Delmenhorst zum Herzogtum Oldenburg 1774 leiteten eine neue Ära der Stadt Oldenburg ein. Zuvor hatte es seit dem Tode Graf Anton Günthers (1667) zwischen den Regenten des Königtums Dänemark und des Herzogtums Holstein, die miteinander verwandt waren, immer wieder Streitigkeiten gegeben. Weil der Einfluss des dänischen Königshauses größer war als der des Herzogtums, hatte Dänemark den Streit und damit die Herrschaft über Oldenburg für sich entschieden. Erst als sich im Jahr 1767 die politischen Rahmenbedingungen im Hause Gottorp durch die Intervention des russischen Fürstenhauses, insbesondere durch Kaiserin Katharina II, änderten, trat eine Wende ein. Es kam zu einem Ländertausch: Dänemark erhielt das Herzogtum Holstein und Russland die Grafschaft Oldenburg. Der russische Großfürst Paul übertrug nach seiner Regierungsübernahme die Herrschaft über die Grafschaft Oldenburg seinem Vetter Friedrich August, der bisher Bischof von Lübeck gewesen war.[13]

Der erste Oldenburger Herzog, Friedrich August, beließ seinen Hauptwohnsitz nach wie vor in Eutin, weil ihm Oldenburg nicht einladend genug erschien.[14] Auch unter einigen Zeitgenossen galt die Stadt als reizlos.[15] Zwar leitete die Regierung einige Verschönerungsmaßnahmen ein, die Bautätigkeit beschränkte sich allerdings auf einen Anbau an der Nordseite

---

8 Unser Beleuchtungswesen einst und jetzt, in: Nachrichten, Nr. 118, 1.5.1907.

9 Zit. nach: Walter Barton, Oldenburgische Geschichte im Spiegel der frühen Presse. Die ersten 150 Jahre 1596-1746, Oldenburg 2000, S. 225. Erläuterungen durch Barton und Verf.

10 OWA, Nr. 30, 3.11.1749, vgl. Barton: Oldenburgisches Leben, Teil 1, S. 24.

11 Vgl. Barton: Oldenburgisches Leben, Teil 1, S. 170 und S. 157.

12 Unser Beleuchtungswesen einst und jetzt, in: Nachrichten, Nr. 118, 1.5.1907.

13 Kollmann, Paul: Statistische Beschreibung der Gemeinden des Herzogtums Oldenburg, Oldenburg 1897, S. 3ff.; vgl. ferner: Kollmann, Paul: Das Herzogthum Oldenburg in seiner wirtschaftlichen Entwicklung während der letzten vierzig Jahre, Oldenburg 1893, S. 4, sowie: Bilder aus der Oldenburgischen Geschichte. Für Schule und Haus, 3. verb. Aufl., Oldenburg, o. J. [um 1906], S. 104ff. Herzog Friedrich August nahm am 12.12.1773 die Amtsgeschäfte in Oldenburg auf.

14 Oldenburg's hundertjährige Jubelfeier, S. 8f.

15 Pleitner: Oldenburg im 19. Jahrhundert, Bd. 1, S. 29f.

des Schlosses, in den der damalige Statthalter Graf von Holmer einzog, und auf die Errichtung eines neuen Marstallgebäudes.[16] Dem politischen Wandel folgte bald auch eine Veränderung des Stadtbildes.

In dieser Zeit des Aufbruchs setzte der Rat der Stadt Oldenburg nach einem Beschluss vom 4. September 1783 mit der Einführung der öffentlichen Straßenbeleuchtung neue Maßstäbe. Das Amt des Laternenanzünders konnte von jedem Bürger übernommen werden, der seine Arbeitskraft zu einem günstigen Preis anbot. Die Bezahlung der Beauftragten für die Bedienung und Wartung der Laternen sowie für die Beschaffung des Öls erfolgte aus der städtischen Laternenkasse.[17]

Nur wenige Jahre nach Einführung der Straßenbeleuchtung wurden die Bürger für den neuzeitlichen Luxus durch eine Sondersteuer zur Kasse gebeten. 1786 führte die Kammer die Stempeltaxe für Spielkarten „zum Besten der Gassen-Erleuchtungs-Anstalt" ein. Glücksspiele in privaten und öffentlichen Häusern waren seit 1753 zwar verboten, Kartenspiele gehörten jedoch nicht dazu.[18] Die meisten Länderregierungen in Deutschland bewerteten die Kartenspiele aber stets ambivalent. Einerseits verurteilten die damaligen Regierungen sie als „ärgerliche Ergetzlichkeiten", andererseits bescherte die Produktion ihnen hohe Steuereinnahmen durch den Verkauf im eigenen Land und als Exportartikel.[19]

Nach der Verordnung vom 1. Februar 1786 wurde in Oldenburg für jeden Kartensatz noch eine zusätzliche Steuer erhoben.[20] Sogar der Herzog soll nur gestempelte Karten in Gebrauch gehabt haben.[21]

> […] Um die bereits vorhandene gemeinnützige Anstalt der Gassenerleuchtung in der Stadt Oldenburg zu unterstützen, und zu verbessern, ist höchsten Orts nothwendig und gnädigst gut gefunden worden, den Gebrauch der Spiel-Karten in besagter Stadt, mit einer gewissen leidlichen Abgabe zu belegen, welche, nebst den Zinsen des zusammengebrachten Laternen-Fonds und den theils aus der Landesherrlichen Casse angewiesenen, theils anderweiten jährlichen Beyträgen, in die Laternen-Casse fliessen und blos zur Verbesserung der Gassenerleuchtungs-Anstalten verwendet werden soll.[22]

Die Erträge der Kartenstempel wurden noch bis in die zweite Hälfte des 19. Jahrhunderts hinein an die Stadtkasse abgeführt und dienten nach wie vor zur Finanzierung der Straßenbeleuchtung. So betrug beispielsweise die Einnahme im Haushaltsjahr 1846/47 insgesamt 512 Reichstaler, das entsprach in etwa dem Jahresgehalt eines Oberlehrers an einer höheren Bürgerschule.[23] Die Einnahmen aus der Stempeltaxe waren jedoch zu gering, um die Kosten für die Straßenbeleuchtung zu decken. Deshalb wurde 1822 die Verordnung „zum Besten der hiesigen Laternencasse" auch auf fremde Kaufleute und Krämer, die auf den Wochen- und Jahrmärkten ihre Waren anboten, sowie auf Künstler, Kunstreiter und Seiltänzer, die ihre Kunst öffentlich präsentierten, ausgedehnt.

Die Höhe der Gebühren richtete sich nach der Art des Warenangebots. So wurde beispielsweise zwischen Haushaltsgeräten und Nahrungsmitteln unterschieden, und danach, ob sie in festen Häusern oder in Buden und Zelten angeboten wur

[16] Oldenburg's hundertjährige Jubelfeier, S. 8f.

[17] Rats-Proklamation, in: OWA, Nr. 36, 8.9.1783, vgl.: Barton: Oldenburgisches Leben, Teil 1, S. 208.

[18] Verordnung vom 22.10.1753, in: Verzeichniß und summarischer Inhalt der im Herzogthum Oldenburg vom 1sten Januar 1802 bis zum 8. März 1811 ergangenen Verordnungen, Rescripte und Resolutionen, Oldenburg 1826, S. 69f; ferner: Neue Blätter für Stadt und Land 1, Nr. 9, 1.2.1843, S. 48.

[19] 1839 gründete die Oldenburger Druckerei Stalling eine eigene Spielkartenfabrik. Sie existierte vermutlich bis 1879, durch einen Brand wurde die Druckerei zerstört, vgl. Koolmann /Meyer: In Oldenburg gedruckt, S. 33.

[20] „Kammer-Verordnung vom 1. Februar 1786, wodurch, zum Besten der Gassen-Erleuchtungs-Anstalt befohlen wird, daß niemand in der Stadt Oldenburg überhaupt, oder in den auf dem Stau vor dem Eversten- Haaren- und heil. Geist- Thor belegenen, und zu keiner entfernten Dorfschaft gehörenden Wirths- oder Wein- und Coffeehäusern mit ungestempelten Karten spielen solle, zugleich wird die Stempel-Taxe für jedes Spiel gewöhnlicher Karten auf 4 Grote, und für jedes Spiel Tarock-Karten auf 12 Grote klein Geld, und die Strafe für jeden Contravenienten auf 1 Rthl. vestgesetzt", in: Verzeichniß und summarischer Inhalt der in dem Herzogthum Oldenburg vom 1sten Septb. 1775 bis zum 31sten Decb. 1793 ergangenen Verordnungen, Rescripte und Resolutionen, Fünfter Theil: von allerhand, insonderheit Stadtsachen, Oldenburg 1794, S. 144.

[21] Zum Besten der Gassenerleuchtungs-Anstalt, in: OWA, Nr. 6, 6.2.1786, vgl. Barton: Oldenburgisches Leben, Teil 2, S. 10.

[22] Zit. in ebd.

[23] Die Gemeindeverwaltung und der Gemeindehaushalt der Stadt Oldenburg vom Anfange des Jahres 1834 bis zum 30. April 1847, Oldenburg 1847, S. 62 und S. 129.

den.[24] Zeigte sich die junge Residenzstadt im ausgehenden 18. Jahrhundert tagsüber in neuem Glanz, war davon nach Einbruch der Dunkelheit trotz der neuen Straßenbeleuchtung nicht mehr viel zu sehen, denn der fahle Schein der Öllaternen, die in der Stadt aufgestellt waren, reichte nicht aus, die Fassaden zu erhellen. Auch das Licht von Kerzen, Kienspänen und Öllampen, das aus den Wohnungen auf die Straße fiel, war nur schwach. Hatte eine Person bei Helligkeit einen Besuch angetreten, so musste sie sich bei Dunkelheit von ihrem Gastgeber „heimleuchten" lassen oder sich einen Fackelträger mieten, denn es war verboten, bei Dunkelheit ohne Handlaterne in den Straßen unterwegs zu sein. Jedoch diente die Lampe nächtlichen Spaziergängern nicht in erster Linie dazu, „um besser zu sehen, sondern um besser gesehen zu werden"[25]. Gewiss ging es auch darum, dass die Menschen sicher nach Hause gelangten, doch hauptsächlich wollte man die Anonymität der Nachtschwärmer aufheben. Die Laternen waren besonders gut geeignet, nächtliche Ruhestörer, Einbrecher und Spitzbuben zu erkennen. Die Verordnung vom 19. September 1787 belegt, dass die Lichtträger und Nachtwächter gleichzeitig auch Kontrolleure waren, die eingesetzt wurden, um nachts Bürgern heimzuleuchten und außerdem noch Straftaten aufzudecken. Sie arbeiteten mit der Polizei Hand in Hand. In der Verordnung heißt es,

> daß jeder, welcher sich von Michaelis bis Ostern, in den Nächten nach 12 Uhr, und vor Tages-Anbruch ohne brennende Laterne betreten [sic!] läßt, den ihn entdeckenden nächtlichen Aufsehern, Patrouillen und Nachtwächtern, eine Brüche [Strafe] von 24 gr. klein Courant erlegen, und sich von diesen, wenn er seine Wohnung glaubhaft anzuzeigen außer Stande und ihnen unbekannt ist, nach Hause begleiten lassen, hingegen ein gänzlich Unbekannter irgend Verdächtiger in die nächste Wache gebracht, die Nacht über daselbst behalten, und am folgenden Morgen, nach dem Ermessen des Policey-Bürgermeisters erst wieder freygegeben werden solle.[26]

Rund drei Monate später legten Ergänzungsbestimmungen das Ende der Handlaternenpflicht auf fünf Uhr am Morgen fest.[27] Künstliches Licht im ausgehenden 18. Jahrhundert war nicht nur ein Symbol für den Fortschritt, sondern diente auch der sozialen Kontrolle. „Das Licht einer Laterne oder Fackel reichte aus, um aus relativ kurzer Entfernung Kleidung und Rang, vielleicht sogar die Identität der Person zu erkennen."[28] Die Vorschrift, nachts eine Handlaterne zu tragen, wurde in den Jahren 1790 bis 1801 regelmäßig erneuert.[29]

***71** Handlaterne, 19. Jahrhundert. Stadtmuseum Oldenburg.*

[24] Regierungs-Bekanntmachung vom 30. Sept./3. Oct. 1822, betreffend Einführung einer Recognition für die die hiesigen Märkte beziehenden fremden Kaufleute, und eines allgemeinen Spielkartenstempels zum Besten der Gassen-Erleuchtungs-Anstalten, in: Sammlung der im Herzogthum Oldenburg geltenden Gesetze, Verordnungen und Bekanntmachungen aus der Zeit vom 1.12.1813 bis 1.1.1852, Oldenburg 1868, S. 313f. Im Jahr 1858 forderte das Großherzogliche Staatsministerium, dass die Einnahmen aus dem Spielkartenstempel nicht mehr der Kommune, sondern der Landeskasse zur Verfügung gestellt werden sollten. Der Stadtmagistrat lehnte diese Forderung jedoch rigoros ab, weil die Stadt sich soeben mit beträchtlichen Summen an der Einrichtung der Gasbeleuchtung beteiligt habe und die Einnahmen aus dem Kartenstempel nur den 4. bis 5. Teil decken würden. Die Stadt wollte nur unter der Voraussetzung einwilligen, dass ein Ausgleich durch eine neue Veranlagung der Grundsteuer garantiert wurde. Von einer Überweisung des Stempelgeldes an die Landeskasse wurde daraufhin vorläufig abgesehen, vgl. Sitzungen des Stadtrats vom 27.1. und 3.6.1859, in: Gemeinde-Blatt 6, 1859, S. 24f. und S. 113.

[25] Götz, Matthias: Nichts als Licht. Nichts als ein Bericht, in: Museum für Gestaltung Basel (Hg.): Licht. Katalog zur gleichnamigen Ausstellung, Basel 1990, S. 111.

[26] Verzeichniß und summarischer Inhalt der im Herzogthum Oldenburg vom 1sten Septb. 1775 bis zum 31sten Decb. 1793 ergangenen Verordnungen, Rescripte und Resolutionen, Oldenburg 1794, S. 144.

[27] Ebd., S. 146.

[28] Ekirch, A. Roger: In der Stunde der Nacht. Eine Geschichte der Dunkelheit, Bergisch Gladbach 2006, S. 391.

[29] Strackerjan, Christian Friedrich: Repertorium der Oldenburgischen Gesetzgebung oder allgemeines Real-Register über alle Sammlungen und Verzeichnisse der Landesherrlichen Verordnungen und der Bekanntmachungen der Landesbehörden, Bd. 2, Oldenburg 1837, S. 84.

Entwicklung der Residenzstadt

Unter der Herrschaft von Herzog Peter Friedrich Ludwig, der 1785 die Regierungsgeschäfte übernahm, fand eine durchgreifende Änderung der Stadtstruktur statt.[30] Der Herzog war Initiator einer groß angelegten Bautätigkeit in Oldenburg, die im ausgehenden 18. Jahrhundert ihren Anfang nahm und bis in die zweite Hälfte des 19. Jahrhunderts hinein anhielt. Nach dem Vorbild anderer deutscher Residenzstädte öffnete er die Stadt über den mittelalterlichen Grundriss hinaus und beförderte den Bau großzügiger Straßen und Plätze. Er ließ Parks und Gartenanlagen im Stil des englischen Landschaftsgartens anlegen und setzte in der Architektur mit der Förderung klassizistischer Baukunst neue Akzente.

Die Festungswälle, die gegen Ende des 18. Jahrhunderts ihre militärische Bedeutung verloren hatten, wurden abgetragen und zur Promenade umgestaltet, zugleich begann eine Bebauung außerhalb der ehemaligen Wallanlagen. Die neuen Gebäude um den mittelalterlichen Stadtkern wurden in einem einheitlichen klassizistischen Stil errichtet, der dem Stadtbild ein völlig neues Gepräge gab. Es war das Verdienst Peter Friedrich Ludwigs, dass die Stadt, die 1803 zur Residenz erhoben wurde, einen ihrer neuen Bedeutung entsprechenden repräsentativen Charakter erhielt.[31]

Das Schleifen der Wälle leitete die Entwicklung Oldenburgs zur modernen Stadt ein. Die geschlossene Stadt im alten Sinne war eine selbstständige politische und wirtschaftliche Einheit. Innerhalb der Stadtmauern galt eine Gesellschaftsordnung, die den verschiedenen gesellschaftlichen und sozialen Gruppen ihren Rang in der gesellschaftlichen Hierarchie zuwies. Um den innerstädtischen Frieden zu sichern und aufrechtzuerhalten, verriegelten die Wächter nach Einbruch der Dunkelheit alle fünf Stadttore. Während die drei Bürgertore, das Heiligengeist-, Stau- und Haarentor, von Stadtsoldaten bewacht wurden, unterstanden das Eversten- und das Dammtor Berufssoldaten, der Knobelgarde, benannt nach dem Befehlshaber von Knobel.[32] In den 1840er Jahren riefen die Torsperren bei den Bewohnern erheblichen Protest hervor. Denn noch immer wurden die Tore abends geschlossen, und wer danach in die Stadt hinein oder nach auswärts wollte, zahlte eine doppelte Gebühr.[33]

72 Blick vom Heiligengeisttor auf die Langestraße, Gottlob Friedrich Ferdinand David, Umrissradierung mit Altkolorit, 1831. Stadtmuseum Oldenburg.

Der Widerstand richtete sich nicht nur gegen die hohen Gebühren. Fremde Händler beklagten sich besonders darüber, dass sie nach der Torsperre, um Geld zu sparen, ihre Wagen mit den Produkten außerhalb der Stadt abstellen mussten. Patienten verzichteten darauf, nachts einen Arzt zu rufen, weil die Familie des Kranken zu arm oder zu geizig war, um das Torgeld zu bezahlen.[34] Außerdem war die Stadt über ihre alten Grenzen hinausgewachsen, wie ein Zeitungsbericht veranschaulicht:

> Auch der Verkehr wird hier verhältnissmäßig gewiß mehr durch die Sperre gestört, wie irgendwo sonst; denn die Stadt Oldenburg ist zum Theil zum Thore hinausgezogen; ich will damit sagen, eine große Anzahl von Familien, die früher innerhalb der Stadt wohnten, die auch noch jetzt in jeder Beziehung zur Stadt gehören (denn ein eigentliches Vorstadtleben hat sich bis jetzt

[30] Vgl. Pleitner: Oldenburg im 19. Jahrhundert, Bd. 1, S. 29f.
[31] Vgl. Sello, Georg: Historische Wanderung durch die Stadt Oldenburg, Oldenburg 1896, S. 36ff.; vgl. ferner: Oldenburg's hundertjährige Jubelfeier, S. 10ff.
[32] Pleitner: Oldenburg im 19. Jahrhundert, Bd. 1, S. 30f.
[33] Strackerjan: Von Land und Leuten, S. 166.
[34] Neue Blätter für Stadt und Land 1, Nr. 64, 9.8.1843, S. 304.

> hier noch nicht gebildet), wohnt jetzt vor dem Thore. Man kann deshalb mit Wahrheit sagen, einige von den Thoren Oldenburgs stehen mitten in der Stadt; sie könnten, ohne größere Belästigung zu verursachen, mitten auf dem Markte stehen.[35]

Am 17. September 1845 rief der Magistrat zu einer Bürgerversammlung auf, die erste überhaupt in der Stadt. Nach der Stadtordnung von 1833 hatten Bürger das Recht, angehört zu werden, wenn städtische Angelegenheiten neu geregelt werden sollten.[36] Es nahmen 370 Personen an der Versammlung teil, um über das Für und Wider der Torsperre zu diskutieren. Nachdem sie mehrheitlich für die Aufhebung votiert hatten, wurde auf Beschluss des Magistrats die Torsperre zum 1. Januar 1846 aufgehoben.[37] An der Torsperre hatte die Regierung vor allem wegen der Einnahmen aus dem Torgeld festgehalten, doch schon Jahrzehnte vorher war es möglich, nachts über einen der Wälle oder vom Stau aus über die Haaren in die Stadt zu gelangen.[38] Die Öffnung der Stadt zu Beginn des 19. Jahrhunderts bot den Bürgern zwar mehr individuelle Freiheiten, sie erhöhte jedoch besonders nachts die Gefahren, Raub, Gewalt und Vandalismus zum Opfer zu fallen.

Neben der „Ordnungsbeleuchtung"[39], die das Tragen der Handlaterne vorschrieb, waren die Bürger außerdem dazu verpflichtet, ihre Häuser zu verriegeln. Nach einer Bekanntmachung des Magistrats vom 14. März 1809 zahlten Hausbewohner eine Geldstrafe, wenn sie es abends versäumt hatten, ihre Türen abzuschließen. Dadurch sollte verhindert werden, dass „nachtscheues Gesindel" sich verstecken und Diebe stehlen konnten.[40] Für den Schutz des Privateigentums waren die Bürger selbst verantwortlich, für den öffentlichen Raum übernahmen Nachtwächter und Polizeikräfte die Sicherheit. Den Schutz genossen zunächst nur Bürger innerhalb der Stadtmauern. Nach der Erweiterung der Stadtgrenzen 1855 wurden auch die neuen Stadtteile zum Schutzgebiet erklärt. Für jedes Haus hatten die Besitzer eine Gebühr zu bezahlen, das so genannte Nachtwächtergeld.[41] Die Stadtverwaltung passte sich den neuen Sicherheitsbedürfnissen an, indem sie die Zahl der nächtlichen Kontrolleure sukzessive erhöhte und deren Aufgabenbereiche exakt festlegte. Eine der wichtigsten Aufgaben war der Brandschutz, weil Brände nach Einbruch der Dunkelheit eine besonders große Gefahr darstellten und in den engen Gassen der Innenstadt und bei der dichten Bebauung nur schwer einzudämmen waren. Bei Feuer mussten die Wächter sofort Alarm schlagen.[42] Außerdem hatten sie auf ihren Patrouillen nachzuprüfen, ob die Haustüren abgeschlossen waren. Des Weiteren waren sie verpflichtet, auf die Einhaltung der Sperrstunde in den Wirtshäusern zu achten, die auf 11 Uhr abends festgesetzt war.[43] Um die Jahrhundertmitte waren insgesamt 16 Nachtwächter und vier Hilfsnachtwächter eingestellt, von denen jeweils acht die nächtlichen Straßen und Plätze kontrollierten. Ihre Dienstzeit richtete sich nach der Jahreszeit. Sie begann jeweils um elf Uhr abends und endeten je nach Sommer- oder Winterzeit morgens zwischen vier und sechs Uhr. Jeder Nachtwächter hatte die Straßen in seinem Bezirk in jeder Stunde zweimal zu begehen. Ein Polizeidiener kontrollierte die Nachtwächter.

> Das Wachtpersonal verständigt sich durch weithin tönende Pfeifensignale, wenn es nöthig ist, daß die Wächter einer dem andern

---

[35] Ebd.
[36] Verordnung über die Verfassung und Verwaltung der Stadt Oldenburg, S. 49, vgl. Einleitung dieser Arbeit.
[37] Pleitner: Oldenburg im 19. Jahrhundert, Bd. 1, S. 492f.
[38] Vgl. OWA, Nr. 23, 11.6.1783, zit. nach: Barton, Oldenburgisches Leben, Teil 1, S. 108.
[39] Schivelbusch: Lichtblicke, S. 133.
[40] Diese Vorschrift wurde zuerst im Gemeinde-Blatt 3, 1856, S. 324, abgedruckt und 1859 aufgrund zahlreicher nächtlicher Diebstähle wiederholt, s. Gemeinde-Blatt 6, 1859, S. 113.
[41] Darstellung des von der Stadtgemeinde Oldenburg vorgelegten Planes über die Erweiterung ihrer Gränzen, Oldenburg 1854, S. 9. Das so genannte „Service-Geld" oder „Nachtwächtergeld" war bereits am 8.3.1778 eingeführt worden, s. Verzeichniß und summarischer Inhalt der in dem Herzog-thum Oldenburg vom 1sten Septb. 1775 bis zum 31sten Decb. 1793 ergangenen Verordnungen, Rescripte und Resolutionen, Oldenburg 1794, S. 139.
[42] Feuerordnung, in: Gemeinde-Blatt 3, 1856, S. 9ff. und S. 320.
[43] Eine Sammlung hochoberlicher Verordnungen, welche seit dem Jahre 1814 ergangen, und noch immer von Wichtigkeit sind. Hier aus der Polizeiordnung vom 8.3.1814, in: Der Oldenburgische Volksbote. Ein gemeinnütziger Volkskalender für den Bürger und Landmann des Großherzogthums Oldenburg, 1841, S. 46.

zu Hülfe kommen, oder der wachthabende Polizeidiener zur Stelle gerufen werden muß.[44]

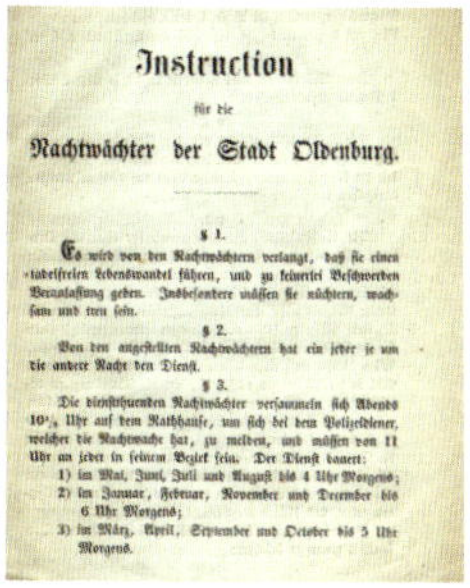

Instruction

für die

Nachtwächter der Stadt Oldenburg.

§ 1.

Es wird von den Nachtwächtern verlangt, daß sie einen tadelfreien Lebenswandel führen, und zu keinerlei Beschwerden Veranlassung geben. Insbesondere müssen sie nüchtern, wachsam und treu sein.

§ 2.

Von den angestellten Nachtwächtern hat ein jeder je um die andere Nacht den Dienst.

§ 3.

Die dienstthuenden Nachtwächter versammeln sich Abends 10½ Uhr auf dem Rathhause, um sich bei dem Polizeidiener, welcher die Nachtwache hat, zu melden, und müssen von 11 Uhr an jeder in seinem Bezirk sein. Der Dienst dauert:

1) im Mai, Juni, Juli und August bis 4 Uhr Morgens;
2) im Januar, Februar, November und December bis 6 Uhr Morgens;
3) im März, April, September und October bis 5 Uhr Morgens.

73 *Titelblatt der „Instruction für die Nachtwächter der Stadt Oldenburg", 1874. Stadtmuseum Oldenburg.*

Die traditionelle Sitte, auf ihren nächtlichen Touren die Stunde auszurufen, diente unter anderem der Polizei dazu, die Nachtwächter zu kontrollieren. Der Nachteil dabei war allerdings, dass Diebe auf deren Kommen aufmerksam wurden und rechtzeitig in den Schutz der Dunkelheit flüchten konnten.[45] 1854 entschloss sich daher der Magistrat, das Ankündigen der Stunde versuchsweise einzustellen[46], führte es aber nach drei Jahren wieder ein. Allerdings beschränkte sich das Ausrufen fortan auf dreimal in der Nacht, um elf und um zwei Uhr sowie gegen Ende der Nachtwache.[47] Ab wann genau ein absolutes Ausrufverbot in Oldenburg galt, konnte nicht ermittelt werden. Angesichts zunehmender Kriminalität wuchsen zur selben Zeit die Kompetenzen der Nachtwachen und der Polizeikräfte und konzentrierten sich immer mehr auf die Bekämpfung von Verbrechen. In den 1870er Jahren leitete die Stadtverwaltung eine Reform der öffentlichen Sicherheit ein. Sie stellte weitere Polizeikräfte ein, vorrangig ehemalige Soldaten, die nach zwölf Jahren mit dem Anspruch auf Zivilversorgung aus dem Militärdienst ausgeschieden waren.[48] Darüber hinaus gewährte sie den Wachmännern eine Gehaltserhöhung und verbot den Nebenerwerb am Tage. Denn infolge der Doppelbelastung durch mehrere Erwerbstätigkeiten verrichteten diese nachts ihre Aufgaben oft nur notdürftig, so dass viele Bürger sich beklagten. Schließlich musste mit der Ausdehnung der Stadt auch die Wachmannschaft erweitert werden, um in allen Straßen die Sicherheit gewährleisten zu können.[49] Nach einer Übersicht aus dem Jahre 1874 betrug die Zahl der Sicherheitskräfte in der Stadt insgesamt: 5 Polizeidiener, 1 Feldhüter, 1 Marktvogt, 1 Ausrufer, 2 Oberwächter und 17 Nachtwächter. Bei Bedarf standen darüber hinaus 4 Hilfspolizeidiener und 5 Hilfsnachtwächter zur Verfügung.[50]

Oldenburger Nachtleben

Die Modernisierung der Stadt Oldenburg, die in der ersten Hälfte des 19. Jahrhunderts im Wesentlichen verbunden war mit dem Ausbau der Residenz, der Ausbildung zum Behörden- und Verwaltungssitz, der Zunahme der Handelstätigkeit, dem Bau neuer Straßen sowie der Verbesserung der öffentlichen Sicherheit, setzte auch einen Wandlungsprozess im gesellschaftlichen und kulturellen Alltagsleben in Gang.[51] Die Veränderungen verliefen parallel zu der Zunahme der Bevölkerung. Zählte die Stadt im Jahre 1815 insgesamt 5 953 Einwohner, war sie bis 1850 auf 10.210 Personen angewachsen.[52] Während dieser Zeit entwickelten die Oldenburger nicht nur eine rege Vereinstätigkeit, sondern sie gestalteten ihren Feierabend und ihr

44 Bekanntmachungen. Der nächtliche Wachtdienst, in: Gemeinde-Blatt 1, 1854, S. 149.
45 Bekanntmachungen, ebd., S. 165. Röteln: möglicherweise Rütteln mit einer Klappe.
46 Ebd. Die Einstellung erfolgte ab 14.9.1854.
47 Bekanntmachungen, in: Gemeinde-Blatt 4, 1857, S. 265.
48 Gemeinde-Blatt 19, 1872, S. 69. So teilte der Magistrat beispielsweise am 12.4.1872 mit: „Der bisherige Sergeant Carl Christoph Heinrich Friedrich Wiepking hieselbst ist als Polizeidiener der Stadt Oldenburg bestellt und verpflichtet."
49 Reorganisation des hiesigen Nachtwächterinstituts, Antrag des Magistrats an den Stadtrath, 10.1.1874, in: Gemeinde-Blatt, 21, 1874, S. 36. Zustimmung Magistrat und Stadtrat, 10.3.1874, ebd., S. 49.
50 Übersicht über die Gemeindeverhältnisse der Stadtgemeinde Oldenburg, deren Verwaltung und Vertretung, in: Gemeinde-Blatt, 21, 1874, Nr. 26, Beilage, S. 2; ferner: Personalbestand der Gemeinde-Verwaltung und Gemeinde-Vertretung der Stadt Oldenburg mit Angabe der Zeit des Dienstantritts, 1.5.1874, ebd., S. 9.
51 Schulze: Oldenburgs Wirtschaft einst und jetzt, S. 18ff.
52 Reinders-Düselder: Oldenburg im 19. Jahrhundert, S. 35.

Wochenende zunehmend nach individuellen Neigungen, je nach sozialer Stellung und finanzieller Situation.[53]

Das gesellige Leben der Bevölkerung beschränkte sich nicht länger nur auf private Anlässe wie Geburt, Heirat und Tod oder auf religiöse Feste und Umzüge, Jubiläen im Herrscherhaus und berufsständische Geselligkeiten. Vielmehr erhielt das Bedürfnis der Individuen nach Kommunikation und Austausch unabhängig von privaten und offiziellen Festen eine immer größere Bedeutung und förderte nicht zuletzt deshalb die Entwicklung eines lebendigen Nachtlebens. Das Wirtshaus rückte in den Mittelpunkt der öffentlichen und privaten Geselligkeit, ja, es bestimmte das Freizeitverhalten der großen Masse überhaupt und wurde zum wichtigen Kennzeichen der modernen Kultur.[54] In den Städten herrschte nachts eine größere Bewegungsfreiheit als je zuvor, und zwar im zeitlichen wie im räumlichen Sinne.[55]

Detailreiche Aufzeichnungen über die Oldenburgischen Zustände in der vorindustriellen Zeit finden sich in einem kleinen, vier Hefte umfassenden Bändchen „Die Geheimnisse von Oldenburg", das 1844/45 erschien. Der Verfasser, ein Oldenburger, der das Buch unter dem Pseudonym „Ralph"[56] veröffentlichte, schildert darin neue Formen der Freizeitgestaltung, wie die Gründung diverser Clubs, Vereine und Salons. Ein Heft widmete der Autor ausschließlich den Wirtshäusern und förderte aus heutiger Sicht Erstaunliches zutage. Zunächst einmal überraschen die hohe Zahl der Wirtshäuser in der Stadt und die Angabe, dass sie alle gesellschaftliche Schichten bedienten.

> In der Stadt Oldenburg und in der nächsten Umgebung derselben sind nahe an hundert Wirthshäuser und Kneipen aufzufinden. Es versteht sich, daß wir von den in der nächsten Umgebung vorhandenen nur diejenigen zählen, die hauptsächlich von den Städtern besucht werden. […] In den letzten zehn Jahren hat die Neigung, Wirthshäuser zu besuchen, in Oldenburg von Jahr zu Jahr zugenommen. Große und zum Theil geschmackvoll eingerichtete Gebäude sind vor den Thoren der Stadt entstanden, die alle dieser Neigung ihren Ursprung verdanken.[57]

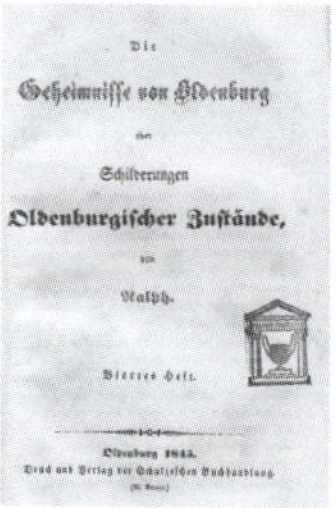
Die
Geheimnisse von Oldenburg
Schilderungen
Oldenburgischer Zustände,
Ralph.
Viertes Heft.
Oldenburg 1845.

74 *Titelblatt des vierten Heftes, in: „Die Geheimnisse von Oldenburg", Oldenburg 1845. Stadtmuseum Oldenburg.*

Viele Menschen flüchteten abends in die Clubs und Gasthäuser, nicht nur um sich zu unterhalten und zu amüsieren, es zog sie auch in die großen und hell erleuchteten Räume, über die sie nur selten in ihren Wohnungen verfügten.[58]

75 *Männergesellschaft in einer Oldenburger Gastwirtschaft, Handwerker und gehobene Dienstleiter, Gemälde von Richard Flatters, 1858. Stadtmuseum Oldenburg.*

Im 19. Jahrhundert gingen ausschließlich Männer regelmäßig an Sonntagen ins Wirtshaus – Frauen traten hier allenfalls als Kellnerin auf, denn im Großen und Ganzen galt, dass, egal aus welcher sozialen Schicht sie stammten, es für Frauen unschick-

[53] Ebd., S. 88ff.
[54] Fuchs, Eduard: Illustrierte Sittengeschichte, Frankfurt/M. 1985, S. 141.
[55] Ekirch: In der Stunde der Nacht, S. 393.
[56] „Ralph" war das Pseudonym Heinrich G. Lamprechts. Lamprecht (1812-1898) war Unteroffizier. In seiner Publikation beschrieb er Oldenburg und seine Bewohner in sarkastisch-ironischem Stil der Biedermeierzeit; vgl. Grathoff, Dirk/Hethey, Raimund: Oldenburg Literarisch, Oldenburg 1992, S. 152.
[57] Ralph: Die Geheimnisse von Oldenburg oder Schilderungen Oldenburgischer Zustände, Oldenburg 1844/45, S. 149ff.
[58] Ebd., S. 149ff.

lich und gefährlich sei, abends allein ein Wirtshaus aufzusuchen. Sie riskierten sexuelle Übergriffe oder machten sich als Prostituierte verdächtig, wenn sie an „falschen" Orten von der Polizei angetroffen wurden. Wollten sie dennoch abends ausgehen, benötigten sie männliche Begleitung. Deshalb blieben die Männer in den Lokalen je nach Herkunft, Berufsleben und sozialem Status meistens unter sich, sie spielten zusammen Karten, Billard oder Bridge, kegelten oder unterhielten sich an den Tischen. Die Unterschiede zwischen den Wirtshäusern, die vornehmlich von höheren oder verschiedenen mittleren Schichten besucht wurden, und den Häusern, in denen sich die „kleinen Leute" trafen, waren gravierend. Über die Vorlieben der Oldenburger, die Vergnügen und Geselligkeit suchten, wird Folgendes berichtet:

> Zuerst nun führe ich den geneigten Leser in das erste Weinhaus Oldenburgs, in welchem jeden Abend eine ansehnliche Zahl von Gästen, die fast durchgängig dem gebildeten, und zum Theil auch dem höheren Stande angehört, zu finden ist, nämlich in die von Harten'sche Weinstube.[59]

Zwei Dinge zeichneten dieses Lokal besonders aus: Zum einen suchten die Gäste die Weinstube erst spät am Abend zwischen neun und zehn Uhr, vorzugsweise an den Theaterabenden auf, zum anderen wurde hier das Kartenspiel nicht geduldet, weil es eine Unterhaltung zwischen den Gästen, die hier einen besonders hohen Stellenwert einnahm, verhindert hätte. Die Besucher konnten allenfalls eine Partie Billard spielen.

Der neu eröffnete Schröder'sche Weinkeller, der nur etwa für zwölf bis fünfzehn Personen Platz bot und sehr gute, aber teure Weine im Angebot hatte, fand beim Publikum nur begrenzten Anklang, weil, wie der Autor bemerkt:

> [d]ie auf den Tischen stehenden Lichter [...] nur kleine Flämmchen [hatten], die ungefähr einen Fuß weit im Umkreise den Dampf erhellten, aber keinen Strahl auf die armen Weintrinker fallen ließen, [...] wir seit ungefähr zehn Jahren die kleinen engen Räume mehr und mehr verlassen haben und uns in unseren größeren behaglicher fühlen, daß wir an öffentlichen Orten uns lieber in einer großen, als in einer kleinen Gesellschaft befinden, und die Wirthe, die, auf diese Neigung des Publikums speculirend, große, helle und mit einiger Eleganz eingerichtete Säle eröffneten, werden sich in ihrer Rechnung nicht getäuscht haben.[60]

76 Ansichtskarte vom Weinkeller Ernst Hoyer in der Baumgartenstraße, um 1890. Stadtmuseum Oldenburg.

Junge Intellektuelle, die frisch von den Universitäten aus Göttingen, Heidelberg, Berlin oder anderswo nach Oldenburg zurückgekommen waren, um hier ihre erste Stelle anzutreten, trafen sich in der Mohrmann'schen Bierstube. Dieser Treffpunkt war einst aus dem Kreis der Akademiker heraus ins Leben gerufen worden.[61] In Oldenburg war Wein, so die Überzeugung des Verfassers, beliebter als Gerstensaft, doch nach der Eröffnung des Hoyer'schen Bierkellers zu Beginn der 1840er Jahre musste er sich eines anderen belehren lassen:

> Der rasende Taumel faßte Jung und Alt, Beamten, Bürger, Soldaten, Candidaten, Schüler, ja, selbst die Weiber trieb der von der Urältermutter geerbte Fehler hinaus, um innerhalb der feuchten Wände des Bierkellers jenes bittersüße Getränk zu kosten. [...] Da sitzen sie nun an langen Tischen gedrängt aneinander, wohl an hundert Personen, ja, selbst die Passage wird durch die Gäste gesperrt, denn allenthalben haben einige derselben sich angehockt, weil Jeder gern bei der großen Gesellschaft ist. [...] Ich weiß wahrhaftig nichts weiter über den Bierkeller zu sagen, als

[59] Ebd., S. 151f.
[60] Ebd., S. 158ff.
[61] Ebd., S. 162f.

daß man das Bier vortrefflich, Käse und Brod sehr billig fand, und daß ein halb burschikoser Ton dort der vorherrschende war.[62]

Anders als vom Verfasser angenommen, hatte das Biertrinken in der Stadt eine lange Tradition. Das Bierbrauen und das Branntweinbrennen standen jedem Bürger zu, eine Konzession war nicht erforderlich. Teils wurde es für den eigenen Verbrauch, teils als Nebenerwerb von Wirtshäusern, Bäckereien und Schlachtereien betrieben. 1825 bekamen die städtischen Brauereien Konkurrenz durch die Brauerei Jürgens in Ohmstede, der erste Großbetrieb in der Stadt, der die Kunden frei Haus belieferte. In den ersten Jahren produzierte die Brauerei nur einfaches Bier, doch ab 1834 auch das stärkere und bessere Lagerbier. Das nächste Großunternehmen im Brauereiwesen entstand in Donnerschwee und wurde 1841 von J. C. Hoyer gegründet. Die Brauerei versorgte nicht nur die Stadt und das Umland mit Bier, sondern exportierte ihre Produkte auch nach China.[63] Die wirtschaftliche Bedeutung des Brauerei- und Branntweingewerbes zeigt ein Blick in die Statistik: Im Herzogtum Oldenburg wurden 1855 insgesamt 162 Brauereien und 70 Branntweinbrennereien ermittelt.[64]

Nicht nur gutsituierte Oldenburger fanden Gefallen an einem Besuch im Wirtshaus, um ihr Bedürfnis nach Geselligkeit zu befriedigen, Abend für Abend waren auch Arbeiter, Tagelöhner, Soldaten, Hausierer, Diener, Handwerksgesellen und Lehrlinge in den Lokalen zu finden. Vielen von ihnen bedeutete das Wirtshaus nicht nur Geselligkeit, es war auch Zufluchtsort, an dem sie ihre Sorgen, existenziellen Ängste, Krankheit und Not zu vergessen und sich zu erholen und abzulenken suchten. Über die Treffpunkte der „unteren Volksklasse" fand „Ralph" allerdings nur abschätzige Worte:

In diesen Häusern geht es zuweilen am Tage, besonders aber am Abend und oft bis spät in die Nacht hinein toll und wüst her. Es wird geschrieen, geschimpft und geflucht, es werden schmutzige, unzüchtige Lieder abgebrüllt, und oft entsteht beim Kartenspiel eine allgemeine Holzerei, die in der Regel dadurch gedämpft wird, daß der Wirth die Streitsüchtigsten und Betrunkensten hinaustransportiren läßt. Dies kann aber fast immer nur mit Hülfe von Polizeidienern und Dragonern bewerkstelligt werden, welche sich dann oft genöthigt sehen, solchen Unruhstiftern, die zum Nachhausegehen fast nie bewogen werden können, ein Nachtlager auf Brettern anzuweisen.[65]

77 *Brauerei Büsing & Klostermann in Donnerschwee, um 1890. Stadtmuseum Oldenburg.*

78 *In diesem Abschnitt der Lange Straße gab es allein drei Gastwirtschaften, Fotografie vor 1882. Stadtmuseum Oldenburg.*

[62] Ebd., S. 165f.

[63] Die Brauerei war verbunden mit einer Kerzen-, Essig-, Seifen- und Schokoladenfabrik. Hoyer beteiligte sich 1845 auch an der Gründung der Spar- und Leihbank, der ersten Bank in der Stadt Oldenburg, vgl. Schulze: Oldenburgs Wirtschaft einst und jetzt, S. 185f.

[64] Kollmann: Das Herzogthum Oldenburg, S. 314f.

[65] Ralph: Die Geheimnisse von Oldenburg, S. 190.

Einen ebenso großen Zuspruch wie die Wirtshäuser genossen auch die öffentlichen Tanzlokale. Sie lagen meistens vor den Toren der Stadt, waren oft Wirtshäusern angegliedert und wurden gleichermaßen von Frauen und Männern besucht. An den Wochenenden, am Samstagabend und Sonntagnachmittag, spielten Musikanten zum Tanz auf.[66]

79 Blick in die Burgstraße. Das zweite Gebäude rechts diente seit 1875 als Gastwirtschaft und Gesellenherberge, 1907. Stadtmuseum Oldenburg.

80 Blick in den Patentkrug, Bleistiftzeichnung von Christian Griepenkerl, 1853. Stadtmuseum Oldenburg.

Einige bürgerliche Zeitgenossen wie Geistliche, Lehrer und Beamte sahen in den Abend- und Wochenendvergnügungen jedoch vor allem eine Gefahr für Wohlstand, Sitte und öffentliche Ordnung und kritisierten von der Kanzel und in den damaligen neuen Medien, wie den Zeitungen, Kalendern und Unterhaltungsdruckschriften, „den unnützen und unmoralischen Zeitvertreib". In einem Leitartikel der *Oldenburgischen Blätter* wird besonders die Vergnügungssucht der „kleinen Leute" getadelt, die ihr Geld vergeudeten und im Winter dann nicht einmal mehr in der Lage seien, neue Strümpfe zu kaufen:

> Wenn an mehrern Orten, ja man kann fast sagen, an allen Orten unsers Landes die Tanzwuth unter der dienenden Classe dermaßen eingewurzelt ist, daß Knechte und Mägde zwey Stunden Weges machen, um zu tanzen, und daß die Wirthe auf den Dörfern ihre Rechnung dabey finden, wenn sie dergleichen Gelage veranstalten, wo sie den Dienstboten für ein Gläschen Branntwein mit Zucker und einem Pfeifenstiel darin zum Umrühren, was ihnen zusammen kaum einen Groten kostet, vier Grote abnehmen: so wäre zu wünschen, daß dieses so viel möglich beschränkt werde. Zwar sind die Menschen der dienenden Classe weder Leibeigene noch Sclaven, und es ist ihnen, nach vielen, der Arbeit gewidmeten Tagen, wohl ein Vergnügen zu gönnen, allein sie haben ja Jahrmärkte, Spinnebiere und andere Vergnügungen, auch Hochzeiten u.a.m. Wozu sind denn nun noch diese Gelage nöthig, die, beym Lichte besehen, mehr dem Betriebe der Wirthe als dem Verlangen der Theilnehmer ihre Entstehung verdanken?[67]

Der Lokalreporter führte die Ursachen der Vergnügungssucht auf die französische Okkupation zurück, „die uns fast nur ihre Uebel zurückgelassen hat. Damals konnte es freylich Gründe geben, solche Gelage zu begünstigen, die jetzt aber doch wegfallen." Er wünschte sich den alten Zustand zurück, richtete seinen missbilligenden Blick jedoch nur auf die „unteren Volksklassen": Er verurteilte die „Tanz-Gelage" als verwerflich, weil sie nicht nur die Arbeitsmoral unterminierten, sondern auch zu unkontrollierter Sexualität und Sittenlosigkeit verführ-

---

[66] Bekanntmachungen. Tanzbelustigungen, in: Gemeinde-Blatt, 1, 1854, S. 169f.; ferner: Polizeiverordnung vom 8.3.1814, in: Der Oldenburgische Volksbote, 1841, S. 46f.
[67] Ueber Tanz-Gelage, in: Oldenburgische Blätter 18, Nr. 23, 28.10.1834, S. 337f.

ten. Dies würde zwangsläufig ungewollte Schwangerschaften oder unfreiwillige Ehen zur Folge haben, zur Verelendung der betroffenen Familien führen, denen am Ende schließlich nur noch die Unterstützung durch die Armenkasse bleibe.[68]

Bei einem Vergleich der spezifischen Merkmale zwischen „bürgerlicher Kultur" und der Kultur der „kleinen Leute" lassen sich nach Auswertung der Quellen also ganz unterschiedliche Formen im Umgang miteinander, im Erleben von Genuss wie auch im Freizeitverhalten konstatieren. Tagelöhner, Handlanger, Soldaten, Gesinde, Arbeiter und andere Angehörige der Unterschicht waren viel stärker von den Zwängen des Arbeits- und Alltagslebens bestimmt und hatten folglich vor allem das Bedürfnis, ihre arbeitsfreie Zeit ohne Zwang und Bevormundung zu gestalten und sich zu erholen.

Doch diese Volksvergnügen wurden von der bürgerlichen Öffentlichkeit keineswegs gebilligt, sie beklagte vor allem die nachlassende Arbeitsmoral sowie den Verlust von Sitte und Moral und forderte, dass „maßvolle Vergnügungen [...] die Arbeitskraft regenerieren, den Sinn erheitern, die Seele erbauen" sollten.[69] Allerdings blieb der Erfolg der Umerziehung und Beeinflussung von Anfang an sehr gering, weil ein seit Jahrhunderten gültiges kulturelles Modell der ständischen Gesellschaftsordnung mit der Französischen Revolution nach und nach seine Verbindlichkeit verloren hatte, „so daß die Riten der Lebensfreude sich tiefgreifend verwandelten".[70]

Eine „proletarische Kultur", die sich bewusst von der „bürgerlichen Kultur" abgrenzte und eine eigene kulturelle Identität herausbildete, entwickelte sich jedoch erst in der zweiten Hälfte des 19. Jahrhunderts.

Neue Öllaternen lassen Oldenburg heller strahlen

Die Napoleonischen Kriege zu Beginn des 19. Jahrhunderts hatten den Ausbau der Stadt Oldenburg unterbrochen. Erst ab den 1830/40er Jahren beschäftigten sich die Stadtbaumeister wieder systematisch mit der städtebaulichen Weiterentwicklung.[71] Nicht ohne Stolz blickten die Oldenburger 1845 im Jahr der 500jährigen Wiederkehr der Stadtrechtsverleihung in ihrer Jubiläumsschrift auf ihre Stadt:

> Aus dem mittelalterlichen, eng-ummauerten, sich an den Fuß der Grafenburg ängstlich anklammernden Ort, aus dem westphälischen Landstädtchen des achtzehnten Jahrhunderts wurde eine blühende, freundliche Hauptstadt, mit hellen offenen Gassen, mit vielen hundert neuen wohnlichen Häusern, mit imposanten öffentlichen Gebäuden.[72]

Auch die Straßenbeleuchtung konnte durch zusätzliche Öllaternen verbessert werden und trug zur Verschönerung des Gesamteindrucks bei. Im historischen Stadtzentrum gab es insgesamt 29 Straßen, in denen Anfang der 1840er Jahre 114 Laternen in verschiedenen Ausführungen standen.[73] So gab es 68 große Laternen, 18 kleine Laternen, 10 Laternen am Damm und Osternburg, 11 neue Laternen mit parabolischen Scheinern.[74] Pro Stunde verbrauchten alle Laternen zusammen rund 243 Loth Öl, oder anders ausgedrückt etwa 7,6 Pfund.[75]

Die Kosten für die Straßenbeleuchtung wurden aus der herrschaftlichen Kasse, den Einnahmen aus der Stempeltaxe der Spielkarten sowie aus der Stadtkasse bezahlt. 1844 betrugen die Ausgaben für Beleuchtung insgesamt 1 400 Reichsta-

---

68 Ebd.
69 Blessing, Werner K.: Fest und Vergnügen der kleinen Leute, in: van Dülmen, Richard/Schindler, Robert (Hg.): Volkskultur. Zur Wiederentdeckung des vergessenen Alltags (16. bis 20. Jahrhundert), Frankfurt/M. 1984, S. 361.
70 Ebd., S. 365.
71 Reinders-Düselder: Oldenburg im 19. Jahrhundert, S. 20ff.
72 Aus dem Programm der zur 500 Jahrfeier, 6.1.1845, zit. in ebd., S. 9, Orig. in: StAO, Best. 262-1 A Nr. 1444.
73 Liste der Laternen zusammengestellt von der Verwaltung der Stadt vom 11.9.1842, StAO, Best. 262-1 A Nr. 2334; ferner: Allgemeines Landes-Adreßbuch für das Herzogthum Oldenburg und die Erbherrschaft Jever, Oldenburg 1839.
74 Möglicherweise handelte es sich hier um die Reflektorlaterne, die Lavoisier 1763 entwickelt hatte. Eine Öllaterne mit mehreren Dochten spendete ein Licht, das zusätzlich durch zwei Reflektoren verstärkt nach unten gelenkt wurde, vgl. Götz: Nichts als Licht, S. 109.
75 Berechnung des Oelverbrauchs bei der jetzigen Anzahl der Laternen, 12.9.1842, StAO, Best. 262-1 A Nr. 2335. Nach damaliger Berechung galt: 1 Loth = 15,0791 Gramm; 32 Loth = 1 Pfund; 1 Pfund = 480,367 Gramm, vgl. Egbert Koolmann u.a.: Der sassen speyghel. Sachsenspiegel – Recht – Alltag, Oldenburg 1995 (Veröffentlichungen des Stadtmuseums Oldenburg 21), Bd. 1, S. 317 und S. 326.

ler. Zum Vergleich: Der Oldenburger Stadtdirektor bzw. der Schulleiter einer höheren Bürgerschule verdienten jeweils jährlich 1 200 Reichstaler.[76]

81 *Straßenbeleuchtung mittels Öllampen im 18. Jahrhundert. Neufüllung einer Lampe mit Öl. Lithographie. Foto Deutsches Museum München.*

Eine zufrieden stellende Straßenbeleuchtung existierte jedoch weiterhin nicht. Aus diesem Grunde versuchte der Stadtmagistrat, der mit der Verabschiedung der Stadtordnung im Jahre 1833 institutionalisiert worden war, die Beleuchtung in professionelle Hände zu legen. Auf die erste Stellenausschreibung vom 31. Oktober 1842 in den *Oldenburger wöchentlichen Anzeigen* bewarben sich drei Klempnermeister, und zwar Wilhelm Fortmann, Ernst Gottlieb Büsing und August Sonnewald. Sie traten aber noch nicht als Interessengemeinschaft auf, sondern gaben jeweils ein separates Angebot ab. Weil der Stadtmagistrat das Angebot jedoch nicht für „annehmlich gefunden" hatte, konnte „der Zuschlag wegen Bedingung der Straßenbeleuchtung nicht erfolgen".[77]

Auch der zweite Verhandlungsversuch scheiterte, weil die Vorstellungen beider Parteien über die Höhe des Entgelts weit auseinander lagen, obwohl sogar der Stadtkämmerer Harbers ein Angebot eingereicht hatte, das mit 230 Talern Gold weit unter dem der Konkurrenz lag.[78] Den Grund für das Scheitern der Gespräche erklärte der Stadtdirektor Wöbken so:

> Es sei kürzlich mehrere Male der Versuch gemacht, die Straßenbeleuchtung in der Stadt mindestfordernd auszuschreiben, da aber die Oelpreise so sehr gestiegen seien, glaube er, dass es vortheilhafter sein werde, mit dieser Maßregel noch zu warten und aber im Mai, Juni k. J. von Neuem einen Versuch mit der Ausverdingung zu machen.[79]

Wie angekündigt, erfolgte im Mai 1843 erneut eine öffentliche Ausschreibung. Zu den Verhandlungen erschienen neben Fortmann, Büsing und Sonnewald nun auch der Klempnermeister D. Freystedt. Wiederum waren zwei Verhandlungstermine notwendig, bevor schließlich eine weit reichende Entscheidung getroffen wurde. Die späteren Gaswerksbesitzer Wilhelm Fort-

[76] Neue Blätter für Stadt und Land 2, Nr. 97, 4.12.1844, S. 455, und 101, 18.12.1844, S. 473f.; ferner: Die Gemeindeverwaltung und der Gemeindehaushalt der Stadt Oldenburg vom Anfange des Jahres 1834 bis zum 30. April 1847, Oldenburg 1847, S. 84 und S. 115.

[77] Protokoll der Verhandlungen in Anwesenheit des Stadtdirektors Wöbken sowie Büsing, Fortmann und für Sonnewald dessen Tochter vom 29.11.1842, StAO, Best. 262-1 A Nr. 2334; ferner: Personalbestand der Gemeindeverwaltung und Gemeindevertretung der Stadt Oldenburg mit Angabe der Zeit des Dienstantritts, 1.5.1874, in: Gemeinde-Blatt 21, 1874, Nr. 26, Beilage, S. 6. Die Bezeichnung Stadtdirektor war seinerzeit üblich: Johann Heinrich Carl Wöbken war seit dem 8.5.1828 Stadtdirektor.

[78] Protokoll der Verhandlungen in Anwesenheit des Stadtdirektors Wöbken sowie Harbers, Büsing und Fortmann vom 12.11.1842, StAO, Best. 262-1 A Nr. 2334.

[79] Protokoll des Stadtmagistrats vom 24.11.1842, ebd.

mann und August Sonnewald[80], die nun als Geschäftspartner auftraten, erhielten den Auftrag, die Qualität der Straßenbeleuchtung zu verbessern.[81]

Der Vertrag hatte eine Laufzeit von sechseinhalb Jahren und konnte nach drei oder sechs Jahren verlängert werden. Aus der Stadtkasse erhielten die Betreiber ein jährliches Honorar, das in drei Raten am 1. Dezember, 1. März und 1. Mai gezahlt wurde, sowie eine Pauschalsumme als Vorschuss für Öl. Als Brennstoff durften nur gereinigtes Rüböl oder bei starkem Frost nur gereinigtes Hanföl verwendet werden, das im Ölmagazin in der Schüttingstraße gelagert wurde.

Dieses Lager wurde von der Stadt mietfrei zur Verfügung gestellt. Dem Unternehmen oblag die Bedienung der Laternen, die Lieferung des erforderlichen Öls, die Reinigung, Wartung und Reparatur der Laternen sowie die Einstellung beliebig vieler Arbeiter. Sämtliche Gebrauchsmaterialien wie Laternen, Laternenpfähle, Leitern, Anzünder, Ölbehälter etc., die für die Beleuchtung notwendig waren, mussten nach drei Jahren vorgezeigt und nach sechs Jahren in einwandfreiem Zustand wieder abgeliefert werden. Die Brennzeiten waren je nach Jahreszeit in den Monaten September bis April von 16, 17 oder 18 Uhr bis 23 Uhr festgesetzt. Jede Laterne musste in diesem Zeitraum 732 Stunden brennen.[82]

Wenige Wochen vor Ablauf des Vertrages beantragten Fortmann und Sonnewald am 2. Juli 1849 eine Verlängerung um weitere sechs Jahre, erbaten aber andere Konditionen. Sie boten mehr Leistung für mehr Geld. Neben den vertraglichen Verpflichtungen sollten die Mehreinnahmen für die Anschaffung neuer Laternen verwendet und in das vorhandene städtischen Beleuchtungssystem integriert werden.[83] Fortmann und Sonnewald verfolgten zur selben Zeit schon ganz andere Ziele. In ihren Augen war die herkömmliche Ölbeleuchtung technisch überholt. Sie experimentierten schon mit Gas und hatten die erste Gaslampe entwickelt.[84]

***81a** In der Schüttingstraße befand sich das Öllager für die Straßenlaternen, um 1900. Stadtmuseum Oldenburg*

[80] Vgl. Wachtendorf, Günter: Gebäude in Oldenburg. Häuser und Bewohner im inneren Bereich der Stadt Oldenburg, Bd. 2, Neubearb. 1994, S. 686f.; August Sonnewald (†1882) war ebenfalls Klempner, er wohnte und arbeitete in der Schüttingstraße 6. Dieses Haus hatte er 1839 erworben. Nach der Gemeindeordnung von 1855 gehörten dem Stadtrat insgesamt 18 Mitglieder an. Bis 1853 war Sonnewald Mitglied im Stadtrat und wurde dann nach zweijähriger Unterbrechung 1855 erneut gewählt, vgl. Gemeinde-Blatt 1, 1854, S. 7, und ebd., 1855, S. 213.

[81] Protokoll der Verhandlungen vom 9.6.1843, StAO, Best. 262-1 A Nr. 2334.

[82] Vertragsentwurf über die Bedingungen der Straßenbeleuchtung in der Stadt Oldenburg, ebd.

[83] Fortmann und Sonnewald an Stadtmagistrat vom 2.7.1849, ebd. Hervorh. im Orig.

[84] Dieser Hinweis findet sich in dem Bericht über den Antrag von Huchting vom 28.5.1846 auf Erteilung eines Patents zur Erzeugung von Steinkohlenöl und einer Gaslampe, StAO, Best. 262-1 A Nr. 2036.

Die häusliche Beleuchtung

Abgesehen von den feudalen und kirchlichen Festilluminierungen wurde künstliches Licht aus ökonomischen Gründen im privaten und beruflichen Alltag der meisten Menschen in früheren Jahrhunderten noch sehr sparsam eingesetzt. Der Arbeitstag war durch den Rhythmus der Jahreszeiten geprägt, er begann im Winter nach Sonnenaufgang und endete abends vor Sonnenuntergang. Im Sommer wurde der Werktag entsprechend ausgedehnt. Wer in seinem Handwerksbetrieb, seinen Geschäftsräumen oder seiner Privatwohnung auch abends Licht benötigte, versorgte sich mit offenem Feuer, Kienspänen, Wachskerzen, Talglichtern oder Öllampen.[85]

In der Geschichte der künstlichen Beleuchtung kommt der Erfindung des Dochts eine einschneidende Bedeutung zu. Wann und wo das Dochtlicht zuerst verwandt wurde, ist unbekannt, jedoch ist nachweisbar, dass es keine regionale Erfindung blieb.[86] Während Kienspan und Fackel mit offener Flamme loderten, domestizierte der Docht das Feuer und kontrollierte das Licht.[87]

Weil der Docht nicht in demselben Verhältnis verbrannte wie das Wachs oder Öl, musste er täglich mehrfach geschnitten (geputzt/geschneuzt)[88] werden. Während der Docht einer Kerze häufig geputzt wurde, reichte es bei einer Öllampe, ihn nach einigen Stunden aus dem Öl etwas herauszuziehen und zu beschneiden. War das rechtzeitige Putzen, das zunächst mit den Fingern und später mit der Dochtschere erfolgte, versäumt worden, verlosch das Licht, fing an zu qualmen oder versprühte Funken. Der Docht musste also vom aufmerksamen Beobachten über das Schneiden mit der Dochtschere bis hin zum Löschen mit dem Löschhorn intensiv gewartet werden.[89] Wie lästig diese Prozedur den Zeitgenossen gewesen sein muss, bezeugt ein 1816 verfasster Zweizeiler Johann Wolfgang von Goethes: „Wüsste nicht, was sie besseres erfinden könnten/Als wenn die Lichter ohne Putzen brennten."[90]

Die Verwendung von künstlichem Licht im häuslichen Bereich unterlag in der vorindustriellen Zeit zahlreichen Bestimmungen, die vor allem auf die Sicherheit und die Sparsamkeit zielten:

> Weit oben auf der Liste der Verstöße rangierte die unnötige Verwendung von Leuchtkörpern am Tag. Die Verschwendung von Kerzenlicht war gleichbedeutend mit Luxus und Vergeudung. […] Den ganzen Abend hindurch mussten die Bewohner ihren Weg durchs Haus suchen, indem sie sich vorsichtig durch die vertrauten Räume und Gänge vorantasteten. […] Wer sich dagegen in einer unvertrauten Umgebung befand, musste sehen, wie er zurechtkam.[91]

Die Geschichte der künstlichen Beleuchtung war bis gegen Ende des 18. Jahrhunderts eine Folge zahlreicher Experimente und Verbesserungen, sie brachte aber keine bahnbrechenden Erfindungen hervor. Zwar waren in der wissenschaftlichen Erforschung des Lichts im 17. Jahrhundert neue Erkenntnisse über den Lichtstrahl gewonnen worden. So konnten etwa die

85 Schivelbusch: Lichtblicke, S. 16.
86 Heise, Ulla: Lampenfieber. Historischer Spaziergang zu den Gaslaternen, Leipzig 2001, S. 21.
87 Götz: Nichts als Licht, S. 107.
88 Die Schneuze = die Lichtputze.
89 Heise: Lampenfieber, S. 22.
90 Zit. nach: Götz: Nichts als Licht, S. 108.
91 Ekirch: In der Stunde der Nacht, S. 140f.

Pioniere Huygens und Newton, bereits das Licht durch eine Versuchsanordnung von Prismen, Linsen und Reflektoren in seine Bestandteile zerlegen, definieren und berechnen. Die Anwendungsmöglichkeiten blieben jedoch begrenzt und gerieten wieder in Vergessenheit.[92]

82 *Künstlerisch aufwendig gestaltete Tisch- und Bodenkerzenständer, Mitte 19. Jahrhundert, Fotografin Gerlinde Domininghaus. Stadtmuseum Oldenburg.*

83 *Petroleumlampe, 19. Jahrhundert, Fotografin Gerlinde Domininghaus. Stadtmuseum Oldenburg.*
84 *Tischöllampe. Wegen ihrer hohen Mobilität blieb sie bis weit ins 19. Jahrhundert verbreitet. Stadtmuseum Oldenburg.*

Von der Antike bis ins 18. Jahrhundert hinein änderte sich letztlich kaum etwas an den Bedingungen künstlicher Beleuchtung im Alltag. Die zeitgenössischen Lichttechniker bemühten sich vorrangig darum, das gewohnte Licht zu optimieren, zu bündeln, zu verstärken und zu konzentrieren, damit das Licht einer Kerze oder Öllampe es den Menschen möglich machte, auch nach Einbruch der Dunkelheit zu lesen oder handwerkliche Arbeiten zu verrichten.

Eine Neuerung stellte die so genannte Studierlampe dar, die in Holland entwickelt worden war. Sie war die erste Lampe, die einen Schirm verwendete, der aber nicht, wie später üblich, als Lichtdämpfer wirkte, „sondern als eine Art Richtstrahler, mit [dem] das Licht einer Kerze auf das Buch oder den Arbeitsgegenstand konzentriert wurde".[93] Einen Eindruck davon, wie das neue Lampenmodell auf die Helligkeit und Bequemlichkeit wirken konnte, vermittelt ein Inserat des Oldenburger Glasermeisters Hinrich Otten in den *Anzeigen* aus dem Jahr 1788:

> Diese Lampen bestehen aus einer grossen zierlichen Halbkugel von Pappe, in deren Mitte eine gläserne Lampe hängt, die 6 bis 8 Stunden, ohne geschneuzt zu werden, mit ausserordentlicher Helle brennt. [...] Diese Art Lampen ist für die Augen deswegen sehr wohlthätig, weil sie ein sehr helles und gleiches Licht verbreitet, ohne daß die Flamme selbst gesehen wird, und hat noch die besondere Bequemlichkeit, daß sie beim Schreiben auf keine Art im Wege stehet, oder Platz einnimmt, indem sie mittelst einer kleinen an der Ecke des Zimmers befestigten Rolle, wie ein Vogelbauer beliebig aufgezogen und herunter gelassen werden kann.[94]

Während im Verlauf der Zeit die Lampen- und Leuchterformen immer vielfältiger wurden, angefangen bei filigranen Öllampen und Kerzenständern über Fayence-Leuchter aus keramischem Material bis hin zu prächtigen Kristalllüstern, gab es bei den Brennstoffen keine Weiterentwicklung.[95] Es fehlten Anreize und Nachfragen. Deshalb beschränkten sich die meisten Lichttechniker bei ihren wissenschaftlichen Experimenten darauf, die Lampentechnik und die Lichtausbeute zu verbessern:

Die *Oldenburgischen Blätter* berichteten über die Ergebnisse der Experimente unter Titeln wie *Vom Dochte der Talglich-*

---

[92] Schivelbusch, Wolfgang: Licht, Schein und Wahn. Auftritte der elektrischen Beleuchtung im 20. Jahrhundert (Erco-Edition), Berlin 1992, S. 87.
[93] Schivelbusch: Lichtblicke, S. 160.
[94] OWA, Nr. 3, 14.1.1788, zit. nach: Barton: Oldenburgisches Leben, Teil 2, S. 39.
[95] Wietek, Gerhard: Altes Gerät für Feuer und Licht, hg. von der Oldenburgischen Landesbrandkasse, Oldenburg 1964 S. 18ff.

ter, Schräg stehende Lichter, Vergleichung von Lichtmaterialien oder *Vorschrift zum Lichtgießen.* In den Berichten standen praktische Hinweise zur Kontrolle des Dochts im Vordergrund. Sie richteten sich vor allem an Personen, die für die Pflege und Wartung der Lampen zuständig waren. Die gebräuchlichsten Dochte waren damals Band-, Flach- oder geflochtene Dochte. Weil eine nachlässige Dochtkontrolle in Verbindung mit schlechtem Bennstoff die Entwicklung von Qualm und Ruß begünstigte, unternahmen die Lichttechniker zahlreiche Versuche, um den Brennstoff zu verbessern, den Verbrauch zu reduzieren und das Reinigen zu erleichtern.[96]

85 *Filigrane Dochtschere, 18./19. Jahrhundert. Stadtmuseum Oldenburg.*

Der Einfluss von schlecht geputzten Dochten zeigte sich vor allem im Brennstoffverbrauch, wie in Experimenten nachgewiesen werden konnte.[97] Sollte folglich die Leuchtkraft nicht beeinträchtigt und das Qualmen verhindert werden, musste das Kürzen des Dochts besonders sorgfältig ausgeführt werden. Analysen hatten ergeben, dass durch Zusätze zum Brennstoff die Rußbildung beeinflusst werden konnte. Auch die Presse verbreitete Anleitungen, die es den Menschen ermöglichte, selbsttätig den Brennstoff zu verbessern.[98] Die Hausbeleuchtung blieb in der vorindustriellen Zeit dürftig. Zeitgenossen sprachen von einem „ständigen Halbdunkel" oder vom Licht der Kerzen, das „die Dunkelheit sichtbar" werden ließ. Die winzigen Lichtquellen ermöglichten es kaum, in einem Zimmer von einem Ende zum anderen zu sehen.

> Anders als heute, da in unseren Zimmern jeder Winkel von Licht überflutet wird, war das Licht damals nur ein schwacher Schein inmitten von Schwärze. Die Kerzen oder Lampen waren viel tiefer platziert als heutige Deckenlampen, damit man bequem an die Dochte kam. Das hatte zur Folge, dass vertraute Gesichter oder Einrichtungsgegenstände ein anderes Aussehen annahmen.[99]

Eine grundlegende Innovation in der Beleuchtungstechnik gelang schließlich dem Schweizer François Ami Argand im Jahre 1783 mit der Erfindung der Argandlampe. Sie leitete in der Geschichte der häuslichen Beleuchtung eine neue Epoche ein und erzielte sehr schnell internationale Popularität.

Die Lampe zeichnete sich vor allem durch drei Neuerungen aus: Argand benutzte einen neuartigen Docht, der nicht mehr massiv, sondern hohl war, darüber hinaus setzte er einen Glaszylinder ein, „in den die Flamme eingeschlossen war", und drittens entwickelte er „einen Mechanismus, mit dem sich der Docht heben und senken, d. h. verlängern und verkürzen ließ."[100] Als Leuchtmittel diente zunächst das herkömmliche Pflanzenöl, später das leicht flüchtige Leuchtpetroleum oder Paraffin, das aus Erdöl gewonnen wurde und um 1860 auf den Markt kam.[101] Die Argandlampe spielte überall dort eine wichtige Rolle, wo strahlendes und beständiges Licht benötigt wurde: sei es im Theater auf der Bühne, in Fotoateliers, in Büros und Geschäften oder in Privatwohnungen. Der hohle Docht bot die Lösung für das Problem des Flackerns und des schwachen Lichtstrahls.[102]

---

96 Vom Dochte der Talglichter, in: Oldenburgische Blätter 17, Nr. 32, 6.8.1833, S. 176; Schräg stehende Lichter, in: Oldenburgische Blätter 1, Nr. 24, 8.9.1817, S. 384.
97 Vergleichung von Lichtmaterialien, in: ebd.
98 Gereinigtes Rüböl, in: Oldenburgische Blätter 1, Nr. 23, 1.9.1817, S. 368.
99 Ekirch: In der Stunde der Nacht, S. 142.
100 Schivelbusch: Lichtblicke, S. 18ff.
101 Schuh, Bernd: 50 Klassiker Erfindungen. Vom Faustkeil zum Internet, Hildesheim 2003, S. 145.
102 Lippincott, Louise: Light! The Industrial Age 1750-1900, art & sciences, technology & society. Ausstellungskatalog Rijksmuseum Vincent van Gogh, Amsterdam 2000, S. 80.

Erfindung des Gaslichts

Mit dem Aufkommen der Industrialisierung veränderte sich der Lichtbedarf grundlegend. Einerseits war Maschinenarbeit in den neuen Fabriken zu kostspielig, um nur bei Tageslicht betrieben zu werden, andererseits verteuerten herkömmliche Öllampen und Wachskerzen die Produktion so sehr, dass Nachtarbeit nur in begrenztem Umfang möglich war. Nicht zuletzt stieg bei schlechten Lichtverhältnissen auch die Unfallgefahr in den Produktionshallen. Vor allem die allmählich aufkommenden Spinnereien und Webereien waren an billigen und sicheren Lichtquellen interessiert. Die parallele Entwicklung technischer Neuerungen begann demzufolge in England: Hier setzte sich zu Beginn des 19. Jahrhunderts die Industrieproduktion zuerst durch, und zur selben Zeit fand auch die Gasbeleuchtung praktische Verwendung.

Bereits 1739 war in den *Philosophical Transactions of the Royal Society* dokumentiert worden, dass bei der Destillation von Kohle und Holz brennbares Gas entsteht. Diese neuen Erkenntnisse blieben lange ohne praktische Verwendung und dienten lediglich Unterhaltungszwecken. Erst um 1800 entdeckten die Zeitgenossen, dass sich das Gaslicht „sehr gut zur Beleuchtung der neuartigen industriellen Etablissements eignete, die um diese Zeit in England wie Pilze aus dem Boden schossen und die einen großen Lichtbedarf entfalteten".[103]

Der englische Ingenieur William Murdoch, Mitarbeiter des Dampfmaschinenherstellers Watt & Boulten, gilt heute als wichtigster Vertreter der Entwicklung der Gastechnik im 18. Jahrhundert, weil er sich dem Problem der Gaserzeugung im großen Stil zuwandte und eine praktische Anwendung „im Sinne des Fortschritts der Beleuchtung verfolgte".[104] Im Jahre 1792 beleuchtete er zum ersten Mal sein Haus in Redruth in Cornwall mit Gas, das er in einer Retorte herstellte und mit Röhren dorthin leitete, wo Licht benötigt wurde.[105] Anfangs ließ er das Gas aus dem offenen Ende des Rohres frei austreten, doch stellte er bald fest,

> dass er mehr Licht bei weniger Gasverbrauch erhielt, wenn er das Gas in verschiedene kleine Flammen theilte. Er setzte dazu auf das Ende des Rohres eine wie ein Fingerhut geformte Kapsel, in deren Kopf er kleine Löcher bohrte, und liess das Gas aus diesen in kleinen Strahlen brennen. Schon 1797 als er die Werke von Philipps & Lee in Manchester mit Gasbeleuchtung versah, benutzte er dabei 2 verschiedene Arten von Brennern, einen Dreilochbrenner und einen Argandbrenner.[106]

Der im Jahre 1816 verbesserte Argandbrenner für Gas, bei dem die Öffnung des Spaltes durch einen Ring geschlossen wurde, der mit einer Reihe kleiner Löcher versehen war, wurde zum Prototyp in der Gasbeleuchtung bis gegen Ende des 19. Jahrhunderts.[107] Erst die Entwicklung des Auerlichts durch den österreichischen Chemiker und Ingenieur Auer von Welsbach im Jahre 1886 leitete eine Zäsur in der Geschichte der Gasbeleuchtung ein: Aus der offenen Flamme wurde ein so genanntes Gasglühlicht.[108] William Murdoch begann mit der Kohledestillation in kleinen Retorten, bevor er zu größeren Behältern überging. Bereits 1808 veröffentlichte er in den schon oben erwähnten *Philosophical Transactions of the Royal Society* die Beschreibung einer modernen Gasanlage mit der Retorte, den Gasometern, dem Leitungssystem und den Ventilen sowie einer Anlage zur Reinigung des Gases:

> Das Gas, das aus der Retorte kommt, wird in eisernen Röhren in große Behälter oder Gasometer geleitet, in denen es gereinigt wird, um dann durch weitere Röhren in die Fabrik geführt zu werden. Diese Röhren wiederum verzweigen sich in eine Vielzahl

[103] Schivelbusch: Lichtblicke, S. 23f.: Über seine Erfindung der Gasherstellung berichtete John Clayton in einem Brief an Robert Boyle. Der Brief wurde bereits vor 1691 verfasst aber erst 1739 in der Fachzeitschrift *Philosophical Transactions of the Royal Society* veröffentlicht. Im *Jahrbuch der Gastechnik* für das Jahr 1912, München und Berlin 1913, S. 1ff., werden die Anfänge der Gasbeleuchtung in Europa und Amerika im 18. und 19. Jahrhundert von Hugo Strache zusammengefasst.
[104] Heise: Lampenfieber, S. 46.
[105] Oechelhäuser, W. von: Die Steinkohlengasanstalten als Licht-, Wärme- und Kraft-Centralen, in: Journal für Gasbeleuchtung 35, 1892, S. 677.
[106] Lewes, B.: Hundert Jahre Arbeit an der Gewinnung von Licht aus Leuchtgas, für den Druck überarbeiteter Vortrag gehalten in London am 15. Juni 1892, in: Journal für Gasbeleuchtung 35, 1892, S. 621ff.
[107] Ebd.
[108] Gasglühlicht und elektrisches Licht, Tagungsbericht, in: Journal für Gasbeleuchtung 35, 1892, S. 345ff.

von Zweigleitungen (mit einer Gesamtlänge von mehreren Meilen) und verringern sich im Durchmesser in dem Maße, in dem die erforderte Gasmenge in ihnen abnimmt.

Die von Murdoch entwickelte Gasbeleuchtung war ursprünglich ausschließlich zur Fabrikbeleuchtung vorgesehen, an eine Anwendung außerhalb der Fabrik dachten weder Murdoch noch seine englischen Auftraggeber Matthew Boulton und James Watt, Inhaber der renommierten Dampfmaschinenfabrik.[109] In Deutschland war es Wilhelm August Lampadius, der 1816 in Freiberg / Sachsen im Auftrag des dortigen Oberbergamtes das erste Steinkohlen-Gaswerk auf einem Fabrikgelände errichtete, um die dortigen Arbeitsräume zu beleuchten.[110] Bei den Zeitgenossen war die Neuerung jedoch heftig umstritten, Fürsprecher und Gegner des neuen Leuchtgases standen sich zunächst unversöhnlich gegenüber: Wissenschaftler, Tüftler, Bürger, Ölhändler und Magistratsmitglieder verteidigten ihre jeweilige Position vehement. So verwies beispielsweise ein Gegner der öffentlichen Gasbeleuchtung in der *Kölnischen Zeitung* vom 28. März 1819 auf die Nachteile des modernen Lichts und damit auf die Gründe, aus denen es abzulehnen sei:

1. vom theologischen Standpunkte, weil das Gaslicht den Weltenplan hofmeistern wolle, der die Finsternis der Nacht vorsehe;
2. vom juristischen Standpunkte, weil auch solche Leute zu den Kosten beizutragen hätten, die gar keine Gasbeleuchtung wünschten;
3. vom medizinischen Standpunkte weil die Ausdünstungen des Gases schaden müßten. Überdies würde die helle Beleuchtung abends zu längerem Verweilen auf der Straße verlocken, wodurch eine Vermehrung von Erkältungskrankheiten hervorgerufen würde;
4. vom moralischen Standpunkte, weil das Grauen vor der Finsternis verschwinden müßte und Trunksucht und Unzucht gefördert würden;
5. vom polizeilichen Standpunkte, weil die Pferde scheu würden, die Diebe kühn gemacht würden;
6. vom volkswirtschaftlichen Standpunkte, weil große Summen alljährlich ins Ausland fließen würden;
7. vom volkstümlichen Standpunkte, weil die Wirkung von festlichen Illuminationen leiden müssten.[111]

Zu den Gegnern des neuartigen Lichts zählte auch der der Journalist Ludwig Börne, der 1824 schrieb: „Das Gaslicht ist zu rein für das menschliche Auge, und unsere Enkel werden blind".[112] Doch ungeachtet der unterschiedlichsten Bedenken gewann die Gasbeleuchtung in Arbeitswelt und Alltag schnell an Bedeutung. Für die Zeitgenossen wies sie sogar einen gewissen Unterhaltungswert auf. So veröffentlichten z.B. die *Oldenburgischen Blätter* 1817 eine praktische Anleitung zur Herstellung von Leuchtgas für jedermann. Der Artikel, der sich offenbar auf Berichte in einschlägigen Fachzeitschriften berief, wandte sich in erster Linie an die Oldenburger naturwissenschaftlichen Tüftler, die damit vor allem Freunde und Bekannte zu unterhalten vermochten.

Unter der Schlagzeile *Vorrichtung zu einem Versuch mit der Gas-Erleuchtung im Kleinen* hieß es: „Sobald die Retorte zur Hälfte rothglüht, zündet man das sich aus dem Pfeifenstiel entwickelnde Gas an, und man wird mehrere Stunden das Vergnügen, durch den Druck der Blase die außerordentlich helle Flamme vergrößern zu können, genießen." [113] Zur gleichen Zeit betrieb man, wie am Beispiel Murdochs gezeigt, die Herstellung und Anwendung von Leuchtgas bereits professionell. In Deutschland erhielt die Stadt Hannover als erste Stadt auf dem europäischen Kontinent eine Gasbeleuchtung, sie wurde auf Initiative des Herzogs von Cambridge von der englischen Imperial-Continental-Gasassociation eingerichtet. Ein zeitgenössischer Bericht schildert die in der Öffentlichkeit mit Span-

[109] Schivelbusch: Lichtblicke, S. 26.
[110] Heise: Lampenfieber, S. 57.
[111] Zit. nach: Jahrbuch der Gastechnik für 1912, S. 1.
[112] Zit. nach: Heise: Lampenfieber, S. 74.
[113] Oldenburgische Blätter 1, Nr. 4, 21.4.1817, S. 62f.

nung erwartete Inbetriebnahme der Straßenbeleuchtung mit Gasflammen am 2. September 1826:

> Die Anzündung der neuen Laternen lockte die ganze Bevölkerung aus den Wohnungen; Jubel und Freudenrufe begrüßten das schöne reine Licht, durch welches die Straßen wie mit einer festlichen Illumination gefüllt erschienen. Bis in die Nacht dauerte diese allgemeine Pilgerfahrt; die Augen konnten sich nicht sättigen an diesem Feste der Lichter, und man sah besonders die zufällig anwesenden Landleute eine solche Laterne stundenlang umstehen und starr das dreizackige helle Flämmchen betrachten, welches ohne Öl und Docht wie ein zauberischer Feuerquell ohne Ende leuchtend hervorsprudelte. Die düsteren Winkel und Schattenstellen sind nun wie durch Feerei verschwunden, vielleicht gegen den Wunsch mancher Nachtwandler, Schatzgräber und abendlichen Jäger und Botaniker, doch sicher zum Ruhme der Stadt und zum allgemeinen Besten.[114]

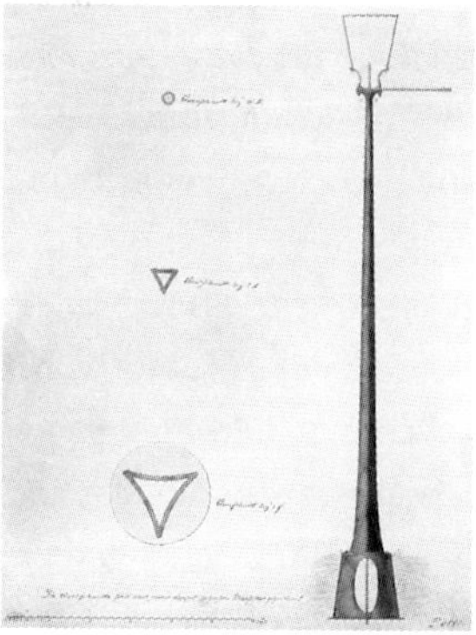

86 *Straßenlampe der Imperial-Gas-Association in Hannover, um 1826, Lithographie. Foto Deutsches Museum München.*

Ein Jahr später meldete das *Hannoversche Magazin*, dass sich die Gasbeleuchtung wegen zahlreicher Vorteile bewährt und „in die Kaufläden und Magazine, ja selbst in die Arbeitszimmer der Privaten und auf die Vorplätze der Reichen" Einzug gehalten habe.[115]

Die Anfänge der Gasbeleuchtung in Oldenburg

Neben den beiden Oldenburger Pionieren Fortmann und Sonnewald lassen sich um 1850 auch in anderen deutschen und europäischen Städten kaufmännische und technische Pioniere im Gasgeschäft finden, und auch in Oldenburg blieben sie nicht konkurrenzlos. So hatte Conrad Christian Huchting, der in Bockhorn bei Varel geboren und später nach Köln gezogen war, bereits am 28. Mai 1846 bei der Regierung in Oldenburg „auf Verleihung eines Patents auf Fabrikation eines Steinkohlenöls nebst zugehöriger Lampe nachgesucht". Die Regierung leitete das Schreiben an den Stadtmagistrat weiter und beauftragte ihn mit der Erstellung eines Gutachtens. Die sechsköpfige Gutachterkommission setzte sich zusammen aus dem Leiter der Commission für Dampfkesselanlagen, Mitgliedern des Gewerbe- und Handels-Vereins, des Magistrats und der Regierung. Die Untersuchung der neuen Lampe fand am 2. Juli im Casino statt und dauerte zehn Stunden. Ein Protokoll der Beobachtungen ist nicht überliefert, nur das Antwortschreiben an Huchting, in dem es hieß, dass die Regierung nach Eingang des technischen Gutachtens kein Patent erteile.[116]

Die Ablehnung hinderte den Magistrat aber nicht daran, Huchting das Recht zu erteilen, in Osternburg ein Gaswerk zu errichten. Es entstand unmittelbar neben der Glashütte, die 1845 von Justus Harbers gegründet worden war. Ein tragisches Unglück am 28. Juni 1847 verhinderte jedoch die Inbetriebnahme, wie einer Pressenotiz zu entnehmen ist: „Heute Abend um 7 Uhr brannte die neu angelegte Gas-Fabrik des Hern C. C. Huchting, bei Drielake, ab. Der Nordostwind schützte die benachbarten Fabrikgebäude von Hrn. Fr. Harbers."[117] Für Huchting bedeutete der Brand vermutlich das geschäftliche Ende, denn in der Quellenüberlieferung findet sich kein Hinweis auf einen erneuten Versuch, eine Gasfabrik zu errichten. Unterdessen intensivierten Fortmann und Sonnewald ihre

114 100 Jahre Gasbeleuchtung in Hannover (1826 bis 1926), in: Journal für Gasbeleuchtung 69, 1926, S. 819. Orig. in: Hannoversches Magazin, 1826.
115 Ebd.
116 Antrag Huchting vom 28.5.1846 auf Erteilung eines Patents zur Erzeugung von Steinkohlenöls nebst Lampe, in: StAO, Best, 262-1 A Nr. 2036; ferner: Korrespondenz der Großherzoglichen Regierung, 9.6.1846, des Stadtmagistrats 23.6.1846, sowie Mitgliedern der Gutachterkommission, 19.6.1846, Ablehnung des Gesuchs, 3.8.1846, ebd.
117 Neue Blätter für Stadt und Land 5, Nr. 52, 30.6.1847, S. 230.

Experimente zur Verbesserung der Lampentechnik.[118] Dies belegt ein Gutachten, das vom Directorium des Oldenburgischen Gewerbe- und Handels-Vereins im Auftrag der Großherzoglichen Regierung erstellt wurde. Es wurden je eine Lampe für die Straßenbeleuchtung und für die Innenraumbeleuchtung geprüft, die Wilhelm Fortmann und August Sonnewald zum Patent angemeldet hatten. In der Expertise des Vereins vom 27. Februar 1847 heißt es: „Die breite fächerartige Flamme wirft das Licht, welches rein ist und die beleuchteten Gegenstände in ihrer wahren Farbe erscheinen läßt vorzugsweise nach zwei Seiten." Da beide begutachteten Lampen die technischen Anforderungen erfüllten, wurde das Patent erteilt.[119] Vom Erfolg ihrer technischen Entwicklung überzeugt, versuchten Fortmann und Sonnewald beim Stadtmagistrat Interesse an der neuartigen Beleuchtung zu wecken. In ihrem Schreiben vom 31. Juli 1848 machten sie zunächst deutlich, dass sie die „Fortsetzung für die städtische Beleuchtung" für sechs Jahre bzw. ein Jahr wünschten. Dann legten sie ihre Vorstellung über die Zukunft der Straßenbeleuchtung dar:

> Wir haben uns erlaubt von der Bekanntmachung die Forderung auf 6 oder 3 Jahre zu stellen, abzuweichen, weil, wenn unsere Forderung für 6 Jahre nicht die niedrigste sein sollte, wir uns gern auf 1 Jahr den Weg offen halten möchten, um die mit bedeutenden Opfern von uns betriebene Beleuchtung mit Gasflüssigkeit nach diesem Winter zu versuchen. Ohne die Aussicht die neue Erfindung auf die hiesige Straßenbeleuchtung anwenden zu können, wurden wir diesen Versuch nicht vornehmen können, obgleich zuletzt mehr als früher die Wahrscheinlichkeit für ein günstiges Resultat spricht, weil ein neues Verfahren uns die Mittel bietet, die Gasflüssigkeit zu jeder Zeit anfertigen zu können.[120]

Der entscheidende Impuls, die Innovation der öffentlichen Beleuchtung in Oldenburg voranzutreiben, kam also aus der Stadt bzw. der Region. Auch die Stadtverwaltung sah in der Anwendung des Gaslichts, das in der ersten Hälfte des 19. Jahrhunderts die Beleuchtungstechnik in Europa revolutioniert hatte, eine Chance, Oldenburg zu modernisieren. Es ist anzunehmen, dass die Anfrage von Huchting 1846 zur Anlegung einer Gasanstalt in Osternburg sowie die Experimente von Fortmann und Sonnewald das Interesse an der neuen Technologie verstärkt hatten. Das führte insbesondere auch zu einem Informationsaustausch mit anderen Städten, in denen die Gasbeleuchtung schon gebräuchlich war. So erhielt der Oldenburger Stadtmagistrat am 15. November 1846 vom Stadtmagistrat Braunschweig einen Bericht über die dortige städtische Gasbeleuchtung.[121] Zur selben Zeit war auch in anderen deutschen Städten wie zum Beispiel in Hannover, Berlin, Hamburg, Stettin die Gasbeleuchtung schon eingeführt worden.[122] Oldenburg stand vor der Entscheidung, entweder eine auswärtige Gesellschaft zu beauftragen, ein Gaswerk zu errichten, oder den örtlichen Experten den Vorzug zu geben. Bis 1851 blieben Fortmann und Sonnewald noch für die städtische Ölbeleuchtung zuständig, jedoch wurde die Konzession seit 1849 ganz in deren Sinne nur noch jeweils für ein Jahr erteilt.[123] Dann wurde die Zuständigkeit für die öffentliche Straßenbeleuchtung neu ausgeschrieben. Obwohl sich die bisherigen Betreiber erneut beworben hatten, fiel der Zuschlag an den Klempner Johann Gerhard Wilhelm Presuhn. Er hatte nur 1 060 Courant für sechs Jahre gefordert, während Fortmann und Sonnewald für dieselbe Zeit 1 225 Courant beanspruchten.[124] Am 27 Februar 1851 verpflichtete sich Presuhn, „die hiesige Stadtbeleuchtung, nach den ausgelegten Bedingungen anzu

---

118 Notiz des Stadtdirektors Wöbken vom 19.6.1846, StAO, Best. 262-1 A Nr. 2036.
119 Gutachten vom 27.2.1847, StAO, Best. 262-1 A Nr. 2335. Am 2.3.1847 teilte Fortmann dem Stadtmagistrat mit, dass er für die vom ihm entwickelte Lampe das Patent erhalten habe.
120 StAO, Best. 262-1 A Nr. 2334. Hervorh. im Orig.
121 Bedingungen unter welchen die Beleuchtung der Stadt Braunschweig mittels Anwendung von Gaslicht dazu erbötigen Unternehmern überlassen werden soll, StAO, Best. 262-1 A Nr. 2335.
122 Verträge der genanten Kommunen über die Gasbeleuchtung sowie Sicherheitsvorschriften, ebd.
123 Protokoll der Magistratssitzung vom 21.2.1850, StAO, Best. 262-1 A Nr. 2334. Am 21.2.1850 erhielten Fortmann und Sonnewald den Bescheid, dass sie für die Summe von 1 200 Courant für ein weiteres Jahr die Straßenbeleuchtung übernehmen sollten.
124 Protokoll der Stadtmagistratssitzung vom 6.3.1851, ebd.

nehmen".[125] Der Vertrag ließ allerdings offen, ob die Konzession für drei oder sechs Jahre gelten sollte.[126] Hier wurde mit falschen Karten gespielt, denn es war absehbar, dass die Gasbeleuchtung bald auch in Oldenburg Einzug halten würde. Wenige Monate, nachdem der Antrag der Gasgesellschaft im Januar 1852 eingegangen war, wurde im Stadtmagistrat beschlossen, den Vertrag mit dem Klempnermeister Presuhn „zum Ende der nächsten Beleuchtungsperiode" zu kündigen.[127] Dieser Beschluss erfolgte vor dem Hintergrund der Überlegung, dass das Gasnetz frühestens ab 1853 für die Straßenbeleuchtung zur Verfügung stehen würde. Wie sehr der Stadtmagistrat vom schnellen Ausbau des Gasnetzes überzeugt war, macht folgende Protokollnotiz deutlich:

> Zugleich mit der Kundgebung dieses Beschlusses von Seiten des Magistrats an den Klempnermeister Presuhn soll aber diesem letzteren nunmehr die Kündigung des bestehenden Contractverhältnisses von der Zeit nach der nächsten Beleuchtungsperiode an bestimmt definitiv ausgesprochen werden.[128]

Vergeblich versuchte Presuhn Schadensersatzansprüche an die Stadt geltend zu machen, „wegen der Verbindlichkeiten, die er in Voraussetzung einer längeren Dauer des Contracts mit der Hamburger neuen Beleuchtungsgesellschaft eingegangen sei".[129] Weil er aber den Vertrag mit der Hamburger Gesellschaft nicht vorweisen konnte, wurde seine Forderung vom Stadtmagistrat zurückgewiesen.[130] Die vorzeitige Beendigung der Vertragslaufzeit bedeutete für Presuhn erhebliche finanzielle Belastungen, zumal er, nachdem er die Konzession unterzeichnet hatte, aus der Stadtkasse 1 000 Courant Gold Kaution für sein Wohnhaus in der Gaststraße erhalten hatte.[131] In dieser Summe waren auch 400 Courant Gold Vorschuss für Öl erhalten.[132] Offenbar war Presuhn nicht in der Lage, das Geld zurückzuzahlen, denn sein Bruder Theodor unterschrieb eine Bürgschaft für ihn.[133]

Am 10. Juni 1853 erhielt Wilhelm Presuhn den Auftrag, sämtliche Gegenstände, die zum Bedienen und Warten der Straßenbeleuchtung dienten, dem Stadtmagistrat vorzuzeigen und etwa die Hälfte davon direkt an die neue Gasgesellschaft abzugeben. Diese übernahm 63 verschieden große Öllaternen, 51 Lanzen und Rullen, drei hölzerne Füllkästen und fünf Handlaternen[134], denn solange das Gasnetz noch nicht vollständig ausgebaut war, mussten einige Straßen weiterhin mit Öllampen beleuchtet werden.[135] Die übrigen Öllaternen sollten auf Beschluss des Stadtrats und des Stadtmagistrats vom 15. Oktober 1853 für vier Taler Courant pro Stück verkauft werden.[136] Da der Verkauf nur schleppend verlief, bot der Magistrat 1861 die restlichen 72 Straßenlaternen nebst den dazu gehörenden Lampen per Zeitungsanzeige im *Delmenhorster Kreisblatt* sowie im *Jeverschen Wochenblatt* für jedermann zum Kauf an.[137] Die Ölbeleuchtung blieb noch bis ins 20. Jahrhundert hinein dort in Betrieb, wo nach der Meinung der Gaswerksbetreiber eine Gasleitung unrentabel war. So wurden beispielsweise noch 1901 am Haarenufer vier Petroleumlampen aufgestellt.[138]

---

[125] Ebd.
[126] Vertrag über die Bedingungen betreffend die Verdingung der Straßenbeleuchtung der Stadt Oldenburg. Anlage zum Protokoll des Stadtmagistrats vom 6.3.1851, ebd.
[127] Protokoll der Stadtmagistratssitzung vom 24.6.1852, ebd.
[128] Ebd.
[129] Protokoll Stadtmagistrat vom 18.5.1852, ebd.
[130] Ebd.
[131] Vertrag vom 27.3.1851, ebd. Der Wert des Wohnhauses wurde auf 2 550 Courant geschätzt und war mit 1 000 Courant belastet.
[132] Protokoll vom 1.7.1852, ebd.
[133] Vertrag vom 29.7.1852, ebd.
[134] Protokoll des Stadtrats vom 11.8.1853, StAO, Best. 262-1 A Nr. 2336.
[135] Fortmann an Stadtmagistrat vom 5.9.1853, ebd.
[136] StAO, Best. 262-1 A Nr. 2341.
[137] Ebd.
[138] Jahresbericht des städtischen Gaswerks 1901/02, in: Gemeinde-Blatt 49, 1902, S. 191.

Gründung einer Gasgesellschaft

Nach dem Ausstieg aus der traditionellen Straßenbeleuchtung mit Öllaternen konzentrierten sich Fortmann und seine Partner nun darauf, die öffentliche Gasversorgung voranzutreiben. Schließlich legten Fortmann, der Klempnermeister Ernst Büsing und der Kupferschmied A.C. Meyer am 29. Januar 1852 dem Magistrat einen Vertragsentwurf zur Einführung einer Gasbeleuchtung in der Stadt Oldenburg vor:

> Die unterzeichneten Klempner Büsing, Kaufmann Fortmann und Kupferschmied Meyer, hier wohnhaft, haben sich zu einer Gesellschaft vereinigt, um eine Erfindung der Neuzeit, die Gas-Beleuchtung in Oldenburg einzuführen. Die Gasbeleuchtung, welche durch Billigkeit und Reinlichkeit, sowie durch ihr schönes Licht zu vielen Zwecken vor allen bisher üblichen Beleuchtungsarten den Vorzug einnimmt; ist eben so sehr zu einem Bedürfnis als zu einer Zierde großer Städte geworden; so daß die Stadt, welche eine Gas-Beleuchtung besitzt bei gleichen Verhältnissen eine Stufe höher steht als diejenige Stadt welche sich diesen Besitz erst erringen muß.

Es folgten Überlegungen zur Finanzierung der Anlage, zur technischen Durchführung, zur Erteilung eines Privilegiums und zu den Übernahmebedingungen durch die Stadt oder durch Dritte.[139] Der Antrag der neuen Gasgesellschaft, der am 11. Mai 1852 im Magistrat und Stadtrat unter Federführung des Stadtdirektors Wöbken beraten wurde, fand die notwendige Unterstützung.[140] Es ist zu vermuten, dass Fortmann nicht zuletzt aufgrund seiner Mitgliedschaft im Stadtrat Fürsprecher gefunden hat.[141] In dem Vertragsentwurf von 1852 taucht der Name August Sonnewald nicht auf, aber in einer späteren Fassung steht sein Name ebenso in den Verträgen wie der des Regierungsrevisors Ludwig Schwenke und des Kaufmanns Eduard Wagner.

Der genannte Kupferschmied Meyer trat schon bald wieder aus der Gesellschaft aus, er arbeitete später zusammen mit Fortmann als Sachverständiger in der Commission zur Untersuchung von Dampfkesselanlagen.[142] Am 5. Juli 1854 verließ auch Sonnewald das Unternehmen, stattdessen wurden zwei neue Mitglieder aufgenommen, so dass die Gesellschaft insgesamt fünf Mitglieder zählte.

Im Frühjahr 1855 vereinbarte die Gasgesellschaft eine neue Geschäftsordnung, nach der festgelegt wurde, dass Büsing und Fortmann die alleinigen Nutzungsrechte erhielten und an die drei anderen Teilhaber eine Pacht zu zahlen hatten. Die Entscheidung wurde im *Oldenburger Anzeiger* wie folgt bekannt gegeben:

> Seit dem ersten März dieses Jahres, haben wir den Betrieb der hiesigen Gasanstalt, für die folgenden 22 Jahre auf unsere Rechnung übernommen. Wir bitten, der Gasanstalt auch ferner diejenige Theilnahme zu bewahren, welche dies Unternehmen bisher in so erfreulicher Weise bei unsern Mitbürgern gefunden hat. Büsing & Fortmann.[143]

139 Schreiben der neu gegründeten Gasgesellschaft an den Stadtmagistrat vom 29.1.1852, StAO, Best. 262-1 A Nr. 2334.
140 Verhandlung im Stadtrat und Stadtmagistrat am 11.5.1852, StAO, Best 262-1 A Nr. 2335.
141 Gemeinde-Blatt 1, 1854, S. 7; ferner: Gemeinde-Blatt 2, 1855, S. 213.
142 Protokolle und Vertragsentwürfe, StAO, Best. 262-1 A Nr. 2336; Bei der Abstimmung im Stadtrat über den Vertrag enthielt sich Sonnewald, vgl. Gemeinde-Blatt 2, 1855, S. 213.
143 Oldenburger Anzeiger 110, Nr. 42, 7.4.1855.

Die Oldenburger Pioniere

Ernst Gottlieb Büsing hatte während seiner Wanderjahre als Klempnergeselle die Einführung der Straßenbeleuchtung mit Gas in Berlin im Jahre 1826 kennen gelernt.[144] Wilhelm Fortmann hingegen hatte sich in den 1840er Jahren über die Herstellung von Gas in England informiert.[145] Dort war es, wie oben erwähnt, dem Ingenieur William Murdoch im Jahre 1792 gelungen, aus Steinkohle Leuchtgas zu gewinnen. In England, dem Mutterland der Industrialisierung, setzte sich die öffentliche Gasbeleuchtung zuerst durch. Schon Anfang des 19. Jahrhunderts (London 1805) wurde dort Gas für die Straßenbeleuchtung in größerem Stil eingesetzt. Die 1824 gegründete Continental-Gas-Association (I.C.G.A.) vermarktete das Gas nicht nur innerhalb des Landes, sondern gründete auch Niederlassungen auf dem europäischen Festland. Neben Hannover erhielt auch Berlin im September 1826 eine Straßenbeleuchtung mit Gas, die von der englischen Gasgesellschaft installiert wurde. 1828 wurden in Dresden und Leipzig die ersten kommunalen Gaswerke gegründet, während gleichzeitig in anderen Städten auch private Gasunternehmen entstanden.[146] Ursprünglich war man in den deutschen Städten hauptsächlich an einer besseren Beleuchtung der öffentlichen Straßen und Plätze interessiert, doch die Gasbeleuchtung fand bald auch Einzug in Fabrikhallen und Privathaushalte, in England verlief diese Entwicklung umgekehrt.[147]

Die Oldenburger Pioniere Fortmann und Büsing hatten sich zum Ziel gesetzt, unter den ersten 30 Gasgesellschaften in Deutschland zu sein, die eine Stadt mit Gas versorgten. Doch die Entwicklungsphase dauerte länger als geplant, so dass sie den Gründungsboom ab 1850 verpassten und ihnen bei der Unternehmensgründung 1853 nur ein Platz im vorderen Mittelfeld gelang. Bis zum Jahr 1850 gab es in Deutschland insgesamt 35 Gaswerke, die meisten davon waren ausländische Unternehmen.[148]

Der Klempnermeister Ernst Gottlieb Büsing (1807–1857) besaß zunächst in der Langen Straße und ab 1835 in der Haarenstraße eine eigene Werkstatt. 1840 gehörte er zum weiteren Gründerkreis des Gewerbe- und Handelsvereins, leitete dort mehrere Jahre lang die Abteilung Gewerbe und gehörte der Beurteilungskommission der Oldenburger Gewerbeausstellungen an, die innovative Produkte auszeichneten und Medaillen verliehen. Büsing beteiligte sich auch mit eigenen Erzeugnissen an den örtlichen und überregionalen Gewerbeausstellungen und präsentierte dort unter anderem Messing-Armleuchter, Arbeits- und Wandlampen, Teekannen, Blumenvasen, Badeapparate mit Umhang, Toilettenkästen, eiserne Öfen. 1844 erhielt er eine Bronzemedaille für seine Arbeit aus Neusilber, „namentlich fand die bisher nicht versuchte Verwendung dieser Komposition zu den Füßen gläserner Zuckerschalen vielen Beifall". Als Mitbegründer des Gaswerks übernahm er die Funktion des technischen Leiters.[149]

***87** links: Ernst Gottlieb Büsing, rechts: Wilhelm Fortmann. Stadtmuseum Oldenburg.*

[144] Büsing, Wolfgang: Ernst Gottlieb Büsing, Klempner zu Oldenburg, Mitbegründer der Gasanstalt, Oldenburg 1957, S. 9.
[145] Friedl, Hans/Günther, Wolfgang/Günther-Arndt, Hilke (Hg.): Biografisches Handbuch zur Geschichte des Landes Oldenburg, Oldenburg 1992, S. 114 und S. 200.
[146] Heymann: Vom Irrlicht zum Industriemotor, S. 35. In der Literatur wird 1826 als Einführungsjahr der Gasbeleuchtung in Hannover genannt, aber in einem Schreiben vom 29.4.1852 an den Stadtmagistrat in Oldenburg (StAO, Best. 262-1 A Nr. 2335) gab der Stadtmagistrat Hannover das Jahr 1825 an, das Jahr der Vertragsunterzeichnung.
[147] Schivelbusch: Lichtblicke, S. 34.
[148] Wehrmann, Wolfgang: Die Entwicklung der deutschen Gasversorgung von ihren Anfängen bis zum Ende des 19. Jahrhunderts, Hannover 1958, S. 35ff.
[149] Büsing: Ernst Gottlieb Büsing, S. 6ff.

Wilhelm Fortmann (1814–1894) wurde in Oldenburg geboren und besuchte hier das Gymnasium. Im väterlichen Betrieb erlernte er den Beruf des Klempners. Seine Wanderjahre führten ihn bis nach Paris und London.[150] Nach seiner Rückkehr übernahm er, wie bereits beschrieben, zusammen mit dem Klempner August Sonnewald die städtische Straßenbeleuchtung mit Öllaternen. 1853 erfolgte die Gründung der Gasgesellschaft, die neben Fortmann und Büsing aus weiteren drei Teilhabern bestand.[151] Nach dem Tod Büsings 1857 leitete Fortmann das lukrative Gasunternehmen allein, das 1870 nach Ankauf aller in fremden Händen befindlichen Anteile auch in seinen Besitz überging und erst 1901 von seinen Erben an die Stadt verkauft wurde. Fortmann war seit 1842 Mitglied der Loge „Zum goldenen Hirsch" und von 1853 bis 1857 im Stadtrat tätig. 1862 errichtete Fortmann auch ein Gaswerk in Varel und beteiligte sich an der Oldenburgischen Versicherungsgesellschaft, die er von 1871 bis 1894 als Direktor leitete.1886 gründete er schließlich gemeinsam mit seinen drei Söhnen das Bankhaus W. Fortmann, das noch heute besteht.[152]

Dass sich vor allem Klempnermeister in der neuen Beleuchtungstechnik engagierten, liegt offensichtlich darin begründet, dass die Herstellung fast aller Beleuchtungskörper wie Laternen, Leuchter für Wachskerzen, Küchenlampen, gewöhnliche Lampen und Kronleuchter seit jeher in den Händen des Spenglers bzw. des Klempners, wie die spätere Bezeichnung lautete, lag, und dieser infolgedessen mit den unterschiedlichsten Brennstoffen und deren Verbrennungseigenschaften vertraut war. Die Fortschritte in der Beleuchtungstechnik, vor allem ab Mitte des 19. Jahrhunderts, veränderten dann die Beleuchtungskörper grundlegend, so dass sich zunächst in Berlin und später auch in vielen anderen Orten eine Lampenindustrie entwickelte, die ab 1882 auch elektrische Lampen herstellte.[153] Zahlreiche Facharbeiter gingen in die neuen Fabriken, andere machten sich in der neuen Energiebranche selbstständig. Infolge des rapiden technischen Fortschritts schossen die Werke vielerorts wie Pilze aus dem Boden, so auch 1853 in Oldenburg.

Errichtung eines Gaswerks

Die Gasbeleuchtung war in Deutschland zu diesem Zeitpunkt schon seit mehr als 20 Jahren bekannt, aber erst schrittweise Verbesserungen bei der Herstellung des Gases sowie in der Lampentechnik machten es den Oldenburger Pionieren möglich, eine Beleuchtungsanlage für die ganze Stadt anzubieten. Während sich die Klempner über neue technische Entwicklungen informierten und versuchten, sie mit eigenen Ideen voranzubringen, besorgte sich die Oldenburger Stadtverwaltung Informationen aus anderen Städten, in denen die Straßen bereits mit Gaslaternen beleuchtet wurden. Deren Verträge mit teils kommunalen, teils privaten Gasunternehmen sowie polizeiliche Sicherheitsvorschriften bildeten die Grundlage für den Vertragsentwurf mit der Oldenburger Gasgesellschaft.[154]

Der Vertrag vom 24. Mai 1853 mit der Stadt Oldenburg gewährte der „Gasbereitungs-Anstalt" das alleinige Privileg für 25 Jahre. Die Gesellschaft verpflichtete sich, die Beleuchtung durch Gas in den Hauptstraßen und öffentlichen Plätzen der Stadt sowie in den Vorstädten zu übernehmen. Aber es lag im Ermessen der Gesellschaft, die übrigen kleineren Straßen und Plätze sowie die Wallpromenade entweder mit Gas- oder mit Öllaternen zu beleuchten. Der Stadtmagistrat behielt sich allerdings das Recht vor, in diesen Straßen zu einem späteren Zeitpunkt ebenfalls eine Gasbeleuchtung zu fordern. Die Primärenergie sollte Steinkohle sein, doch in einer vorläufigen Ausnahmegenehmigung wurde gestattet, Holz zu verwenden.

> Die Zahl der Gasflammen soll bei vollendeter Ausdehnung des Röhrensystems 150 betragen. Auf Plätzen und breiten Straßen

[150] Friedl u. a.: Biografisches Handbuch, S. 200.
[151] Verhandlungen zwischen Fortmann und Stadtmagistrat, s. Kap. 2.1.1. dieser Arbeit; StAO, Best. 262-1 A Nr. 2334 und Nr. 3336.
[152] Friedl u. a.: Biografisches Handbuch, S. 200, sowie: Gemeinde-Blatt 3, 1857, S. 264.
[153] Mendelsohn, Max: Die Stellung des Handwerks in den hauptsächlichsten der ehemals zünftigen Gewerbe, Jena 1899, S. 78ff.
[154] StAO, Best. 262-1 A Nr. 2334.

> sollen dieselben aus gußeisernen Laternenpfählen von anständiger Form angebracht werden; in den übrigen Straßen sind die Laternen auf gußeiserne, an den Häusern angebrachte Arme, zu stellen.

Die Gesellschaft war verpflichtet, die in dem Brennkalender festgelegten Brennzeiten einzuhalten und dafür zu sorgen, dass jede öffentliche Laterne im Durchschnitt jährlich 1 000 Stunden brannte. Die Stadt ihrerseits gewährte das Wegerecht und zahlte eine einmalige Pauschalsumme in Höhe von 1 500 Taler Courant für die gesamte öffentliche Beleuchtung an das Unternehmen. Außerdem übernahm sie die Kosten für den Energieverbrauch der Gaslaternen, die nach den Brennstunden pro Laterne berechnet wurden. Die Finanzierung für die Verlegung der Rohrleitungen wurde von der Gaswerksgesellschaft übernommen. Zugleich verpflichtete sich das Unternehmen, für alle privaten Grundstücke und öffentlichen Gebäude, die an Straßen mit Hauptrohren grenzten, jede gewünschte Menge an Leucht-, Heiz- und Kraftgas zu liefern.[155]

Das Gaswerk wurde in der Rosenstraße in der Nähe des Hafens errichtet. Bereits im September 1852, rund acht Monate vor dem Vertragsschluss, begannen die Erdarbeiten und das Verlegen der Gasröhren. Diese Vorbereitungsarbeiten lösten bei den Bewohnern der Stadt vielfachen Unmut aus, weil die Straßen durch Sandtransporte oft verschmutzt waren und das Straßenpflaster nicht ordnungsgemäß wiederherstellt wurde. Unter Androhung eines Bußgeldes wurde Fortmann aufgefordert, die Schäden zu beseitigen.[156]

Wenige Wochen vor der Fertigstellung des Gasnetzes kam es zu einem schweren Unfall infolge einer Nachlässigkeit bei der Absicherung einer Straße, wie eine Zeitungsnotiz unter der Überschrift *Straßen sind unsicher* belegt:

> Am vorigen Dienstag Abend trug es sich zu, daß der von Bremen kommende mit 4 Pferden bespannte Postwagen mitten auf der Straße, nämlich auf der Staustraße, versank, zwar nicht gänzlich, aber doch so, daß das eine Rad bis an die Axe eingedrungen war und der Wagen, den die 4 Pferde nicht vom Fleck bringen konnten, mit Hebebäumen wieder mobil gemacht werden mußte. – Woher diese Wagenversenkung kam? – Die Gasröhrenleger hatten dort am Tage die Straße aufgebrochen und Abends das tiefe und umfangreiche Loch nur sehr locker wieder zugeworfen. Die Polizei steht, wie gesagt, sehr scharf, wenn es Brüche [Strafgelder] abwirft; allein wo das Publikum in Gefahr ist, den Hals zu brechen, da scheint sie ihre Augen nicht allzusehr anzustrengen.[157]

Ursache für die mangelhafte Sicherheitsvorkehrung war der Zeitdruck, unter dem die Gasgesellschaft stand, denn es war bald offenkundig, dass der Eröffnungstermin nicht eingehalten werden konnte. In seinem Schreiben vom 22. August an den Stadtmagistrat begründete Fortmann die Verzögerung der Gasbeleuchtung mit Lieferschwierigkeiten beim Gusseisen. Auch gab er zu bedenken, dass infolge überhasteter Arbeiten später technische Störungen nicht ausgeschlossen werden könnten, zudem würde die Brennzeit ohnehin erst im September beginnen.

Der Stadtmagistrat hatte jedoch kein Verständnis für den Antrag von Fortmann, den Termin für die Inbetriebnahme der Gasbeleuchtung vom 20. August, wie in Paragraf 1 des Vertrags vom 24. Mai 1853 festgelegt, auf den 1. September 1853 zu verschieben. Die Magistratsversammlung verweigerte ihre Zustimmung und entschied, dass der Gaswerksbesitzer eine Konventionalstrafe zahlen sollte, wenn die Verpflichtung nicht bis zum vereinbarten Termin erfüllt werde.[158]

Fortmann konnte die Absprache nicht einhalten und erbat erneut eine Fristverlängerung. Der Stadtmagistrat bewilligte jedoch keine Nachfrist und belegte Fortmann mit einer Geld-

155 Die Gasbeleuchtung, in: Gemeinde-Blatt 1, 1854, S. 81f.; ferner: Endgültiger Entwurf des Vertrages vom 29.4.1853, StAO, Best. 262-1 A Nr. 2335. Beschluss des Stadtmagistrats und des Stadtrats in einer gemeinschaftlichen Sitzungen mit einigen Änderungen am 24.5.1853, die Änderungen wurden Fortmann am 3.6.1853 mitgeteilt.

156 Polizeiliche Vorschriften für das Legen der Röhren durch die Stadt; Protokoll vom 28.9.1852 sowie Schreiben vom 5.10.1852 des Stadtmagistrats an Fortmann, StAO, Best. 262-1 A Nr. 2335.

157 Der Beobachter. Ein Volksblatt 10, 10.6.1853, S. 183.

158 Protokoll der gemeinsamen Sitzung des Stadtmagistrats und des Stadtrats vom 23.8.1823, StAO, Best. 262-1 A Nr. 2336.

strafe.[159] Doch nicht allein die Stadtväter, auch die Oldenburger erwarteten mit Spannung das neue Licht und zeigten sich enttäuscht über die Verzögerung, zumal die meisten Öllaternen schon demontiert waren und die Stadt abends fast vollständig im Dunkeln lag:

> Die Sonne thut am Tage so ziemlich ihre Schuldigkeit, aber die Laternen des Abends ganz und gar nicht; denn es ist jetzt Abends auf den Straßen unserer Residenzstadt eine Finsterniß, daß die egyptische [sic!] nichts dagegen ist. Jeden Augenblick ist man in Gefahr, an einen Laternenpfahl zu rennen, oder mit einer begegnenden Person sehr unangenehm zu caramboliren. Die Gas-Beleuchtung lässt sehr lange auf sich warten und man hätte die frühere Einrichtung doch so lange behalten sollen, bis die neue ins Werk gerichtet ist.[160]

„Oldenburg ist nun erleuchtet"

Am 5. September 1853 war es schließlich soweit. Fortmann schrieb: „Die Gasbeleuchtungs-Gesellschaft beehrt sich dem Stadtmagistrat die ergebene Anzeige zu machen, daß die Beleuchtung der Straßen mittels Gasflammen, heute beginnen wird." Dem Schreiben lag eine Liste an, aus der hervorging, dass insgesamt 109 Gaslaternen und 39 Öllaternen installiert worden waren. Die ersten Gaslaternen in Oldenburg standen Am Stau, Heiligengeisttor, Markt, Casino Platz, Innerer Damm, Äußerer Damm, Schlossgarten, Poggenburg, Abraham sowie in der Kaiser-, Stau-, Schütting-, Gast-, Langen-, Achtern-, Ritter-, Baumgarten-, Haaren-, Kurwick-, Motten- und Huntestraße.[161]

Unter großer öffentlicher Anteilnahme ließen an demselben Abend die neuen Laternen die Lange- und Achternstraße im Glanz des Gaslichts erstrahlen. Bis dahin hatten die Oldenburger kaum eine andere Straßenbeleuchtung als den flackernden Schein von Öllampen gekannt. Die Helligkeit des Gaslichts übertraf die der herkömmlichen Straßenbeleuchtung um ein Vielfaches, und die örtliche Presse schrieb unter der Schlagzeile *Oldenburg ist nun erleuchtet*:

> Der Unterschied zwischen Gas- und Oelflamme, welche letztere in den Nebenstraßen und an der Theaterstraße noch ihr trübes Licht leuchten läßt, tritt jetzt, da man Vergleiche anstellen kann, so recht in's Licht, und es wäre sehr zu wünschen, daß ganz Oldenburg erleuchtet würde.[162]

Die Langestrasse zu Oldenburg.

88 *Blick in die Lange Straße. Nach einer Zeichnung von H. Schilking, um 1875. Stadtmuseum Oldenburg.*

Hell wie der Tag erschien den Oldenburger Zeitgenossen das Gaslicht, das sogar das Lesen auf der Straße möglich und die Straßen für die zahlreicher werdenden Fußgänger sicherer mache:

> Auf der Langen- und Achternstraße hat es jetzt keine Gefahr mehr, sich an einem in ägyptische Finsterniß gehüllten Gegenstand den Kopf einzustoßen, denn die Gaslaternen brennen seit Sonntag Nacht, wo Probe geleuchtet wurde, jeden Abend so hell, daß man dabei lesen könnte.[163]

Zugleich wiesen Kritiker auch auf ökologische Gefahren hin und warnten vor der Verseuchung des Bodens und des Was-

[159] Fortmann an Stadtmagistrat vom 22.8.1853, ebd.; Ablehnung des Gesuchs vom 26.8.1853 auf demselben Schreiben.
[160] Der Beobachter 10, Nr. 71, 6.9.1853, S. 283.
[161] StAO, Best. 262-1 A Nr. 2336.
[162] Der Beobachter 10, Nr. 72, 9.9.1853, S. 288.
[163] Ebd.

sers durch Schwefel und Ammoniak infolge undichter Leitungen. Die Entstehung des Gasnetzes gegen Mitte des 19. Jahrhunderts warf vor diesem Hintergrund ganz neue Probleme auf, denn die Unwissenheit über den neuen Energieträger war damals noch groß, wie folgender Bericht zeigt:

> Berlins brennender Brunnen in der Karlstraße hat sein Räthsel jetzt gelöst. Nachdem eine gelehrte Commission vergebens untersucht und berathen hatte, wurde der Kessel aufgedeckt und es fand sich, daß eine dicht daran hinlaufende schadhafte Gasröhre ihn mit dem brennenden Stoff versorgt hatte.[164]

Den Pionieren der Gasbeleuchtung in Oldenburg bescheinigte die örtliche Presse eine große Risikobereitschaft und gute Arbeit, wie in einem fiktiven Gespräch zwischen Herrn Rosenmüller und Herrn Lilienmeier zum Ausdruck gebracht wurde. Die Dialogpartner äußerten darin auch die Hoffnung, dass das Gaslicht möglichst schnell die ganze Stadt wie auch die Geschäfts- und privaten Wohnräume erleuchten sollte:

> R .- Da sind wir schön angekommen mit unserm neulichen Gespräch, das wir im Beobachter abdrucken ließen. Wir hielten uns über die schlechte Straßenbeleuchtung auf, und noch eher unser Gespräch ins Publikum kam, wurden wir auf das Angenehmste überrascht von den schönen hellen Gasflammen, welche Abends den größten Theil der Stadt erleuchtete.
>
> L.- Nun, bis dahin war die Straßenbeleuchtung auch sehr mangelhaft und ist es, behaupt' ich, noch jetzt. Sie sagen, der größte Theil der Stadt sei durch Gas erleuchtet, warum ist es nicht auch der kleinere Theil?
>
> R .- Ei es geht ja nicht Alles mit einem Male, – Rom ist auch nicht an einem Tage erbaut. Nur Geduld, es wird schon kommen. Gestehen müssen wir übrigens, daß das Ding besser ausgefallen ist, als man erwartet hat, und daß die Unternehmer ihre Aufgabe glänzend gelöst haben.
>
> L. - Eben darum sollte man jetzt den Leuten, welche ein so lobenswerthes Unternehmen gewagt und so zu sagen ihre Existenz daran gesetzt haben, auch unter die Arme greifen und durch allseitige Theilnahme entgegenkommen. Es müßte ja an keiner Stelle der Stadt, wo nur Gasröhren hingeleitet werden können, eine trübe Oellaterne mehr anzutreffen sein, und in keinem Kaufmannshause, in keiner Wirthsstube müßte die Gasflamme fehlen. Sollte es auch erst einige Groten täglich mehr kosten, so ist ja auch Gas- und Oelflamme ein Unterschied wie Tag und Nacht, möcht ich sagen.[165]

***89** Lange Straße mit Straßenlaterne im Vordergrund. An Privathäusern nahmen Laternenarme die Gaslampen, die den Eingang beleuchteten, auf, 1889, Fotograf Franz Titzenthaler. Stadtmuseum Oldenburg.*

Die Stadt hatte sich zwar vertraglich mit der Gasgesellschaft darauf verständigt, die Kosten für die öffentliche Straßenbeleuchtung zu übernehmen, doch sie versuchte schon bald durch eine Sonderregelung ihren Anteil zu minimieren und erteilte der Gasgesellschaft am 6. November 1853 die Berechtigung, von den Wirten in der Langenstraße Geld zu erheben, weil sie der Ansicht war, dass die Wirte am meisten von der Gasbeleuchtung profitierten: „Die Gelder werden von den fraglichen Wirthen erhoben und an die Gascompagnie abgeliefert. Für etwaige Ausfälle wird die Stadtkasse haften."[166]

Eine klare Abgrenzung zwischen städtischen und nichtstädtischen Gaslaternen gab es hingegen bei den Laternen auf

[164] Jeverländische Nachrichten 10, Nr. 98, 7.12.1853.

[165] Rosenmüller und Lilienmeier, in: Der Beobachter 10, Nr. 75, 20.9.1853, S. 297f. Rosenmüller und Lilienmeier sind fiktive Gesprächspartner, die sich kritisch mit Themen der Zeit im *Beobachter* auseinandersetzen.

[166] Genehmigung zur Erhebung von Beleuchtungsgeld von Wirten in der Langenstraße, 1853-1873, StAO, Best. 262-1 A Nr. 2339.

dem Areal des Schlosses, dem Palais und den Wachen. Hier waren 30 bis 40 Laternen aufgestellt, die aus der großherzoglichen Schatulle bezahlt wurden.[167]

90 *Das Schloss mit dem Kandelaber auf dem Vorplatz. Nach einer Zeichnung von H. Schilking um 1875. Stadtmuseum Oldenburg.*

Die Innovation des Gaslichts war seine dezentrale Nutzung. Das aus Steinkohle oder, wie in Oldenburg, aus Holz gewonnene Gas wurde von einem Gasometer aus in einem Leitungsnetz verteilt und stand somit permanent zur Verfügung. Außerdem ließ sich die Leuchtintensität des Gaslichtes durch einfaches Verstellen des Zuflussventils regulieren. Dass in Oldenburg Holz als Primärenergie zur Gaserzeugung verwendet wurde, lag vor allem an der geographischen Randlage und der schlechten Verkehrsanbindung der Stadt. So existierten dort im Gründungsjahr des Gaswerks (1853) weder ein Eisenbahnanschluss noch der Hunte-Ems-Kanal, um Steinkohlen aus dem Ruhrgebiet zu transportieren. Aus diesem Grund war die Gasanstalt auf Holz angewiesen, das aus dem gesamten Oldenburger Land bezogen wurde. Gegenüber dem Stadtmagistrat erklärte die Gasgesellschaft: „Wir brauchen zur Gasbereitung vorzugsweise Tannen- und Birkenholz, jedoch auch Buchenholz, welches wir ausgesägt und zerhauen wie das Brennholz zubereitet liefern lassen."[168]

Die Holzgasfabrikation bewährte sich jedoch nicht und schon wenige Jahre später erfolgte die Umstellung von Holzvergasung auf Steinkohlenentgasung, weil zum einen die Holzbestände bald aufgebraucht waren und zum anderen infolge der Vertiefung der Hunte die Möglichkeit bestand, englische Kohlen über den Wasserweg Nordsee-Weser-Hunte zu importieren.[169] Die Kohlen kamen mit dem Schiff bis Brake und gelangten von dort mit Kähnen nach Oldenburg.[170] Mit Eröffnung der Eisenbahnverbindung über Osnabrück ins Ruhrgebiet 1876 konnte schließlich auch der Transport der Ruhrkohle nach Oldenburg erfolgen.[171]

Die Gasausbeute wurde durch den Energiestoff Kohle wesentlich gesteigert und erhöhte folglich die Wirtschaftlichkeit des Unternehmens. „Das Gaswerk wurde erst rentabel, nachdem Fortmann, der inzwischen alleiniger Inhaber geworden war, zur Steinkohlenentgasung überging", schrieb der Direktor des städtischen Gaswerks Wichmann 1927 in einem Artikel über die Geschichte des Werks.[172] 1868 waren in der Stadt 286 Laternen aufgestellt und 221 Häuser verfügten über einen Gasanschluss.[173] Die nachfolgende Tabelle gewährt einen Einblick in die Entwicklung der Gasabgabe unter der Leitung von Fortmann. Die beachtlichen Steigerungen verdeutlichen, dass sich das Oldenburger Gaswerk für den Eigner zu einem rentablen Geschäft entwickelte.[174]

---

[167] Gemeinde-Blatt 3, 1856, S. 323.
[168] Protokoll der Sitzung im Magistrat mit der Gasgesellschaft vom 8.12.1853, StAO, Best. 262-1 A Nr. 2336.
[169] Wichmann, Oskar: Das städtische Gaswerk, in: Stadtmagistrat Oldenburg (Hg.): Die Landeshauptstadt Oldenburg, bearb. von Theodor Goerlitz, Berlin 1927, S. 87.
[170] Wichmann: Die Gas- und Wasserwerke der Stadt Oldenburg i. Gr., Vortrag,, in: Niedersächsischer Verein von Gas- und Wasserfachmännern (Hg.): Bericht über die 7. Jahresversammlung in Oldenburg i. Gr., 11., 12. und 13.9.1905, München o. J. [1906], S. 23.
[171] Meyer, Lioba: Ganz ohne Eile. Die Großherzoglich Oldenburgische Eisenbahn, 1867-1920 (Veröffentlichungen des Stadtmuseums Oldenburg 15), Oldenburg 1992, S. 41ff.
[172] Wichmann: Das städtische Gaswerk, S. 87.
[173] Wichmann: Die Gas- und Wasserwerke, S. 23.
[174] Energieversorgung Weser-Ems AG (Hg.): Hundert Jahre Gaswerk in Oldenburg, 1853-1953, Oldenburg 1953, o. S.; ferner: Auswertung der Jahresberichte des Gewerbe- und Handelsvereins in Oldenburg für die Zeit von 1874-1876, Oldenburg 1877.

Jährliche Gasproduktion in m³ 1853–1901

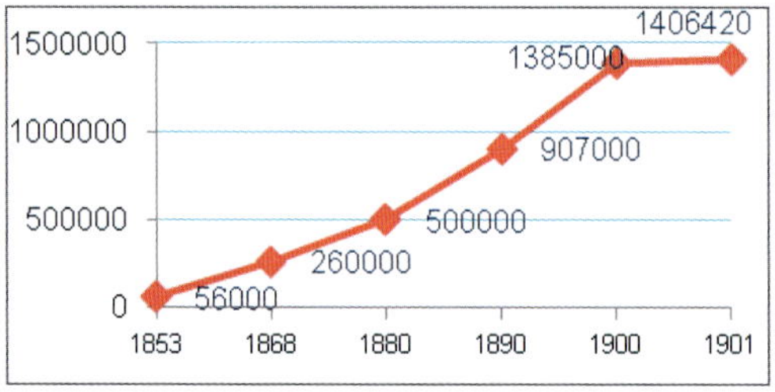

Die ökonomische Aufschwungphase war begleitet von zahlreichen technischen Schwierigkeiten in den Anfangsjahren. In der frühen Zeit der Gasbeleuchtung häuften sich die Beschwerden von Oldenburger Bürgern über unregelmäßige Brennzeiten der Öl- und Gaslaternen.[175] Der Stadtmagistrat, der die Straßenbeleuchtung aus der Stadtkasse mit einer beträchtlichen Summe finanzierte, fühlte sich getäuscht und verlangte von der Gaswerksgesellschaft eine Erklärung. Diese gab 1855 zu Protokoll:

> Die Oellaternen sind bisher schon täglich gereinigt worden, bei den Gaslaternen ist dies allerdings selten u. in nicht genügender Weise geschehen, seit zwei Tagen sind die Arbeiter beschäftigt sämtliche Gaslaternen gründlich zu reinigen und wird die Gaskompagnie dafür sorgen, daß solche künftig sehr gut rein gehalten werden. Ich bitte eine Brüche [Strafe] gegen die Gaskompagnie wegen der bisherigen mangelhaften Reinigung noch nicht zu erkennen.

Auf ein Bußgeld verzichtete der Magistrat, doch als oberste Kontrollinstanz beharrte er gegenüber der Gasgesellschaft auf die Erfüllung des Vertrags und verpflichtete sie zur täglichen Reinigung der Laternen.[176]

Ausbau des Gasnetzes

Die Straßenbeleuchtung wurde vom Stadtmagistrat zu einer öffentlichen Angelegenheit erklärt. Sie sollte die Integration der Oldenburger Vorstädte beschleunigen und auch dort zugleich Sicherheitsfunktionen übernehmen.[177] Im Dezember 1855 zählte der alte Stadtkern 9463 Einwohner, die in insgesamt 1548 Haushaltungen lebten. Durch die Erweiterung der Stadtgrenzen 1855 erhöhte sich die Zahl der Bevölkerung um 745 und die der Haushalte um 168.[178] Zum neuen Stadtgebiet gehörten neben dem historischen Zentrum nun die Stadteile Nadorst, Ehnern, Bürgerfelde, Rövekamp, Haarenesch, Ziegelhof, Dobbenviertel, Gerberhof.[179] Es umfasste in wesentlichen Teilen also die Bezirke, die heute innerhalb des Autobahnrings liegen. In einem Ergänzungsvertrag verpflichtete die Stadt die Gasgesellschaft, auch in den Hauptstraßen der neuen Stadtteile eine Gasbeleuchtung zu installieren. Es wurde vereinbart, dass in einem ersten Schritt bis zum 1. Mai 1857 insgesamt 45 Gaslaternen in folgenden Straßen aufgestellt werden sollten: vor dem Heiligengeisttor, am Kasernenplatz, an der Theater-, Peter-, Rosen-, Lappan-, Elisabeth-, Berg-, Kleinkirchen-, Häusing- und alte Huntestraße sowie auf dem äußeren Damm und am Schloßplatz.[180] Dann sollten in einem zweiten Schritt bis zum 15. September 1857 weitere 40 Gaslaternen installiert werden und zwar an der Staulinie wie auch an der Hunte-, Post-, Ofener-, Peter-, Wall-, Neuen- und Mühlenstraße.[181] Die Vertragsparteien verständigten sich auf eine Laufzeit der Gaslieferung bis zum 1. März 1876, zwei Jahre weniger als im Vertrag von 1853 vorgesehen war.[182] Diese unterschiedliche Zeitdauer der Verträge sollte sich bei späteren Verhandlungen zwischen den Parteien als sehr nachteilig für die Stadt erweisen.

175 Protokollnotizen der teils mündlichen, teils schriftlichen Beschwerden, StAO, Best. 262-1 A Nr. 2336.
176 Verhörprotokoll vom 1.3.1855, StAO, Best. 262-1 A Nr. 2337.
177 Sitzungen des Stadtrats, 12.11. und 12.12.1856, in: Gemeinde-Blatt 3, 1856, S. 300f. und S. 316f.
178 Ebd., S. 105.
179 Karte betrifft Stadtgebiet Bürgeresch, „Grenzregulierung zwischen der Stadtgemeinde Oldenburg und der Landgemeinde Oldenburg im Jahre 1859", in: Gemeinde-Blatt 4, 1857, S. 234; s. ferner: Gemeinde-Blatt 6, 1859, S. 163.
180 Sitzung des Stadtrats, 12.11.1865, in: Gemeinde-Blatt 3, 1856, S. 300f.
181 Staulinie 7, Huntestraße 3, Poststraße (Jordan) 3, Ofenerstraße 8, Peterstraße 9, Wallstraße und Neuenstraße 6 und Mühlenstraße 4, s. ebd., S. 316.
182 Ebd.

Innerhalb kurzer Zeit nach Inbetriebnahme des Gaswerks hatte die Gasbeleuchtung bei den Verantwortlichen der Stadt einen immer größeren Stellenwert erhalten, und es setzte sich die Überzeugung durch, die Bürger in ihrem Bedürfnis nach dem neuen Licht zu unterstützen. Aus dieser Einsicht heraus war der Magistrat auch bereit, dem Unternehmen bei der Finanzierung der Erweiterung des Gasnetzes entgegenzukommen. Die Gaswerksgesellschaft musste zwar zunächst die Investitionskosten der Anlage übernehmen, aber nach Fertigstellung erhielt sie aus der Stadtkasse 6 000 Taler Courant zu vier Prozent Zinsen. Das Kapital war bis zum Ende des Vertrags 1876 in jährlichen Raten in Höhe von 430 Reichstalern an die Stadt zurückzuzahlen.[183] Diesem Betrag standen die Kosten für den Energieverbrauch der öffentlichen Laternen gegenüber, die von der Stadt zu finanzieren waren. Sie betrugen für 202 Gasflammen zu je 1 000 Beleuchtungsstunden jährlich 2 530 Taler. Außerdem subventionierte die Stadt die ganze Beleuchtung mit einem jährlichen Zuschuss von 150 Talern aus der Gemeindekasse. Es ist anzunehmen, dass die Summe, die die Stadt zu zahlen hatte, mit der Kreditsumme verrechnet wurde.[184]

Der Auftrag, innerhalb weniger Monate das Gasnetz für die Aufstellung von 85 zusätzlichen Laternen zu erweitern, war für die Gasgesellschaft offenbar zu umfangreich, denn im August 1857 beklagte sich der Stadtmagistrat, dass die Gaslaternen noch nicht vollzählig in den neuen Stadtteilen aufgestellt waren.[185] Als Zwischenlösung übernahm die Stadt in den Straßen, in denen noch keine Gasröhren verlegt worden waren, auf eigene Kosten die Installation von Photogenlaternen[186], die bereits auch im Stadtzentrum in einigen Straßen aufgestellt waren und herkömmliche Öllampen ersetzten.[187] Der Brennstoff, der in Oldenburg in den Photogenlaternen verwendet wurde, war Steinkohlenäther.[188]

Mit dem Betrieb und der Wartung der Laternen wurden der „Ölenwirth" Büsing und der Klempnermeister Schröder beauftragt. Weil sich schon bald die Beschwerden der Bürger über die mangelhafte Beleuchtung häuften, wurden die Betreiber vom Stadtmagistrat um eine Stellungnahme gebeten. Sie gaben an, dass die Photogenbeleuchtung technisch noch nicht ausgereift sei, die Lampen undicht und die Laternenanzünder in manchen Fällen nicht genügend qualifiziert seien. Zugleich verwiesen sie auf zahlreiche mutwillige Zerstörungen.[189] Technische Probleme und mangelndes Erfahrungswissen der Laternenanzünder mit dem neuen Leuchtstoff waren auch nach einem Bericht der Stadtverwaltung die Hauptgründe für die schlechten Lichteffekte der Photogenlaternen.

Die Laternen waren hauptsächlich außerhalb der inneren Stadt, hinter dem Heiligengeisttor und an der Gartenstraße, aufgestellt.[190] In der Gartenstraße, die in der ersten Hälfte des 19. Jahrhunderts zu einer repräsentativen Straße ausgebaut worden war, wurden 1858 die Photogenlampen durch Gaslaternen ersetzt.[191] Auf Initiative des Oberstadtdirektors Wöbken handelten der Stadtmagistrat und der Stadtrat mit der Gasgesellschaft einen Sondervertrag aus. In seiner Begründung hatte Wöbken am 2. Juni 1858 ausgeführt:

---

[183] Vertrag vom 1.10.1867, StAO, Best. 262-1 A Nr. 2336.

[184] Sitzung des Stadtrats 12.11.1856, in: Gemeinde-Blatt 3, 1856, S. 300f.; s. ferner: Voranschlag für die Gemeindrechnung der Stadtgemeinde Oldenburg für die Zeit 1. Mai 1857 bis 30. April 1858, in: Gemeinde-Blatt 4, 1857, S. 191f.

[185] Allerlei, in: Gemeinde-Blatt 4, 1857, S. 170.

[186] Photogen gehörte seiner Zeit neben Petroleum, Hydrocarbür, Solaröl und Terpentinöl zu den flüssigen Brennstoffen, die in der Straßenbeleuchtung eingesetzt wurden. In der Stadt waren 1858 insgesamt 60 Photogenlampen aufgestellt, ebd., S. 192. Der Begriff „Photogenlampe" wird in der Literatur auch mit dem Amerikaner Benjamin Silliman, Professor für Chemie an der Universität Yale, in Verbindung gebracht. Dieser hatte 1855 nicht nur eine Petroleumlampe mit Docht und gläsernem Zugzylinder erfunden, sondern war auch Mitbegründer einer der ersten Ölgesellschaften in Amerika, der Pennsylvania Rock Oil Company, die sich 1857 die Bohrrechte in Titusville erworben hatte. Sillimans Absicht war es, Leuchtpetroleum, den Brennstoff für seine „Photogenlampen", selbst zu gewinnen. „1859 stieß er in 21 Meter Tiefe auf ein Ölvorkommen, das täglich drei Tonnen lieferte und damit die weltweite Nutzung von Öl einleitete", s. Zischka, Anton: Die alles treibende Kraft. Weltgeschichte der Energie, Heidelberg 1988, S. 215f.

[187] Städtische Straßenbeleuchtung, in: Gemeinde-Blatt 3, 1856, S. 321ff.

[188] Steinkohlenäther (Photogen, Hydrocarbüre), in: ebd., S. 283.

[189] Protokoll vom 17.12.1857, StAO, Best. 262-1 A Nr. 2337. Der Oberstadtdirektor Wöbken forderte die Betreiber auf, ihren Auftrag zu erfüllen, andernfalls sei er genötigt, eine Konventionalstrafe zu verhängen oder den Vertrag mit ihnen aufzulösen.

[190] Allerlei, in: Gemeinde-Blatt 4, 1857, S. 174.

[191] Sitzung des Stadtrats vom 28.6.1858, in: Gemeinde-Blatt 5, 1858, S. 101.

Von den Straßen der älteren Stadt ist fast nur noch die Gartenstraße von der Gasbeleuchtung ausgeschlossen, worüber die Anwohner dieser Straße wiederholt Klage geführt haben. Der Magistrat hält es für wünschenswerth, daß die Gasbeleuchtung auch auf die Gartenstraße ausgedehnt werde, da die Straße zu den ansehnlichsten Straßen der Stadt gehört und der Verkehr auf derselben, namentlich von Fußgängern, auch am Abend nicht unbedeutend ist, und da die daselbst aufgestellten 12 Photogenlaternen eine sehr ungenügende Beleuchtung gewähren.[192]

__91__ Gasbeleuchtung in der Gartenstraße, Ansichtskarte um 1900. Stadtmuseum Oldenburg.

Der Stadtmagistrat und der Gasfabrikant Fortmann verständigten sich darauf, auch in der Gartenstraße Gasröhren zu verlegen und sie mit insgesamt 18 Gaslaternen zu beleuchten. Im Gegenzug stellte die Stadt dem Unternehmen neben den bereits vorhandenen zwölf Photogenlaternen noch weitere sechs neue Laternen unentgeltlich zur Verfügung. Darüber hinaus zahlte sie für den Gasverbrauch der 18 Laternen jährlich pauschal 280 Taler. Bei einem Vergleich der Kosten für Photogenlaternen und für Gaslaternen wurde ermittelt, dass der „ganze Mehrbetrag für die erhebliche Verbesserung" pro Laterne nur 76 Taler ergab.[193]

Bei einem Blick in das Adressbuch der Stadt Oldenburg jener Zeit wird schnell deutlich, warum hier besondere Anstrengungen unternommen wurden. Zwischen 1800 und 1858 waren in der Gartenstraße mehr als 30 repräsentative Wohnhäuser entstanden. Die meisten Anwohner waren in gehobener Position bei einer staatlichen Behörde oder Institution, namentlich auch beim Militär, tätig, oder aber als politische Vertreter im Stadtrat vertreten. Es liegt auf der Hand, dass die Anwohner auf das neue Licht nicht verzichten wollten, weil es mit Prestige und Modernität verbunden wurde.[194]

__92__ Gaslaternen auf dem Vorplatz des Oldenburger Hauptbahnhofs 1879-1914, Holzstich nach einer Fotografie von Franz Titzenthaler, um 1890. Stadtmuseum Oldenburg .

Nach der Eröffnung der Großherzoglich Oldenburgischen Eisenbahn (GOE) im Juli 1867 verlangte die Eisenbahndirektion auch am Bahnhof eine Gasbeleuchtung. Erneut wurde mit der Gaswerksgesellschaft ein Sondervertrag ausgehandelt, in dem diese sich verpflichtete, spätestens bis zum 1. Oktober 1867 auf dem Bahnhofsplatz und in den Straßen, die zum Bahnhof führten, insgesamt 48 Gaslaternen aufzustellen. Die Stadt gewährte

[192] Stadtmagistrat an Stadtrat vom 2.6.1858, StAO, Best. 262-1 A Nr. 2336.

[193] Sitzung des Stadtrats vom 28.6.1858, in: Gemeinde-Blatt 5, 1858, S. 101f.

[194] Hier einige Namen von Bewohnern der Gartenstraße mit Berufsbezeichnung. Die Zahl hinter dem Namen gibt die Hausnummer an: Dr. Runde, Ministerialrath, 1; Nienburg, Deichinspektor, 1b; Plate, Major, 1b; von Jägersfeld, Lieutnant, 2; von Gayl, Lieutnant, 3; Herbart, Cavallerielieutnant, 3; Scholz, Geheimer Regierungsrath, 4; Baron von Beaulieu-Marconnay, Geh. Rath, 5; Baron von Beaulieu-Marconnay, Auditor, 5; Wieting, Obergerichtsassessor, 6; Schloiser II, Geh. Hofrath, 6; Strackerjan, Oberlieutnant, 6; Ruhstrat, Cammerrath, 7; Mutzenbecher, Auditor, 7; Mutzenbecher Reg. Präsident Wwe., 7; von Witzleben, Kammerherr, 8; von Fink, Assesor, 9; v. Wedderkop, Kammerherr, 9; Böse, Rittmeister, 12; v. Eisendecker, Hofrath, 12; Overbeck, Particulier, 13; Hillingh, Oberpostmeisterin, 13; Suhr, Propr., 15,16; Hirsch, Landrabb[iner] D., 15/16; Minsen, Revisor, 17; Hartong, Copiist, 18; Wiesel, Wallmeister, 18; Gieseler, Wirth, 18; Hegeler sen., Rathsherr, 21; von Wardenburg, Cav. Oberlieutnant, 25; Beske, Rittmeister, 26; Hollmann, Amtmann, 32; s. Oldenburgischer Volksbote. Ein gemeinnütziger Volks-Kalender für den Bürger und Landmann des Herzogthums Oldenburg auf das Jahr 1858, Jg. 21, 1858, S. 212ff.

dem Unternehmen zur Deckung der Anlagekosten einen Kredit in Höhe von 6000 Talern, der mit vier Prozent verzinst wurde. Das Kapital hatte die Stadt von der Ersparungskasse zu vier Prozent kreditiert und an Fortmann zu den selben Konditionen weiter geliehen mit der Auflage, das Geld in jährlichen Raten in Höhe von 891 Talern bis zum Ende der Vertragslaufzeit am 1. Juni 1876 zurückzuzahlen. Die Stadt ihrerseits bezahlte für die neuen Laternen 720 Taler für 1 000 Brennstunden an das Gaswerksunternehmen.[195]

92a *Peterstraße. Nach einer Zeichnung von H. Schilking, um 1875. Stadtmuseum Oldenburg*

Bis 1863 hatte sich die Zahl der Gaslaternen auf 224 und die der Photogenflammen auf 63 erhöht. Die Ausgaben für die gesamte städtische Beleuchtung betrugen im Haushaltsjahr 1863/64 insgesamt 4 000 Taler.[196] Nach Inbetriebnahme des Bahnhofs brannten in der Stadt 270 Gaslaternen, die jährlichen Ausgaben für die öffentliche Beleuchtung betrugen nun 5 000 Taler.[197] Und die Kosten stiegen mit der Erweiterung der Beleuchtungsanlagen von Jahr zu Jahr.

Die noch junge Gasindustrie in Deutschland erhielt bereits in den 1860er Jahren Konkurrenz durch das Erdöl aus Amerika, das in wachsenden Mengen den Markt überschwemmte und unter der Parole: „billiges Licht" die Gasbeleuchtung zu verdrängen suchte.

> Der heiße Kampf des flüssigen gegen den gasförmigen Leuchtstoff endete mit einem Vergleich, einer Teilung der Verwendungsgebiete: das Gas behauptete sich in den Städten auf den Straßen und in öffentlichen Lokalen, die Petroleumlampe brachte helles Licht in die Wohnungen breiter Bevölkerungsschichten und verdrängte Kerze und Kienspan auf dem Lande.[198]

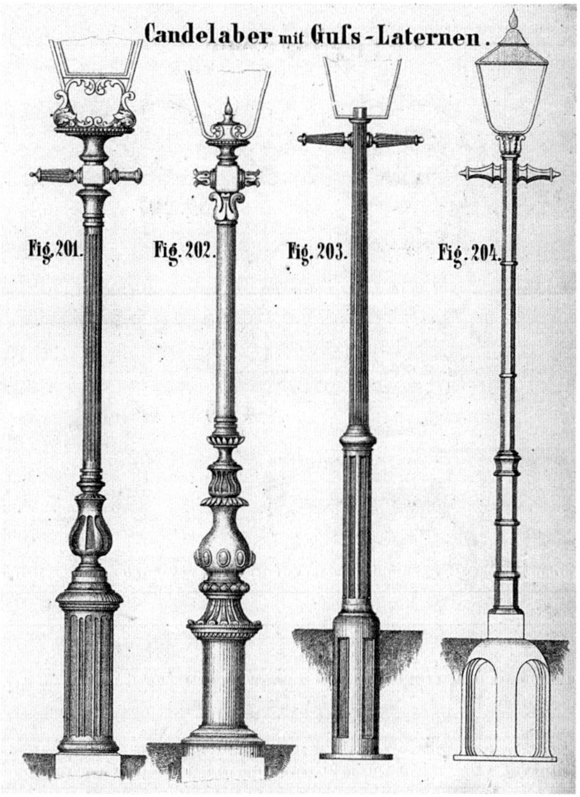

92b *Laternen aus Gusseisen, in: Werbekatalog der Firma Eisengießerei Meyer & Co., Oldenburg.*

---

[195] Sitzungen des Stadtrats vom 17.5. und 13.9.1867, in: Gemeinde-Blatt 14, 1867, S. 84f. und S. 165f.; ferner: Voranschlag der Gemeindekasse für das Jahr 1. Mai 1869 bis dahin 1870, in: Gemeinde-Blatt 16, 1869, Beilage zu Nr. 21, S. 9 und 13.

[196] Voranschlag für die Gemeinderechnung der Stadtgemeinde Oldenburg für die Zeit vom 1. Mai 1863 bis 30. April 1864, in: Gemeinde-Blatt 10, 1863, S. 239ff., Beilage zu Nr. 23, S. 8 und 15.

[197] Voranschlag der Gemeindekasse für die Zeit vom 1. Mai 1868 bis dahin 1869, in: Gemeinde-Blatt 15, 1868, Beilage zu Nr. 22, S. 9.

[198] Aus der Eröffnungsrede der Deutschen Ausstellung „Das Gas" München 1914. in: Journal für Gasbeleuchtung 57, 1914, S. 672.

Doch in den Straßen der Stadt Oldenburg spielte auch die Petroleumbeleuchtung eine wichtige Rolle, denn überall dort, wo noch keine Gasrohre verlegt waren, wurden die Photogenlaternen nach und nach durch Petroleumlaternen ersetzt, und noch um 1900 erhellten über einhundert Petroleumlaternen die Straßen der Residenz.[199] Langfristiges Ziel der Stadtverwaltung war es jedoch, das Gasnetz zu verdichten und die Beleuchtung ausschließlich mit Gas zu betreiben. Zum einen konnte damit eine bessere und einheitliche Straßenbeleuchtung gewährleistet werden, und zum anderen kam sie damit zahlreichen Privatleuten entgegen, die an einer Gasbeleuchtung in den Geschäftsräumen und in der eigenen Wohnung interessiert waren.[200]

Die Steigerung des Gas- und Petroleumabsatzes führte in der zweiten Hälfte des 19. Jahrhunderts bei der traditionellen Leuchtstoffindustrie des Herzogtums zu einem drastischen Produktionsrückgang. Der Rapsanbau für die Herstellung von Rüböl wurde ganz aufgegeben, zugleich reduzierte sich die Zahl der Ölmühlen zwischen 1855 und 1882 von 53 auf 10. Ursprünglich lieferte die einheimische Landwirtschaft Rüböl und Talg für die Produktion von Seifen, Kerzen und Öl für die Lampen. Weitere Hauptrohstoffe wie Hanföl, Tran, Kalk, Soda und Pottasche wurden importiert und unterlagen den Zollbestimmungen.

Die erste Seifenfabrik Schröder entstand 1792 in Oldenburg, es folgte 1813 das Unternehmen Renken, Schlömann & Becker, das Seifen- und Stearinlichter herstellte. Schließlich wurde 1816 die Lichtfabrik S. J. Ballin gegründet. Der zunehmende Lichtbedarf führte 1842 zur Gründung der Stearin- und Seifenfabrik Hoyer & Sohn in Donnerschwee bei Oldenburg. Ein Großteil der Produkte gelangte in den Export. Ihren Rohstoffbedarf an Talg deckte die Fabrik im Wesentlichen in Argentinien sowie in anderen überseeischen Ländern. Nach 50 Betriebsjahren stellte das Traditionsunternehmen Hoyer & Sohn die Kerzenproduktion ein, weil Einfuhrzölle die Rohstoffpreise für Talg, Palmöl und andere Fette wesentlich erhöht hatten und die Produkte auf dem internationalen Markt nicht mehr konkurrenzfähig waren. Außerdem setzten sich zunehmend die billigeren Energien Gas und Petroleum durch. Das Unternehmen Hoyer & Sohn konzentrierte sich fortan auf die Produktion von Seifen, die minderwertige Rohstoffe erforderten. Von den ehemals 29 Kerzen- und Seifenfabriken, die 1855 im Herzogtum ihren Sitz hatten, existierten 1882 noch fünf.[201]

Im Herzogtum Oldenburg gab es in der zweiten Hälfte des 19. Jahrhunderts insgesamt drei Gasanstalten. Neben dem 1853 fertiggestellten Oldenburger Werk gründete Wilhelm Fortmann 1862 ein zweites in Varel. Das dritte Werk in Delmenhorst, eine Aktiengesellschaft, nahm 1886 den Betrieb auf. Die Oldenburger Gasanstalt beschäftigte zwei Jahre nach Betriebseröffnung 9 Arbeiter, die Zahl stieg dann bis 1861 auf 18 und sank bis 1876 schließlich auf 14 Arbeitskräfte. In der Gasanstalt Varel waren 1876 insgesamt 7 Arbeiter tätig. 1882 arbeiteten in den beiden Fortmannschen Gasanstalten 19 Arbeiter.[202] Darüber hinaus existierte im Herzogtum eine Reihe von größeren industriellen Anlagen, die für ihren Bedarf je eine eigene Gasanstalt betrieben.[203]

---

[199] Geschäftsbericht des städtischen Gaswerks, 1902/03, in: Gemeinde-Blatt 50, 1903, S. 243.

[200] Sitzung des Stadtrats vom 12.12.1856, in: Gemeinde-Blatt 3, 1856, S. 316f.

[201] Kollmann: Das Herzogthum Oldenburg, S. 560; Jahresbericht des Gewerbe- und Handelsvereins in Oldenburg für 1880-1882, Oldenburg 1883, S. 157; ferner: Schulze: Oldenburgs Wirtschaft einst und jetzt, S. 186f.

[202] Magazin für die Staats- und Gemeindeverwaltung im Großherzogthum Oldenburg, Oldenburg 1864, S. 112. Für das Jahr 1876 vgl. Jahresbericht des Gewerbe- und Handelsvereins in Oldenburg für 1874-1876, Oldenburg 1877, S. 235. Für das Werk in Delmenhorst vgl. Kollmann: Statistische Beschreibung, S. 362.

[203] Kollmann, Das Herzogthum Oldenburg, S. 294, ohne konkrete Nennung der Anlagen.

Vertragsverlängerung um weitere 27 Jahre

Die Vertragsbestimmungen von 1853 sahen eine Laufzeit bis 1878 vor. In Ergänzungsverträgen, die in Zusammenhang mit der Gasbeleuchtung in den Vorstädten (2.1.1857), der Gartenstraße (12.8.1858) und dem Hauptbahnhof (6.6.1867) geschlossen wurden, wurde die Frist auf das Jahr 1876 festgesetzt. Wegen der unterschiedlichen Laufzeiten fanden die in den 1870er Jahren anstehenden Verhandlungen mit der Gasgesellschaft über eine Verlängerung der Konzession unter schwierigen Bedingungen statt. Fortmann, der inzwischen alleiniger Eigner des Gaswerks war, richtete bereits 1871 eine Offerte an den Stadtmagistrat, um über eine Vertragsverlängerung zu verhandeln. Die daraufhin gebildete Gaskommission, die aus sechs Mitgliedern des Stadtrats und des Stadtmagistrats bestand, erhielt den Auftrag, die Verhandlungen mit Fortmann aufzunehmen.[204]

Als nach drei Jahren noch keine Ergebnisse erzielt worden waren, bot Fortmann 1874 sein Werk zum Kauf an und verlangte dafür 72 000 Taler. Als Alternative schlug er vor, die Gasanstalt „unter gewissen Bedingungen für gemeinschaftliche Rechnung" zu betreiben.[205] Die Stadt befand sich in einem Dilemma: Einerseits wollte sie das Werk kaufen, aber nicht zu dem von Fortmann geforderten Preis. Andererseits riskierten die Stadtväter, dass ein großer Teil der Stadt zwei Jahre lang ohne Gasversorgung blieb. Eine Mitbeteiligung an dem Werk lehnten sie ab. An der Diskussion beteiligte sich auch der Gewerbe- und Handelsverein. In der am 2. Oktober 1874 einberufenen Mitgliederversammlung fand sich unter den Teilnehmern niemand, der die rigorose Position des Gaswerkbetreibers Fortmann billigen wollte. Zudem wurden die Preisvorstellungen als entschieden zu hoch bewertet: „das Material sei alt, die jetzige Fabrik zu klein und ungünstig gelegen". Der Verein sprach der Stadt die Empfehlung aus, ein neues Werk zu bauen und auf eigene Rechnung zu betreiben. Zur Begründung führte er aus:

> Einerseits sei hervorzuheben, daß es im Allgemeinen richtig und für jede Behörde vortheilhaft sei, Handel und Industrie nur Privaten zu überlassen, andererseits dagegen, daß bei wichtigen, gemeinnützigen, mehr communalen Anlagen, als Gasbeleuchtung, Wasserleitungen, Entwässerungen ec. in der Regel eine Ausnahme gemacht zu werden pflege und die Gemeinde solche selbst in die Hand nähme, da ein Abhängigkeitsverhältnis von einzelnen Persönlichkeiten oft mit Unzuträglichkeiten und Nachtheilen für das Gemeinwohl verbunden sei.[206]

Die Empfehlung des Gewerbe- und Handelsvereins entsprach der allgemeinen Entwicklung in den 1870er Jahren, als größere Städte danach strebten, die Gaswerke, „nach Ablauf ihrer Verträge mit Gasgesellschaften, in eigene Hand zu nehmen".[207] In der Oldenburger Kommunalverwaltung löste vor allem die Unzufriedenheit über die Nachteile, die durch das Vorgehen der privaten Gasgesellschaft hervorgerufen wurden, die Überlegung aus, den Gasvertrag mit Fortmann nicht zu verlängern und stattdessen ein eigenes Gaswerk zu errichten. Auf Grund mangelnder Erfahrung mit dem Betrieb einer sol-

204 Sitzung des Gemeinderaths und Stadtraths vom 15.9.1871, in: Gemeinde-Blatt 18, 1871, S. 176.
205 Jahresbericht des Gewerbe- und Handelsvereins in Oldenburg für 1874-1876, Oldenburg 1877, S. 8f. (72 000 Taler = 216 500 Mark) Mit der Gründung des Deutschen Reiches wurden die letzten wirtschaftlichen Schranken beseitigt. Am 1. Januar 1875 wurde die Reichsmarkrechnung eingeführt. Das oldenburgische Papiergeld, das aufgrund des Gesetzes vom 12. August 1868 ausgegeben worden war, wurde eingezogen, s. Pleitner: Oldenburg im 19. Jahrhundert, Bd. 2, S 274f.
206 Mitgliederversammlung vom 2.10.1874, in: Jahresbericht des Gewerbe- und Handelsvereins in Oldenburg für 1874-1876, Oldenburg 1877, S. 8f.
207 Gutachten des Direktors des städtischen Gaswerks Hildesheim vom 1.9.1875, StAO, Best. 262-1 A Nr. 2345.

chen Anlage beauftragte die Stadtverwaltung zwei auswärtige kommunale Gaswerksbetriebe mit der Erstellung eines Gutachtens, um die Vor- und Nachteile einer städtischen Gasanstalt in Oldenburg abzuwägen. Während der Direktor des Gaswerks in Bremerhaven die Empfehlung aussprach, den Vertrag mit Fortmann auf der Grundlage der von ihm unterbreiteten Offerten zu verlängern, sprach sich der Direktor des Gaswerks in Hildesheim eindeutig für einen Neubau in kommunaler Regie aus. Die Bau- und Anlagekosten schätzte er auf 200.000 Taler (600.000 Mark).[208]

Fortmann, der in der Presse die Diskussion der „Gasfrage" verfolgt hatte, versuchte nun seinerseits Druck auszuüben und kündigte gegenüber dem Stadtmagistrat und dem Stadtrat am 13. Juli 1875 an, „daß ich meine Vorschläge, betreffend die Verlängerung der bestehenden Gasverträge hiemit zurücknehme".[209] Die kommunale Zwangslage verschärfte sich, galt es doch nun rasch zu entscheiden, ob das städtische Budget die hohe Investitionssumme für einen Neubau zuließ und die Lage den erwünschten Ausstieg aus dem Vertrag mit dem privaten Anbieter rechtfertigte.[210]

Mit zunehmendem Zeitdruck wurden schließlich im Herbst 1875 konkrete Entscheidungen getroffen. Stadtrat und Stadtmagistrat waren einverstanden, Fortmann mit dem Ausbau des Werks an der Rosenstraße und mit der Erweiterung des Gasnetzes zu beauftragen. Zur Finanzierung wurde dem Unternehmer ein Darlehen von 120.000 Mark zugesichert. Der Gaspreis für Privatverbraucher sollte für die Zeit vom 1. März 1876 bis zum 20. August 1878 auf 21 Pfennig und vom 1. August 1878 bis zum Ablauf des Vertrages im Jahre 1903 auf 18 Pfennig pro Kubikmeter festgesetzt werden. Der Energiepreis der Stadt für je 1 000 Brennstunden einer Gaslaterne sollte 27 Mark betragen.[211]

Doch kaum war der Plan veröffentlicht, protestierten die Anlieger. Sie befürchteten nicht nur besondere Gefahren durch eine Gasexplosion, sondern sahen auch eine Chance, den Industriebetrieb aus ihrer unmittelbaren Nachbarschaft zu verbannen. Entsprechend formulierten der Maler F. W. Adels und der Maurer Joh. Oetken ihr Schreiben an den Magistrat, in dem sie angaben,

> daß die Ausdehnung des Gas-Etablissements […] *großes Bedauern erregt*, weil dadurch für eine lange Zukunft das Aufblühen einer ganzen Stadtgegend gehindert wird, welche durch die gegebenen Verkehrsverhältnisse, sowie durch die pecuniären Gefahren ihrer Bewohner […] gewiss ein Recht hat, auf eine größere Berücksichtigung Seitens der städtischen Behörde zu hoffen.[212]

***93** Blick von der heutigen Raiffeisenstraße – Höhe Stadtmuseum – in die Rosenstraße Richtung Stau, um 1900. Ansichtskarte Stadtmuseum Oldenburg*

In einem weiteren Schreiben, das von sieben Anwohnern unterzeichnet wurde, darunter auch die oben zitierten Adels und Oetken, protestierten die Anlieger gegen die Vergrößerung der Anlage und verwiesen nochmals auf die gesundheitlichen Belastungen und die Gefährlichkeit der Gasanstalt in einem dicht besiedelten Gebiet. Sie betonten,

[208] Gutachten des städtischen Direktors Ballauf des Gaswerks in Bremerhaven vom 5.6.1875 sowie Gutachten des Direktors des städtischen Gaswerks Hildesheim, Wille, vom 1.9.1875, ebd.
[209] Ebd.
[210] Stadtmagistrat an Stadtrat vom 26.9.1875, ebd.
[211] Ebd.
[212] Beschwerdeschreiben von zwei Anwohnern an Stadtmagistrat vom 3.12.1875, ebd. Hervorh. im Orig.

daß sie in unmittelbarer Nähe von bewohnten Gebäuden die von einer solchen Anstalt verbreiteten Dünste nicht allein unangenehm sondern auch gesundheitsschädlich, im Übrigen die Anstalt selbst aber auch für gefährlich halten indem bei mangelnder Vorsicht leicht Explosionen entstehen können [...].[213]

Fortmann, der gegenüber dem Stadtmagistrat zu den Protesten Stellung nahm, erklärte: „Ich kann nicht in Abrede stellen, daß die Übelstände, welche die Gasanstalt zur Zeit schon mit sich bringt mit der Erweiterung wachsen werden."[214] Das Protestschreiben erweckt den Eindruck, das Gaswerk habe sich in einem homogenen Wohngebiet befunden.

Es war jedoch vielmehr in unmittelbarer Nähe des Hafens gelegen, der sich im Verlauf des 19. Jahrhunderts zu einem modernen Umschlaghafen entwickelt hatte mit Hafenanlagen, Speichern, Lagerschuppen und Industrieanlagen, aber auch mit einer Reihe von Wohn- und Geschäftshäusern, Gaststätten und einem renommierten Hotel.[215] Der Stadtbaumeister Lasius, der 1853 in seiner Abhandlung *Blicke in der Stadt Oldenburg* auch die Entwicklung des Hafengebiets beleuchtete, konstatierte:

[...] so bietet an der Ostseite, der schiffbare Fluß den Fingerzeig, daß hier der Güterverkehr und Fabrikbetrieb seine vornehmsten Niederlassungen zu gründen habe. Schon sind jenseits des Steueramtes und des Klävemann'schen Etablissements mit seinen Holz- und Buschlagern, dem Schiffszimmerplatze und Magazingebäuden, die Gasanstalt, Lefeber's Spedition, Schlömann's Windmühle und Dampfölmühle, Inhülfen's Dampfsägemühle, der städtische Kalkofen, Ricklefs Steinguttöpferei, Meyer's Eisengießerei mit Cementfabik, Kalköfen und der großen Sägemühle, auch der Schiffshelgen ec. im Betriebe, und ein weites Feld bietet sich zu ferneren Anlagen dar.[216]

Den Auftakt für den Bau weiterer Industrieansiedlungen in der Rosenstraße gegen Ende der 1850er Jahre bildeten die Wagenfabrik Sturm und die Eisengießerei Koch & Francksen.[217] Außerdem wurde in der Nähe des Hafens 1867 der neue Bahnhof angelegt und in Zusammenhang damit entstanden mehrere Werkstätten der Großherzoglich Oldenburgischen Eisenbahn.[218]

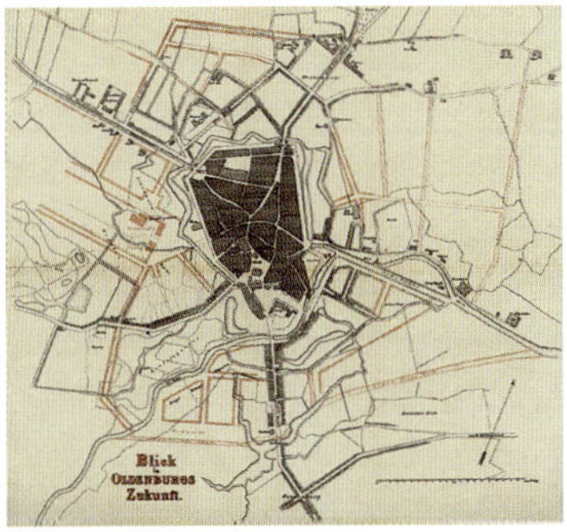

***94** Plan der Stadt Oldenburg mit bestehenden und geplanten Wegeverbindungen, in: Lasius, Georg Siegmund: Blicke in der Stadt Oldenburg, 1853.*

Eine Wohnstraße im heutigen Sinne war die Rosenstraße in den 1850er Jahren folglich noch nicht. Das Adressbuch von 1858 verzeichnet lediglich 12 Bewohner in der Rosenstraße, nur ein einziges Haus am Ende der Straße Richtung Pferdemarkt trug eine Hausnummer: In Nr. 115 wohnten der Oberlehrer Osterbind und der Hauptmann Vollinghaus.[219] 1868 hatte sich das Bild jedoch sehr verändert: Jenseits der Kreuzung Rosen-/Bahnhofstraße hatten Beamte, städtische Angestellte, Buchdrucker, Fotografen, Handwerker, Kaufleute und Unternehmer ihr Domizil. Die Anzahl der Wohn- und Gewerbegebäude betrug insgesamt 31.[220] Damit war eine wesentliche Forderung des

213 Anlieger an Stadtmagistrat vom 5.12.1875, ebd.
214 Fortmann im Protokoll des Stadtmagistrats vom 20.12.1875, ebd.
215 Bild-, Karten- und Planarchiv des Stadtmuseums Oldenburg; vgl. ferner: Neumann-Gäßler, Sibylle: Oldenburg in alten Ansichten, Bd. 2, Oldenburg 1997, S. 65ff.
216 Lasius, Georg Siegmund Otto: Blicke in der Stadt Oldenburg, Vergangenheit und Zukunft, Oldenburg 1853, S. 12f, anliegend ein Plan: Blick in Oldenburgs Zukunft, Oldenburg 1853.
217 Oldenburgischer Volksbote, Verzeichnis der Einwohner Stadt Oldenburg, 1859, S. 214-235; vgl. ferner: Jahresbericht des Gewerbe- und Handelsvereins in Oldenburg, Oldenburg 1877, S. 222.
218 Buresch, E: Der Central-Bahnhof der Oldenburg'schen Staatsbahnen zu Oldenburg, Sonderdruck aus der Zeitschrift des Architekten- und Ingenieur-Vereins zu Hannover, Bd. 29, Hannover 1883.
219 Oldenburgischer Volksbote 21, 1858, S. 212-233.
220 Adressbuch der Residenzstadt Oldenburg für 1868, Rosenstraße, S. 32f.

Stadtbaumeisters Lasius erfüllt worden, die Rosenstraße zu einer neuen Verbindung zwischen Stau und Pferdemarkt auszubauen.[221] Die Arbeit im Hafen, in den Fabriken, Lagerhäusern sowie bei der Eisenbahn und in den Eisenbahnwerkstätten bewirkten eine Konzentration von Arbeitern, Handwerkern, Eisenbahnern, Schiffern, Gaststättenbesitzern, Händlern, Kaufleuten und Unternehmern in diesem Viertel. Das Hafengebiet, das sich im wesentlichen vom Stau über die Rosen-, Bahnhof- und Bleicherstraße bis hin zum Hauptbahnhof erstreckte, war in der zweiten Hälfte des 19. Jahrhunderts der am meisten boomende Wirtschaftsstandort der Stadt.[222] Kennzeichen dafür waren die wechselhafte Nutzung der einzelnen Gebäude im stadtnahen Bereich sowie die zunehmende Verdichtung der Bebauung im Hafen- und Bahnhofsgebiet. Zugleich zeigte sich hier eine außergewöhnliche Durchmischung der unterschiedlichsten Bevölkerungsgruppen.[223]

***95** Blick von der Rosenstraße in die Bahnhofstraße. Das Gebäude an der Bahnhofstraße 7 wurde 1878 für die Oldenburger Versicherungs-Gesellschaft errichtet. Für die Gasbeleuchtung im Portalbereich waren zwei Laternenarme am Haus montiert, um 1890, Fotograf Franz Titzenthaler. Stadtmuseum Oldenburg.*

Die dichte Wohnbebauung und die ökonomisch wichtigen Industrieansiedlungen rechtfertigten also durchaus den Bürgerprotest. Der Stadtmagistrat und der Gaswerksbesitzer befanden sich infolgedessen in einer schwierigen Lage: Sollte ungeachtet der Proteste der Ausbau des Werks am alten Standort betrieben werden oder die Stadt ein eigenes Gaswerk errichten oder mit Fortmann über einen neuen Standort verhandelt werden? Die Zeit drängte, für Verhandlungen blieben nur noch zwei Monate, danach hätte Fortmann den Gashahn für mehrere Straßen zudrehen können. Schließlich einigten sich die Parteien, den Vertrag zu verlängern und die Betriebsverlagerung an einen anderen Ort vorzubereiten.[224] Fortmann willigte ein, das Gaswerk von der Rosenstraße an die Donnerschweer Straße zu verlegen, forderte jetzt aber als Ausgleich für die Mehrkosten eine Gaspreiserhöhung für Privatverbraucher von 18 auf 19 Pfennig pro Kubikmeter Gas ab dem 1. März 1876. Der Stadtrat hielt diese einseitige Belastung für Privatkunden für nicht vertretbar und lehnte den Vorschlag ab.[225]

Noch einmal verhandelte die Gaskommission mit Fortmann. Die Offerte des Gasfabrikanten bestand nun darin, den Gaspreis für Private für die nächsten zwei Jahre auf 25 Pfennig und ab 1. August 1878 auf 18 Pfennig festzusetzen. Außerdem sollte das Darlehen von 120.000 Mark auf 150.000 Mark erhöht werden. Auch das neue Angebot des Unternehmers, das die Bedingungen noch mehr verschlechterte, fand im Stadtrat keine Zustimmung. Schließlich wurde der Kompromiss ausgehandelt, „daß der Preis für Private pro Cubikmeter Gas vom 1. März 1876 bis dahin 1881 auf 21 Pf. und von da ab bis zum Ablauf des Vertrages, 1903, auf 18 Pf festgesetzt werde“. Zudem wurde das Darlehen von 120.000 Mark auf 150.000 Mark für den Bau einer neuen Produktionsanlage heraufgesetzt mit der Maßgabe, das Geld ausschließlich zum Nutzen der Gasanstalt

[221] Lasius: Blicke in der Stadt Oldenburg, S. 12f; ferner: Kohl, Dietrich: Die Straßen der Stadt Oldenburg [Sonderdruck] Oldenburg 1919/20, S. 167f.
[222] In Osternburg verlief die Entwicklung in der zweiten Hälfte des 19. Jahrhunderts ähnlich, doch es war damals noch eine selbstständige Vorortgemeinde.
[223] Schulze: Oldenburgs Wirtschaft einst und jetzt, S.60ff.; Kohl: Die Straßen der Stadt Oldenburg, S. 99, S. 102 und S. 174 sowie Auswertung (d. Verf.) der Stadtadressbücher 1854 bis 1876; vgl. ferner: Wachtendorf, Günter: Oldenburger Häuserbuch, Teil 2: Straßen der Stadt Oldenburg, die im Jahre 1920 zur Stadt zählten und noch nicht im 1. Häuserbuch beschrieben sind, 4 Bde., maschinenschriftl. Ausg., Oldenburg 2000, Rosenstraße in: Lambertistraße – Sachsenstraße, Bd. 3: S. 2272ff.; Stau in: Schäferstraße – Ziegelhofstraße, Bd. 4, S. 2643ff.
[224] Stadtmagistrat und Fortmann vom 14.1.1876, StAO, Best. 262-1 A Nr. 2345.
[225] Stadtmagistrat an Stadtrat, 15.1.1876, ebd.; ferner: Sitzung des Magistrats, Gesamtstadtrats und Stadtrats vom 1.2.1876, in: Gemeinde-Blatt 23, 1876, S. 28f.

zu verwenden und das Kapital in jährlichen Raten in Höhe von 6000 Mark zurückzuzahlen.[226] Nach Bekanntwerden der Betriebsverlagerung an die Donnerschweer Straße fürchteten nun auch hier die Anwohner eine Beeinträchtigung ihrer Lebensqualität. Das größte Problem der Gaswerke war nicht nur die Geruch-, Staub- und Rauchentwicklung, die bei der Gasproduktion entstand, sondern auch die Belastung des Bodens durch unsachgemäße Lagerung der Rückstände beim Verbrennungsprozess und das Versickern von Ammoniakwasser.

Außerdem bestand die Gefahr einer Kohlenoxydvergiftung, wenn Gas aus defekten Leitungen ausströmte.[227] Gegen den Neubau protestierten neben dem Königlichen Oldenburgischen Infanterie Regiment No. 91 auch der Vorstand der Donnerschweer Sielacht sowie zahlreiche Anwohner der Donnerschweer Straße.[228] Die Königliche Garnisonverwaltung hob hervor, dass die Anlage besonders deshalb nachteilig sei, „weil das Reinigungshaus nur 150 Meter von den Kasernen entfernt liegen solle". Die Donnerschweer Sielacht befürchtete, dass das Gaswasser in die Sielacht fließen würde und sprach sich ebenfalls gegen die Anlage aus.[229]

Insgesamt 41 Privatpersonen aus der Donnerschweer Straße und den umliegenden Straßen in der Nähe des Platzes legten Widerspruch ein. Sie sahen die hauptsächlichen Gefahren

> in dem Ausströmen übel riechender Gase, welche nicht allein unangenehm, sondern auch der Gesundheit schädlich sind, wenn sie sich über die benachbarten Grundstücke verbreiten. Auch die Gewächse in den benachbarten Gärten leiden dadurch und vergehen zuletzt. Das Bleichen der Wäsche wird in der Nähe einer solchen Anstalt unmöglich. Aber auch das Eindringen des vielen unreinen Wassers, das in einer solchen Anstalt erzeugt wird, bringt den benachbarten Grundstücken Schaden, da es sich in die Brunnen zieht und deren Wasser verdirbt und die Gewächse zerstört.

Gegen die Anlage in einem Wohngebiet spreche außerdem die Gefahr einer Explosion und der Verfall des Miet- und Kaufwerts der umliegenden Immobilien.[230]

Lediglich die Verlagerung des Reinigungs- und Ofenhauses weiter östlich in Richtung Bahnhof wurde auf Verlangen des Magistrats von dem Gasfabrikanten in einem modifizierten Plan berücksichtigt. Alle anderen Einwände wurden vom Staatsministerium, an das die Protestschreiben weitergeleitet wurden, mit der Begründung abgelehnt, dass der Betrieb einer Gasanstalt dem Ergebnis verschiedener vom Staatsministerium eingeholten Gutachten zufolge weder zu gesundheitlichen Nachteilen, noch zu einer Verunreinigung des Bodens und des Trinkwassers führen würde.[231]

Zweifellos haben die Bürgerproteste letztlich dazu beigetragen, dass in dem Konzessionsvertrag mit Fortmann zum Schutz der Umwelt genaue Richtlinien über die Reinigung des Gases, die Beseitigung übel riechender Produkte und die Verminderung der Belästigung durch Rauch festgelegt wurden. In Paragraf 21 des Vertrages vom 14. März 1876 heißt es:

> In Betreff der bei der Fabrikation des Gases gewonnen übelriechenden Producte und der zur Reinigung desselben verwendeten Materialien ist die Pflicht des Unternehmers, erstere wie letztere auf eine Weise aufzubewahren und wegzuschaffen, daß sie der Umgebung weder schädlich noch lästig werden können, so namentlich, sie weder offen wegzuführen, oder dieselben in Gräben oder fließendes Wasser zu leiten. Er unterwirft sich in dieser Beziehung allen polizeilichen Maßregeln. Erfindungen zur möglichst vollkommenen Reinigung des Gases, sowie zur Verminderung oder Abwendung der Belästigung durch Rauch, welche sich practisch irgendwo bewährt haben, ist der Unternehmer anzuwenden verpflichtet.[232]

---

[226] Ebd.; vgl. ferner: Jahresbericht des Gewerbe- und Handelsvereins, Oldenburg 1877, S. 21.
[227] Rühle, Otto: Illustrierte Kultur- und Sittengeschichte des Proletariats, Autorisierter Neudruck der Erstausgabe von 1930, Frankfurt/M. 1971, S. 510.
[228] Protestschreiben 1876, StAO, Best. 262-1 A Nr. 2347.
[229] Donnerschweer Sielacht an Stadtmagistrat vom 17.2.1876, ebd.
[230] Antrag der Anwohner vom 17.2.1876, ebd.
[231] Die Verlegung der Gasanstalt des Fabrikanten Fortmann hieselbst, in: Gemeinde-Blatt 23, 1876, S. 54f. und S. 118f.
[232] Der im verflossenen Jahre mit dem Fabrikanten W. Fortmann neuabgeschlossene Vertrag, betr. Beleuchtung der Stadt mit Gas, in: Gemeinde-Blatt 24, 1877, S. 146; vgl. Jahresbericht des Gewerbe- und Handelsvereins, Oldenburg 1877, S. 16.

Der Vertrag mit dem Fabrikanten Fortmann wurde für die Zeit vom 1. März 1876 bis zum 20. August 1903 abgeschlossen und umfasste 36 Paragraphen. Für die Bewohner der Stadt wurde eine verbesserte Anbindung an das Gasnetz sowie eine umfassendere Straßenbeleuchtung ausgehandelt. Zu den bereits vorhandenen 279 öffentlichen Laternen sollten bis zum 1. August 1878 weitere 147 Laternen installiert werden, so dass sich die Stückzahl auf insgesamt 426 Gaslampen erhöhte. Der Unternehmer verpflichtete sich, alle Kosten für den Neubau der Gasanstalt, den Ausbau des Gasnetzes, die Anschaffung und Aufstellung neuer Laternen, den Ankauf vorhandener Kandelaber und Laternen, die Pflege und Wartung sowie die Besoldung des Anzünderpersonals zu übernehmen. Die durchschnittliche Brennzeit jeder öffentlichen Laterne sollte 1 000 Stunden betragen und von der Stadt mit 27 Mark vergütet werden. Der Gaswerksbetreiber hatte außerdem die Verpflichtung, öffentliche Gebäude und Privatwohnungen auf Verlangen mit Gas zu versorgen. Voraussetzung war jedoch, dass in den Straßen bereits Gasleitungen installiert waren.[233]

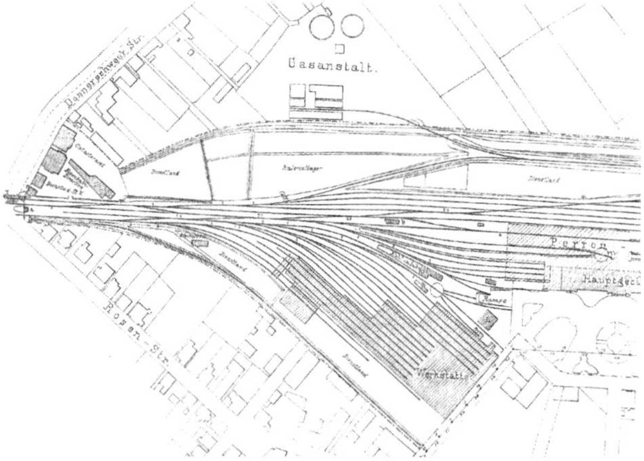

__96__ Plan vom Oldenburger Bahnhof. Ein privater Gleisanschluss führte vom Bahnhof direkt zum Gaswerk, um 1900. Sammlung Dieter von Seggern.

Der Standort des neuen Gaswerks an der Donnerschweer Straße lag unmittelbar hinter dem Hauptbahnhof und war in verkehrstechnischer Hinsicht gut gewählt. Die Rentabilität des Unternehmens hing ganz wesentlich von günstigen Transportkosten ab, deshalb war die Nähe von Wasserwegen oder Eisenbahnanlagen von besonderer Bedeutung. Jährlich mussten Hunderte Tonnen Kohle zu den Ofenkammern auf dem Gaswerksgelände befördert werden. Außerdem war der Abtransport der Nebenprodukte, die bei der Gaserzeugung entstanden, zu bewerkstelligen. Bei der Projektierung der Anlage war bereits eine direkte Gleisverbindung zwischen Hauptbahnhof und Gaswerk berücksichtigt worden. Sie wurde 1877 vertraglich vereinbart zwischen der Großherzoglichen Eisenbahn-Direktion und dem Gaswerksbesitzer Fortmann.[234]

__97__ Betriebsalltag auf dem Oldenburger Bahnhof. Im Hintergrund der Gasometer und der Schornstein des Gaswerks, 1950er Jahre, Fotografin Edith Mädje. Stadtmuseum Oldenburg.

Der schwierige Weg zur Kommunalisierung der Oldenburger Gasversorgung

Die „Gasbeleuchtungsfrage" stand in den folgenden Jahrzehnten noch häufig auf der Tagesordnung der Magistratssitzungen. Im Juli 1898 wurde ernsthaft diskutiert, ob die Stadt nicht ein eigenes Gaswerk bauen solle. Zugleich verhandelte

[233] Gasvertrag von 1876, StAO, Best. 262-1 A Nr. 2345; vgl. Gemeinde-Blatt 23, 1876, S. 37f.; ferner: Gemeinde-Blatt 24, 1877, S. 142, sowie: Jahresbericht des Gewerbe- und Handelsvereins, Oldenburg 1877, S. 21.

[234] Grossherzogliche Eisenbahn-Direktion an Stadtmagistrat, 23.1.1901, Stadtmuseum Oldenburg, Gaswerk, Anschlußgleis 1901, I.2.G.23.

der Magistrat mit den Erben des 1894 verstorbenen Fortmann über den Ankauf des vorhandenen Gaswerks. Der Kaufpreis, 900.000 Mark, wurde seitens der Stadt jedoch als indiskutabel abgelehnt. Daraufhin gewann die Idee, eine städtische Gasanstalt zu bauen, erneut an Bedeutung. Mit der Projektplanung wurde 1899 der Stadtbaurat Burgmann aus Altona beauftragt. Daneben wurden die Verhandlungen mit den Erben des Gasfabrikanten Fortmann fortgesetzt, sie verliefen jedoch ergebnislos.[235] Die Fronten verhärteten sich, als die Erben Fortmanns in einem Schreiben vom 30. Januar 1900 weitergehende Forderungen geltend machten. Diese waren aber in den Augen der Stadtratsmitglieder noch nachteiliger als die Zahlung eines Kaufpreises von 900.000 Mark und wurden daher abgelehnt. Schließlich weitete sich der Konflikt zwischen den beiden Vertragsparteien bis zur Androhung einer Feststellungsklage aus, nachdem die Erben Fortmanns der Stadt das Recht abgesprochen hatten, eine städtische Gasanstalt einzurichten, weil sie darin einen Konkurrenzbetrieb und einen Verstoß gegen ihr Privileg sahen.

Darüber hinaus gaben sie vor, die Rechte aus dem Vertrag vom 14. März 1876 an Dritte übertragen zu wollen und dafür die Zustimmung des Magistrats „erzwingen oder durch gerichtliches Urtheil ergänzen lassen zu können".[236] Die Stadt hatte bereits erste Schritte eingeleitet, um auf dem Rechtswege „Klarheit namentlich darüber zu schaffen, ob ihr das Recht zusteht, eine eigene Anstalt zu erbauen", als die Erben Fortmanns einlenkten.[237] Vier Monate später beschloss der Stadtmagistrat in seiner Sitzung am 13. November 1900 den Ankauf des Gaswerks für den Kaufpreis von 700.000 Mark zum 1. Juli 1901. In dem Kaufpreis war auch der entgangene Gewinn des Vorbesitzers für zwei Geschäftsjahre enthalten, weil die rechtmäßige Laufzeit des Vertrages erst 1903 endete.[238] Der Hamburger Stadtbaurat Burgmann erhielt nun den Auftrag, das Oldenburger Gaswerk auf den neuesten Stand zu bringen und einen Erweiterungsbau zu planen. Eine Kommission, bestehend aus drei Mitgliedern des Magistrats und fünf Mitgliedern des Stadtrats, wurde beauftragt, die Übernahme der Gasanstalt vorzubereiten, vor allem in Hinblick auf das erforderliche Personal.[239] Gleichzeitig hatten sich die Oldenburger Stadtratsmitglieder mit der Frage zu beschäftigen, ob Professor Klingenberg von der AEG in Berlin beauftragt werden sollte, einen Kostenvoranschlag für den Bau eines Elektrizitätswerks in Oldenburg zu erstellen. Der Antrag wurde abgelehnt.[240] Dieser Vorgang zeigt die diffizile Situation an der Wende zum 20. Jahrhundert: Einerseits war die Stadt entschlossen, das Gaswerk zu kommunalisieren, um aus dem Gasgeschäft wichtige Einnahmen für den städtischen Haushalt zu erzielen, andererseits war der Siegeszug der Elektrizität nicht zu übersehen.

Der Kommissionsbericht anlässlich der Beratung über die Zukunft der Beleuchtungsfrage in Oldenburg räumte der Gasbeleuchtung gegenüber der elektrischen Beleuchtung dennoch absolute Priorität ein. Die Kommission war überzeugt,

> daß eine Gasanstalt für unsere Stadt immer unentbehrlich bleibt, auch wenn, was dahingestellt sein soll, früher oder später eine electrische Beleuchtungsanlage von der Stadt angelegt werden wird. [...] Es ist zweckmäßiger und vorsichtiger, wenn die Stadt sich zunächst in den Besitz einer Gasanstalt setzt und sich vorbehält, eine elektrische Anlage demnächst hinzuzufügen, falls das Bedürfnis hervortritt. Die Gasbeleuchtung ist billiger als die elektrische. [...] in Bezug auf Helligkeit ist das elektrische Glühlicht mindestens dreimal so theuer als Gasglühlicht.[241]

Hier ging es also um die Abwägung der Frage, welcher Technologie der Vorrang eingeräumt werden sollte. Ausschlaggebend für die Entscheidung war letztlich, dass die Stadtverwaltung

235 OB Tappenbeck an Stadtrat vom 10.7.1900, StAO, Best. 262-1 A Nr. 2362; vgl. Gemeinde-Blatt 47, 1900, S. 153ff.
236 Ebd.
237 Ebd.
238 Geschäftsbericht des städtischen Gaswerks 1906/07, in: Gemeinde-Blatt 54, 1907, S. 204.
239 Gemeinde-Blatt, 47, 1900, S. 208f.
240 Sitzung des Gesamtstadtraths und Stadtraths vom 15.1.1901, in: Gemeinde-Blatt 49, 1902, S. 14f.
241 Bericht der gemeinschaftlichen Kommission zur Vorberathung der Beleuchtungsfrage vom 12.7.1899, in: Gemeinde-Blatt 46, 1899, 107ff.

keine Konkurrenz zu dem stadteigenen Gaswerk aufkommen lassen wollte. Am 1. Juli 1901 ging das Gaswerk schließlich in das Eigentum der Stadt über. Mit dem Wechsel von der privaten zur kommunalen Gasversorgung begannen der Ausbau und die Etablierung einer modernen Infrastruktur unter kommunaler Regie. Neben dem Schlachthof, dem ersten städtischen Gewerbebetrieb, der am 1. November 1896 in Betrieb genommen worden war,[242] bot auch das Gaswerk der Stadt die Möglichkeit, neue Akzente in der städtischen Verwaltung zu setzen und die Rolle des Akteurs bei der Gestaltung der infrastrukturellen Entwicklung zu übernehmen. Ihren Einfluss erweiterte die Stadt in der Folgezeit noch durch die Übernahme des Wasserwerks 1902 und des Elektrizitätswerks 1912. Die Vereinigung dieser drei Werke firmierte als „Städtische Licht- und Wasserwerke", sie lenkte bis 1930 die öffentliche Versorgung der Oldenburger Bevölkerung mit Wasser, Gas und Strom. An der Spitze der Betriebe standen ein Direktor sowie der Betriebsausschuss unter Vorsitz des Oberbürgermeisters, die dem Magistrat gegenüber verantwortlich waren.[243]

Ein Blick zurück zeigt, dass die Oldenburger Entscheidung, das Gaswerk zu kommunalisieren, keine Ausnahme bildete. Auch zahlreiche andere Städte in Deutschland hatten die Gasversorgung unter kommunale Regie gebracht. Kommunalisierungsprozess und -zeitpunkt verliefen je nach lokaler Situation unterschiedlich. Die Zeit zwischen 1850 und 1885 kann als die Hochzeit der privaten Gasversorgungsunternehmen bezeichnet werden. In den Anfangsjahren befanden sich rund 75 Prozent der Gaswerke in privatem und 25 Prozent in kommunalem Besitz. Im Verlauf der 1870/80er Jahre setzte eine neue Gründungswelle ein, die überwiegend durch Städte und Gemeinden initiiert wurde, so dass sich nun eine Hälfte der Gaswerke im Besitz von Kommunen und die andere Hälfte in Privatbesitz befand. Bemerkenswert ist vor allem der Anstieg der Gasanstalten in der Zeit zwischen 1899 und 1908, ihre Zahl verdoppelte sich nahezu und stieg von 869 auf 1 647. Allerdings handelte es sich bei den Neugründungen größtenteils um kleinere Betriebe. Diese Entwicklung verlief parallel zu einer Veränderung der Eigentumsverhältnisse: 1908 befanden sich 66,7 Prozent der Gaswerke in kommunaler und 33,3 Prozent in privater Hand, es hatte sich also innerhalb eines halben Jahrhunderts fast eine Umkehrung in den Besitzverhältnissen ergeben.[244]

Das Hauptmotiv für die privaten Gasunternehmen, sich aus dem Gasgeschäft zurückzuziehen, war die zunehmende Konkurrenz der Elektrizität. Angesichts des hohen wirtschaftlichen Risikos überließen sie die Versorgung der Bevölkerung mit Gas immer häufiger den Kommunen. Die Weltausstellung 1878 in Paris hatte die Gasindustrie aus ihrer Passivität aufgerüttelt, wie der Einleitungsbeitrag im *Journal für Gasbeleuchtung* im Jahre 1879 zeigt:

> Die Gasindustrie hat ein Jahr voller Aufregung hinter sich. Das elektrische Licht hat namentlich die Besitzer von Gasanstalten, resp. die Actionäre – weniger die Techniker – in hohem Grade beunruhigt, und auch heute noch fürchtet Mancher von den Verbesserungen auf dem Gebiete der elektrischen Beleuchtung, die allerorts mit fieberhafter Thätigkeit angestrebt werden, eine ernstliche Concurrenz für das Gas. Im grossen Ganzen indess hat man sich doch vom ersten Schrecken so ziemlich erholt, und die Aufregung macht einer ruhigeren Beobachtung Platz. [...] So sehen wir der weiteren Entwickelung der Sache mit Ruhe entgegen, nicht als ob wir damit bestreiten wollten dass nicht für manche Zwecke die neue Beleuchtung das Gaslicht ersetzen werde, sondern in der festen Überzeugung, dass der Gasconsum im Grossen und Ganzen durch das elektrische Licht keine Einbusse erleiden wird.[245]

Zudem war die Gasindustrie davon überzeugt, dass der Bedarf an Licht insgesamt zunehmen würde und folglich beide Ener-

[242] Schrape: Franz Noack, S. 87.

[243] Geschäftsbericht des städtischen Gaswerks 1903/04, in: Gemeinde-Blatt 51, 1904, S. 211: „Gemäß Beschluss des Stadtrats vom 3. November 1903 werden die Gas- und Wasserwerke vom Magistrat unter Mitwirkung der Gas- und Wasserkommission verwaltet. Diese besteht aus dem Oberbürgermeister als Vorsitzenden und 2 Magistratsmitgliedern, 5 Stadtratsmitgliedern oder anderen Gemeindebürgern und dem Direktor der Gas- und Wasserwerke."

[244] Greineder, Friedrich: Die öffentliche Verwaltung der Gaswerke, in: Schilling/Bunte (Hg.): Handbuch der Gastechnik, Berlin, München 1914ff., Bd. 10, S. 22f.

[245] Journal für Gasbeleuchtung 22, 1879, S. 1.

giequellen mit einer Absatzsteigerung würden rechnen können. Das Hauptmotiv für die Kommunen, die Gaswerke zu erwerben, war die Gewinnerwartung, die sie anders einschätzten als die private Gasindustrie. Die Gasanstalten hatten seit ihren Anfängen teilweise hohe Erträge erwirtschaften können. Diese Einnahmequelle wollten sich die Städte selbst erschließen, nicht zuletzt deshalb, weil sie als Träger der städtischen Straßenbeleuchtung auch die größten Gaskonsumenten waren. Eine weitere Ursache für die Kommunalisierungen waren die Klagen in der Bevölkerung über die Fokussierung der Straßenbeleuchtung auf die Stadtzentren und die unzureichende Ausdehnung des Gasnetzes in den Vorstädten. Die Versorgung dieser vernachlässigten Gebiete sowie Innovation bei den Hauhaltsgeräten sollten den Gaskonsum steigern und entsprechend den finanziellen Erfolg sichern.[246] Auch die Oldenburger Stadtväter waren bei der Kommunalisierung des Gaswerks im Jahre 1901 davon überzeugt, den zunehmenden Energiebedarf an Beleuchtung, Heiz- und Kochgas besser gewährleisten zu können und damit den Interessen der Allgemeinheit eher zu entsprechen, als dies unter der Regie des Privatunternehmers Fortmann geschehen war.

Zum neuen Direktor der Gasanstalt wurde der aus Altona stammende Dipl.-Ing. Oskar Wichmann[247] berufen. Sämtliches Personal wurde übernommen und zum bisherigen Gehalt bzw. Lohn weiter beschäftigt: ein Buchhalter, zwei Kontoristen, ein Magazinverwalter, ein Gasmeister, ein Beleuchtungsaufseher, zwei Vorarbeiter, ein Maurer, vier bis sechs Schlosser, sechzehn Laternenanzünder, ein Bote sowie etwa vierzehn Zeitarbeiter. Bei der Übernahme des Werks waren angeschlossen: 1.065 Leucht-, 128 Koch- und 41 Kraftgasleitungen. Das Rohrnetz hatte eine Länge von 39.251 Metern. In den öffentlichen Straßen Oldenburgs gab es 515 Abendlaternen und 229 Nachtlaternen. Die Beleuchtung staatlicher Einrichtungen wie zum Beispiel des Schlosses, des Palais, des Landgerichts, des Gefängnisses und des Marstalls umfasste insgesamt 41 Laternen und ging zu Lasten der Großherzoglichen Regierung. In Handwerk und Industrie waren insgesamt 48 gasbetriebene Motoren im Einsatz. Für Leuchtgas mussten in Oldenburg 18 Pfennig je Kubikmeter bezahlt werden und für Heiz- und Kraftgas 16 Pfennig.[248] Über den schlechten Betriebszustand des Gaswerks war der Magistrat schon vor dem Ankauf informiert gewesen, deshalb wurden unmittelbar nach der Übernahme des Werks 500.000 Mark in dessen Modernisierung investiert.[249]

Die Umbaumaßnahmen, die bei laufendem Betrieb durchgeführt werden mussten, gestalteten sich insofern schwierig, als unvorhergesehen die Nachfrage vor allem von Privatkunden für Innenbeleuchtung um fast zehn Prozent gestiegen war. Besonders groß war die prozentuale Steigerung jedoch bei Koch- und Heizgas, sie betrug 29,23 Prozent.[250] Die Ursache für die unerwartet große Nachfrage war, dass das städtische Gaswerk als Anreiz für Privatkunden vorgesehen hatte, nach Fertigstellung des Umbaus die Preise für Heiz- und Kraftgas sowie die Miete für die Gaszähler zu senken. Das Gaswerk entwickelte sich zu einer rentablen Einnahmequelle für die Stadtkasse. Bereits nach den ersten zehn Monaten konnte ein Bruttogewinn von über 130.000 Mark verbucht werden.[251]

Das städtische Gaswerk floriert

„Die Stadt besitzt also in ihrem Gaswerke ein sich gut rentierendes Unternehmen", teilte der Gaswerksdirektor Wichmann mehrfach in den Geschäftsberichten mit.[252] In der Tat erwirt-

[246] Greineder: Die öffentliche Verwaltung der Gaswerke, S. 24f.
[247] Wichmann, der später den Titel eines Baurats erhielt, leitete die Oldenburger Gas- und Wasserwerke bis zu seinem Tod. Er starb 1928 im Alter von 58 Jahren, s. Todesanzeige, Firmenarchiv EWE, Best. 100, sowie den Nachruf in: Wasser und Gas 18, 1927/28, S. 940.
[248] Geschäftsbericht des städtischen Gaswerks 1901/02, in: Gemeinde-Blatt 49, 1902, S. 183ff.
[249] Beschluss des Stadtrats vom 11.2.1902, in: Gemeinde-Blatt 50, 1903, S. 234.
[250] Ebd., S. 240.
[251] Geschäftsbericht des städtischen Gaswerks 1901/02, in: Gemeinde-Blatt 49, 1902, S. 189ff.
[252] Geschäftsbericht des städtischen Gaswerks 1905/06, in: Gemeinde-Blatt 53, 1906, S. 240; Ge-schäftsbericht des städtischen Gaswerks 1906/07, in: Gemeinde-Blatt 54, 1907, S. 205.

schaftete das Gaswerk von Beginn an jährlich steigende Überschüsse, die teils zur Tilgung des Anlagekapitals, für Abschreibungen und Rückstellungen verwendet, teils als Gewinn an die Stadtkasse überwiesen wurden. In den ersten fünf Jahren nach Übernahme des Gaswerks in städtischen Besitz stand der in der nachfolgenden Tabelle ausgewiesene Reingewinn nur teilweise dem städtischen Haushalt zur Verfügung. Bis 1906 wurden insgesamt 160.000 Mark aus dem Gewinn zur Tilgung des Anlagekapitals verwendet, so dass nur rund 125.000 Mark an die Stadtkasse überwiesen werden konnten.

In den Jahren zwischen 1906 und 1919 stellte das Gaswerk jedoch eine ausgesprochen lukrative Einnahmequelle für die Stadt dar. Insgesamt erwirtschaftete es in diesem Zeitraum über 790.000 Mark, die in den städtischen Haushalt flossen.[253] Auch in den Nachkriegsjahren erwirtschaftete das Gaswerk Gewinne, die aber wegen der Inflation mit den Ergebnissen in der Zeit davor und danach nicht vergleichbar sind und hier nicht berücksichtigt werden.[254] Im Geschäftsjahr 1925/26 musste „von einer Abführung an die Stadtkasse [...] mit Rücksicht auf die finanzielle Lage der Werke Abstand genommen werden."[255]

Gewinnentwicklung in Mark des städtischen Gaswerks 1901–1919

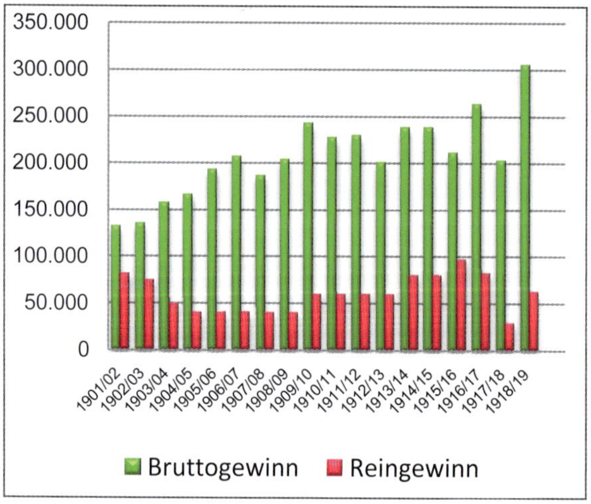

Die Gewinne des Gaswerks wurden vorwiegend aus der Steigerung des Gasverbrauchs im privaten Bereich, hauptsächlich für Koch- und Heizgas, erzielt. Preissenkungen für Gas und Gaszähler, Münzgaszähler, kostenlose Überlassung von Haushaltsgeräten, Einführung eines Einheitspreises für Leucht-, Koch- und Heizgas sowie intensive Werbung führten zu einer bedeutenden Zunahme des Gasverbrauchs.

Die hohen Gewinne während des Ersten Weltkrieges konnten vor allem durch Neukunden erzielt werden, die wegen des Petroleummangels zwangsläufig auf andere Energiequellen umsteigen mussten. So hieß es in dem Bericht für das Geschäftsjahr 1915/16:

> Infolge der Petroleumnot war die Anschlußbewegung eine sehr lebhafte. Im ganzen wurden 703 neue Verbraucher angeschlossen. Es steht daher zu erwarten, daß nach Beendigung des Krieges der Gasverbrauch weiter erheblich zunehmen wird.[256]

Die größte Zunahme verzeichnete das Gaswerk bei den Gasautomaten. Die Installation der Gasleitungen einschließlich der Geräte und Lampen in den Haushalten erfolgte zwar unentgeltlich, das Automatengas war allerdings vier Pfennig pro Kubikmeter teurer als das normale Gas.[257]

Erhebliche Verluste musste das Gaswerk hingegen beim Absatz von Leuchtgas hinnehmen. Zum einen hatte sich durch die Einführung des Gasglühlichts 1902 der Gasverbrauch bei der Straßenbeleuchtung wesentlich verringert, was jedoch durch die Ausdehnung des Beleuchtungsnetzes teilweise wieder ausgeglichen werden konnte. Zum anderen erfolgte nach der Inbetriebnahme des Elektrizitätswerks 1907 vor allem in Geschäfts-, Handwerks- und Industriebe-

[253] Geschäftsbericht des städtischen Gaswerks 1913/14 und 1914/15, StAO, Best. 262-1 A Nr. 2378; Ge-schäftsbericht 1915/16, ebd., Nr. 2368; Geschäftsbericht 1916/17, ebd., Nr. 2369; Geschäftsbericht 1917/18, ebd., Nr. 2370; Geschäftsbericht 1918/19, ebd., Nr. 2371.

[254] Geschäftsbericht des städtischen Gaswerks 1919/20, ebd., Nr. 2372; Geschäftsbericht 1920/21, ebd., Nr. 2373; Geschäftsbericht 1921/22, ebd., Nr. 2374; Geschäftsbericht 1922/23, ebd. Nr. 2375; Ge-schäftsbericht 1923/24, ebd., Nr. 2375.

[255] Ebd., Nr. 2376.

[256] Statistische und finanzielle Mitteilungen, Oldenburg, in: Journal für Gasbeleuchtung 60, 1917, S. 457.

[257] Ebd.

trieben die Innenbeleuchtung durch Strom. Auch die Versorgung der Gewerbebetriebe mit Kraftgas nahm ab 1907 ab, weil nun immer häufiger Elektromotoren statt Gasmotoren eingesetzt wurden. Bereits im Geschäftsbericht 1905/06 wurden die Befürchtungen über die ungewisse Zukunft des Gaswerks infolge der Einrichtung des Elektrizitätswerks sehr deutlich zum Ausdruck gebracht:

> Für die Gasabgabe der nächsten Zukunft ist sowohl infolge der zu erwartenden Einführung des Achtuhrladenschlusses als auch der Einrichtung des Elektrizitätswerkes wenn nicht gerade ein Rückgang, so doch eine geringere Zunahme zu erwarten. [...] Die Erträglichkeit des Gaswerks wird ferner ungünstig beeinflußt werden durch die zu erwartende weitere Steigerung der Gaskohlenpreise und der Arbeiterlöhne, die leider durch größere Einnahmen aus den Nebenprodukten nicht ausgeglichen werden können.[258]

Die Sorge war jedoch unbegründet, das Gaswerk konnte seinen Umsatz sogar ganz erheblich steigern.[259] Auch das nächstfolgende Geschäftsjahr führte nicht zu einem Rückgang der Nachfrage. Im Gegenteil, es konnte sogar beim Leuchtgas noch eine Zunahme von 8,58 Prozent registriert werden. Auch die Angst, „daß infolge der Eröffnung des Elektrizitätswerks ein Stillstand in der Gasabgabe eintreten könnte, hat sich glücklicherweise als grundlos erwiesen." Die Gewinneinbußen im Geschäftsjahr 1907/08 waren vielmehr auf die „erheblichen Mehrausgaben für den Betrieb, für Kohlen, Unterfeuerung, Löhne und Ofenreparaturen" zurückzuführen.[260]

Trotz jährlich steigender Gewinne hörte das Klagen der Gaswerksdirektion nicht auf: So waren es mal die allgemeine Geschäftsflauheit, mal der Achtuhrladenschluss, dann die Ausbreitung des elektrischen Lichts, die hohen Kohlenpreise, die Erweiterungsbauten des Gaswerks, die Einführung der achtstündigen Wechselschicht für die Arbeiter oder die Preissenkungen für Leucht- und Kraftgas, die der Geschäftsleitung zufolge die Gewinnerwartungen negativ beeinflussen würden. Häufig hieß es: „Die Aussichten für das kommende Jahr sind leider nicht günstig."[261] Der höchste Gewinn, 97.000 Mark, wurde im Kriegsjahr 1915/16 an die Stadtkasse abgeführt. Gleichwohl wurde im Stadtrat am 28. April 1916 eine Gaspreiserhöhung zum 1. August 1916 um durchschnittlich 2 Pfennig beschlossen.[262] Erstmals in der Geschichte des städtischen Gaswerks betrug im Geschäftsjahr 1917/18 der Reingewinn „nur" noch 29.000 Mark. Ursache war die Kontingentierung der Gasabgabe im Winter 1917/18 auf 80 Prozent des Vorjahres – ausgenommen waren kriegswichtige Industrieabnehmer –, in deren Folge sich zwangsläufig die Einnahmen des Gaswerks reduzierten.[263] Schon 1916/17 und ebenfalls im folgenden Kriegswinter hatte sich auch beim Oldenburger Gaswerk der Kohlenmangel bemerkbar gemacht, der zu erheblichen Schwierigkeiten bei der Gaslieferung führte. Um jedoch die üblichen Gewinne zu erzielen, reagierten die politisch Verantwortlichen mit einer drastischen Preiserhöhung. Neben der Anhebung der Gaspreise wurden auch die Zählermiete, die Grundgebühr und die Gebühren für Neuanschlüsse angehoben.[264]

Schon ein Jahr später führte die galoppierende Inflation erneut zu Preisanhebungen. Mit Wirkung vom 1. März 1920 wurden die Preise für Gas auf 90 Pfennig und für Automatengas auf 96 Pfennig heraufgesetzt. Außerdem wies der Magistrat darauf hin, dass der Verkaufspreise für Gas, „künftig monatlich neu festgesetzt und am ersten Tag jeden Monats veröffentlicht" werde.[265] In der zweiten Hälfte der 1920er Jahre konsolidierte sich die Situation im Gasgeschäft, wie der Gaswerksdirektor Wichmann erläuterte. So konte bereits im

[258] Geschäftsbericht des städtischen Gaswerks 1905/06, in: Gemeinde-Blatt 53, 1906, S. 240.
[259] Geschäftsbericht des städtischen Gaswerks 1906/07, in: Gemeinde-Blatt 54, 1907, S. 205f.
[260] Geschäftsbericht des städtischen Gaswerks 1907/08, in: Gemeinde-Blatt 55, 1908, S. 186f.
[261] Geschäftsbericht des städtischen Gaswerks 1910/11, in: Gemeinde-Blatt 58, 1911, S. 300.
[262] Verhandelt im Magistrat, Gesamtstadtrat und Stadtrat am 28.4.1916, in: Gemeinde-Blatt 63, 1916, S. 55f.
[263] Körting, Johannes: Geschichte der deutschen Gasindustrie. Mit Vorgeschichte und bestimmenden Einflüssen des Auslandes, Essen 1963, S. 419.
[264] Verhandelt im Magistrat, Gesamtstadtrat und Stadtrat am 25.2.1919, in: Gemeinde-Blatt 66, 1919, S. 13f.
[265] Stadtmagistrat Oldenburg, in: Nachrichten, Nr. 30, 31.1.1920.

Geschäftsjahr 1925/26 die Zahl der Gaskunden auf rund 9000 erhöht werden.[266] Auch im Geschäftsjahr 1926/27 verzeichnete das Gaswerk ein weiteres Anwachsen der Gasabgabe.

> Für die Zukunft ist ebenfalls mit einer günstigen Weiterentwicklung zu rechnen, zumal da die durch den Übergang der gesamten Gas-Innenbeleuchtung der Wohn-, Geschäfts- und sonstigen Räume zur elektrischen Beleuchtung entstandene Krise als überwunden gelten kann. Während früher das Gaswerk in der Hauptsache Gas zu Beleuchtungszwecken lieferte, wird jetzt nur noch Gas zu Koch- und in geringen Mengen zu Heiz- und gewerblichen Zwecken abgegeben.[267]

Mitte der 1920er Jahre hatte sich das Gaswerk finanziell wieder soweit stabilisiert, dass es in der Lage war, beträchtliche Summen in die Modernisierung der technischen Anlagen zu investieren. So wurde eine moderne Koks- und Sortieranlage mit elektrisch betriebener Hängebahn für den Kokstransport installiert, das Ofenkammersystem erweitert und eine Kohlen-Mahl- und Mischanlage eingerichtet. Die Verarbeitung des Ammoniakwassers erfolgte jetzt in einem eigenen Betrieb.[268]

98a *Detailansicht des Gaswerks um 1950. Stadtmuseum Oldenburg.*

98 *Werbeanzeige des städtischen Gaswerks, in: Oldenburgischer Volkskalender, Oldenburg 1927, S. 181.*

266 Bericht über die Verwaltung des städtischen Gaswerks zu Oldenburg i. Gr. 1. Mai 1912 bis 30. April 1913, Oldenburg 1913, S. 20. Die Zahl der Gasanschlüsse betrug 5 141 Stück.

267 Wichmann: Das städtische Gaswerk, S. 87f.

268 Ebd., S. 88

Gaswerksanlagen und -technik

Gaserzeugung

Die Modernisierung des städtischen Gaswerks nach der Übernahme 1901 erfolgte nach dem technischen Standard damaliger Zeit. Der neue Gaswerksdirektor Wichmann konnte während der Sanierungsarbeiten auf die technischen und baulichen Umbaupläne des Hamburger Stadtbaurats Burgmann zurückgreifen, die dieser bereits im Rahmen der Vorverhandlungen über die Kommunalisierung konzipiert hatte. Besonderes Augenmerk galt dem Ofensystem, dem Herzstück der Gasanstalt. In den ersten zehn Jahren arbeitete das städtische Gaswerk noch mit zwei verschiedenen Systemen. Vom alten Werk übernahm es vier 6er Horizontal-Rostöfen sowie zwei 6er Halbgeneratoröfen und einen 3er Rostofen. Mit dem herkömmlichen Ofensystem wurden in 24 Stunden 6 000 Kubikmeter Gas erzeugt. Wesentlich wirtschaftlicher arbeiteten dagegen die modernen 9er Schrägretorten-Öfen, die so genannten Cozeöfen, benannt nach dem französischen Erfinder Coze. Die ersten drei Öfen wurden bereits am 20. November 1903 in Betrieb genommen, im Geschäftsjahr 1908/09 folgte der vierte und schließlich 1910/11 der fünfte Ofen. Die Ofenbatterie nach dem System Coze bestand aus fünf Generatoröfen, mit je neun schrägen, vier Meter langen Retorten. Die Höchstleistung betrug 16.000 Kubikmeter Gas in 24 Stunden.[269] Die Rentabilität des neuen Ofensystems resultierte vor allem aus dem geringeren Bedarf an Rohstoff, bei gleichzeitig höherem Gas-Output und einem sparsameren Koksverbrauch beim Befeuern der Retortenöfen. Hinzu kam, dass die älteren Öfen mit den waagerechten Retorten zur Bedienung auch wesentlich mehr Arbeiter benötigten als die neueren Öfen mit den schrägen Retorten. Die Anzahl der Arbeitskräfte im Ofenhaus konnte nahezu halbiert werden.[270]

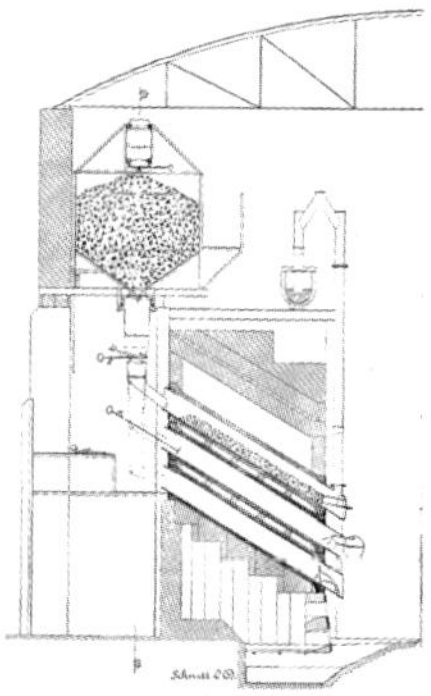

99 Schnitt durch einen Coze-Ofen mit schiefliegenden Retorten, in: Journal für Gasbeleuchtung 1892, S. 526.

Der Weg von der Auswahl und der Anlieferung der Kohle über die Herstellung des Gases, dessen Kühlung, Reinigung, Messung und Speicherung bis hin zur Weiterleitung in das Stadtrohrnetz war in viele Einzelschritte zerlegt und soll an Hand des Produktionsprozesses und der Apparatefolge aufgezeigt werden. Die Ausführungen beziehen sich hauptsächlich auf den technischen Entwicklungsstand nach Abschluss der Modernisierung des Oldenburger Gaswerks 1911/12.

Der Einkauf der Kohlen war zum einen abhängig vom Heizwert, der durch das Alter und die Herkunft der Kohlen bestimmt war, und zum anderen vom jeweiligen Marktpreis. Die Auswertung der Geschäftsberichte des städtischen Gaswerks zwischen 1908 und 1912 ergab, dass jährlich im Durchschnitt rund 10.000.000 Kilogramm Kohlen verarbeitet wurden.

---

269 Gemeinde-Blatt, Geschäftsberichte des städtischen Gaswerks 1901 bis 1912, (Auswertung d. V.); ferner: Geschäftsbericht des städtischen Gaswerks 1903/04, in: Gemeinde-Blatt 51, 1904, S. 223.

270 Vollbrecht: Gaswerke, in: Syrup, Friedrich (Hg.): Handbuch des Arbeiterschutzes und der Betriebssicherheit, Bd. 3, Berlin 1928, S. 491; ferner: Geschäftsbericht des städtischen Gaswerks 1903/04, in: Gemeinde-Blatt 51, 1904, S. 223.

Der Großteil der Kohlen kam aus deutschen Gruben, der Rest aus England. So bezog das Oldenburger Werk beispielsweise 1911/12 seinen Rohstoffbedarf von acht verschiedenen Zechen in Deutschland und von drei englischen Zechen.[271] Der Transport der Kohlen erfolgte per Eisenbahn und mit dem Schiff über die Linie Nordsee-Weser-Hunte. Im Zuge der Kommunalisierung des Gaswerks schloss der Stadtmagistrat mit der Großherzoglichen Oldenburgischen Eisenbahn einen Vertrag über eine Verlängerung des bestehenden Anschlussgleises zur Gasanstalt, um die Kohlen direkt ins Werk anliefern zu können.[272] Nach dem Vermischen der verschiedenen Kohlensorten wurden diese mittels Kohlenbrecheranlagen zerkleinert, über Transportbänder in den Kohlenhochbunker und von dort aus je nach Tagesbedarf zum Vergasungsofen befördert. Hier wurde das „Leuchtgas"[273] erzeugt. Es entstand durch die Erhitzung der Kohlen in luftdicht abgeschlossenen Retorten auf ungefähr 1 050° C.

Der Vergasungsprozess dauerte 24 bis 32 Stunden. Dabei wurden die gasförmigen Teile aus der Kohle in Form des rohen Leuchtgases ausgetrieben, zurück blieb Koks.[274] Das in den Öfen entstandene Rohgas wurde über Rohrleitungen weitergeleitet zu Anlagen, in denen das Gas veredelt wurde. Zunächst musste das Rohgas, das mit 80° C die Kammern verließ, mit einem Wasser- bzw. Luftkühler auf eine Temperatur von 25 bis 30 °C abgekühlt werden. Nach dem Kühlprozess drückte ein Gassauger das Gas zuerst in den Teer-, anschließend in den Naphtalin- und schließlich in den Ammoniakwäscher. Die nasse Reinigung des Rohgases war damit abgeschlossen. Mit der darauffolgenden Trockenreinigung wurde dem Gas der Schwefelwasserstoff entzogen. An jeder Station befand sich auch ein Abfluss für die Kondensationsprodukte, die dann gesondert weiterverarbeitet wurden.

100 *Die Fotos zeigen Aufnahmen vom Gaswerk nach der Modernisierung 1904/05. Die Innenaufnahme zeigt die Gassauger- und Apparateanlage, in: Bericht über die VII. Jahresversammlung in Oldenburg i. Gr. am 11., 12. und 13. September 1905. München 1905, S. 29.*

101 *Das Ofenhaus, ebd., S. 25.*

102 *Das Kühler-, Apparate- und Reinigergebäude, ebd., S. 27.*

[271] Geschäftsbericht des städtischen Gaswerks 1911/12, in: Gemeinde-Blatt, 59, 1912, S. 238.

[272] Verhandelt im Magistrat, Gesamtstadtrat und Stadtrat am 26.3.1901, in: Gemeinde-Blatt 48, 1901, S. 60., ferner Vertrag zwischen der Grossherzoglichen Eisenbahn-Direktion zu Oldenburg und dem Stadtmagistrat zu Oldenburg, 19. /29. April 1901, Stadtmuseum Oldenburg , Gaswerk , Akte Anschlußgleis 1901, I.2.G.23.

[273] Bertelsmann, Wilhelm: Über den Einfluß der unverbrennlichen Bestandteile auf die praktische Brauchbarkeit des Leuchtgases, Vortrag gehalten auf der Jahresversammlung des Deutschen Vereins von Gas- und Wasserfachmännern, 1924, in: Journal für Gasbeleuchtung 67, 1924, S. 609: „Bis zum Jahre 1914 verstand man unter ‚Leuchtgas' ein reines Steinkohlengas oder das Gemisch eines solchen mit Leuchtwassergas, dessen oberer Heizwert zwischen 5000 und 6000 WE lag und dessen Gehalt an unverbrennlichen Anteilen 5 v H nur selten überschritt. Die stets wachsende Brennstoffnot zwang nun in der Folgezeit die Gaswerke, wollten sie die Gasversorgung überhaupt aufrechterhalten, ihr Gas mit ärmeren Gasen zu verdünnen und seinen Heizwert beträchtlich herabzusetzen. Als Streckmittel kam in erster Linie das Blauwassergas in Frage, doch griff man im Laufe der Zeit, der Not gehorchend, auch zu anderen Gasen, zu den Destillationsgasen des Holzes, des Torfs und der Braunkohle, zum Halbwassergas, Generatorgas und zum Rauchgas aus den Feuerzügen der Destillationsöfen. Dadurch ging der schon vor dem Kriege nicht ganz eindeutige Begriff ‚Leuchtgas' völlig verloren."

[274] Vollbrecht: Gaswerke, S. 489.

***103** Ansicht vom Kesselhaus und von der Salzfabrik, ebd., S. 33.*

***104** Das Uhren- und Reglergebäude, ebd., S. 32*

***105** Die Innenaufnahme zeigt den Gasmesser, der 1904 installiert und bis in die 1950er Jahre in Betrieb war, in: Hundert Jahre Gaswerk Oldenburg, EWE AG (Hg.), Oldenburg 1953, o. S.*

Ehe das fertige Gas in die Gasvorratsbehälter, so genannte Gasometer, strömte, wurde die erzeugte Menge mit dem Stationsgasmesser gemessen. Die Gasometer waren mit einer Regleranlage ausgestattet, die den gleichmäßig hohen Druck gewährleistete. Während der Vordruckregler für den Druckausgleich im Gasometer sorgte, übernahm der Stadtdruckregler den Ausgleich im Stadtrohrnetz, schließlich diente der Sicherheitsregler zur Systemüberwachung.

Auf dem Gelände des Oldenburger Gaswerks gab es drei Gasometer, darunter ein schmiedeeisernes Bassin mit 10.000 Kubikmeter, ein gemauertes Bassin mit 3 000 Kubikmeter und schließlich ein Wassergasbehälter mit 1 600 Kubikmeter. Sie gaben dem Werk – zusammen mit dem 40 Meter hohen Schornstein für das Ofenhaus und dem 27 Meter hohen Schornstein für das Kesselhaus – das weithin sichtbare charakteristische Gepräge.[275]

Die Nebenprodukte, die bei der Gasherstellung entstanden, waren Koks, Teer, Ammoniakwasser, Schlacken und Graphit. Sie fanden Verwendung in der chemischen und in der Düngemittelindustrie oder wurden an Privatkunden verkauft. Der Handel mit den Nebenprodukten, vor allem mit Koks und Teer, war ein ebenso wichtiges Geschäft wie die Gaserzeugung selbst.[276] Der beim Vergasungsprozess erzeugte Koks wurde teils verkauft, teils zum Befeuern der Retortenöfen verwendet. Aufgrund technischer Entwicklungen war es im ausgehenden 19. Jahrhundert auch möglich, in „Cokegeneratoren" Koksgas herzustellen, eine Technologie, die sich zunächst vor allem in Amerika und England durchgesetzt hatte und die ab den 1890er Jahren zunehmend auch in deutschen Gaswerken Anwendung fand.[277] Das Verfahren bot den Vorteil, die Primärenergie Kohle noch wirksamer in Gas umwandeln zu können:

> Der Gaskoks wird in den sogenannten Koksgasanlagen dadurch vergast, daß man den Koks auf eine Temperatur von 1 000 bis 1 100 Grad erhitzt und dann Wasserdampf einströmen läßt. Die-

[275] Geschäftsbericht des städtischen Gaswerks 1902/03, in: Gemeinde-Blatt 50, 1903, S. 234; ferner: Geschäftsbericht des städtischen Gaswerks 1911/12, in: Gemeinde-Blatt 59, 1912, S. 236.

[276] Geschäftsbericht des städtischen Gaswerks 1911/12, in: Gemeinde-Blatt 59, 1912, S. 235ff.; ferner: Vortrag anlässlich der Eröffnung der deutschen Ausstellung „Das Gas" München 1914, in: Journal für Gasbeleuchtung 57, 1914, S. 672.

[277] Goulden, T.: Carburirtes Wassergas in Beckton, Vortrag gehalten in London, 1891, in: Journal für Gasbeleuchtung 35, 1892, S. 26ff.; ferner: Glasgow, A. G.: Carburirtes Wassergas, ebd., S. 78ff. In den 1890er Jahren spielten Koksgas oder Ölgas schon eine wichtige Rolle bei der Anreicherung des Steinkohlengases.

ser Wasserdampf wird an dem glühenden Koks versetzt und es bildet sich das Koksgas (Wassergas), ein Gemisch von Wasserstoff und Kohlenoxyd mit geringer Beimischung von Methan, Kohlensäure und Stickstoff. Dieses Koksgas muß gewaschen und gereinigt werden.[278]

Das fertige Koksgas oder Wassergas, wie die Bezeichnung im Oldenburger Werk lautete, wurde mit dem Steinkohlengas vor der Gassauger-Station vermischt und dann zusammen gereinigt. In der Oldenburger Gasanstalt wurde die Wassergasanlage am 20. Januar 1909 in Betrieb genommen und entwickelte sich bald zu einem lukrativen zweiten Standbein bei der Gaserzeugung.[279] So wurden beispielsweise im Betriebsjahr 1911/12 insgesamt 3.054.385 Kubikmeter Steinkohlengas und 248.315 Kubikmeter Wassergas erzeugt. Letzteres bestand zum überwiegenden Teil aus ölkarboriertem Wassergas und zu einem kleinen Teil aus blauem Wassergas.

Zur Erzeugung von blauem Wassergas dienten Strom und Koks. Bei dem ölkarborierten Wassergas wurde zusätzlich zu den Primärenergiestoffen Strom und Koks noch Öl benötigt.[280] Die Beimischung des ärmeren Wassergases zum Leuchtgas soll für die Kunden keinen Nachteil gehabt haben, aber für das Unternehmen bot die Produktion von Wassergas den Vorteil, dass sie kostengünstiger und weniger personalintensiv war als die Herstellung von Steinkohlengas. Dadurch konnten die Gesamtkosten für die Gasproduktion reduziert werden.[281] Weil die städtische Gasanstalt die Energie für Straßenbeleuchtung, Haushalt, Gewerbe und Industrie zur Verfügung stellte, erhielt sie den Namen Stadtgas.

Straßenbeleuchtung

Die Gasanstalt unter der Regie der Familie Fortmann hatte sich in erster Linie als Beleuchtungsanstalt verstanden. Allerdings zeigte das Unternehmen in diesem Kerngeschäft gegen Ende des 19. Jahrhunderts kaum noch Interesse und griff auch Innovationen in der Beleuchtungstechnik nur zögernd auf. So hatte es laut Konzessionsvertrag von 1876 in den folgenden zwei Jahren insgesamt 426 Laternen aufzustellen, die weitere Ausdehnung des Netzes lag im Ermessen des Gasfabrikanten. Die vereinbarte Stückzahl wurde bis zum Verkauf des Werks lediglich auf 531 Abend- und 229 Nachtlaternen erhöht, von denen wiederum nur 71 Abend- und 156 Nachtlaternen mit Gasglühlicht versehen waren.

Diese geringe Zunahme der Straßenlaternen ist umso bemerkenswerter vor dem Hintergrund des Bevölkerungswachstums der Stadt im letzten Drittel des 19. Jahrhunderts. Die Zahl der Einwohner expandierte zwischen 1875 und 1900 von 17.462 auf 26.797. Wegen der begrenzten Aufnahmekapazität im Stadtzentrum wuchs daher die Stadt zwangsläufig in die Breite.[282] In diesen Neubau- bzw. verdichteten Wohngebieten blieben jedoch zahlreiche Straßen bis zur Jahrhundertwende ohne ausreichende Beleuchtung, weil das Privatunternehmen aus Rentabilitätsgründen kein Interesse daran hatte, das Gasnetz auf die neuen Außenbezirke auszudehnen.

Die geringe Expansion des Versorgungsnetzes hatte noch einen weiteren Grund: Die elektrotechnischen Ausstellungen in Paris und München 1881 und 1882 sowie die Weltausstellungen in Paris 1878 und 1889 hatten auch im Bereich Beleuchtungstechnik einschneidende Neuerungen präsentiert, was zu einer großen Verunsicherung unter den Gaswerksbesitzern über die Zukunft des Gasgeschäfts führte.[283] Die Konkurrenz der Elektrotechnik hatte zwangsläufig zur Folge, dass sich spätestens ab den 1880er Jahren die Sicht-

278 Vollbrecht: Gaswerke, S. 491.
279 Geschäftsbericht des städtischen Gaswerks 1908/09, in: Gemeinde-Blatt 54, 1909, S. 172.
280 Geschäftsbericht des städtischen Gaswerks 1911/12, in: Gemeinde-Blatt 59, 1912, S. 240.
281 Goulden: Carburirtes Wassergas, S. 26ff.; Glasgow: Carburirtes Wassergas, S. 78ff.
282 Schulze: Oldenburgs Wirtschaft einst und jetzt, S. 26f.
283 Vortrag anlässlich der Eröffnung der deutschen Ausstellung „Das Gas" München 1914, in: Journal für Gasbeleuchtung 57, 1914, S. 672.

weise in Gasfachkreisen auf die bisherige Monopolstellung der Gaswirtschaft veränderte und eine neue Ära auf dem Gasmarkt begann. In zahlreichen Städten und Gemeinden wurde deshalb gegen Ende des 19. Jahrhunderts die Kommunalisierung der Gaswerke vorangetrieben. Es wurde vor allem befürchtet, dass die vor Jahrzehnten mit der Gasbeleuchtung geschaffene Infrastruktur zusammenbrechen würde, während die Elektrizität zu diesem Zeitpunkt noch keine wirkliche Alternative bot, zumal die Infrastruktur für die Nutzung der Elektrizität in den meisten Städten erst noch geschaffen werden musste. Nicht zuletzt dieser Umstand veranlasste, wie bereits oben beschrieben, die Oldenburger Gaswerkunternehmer, den Betrieb an die Stadt zu verkaufen.

Die Stadt Oldenburg nahm 1901 einen desolaten und technisch veralteten Familienbetrieb in ihren Besitz und setzte von Anfang an alles daran, für den Vertrieb des Gases neue Marktsegmente zu erschließen. Ein weites Feld boten die Ausdehnung des Beleuchtungsnetzes sowie die Förderung der Koch- und Heizgeräte. Begünstigt wurden die Pläne dadurch, dass zu diesem Zeitpunkt noch kein Elektrizitätswerk existierte, so dass das städtische Gaswerk seinen zeitlichen Vorsprung und die neuesten Entwicklungen auf dem Gebiet der Gastechnik zu seinem Vorteil nutzen konnte.

Der erste Schritt diente der Erschließung eines größeren Netzgebietes, um dem Wunsch der Bewohner in der Stadt und in den Vororten nach einer besseren Licht-, Kraft- und Wärmeversorgung entgegenzukommen. Am 11. Februar 1902 wurde zunächst mit der Vorortgemeinde Eversten ein Gaslieferungsvertrag abgeschlossen, am 14. März 1903 erhielt auch die Gemeinde Ohmstede einen Vertrag „zwecks Versorgung von Teilen der Gemeinde mit Gas auf die Dauer von 25 Jahren". Das Versorgungsgebiet zählte nunmehr etwa 30.000 Einwohner. An die Ausdehnung des Netzes knüpfte die Stadt vor allem die Erwartung, dass die im Zuge der Modernisierung des Gaswerks kalkulierte Produktivitätssteigerung durch vermehrte Nachfrage auch zu einer dauerhaften und sicheren Kapazitätsauslastung führen würde.[284] Zur selben Zeit verzeichnete das Gaswerk allerdings auch den Verlust eines wichtigen Versorgungsgebietes, denn die Ortsgemeinde Osternburg hatte sich entschieden, ein eigenes Gaswerk zu bauen. Das städtische Gaswerk ließ daraufhin im September 1902 sämtliche Rohrleitungen und 19 Straßenlaternen entfernen.[285]

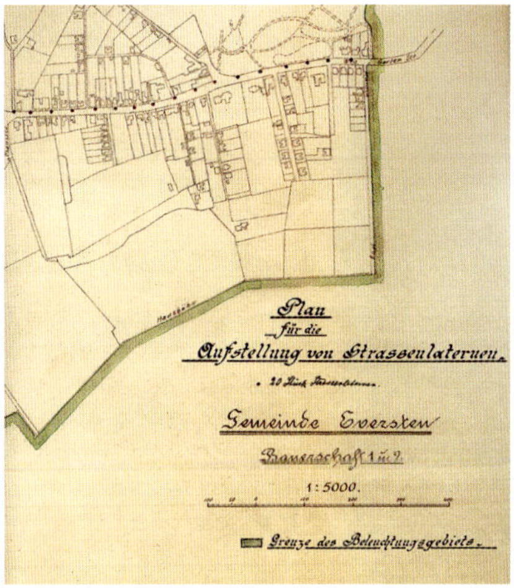

106 *Plan für die Aufstellung von Gaslaternen in Eversten, 1902. Stadtmuseum Oldenburg.*

Der Ausbau des Straßenbeleuchtungsnetzes in der Stadt Oldenburg und in den Vorortgemeinden Eversten und Ohmstede verlief unterschiedlich, teils wurden ganze Straßenzüge innerhalb eines Jahres mit neuen Laternen versehen, teils nur Kreuzungen und Plätze. Mehrfach wurde die Beleuchtung einer Straße nach und nach, manchmal über Jahre hinweg, ausgebaut, parallel dazu erweiterte man das Gashauptrohrnetz. Die Entwicklung lässt sich anhand der Geschäftsberichte gut nachvollziehen, weil sie nicht nur die Zunahme der Abend- und Nachtlaternen in den einzelnen Straßen dokumentieren, sondern auch jeden zusätzlichen Meter im Stadtrohrnetz. Auf die zahlreichen Details soll an dieser Stelle nicht eingegangen werden, sondern lediglich auf die jährliche Steigerung der Stückzahl der Straßenlaternen im Versorgungsgebiet.

284 Geschäftsbericht des städtischen Gaswerks 1902/03, in: Gemeinde-Blatt 50, 1903, S. 235f.
285 Ebd., S. 242.

In den ersten zehn Jahren nach Übernahme des Gaswerks konnte die Zahl der Laternen erheblich gesteigert werden. Waren bei der Übernahme des Gaswerks insgesamt 763 Laternen angeschlossen, hatte sich die Zahl 1912 auf 1 381 erhöht, wie folgende Tabelle zeigt:[286]

Jahr	Abendlaternen	Nachtlaternen	Zunahme	Laternen insgesamt
1901	531	232	–	bei Übernahme des Gaswerks 763
1902	17	6	23	817[286]
1903	25	9	34	861
1904	27	55	82	955
1905	74	23	97	1 052
1906	14	7	21	1 073
1907	8	25	33	1 106
1908	48	15	63	1 169
1909	135	7	142	1 311
1910	6	10	16	1 327
1911	38	5	43	1 370
1912	11	–	11	1 381

Nach Angaben des städtischen Gaswerks war die Straßenbeleuchtung in Oldenburg im Vergleich mit einigen anderen Städten durchaus zufrieden stellend. So kamen im Geschäftsjahr 1905/06 auf 1000 Einwohner in Bremen 35, Wilhelmshaven 12,4, Osnabrück 20, Hildesheim 24,7, Jena 19 und schließlich in Oldenburg 35,8 Straßenlaternen.[287] Die Gasanstalt begann unmittelbar nach der Werksübernahme auch mit der Erneuerung der Straßenbeleuchtungstechnik und der Umstellung auf Gasglühlicht, am 1. Mai 1902 waren diese Arbeiten abgeschlossen.[288] Analog dazu installierte sie aber noch fünf herkömmliche Petroleumlaternen, davon vier am Haarenufer und eine in der Schmalestraße. Zur Begründung hieß es: „Derartige Laternen wurden aufgestellt, weil die Beleuchtung jener beiden Straßen durchaus erforderlich war und andererseits eine Gasleitung für jene Straßen nicht rentabel gewesen wäre."[289]

Die Petroleumbeleuchtung war zum damaligen Zeitpunkt aber keine Ausnahme, denn in der Stadt waren noch insgesamt 118 Petroleumlaternen aufgestellt, die von vier städtischen Laternenanzündern bedient wurden. Die Gaswerksleitung versicherte aber, diese Art der Beleuchtung in absehbarer Zeit durch Gasbeleuchtung zu ersetzen, weil die Bedienung der Laternen zu umständlich war.[290]

Der Austausch von Petroleumlaternen gegen Gaslaternen erfolgte dann etappenweise, so dass sich die Anzahl bis 1904/05 bereits halbiert hatte, 1907/08 noch 27 Stück und 1908/09 lediglich 19 Stück in Betrieb waren. Am Ende des Jahres 1909 war nur noch eine Laterne übrig geblieben. Entsprechend reduzierte sich auch die Zahl der Anzünder von vier auf drei ab 1906/07, bis sie schließlich gar nicht mehr benötigt wurden.[291]

Gasglühlicht

„Einen besseren Schutz gegen die Ausbreitung des elektrischen Lichtes und gegen die guten Petroleumlampen als den Auerbrenner kann man sich kaum denken", konstatierte der Generaldirektor der Wiener Auergesellschaft anlässlich einer Tagung des Deutschen Vereins von Gas- und Wasserfachmännern in Kiel im Juni 1892.

286 Gemeinde-Blatt, Angaben nach Auswertung der Geschäftsberichte des städtischen Gaswerks 1901 bis 1912. / Die Angaben sind nicht ganz schlüssig, sie lassen sich aber anhand der Unterlagen nicht genau rekonstruieren. Im Geschäftsbericht 1901/02 wird eine Zunahme von 23 Laternen konstatiert, demnach hätte die Gesamtzahl nur 786 betragen müssen. Im September 1902 wurden aber 19 Laternen aus Osternburg vom Netz genommen, außerdem gab es noch 41 Tariflaternen, die zum Großherzoglichen Schloss gehörten.

287 Geschäftsbericht des städtischen Gaswerks 1906/07, in: Gemeinde-Blatt 54, 1907, S. 196; Geschäftsbericht des städtischen Gaswerks 1911/12, in: Gemeinde-Blatt 59, 1912, S. 249. 1912 kamen auf 1 000 Einwohner in Oldenburg 36 Straßenlaternen.

288 Geschäftsbericht des städtischen Gaswerks 1901/02, in: Gemeinde-Blatt 48, 1902, S. 191.

289 Ebd.

290 Geschäftsbericht des städtischen Gaswerks 1902/03, in: Gemeinde-Blatt 49, 1903, S. 243.

291 Gemeinde-Blatt, Auswertung der Geschäftsberichte des städtischen Gaswerks 1902-1910.

Nur wenige Monate zuvor hatte Carl Freiherr Auer von Welsbach seine Erfindung vorgestellt, und mit einer rasanten Geschwindigkeit eroberte der Auerbrenner kurze Zeit später den internationalen Markt. Bereits nach neun Monaten waren allein in Österreich-Ungarn mehr als 90.000 Auerbrenner verkauft worden.[292]

107 *Carl Freiherr Auer von Welsbach (1858-1929), Erfinder des Gasglühlichts und der Osmiumlampe, Quelle Auergesellschaft Berlin, Juni 1939. Foto Deutsches Museum München.*

Bei seinen Experimenten hatte Auer zunächst Baumwollgewebe mit verschiedenen Oxyden imprägniert und mit der Flamme eines Bunsenbrenners zum Leuchten gebracht. Dabei fand er schließlich heraus, dass Thoriumoxyde das intensivste Licht ausstrahlten.[293] Nach Einschätzung der Zeitgenossen war der Lichteffekt des Gasglühlichts gegenüber den gewöhnlichen offenen Brennern bei gleicher Gasmenge fünfmal so hoch.[294] Weitere Vorteile des Auerbrenners waren seine niedrige Wärmeentwicklung sowie die durch den geringen Gasverbrauch bedingte kleinere Menge an Verbrennungsprodukten. Wesentliche Nachteile waren die leichte Zerbrechlichkeit des Glühkörpers und das Zerspringen der Zylinder nach dem Putzen.[295] Aber nach einigen Verbesserungen des Gewebes durch die Verwendung von Ramiegarn statt Baumwollfaser (1898) und schließlich durch die Einführung der Kunstseidenfaser (1903) als Gerüst für den Glühkörper konnten mehr Festigkeit und höhere Temperaturen erreicht werden. Vor der Beleuchtung mit Gasglühlicht war man auf die gewöhnlichen Gasflammen, hauptsächlich Schnittbrenner und Argandbrenner, angewiesen gewesen, doch zu Beginn des 20. Jahrhunderts hatte sich das Gasglühlicht bereits in zahlreichen Städten durchgesetzt, 1902 auch in Oldenburg.[296]

108 *Stehendes Gasglühlicht. Sammlung Christoph Wagener.*
109 *Gasglühlicht in Funktion. Sammlung Christoph Wagener.*

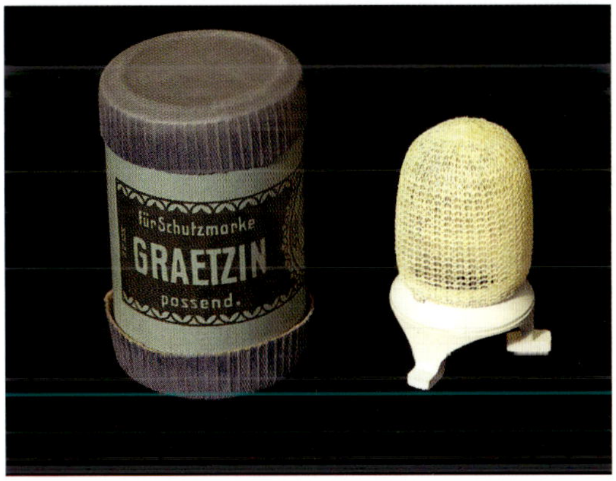

110 *Graetzin-Glühstrumpf mit Verpackung aus Pappe. Sammlung Christoph Wagener.*

Vor diesem Hintergrund wird verständlich, warum im Rückblick immer wieder betont wird, dass die Elektrizität die Wei-

[292] Fähndrich, G., Über das Auer'sche Gas-Glühlicht, in: Journal für Gasbeleuchtung 35, 1892, S. 531.
[293] Bode, Günther: Die Entwicklung des Gasglühlichts, Vortrag, gehalten auf der vierten ordentlichen Mitgliederversammlung der Deutschen Beleuchtungstechnischen Gesellschaft in Berlin, 24.1.1914, in: Journal für Gasbeleuchtung 57, 1914, S. 266.
[294] Gasglühlicht und elektrisches Licht, Fachtagung, in: Journal für Gasbeleuchtung 35, 1892, S. 345.
[295] Sitzungsprotokoll des Deutschen Vereins von Gas- und Wasserfachmännern, in: Journal für Gasbeleuchtung 35, 1892, S. 426.
[296] Bode: Die Entwicklung des Gasglühlichts, S. 268.

chen für die Weiterentwicklung in der Gasbeleuchtung gestellt hat. Rund zwanzig Jahre nach Einführung des Gasglühlichts wurde während eines Vortrags auf der Mitgliederversammlung der Deutschen Beleuchtungstechnischen Gesellschaft in Berlin resümiert:

> Die rapide Entwicklung und enorme Verbreitung verdankt das Gasglühlicht der immer bedrohlicher werdenden Konkurrenz des elektrischen Lichtes. Ohne diese hätte man sich sicher nicht so intensiv mit dem zerbrechlichen und schwer herzustellenden Glühkörper beschäftigt und die anfänglich auftretenden enormen Schwierigkeiten sowohl in technischer wie wirtschaftlicher Hinsicht zu überwinden getrachtet.[297]

111 *Ansichtskarte vom Reichspostgebäude, um 1900. Stadtmuseum Oldenburg.*

Die Innovation in der Gastechnik wurde in Oldenburg im großen Stil zuerst im Reichspostgebäude angewandt, das in den Jahren 1898 bis 1902 auf einer Fläche von 5 000 Quadratmetern an der Poststraße entstand. Das im Renaissancestil errichtete dreigeschossige Gebäude existiert noch heute. Anlässlich der Eröffnung des neuen Reichspostgebäudes konstatierte ein Zeitgenosse: „Das ganze Haus ist durch Gasglühlicht beleuchtet."[298]

112 *Webeplakat für Gas-Glühlicht der Ruhr-Gas AG. Sammlung Christoph Wagener.*

Die Einführung des Gasglühlichts machte die Gasbeleuchtung gegenüber der elektrischen Beleuchtung konkurrenzfähig, weil der Preis für Gaslicht lange Zeit günstiger blieb als für elektrisches Licht. Aber bei beiden Beleuchtungstechniken drehte sich aufgrund schneller technischer Verbesserungen unaufhörlich die Preisspirale, so dass sich in der Straßenbeleuchtung Verluste mit Gewinnen abwechselten. Auch bei der Helligkeit des Lichts und der Bequemlichkeit in der Handhabung konkurrierten Gas und Elektrizität miteinander. Im Gegensatz zu elektrischen Straßenlaternen mussten beispielsweise die Gaslaternen jeden Abend per Hand angezündet werden, so dass die verhältnismäßig hohen Personalkosten die Gasbeleuchtung wiederum verteuerten.

Auf Oldenburgs Straßen waren um 1910 täglich zwanzig Laternenanzünder und zwei Laternenanzünderinnen damit beauftragt, nach den zeitlichen Vorgaben des Brennkalenders abends rund 1 300 Gaslaternen anzuzünden, ab 23.00 Uhr auf Nachtbeleuchtung umzustellen und morgens die Laternen wieder zu löschen.[299] Der Fernzündung galt deshalb zu Beginn des 20. Jahrhunderts als eines der wichtigsten Ziele

297 Ebd., S. 265.

298 Rüthning, Gustav: Geschichte der Oldenburgischen Post. Denkschrift zur Eröffnung des Dienstbetriebes im neuen Reichspostgebäude, Berlin, Oldenburg, Leipzig 1902, S. 87.

299 Geschäftsbericht des städtischen Gaswerks 1909/10, in: Gemeinde-Blatt 47, 1910, S. 175 und S. 184.

der Gasindustrie. Neben der Kostenersparnis bei der Straßenlaternenzündung sollte auch die Zündung in der Wohnung – wie bei der Elektrizität – von der Wand aus bewerkstelligt werden. Während bei der Zimmerbeleuchtung das Anzünden der Gaslampen per „Schalter“ sich mit der Multiplexzündung[300] am besten bewährte, kristallisierten sich bei der Straßenbeleuchtung insbesondere zwei Systeme heraus: Eine der Technologien basierte darauf, dass die Elektrizität die Zündbewegung auslöste, bei dem anderen Verfahren erfolgte die Gaszündung in Form von Druckwellen im Gasstrom.[301] Das Auslösen der Druckwelle wurde einerseits vom Aufsichtspersonal am Stadtdruckregler des Gaswerks und andererseits von den Laternenwärtern in ihrem jeweiligen Gebiet beobachtet, Fehlermeldungen konnten sofort an die Zentrale weitergeleitet werden. Der Maximaldruck wurde drei bis vier Minuten gehalten, bis die Druckwelle alle Laternen erreicht hatte.[302] Auch das Oldenburger Gaswerk führte für die Straßenbeleuchtung die Druckwellenzündung ein. Im Jahre 1911 wurden in den Straßen Staulinie, Heiligengeistwall, Theaterwall, Gaststraße, Ritterstraße und Markt insgesamt 39 Preßluftlampen installiert. Darüber hinaus beleuchteten auch einige Geschäfte ihre Schaufenster mit diesen neuartigen Lampen.[303] Durch die zentrale Fernzündanlage konnte ein Laternenwärter jetzt 250 bis 300 Laternen in Ordnung halten, während er zuvor nur rund 60 Laternen hatte versorgen müssen. Der komplizierte Aufbau verlangte nun andererseits häufiger den Einsatz eines Laternenschlossers, wenn ein Ausfall festgestellt worden war.[304] Eine flächendeckende Ausdehnung der Fernzündung auf alle Straßenlaternen erfolgte erst nach dem Ersten Weltkrieg.[305]

Kraftgas

Die Gaswerkstechnik diente bis etwa 1880 vornehmlich der Beleuchtung, insbesondere der Straßen- und der Innenbeleuchtung. Von zunehmender Bedeutung waren jedoch Gasmotoren, die als Betriebskraft des Kleingewerbes den Gaswerken ein wichtiges Betätigungsfeld erschlossen. Denn während die Nachfrage für die Beleuchtung vorrangig in den Abendstunden lag, war der Bedarf an Kraftgas vor allem tagsüber groß, so dass die Gasöfen ökonomischer ausgelastet werden konnten. Außerdem erzielten die Gaswerke einen wesentlichen Anteil an der Steigerung des Gasverbrauchs hauptsächlich „durch Gasmotoren und verschiedene Apparate in gewerblichen Betrieben“.[306]

Das Interesse in der Wirtschaft an neuartigen Antriebsmaschinen war sehr groß. Insbesondere Handwerksbetriebe, die im Zuge der Industrialisierung immer stärker der Konkurrenz der Industrie ausgesetzt waren, forderten Maschinen, die leistungsstark und kostengünstig waren, aber nicht wie die Dampfmaschinen mit Kessel schwierig in der Wartung, teuer, groß und tonnenschwer waren.

Das Gasfach begleitete die Entwicklung des Gasmotors für handwerkliche Zwecke mit großen Hoffnungen und entsprechend wurde die Allianz zwischen den Gaswerken und Gasmotorenfabriken begrüßt. Um die Nachfrage nach Gasmotoren und Gas zu fördern, boten die Gaswerke für Kraftgas günstige Preise an, während die Gasmotorenfabriken immer leistungsfähiger Motoren entwickelten. Der Markt für Kraftgas bildete um die Jahrhundertwende für die Gaswerke neben der Beleuchtung eine der wichtigsten Einnahmequellen.[307] Das

[300] Gasanzünder Perpetuum, in: Journal für Gasbeleuchtung 64, 1921, S. 707; ferner: Nachrichten, Nr. 146, 24.6.1905: Nach einem Bericht in den *Nachrichten* war man in der Lage, „die einzelnen Gasflammen eines solchen Körpers mit Hilfe der Multiplex-Zündung in beliebiger Weise von der Tür aus oder von einem Druckknopf, der irgendwo an der Wand sitzt, oder auf dem Tische liegt, zu betätigen. Unter solchen Umständen stellt also ein derartiger Gaskörper eine Lichtquelle dar, welche sich äußerlich nicht viel vom elektrischen Lichte unterscheidet.“

[301] Körting: Geschichte der deutschen Gasindustrie, S. 398. [302] Meyer, O.: Der Außendienst, in: Schilling/Bunte: Handbuch der Gastechnik, Bd. 10, 1914, S. 129.

[302] Meyer, O.: Der Außendienst, in: Schilling/Bunte: Handbuch der Gastechnik, Bd. 10, 1914, S. 129.

[303] Geschäftsbericht des städtischen Gaswerks 1910/11, in: Gemeinde-Blatt 58, 1911, S. 287.

[304] Meyer: Der Außendienst, S. 127.

[305] Antrag an Stadtmagistrat vom 29.4.1919, in: Gemeinde-Blatt 66, 1919, S. 80.

[306] Cuno, R.: Die Beleuchtung Berlins, in: Journal für Gasbeleuchtung 35, 1892, S. 130.

[307] Körting: Geschichte der deutschen Gasindustrie, S. 307ff.

Oldenburger Gaswerk demonstrierte in seinen Schauräumen verschiedene Einsatzmöglichkeiten von Gasmotoren und erzielte beachtliche Verkaufsergebnisse, die wiederum den Gasabsatz erheblich steigerten und die Rentabilität des Werkes verbesserten.[308] Die Geschichte der Gasmaschinen reicht bis zum Beginn des 19. Jahrhunderts zurück, doch die ersten praktisch brauchbaren Maschinen gelangten erst in den 1860er Jahren auf den Markt.[309] Als Bahnbrecher gilt Jean Joseph Étienne Lenoir, der 1860 den ersten Gasmotor konstruierte, der sich tatsächlich drehte.[310] „Sein Motor lief mit Steinkohlen-Leuchtgas, verbrauchte aber Unmengen davon, weswegen seine Betriebskosten doppelt bis dreimal so hoch waren wie die der Dampfmaschine."[311] Lenoir stellte seinen Motor zusammen mit vierzehn anderen Produzenten, die inzwischen auch auf den Markt drängten, dem internationalen Publikum auf der Pariser Weltausstellung 1867 vor.[312] Auch aus Deutschland wurde ein gasbetriebener Motor präsentiert:

> Großes Aufsehen erregte schließlich ein Gasmotor, den die kleine Firma Langen & Otto aus Köln-Deutz vorstellte. Das Maschinchen machte zwar einen Höllenlärm und lief recht ungleichmäßig, erschien aber als ein Wunder an Energieeffizienz, denn es brauchte bei der selben Leistung nur ein Drittel der Gasmenge des Lenoir-Motors.[313]

Der in Paris vorgestellte Gasmotor aus Deutschland hatte 3 PS und fand auf dem internationalen Markt schnell großen Anklang, weil er kostengünstig war und sich besonders gut für handwerkliche Betriebe eignete. Die Pariser Ausstellungskommission verlieh den deutschen Konstrukteuren Nikolaus August Otto und Eugen Langen die Goldmedaille.[314] Die Mehrzahl der vor dem Ersten Weltkrieg konstruierten Gasmotoren verfügte nach heutigem Verständnis über eine nur geringe Leistung, die Maschinen hatten zwischen 0,5 und 25 PS, doch es gab 1886 bereits auch Motoren mit 60 PS und 1892 mit 120 PS.[315] Der Mechanismus der Maschinen galt als einfach und übersichtlich und ließ sich im Allgemeinen leicht und problemlos bedienen. Das war auch ein wesentlicher Grund für deren weite Verbreitung in Handwerksbetrieben.

113 *Gas-Motor der Gasmotorenfabrik Deutz, 2-12 PS, in: Handbuch der Gastechnik, Bd. VIII, München, Berlin 1916, S. 187.*

Diese Kleinmotoren wurden jedoch nicht ausschließlich von Langen & Otto hergestellt, vielmehr gab es um die Jahrhundertwende zahlreiche Anbieter, die meisten Firmennamen sind heute allerdings längst erloschen.[316] Während die Gasmotoren, die um die Jahrhundertwende in Oldenburg aufgestellt waren, im Durchschnitt 3 PS hatten, lag die Leistung im Jahre

308 Geschäftsbericht des städtischen Gaswerks 1911/12, in: Gemeinde-Blatt 59, 1912, S. 241. Vgl. Tabellen in diesem Abschnitt.
309 Journal für Gasbeleuchtung 22, 1879, S. 3.
310 Körting: Geschichte der deutschen Gasindustrie, S. 161.
311 Kretschmer, Winfried: Geschichte der Weltausstellungen, Frankfurt/M., New York 1999, S. 84.
312 Körting: Geschichte der deutschen Gasindustrie, S. 308f., Kretschmer: Geschichte der Weltausstellungen, S. 84.
313 Kretschmer: Geschichte der Weltausstellungen, ebd.
314 Ebd., S. 84 und S. 107.
315 Körting: Geschichte der deutschen Gasindustrie, S. 314.
316 Claussen, E.: Die Kleinmotoren und die Kraftübertragung von einer Centralen, ihre wirtschaftliche Bedeutung für das Kleingewerbe, ihre Construktion und Kosten [Rezension], in: Journal für Gasbeleuchtung 35, 1892, S. 121; ferner: Aus der Gasmotorenpraxis, ebd., S. 372ff.: Laut Umfrage im Jahre 1890 gab es 20 Gasmotorenfabriken, die insgesamt 18 000 Maschinen verkauft hatten; vgl. auch: Körting: Geschichte der deutschen Gasindustrie, S. 314.

1912 bei rund 5 PS. Der größte Kraftbedarf herrschte in Buchdruckereien, Tischlereien, Schlossereien, Bäckereien sowie in einem Kinobetrieb, die Maschinen in diesen Betrieben hatten zwischen 6 und 16 PS.[317]

Bis zum Jahr 1905 stieg die Zahl der Gasmotoren auf 62 Stück, nach Inbetriebnahme des Elektrizitätswerks sank die Stückzahl jedoch sukzessive bis 1912 auf 42 und betrug damit sechs Stück weniger als zehn Jahre zuvor.[318] Obwohl ab 1. Mai 1904 nach den Beschlüssen von Magistrat und Stadtrat der Preis für Kraftgas von 16 Pfennig auf 10 Pfennig herabgesetzt wurde, haben vermutlich einige Oldenburger Betriebe ihre Maschinen trotzdem lieber elektrisch betrieben.[319]

Kraftgasabgabe 1901–1912

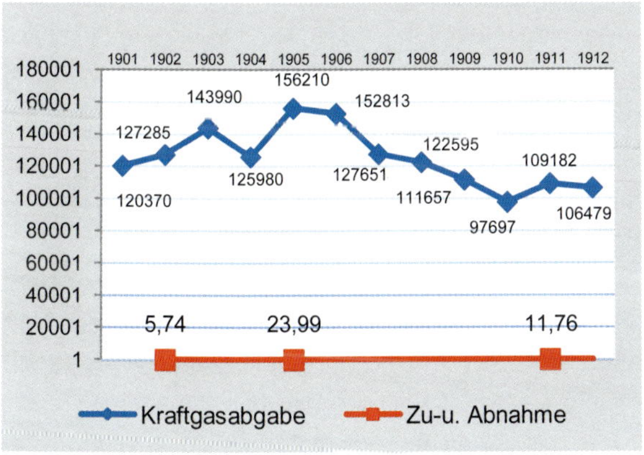

Die weiter abnehmende Bedeutung der Gasmotoren zeigt sich auch im Geschäftsbericht des städtischen Gaswerks für 1925/26: Danach reduzierte sich der Verkauf von Kraftgas auf 22.372 Kubikmeter, folglich um 79 Prozent gegenüber 1912/13.[320] Die Zeit zwischen 1895 und 1905 bildete damit die Blütezeit kleinerer und mittlerer Gasmotoren, danach gewann die sich verstärkende Konkurrenz des Elektromotors an Bedeutung.[321] Bereits im Geschäftsbericht des städtischen Gaswerks von 1905/06 wurde der zurückgehende Bedarf im Gasmotorengeschäft sehr kritisch eingeschätzt:

> [...] so dürfte doch mit Recht bei vielen Neuanlagen der Elektromotor seines geringen Raumbedarfs, der bequemen Inbetriebsetzung und der geringen Anlagekosten wegen der Vorzug gegeben werden.[322]

317 Geschäftsbericht des städtischen Gaswerks 1911/12, in: Gemeinde-Blatt 59, 1912, S. 247.
318 Geschäftsbericht des städtischen Gaswerks 1904/05, in: Gemeinde-Blatt 52, 1905, S. 242; Geschäftsbericht des städtischen Gaswerks 1911/12, in: Gemeinde-Blatt 59, 1912, S. 246.
319 Geschäftsbericht des städtischen Gaswerks 1903/04, Beschluss des Magistrats und Stadtrats vom 29.3.1904, in: Gemeinde-Blatt 51, 1904, S. 219f.
320 Geschäftsbericht des städtischen Gaswerks 1925/26, StAO, Best. 262-1 A Nr. 2376.
321 Deutscher Verein von Gas- und Wasserfachmännern e.V. (Hg.): 100 Jahre Deutscher Verein von Gas- und Wasserfachmännern. Festschrift den Mitgliedern und Freunden zur Jubiläumstagung 1959 überreicht, München 1959, S. 88f.
322 Geschäftsbericht des städtischen Gaswerks 1905/06, in: Gemeinde-Blatt 53, 1906, S. 240.

Das Gas im Haushalt

Gasherd

Erst gegen Ende des 19. Jahrhunderts eroberte das Gas die Küche, obgleich es zuvor bereits zahlreiche Ansätze gab, Gas zum Kochen und Braten zu benutzen. Die Anfänge reichen bis in das Jahr 1824 zurück, damals konstruierten die Aetna Iron Works in Liverpool das erste Kochgerät mit einem Schwenkbrenner.[323] Um 1850 entwickelten drei englische Ingenieure den so genannten Kings Gasherd, der im Aufbau und in den Abmessungen den noch bis in die jüngste Zeit in England üblichen Herden sehr nahe kam, die Art des Brenners wurde jedoch nicht überliefert.[324] Im Jahre 1888 baute J. G. Wobbe, Ingenieur und Gaswerksdirektor in Pisa, schließlich einen Gasherd,

> der dem Kohlenherd möglichst gleich sein sollte, mit drei verschieden großen Brennern von 130, 210 und 500 l/h Gasverbrauch, zwei Bratröhren übereinander mit einem Brenner dazwischen und mit oben aufgesetztem Wasserschiff. Die Öfen waren mit Schlackenwolle isoliert, die Kochplatte mit Schmutzfangblech versehen.[325]

Einen nennenswerten Erfolg konnten die Ingenieure jedoch nicht verzeichnen, denn die Preise für Kochherde und Gas waren schlicht zu hoch. Außerdem wurde gegen das Gaskochen häufig der Einwand erhoben, die Abgase seien schädlich und würden die Speisen verderben. Doch neben dem Vorurteil gegenüber dieser technischen Neuerung erfüllten Gasherde, die vor 1890 auf den Markt kamen, bezüglich des Wirkungsgrades auch gar nicht die Erwartungen. Die meisten der angebotenen Geräte seien untauglich, räumten Gasfachleute ein und forderten, dass die Gaswerke die Qualität überwachen sowie einheitliche Untersuchungsverfahren einführen sollten.[326] 1890 habe es in Deutschland erst vier Unternehmen gegeben, die brauchbare Gasherde bauten, resümierte der Gasfachingenieur Johannes Körting in seinem Rückblick auf die Entwicklung der Gasindustrie.[327] Die Nachfrage blieb nach wie vor gering, denn zum einen waren noch immer die Preise sehr hoch, so dass die Geräte in erster Linie wohlhabenden Familien oder Großküchen in Restaurants, Krankenhäusern und anderen öffentlichen Einrichtungen vorbehalten blieben, zum anderen wurden nur getrennte Leucht- und Kochgaszähler angeboten, für die jeweils gesonderte Zählergebühren anfielen.[328] Um die Jahrhundertwende änderte sich jedoch langsam der Blick auf den Haushalt. Zunehmend setzte sich in den Gaswerken die Erkenntnis durch, dass sie ihre Strategien ändern mussten, wenn sie ihren Absatz steigern wollten. In einem ersten Schritt senkten zahlreiche Gasanstalten den Preis für Kochgas und die Gebühren für Gasmesser, in einem zweiten boten sie Gasautomaten an, mit denen vor allem weniger bemittelte Bevölkerungskreise als Kunden gewonnen werden sollten. Im selben Zeitraum verbilligten auch die Hersteller die Preise für Gasherde und boten vor allem sparsamere Modelle an.[329]

[323] Körting, Geschichte der deutschen Gasindustrie, S. 152.
[324] Ebd., S. 156.
[325] Ebd., S. 293. Über die so genannten Wasserschiffe am Gasherd heißt es in einem Vortrag, zit. in: ebd., „Wir haben an der Seite des Herdes einen Schnellwasserwärmer angebracht, der sofort heißes Wasser gibt. Es ist ein Schlangenrohr aus Kupfer, durch das Wasser direkt aus der Leitung läuft. Der Apparat könnte auch an der Wand angebracht werden."
[326] Ebd., S. 291f.
[327] Ebd., S. 293.
[328] Ebd., S. 294.
[329] Ebd., S. 292f.

114 *Werbeanzeigen der städtischen Gasanstalt in der Lokalpresse, um 1905. EWE AG.*

Eine ähnliche Entwicklung ließ sich auch in Oldenburg beobachten. Bei der Übernahme des Werks 1901 war die Zahl der Kochgaskonsumenten noch verhältnismäßig gering. Doch die Gasanstalt hatte mit ihrer Ankündigung, die Preise in absehbarer Zeit zu senken, bei den Kunden Interesse „für diese bequeme Verwendungsart des Gases" geweckt. Als zusätzliches Angebot gab sie bekannt, die Gasmessermiete zu ermäßigen, „namentlich für solche Konsumenten, welche Leucht- und Heizgas gleichzeitig verwenden."[330] Tatsächlich wurden unmittelbar nach Abschluss der Sanierung des Gaswerks verbilligte Gebührensätze eingeführt. Ab 1. Mai 1904 betrug der Tarif für Koch- und Heizgas statt wie bisher 16 Pfennig nur noch 12 Pfennig für einen Kubikmeter.

Darüber hinaus wurden Anreize geschaffen, jeweils verschiedene Geräte an eine Gasleitung anzuschließen. So konnte an eine Kochgasleitung in der Küche auch eine Küchenlampe, an eine Leitung für einen Badeofen eine Badezimmerlampe und an die Leitung für einen Gasmotor eine Lampe im Motorenraum angeschlossen werden. Die Miete für die verschiedenen Gasmesser blieb gleich. Ein günstiges Angebot erhielten zudem Verbraucher, wenn sie Leuchtgas und Koch- oder Heizgas verwendeten. Bei einem Mindestverbrauch an Kochgas von 100 m³ war der Kochgasmesser kostenfrei. Sollte der Verbrauch darunter liegen, so musste die volle Miete nachgezahlt werden.[331] Einen außerordentlichen Werbeeffekt erzielte das Gaswerk jedoch durch seine Präsentation auf der Oldenburger Landesindustrie- und Gewerbeausstellung 1905.[332] Die *Nachrichten für Stadt und Land* berichteten ausführlich über die Präsentation, in dem eigens für das Gaswerk und die örtlichen Installateure reservierten Pavillon. Der Bericht über das Gaskochen wird an dieser Stelle ausführlich zitiert, weil über die Anfänge der Verwendung von Gas in der Küche einschließlich der Verbrauchskosten aus der Sicht eines Zeitgenossen berichtet wird:

> Wer einmal das Kochen mit Gas kennen gelernt hat, wird nicht so leicht wieder davon abgehen, da die Vorteile dem Herdfeuer gegenüber zu bedeutend sind. Die Wirkung kann jederzeit auch zu außergewöhnlicher Stunde, sofort nach dem Anzünden des Brenners mit voller Kraft beginnen. Die Hitze des Feuers ist leicht zu regulieren, und der Gasverbrauch hört sofort nach dem Zudrehen des Hahnes ganz auf. Man braucht weder Holz noch Kohlen aufzubewahren oder zu transportieren; auch die Belästigungen durch Rauch, Asche und Staub fallen fort. Durch den Gasmesser wird jederzeit eine genaue Kontrolle über den Gasverbrauch und dadurch ein Schutz gegen Verschwendung gewährt. Wie viel angenehmer ist aber vor allen Dingen die Tätigkeit der Hausfrau vor dem Gaskocher, als vor dem Herdfeuer in den heißen Sommertagen, da beim Gaskocher die so lästige Ofenhitze fast ganz wegfällt.
>
> Wichtig ist vor allen Dingen die Kostenfrage. […] Nach einer zuverlässigen Berechnung soll für eine einfach lebende bürgerliche Familie von 4-6 Personen täglich ein Gasverbrauch von 1 Kubikmeter zur Zubereitung sämtlicher Speisen genügen […]. Durch täglichen Gebrauch von 1 Kubikmeter Gas (tatsächlich stellt sich der Verbrauch in der Regel aber doch etwas höher) wird monatlich ein Kostenbetrag von 3,60 Mark verursacht.[333]

Die Werbestrategie war überaus erfolgreich, wie dem Geschäftsbericht des städtischen Gaswerks 1906/07 zu entnehmen ist. Der Gasverbrauch für Koch- und Heizgas konnte

330 Geschäftsbericht des städtischen Gaswerks 1901/02, in: Gemeinde-Blatt 59, 1902, S. 189.
331 Geschäftsbericht des städtischen Gaswerks 1903/04, in: Gemeinde-Blatt 61, 1904, S. 219f.
332 Der offizielle Name lautete: Landes-Industrie- und Gewerbe-Ausstellung verbunden mit einer Nordwestdeutschen Kunstausstellung und einer Ausstellung kunstgewerblicher Altertümer.
333 Die Stadt als Aussteller, in: Nachrichten, Nr. 149, 28.6.1905.

um 22,32 Prozent gegenüber dem Vorjahr gesteigert werden. Die rapide Entwicklung bei den Koch- und Heizgeräten in den Jahren 1901 bis 1907 zeigt folgende Übersicht. Bemerkenswert ist der sprunghafte Anstieg ab 1904, also nach der Preissenkung und der Landesausstellung 1905.[334]

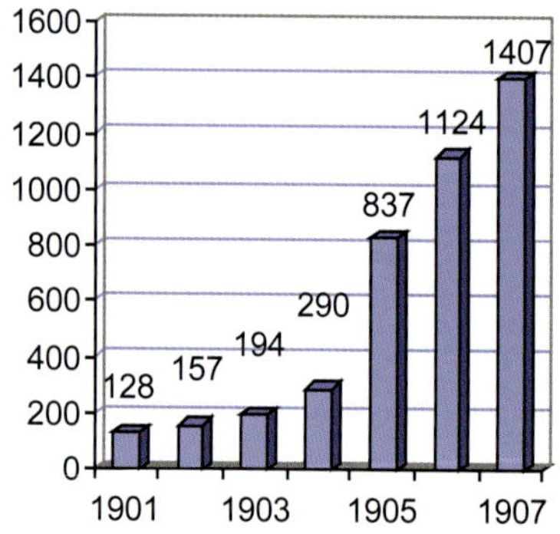

Die erhebliche Zunahme an Gasherden war nicht zuletzt auf die Preissenkung, die erfolgreiche Werbung sowie auf die technischen und optischen Verbesserungen zurückzuführen. So gab es Fortschritte bei den Brennern und im Aufbau der Herde. Die Konstruktion glich bereits der heutiger Herde, das heißt unterhalb der Kochplatten befand sich der Backofen. Und weil beim Gasherd keine Feuerstelle mehr benötigt wurde, konnte er auch kompakter und kleiner gebaut werden als ein Kohlenofen. Für die Hülle, die ursprünglich aus Gusseisen oder Stahlblech bestand und schwarz war, wurden jetzt emaillierte Bleche verwendet, als Schmuck dienten außerdem vernickelte Leisten an den Backofentüren und vernickelte Beine.[335] Die alte Technik des Emaillierens wurde gegen Ende des 19. Jahrhunderts wieder neu belebt und ließ nicht nur die modernen Gasherde, sondern auch die traditionellen gusseisernen Kohlenherde mit den weiß emaillierten Wänden zum Schmuckstück in der Küche werden.[336]

Häufig existierten das Alte und Neue noch eine Zeitlang nebeneinander, oft im selben Haushalt. Bis in die fünfziger Jahre des 20. Jahrhunderts waren z.B. noch „Kombiherde" mit Gasbrennern und einer „Beifeuerung" für Holz und Kohle verbreitet.[337]

Es liegt auf der Hand, dass die Hausfrauen den Gasherd, sofern sie ihn sich leisten konnten, rühmten, befreite er sie doch von zeitraubender und schmutziger Arbeit: Eine Drehung am Gashahn genügte, um den Gasherd an- oder auszumachen oder die Flamme nach Bedarf zu regulieren.

Münzgasmesser

Als Erfolgsartikel erwiesen sich die so genannten Münzgasmesser, die auch unter der Bezeichnung Automatgasmesser, Vorausbezahlungsgasmesser, Gasselbstmesser oder Gasautomat eingeführt wurden. Ein französischer Gasfachmann beschrieb den Münzgasmesser als einen „der schönsten Fortschritte des Gases am Ende des Jahrhunderts" und ein Ingenieur aus England bemerkte: „Der Vorausbezahlungsgasmesser hat weit mehr für die britische Gasindustrie getan als selbst der Auerbrenner."[338] Der Münzgasmesser funktionierte nach dem Prinzip, dass eine Münze, in der Regel ein 10 Pfennigstück, eingeworfen wurde und entsprechend ihrem Wert eine bestimmte Gasmenge zur Verfügung stand. Die technischen Details, auf welche Art und Weise die Gaszufuhr geregelt wurde, sollen hier nicht näher erläutert werden, weil es in den Anfangsjahren sehr viele verschiedene Mechanismen zum Steuern und Regeln gab.[339] Die ersten Patente auf Gasautomaten wurden 1887 in England erteilt. Schon wenige Jahre später eroberten die neuartigen Geräte zunächst den englischen und in den 1890er Jahren den französischen und holländischen

[334] Geschäftsbericht des städtischen Gaswerks 1906/07, in: Gemeinde-Blatt 53, 1906, S. 240.
[335] Körting: Geschichte der deutschen Gasindustrie, S. 403.
[336] Kate-von Eicken, Brigitte ten: Email für Haushalt und Küche, Weil der Stadt b. Stuttgart 1983, S. 43ff. Die alte Kunst des Emaillierens hatte im 18. und 19. Jahrhundert nur noch eine geringe Bedeutung, erst zur Wende des 20. Jahrhunderts erlebte diese Technik eine Renaissance.
[337] Andritzky, Michael (Hg.): Oikos. Von der Feuerstelle zur Mikrowelle. Haushalt und Wohnen im Wandel, Gießen 1992, S. 46f.
[338] Schneider, George: Messung des Gases, in: Schilling/Bunte: Handbuch der Gastechnik 6, 1917, S. 232.
[339] Ebd., S. 233.

und schließlich auch den deutschen Markt. An den Münzgasmesser waren in der Regel drei bis fünf Geräte oder Lampen angeschlossen.[340] Ein eingebautes Sicherheitssystem im Automaten sollte zwar vor Betrug schützen, doch einige Kunden fanden immer wieder neue Wege, die Technik zu überlisten. Die meisten Schäden entstanden durch Manipulationen beim Geldeinwurf und durch das Aufbrechen der Geldbehälter.[341] Wurden die Münzgasmesser im Laufe der Zeit infolge von Konstruktionsverbesserungen auch immer sicherer, so gelang es jedoch nicht, das Plündern der Geldbehälter zu verhindern. Aber weil der Nutzen des Automatenwesens größer war als der Schaden, reagierten die meisten Gaswerke mit Gelassenheit auf die Diebstähle.[342]

115 *Münzgaszähler, um 1900, Fotograf Nobert Gerdes. EWE AG.*

Auch die Oldenburger Gasanstalt bot Münzgasmesser an. Sie wollte damit vor allem Klein- und Kleinstabnehmer gewinnen, die sich trotz Preissenkung wegen der unkalkulierbaren Anschaffungs- und Folgekosten nicht entschließen konnten, eine Gasleitung installieren zu lassen. Die Offerte des Gaswerks bestand darin, die Ausgaben für Geräte und Beleuchtungskörper sowie die vollständige Installation der Hausleitung zu übernehmen, wobei die jeweiligen Anteile für die Amortisation und die Verzinsung über den Gaspreis verrechnet wurden. Entsprechend lag der Tarif für Automatgas vier Pfennig höher als der Normaltarif. Im Jahresbericht 1907/08 wurde die Entscheidung erläutert:

> Um die vielen Annehmlichkeiten der Gasbeleuchtung und vor allen Dingen der Gasküche auch den weniger wohlhabenden Teilen der Bevölkerung zugänglich zu machen, um das Gas auch in den kleinen und kleinsten Haushaltungen einzuführen und um den Bezug von Gas jeder Art zu erleichtern, werden seit dem 1. Mai 1907 auf Kosten des Gaswerkes Automatengas-Einrichtungen ausgeführt.[343]

Innerhalb der nächsten fünf Jahre konnte das Gaswerk insgesamt 706 Münzgas-Kunden gewinnen, prozentual an der Gesamtabgabe an Gas betrug der Anteil für Automatengas 4,72 Prozent.[344] Die große Bedeutung, die die Münzgasmesser in Deutschland hatten, spiegelte eindrucksvoll eine Installation auf der Münchner Ausstellung „Das Gas" im Jahre 1914 wider. In einer Beschreibung der Ausstellung heißt es:

> Gleich beim Eintreten sehen wir uns einem gewaltigen Bauwerk gegenüber, einem Zehnpfennigstück von 13 m Durchmesser und 1 m Dicke, darstellend die Menge des Metalls der 270 Millionen Zehnpfennigstücke, die in den letzten zehn Jahren von den städtischen Gaswerken der Reichshauptstadt durch Münzgasmesser eingenommen wurden.
>
> Sind wir stolz auf die neueren technischen Leistungen der Gasindustrie, so dürfen wir es vielleicht noch mehr sein auf die wirtschaftlichen Erfolge. Ich meine: auf den Nutzen, den wir in stärkerem Maße den deutschen Hausfrauen bringen. In Berlin hat der Zugang an neuen Gasabnehmern, die überwiegend das Gas durch Münzgasmesser erhalten, im Jahre 1912/13 die Zahl 60.000 erreicht. […] Was dies für die Hausfrauen der breitesten Volksschichten, denen die Münzgasabnehmer angehören, an Arbeitsersparung bedeutet, welche Vorteile ihnen für die Sauberkeit der

340 Ebd., S. 232f.
341 Ebd., S. 234f.
342 Ebd., S. 239.
343 Geschäftsbericht des städtischen Gaswerks 1907/08, in: Gemeinde-Blatt 55, 1908, S. 170.
344 Geschäftsbericht des städtischen Gaswerks 1911/12, in: Gemeinde-Blatt 59, 1912, S. 255f.

Haushaltungen und für die Güte des Essens, die Bequemlichkeit des Kochens auf Gas bringt, weiß jedermann. Es ist ein sozialer Fortschritt erzielt worden, der nicht zu den geringsten Kulturtaten gehört, und er geht neuerdings in erfreulicher Weise weiter.[345]

***116** Plakat zur Gas-Ausstellung in München 1914, in: Journal für Gasbeleuchtung 57, 1914.*

Die Akzeptanz des Münzgasmessers bei den wirtschaftlich schwächeren Bevölkerungsschichten bescherte den Gaswerken einen finanziellen Ausgleich für den Verlust von Kunden, die stärker auf Bequemlichkeit setzten und die Elektrizität favorisierten.[346] Vor dem Ersten Weltkrieg, so die Einschätzung von Zeitgenossen aus dem Gasfach, hatte das Gas im Haushalt bereits eine beachtliche Verbreitung gefunden. In ihren Vorträgen und auf Fachtagungen verwiesen sie gern darauf, dass das Kochen mit Gas statt mit fossilen Brennstoffen vor allem den Vorteil bot, dass die Küche jetzt rauch-, staub- und rußfrei blieb. Besonders hervorgehoben wurden auch die einfache Bedienung, die stete Betriebsbereitschaft und die geringe Wärmebelastung im Sommer.

Eine große Arbeitserleichterung im Haushalt stellten ihrer Meinung nach außerdem gasbetriebene Bügeleisen dar. Das Bügeln übernahmen in den wohlhabenden Familien Dienstmädchen, doch Hausfrauen der mittleren und unteren Stände verrichteten diese Tätigkeit meist selbst. Sie war mit großer körperlicher Anstrengung und hohem Zeitaufwand verbunden, weil die traditionellen Eisen sehr schwer waren und immer wieder auf dem Kohleherd erwärmt werden mussten. Zudem mussten sie stets sauber gehalten werden, um keine Flecken auf der Wäsche zu hinterlassen.

***117** Bügeleisen aus Eisen, das vor Gebrauch im Ofen erwärmt werden musste. Electrolux Deutschland GmbH, (Nürnberg).*

Um die Jahrhundertwende waren zunehmend auch Wäschereien und chemische Reinigungen eröffnet worden, die die Wäsche professionell mit Eisen bügelten, die mit Gas oder Strom beheizt wurden.[347] Anlässlich einer Gasfachtagung hatte ein Gastechniker aus Luckenwalde bereits 1892 berichtet, dass viel Heizgas zum Bügeln und Plätten an die Fabriken abgegeben werden konnte, weil der Gaspreis sehr niedrig kalkuliert war.[348]

***118** Bügeleisen mit Gasbrenner. Sammlung Christoph Wagener.*

345 Lempelius, Karl: Vortrag gehalten auf der Ausstellung „Das Gas", in: Journal für Gasbeleuchtung 57, 1914, S. 689.

346 Körting: Geschichte der deutschen Gasindustrie, S. 399.

347 Greineder, Friedrich: Die öffentliche Energieversorgung und die Gaswerke, in: Journal für Gasbeleuchtung 57, 1914, S. 484; ferner: Delille, Angela/Grohn, Andrea (Hg.): Illustrierte Geschichten der Reinlichkeit. Vom römischen Bad zum Waschsalon, Frankfurt/M. 1986, S. 55.

348 Tagungsbericht des Märkischen Vereins von Gas- und Wasserfachmännern, in: Journal für Gasbeleuchtung 35, 1892, S. 500.

Gasheizungen

In England waren Gasexperten schon 1880 davon überzeugt, „dass die Zukunft des Gases beim Kochen und Heizen liege."[349] Auch Werner von Siemens vertrat 1882 die Ansicht, dass die Zeit nicht mehr fern sei, „wo Reiche und Arme sich der Heizkraft des Gases bedienen werden, weil dasselbe das reinlichste und billigste aller Feuerungsmittel sein wird."[350] Diese Aussagen erfolgten zu einer Zeit, als der Siegeszug der Elektrizität begann und der Gastechnik von vielen Zeitgenossen keine Zukunft mehr eingeräumt wurde. Und tatsächlich hatte sie ihren wichtigsten Verkaufsartikel, die Beleuchtung, teilweise schon an die Elektrizität verloren. Umso größer waren die Anstrengungen der Gasindustrie in den folgenden Jahrzehnten, sich auf dem Gebiet des Heizungswesens zu etablieren.

Doch noch langsamer als die Gasherde konnten sich vor dem Ersten Weltkrieg Warmwassergeräte und Gasheizungen durchsetzen.[351] Eine Gasheizung erforderte 50 bis 100 Prozent höhere Kosten als die Kohlenheizung. Folglich kamen Gaszentralheizungen zunächst nur für vermögende Familien in Frage, für die Komfort und Bequemlichkeit eine wesentliche Rolle spielten. Andererseits wurden vielfach Gasheizöfen oder Gaskachelöfen in Räumen eingesetzt, die nur vorübergehend benutzt wurden, wie beispielsweise in Salons, Schlafzimmern, Büros, Klassenzimmern oder Kirchen. In einigen Haushalten wurden sie in den Übergangszeiten Herbst und Frühjahr auch als Ergänzung zur bestehenden Zentralheizung verwendet.[352]

Eine Ausnahme bei der Installation von Gaszentralheizungen bildeten um 1 900 öffentliche Gebäude. Da die Kommunen und Länderregierungen über die notwendigen finanziellen Mittel verfügten, scheuten sie sich weniger als Privatkunden, in zukunftsorientierte Techniken zu investieren. In Oldenburg arbeiteten beim Neubau des bereits erwähnten Reichspostgebäudes kommunale und Reichsbehörden eng zusammen. Das städtische Gaswerk lieferte die Energie für die Heizung und Beleuchtung des Gebäudes. Über das Heizsystem heißt es in der Festschrift:

> Zur Erwärmung des Gebäudes ist eine Niederdruckdampfheizung angelegt; der erforderliche Dampf wird in zwei Röhrenkesseln von je 32 qm wasserberührter Heizfläche erzeugt. In den einzelnen Räumen sind Zierheizkörper (Radiatoren) aufgestellt. Die Beheizung der Dienstwohnungen erfolgt durch Kachelöfen.[353]

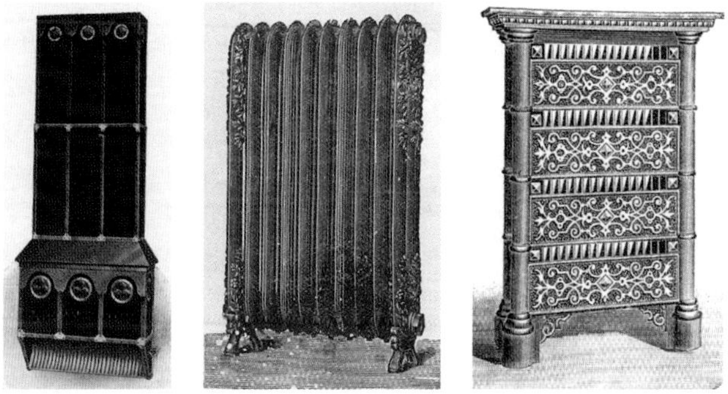

119 *Junkers Gasheizofen für Kirchen, um 1916, in: in, Handbuchbuch der Gastechnik, Bd. VIII, 1916, S. 81.*
120 *Radiator, in: Häntzschel, Walther (Hg.): Der Moderne Installateur, Berlin 1903, S. 550.*
121 *Rippenheizkörper wurden vielfach mit einem Dekorationsmantel umgeben, in: ebd. S. 551.*

Wegen der hohen Gaspreise blieb die Nachfrage in Deutschland jedoch gering. Deshalb verständigten sich in vielen Städten die Gaswerke darauf, Einheitspreise für Leucht-, Koch- und Heizgas einzuführen, so auch in Oldenburg: Ab 1. Mai 1912 betrug hier der Einheitspreis 14 Pfennig, zuvor kosteten Leuchtgas 18 Pfennig und Heiz- und Kochgas 12 Pfennig. Aber bereits vor Einführung des Einheitspreises in Oldenburg hielt die Gasabgabe für Heizgas im Geschäftsjahr 1911/12 den Spitzenwert von 46,79 Prozent, gefolgt vom Verkauf für Leuchtgas mit 22,57 Prozent und für Straßenbeleuchtung mit 11,54 Pro-

349 Körting: Geschichte der deutschen Gasindustrie, S. 292.
350 Jahrbuch der Gastechnik für das Jahr 1913, München, Berlin 1914, S. 1.
351 Körting: Geschichte der deutschen Gasindustrie, S. 295.
352 Greineder: Die öffentliche Energieversorgung und die Gaswerke, S. 485.
353 Rüthning: Geschichte der Oldenburgischen Post, S. 87.

zent.[354] Zum Vergleich wird das Jahr 1907/08, unmittelbar nach Inbetriebnahme des Elektrizitätswerks, herangezogen: Die Abgabe für Leuchtgas betrug 43,73 Prozent, für Heizgas 28,75 Prozent und für Straßenbeleuchtung 12,76 Prozent.[355] Während also der Anteil für die Gasbeleuchtung zugunsten der elektrischen Beleuchtung sank, stieg die Abgabe für Heizgas kontinuierlich an.

Vor allem die zunehmende Luftverschmutzung in den Städten nutzten die Gaswerke oft als Argument, um die Bevölkerung zum Wechsel von der Kohlenheizung zur Gasheizung zu bewegen, und sie bezogen sich dabei auf das jährlich wiederkehrende Rauch-Nebel-Problem in London[356] wie auch auf die deutsche Rauch- und Staubplage infolge der industriellen Entwicklung:

> Eine Kulturarbeit, die der Gasindustrie obliegt, ist die Befreiung bewohnter Gebiete von Staub und Rauch durch rationelle Verteilung und Erzeugung von Heizgasen. Der volkswirtschaftliche Nachteil der Luftverunreinigung drückt sich auch darin aus, daß die Sterblichkeit industrieller Arbeiter größer ist als die der Landarbeiter. Gegen die Verunreinigung der Luft und für die Erkenntnis des Wertes reiner Luft für die Gesundheit und für das Wohlbefinden wird gegenwärtig noch sehr wenig getan.[357]

Selbst wenn die Menschen diesen Argumenten zugänglich gewesen wären, hätten die meisten sich eine Gasheizung gar nicht leisten können. Hinzu kam, dass nach Einschätzung von Fachmännern die Gasheizung an der Wende zum 20. Jahrhundert technisch noch nicht ausgereift war. Das wichtigste Element, das Ventil am Heizkörper zum Steuern und Regeln der Temperatur, fehlte entweder oder war sehr teuer.[358] Zum damaligen Stand der technischen Entwicklung erklärte der Gasfachmann Körting,

> daß die Gasheizung für gelegentliche Heizanforderungen am ehesten wirtschaftlich war, daß die Regelmöglichkeit des Gasstromes zur Einhaltung einer gewollten Höchsttemperatur im Raum große Ersparnisse brachte, daß Gasheizöfen im Nennwert verhältnismäßig leistungsfähiger sein müssen als Kohlenöfen und daß sie, wie diese, einen Abzug haben müssen.[359]

Warmwassergeräte

Die wichtigste Voraussetzung für die Bereitstellung von Warmwassergeräten war eine Wasserleitung im Haus. In der Residenzstadt Oldenburg gab es seit 1896 eine zentrale Trinkwasserversorgung, infolgedessen waren auch hier viele Bürger, die an die Wasserleitung angeschlossen waren, daran interessiert, jederzeit nicht nur sauberes fließendes Wasser aus dem Hahn, sondern bei Bedarf auch warmes Wasser zu haben.[360]

Das städtische Gaswerk stellte sich bei ihrer Gerätewerbung ganz auf die finanziellen Möglichkeiten ihrer Kundschaft ein und legte Wert darauf, dass nicht nur Produkte, sondern auch Atmosphäre und Lebensgefühl vermittelt wurden. Mit der Gastherme im eigenen Badezimmer zog das Baden in die Alltags- und Freizeitkultur ein. Baden diente nicht allein der körperlichen Hygiene und der gesundheitlichen Vorsorge, sondern auch der Entspannung. Dieses neue Körpergefühl vermittelte den Oldenburgern ein Artikel in der örtlichen Presse mit Blick auf die Gasthermen, die in der Landesindustrie- und Gewerbeausstellung 1905 ausgestellt waren:

---

354 Geschäftsbericht des städtischen Gaswerks 1911/12, in: Gemeinde-Blatt 59, 1912, S. 244ff.; ferner: Jahrbuch der Gastechnik für das Jahr 1912, München, Berlin 1913, S. 121ff.

355 Geschäftsbericht des städtischen Gaswerks 1907/08, in: Gemeinde-Blatt 55, 1908, S. 171.

356 Jahrbuch der Gastechnik für das Jahr 1913, München, Berlin 1914, S. 144: „In London hat die ungeheure Ausdehnung der Gasheizung beträchtliche Erfolge erzielt. In den Jahren von 1883 bis 1892 traten die berüchtigten Londoner Nebel durchschnittlich an 30 Tagen im Jahre auf; von 1893 bis 1901 wurden in den Häusern von London ½ Mill. Gasöfen aufgestellt, und der Nebel nahm um 10 Tage im Jahre ab. 1902 bis 1911 kamen 1 Mill. Gasöfen dazu, und der Nebel hielt nur noch 10 Tage im Jahre an."

357 Ebd., S. 143.

358 Ebd., S. 132ff.

359 Körting: Geschichte der deutschen Gasindustrie, S. 306.

360 Anlage einer Wasserleitung, 1888-1908, StAO, Best. 262-1 A Nr. 2258.

Überaus vorteilhaft ist auch die Verwendung von Gas bei der Bade-Einrichtung. In unserer schnelllebigen Zeit ist es dem modernen, überhasteten Menschen Bedürfnis, durch häufiges Baden in temperiertem Wasser seinen angestrengten Körper zu erfrischen und ihm die nötige Spannkraft zu neuem Schaffen wieder zu verleihen. Unbequem und zeitraubend ist es, bei Kohlenfeuer auf die Bereitung eines Bades längere Zeit warten zu müssen. Nur zu häufig verzichtet man dann auf das erquickende Bad. Da ist es denn eine Wohltat, durch einen modernen Gasbadeofen in der Lage zu sein, jederzeit und unabhängig von der Launenhaftigkeit einer Kohlenfeuerungsanlage durch wenige Handgriffe sich rasch ein Bad zu bereiten.
Gerade das rasche, abgekürzte Verfahren und die damit verbundene Bequemlichkeit verursachen, daß häufiger gebadet wird. Neuerdings sind auch Badeöfen in den Handel gekommen, die an die Wand gehängt werden können. Dadurch sind auch Haushaltungen, denen es in der Wohnung für eine größere Anlage an Raum gebrach, in die Lage versetzt, sich die Annehmlichkeit eines Hausbades zu verschaffen.[361]

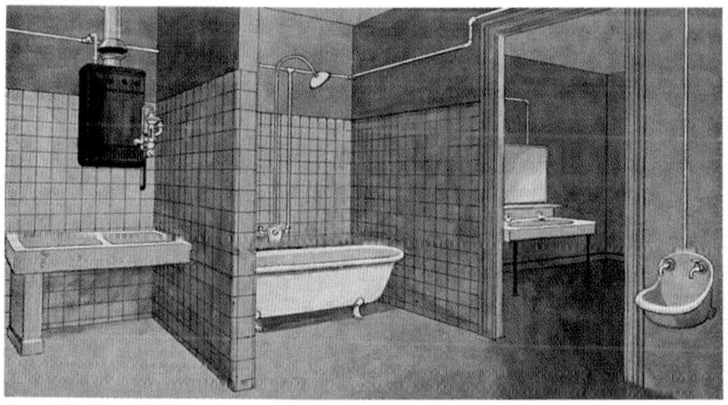

122 *Installationsbeispiel einer Warmwasserversorgung in einer Wohnung, in: Werbekatalog der Firma Johann Vaillant, Remscheid, 1912.*

Die Zukunft der Warmwassergeräte sah die Gasindustrie jedoch nicht allein in der Verwendung von warmem Wasser im Haushalt, sondern auch für berufliche und gewerbliche Zwecke, so bei Ärzten, Friseuren und in Cafés. Zug um Zug sollte sich die Versorgungssituation in allen Lebensbereichen verbessern.[362] Doch bis das warme Wasser aus dem Hahn zum Selbstverständnis im Alltag der Menschen wurde, war es noch ein langer Weg. Um die Jahrhundertwende spielte die Küche in den meisten Haushalten nicht nur als Kochstelle, sondern auch als Aufenthaltsraum für die Familie eine zentrale Rolle. In zahlreichen Fällen wurde sie zusätzlich auch als Badeort und zum Wäschewaschen benutzt. Die verschiedenen Einsatzmöglichkeiten wurden auf einer Baufachausstellung in Leipzig im Jahre 1913 eindrucksvoll demonstriert:

> Ferner war eine beleuchtete Wohnküche [...] ausgestellt. Diese zeigte, daß auch bei beschränktem Raum bei Benutzung des Gases zum Kochen sich sehr wohl ein Raum herstellen läßt, der als Küche dient und nach des Tages Müh und Lasten einen sehr anheimelnden Wohnraum bietet und gleichzeitig eine Badeeinrichtung enthält, wobei die Wanne durch einen beweglichen Klapptisch verdeckt ist. Der schwenkbare Warmwasserauslauf gestattet, das warme Wasser nach Belieben in die Wanne oder in andere Gefäße laufen zu lassen. Der Raum enthält ferner einen Gasherd mit drei Kochstellen, einen Bratraum und Plätteinrichtung.[363]

Die Nutzung der Küche ausschließlich zum Kochen war zwar eine Forderung der Hygienekampagnen im ausgehenden 19. Jahrhundert, in der Praxis verlief die Entwicklung aber so, dass die Mehrzahl der Haushalte erst nach dem Zweiten Weltkrieg mit einem Badezimmer ausgestattet war. Davon ausgenommen waren vor allem Menschen, die in Altbauwohnungen und auf dem Land lebten. Die ersten Wohnhäuser, die planmäßig separate Küchen und Bäder erhielten, waren Neubausiedlungen, die in den 1920er Jahren in Oldenburg wie auch in anderen deutschen Städten gebaut wurden.[364] Nicht nur finanzielle Gründe waren ausschlaggebend für die Bedenken gegenüber Gasgeräten im Haushalt, auch die Angst und Sorge vor Explosionen spielten eine Rolle. Allein im Jahr 1905 gab es zwei

[361] Die Stadt als Aussteller II, in: Nachrichten, Nr. 149, 28.6.1905.
[362] Greineder: Die öffentliche Energieversorgung und die Gaswerke, S. 485.
[363] Jahrbuch der Gastechnik, 1913, München, Berlin 1914, S. 151.
[364] Jahresberichte. Die Gemeinnützige Siedlungsgesellschaft Oldenburg mbH, hg. von der Wohnungsfürsorge-Gesellschaft des Freistaates Oldenburg, Oldenburg i. O. in den Jahren 1929/30, Oldenburg 1931, S. 6ff.; ferner: Carton, Jean Robert: Der Wohnungsbau nach dem Kriege, in: Stadtmagistrat Oldenburg: Die Landeshauptstadt Oldenburg, S. 40ff.

Gasexplosionen in Oldenburg, die erheblichen Schaden anrichteten. Eine Detonation ereignete sich beim Ausbessern von Gasröhren in der Bergstraße, dabei gingen zwei große Schaufenster des Pahle'schen Geschäftshauses zu Bruch. Verletzt wurde niemand.[365] Folgenschwerer war die Gasexplosion in der Lindenallee 23. Dort hatten Installateure im Badezimmer einen neuen Gasofen aufgestellt. Als der Hausherr abends mit einem brennenden Streichholz die Küche betrat, gab es eine furchtbare Explosion:

> In den Räumlichkeiten war alles förmlich demoliert, sämtliche Fensterscheiben flogen auf die Straße, Gardinen und Holzteile standen in hellen Flammen. Die Ursache der Explosion war auch sogleich erkennbar, denn aus dem neuen Badeofen brannte eine große Gasflamme weiter.[366]

Gasabgaben in m³ 1901–1912

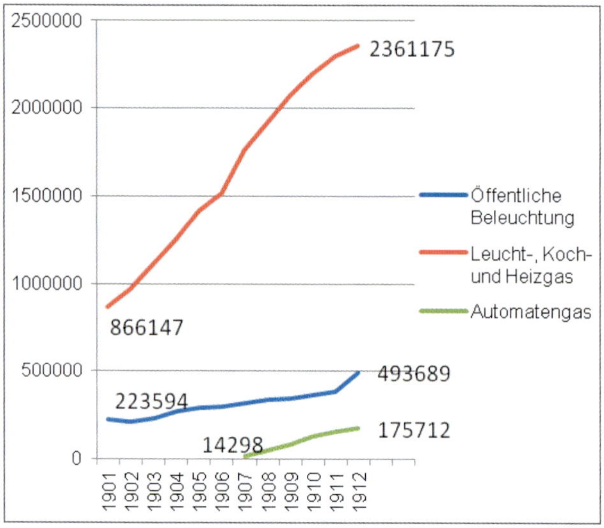

Solche Unglücksfälle trugen dazu bei, dass sich ein panischer Schrecken in der Bevölkerung ausbreitete und die Verwendung von Gas im Haushalt umstritten blieb. Gleichzeitig begünstigten die Gasexplosionen die Ausbreitung der Elektrizitätsanwendung, denn diese galt als sichere Energiequelle. Der Gasabsatz stieg in Oldenburg dennoch. Die folgende Tabelle dokumentiert die Entwicklung der Gasabgabe in den Jahren 1901/02 bis 1912/13, insbesondere im Hinblick auf den privaten Verbrauch im Oldenburger Versorgungsgebiet:[367]

Das Gas in der Werbung

„Koche mit Gas!", mit diesem Slogan von Richard Goehde, Mitarbeiter der Berliner Werke der Imperial Continental-Gas-Association, nahm die Gasindustrie 1894 ihre visuelle Produktwerbung auf. Das Flugblatt, das vom Märkischen Verein gestaltet wurde, gewann in Deutschland schnell große Popularität.[368] Bemerkenswert ist, dass das Motto zu einem sehr frühen Zeitpunkt kreiert wurde, als noch kaum Menschen auf einem Gasherd kochten. Es zeugt jedoch von der Bedeutung, die die Gasindustrie dem Haushalt für die Absatzsteigerung bereits zugewiesen hatte. Bei ihrer Propaganda setzte die Gasindustrie, wie vielfach auch in anderen Wirtschaftsunternehmen seit Mitte der 1890er Jahre üblich, auf künstlerisch anspruchsvolle Kundenwerbung. Kunst und Kommerz standen seit dieser Zeit

> in einem spannungsreichen und wechselvollen Verhältnis zueinander. […] Im Zeichen von wachsender Massenkultur, Verstädterung, zunehmender Konkurrenz und Kommerzialisierung war künstlerisch ansprechende Werbung notwendig geworden. So schenkte man nun im Jugendstil der Werbung, vor allem dem Plakat, besondere Aufmerksamkeit, denn mit ihm war ein künstlerisches Medium gegeben, das in besonderer Weise den Anspruch erfüllte, Kunst und Leben miteinander zu verbinden.[369]

Die Gasindustrie bewarb ihre Produkte in einigen großen Zeitungen und einer größeren Anzahl von bekannten Wochen-

365 Eine Gasexplosion, in: Nordwestdeutsche Morgenzeitung, Nr. 44, 20.10.1905.
366 General-Anzeiger für Oldenburg und Ostfriesland, Nr. 108, 9.5.1905.
367 Bericht über die Verwaltung des städtischen Gaswerks 1912/1913, S. 8f.
368 Körting: Geschichte der deutschen Gasindustrie, S. 294. Der Märkische Verein von Gas-, Elektrizität- und Wasserfachmännern, gegründet 1879 in Berlin, war ein Zweigverein des Deutschen Vereins von Gas- und Wasserfachmännern.
369 Bäumler, Susanne (Hg.): Die Kunst zu werben. Das Jahrhundert der Reklame. Ausstellungskatalog des Stadtmuseums München, München 1996, S. 191.

schriften wie z.B. *Leipziger Illustrierte Zeitung*, *Fliegende Blätter*, *Simplicissismus*, *Woche* sowie in den führenden Architekturzeitschriften. Darüber hinaus bediente sie sich auch der Wirkung von großflächiger Werbung auf Plakaten an Bahnhöfen, Litfasssäulen und Verkehrsmitteln. Das wichtigste bei der Werbung sei die Wiederholung, bemerkte E. Körting, Gasexperte aus Berlin, anlässlich eines Vortrags in München: „Die Reklame muß sich fortwährend wiederholen. Sie soll überall da auftreten, wo es viel Menschen gibt, sie muß ganz kurz sein und am besten auf ein Schlagwort hinauslaufen."[370]

1910 schloss sich die gesamte deutsche Gasindustrie zusammen und gründete die „Zentrale für Gasverwertung, e.V.", eine Organisation, die in erster Linie für die Gaswerbung zuständig war und über eine eigene Presseabteilung verfügte. Diese versorgte die Gaswerke auf Wunsch mit Plakaten, Postkarten, Broschüren und vermittelte Fachvorträge. Nach dem Motto: „Bedürfnisse wecken – Inserate" wurden auch Empfehlungen für eine so genannte „Gas-Ecke" in den Zeitungen ausgesprochen. So sollten etwa an einer ständig wiederkehrenden Stelle in der Zeitung, wie z.B. auf der letzten Seite in der rechten unteren Ecke, Anleitungen für Gasgeräte, Kochrezepte „und alles, was für die Hausfrauen von Interesse ist", erscheinen. Die Inserate sollten immer gleich groß und nicht zu textlastig sein, „sondern lieber ein gutes Bild bringen; besonders wirkungsvoll sind humoristische Bilder".[371]

Humorvolle Werbepostkarten waren beim Publikum besonders beliebt. Einen internationalen Erfolg erzielte eine Postkarte, auf der Tiere abgebildet waren. Im Vordergrund war eine Ente zu sehen, die ein Plakat mit der Aufschrift trug: „Wir wollen auf Gas gebraten sein!" Diese Postkarte wurde später auch in Schweden, Holland, Polen, Russland und Ungarn verbreitet.[372] Doch es ging nicht nur um Suggestion, sondern auch um Information. In Vorträgen, Ausstellungen und praktischen Kochvorführungen sollten vor allem Hausfrauen als Kundinnen gewonnen werden. Nach englischem Vorbild wurde 1893 als erste Gaswerberin „Fräulein Hobtmann" aus Hannover als Wanderrednerin für alle Werke verpflichtet. Sie übte diese Tätigkeit sehr erfolgreich über mehrere Jahre hinweg aus und wurde nach der Jahrhundertwende von „Fräulein Wirth" abgelöst. Die aus Dessau stammende Josefa Wirth war die erste Außendienstmitarbeiterin, die zahlreiche Schülerinnen ausbildete, die wiederum andere Frauen einarbeiteten, so dass nach und nach viele größere und mittlere Gaswerke in die Lage versetzt wurden, eine „ausgebildete" Gaswerberin einzustellen.[373]

Oeffentliche Vorträge.

Am Freitag, den 5. August, im Saale des „Lindenhofs" und am Sonnabend, den 6. August, in der Logierhalle, je nachmittags 4 Uhr und abends 8 Uhr:

Demonstrations-Vorträge

von Frl. Josefa Wirth aus Dessau über:

Das Gas u. seine praktische Verwertung in Küche und Haushalt.

Vorführung von Gasapparaten, sowie praktische Anleitung zur rationellen Ausnutzung des Gases beim Kochen und Backen.

Nach dem Vortrag: Kostproben.

Eintritt für jedermann frei.

Das städtische Gaswerk.

123 *Werbeanzeige für den Vortrag von Josefa Wirth, in: „Nachrichten", Nr. 212, 4.8.1910.*

Am 5. und 6. August 1910 referierte Wirth im Auftrag des Oldenburger Gaswerks über *Das Gas und seine praktische Verwertung in Küche und Haushalt*.[374] Im Mittelpunkt der beiden Veranstaltungen stand die Frage nach dem Preis für das Kochen mit Gas. In der Presseankündigung hieß es, die Referentin werde ein Mittagessen für sechs Personen zubereiten. Gleichzeitig würden die Teller erwärmt und eine bestimmte Menge Wasser zum Kochen gebracht werden, alles zusammen für sechs Pfennig. „Da die Gasherde an Gasmesser angeschlossen sind, haben die Besucher Gelegenheit, sich von dieser Tat-

[370] Journal für Gasbeleuchtung 57, 1914, S. 692.
[371] Lempelius, Karl: Der Gasverkauf, in: Schilling / Bunte: Handbuch der Gastechnik 10, 1914, S. 180f.
[372] Ebd., S. 181.
[373] Ebd., S. 168ff.; vgl. Körting: Geschichte der deutschen Gasindustrie, S. 294. Der Name der ersten Gaswerberin wurde mal Hohtmann, mal Hobtmann geschrieben.
[374] Anzeige, in: Nachrichten, Nr. 210, 2.8.1910. Am 5. August fand die Veranstaltung im „Lindenhof" statt, am 6. August in der „Logierhalle", jeweils nachmittags um vier und abends um acht Uhr.

sache selbst zu überzeugen." Am zweiten Tag führte Josefa Wirth zusätzlich verschiedene Gasherde vor, gab Ratschläge zum rationellen Gasverbrauch beim Kochen und Backen und stellte sich anschließend den Fragen der Hausfrauen.[375]

Den ersten wichtigen Schritt an die Öffentlichkeit wagte das Oldenburger Gaswerk vier Jahre nach der Übernahme in städtischen Besitz. Die schon mehrfach erwähnte Landesindustrie- und Gewerbeausstellung von 1905 reservierte der städtischen Gasanstalt einen eigenen Pavillon für ihre Produktwerbung. Unter dem Druck zunehmender Konkurrenz durch die Elektrizität – die Stadt hatte unmittelbar vor Eröffnung der Ausstellung der AEG die Konzession zur Errichtung eines Elektrizitätswerks in Oldenburg erteilt – hoffte das Gaswerk, durch die Präsentation verschiedenster Gasgeräte wesentliche Impulse zu geben und die Besucher der Ausstellung zum Kauf anzuregen. In ihrer Berichterstattung hob die örtliche Presse den „dreifachen Nutzen" dieser Ausstellung hervor: Die Stadt steigert ihren Gasabsatz, die Installateure verbessern den Verkauf von Badeeinrichtungen, Gaslampen und Kochherden und die Bürger gewinnen mehr Lebensqualität.[376] Um den Modernisierungswillen und -fähigkeit des Gaswerks zu demonstrieren,

***124** Das städtische Gaswerk präsentierte im Pavillon der Stadt Oldenburg Haushaltsgeräte und Lichtinstallationen, 1905. Stadtmuseum Oldenburg.*

wurden Fotos des Werks aus der Zeit vor der Übernahme und vom aktuellen Stand einander gegenübergestellt. Besonders verschwenderisch aber gingen die Aussteller in diesem Pavillon mit dem künstlichen Licht um. Einen überwältigen Eindruck von der Helligkeit des Gaslichts konnten die Besucher in den Abendstunden gewinnen, „da dann ein gewaltiges Lichtmeer den Raum durchflutet".[377]

Die örtliche Presse veröffentlichte am 24. Juni 1905 einen Überblick über die Schwerpunkte der Ausstellung, um Interesse bei den Besuchern zu wecken:

> In geschmackvoller, übersichtlicher Weise, unter Ausnutzung jedes zur Verfügung stehenden Raumes, sind die Ausstellungsgegenstände untergebracht worden. In den Kojen sind einzelne Badeapparate und vollständige Badezimmer zur Schau gestellt, daran reihen sich Klosettanlagen und eine Musterküche mit in modernem Stil gehaltenen Küchenmöbeln. In einer besonderen Halle findet der Besucher Gas-, Heiz- und Kochöfen in den verschiedensten Größen von der einfachsten bis zur vornehmsten Ausstattung. An der Decke hängen Gaskronen und Ampeln, man findet Zug- und Tischlampen, sowie Laternen und Außenlampen für gewöhnliches Gasglühlicht und Hängeglühlicht. An anderen Lampen wird das Elektroglühlicht, das dem elektrischen Licht sehr ähnlich sieht, gezeigt. Dem verwöhntesten Geschmack ist Rechnung getragen worden.[378]

Das Kalkül der Organisatoren, die Ausstellung als Verkaufsmesse für Gasgeräte zu nutzen, ging auf. Die Aufmerksamkeit der Besucher wurde auf eine fortschrittliche Technik gelenkt, deren Besitz Teilhabe am modernen Leben signalisierte und dem Haushalt eine bisher nicht gekannte Attraktivität gab. Doch der Kauf der Geräte verursachte nicht nur ein Loch in der Haushaltskasse, er erzeugte auch Folgekosten. Das führte dazu, dass die Anwendung von Gas zum Kochen, Heizen und zur Warmwasserbereitung bis Anfang der 1950er Jahre so teuer war, dass Gasgeräte zum Statussymbol avancierten.

[375] Anzeige, in: Nachrichten, Nr. 212, 4.8.1910.
[376] Die Stadt als Aussteller I, in: Nachrichten, Nr. 146, 24.6.1905.
[377] Ebd.
[378] Ebd.

Gesundheitliche Belastungen und Arbeitsunfälle

Es ist nur schwer möglich, das Ausmaß der Arbeitsbelastungen im Oldenburger Gaswerk zu beschreiben, da die Quellen darüber nur wenige Informationen liefern. Belegt ist, dass besonders die Arbeiter im Ofenhaus sich ihr Brot unter schwersten Bedingungen verdienen mussten. Das Einfüllen und Ausschlacken der Retorten erfolgte in Handarbeit.

Dabei entwich Hitze aus dem Inneren und mit ihr kam den Arbeitern ein Schwall von Verbrennungsgasen und Dämpfen entgegen, die die Arbeit besonders anstrengend und gefahrvoll gestalteten. Am deutlichsten zeigte sich die schwere Arbeit der Gasarbeiter in ihren gesundheitlichen Folgen, insbesondere der Gasvergiftung, die eine existenz- und lebensbedrohenden Berufskrankheit darstellte. Der Schriftsteller und Politiker Otto Rühle[379] beschrieb die Gefahren in aller Eindringlichkeit:

> Die Vergiftung kann erfolgen durch Leuchtgas, das Kohlenoxyd enthält und durch dieses zersetzend auf das Blut wirkt, ferner durch Ammoniak, das Schleimhautreizungen, Erstickungen und Betäubungen hervorruft, und Blausäure, die zu den gefährlichsten Giften zählt. Im Verlaufe der Vergiftung entstehen Entartungen der Muskeln, Entzündungen der Nerven, der Blutgefäße, des Rückenmarks, Erregungen des Herzens bis hin zur Lähmung. Als Nachkrankheiten zeigten sich brandiges Absterben der Haut, Lungen- und Gehirnblutungen, Lähmungen und Geisteskrankheiten. Bei Gasarbeitern werden die Vergiftungen noch durch hohe Temperaturen, Einatmen von Rauch, Staub und Dampf, große körperliche Anstrengungen, rheumatische und Verdauungskrankheiten kompliziert. Die gesundheitliche Verfassung der Gasarbeiter ist infolgedessen relativ schlecht, die Ziffer der Erkrankungsfälle ziemlich hoch. Dabei sind die Gasarbeiter ein gesundheitlich sorgfältig ausgelesenes Menschenmaterial.[380]

125 Pause beim Entladen der Kohlen auf dem Gaswerksgelände, um 1930. Sammlung Klaus Gerd Meyer.

126 Arbeiter auf der Arbeitsbühne beim Entladen der Kohlen, um 1930. Sammlung Klaus Gerd Meyer.

So durften Personen, die an Ohnmachtsanfällen, Fallsucht, Krämpfen, Schwindel, Schwerhörigkeit, Kurzsichtigkeit oder Bruchschäden litten und „dadurch bei gewissen Arbeiten einer außerordentlichen Gefahr ausgesetzt sind oder Mitarbeiter gefährden", mit Arbeiten in den gasgefährdeten Räumen und Apparaten nicht beauftragt werden.[381]

[379] Karl Heinrich Otto Rühle (1874-1943) war Schriftsteller und zunächst sozialdemokratischer, dann kommunistischer Politiker.
[380] Rühle: Illustrierte Kultur- und Sittengeschichte des Proletariats, Bd. 1, S. 509f.
[381] Vollbrecht: Gaswerke, S. 495.

Deutlich werden die gesundheitlichen Belastungen der Arbeiter im Ofenhaus auch in einer Petition aus dem Jahre 1909, die die Oldenburger Gasarbeiter an den Betriebsausschuss[382] des städtischen Gaswerks richteten. Wegen der großen körperlichen Anstrengung bei der Arbeit, die bei hohen Temperaturen verrichtet werden musste, forderten die Ofenhausarbeiter die Verkürzung der Arbeitszeit von zehn auf acht Stunden:

> Für die Schichtarbeiter ist die Einführung der achtstündigen Arbeitszeit eine zwingende Notwendigkeit, wird doch durch die allzulange Dauer der Arbeitszeit die menschliche Arbeitskraft übermässig angestrengt. Die Folge hiervon sind öftere und auch langwierige Krankheiten. Ihr Entstehen ist ja auch leicht erklärlich, wenn man bedenkt, dass die Arbeit der Feuerleute bei grosser Hitze, gewissermassen unter andauernder Vornahme eines Dampfbades getan wird. [...][383]

Die Problematik verstärkte sich noch dadurch, dass die Ofenhausarbeiter an jedem zweiten Wochenende eine 30-stündige Wechselschicht absolvieren mussten. „Die Arbeiter haben also jeden Sonntag zu arbeiten und ist daher dieser Schichtwechsel unbeliebt", so schrieb der Direktor der Gasanstalt an den Oldenburger Oberbürgermeister. Zugleich wies er darauf hin, dass durch die Einführung einer dritten Schichtgruppe jährlich etwa 1 300 Mark an Mehrkosten entstehen würden.[384] Ganz offensichtlich ging es den Kommunalvertretern aber in erster Linie darum, den Profit des Unternehmens zu sichern, denn wegen dieser Mehrkosten fand das Dreischichtsystem im Betriebsausschuss keine Unterstützung. Als Zugeständnis wurde „den regelmäßig im Schichtwechsel in den Ofen- und Kesselhäusern beschäftigten Vorarbeitern, Betriebsarbeitern, Heizern" lediglich ein arbeitsfreier Tag im Monat bei vollem Lohnausgleich bewilligt.[385]

Diese Vorgehensweise fand selbst der Oldenburger Gewerbeinspektor skandalös und entgegen seiner sonstigen Zurückhaltung gegenüber den kommunalen und staatlichen Betrieben brachte er seine Kritik im Jahresbericht von 1907 zum Ausdruck:

> In 3 kleineren Gasanstalten und 2 Elektrizitätswerken fand sich zu beanstanden, daß unter Berücksichtigung der außerordentlich anstrengenden Tätigkeit und des festgestellten, aus Rentabilitätsgründen herrschenden Mangels an Arbeitskräften die Arbeitszeit über Gebühr und mit Nachteil für die Sicherheit der Anlagen ausgedehnt wurde. [...] Des weiteren wurde ermittelt, daß in zwei kleineren Gasanstalten gleichfalls wegen Arbeitermangel den Arbeitern nicht die gesetzlich vorgeschriebene Sonntagsruhe gewährt wurde.[386]

Die Intervention des Gewerbeinspektors hatte kaum Erfolg, weil nur in einem Gaswerk neue Arbeitsplätze eingerichtet wurden, wie der Bericht ein Jahr später zeigt: „Es ist bedauerlich, daß gerade die Kommunen hier mit Rücksicht auf die Gewinnerzielung mit schlechtem Beispiel vorangehen und die Arbeiter ungebührlich lange und anstrengend beschäftigen."[387] Im Oldenburger Gaswerk galt für die Ofenhausarbeiter erst ab 1909 die achtstündige Arbeitszeit, die Wechselschicht an den Wochenenden betrug nun 16 Stunden.[388] Die Arbeiterschutzfrage ging zwar in die Gewerbeordnungen ein – den Anfang machte Preußen 1845 –, doch es fehlten bis gegen Ende

---

382 Der Betriebsausschuss konnte in allen Fragen des laufenden Geschäftsbetriebes vollkommen selbständig handeln. Angelegenheiten, die eine Veränderung der Subtanz des Werkes zur Folge hatten, mussten mit dem Stadtrat abgestimmt werden. Ebenso bedurften die Jahresvoranschläge, die Wirtschaftsrechnungen und die Bilanzen der Genehmigung des Stadtrats. Die Kontrolle des Betriebes wurde vom Betriebsausschuss vorgenommen. „Gemäß Beschluss des Stadtrats vom 3. November 1903 werden die Gas- und Wasserwerke vom Magistrat unter Mitwirkung der Gas- und Wasserkommission verwaltet. Diese besteht aus dem Oberbürgermeister als Vorsitzenden und 2 Magistratsmitgliedern, 5 Stadtratsmitgliedern oder anderen Gemeindebürgern und dem Direktor der Gas- und Wasserwerke", Geschäftsbericht des städtischen Gaswerks 1903/04, in: Gemeinde-Blatt 51, 1904, S. 211, vgl. auch Einleitung dieser Arbeit.

383 Arbeiterausschuss an die Direktion des Gaswerks vom April 1909, StAO, Best. 262-1 A Nr. 2361 A.

384 Wichmann an Tappenbeck vom 30.3.1905, ebd.

385 Tappenbeck an Wichmann vom 17.4.1905, ebd., unter Bezugnahme auf die Besprechung in der Sitzung vom 31.3.1905. Diese Regelung galt ab dem 2.5.1905.

386 Jahresbericht des Gewerbeaufsichtsbeamten des Großherzogtums Oldenburg für 1907 (im Folgenden zit.: Jahresbericht des Gewerbeaufsichtsbeamten für [Jahr]), Berlin 1908, S. 13f.

387 Jahresbericht des Gewerbeaufsichtsbeamten für 1908, S. 13.

388 Vermerk auf dem Schreiben des Arbeiterausschusses an die Direktion, Dezember 1909, StAO, Best. 262-1 A Nr. 2361 A.

des 19. Jahrhunderts klare Bestimmungen über die einzuhaltenden Mindeststandards, etwa beim Umgang mit giftigen Gasen oder bei der Rauch- und Staubentwicklung, an denen sich die Gaswerksbetreiber hätten orientieren können.[389] Bis gegen Mitte der 1920er Jahre wurde dann der Arbeitsschutz insgesamt verbessert, nicht zuletzt durch die Gründung der Berufsgenossenschaft sowie durch den Ausbau und die Kontrolle der Gewerbeinspektion, doch neben den gesundheitlichen Belastungen blieb das Unfallrisiko insbesondere wegen der langen Arbeitszeiten und der anstrengenden Arbeit in den Gaswerken hoch. Nach einer statistischen Berechnung der Berufsgenossenschaft der Gas- und Wasserwerke aus dem Jahre 1913 lag die Unfallhäufigkeit bei den Gasarbeitern an 22. Stelle von insgesamt 34 Berufsgruppen.[390]

127 Auf der Außenplattform des Gasometers, um 1930. Sammlung Klaus Gerd Meyer.

Eine besonders große Gefahr für Mensch und Material waren Gasexplosionen, von denen oben schon die Rede war.[391] 1903 konnte im Oldenburger Werk in letzter Minute eine Katastrophe durch das umsichtige Handeln von zwei Arbeitern verhindert werden. Den Unfallhergang schildert der Direktor Wichmann dem Stadtmagistrat wie folgt:

> Gegen 3½ Uhr betraten der Gasmeister Brix und der Maschinist Bruns den Maschinenraum. Beide bemerkten Gasgeruch und ordnete Brix an, daß die Zündflammen der Gasmotoren gelöscht werden sollten, um eine Explosion zu verhindern. Bevor jedoch die Gasmotoren abgestellt wurden, erfolgte bereits die Explosion. [...] Den beiden Beamten trifft keine Schuld, die Ursache ist vielmehr darin zu sehen, daß die jetzige Anstalt veraltet ist."[392]

Kurze Zeit später verlieh der Großherzog dem Gasmeister Brix das mit dem Haus- und Verdienst-Orden des Herzogs Peter Friedrich Ludwig verbundene Ehrenkreuz II. Klasse und dem Maschinisten Bruns das Ehrenkreuz III. Klasse „wegen ihres entschlossenen erfolgreichen Verhaltens bei einer Explosion in der Gasanstalt."[393]

Zu Arbeitsunfällen im Oldenburger Gaswerk kam es aufgrund der veralteten technischen Anlage besonders häufig im ersten Jahrzehnt nach der Übernahme in städtische Regie. Jährlich verunglückten zwischen zwei und acht Arbeiter. Erst nach Abschluss der Modernisierung (1911) gingen die gemeldeten Unfälle zunächst sehr deutlich zurück und konnten schließlich auf Null gehalten werden. Nach dem Ersten Weltkrieg stiegen die Unfallzahlen allerdings wieder an, so wurden 1923 insgesamt sieben, 1926 im Ganzen neun und 1928 sogar siebzehn Arbeitsunfälle registriert.[394] Über die meisten Unfälle, die im Gaswerk passierten, liegen keine weiteren Informationen vor, so dass es schwer fällt, allgemeingültige Angaben zu machen. Fest steht, dass die verunglückten Arbeiter ein Recht auf Lohnfortzahlung hatten und dadurch zumindest materiell einigermaßen abgesichert waren.

Der Gewerbeinspektor Tenne übertrug die Verantwortung zur Unfallverhütung jedoch nicht allein auf die Arbeitgeber, sondern auch auf die Arbeiterschaft. Doch resignierend

389 Berlepsch, Hans-Jörg von: „Neuer Kurs" im Kaiserreich? Die Arbeiterpolitik des Freiherrn von Berlepsch 1890 bis 1896, Bonn 1987, S. 182.
390 Berufsgenossenschaft der Gas- und Wasserwerke, in: Journal für Gasbeleuchtung 57, 1914, S. 569.
391 Siehe oben Abschnitt 6.4.
392 Unfallbericht vom 11.1.1903, StAO, Best. 261-1 Nr. 2356.
393 Urkunde vom 16.1.1904, ebd. Brix wechselte zum 1.12.1903 an die Gasanstalt in Köln.
394 Geschäftsberichte des städtischen Gaswerks 1901 bis 1912, in: Gemeinde-Blatt, 1902-1912; Geschäftsberichte des städtischen Gaswerks 1913 bis 1926, StAO, Best. 262-1 A Nr. 2368 bis 2378; Geschäftsberichte des städtischen Gaswerks 1927 bis 1929, Firmenarchiv EWE, Best. 100. Für die Jahre 1925 und 1927 lagen d. Verf. keine Unterlagen über Betriebsunfälle vor.

stellte er fest: „Es ist überhaupt auffallend, mit welcher Sorglosigkeit die Arbeiter trotz ständiger Belehrung Unfallgefahren gegenüberstehen und sich Unfälle durch unachtsames Verhalten selbst zuziehen."[395]

Jeder Arbeiter der städtischen Gas- und Wasserwerke erhielt beim Eintritt in das Unternehmen neben der Arbeitsordnung auch die Unfallverhütungsvorschriften der Berufsgenossenschaft der Gas- und Wasserwerke ausgehändigt und musste den Empfang bescheinigen.[396]

Unfall- und Gesundheitsschutz beschränkte sich nicht nur auf technische Anlagen, eine ebenso wichtige Rolle spielten auch hygienische Maßnahmen, die Verbesserung der Luft- und Lichtverhältnisse, die Trinkwasserversorgung sowie die Einrichtung von Aufenthaltsräumen und Kantinen.[397]

Die Jahresberichte der Oldenburger Gewerbeinspektion zeigen, dass der Unfallschutz zwischen 1891 und 1918 trotz Ausweitung der Kompetenzen der Gewerbeinspektion und verschärfter Kontrollen gemessen an zeitgenössischen und vor allem heutigen Standards unzureichend war. Verbesserungen im Unfall- und Gesundheitsschutz führten bis gegen Ende der 1920er Jahre zwar zu einem leichten Rückgang der Unfallziffer, doch belegen die Berichte über die Unfallursachen, dass vor allem die Vorkehrungen zur Verhinderung der Unfälle unbefriedigend und die Schutzvorrichtungen mangelhaft waren. Außerdem führte nach wie vor fahrlässiges Verhalten der Arbeiter zu Verletzungen.[398] Eine Neuregelung der Unfallversicherung trat im Rahmen der Neufassung der Reichsversicherungsordnung vom 9. Januar 1926 in Kraft.[399]

Lohn- und Arbeitszeitentwicklung

Die Oldenburger Gasanstalt zählte zu den kleinen Gewerbebetrieben in der Stadt. Bemerkenswert ist, dass sie in den Jahresberichten der Gewerbeinspektion kaum erwähnt wird, obwohl auch sie, wie die anderen Gewerbebetriebe mit mehr als 20 Beschäftigten, der Gewerbeordnung unterstand. Vermutlich liegt dies daran, dass es sich um ein kommunales Unternehmen handelte und Kontrollen hier selten waren.[400] Ein Bild von den Arbeitsverhältnissen im Oldenburger Gaswerk lässt sich folglich am besten aus den überlieferten Forderungen, Beschwerden und Petitionen der Arbeiter gewinnen, die im Oldenburger Staatsarchiv überliefert sind. Auch die Berichte in der Presse über die Löhne und die Arbeitszeiten pro Schicht und Woche bilden wichtige Indikatoren für die Beurteilung der Lage der Gasarbeiter.

Über die wirtschaftliche und personelle Entwicklung des städtischen Gaswerks geben die jährlich veröffentlichten Geschäftsberichte Auskunft. In diesem Kapitel werden auch die Jahresberichte der Gewerbeinspektion berücksichtigt, weil sie einen guten Überblick über die wirtschaftlichen und sozialen Verhältnisse in Oldenburg im Berichtszeitraum bieten und es darüber hinaus ermöglichen, die Arbeitsbedingungen der Gasarbeiter in den Kontext allgemeiner regionaler Entwicklungen zu stellen. Des Weiteren werden Presseberichte und Abhandlungen herangezogen, die auf die Brüche in der gesellschaftlichen, wirtschaftlichen und politischen Entwicklung mit ihren Auswirkungen auf die Stadt Oldenburg verweisen.

Bei der Übernahme des Gaswerks in städtischen Besitz 1901 zählte das Werk 3 Büroangestellte, 28 ständige Arbeiter und rund 14 Saisonarbeitskräfte, die nur in Zeiten der höchsten Gaserzeugung, in den Wintermonaten also, im Gaswerk

395 Jahresbericht des Gewerbeaufsichtsbeamten für 1910, S. 12.

396 Arbeiterordnung für die städtischen Gas- und Wasserwerke, 15.9.1904, S. 1, StAO, Best. 262-1 A Nr. 2361 A.

397 Bericht des Gewerberaths Tenne über die Beaufsichtigung von Fabriken und diesen gleichstehenden gewerblichen Anlagen in dem Großherzogthum Oldenburg im Jahre 1899, Berlin 1900, S. 14.

398 Auswertung der Verf.: „Schutz der Arbeiter vor Gefahren", in: Jahresberichte des Gewerbe-aufsichtsbeamten des Großherzogtums Oldenburg 1891 – 1918, Oldenburg, Berlin (bis 1899 hs. in: StAO, Best. 136 Nr. 9342-9344; von 1900 bis 1913 Druckfassung, ferner: 1914-1919, StAO, Best. 136 Nr. 9348.

399 RGBL, Teil 1, Nr. 3, 19.1.1926, S. 9ff.

400 Vgl. StAO, Best. 136 Nr. 9344 und Nr. 9346. Die Ausführungen über Gasanstalten in den Jahresberichten für 1907 und 1908 sind eine Ausnahme; vgl. Friedrichs, Karl: Gewerbebetriebe und Gemeinnützige Anstalten, in: Wasser und Gas 17, 1927, Nr. 17, 1. Juni, S. 885f.

eine Beschäftigung erhielten.[401] Rund zehn Jahre später hatte sich die Zahl der Arbeitskräfte (Stand: Dezember 1910) auf 68 Personen erhöht, nicht zuletzt infolge der Modernisierung des Werks, der Ausdehnung des Gasnetzes sowie einer Zunahme der privaten Gaskonsumenten. Zusätzlich waren im Gaswerk 5 Büroangestellte sowie in einem Gemeinschaftsbüro mit dem Wasserwerk neben dem Direktor noch weitere 5 Beamte beschäftigt.[402]

128 Gasarbeiter stellen sich dem Fotografen, um 1930. Sammlung Klaus Gerd Meyer.

Die Arbeiterschaft gliederte sich in Facharbeiter, angelernte Vorarbeiter, Arbeiter und ungelernte Arbeiter, die in verschiedenen Tätigkeitsfeldern eingesetzt wurden. Zur Gruppe der Facharbeiter gehörten Handwerker wie Schlosser und Installationsarbeiter; zu den angelernten Kräften zählten Ofenhausarbeiter, Kesselheizer, Maschinisten, Hofarbeiter, Salzkocher, Maurer und Maler. Die ungelernten Arbeiterinnen und Arbeiter waren als Laternenaufseher, Laternenanzünder, Laternenanzünderinnen oder als Bote bzw. Botin tätig.[403]

Einen Eindruck von der Struktur der Arbeiterschaft vermitteln exemplarisch Angaben im Geschäftsbericht 1913/14. Am Stichtag 30. April 1914 beschäftigte das Gaswerk insgesamt 56 Arbeitskräfte, die in vier Qualifizierungsgruppen eingeteilt waren: Die angelernten Arbeiter bildeten mit 22 Personen die größte Gruppe, gefolgt von den Handwerkern mit 17 Personen, die Zahl der ungelernten Arbeiter betrug 14 und schließlich die der angelernten Vorarbeiter 3 Personen. Hiervon bezogen 42 Arbeitskräfte Stundenlohn, 12 Schichtlohn und lediglich 2 Arbeiter erhielten Wochenlohn. Ein Monatsgehalt wurde an die Laternenanzünder gezahlt. Die Mehrzahl der Arbeiterschaft war zwischen 25 und 35 Jahre alt, die zweitgrößte Gruppe bildeten die 40 bis 50-Jährigen, schließlich waren noch insgesamt 8 Arbeiter zwischen 50 und 65 Jahre alt und 6 Arbeiter zwischen 16 und 25 Jahre.[404]

Die Arbeitsbedingungen im Gaswerk wurden durch die Arbeitsordnung geregelt. Bei der Übernahme des Gaswerks in kommunalen Besitz galt zunächst noch die Ordnung von 1892, die schließlich 1904 aktualisiert wurde und sieben Paragrafen umfasste. In der neuen Fassung waren die so genannten Arbeitstugenden wie Pünktlichkeit, peinliche Ordnung und Sauberkeit ebenso festgeschrieben wie Wahrung guter Sitten, Achtung vor den Vorgesetzten und Verträglichkeit mit den Arbeitsgenossen. Darüber hinaus waren die Arbeiter verpflichtet, nicht nur sorgsam, sparsam und reinlich mit den Werkzeugen und Materialien umzugehen, sondern ihre Arbeitszeit „zum Besten des Werkes gewissenhaft auszunutzen und sich des Schlafens zu enthalten". Bei Nichtbeachtung der Vorschriften waren sie von drastischen Strafen bedroht. Von ihrem ohnehin kargen Lohn hatten sie bei geringen Verstößen einen halben Tageslohn zu zahlen und in schweren Fällen – dazu zählten auch „Aufwiegelungen anderer Arbeiter gegen das Interesse des Werkes" – drohte ihnen die Entlassung oder der Entzug eines Tagesverdienstes. Die Strafgelder flossen in die Unterstützungskasse, doch es lag allein im Ermessen des Direktors, wer von den bedürftigen Arbeitern begünstigt wurde. Die Arbeitsordnung regelte außerdem die Arbeitszeit in den verschiedenen Abteilungen des Werks und

401 Geschäftsbericht des städtischen Gaswerks 1901/02, in: Gemeinde-Blatt 49, 1902, S. 184.
402 Geschäftsbericht des städtischen Gaswerks 1910/11, in: Gemeinde-Blatt 58, 1911, S. 247ff.
403 Geschäftsbericht des städtischen Gaswerks 1908/09, in: Gemeinde-Blatt 56, 1909, S. 186; ferner: Wichmann an Tappenbeck vom 24.4.1918, StAO, Best. 262-1 A Nr. 2361 A.
404 Geschäftsbericht des städtischen Gaswerks 1913/14, StAO, Best. 262-1 A Nr. 2378.

schloss allgemein eine Kündigungsfrist bei allen Arbeitern aus, mit Ausnahme der Laternenanzünder, denen eine 14-tägige Kündigung eingeräumt wurde. Denn sie verdienten in den Sommermonaten weniger Geld und waren deshalb auf einen saisonalen Nebenerwerb angewiesen, sie blieben aber auf der Arbeitnehmerliste des Gaswerks.[405] Die meisten Arbeiter erhielten wöchentliche Lohnzahlungen; nur die Laternenanzünder bekamen ihren Monatslohn am letzten Monatstag ausgezahlt. Widersprüche durften nicht unmittelbar bei der Lohnauszahlung geltend gemacht, sondern mussten innerhalb der nächsten 24 Stunden beim Direktor oder beim Buchhalter eingereicht werden.[406] In der Öffentlichkeit wurden besonders die niedrigen Löhne des städtischen Gaswerks kritisiert, da die Stadt an diesem Gewerbebetrieb seit der Kommunalisierung sehr gut verdiente. So schrieb etwa das sozialdemokratische *Norddeutsche Volksblatt* am 3. Oktober 1906 über das Unternehmen:

> Noch weit entfernt, ein Musterbetrieb zu sein, ist die Stadt mit ihren städtischen Werken. Mit dem 1. Mai 1906 sind den Arbeitern des Gaswerks einige geringe Lohnaufbesserungen zuteil geworden; die zehnstündige Arbeitszeit auf neun Stunden herabzumindern, dazu hat man sich in der städtischen Verwaltung noch nicht entschließen können. Diese traurige Tatsache möchten wir jetzt, nachdem der Verwaltungsbericht des städtischen Gaswerks erschienen ist, noch besonders festnageln. Der aus dem Gaswerk für die Stadtkasse erzielte Reingewinn beträgt 60.000 Mk. [...] In gut geleiteten Betrieben hat man längst die achtstündige Arbeitszeit für diese Arbeiter eingeführt, hier hat man noch die zehnstündige mit einer Doppelschicht! [...] Die Verkürzung der Arbeitszeit und die Erhöhung der Löhne der städtischen Arbeiter muß eine immer wiederkehrende Forderung sein.[407]

Tatsächlich gehörten die Arbeiter des städtischen Gaswerks zu den schlecht bezahlten Fabrikarbeitern in Oldenburg. Das musste selbst Direktor Wichmann eingestehen, denn kaum ein Arbeiter wollte zu den unzureichenden Lohnbedingungen dort eine Arbeit aufnehmen. In einem Schreiben vom 12. Januar 1904 an den Betriebsausschuss der Gas- und Wasserwerke beklagte sich Wichmann, dass keine qualifizierten Installateure und Rohrleger auf dem hiesigen Arbeitsmarkt zu finden seien und von auswärts kommende gelernte Arbeiter nicht für die angebotenen Löhne im Gaswerk arbeiten würden. Er forderte den Betriebsausschuss auf, sich dafür einzusetzen, dass entschieden höhere Löhne gezahlt werden.[408] Dem Antrag wurde stattgegeben und der bisherige Stundenlohn für Installateure und Rohrleger von 30 bis 35 Pfennig auf 30 bis 50 Pfennig erhöht.[409] Auch für die Hofarbeiter setzte Wichmann eine Lohnerhöhung durch, um eine weitere Abwanderung der Arbeiter an andere Oldenburger Betriebe zu verhindern. So zahlte das Gaswerk für Hofarbeiter 20 Pfennig Stundenlohn, während sie bei dem Unternehmen Lieke 3,50 Mark Tagelohn erhielten.[410] Die Kommission bewilligte einen Stundenlohn von 24 bis 30 Pfennig.

Es lag also im Ermessen des Betriebsausschusses der Gas- und Wasserwerke, unter Vorsitz des Oberbürgermeisters Tappenbeck, die Lohnforderungen zu akzeptieren. Dabei orientierten sich die Ausschussmitglieder in der Regel an den Empfehlungen des Direktors Wichmann. Während die Bereitschaft des Betriebsausschusses, höhere Löhne zu zahlen, bei einem Arbeitskräftemangel notwendigerweise größer war, stimmte er in anderen Zeiten einer Verbesserung der Lohnbedingungen gar nicht oder nur zögerlich zu.

Die Lohnsätze für Arbeiter des Gaswerks waren sehr unterschiedlich und variierten innerhalb einer Qualifikationsgruppe je nach Dauer der Betriebszugehörigkeit, so dass generelle Aussagen über das Lohnniveau kaum möglich sind. In offiziellen Veröffentlichungen wurde teilweise ein höherer Stundenlohn angegeben, als der tatsächlich gezahlte. So erhielten beispielsweise die Schlosser offiziell einen Stunden-

[405] Auswertung der Geschäftsberichte des städtischen Gaswerks 1907-1912.
[406] Arbeitsordnung für die städtischen Gas- und Wasserwerke vom 15.9.1904, StAO, Best. 262-1 A Nr. 2361 A.
[407] Noch weit entfernt, ein Musterbetrieb zu sein, in: Norddeutsches Volksblatt 20, Nr. 230, 3.10.1906.
[408] Wichmann an Betriebsausschuss der Gas- und Wasserwerke vom 12.1.1904, StAO, Best. 262-1 A Nr. 2361 A.
[409] Handschriftlicher Genehmigungsvermerk vom Stadtmagistrat im Einverständnis mit der Gas-Kommission auf dem Antrag am 10.3.1904, ebd.
[410] Wichmann an Tappenbeck vom 7.3.1905, StAO, Best. 262-1 A Nr. 2361 A.

lohn zwischen 30 und 50 Pfennig, tatsächlich gezahlt wurden jedoch höchstens 42 Pfennig, wie aus der Korrespondenz zwischen dem Direktor Wichmann und dem Oberbürgermeister hervorgeht.[411]

Den Lohnerhöhungen der Gasarbeiter vom 1. Mai 1906, auf die das *Norddeutsche Volksblatt* in seinem oben zitierten Bericht Bezug genommen hatte, waren intensive Diskussionen im Werk vorangegangen. So begründeten beispielsweise die Schlosser und Klempner ihre Lohnforderungen im März 1906 mit dem Anstieg der Lebenshaltungskosten und verwiesen dabei auf die Verhandlungen, die die Großherzogliche Staatsregierung zur selben Zeit im Landtag führte, um für die Angestellten und Arbeiter in Staatsbetrieben wie Zivilstaatsdiener und Eisenbahnangestellte eine Erhöhung der Löhne und Gehälter als Ausgleich für die gestiegenen Lebenshaltungskosten zu erzielen.[412]

Die Petition wurde vom Direktor Wichmann mit Erläuterungen und Empfehlungen an den Oberbürgermeister Tappenbeck weitergereicht. In einer detaillierten Liste führte Wichmann die Namen der 11 Gasschlosser mit ihrem jeweiligen Stundenlohn auf, die für die 6 ständigen Arbeiter zwischen 38 und 42 Pfennig und für die 5 Saisonkräfte zwischen 30 und 40 Pfennig betrugen und verglich die Stundenlöhne der Gasarbeiter mit den Tageslöhnen, die bei Koch & Franksen (3,70 Mark), G. Meyer & Co (3,50 Mark), Beek (4,25 Mark), Lieke (3,20 bis 3,50 Mark), Eisenbahnwerkstätten (3,80 Mark) und den Klempnern und Installateuren (3,60 Mark bis 4,00 Mark) gezahlt wurden. Doch anders als die Arbeiter resümierte er: „Danach scheint nicht gerade das Bedürfnis vorzuliegen, den Stundenlohnsatz aufzubessern." Er lehnte aber eine Lohnerhöhung nicht generell ab, sondern verknüpfte sie mit der Einführung von Akkordlöhnen für Schlosser:

> Hinweisen möchte ich darauf, daß die Schlosser vielfach im Freien arbeiten müssen und daher allen Unbilden der Witterung ausgesetzt sind. (Straßenrohrnetz). Man könnte für diese Arbeiter eventuell einen erhöhten Stundenlohn zahlen. Auch bei den Schlossern wird es sich empfehlen, mehr noch wie bisher, Akkordlöhne einzuführen, um dadurch den fleißigen und aufmerksamen Arbeiter besser zu entlohnen. Man darf im allgemeinen annehmen, daß damit auch die Interessen des Werkes nicht leiden.

In seiner Schlussbemerkung lehnte er eine Lohnerhöhung für alle Klempner und Schlosser rigoros ab: „Der von den Schlossern geforderte Minimalstundenlohn von 48 bis 50 Pfennig wird daher abzulehnen sein."[413] Der Betriebsausschuss ging auf die Vorschläge Wichmanns ein und stimmte einer Lohnerhöhung von 3 Pfennig pro Stunde, jedoch höchstens 50 Pfennig Stundenlohn ausschließlich für Gasschlosser, die im Freien arbeiteten, zu. Außerdem beauftragte er den Direktor, „das System der Akkordlöhne" nach Möglichkeit auszudehnen.[414]

Noch sehr stark vom Untertanengeist geprägt ist eine Petition der Arbeiter des Gaswerks aus dem Jahre 1906. In ihrer demutsvollen Haltung wagten sie nicht einmal konkrete Angaben über die Höhe ihrer Lohnforderung zu machen:

> Dem verehrlichen Stadtmagistrat erlauben sich die Arbeiter der städtischen Gasanstalt auf ihre äußerst traurige Lage in aller Ehrfurcht aufmerksam zu machen. Die Arbeiter der Gasanstalt beziehen augenblicklich bei achtstündiger Arbeitszeit einen Tagelohn von 2,00 M oder einen Stundenlohn von 25 Pfennig. Um aber das ihnen zugewiesene Arbeitsquantum zu bewältigen, sind sie gezwungen, mittags, abgesehen von der kurzen Zeit, während welcher sie ihre Mahlzeit einnehmen, durchzuarbeiten. In Wirklichkeit werden deshalb mehr wie acht Stunden täglich geleistet, daß aber bei einem täglichen Verdienst von 2 M es dem Arbeiter nicht möglich ist, sich und seine Familie auch nur einigermaßen anständig durch die Welt zu bringen, ist bei den zeitigen außerordentlich gesteigerten Lebensverhältnissen wohl ohne weiteres zu verstehen. [...] Die Arbeiter der Gasanstalt geben sich daher der sicheren Hoffnung hin, daß auch der wohllöbliche Stadtma-

411 Lohnsätze für Arbeiter der Gas- und Wasserwerke, Zusammenstellung durch Direktor Wichmann vom 30.3.1905, ebd.
412 Schlosser und Klempner an Direktion vom 4.3.1906, StAO, Best. 262-1 A Nr. 2361 A.
413 Wichmann an Tappenbeck vom 16.3.1906, ebd.
414 Wichmann an Tappenbeck vom 16.3.1906; Tappenbeck an Wichmann vom 24.3.1906, ebd.

gistrat ihnen gütigst Gehör schenken werde, wenn sie inständigst bitten: Hochverehrter Stadtmagistrat wolle geneigtest ihnen eine angemessenere Aufbesserung in den Lohnsätzen baldigst zu teil werden lassen, damit sie und ihre Familien nicht der Not preisgegeben werden. Einer wohlwollenden Erwägung und einer gütigen zustimmenden Antwort gewärtig. Die Arbeiter der Gasanstalt.[415]

In seiner Stellungnahme an den Oberbürgermeister erläuterte Wichmann, dass

> bei den ständigen Arbeitern der Verdienst als angemessen zu bezeichnen sei. Weniger gut stehen sich dagegen die Saisonarbeiter, d.h. diejenigen Arbeiter, die im Herbst eintreten und im Frühjahr wieder entlassen werden. Diese werden stets mit den niedrigsten Stundenlöhnen eingestellt, also mit 25 Pf. pro Stunde und kommen dadurch im Dezember und Januar bei 8stündiger Arbeitszeit auf 2,00 M Tagesverdienst. [...] Nach meinen Erfahrungen ist es schwierig für 2,50 M Arbeiter zu bekommen, namentlich im Sommer. Ich bin daher dafür, den Minimallohn auf 2,70 bis 2,80 M zu erhöhen. Der Maximallohn könnte auf 3,00 M stehen bleiben.[416]

Der Betriebsausschuss folgte den Vorschlägen Wichmanns und genehmigte für ständige Arbeiter eine Lohnerhöhung auf 28 Pfennig pro Stunde; Saisonarbeitskräfte sollten ebenfalls 27 bzw. 28 Pfennig pro Stunde erhalten. Wichmann erhielt zugleich den Auftrag, einen Entwurf für ein Akkord- und Prämiensystem auszuarbeiten.[417]

Bis zum Ende des Ersten Weltkriegs mussten die Gasarbeiter teils für sich selbst bessere Lohnbedingungen aushandeln, teils konnten sie dabei auch auf die Unterstützung der Gewerkschaft oder des Arbeiterausschusses zurückgreifen.[418] Arbeiterausschüsse waren in der Gewerbeordnungsnovelle von 1891 institutionalisiert worden und sollten den Arbeitern das Recht auf Anhörung zur Arbeiterordnung gewähren. Die Arbeitgeber waren verpflichtet, deren Einwendungen zur Arbeiterordnung bei der Verwaltungsbehörde einzureichen. Die tatsächliche Einflussmöglichkeit der Arbeiterausschüsse blieb im ersten Jahrzehnt nach der Verabschiedung der Verordnung jedoch gering, weil bei zahlreichen Arbeitgebern die Bereitschaft fehlte, die Ausschüsse als nützliche Einrichtungen zu akzeptieren. Auch die freien Gewerkschaften lehnten Arbeiterausschüsse anfangs ab, weil sie keine reale Mitwirkung im betrieblichen Alltag zuließen.[419] Die Entwicklung im Oldenburger Gaswerk zeigt, dass auch hier die Verwaltung die Bildung des Arbeiterausschusses hinausgezögert hatte. Obwohl die Arbeiterordnung bereits im Jahre 1904 verabschiedet worden war, erfolgte die Institutionalisierung eines Arbeiterausschuss erst 1907.[420] Die geringe Bedeutung der Arbeiterausschüsse in Betrieben mit mehr 20 Arbeitskräften beklagte auch der Oldenburger Fabrikinspektor:

> Die bestehenden einzelnen Arbeiterausschüsse werden bei derartigen wie anderen Fällen selten oder gar nicht zugezogen. Gewöhnlich treten sie nur bei Krankenkassenangelegenheiten oder der Verteilung von Unterstützungen aus Strafkassen in Tätigkeit. In einer größeren Anlage wurde den Mitgliedern des Arbeiterausschusses von dem Arbeitgeber gekündigt, weil sie die Wünsche des Arbeitgebers in bezug auf eine Abänderung in der Arbeitszeit bei der Arbeiterschaft nicht vertreten wollten oder konnten. Auch von Seiten der Arbeiter werden diese Vertretungen bei bedeutungsvollen Bewegungen gewöhnlich übergangen; die Verhandlungen werden alsdann von den Vertretern der Organisation geführt.[421]

Erst nach der Wende zum 20. Jahrhundert setzte allmählich eine Bewusstseinsänderung bei den Gewerkschaften ein und

415 Arbeiter der Gasanstalt an Stadtmagistrat, 1906, ohne Tag und Monat, ebd.
416 Wichmann an Tappenbeck vom 16.3.1906, ebd.
417 Tappenbeck an Wichmann vom 24.3.1906, ebd.
418 Geschäftsbericht des städtischen Gaswerks 1914/15, StAO, Best. 262-1 A Nr. 2378.
419 Berlepsch: „Neuer Kurs" im Kaiserreich?, S. 316.
420 Geschäftsbericht des städtischen Gaswerks 1907/08, in: Gemeinde-Blatt 55, 1908, S. 183.
421 Jahresbericht des Gewerbeaufsichtsbeamten für 1907, S. 17.

sie ließen ihre aktiven Mitglieder in die Arbeiterausschüsse wählen, um wenigstens eine „begrenzte Einflussmöglichkeit auf die betrieblichen Arbeitsverhältnisse" zu erzielen. Die Arbeiterausschüsse wurden dann vielfach zum „verlängerten Arm" der freien Gewerkschaften gemacht.[422]

Die Position des Arbeiterausschusses verbesserte sich endgültig durch das „Gesetz über den vaterländischen Hilfsdienst", das am 5. Dezember 1916 vom Reichstag verabschiedet wurde. Paragraf 12 des Hilfsdienstgesetzes lautete:

> Dem Arbeiterausschusse liegt ob, das gute Einvernehmen innerhalb der Arbeiterschaft des Betriebs und zwischen der Arbeiterschaft und dem Arbeitgeber zu fördern. Er hat Anträge, Wünsche und Beschwerden der Arbeiterschaft, die sich auf die Betriebseinrichtungen, die Lohn- und sonstigen Arbeitsverhältnisse des Betriebs und seiner Wohlfahrtseinrichtungen beziehen, zur Kenntnis des Unternehmers zu bringen und sich darüber zu äußern.[423]

Eine gewerkschaftliche Organisation der Gasarbeiter entstand erst gegen Ende des 19. Jahrhunderts. Die Entwicklung verlief parallel zu der zunehmenden Kommunalisierung privater Gasgesellschaften bzw. der Errichtung von neuen städtischen Gasanstalten. Die Gasarbeiter gründeten 1896 den „Verband der Arbeiter in Gasanstalten, auf Holz und Kohlenplätzen und sonstiger Arbeitsleute", der im darauf folgenden Jahr in „Verband der Arbeiter in Gasanstalten und in anderen städtischen Betrieben" umgewandelt wurde. 1899 erfolgte eine erneute Namensänderung in „Verband der in Gemeinde- und Staatsbetrieben beschäftigten Arbeiter und Unterangestellten", der 1906 den Namen „Verband der Gemeinde- und Staatsarbeiter" erhielt; schließlich erfolgte 1930 die Verschmelzung zum „Gesamtverband der Arbeitnehmer der öffentlichen Betriebe und des Personen- und Warenverkehrs".[424]

Die Gemeindearbeitergewerkschaft spielte nach der Jahrhundertwende im Oldenburger Gaswerk noch keine nennenswerte Rolle, wie das *Norddeutsche Volksblatt* am 28. Juni 1906 bemerkte. So hatten nur wenige Arbeiter des städtischen Gas- und Wasserwerks an einer öffentlichen Versammlung im Vereinshaus in der Nelkenstraße am 24. Juni, die vom Verband der in Gemeinde- und Staatsbetrieben beschäftigten Arbeiter und Arbeiterinnen einberufen worden war, teilgenommen, um sich „über die Notwendigkeit der Organisation" zu informieren. Aufgrund der geringen Resonanz appellierte das Blatt an das „Gewerkschaftskartell", sich stärker in Oldenburg zu engagieren, um für die städtischen Arbeiter „eine Organisation schaffen zu helfen, umsomehr als ihre Lage keine glänzende zu nennen ist".[425]

Eine wichtige Voraussetzung für die Mobilisierung der städtischen Arbeiter war die Verbesserung der Lohn- und Arbeitsverhältnisse. Von gewerkschaftlicher Seite gab es immer wieder Versuche, die Arbeiter bei ihren Forderungen zu unterstützen. So liegt beispielsweise ein Aufruf vor, in dem die städtischen Arbeiter zu einer Versammlung am 20. Mai 1906 in das Vereinshaus und Gaststätte von Friedrich Thümler in der Nelkenstraße 23 eingeladen wurden. Thema der Diskussion waren die „neuen Lohnfestsetzungen und das Wohlwollen unserer Stadtverwaltung". In dem Aufruf heißt es:

> Achtung! Achtung! Städtische Arbeiter. Kollegen! Die neue Lohnregelung hat bei sämtlichen städtischen Arbeitern ihre Enttäuschung hervorrufen. Alles hoffte auf Verbesserung der Lohn- und Arbeitsverhältnisse, aber nur sehr weniges ist für die Arbeiter abgefallen. Weder Direktion noch Stadtrat haben soviel soziale

---

422 „Die in der Gewerbeordnungsnovelle von 1891 getroffene Grundsatzentscheidung, nämlich die ‚Festlegung der Arbeitervertretung auf die Sozialpartnerschaft', bildete auch die Basis für das heutige Betriebsverfassungsgesetz. Die Anerkennung der Gewerkschaften als Interessenvertreter der Arbeiterschaft erfolgte allerdings erst mit dem Abkommen der Zentralen Arbeitsgemeinschaft (ZAG) vom 15. November 1918", s. Berlepsch: „Neuer Kurs" im Kaiserreich?, S. 316f.

423 RGBl, 1916, Nr. 5595, S. 1333ff.

424 „Als Bewegung mit sicheren Standbeinen in allen deutschen Großstädten verkörperte die Gewerkschaft den Verstädterungsprozeß, signalisierte sie das Anschwellen eines ‚tertiären Sektors' im Deutschen Reich und stand für Wanderung vom Land in die Stadt: In diesem Sinne war der ‚Verband der Gemeinde- und Staatsarbeiter' eine moderne Gewerkschaft, die im Zukunftstrend lag. Vom Aussterben bedrohte Berufe waren überproportional vertreten, ihnen bot der öffentliche Dienst eine Überlebenschance, Hilfsarbeiter spielten eine große Rolle, auch wenn sie nicht dominierten", s. Zimmermann, Rüdiger: 100 Jahre ÖTV. Die Geschichte einer Gewerkschaft und ihrer Vorläuferorganisationen, Bd. 2: Biographien, Frankfurt/M. 1996, S. 282.

425 Eine öffentliche Versammlung des Gas- und Wasserwerks, in: Norddeutsches Volksblatt 20, Nr. 146, 27.6.1906.

Einsicht aufzubringen vermocht, um den [sic!] gesteigerten Existenzschwierigkeiten der Arbeiter und ihrer Familien voll würdigen zu können. Es ist deshalb unbedingt notwendig, dass wir unter uns eine Aussprache herbeiführen. Oft genug wird über Mängel resonniert; damit ist aber nichts getan. Von nichts kommt nichts. Alle, die an einer Verbesserung unserer Lohn- und Arbeitsverhältnisse ein Interesse haben, und das ist die Gesamtheit der städtischen Arbeiter, müssen sich regen. Von uns selbst aus muss das Drängen nach Besserstellung erfolgen. Darum aufgewacht! Wem es deshalb ernst ist um sein Fortkommen in wirtschaftlicher Hinsicht, wer mit helfen will durch stete Arbeit mustergültige Arbeitsverhältnisse zu schaffen, der erscheine in der nachstehend angegeben allgemeinen Besprechung. [...] Kollegen! Zeigt durch einen vollen Besuch der Versammlung, dass ihr im Ringen um bessere Lohn- und Arbeitsverhältnisse nicht zurückstehen wollt. Der Einberufer.[426]

Im April 1909, das städtische Gaswerk konnte aus dem Betriebsüberschuss insgesamt 40.000 Mark an die Stadtkasse überweisen,[427] unterbreitete der Arbeiterausschuss der Direktion des Gaswerks einen umfangreichen Forderungskatalog zur Verbesserung der Lohn- und Arbeitsbedingungen. So forderte der Ausschuss die Direktion auf, den achtstündigen Arbeitstag und das Dreischichtensystem für die Schichtarbeiter einzuführen.

Für alle Handwerker und Hofarbeiter sollte der Neunstundentag gelten. Zudem wurde die Schaffung bestimmter Mindestlöhne, je nach Art der Beschäftigung, gefordert. Für Überstundenzeiten, Sonn- und Feiertagsarbeit, Schwerstarbeit, Dauer der Betriebszugehörigkeit sollten Zuschläge zum Grundlohn gezahlt werden. Zur Begründung führten die Arbeitervertreter die gesundheitsschädlichen Belastungen bei der Arbeit im Gaswerk sowie die gestiegenen Lebenshaltungskosten an.[428] Als von Seiten der Direktion auch nach einem halben Jahr noch keine Reaktion erfolgt war, wiederholte der Arbeiterausschuss seine Forderungen. Die entscheidende Sitzung des Stadtrats fand schließlich ein Jahr nach Eingang des ersten Schreibens statt. Dem handschriftlichen Vermerk auf dem Gesuch der Arbeiter ist zu entnehmen, dass der Stadtrat die Einführung der achtstündigen Schicht für Ofenhausarbeiter beschlossen hatte, bei Schichtwechsel mussten allerdings weiterhin noch 12 Stunden gearbeitet werden.[429] Für die meisten übrigen Arbeiter galt nach wie vor der Zehnstundentag, wie aus dem Geschäftsbericht 1912/13 hervorgeht.[430]

Die folgende Tabelle dokumentiert den Jahresverdienst sowie den Tagelohn der Gasarbeiter im Jahr 1912/13:[431]

Jahresverdienst	**niedrigster in Mark**	**höchster in Mark**	**mittel in Mark**	**Tagelohn in Mark**
Schichtarbeiter	1292,27	1652,70	1433,42	3,70–4,50
Vorarbeiter	1580,22	1679,03	1620,71	4,20–5,00
Hofarbeiter	1154,11	1420,71	1243,20	3,60–4,20
Schlosser	1327,58	1921,52	1648,25	3,20–5,70
Helfer	–	–	1291,37	
Maurer	–	–	1669,77	
Schmiede	–	–	1471,64	
Boten	1119,90	1316,35	1178,35	3,80–4,50
Laternenanzünder	690,00	786,00	738,00	Monatslohn 54–69 Mark

Zum Vergleich wird nachfolgend der ortsübliche Tagelohn für gewöhnliche Tagarbeiter in der Stadt Oldenburg herangezogen. Danach lag das Entgelt der Gasarbeiter im Schnitt etwas höher als das der anderen städtischen Arbeiter. Der

426 Aufruf zur Arbeiterversammlung, ohne Jahresangabe, StAO, Best. 262-1 A Nr. 2361 A. Vermutlich 1906 zu datieren, weil auch das *Norddeutsche Volksblatt* am 28.2. und 28.4.1906 über die Lohntarife der städtischen Arbeiter berichtete und sich dabei auf die vorangegangenen Lohnentwicklungen bezog.
427 Geschäftsbericht des städtischen Gaswerks 1908/09, in: Gemeinde-Blatt 56, 1909, S. 188.
428 Arbeiterausschuss an Direktion vom April 1909, StAO, Best. 262-1 A Nr. 2361 A.
429 Arbeiterausschuss an Direktion vom Dezember 1909, ebd.
430 Bericht über die Verwaltung des städtischen Gaswerks zu Oldenburg i. Gr., 1.Mai 1912 bis 30. April 1913 Oldenburg 1913, S. 24.
431 Ebd.

Tagelohn für Männer über 21 Jahre betrug 3,50 Mark, für 16- bis 21-Jährige 2,80 Mark und unter 16 Jahren 1,80 Mark. Frauen über 21 Jahre erhielten 2,50 Mark, 16- bis 21-Jährige 2,00 Mark und unter 16 Jahren 1,40 Mark.[432]

Boten, Ableser, Kassierer

Die Bezeichnung für diese Außendienstarbeiter war unterschiedlich, im Oldenburger Werk wurden sie Boten genannt. Die Boten zählten zur Gruppe der ungelernten Arbeiter. Sie hatten eine Vertrauensstellung in der Gasanstalt, weil sie vielfach die Funktion eines Vermittlers zwischen Kunde und Gaslieferant ausübten. So nahmen sie einerseits die Wünsche und Beschwerden der Kunden entgegen und informierten sie andererseits über neue Gasapparate oder über Veränderungen der Lieferbedingungen. Ebenso wie viele andere Arbeiter im Gaswerk waren auch sie unzufrieden mit den Arbeitsbedingungen und forderten in einer Petition an den Stadtrat eine Verkürzung der Arbeitszeit von zehn auf acht Stunden sowie die Einführung einer Monatsvergütung statt wie bisher Tagelohn. Nachdem ihr Gesuch vom 7. Januar 1911 vom Betriebsausschuss am 15. April abgelehnt worden war, wiederholten sie kurze Zeit später ihre Forderungen.

Der Grund für den erneuten Antrag war eine Verfügung der Gaswerksverwaltung, derzufolge die Ableser ab sofort in einem Arbeitsgang die Gas- und die Wasserzähler ablesen sollten. Die Boten protestierten dagegen, weil ihnen für diese Mehrarbeit keine zusätzliche Zeit eingeräumt wurde. Um ihren Forderungen mehr Nachdruck zu verleihen, radierten drei Boten, die erst wenige Monate zuvor eingestellt worden waren, ihre Ablesedaten wieder aus und erklärten, „die von ihnen verlangte Arbeit nicht leisten zu können." Sie wurden daraufhin entlassen, so dass dem Werk nur noch zwei Boten zur Verfügung standen.[433] Die geplante Veränderung der Arbeitsorganisation beinhaltete aber nicht nur den Ablesemodus, der Verwaltung war es auch ein Anliegen, die Arbeitszeiten besser kontrollieren zu können. Die Boten waren damit beauftragt, an den wöchentlichen Ablesetagen[434] den Verbrauch an Gas und Wasser festzustellen und an den Kassentagen das Geld von den Kunden zu kassieren. In dem ihnen jeweils zugewiesenen Bezirk hatten sie täglich ein bestimmtes Pensum zu erledigen, wenn aber der Kunde nicht angetroffen wurde, mussten sie sich abends nach Dienstschluss noch einmal auf den Weg machen. Ihre reguläre Arbeitszeit betrug zehn Stunden. Für Überstunden erhielten sie die üblichen Zuschläge.[435]

Die tägliche Arbeitszeit der Ableser war wie folgt geregelt: Von sechs bis halb acht Uhr erledigten sie Reinigungsarbeiten im Gaswerk wie Fensterputzen, Staubwischen, Straßenfegen, Entleeren der Papierkörbe etc., danach hatten sie eine halbstündige Frühstückspause; von acht bis zwölf Uhr gingen sie auf Ablese- oder Kassentour, anschließend war eine eineinhalbstündige Mittagspause vorgesehen. Danach setzten sie ihren Weg zu den Kunden bis sechs Uhr nachmittags fort. Ob und wie lange die Boten an Kassentagen ihre Mittagspause gestalteten, entzog sich der Kontrolle der Verwaltung, weil sie an diesen Tagen mittags nicht ins Werk zurückkehrten. Deswegen schlug der Direktor Wichmann in seinem Schreiben an den Oberbürgermeister vor, dass die Arbeiter auch an Kassentagen ihre Mittagspause im Werk verbringen sollten.[436]

Auf Anraten des Oberbürgermeisters lehnte der Betriebsausschuss in seiner Sitzung am 21. August 1911 eine Verkürzung der Arbeitszeit ebenso ab wie die Bezahlung eines Monatslohns. Zudem erklärte er sich damit einverstanden, dass die Mittagspause der Boten kontrolliert wurde. Als einziges Zugeständnis an die Arbeiter legte er fest, dass die Boten nicht mehr zu Reinigungsarbeiten im Werk herangezogen werden konnten.[437] Die monatlichen Abrechnungen mit den

432 Das Großherzogliche Oberversicherungsamt legte in seiner Sitzung am 29.9.1913 die ortsüblichen Löhne fest, vgl. Gemeinde-Blatt 60, 1913, S. 149.
433 Wichmann an Tappenbeck vom 12.8.1911, StAO, Best. 262-1 A Nr. 2356.
434 Ab 1913 erfolgte das Ablesen der Zähler für Gas, Strom und Wasser monatlich.
435 Wichmann an Tappenbeck vom 10.5.1911, StAO, Best. 262-1 A Nr. 2356.
436 Ebd.
437 Tappenbeck an Wichmann vom 15.8.1911; Protokoll der Licht- und Wasserkommission vom 21.8.1911, ebd.

Abnehmern spielte in der Verwaltung des Gas-, Wasser- und Elektrizitätswerks eine zentrale Rolle:

> Das gewöhnliche, zur Abrechnung angewandte Verfahren besteht darin, daß die Zählerstände bei den Abnehmern von besonderen Ableseboten abgelesen werden, daß im Bureau alsdann von anderen Beamten die Rechnungen ausgeschrieben und von Kassenboten hierauf die Rechnungsbeträge eingezogen werden. Drei getrennte Verrichtungen sind also nötig: das Zählerablesen, das Ausschreiben der Rechnungen, das Einziehen der Rechnungen.[438]

Weil diese Arbeit sehr personalintensiv und zeitaufwendig war, gab es immer wieder Bemühungen, das umständliche Abrechnungsverfahren zu vereinfachen. Die erste Rationalisierung erfolgte unmittelbar nach der Übernahme des Elektrizitätswerks in städtischen Besitz am 1. Januar 1912. Der Ableser musste neben dem Gas- und Wassermesser nun auch den Elektrizitätszähler ablesen. Parallel wurde ein neues Ablese- und Kassenverfahren eingeführt, bei dem das Ablesen der Zähler und das Einziehen der Rechnungen in einem Arbeitsgang erledigt wurden:

> Die Abnehmer erhalten nur eine Rechnung, auf der alles verzeichnet ist, was sie an Gas, Wasser, Strom beziehen. Das Ablesebuch ist nach dem losen Blattsystem eingerichtet. Es dient gleichzeitig als Abrechnungsblatt für mehrere Jahre, sodaß ein Vergleich mit dem Verbrauch des Vorjahres ohne Weiteres möglich ist. Die Rechnungen selbst werden vermittelst einer rechnenden Schreibmaschine geschrieben, wobei gleichzeitig als Durchschläge das Sollbuch und die Kassenbotenlisten hergestellt werden. Das Ablesen der Stände und das Kassieren der Rechnungen wurde gleichzeitig über den ganzen Monat verteilt, sodaß damit auch im Büro und in der Kasse die Arbeit gleichmäßig über den Monat verteilt ist.[439]

Der Bote kam jetzt also nur noch einmal im Monat zu dem Abnehmer, notierte den aktuellen Zählerstand des Strom-, Wasser- und Gasverbrauchs und übergab zugleich die Rechnung über den Verbrauch des Vormonats. Bei diesem Verfahren verringerte sich zwar der Zeitaufwand für das Personal und die Büroarbeit wurde effektiver, der Nachteil war allerdings, dass das Unternehmen jetzt länger auf die Bezahlung der Rechnung warten musste.

Ein effektives, aber sehr risikoreiches Verfahren bestand darin, dass die Ableseboten unmittelbar nach dem Ablesen der Zähler an Ort und Stelle die Rechnungen ausschrieben und einzogen. Alle zeitaufwendigen Arbeitsschritte konnten so zusammengefasst werden, dem Abrechnungsbüro blieb dann noch die Aufgabe, die Buchungen vorzunehmen. Das Risiko lag bei den Boten, die beim Kassieren nicht zu kontrollieren waren. Ihnen fehlte es oft an gewissenhaftem und verantwortungsbewusstem Verhalten, so dass sich diese Abrechnungsart in der Praxis nicht bewährte.[440]

Erfahrungen mit Veruntreuungen von Firmengeld durch die Boten machte auch der Oldenburger Direktor der städtischen Licht- und Wasserwerke wiederholt. So lieferte zum Beispiel am 6. Februar 1914 der Kassenbote Deeken einmal 97,23 und ein anderes Mal 89,31 Mark weniger, als er aus eingenommenen Gas- und Stromrechnungen eingenommen hatte. Letzteren Betrag hatte er nach eigenen Angaben bei einem Sturz in einen mit Wasser und Schlamm gefüllten Graben am Marschweg verloren.

Er bat, den Verlust in Raten von 5 Mark pro Woche zurückzahlen zu dürfen. Später stellte sich heraus, dass Deeken schon wegen Schwindeleien, Urkundenfälschung und Betrugs vorbestraft war. Um Missbrauch vorzubeugen, war es im Gaswerk üblich, dass die Boten beim Arbeitseintritt 500 Mark Kaution hinterlegten. Doch nicht alle Arbeiter, so auch Deeken, waren in der Lage, das Geld zu bezahlen. Tappenbeck berichtete dem Betriebsausschuss:

438 Firmeninformation der Fakturier- und Rechenmaschinenwerke GmbH, Düsseldorf-Reisholz: Ein neuer Weg zur Vereinfachung des Abrechnungswesens von Elektrizitäts-, Gas- und Wasserwerken, in: Journal für Gasbeleuchtung 57, 1914, S. 164.

439 Geschäftsbericht des städtischen Gaswerks 1913/14, StAO, Best. 262-1 A Nr. 2378.

440 Firmeninformation der Fakturier- und Rechenmaschinenwerke GmbH, Düsseldorf-Reisholz, in: Journal für Gasbeleuchtung 57, 1914, S. 164.

Aus den Strafakten habe ich ferner ersehen, dass Decken [Deeken] ein durch Wirtshausbesuch und Kartenspiel herunter gekommener Mensch ist und der Vertrauensstellung als Kassenbote unwürdig war. Er war auch schon vor 1911 wegen Betrugs und Unterschlagung bestraft. Das Gaswerk hätte also vor seiner Einstellung sich über die Persönlichkeit genauer erkundigen sollen.[441]

Nicht nur Boten, auch Bürogehilfen bereicherten sich gelegentlich. Einer Notiz vom 10. Dezember 1912 ist zu entnehmen, dass der Schreiber Heckeroth beim Schlachtermeister Wittmann ohne Auftrag die Stromrechnung in Höhe von 131,26 Mark kassiert und das Geld behalten hatte. Da der Schlachtermeister keinen Zahlungsbeleg hatte, wurde er zwar formal haftbar gemacht, aber ihm wurde die Summe erlassen.[442] Die Untersuchungen der Polizei ergaben, dass Heckeroth auch andere Stromkunden betrogen und seinem Vermieter über 600 Mark sowie eine goldene Uhr gestohlen hatte. Heckeroth wurde wegen Betrugs und schweren Diebstahls zu neun Monaten Gefängnis verurteilt.[443]

Offenbar war aber nicht immer die persönliche Bereicherung der Grund dafür, dass Geld in der Kasse fehlte, tatsächlich trugen die betreffenden Belegschaftsmitglieder ein hohes „Inkassorisiko". Infolge der zahlreichen Schadensfälle hatten bereits die städtischen Gas- und Wasserwerke ein „Mankogeld"[444] für die Kassenboten eingeführt. Eine technische Neuheit, die kurz vor dem Ersten Weltkrieg auf den Markt kam, sollte das Abrechnungswesen vereinfachen und vor allem sicherer machen. Eine Düsseldorfer Firma stellte eine Abrechnungsmaschine unter dem Namen „Elgawa" vor, die eigens für Elektrizitäts-, Gas- und Wasserwerke konstruiert worden war.[445]

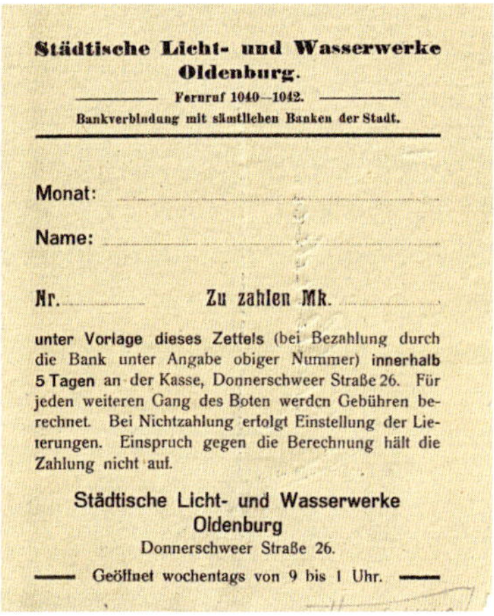
Städtische Licht- und Wasserwerke
Oldenburg.
Fernruf 1040—1042.
Bankverbindung mit sämtlichen Banken der Stadt.

Monat:

Name:

Nr. Zu zahlen Mk.

unter Vorlage dieses Zettels (bei Bezahlung durch die Bank unter Angabe obiger Nummer) innerhalb 5 Tagen an der Kasse, Donnerschweer Straße 26. Für jeden weiteren Gang des Boten werden Gebühren berechnet. Bei Nichtzahlung erfolgt Einstellung der Lieferungen. Einspruch gegen die Berechnung hält die Zahlung nicht auf.

Städtische Licht- und Wasserwerke
Oldenburg
Donnerschweer Straße 26.
Geöffnet wochentags von 9 bis 1 Uhr.

__129__ Rechnungsformular der städtischen Licht- und Wasserwerke, vor 1924. Stadtmuseum Oldenburg.

Der Kunde hatte die Möglichkeit, den Rechnungsbetrag direkt an den Boten gegen Quittung zu zahlen, ihn an der Kasse in der Donnerschweer Straße 13 einzuzahlen oder bei der Oldenburgischen Spar- & Leihbank zu überweisen.[446] Insbesondere im Ersten Weltkrieg organisierte die Oldenburger Handelskammer im Auftrag der Reichsregierung mehrere Vorträge und Pressekampagnen, um für den bargeldlosen Zahlungsverkehr zu werben.[447]

Laternenanzünder

Das Schlusslicht in der Lohnskala des städtischen Gaswerks bildeten die Laternenanzünder, wie die Übersicht weiter oben zeigt. Das Werk beschäftigte 1910 zwei Laternenaufseher und zwanzig Laternenanzünder. Sie verdienten im Sommer monat-

441 Betriebsausschuss an Stadtmagistrat vom 6.2.1914 und 29.7.1914, StAO, Best. 262-1-A Nr. 2356.
442 Wichmann an Tappenbeck vom 18.1.1913, ebd.
443 Polizeibericht vom 28.1.1913, ebd.
444 Boten unterlagen einem erhöhten Risiko, sich beim Kassieren zu verrechnen, um den Fehlbetrag nicht vollständig aus der eigenen Kasse bezahlen zu müssen, erhielten sie einen Risikozuschlag, das „Mankogeld".
445 Ein neuer Weg zur Vereinfachung des Abrechnungswesens von Elektrizitäts-, Gas- und Wasserwerken, Bericht der Fakturier- und Rechenmaschinenwerke GmbH, Düsseldorf-Reisholz, in: Journal für Gasbeleuchtung 57, 1914, S. 164. Es konnte nicht festgestellt werden, ob diese Maschine im Oldenburger Werk eingesetzt wurde.
446 Rechung über Stromverbrauch nach dem neuen Abrechnungssystem, Januar 1912, StAO, Best. 262-1 A Nr. 2361.
447 Berichte und Hinweise zum Thema: Nutzung des bargeldlosen Zahlungsverkehrs, in: Nachrichten, Nr. 45, 15.2.1918; Nr. 157, 12.6.1918 und Nr. 236, 30.8.1918.

lich 46 bis 50 Mark und im Winter 53 bis 57 Mark. Hierfür waren 60 Laternen zu bedienen und instand zu halten, für jede zusätzliche Laterne erhielten sie einen Zuschlag in Höhe von einer Mark, aber ein Nachtzuschlag wurde nicht gewährt.[448] Nur zuverlässige und pünktliche Arbeiter kamen für diesen verantwortungsvollen Dienst in Frage, weil jede Nachlässigkeit von der Öffentlichkeit sofort registriert wurde.

In der Frühzeit der Gasbeleuchtung hatten die Laternenanzünder zwei bis dreimal täglich die Laternen in ihrem Bezirk aufzusuchen, das erste Mal um sie anzuzünden, das zweite Mal gegen Mitternacht, um auf Nachtbeleuchtung umzustellen, und schließlich am Morgen, um sie wieder zu löschen. Einen freien Sonntag hatten die Arbeiter nicht, der Dienst musste täglich, außer in Vollmondnächten, bei Wind und Wetter ausgeübt werden. Wegen der unregelmäßigen Arbeitszeit und der teilweise aufwendigen und zeitraubenden Putz- und Reparaturarbeiten, die bei Tageslicht durchgeführt werden mussten, bot sich für die Laternenanzünder keine Möglichkeit einen Nebenerwerb auszuüben, obwohl die unzulänglichen Löhne kaum ihren Lebensunterhalt sicherten.[449] Im Jahre 1910 gab es in der Oldenburger Innenstadt, in den Vororten sowie im Stadtgebiet insgesamt 1327 Gaslaternen. Sie waren mit Gasglühlicht nach dem Auerschen Prinzip, also mit einem Gasglühstrumpf, versehen. Zur Beleuchtung dienten größtenteils Zahnradbrenner mit Zündflamme. Die Abendlaternen brannten bis 23.00 Uhr, die Nachtlaternen die ganze Nacht.[450] Aus ökonomischen Gründen war es in den deutschen Städten – so auch in Oldenburg – üblich, dass die Laternenanzünder nach der festgesetzten Zeit des Brennkalenders die Abendlaternen anzündeten und in den späten Nachtstunden auf Nachtbeleuchtung umstellten. Der Wechsel von der Abend- zur Nachtbeleuchtung erfolgte in unterschiedlicher Weise: Mal wurde die Anzahl der Flammen in einer Laterne verringert, mal der Gashahn an jeder zweiten oder dritten Laterne zugedreht und dadurch die Flammen gelöscht oder aber durch Reduzierung der Gaszufuhr das Licht in seiner Leuchtkraft verringert.[451]

Auch die Brennerkonstruktionen waren sehr verschieden und erforderten jeweils eine spezielle Ausrüstung. In den Anfängen der Gasbeleuchtung diente zum Entfachen der Gasflamme ein so genannter Zündstock. Es handelte sich dabei um einen zweimeterfünfzig bis drei Meter langen Stab, auf dessen Spitze sich eine kleine mit Öl oder Spiritus betriebene Zündflamme befand. Die Laternenwärter besorgten die Zündung und das Löschen von Hand, in dem sie zuerst die Stange durch die Öffnung an der Unterseite der Laterne oder Seitenscheibe führten, dann die Gaszufuhr einstellten und schließlich die Gasflamme entfachten. Verfügten die Gaslaternen dagegen über eine permanent brennende kleine Zündflamme, wie nach der Jahrhundertwende auch in Oldenburg, dann benutzte der Laternenanzünder einen Stab mit einem Haken,

***130** Zum Entfachen der Gasflamme diente dem Laternenanzünder ein so genannter Anzündstock, zum Löschen benutzte er ein langes Ausblasrohr mit Mundstück, Kupferstich, Mitte 19. Jahrhundert. Foto Deutsches Museum München.*

448 Geschäftsbericht des städtischen Gaswerks 1909/10, in: Gemeinde-Blatt 55, 1910, S. 185. Nach der Einführung der Fernzündung 1911 reduzierte sich die Zahl der Laternenanzünder.

449 Heise: Lampenfieber S. 130f.

450 Geschäftsbericht des städtischen Gaswerks 1909/10, in: Gemeinde-Blatt 55, 1910, S. 175. Im Jahr 1913 waren die Straßenlaternen wie folgt verteilt: Stadt Oldenburg 637 Abendlaternen und 420 Nachtlaternen; Stadtgebiet 77 Abendlaternen; Eversten 80 Abendlaternen und drei Nachtlaternen, Ohmstede 51 Abendlaternen, Klävemannstift 2 Abendlaternen, 31 Tariflampen; 66 Preßglaslaternen, s. Bericht über die Verwaltung des städtischen Gaswerks 1912/13, S. 15f.

451 Corswant, H. v.: Betrachtungen über Brennapparat-Constructionen für Gaslaternen, in: Journal für Gasbeleuchtung 35, 1892, S. 684f.

mit dem die Laternenhähne zum Zünden geöffnet und zum Löschen geschlossen wurden.

Die Zündflamme entzündete das aus dem Brenner ausströmende Gas. Der Gashahn hatte die Form eines Hebels und war zwischen dem Kandelaber bzw. Wandarm und der Laterne installiert. Zur Ausrüstung der Laternenanzünder gehörten außerdem eine Leiter und ein Kasten, in dem sich das Putzzeug wie Lederlappen, Tuchlappen, ein Kännchen mit Spiritus sowie eine Bürste zum Reinigen der Laternenscheiben befand.[452]

Aufgrund zahlreicher technischer Neuerungen in der Brennertechnik, insbesondere nach Einführung der Ferngaszündung, die in Oldenburg seit 1911 üblich war, erhöhten sich die Anforderungen an die Arbeiter. Während einfache Arbeiten wie Bedienung und Sauberhalten der Laternen weiterhin von Laternenwärtern verrichtet wurden, übernahmen jetzt zusätzlich besonders ausgebildete Laternenschlosser die technische Betreuung der Laternen. Die Arbeit der Laternenwärter und -schlosser bestand in:

1. der rechtzeitigen und regelmäßigen Bedienung der Laternen zum Zünden und Löschen,
2. der Sauberhaltung der Scheiben, Glasmäntel usw. sowie des Inneren und Äußeren der Laternen,
3. der guten Einregulierung und Instandhaltung der Brenner,
4. dem rechtzeitigen Ersatz der Glühkörper, Zylinder, Scheiben und Brenner usw.
5. der Instandhaltung von etwa vorhandenen Zünduhren oder zentral bestätigten Fernzündern,
6. der Instandhaltung der Kandelaber, Wandarme und Straßenüberspannungen, Laternen usw. im äußeren Aussehen.[453]

Die Straßenbeleuchtung war nach einem so genannten „Brennkalender" geregelt, der jeweils vor Beginn des Kalenderjahres für die Stadt Oldenburg aufgestellt wurde. Der Berliner Brennkalender diente den Oldenburgern als Modell, allerdings wichen die Lösch- und Zündzeiten um 27 Minuten voneinander ab.[454] Der Brennkalender regelte die genauen Brennzeiten der Abend- und Nachtlaternen. Bestimmend waren nicht nur die Sommer- und die Winterzeit, sondern auch der Sonnenauf- und Sonnenuntergang sowie mondhelle und mondscheinlose Nächte. Bei Vollmond lag die Lichtstärke bei rund 0,5 Lux, war also ausreichend, um sicher an das Ziel zu gelangen. Bei der Erstellung des Brennkalenders war der vorausberechnete Mondschein Bestandteil der Kostenkalkulation der Gasanstalt und sorgte nicht selten für Verwirrung bei bedecktem Himmel.[455]

> Mit Bezug auf den mir heute überreichten Brennkalender [...] nach welchem der Magistrat voraussetzt, dass nicht lediglich nach den mondhellen Nächten des Brennkalenders, sondern nur an wirklichen mondhellen Nächten die Straßenlaternen gelöscht werden sollen, also beispielsweise, wenn es dem Mond nicht möglich ist, durch einen Wolkenschleier sein Licht auf die Stadt Oldenburg zu senden, dann die Laternen nach wie vor brennen müssen. Der Brennkalender kann also im allgemeinen keine Richtschnur für das Auslöschen der Strassenlaternen bilden.[456]

***131** Das Reinigen der Straßenlaternen wurde bis in die zweite Hälfte des 20. Jahrhunderts von Hand erledigt. EWE AG.*

452 Meyer: Der Außendienst, S. 126.
453 Ebd., S. 125.
454 Straßenbeleuchtung, Stromversorgungs A.G. Oldenburg-Ostfriesland, S. 58, StAO, Best. 262-1 A Nr. 6-150.
455 Heise: Lampenfieber, S. 8.
456 Noack an Licht- und Wasserwerke vom 18.6.1929, StAO, Best. 262-1 A Nr. 6-156.

Je nach Jahreszeit konnten sich die Brennzeiten alle paar Tage um 15 Minuten verschieben. Darüber hinaus gab es zahlreiche Sonderbestimmungen und individuelle Gestaltungsmöglichkeiten. In Abstimmung mit dem Gaswerk hatte sich der Laternenanzünder beim Löschen der Laternen auch an den aktuellen Wetterverhältnissen zu orientieren: „Wenn helleres Wetter herrscht, ist der Aufseher Krause beauftragt, das Gaswerk zu benachrichtigen, das Löschen der Laternen etwas früher vorzunehmen."[457]

Erster Weltkrieg als Zäsur

> Infolge des Kriegsausbruches stockte zunächst das ganze gewerbliche Leben infolge der starken Einziehungen zum Heeresdienst. Im übrigen machten die während der Zeit der Mobilmachung auftretenden Verkehrsschwierigkeiten den Bezug von Rohmaterialien, Werkzeugen und sonstigem gewerblichen Bedarf fast unmöglich. Erhebliche Betriebseinschränkungen, später zahlreiche Betriebseinstellungen waren die Folge. Einigen Industrien gelang es, nach Überwindung großer Schwierigkeiten allmählich wieder Fuß zu fassen und sich mit Geschicklichkeit den veränderten Verhältnissen anzupassen, wohingegen viele andere Betriebe [...] nicht wieder in Gang kamen.[458]

Mit diesen Worten beschrieb der Oldenburger Gewerbeinspektor die Folgen der Mobilmachung in Oldenburg, die den Auftakt für grundlegende Veränderungen im wirtschaftlichen und politischen Leben bildeten.

So zeigten sich schon wenige Monate nach Ausbruch des Krieges auch in den städtischen Licht- und Wasserwerken erhebliche Umstellungen. Wegen der Kohlen- und Petroleumknappheit wurden das Gas- und das Elektrizitätswerk wesentlich stärker beansprucht, so dass die beiden Betriebe vergrößert werden mussten.[459] Bemerkenswert ist vor allem die Umstellung der Personalstruktur im Gaswerk: Die Zahl der ungelernten Arbeiter verdreifachte sich und stieg auf 42, zugleich reduzierte sich die der Handwerker von 17 auf 10 Personen. Im Wasserwerk blieben von den 5 Arbeitern nur noch 3 übrig. Die geringsten Veränderungen gab es im Elektrizitätswerk: Die Zahl der Handwerker und der ungelernten Arbeiter blieb weitgehend konstant, von den Arbeitern wurden 6 zum Kriegsdienst eingezogen, so dass noch 9 Arbeiter verblieben. Insgesamt stieg in der Zeit von April 1914 bis April 1915 die Zahl der Arbeitskräfte in den drei Werken geringfügig von 96 auf 101 Personen.[460]

Im Verlauf des Krieges kam es durch Abordnungen zum Kriegsdienst zu weiteren Veränderungen beim Personal. Immer häufiger wurden erfahrene und eingearbeitete Angestellte und Arbeiter durch weibliche Hilfskräfte ersetzt, die auch im Betrieb arbeiten mussten. Darüber hinaus beschäftigte das Gaswerk auch Kriegsgefangene. Am 30. April 1917 waren in den drei Werken insgesamt 134 Personen beschäftigt, darunter 18 Frauen und 13 Gefangene.[461]

Wie im übrigen Deutschland war in Oldenburg die Begeisterung nach Ausbruch des Ersten Weltkrieges zunächst groß und wurde in zahlreichen Meldungen der Lokalpresse in den ersten Augusttagen des Jahres 1914 zum Ausdruck gebracht. Doch schon bald rückte die andere Seite der Medaille ins Bewusstsein der Bevölkerung, als die Kriegswirtschaft, die, wie auch die *Nachrichten* ab 1916 immer wieder meldeten, zur Zwangswirtschaft wurde. Viele Menschen glaubten wie die deutsche Heeresführung an einen „Blitzkrieg" und hofften, dass der Krieg nicht lange dauern würde, insbesondere nachdem im August 1914 die ersten Siege deutscher Truppen gemeldet wurden. Gleichwohl stand bei den Oldenburger Politikern die Versorgung der Bevölkerung sofort nach Beginn des Krieges weit oben auf der Prioritätenliste. Bereits am

[457] Straßenbeleuchtung Stromversorgungs A.G. Oldenburg-Ostfriesland, S. 58, StAO, Best. 262-1 A Nr. 6-150.
[458] Bericht der Gewerbeinspektion, Oldenburg 1914-1918, S. 3f., StAO, Best. 136 Nr. 9348.
[459] Ebd., S. 13.
[460] Geschäftsbericht des städtischen Gaswerks 1913/14 und 1914/15, StAO, Best. 262-1 A Nr. 2378.
[461] Geschäftsbericht des städtischen Gaswerks 1916/17, StAO, Best. 262-1 A Nr. 2369.

11. August verhandelten der Oldenburger Magistrat, Gesamtstadtrat und Stadtrat über die „städtischen Maßnahmen infolge des Kriegszustandes". Es wurden insgesamt 440.000 Mark Soforthilfe bewilligt, über deren Verwendung in vertraulicher Sitzung entschieden werden sollte. Zu den vorgeschlagenen Maßnahmen gehörten die Versorgung mit Nahrungsmitteln, die Unterstützung von Familien der zum Heeresdienst eingezogenen Männer, die Fortsetzung einer angemessenen Vergütung der städtischen Angestellten und Arbeiter sowie die Anstellung von Hilfskräften in der Verwaltung, in Schulen und in den städtischen Werken.[462]

132 Appell an die Frauen, sparsam mit Lebensmitteln und Energie umzugehen, in: Jahrbuch des Bundes Deutscher Frauenvereine für 1916, S. 143.

Die große Not trat jedoch schneller ein als erwartet, weil für Lebensmittelvorräte und Güter des zivilen Bedarfs kaum gesorgt worden war, so dass schon bald ein erbitterter Verteilungskampf begann. Selbst im Agrarland Oldenburg zeigten sich schon kurz nach Kriegsausbruch Engpässe in der Lebensmittelversorgung, so dass der Gesamtstadtrat bereits 1916 für die Beschaffung von Nahrungsmitteln zur Versorgung der Stadt Oldenburg 300.000 Mark nachbewilligen ließ.[463] Die Behörden legten Höchstpreise fest, viele Betriebe organisierten für ihre Mitarbeiter Lebensmittel, es wurden Einkaufsgesellschaften gegründet und Güter beschlagnahmt. Doch das Wenige wurde für die meisten Menschen immer knapper. Die Devise lautete: Rationierung. Zunächst wurde die Brotkarte eingeführt, dann die Fleischkarte und schließlich gab es Karten für fast alles.[464]

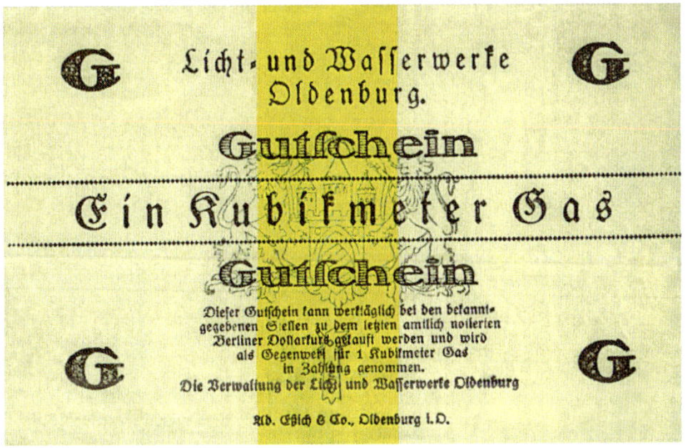

133 Gutschein für „Ein Kubikmeter Gas", ausgestellt von den Licht- und Wasserwerken Oldenburg, um 1920. Stadtmuseum Oldenburg.

Zur selben Zeit wurde die Arbeit in den Fabriken aber auch immer anstrengender. Hauptsächlich wegen der Verlängerung der täglichen Arbeitszeit und der Einführung der Nachtschicht für Arbeiterinnen und jugendliche Arbeiter. Dadurch ließen die Widerstandskräfte nach und viele Menschen erkrankten an der seit 1915 grassierenden Grippeepidemie.[465]

Die Entwicklung der Löhne stand nach dem Ausbruch des Ersten Weltkrieges zunächst ganz im Zeichen der wachsenden Nachfrage nach Arbeitskräften. Selbst die Vergütungen der Frauen, jugendlichen Arbeitskräfte und älteren Männer lagen schon 1916 etwa 30 bis 40 Prozent über der Höhe der Vorkriegslöhne. Im Verlauf des Krieges rechtfertigte dann die

[462] Gemeinde-Blatt 61, 1914, S. 139f.
[463] Sitzung vom 28.4.1916, in: Gemeinde-Blatt 63, 1916, S. 54.
[464] Nachrichten, 1914-1918, Auswertung durch die Verf.
[465] Bericht der Gewerbeinspektion Oldenburg 1914-1918, S. 43f., StAO, Best. 136 Nr. 9348.

ständige Steigerung der Lebenshaltungskosten der Arbeiter eine Erhöhung der Lohnansprüche. Am Ende des Krieges erzielten sie vielfach den doppelten und dreifachen Wert, je nach der Art der Beschäftigung und des Gewerbes. „Dabei wurden Arbeiterinnen und jugendlichen Arbeitern, sofern sie die gleiche Arbeitsleistung verrichteten, auch annähernd die gleichen Löhne wie männlichen Arbeitern gezahlt", bemerkte der Gewerbeinspektor in seinem Jahresbericht.[466]

In der Tat war die ursprüngliche Diskrepanz zwischen den Frauen- und Männerlöhnen gegen Ende des Krieges nicht mehr so gravierend, doch nach wie vor war die Grundforderung der Arbeiterbewegung „gleicher Lohn für gleiche Arbeit" bei Weitem noch nicht erreicht, wie beispielsweise ein Artikel in den *Nachrichten* belegt:

> Eine Lohnerhöhung von täglich einer Mark erhalten vom kommenden Sonntag an die in den Artilleriewerksstätten beschäftigten Arbeiter und Arbeiterinnen. Letztere hatten sich kürzlich durch eine Abordnung an ihre vorgesetzte Behörde gewandt und um Lohnerhöhung gebeten, die ihnen jetzt restlos gewährt wurde. Ihre Tageseinnahme steigt dadurch auf rund 7 M für die männlichen und 6 M für die weiblichen Arbeiter. An Sonntagen erhalten sie 10 bzw. 9 M. Ein Unterschied in dem Alter wird nicht gemacht.[467]

Die Löhne für Frauen und Männer unterschieden sich auch im Gaswerk. Während ungelernte Arbeiter 0,75 Mark Stundenlohn erhielten, bekamen ungelernte Arbeiterinnen nur 0,70 Mark.[468] Trotz steigender Löhne im Verlauf des Ersten Weltkriegs konnten bereits im ersten Kriegsjahr die Löhne kaum noch Schritt halten mit der Steigerung der Lebenshaltungskosten. Doch die Menschen mussten sich nach und nach an weitere Preissteigerungen für sämtlich Lebens- und Gebrauchsmittel gewöhnen, so dass sich nur noch bei ganz außerordentlichen und unerhörten Preisforderungen Empörung und Verbitterung bemerkbar machten. Gegen Ende des Krieges wurden schließlich Preissteigerungen registriert, wie sie kein Mensch je für möglich gehalten hätte. Nach Aussage eines Zentrumsabgeordneten im preußischen Abgeordnetenhaus, die auch in der Oldenburger Presse verbreitet wurde, betrug die Steigerung für Nahrungsmittel gegenüber der Vorkriegszeit:

> Milch 178 Prozent, Kartoffeln 173 Prozent, Brot 46 Prozent, Fett 357 Prozent, Margarine 233 Prozent, Butter 333 Prozent, Gemüse 400 bis 600 Prozent; für Kleidung usw.: Schuhe 566 bis 600 Prozent, Stoffe (Chiffon) 2263 Prozent, Herrenstoffe (Cheviot) 1185 Prozent, Damenstoffe (Cheviot) 1288 Prozent, Satin 1900 Prozent, Bettwäsche 2066 Prozent, Hemden 615 Prozent, Garn 900 Prozent usw.[469]

Die Privatwirtschaft wie auch die staatlichen und die kommunalen Behörden und Institutionen beschritten verschiedene Wege, um auf die gestiegenen Lebenshaltungskosten zu reagieren. Während die Oldenburger Privatbetriebe die Kriegsteuerung durch Lohnerhöhungen auszugleichen suchten, gewährten die kommunalen und staatlichen Regierungen ihren Beschäftigten nach langem Zögern neben Lohnerhöhungen auch Kriegszulagen. In den städtischen Betrieben erhielten die Beamten, Angestellten und Arbeiter vom 1. Oktober 1916 an eine Teuerungszulage.[470] Eine einheitliche Regelung für alle städtische Beamte, Lehrer, Angestellte und Arbeiter trat nach einem Beschluss des Stadtrats vom 18. Dezember 1917 in Kraft. Die Höhe der Kriegsteuerungszulage war in drei Besoldungsstufen gestaffelt und richtete sich nach der Größe der Familie.[471] Im Februar 1918 gewährte der Stadtrat erneut eine einmalige außerordentliche Inflations- und Kinderzulage. Danach erhielten ledige Arbeiter 150 Mark, verheirateten Männern standen jedoch 200 Mark und für jedes Kind weitere 20 Mark zu.[472] Weil die verheirateten Männer stärker von der Teuerungszulage profitierten, fühlten sich die allein stehenden Arbeiter benach-

466 Ebd., S. 45f.
467 Nachrichten, Nr. 50, 20.2.1918.
468 Wichmann an Tappenbeck vom 24.4.1918, StAO, Best. 262-1 A Nr. 2361 A.
469 Nachrichten, Nr. 175, 30.6.1918.
470 Geschäftsbericht des städtischen Gaswerks 1916/17, StAO, Best. 262-1 A Nr. 2369.
471 Tappenbeck an Gesamtstadtrat und Stadtrat vom 8.6.1918, StAO, Best. 262-1 A Nr. 2361 A.
472 Magistratssitzung vom 7.2.1918, in: Nachrichten, Nr. 38, 8.2.1918.

teiligt und forderten eine Bezahlung nach dem Grundsatz gleicher Lohn für gleiche Arbeit.[473] Während die Landesregierung einer Änderung des Lohnsystems nicht zustimmte, lenkte der Stadtmagistrat schließlich ein. In seiner Sitzung am 9. Juli 1918 begründete er seinen Entschluss wie folgt:

> Nach den vom Stadtrat beschlossenen bisherigen Bestimmungen wird den städtischen Beamten usw. eine Kriegszulage gewährt, deren Höhe in drei Besoldungsklassen abgestuft ist und sich im übrigen nach der Größe der Familie richtet. Die städtische Arbeiterschaft hat sich nun aber seit längerem auf den Standpunkt gestellt, daß sie lieber auf Kriegszulagen unter der Berücksichtigung des Familienstandes verzichten will und statt dessen eine allgemeine gleichmäßige Lohnaufbesserung wünscht. Sie hält es für richtiger, daß gleiche Arbeit mit gleichem Lohne vergütet wird, und wünscht nicht, daß die kinderreichen Familien durch besondere Kriegszulagen gegenüber den alleinstehenden Arbeitern bevorzugt werden. Diese Wünsche sollen jetzt erfüllt werden durch Schaffung einer Lohnordnung. Die Sätze der neuen Lohnordnung schließen sich im ganzen den hier in der Privatindustrie gezahlten Löhnen an.[474]

Um soziale Härten für Arbeiter mit mehreren Kindern zu vermeiden, setzte sich der Arbeiterausschuss der Licht- und Wasserwerke dafür ein, dass diese Familien für die Dauer des Krieges eine Ausgleichszahlung erhielten, denn sonst hätten sie erhebliche Lohneinbußen in Kauf nehmen müssen.[475] Nach diesen Lohnaufbesserungen sah der Direktor der städtischen Werke die Löhne der Arbeiter allerdings „in einem ungesunden Verhältnis zu den Vergütungen und Gehältern der Beamten".[476]

Die Tabelle zeigt den Vergleich der Jahreslöhne und -Gehälter zwischen den Arbeitern und den Beamten in den städtischen Licht- und Wasserwerken.[477]

Arbeiterlöhne	1918	Beamtengehälter	1918
Gelernte Arbeiter (Handwerker)	3 000 Mark	Betriebsassistent	3 300 Mark
Angelernte Arbeiter Ofenhaus-Vorarbeiter	3 280 Mark	Buchhalter I	2 820 Mark
Ofenarbeiter 10-Std.-Schicht	3 150 Mark	Buchhalter II	3 400 Mark
Ofenarbeiter 8-Std.-Schicht	2 900 Mark	Gasmeister	3 800 Mark
Maschinisten und Heizer	3 000 Mark	Maschinen	3 500 Mark
Maschinenwärter	2 800 Mark	Kassenassistent	2 676 Mark
Ungelernte Arbeiter	2 250 Mark	Bürogehilfen	bis 1 500 Mark
Ungelernte Arbeiterinnen	2 100 Mark		

Die Beamten und Angestellten der Licht- und Wasserwerke hatten sich dem Gesuch der Arbeiter, die Teuerungszulage abzuschaffen, nicht angeschlossen und bezogen folglich weiterhin Kriegsteuerungszulagen. Zusätzlich erhielten sie auf Beschluss des Gesamtstadtrats und des Stadtrats vom September 1918 nach dem Vorbild der Regelung des Staatsministeriums für staatliche Beamte, Angestellte und Arbeiter, einen Vorschuss in Höhe des Diensteinkommens einschließlich der Kriegs- oder Teuerungszulage. Ausdrücklich ausgenommen von dieser Regelung wurden die Arbeiter der Licht- und Wasserwerke,

473 Protokoll des Arbeiterausschusses der Licht- und Wasserwerke vom 24.12.1917, StAO, Best. 262-1 A Nr. 2361 A.

474 Städtische Kollegien, in: Nachrichten, Nr. 186, 11.7.1918.

475 Wichmann an Tappenbeck vom 24.4.1918, StAO, Best. 262-1 A Nr. 2361 A; ferner: Protokoll der Sitzung des Arbeiterausschusses vom 4.5.1918, ebd.. Eine Ausgleichszahlung erhielten 11 Arbeiter.

476 Wichmann an Tappenbeck vom 24.4.1918, StAO, Best. 262-1 A Nr. 2361 A; ferner: Städtische Kollegien, in: Nachrichten, Nr. 38, 8.2.1918: Die Vergütung eines promovierten Lehrers an der städtischen Oberrealschule in Oldenburg betrug 2 950 Mark plus 420 Mark Kriegsteuerungszulage.

477 Wichmann an Tappenbeck vom 24.4.1918, StAO, Best. 262-1 A Nr. 2361 A.

weil sie auf eigenen Wunsch auf die Bewilligung einer fortlaufenden Kriegszulage zu Gunsten entsprechender Lohnerhöhungen verzichtet hatten.[478] Als der Arbeiterausschuss Kenntnis von der Einmalzahlung für Angestellte und Beamte in Höhe eines Monatslohns erhielt, beantragte er nun auch eine Zulage „weil die Arbeiter ebenfalls unter der Teuerung zu leiden haben". Der Antrag wurde jedoch abgelehnt.[479]

Sinkende Reallöhne, die völlig unzureichende Lebensmittelversorgung und die kräftezehrende Arbeit sorgten insbesondere im letzten Kriegsjahr in der Arbeiterschaft der städtischen Licht- und Wasserwerke für lebhafte Diskussionen über höhere Lohnforderungen. Die Lasten des Alltagslebens wurden offenbar als so unerträglich empfunden, dass auch in den städtischen Werken über Streik gesprochen wurde. Der Direktor der Licht- und Wasserwerke zeigte sich zunehmend besorgt über die innerbetriebliche Entwicklung. Auf seine Frage „ob es möglich sei, die Betriebe im Falle eines Streiks der Arbeiter aufrecht zu erhalten", hatten ihm zwar die Meister und Betriebsassistenten versichert, dass dies gewährleistet werden könne, Wichmann warnte jedoch im April 1918 den Oberbürgermeister und mutmaßte, dass der Betrieb nur mit Hilfe von Soldaten aufrecht zu erhalten sei.[480]

Zu einem Ausstand gegen Kriegsende ist es in den städtischen Werken nach den vorliegenden Quellen nicht gekommen. Nicht zuletzt deshalb, weil der Arbeiterausschuss, dessen Position sich durch das „Hilfsdienstgesetz" gefestigt hatte, vermittelnd in die sich verschärfende Auseinandersetzung zwischen den städtischen Arbeitern und dem Stadtmagistrat eingriff. Der Arbeiterausschuss avancierte zum Sprachrohr der Arbeiterschaft und führte die Verhandlungen über die Lohn- und Arbeitsbedingungen mit der Licht- und Wasserkomission.

Entwicklung in der Weimarer Republik

Am 11. November 1918 wurde zwischen dem Deutschen Reich und den Alliierten der Waffenstillstand unterzeichnet.[481] Für die Mehrheit der Oldenburger Bevölkerung wirkte sich die militärische Niederlage in erster Linie in einer schwindelerregenden Erhöhung der Lebenshaltungskosten und der anhaltenden Knappheit an Gütern des täglichen Bedarfs aus. Eine zeitgenössische Einschätzung der wirtschaftlichen und sozialen Verhältnisse in Oldenburg in der Nachkriegszeit ist im Jahresbericht der Gewerbeinspektion für 1919 überliefert:

> Die Arbeitslöhne erfuhren im Berichtsjahre in den einzelnen Gewerbezweigen bereits recht erhebliche, zum Teil sprunghafte Erhöhungen, was mit der Schwierigkeit der wirtschaftlichen Verhältnisse eng zusammenhängt. In dem Masse, wie die Mark entwertet wurde und Nahrungsmittel, wie auch sonstige Gegenstände des täglichen Bedarfs, sprunghaft im Preise in die Höhe gingen, mussten natürlicherweise die Löhne folgen, um der Arbeiterschaft ein Auskommen zu ermöglichen. Dabei ging es zum Teil nicht ohne sehr scharfe Lohnkämpfe ab, wie die schon erwähnten Arbeitsniederlegungen zeigen. Das ganze Berichtsjahr war in dieser Hinsicht ein dauerndes Kampfjahr.[482]

Die Lage auf dem Arbeitsmarkt verbesserte sich leicht im Laufe des Sommers 1919, was zum einen auf die Verkürzung der täglichen Arbeitszeit auf acht Stunden[483] zurückzuführen war und zum anderen auf die verstärkte Nachfrage nach gewerblichen Gütern aus dem In- und Ausland. Insbesondere der Wertverlust der deutschen Reichsmark hatte ein zunehmendes Kaufinteresse aus dem Ausland zur Folge und führte vorübergehend zu einem Wirtschaftswachstum und einem erhöhten Bedarf an Arbeitskräften.[484] Doch die Inflation, die bereits im Krieg eingesetzt

---

478 Tappenbeck an Gesamtstadtrat und Stadtrat vom 1.9.1918, ebd.

479 Arbeiterausschuss an Verwaltung der städtischen Licht- und Wasserwerke vom 1.9.1918, ebd.; sowie: Wichmann an Tappenbeck vom 12.9.1918, ebd.

480 Wichmann an Tappenbeck vom 24.4.1918, ebd.

481 Vgl. Schneider, Michael: Höhen, Krisen und Tiefen. Die Gewerkschaften in der Weimarer Republik 1918 bis 1933, in: Borsdorf, Ulrich (Hg.): Geschichte der deutschen Gewerkschaften von den Anfängen bis 1945, Köln 1987, S. 284f.

482 Jahresbericht der Gewerbeinspektion für 1919, Oldenburg 1920, S. 30ff, StAO, Best. 136 Nr. 9348.

483 Nach der Arbeitszeitverordnung für Arbeiter vom 23.11.1918 und für Angestellte vom 18.3.1919. Vgl. Aufruf des Rates der Volksbeauftragten an das deutsche Volk vom 12. November 1918, in: RGBl. 1918, Nr. 153; ferner: vgl. Schneider: Höhen, Krisen und Tiefen, S. 301.

484 Jahresbericht der Gewerbeinspektion für 1919, S. 14f., StAO, Best. 136 Nr. 9348.

hatte, beschleunigte sich und verschlimmerte die soziale Lage der Bevölkerung von Tag zu Tag. Die Löhne hielten der Preisentwicklung nicht stand und die zahlreichen Streiks – im ehemaligen Herzogtum waren es 33 an der Zahl – brachten keine wirkliche Wende. In den meisten Fällen erreichte aber die Arbeiterschaft mit der Unterstützung von Schlichtungsausschüssen die Durchsetzung ihrer Lohnforderungen. So konnten auch die Arbeiter einer Gasanstalt nach einem achttägigen Streik durch Verhandlungen ihre gestellten Forderungen durchsetzen.[485] Aber nicht allein mangelnde Organisationsfähigkeit, Rohstoffknappheit oder unzureichende Transportkapazitäten führten dazu, dass nicht genügend Lebensmittel, Kleider und Schuhe für alle Not leidenden Menschen zur Verfügung standen. Hinzu kam, dass zahlreiche Güter nur noch auf dem Schwarzmarkt gehandelt oder in den Geschäften zurückgehalten wurden, um höhere Preise zu erzielen.[486]

134 *Reichsbanknote im Wert von Fünfzig Millionen Mark, gültig ab 1. September 1923. Der Wertverlust der deutschen Reichsmark erreichte 1923 schwindelerregende Höhen. Stadtmuseum Oldenburg.*

Nach dem Krieg hatten besonders das Gas- und Elektrizitätswerk unter großen Problemen zu leiden. Abgaben an die Siegerstaaten, Streiks und desolate Eisenbahnverbindungen verhinderten Kohlenlieferungen aus dem Ruhrgebiet, so dass die Kohlenvorräte der Gaswerke zeitweise nur noch für wenige Tage reichten.[487] Der Brennstoffmangel führte dazu, dass entweder die Brennzeiten der Straßenlaternen verringert oder sogar tagelange Sperrzeiten verhängt wurden.[488] Im Winter lag Oldenburg ab Mitternacht oft im Dunkeln. Zu dieser Zeit wurden die Abendlaternen gelöscht, und um Kohlen zu sparen, verzichtete man auf das Anzünden der Nachtlaternen. Die Einschränkung traf auch die privaten Haushalte. Nach einer Bekanntmachung des Stadtmagistrats vom 22. Oktober 1919 war es bei hohen Strafen verboten, Gas und Strom in der Zeit von 23.30 Uhr bis 5.00 Uhr morgens zu entnehmen. Dies Verbot wurde jedoch vielfach missachtet.[489] Die Oldenburger Bevölkerung reagierte auf die Gas- und Stromsperren teils verständnisvoll, teils verärgert. Besonders benachteiligt fühlten sich Gaskunden, weil die Gassperre länger andauerte als die Stromsperre. In Leserbriefen machten sie ihren Unmut öffentlich:

> Bekanntlich sind die Einschränkungen der Gasbeleuchtung besonders hart, während sie bei der elektrischen Beleuchtung milder sind. Das deutet darauf hin, dass der Gasmangel größer ist als der Strommangel. Dann aber ist es nicht verständlich, weshalb es verboten ist, in Wohnungen, die schon Gasbeleuchtung haben, elektrische Beleuchtung anzulegen. Es sollte doch im Gegenteil die Einführung von elektrischen Beleuchtungsanlagen gefördert werden, denn dadurch würde die Gasanstalt entlastet, und es würde ein billiger Ausgleich zwischen den beiden Beleuchtungsarten stattfinden, der es verhütet, daß der eine Teil besser versorgt wird als der andere.[490]

Von einer Ungleichbehandlung der Gas- und Stromkunden ist auch im folgenden Leserbrief die Rede:

> Wir, die nur Gas in der Wohnung haben, sitzen abends Punkt 9 Uhr vollkommen im Dunkeln. Die Inhaber aber von elektrischem Licht können bis ½ 12 Uhr nachts brennen. Wer irgend einen Raum nach hinten hat, brennt dann die ganze Nacht durch. Warum kann es nicht geteilt geben, in dem Gas- und elektrisches

485 Ebd., S. 30ff.
486 Vgl. Nistal: Oldenburg wird moderne Hauptstadt, S. 306.
487 Kohlegesetz, in: Nachrichten, Nr. 5, 6.1.1920.
488 Wichmann an Tappenbeck vom 26.8.1919, StAO, Best. 262-1 A Nr. 6-156.
489 Die Sperrstunden für Strom beachten, in: Nachrichten, Nr. 26, 27.1.1920.
490 Zur Beleuchtungsfrage, in: Nachrichten, Nr. 34, 4.2.1920.

Licht um ½ 11 Uhr abgedreht werden, dann wird keine Verbitterung unter den Bewohnern der Stadt entstehen.[491]

Zeitgenossen aus der Gasbranche fürchteten zu Recht, dass aufgrund der erheblichen Schwierigkeiten auf dem Gasmarkt immer mehr Kunden zu den Elektrizitätsgesellschaften wechseln würden. Franz Schäfer, Oberingenieur bei der Deutschen Continental-Gasgesellschaft in Dessau, führte die Entwicklung jedoch nicht allein auf den Kohlenmangel zurück, sondern auch auf die desolaten Betriebseinrichtungen, die Unfallhäufigkeit in den Gaswerken sowie auf den Verlust der häuslichen Beleuchtung wegen der Sperrstunden. Ein besonderes Ärgernis bei den Privatkunden hätten jedoch die Münzgasmesser hervorgerufen, die wegen der ständigen Preisänderung während der Inflation unbenutzbar geworden wären. Die Absatzverluste in den Gaswerken würden sich, so die Überlegung Schäfers, durch die Zunahme elektrischer Straßenbeleuchtung und umfassender Einführung des Elektromotors in den Gewerbebetrieben weiter verstärken. Zudem seien die Gaspreise weit höher gestiegen als die Strompreise. Schäfer sah die Zukunft des Gasgeschäfts hauptsächlich in der Wärmelieferung.[492]

Die Befürchtungen erwiesen sich als begründet, trotzdem reagierte die Gasindustrie zunächst kaum auf die Krise im Gasgeschäft. Erst nach der Inflation führten Innovationen bei der Gasproduktion und bei den Gasgeräten zu einer Absatzsteigerung und die Gaswerke wieder in die Gewinnzone. Diese Entwicklung ließ sich auch im Oldenburger Gaswerk beobachten. Vor dem Hintergrund wirtschaftspolitischer Ereignisse in der Weimarer Zeit beschrieb der Gaswerksdirektor Wichmann 1927 die Folgen für das Oldenburger Gaswerk:

Die durch die Sparverordnungen des Reichskommissars für die Kohlenverteilung erzwungenen Sperrstunden, die schlechte wirtschaftliche Lage der Masse der Bevölkerung und nicht zuletzt die Ausbreitung der Elektrizität brachten es mit sich, daß der Gasverbrauch in den Inflationsjahren ganz erheblich zurückging. Der tiefste Stand war im Jahre 1923/24 mit 2.953.060 cbm zu verzeichnen. [Das entsprach in etwa der Gasproduktion im ersten Betriebsjahr 1901/02, d. Verf.] Die Stabilisierung der Währung und die wiedererstarkende Kaufkraft der Bevölkerung in Verbindung mit reger Werbung wirkte sich auch beim Gaswerk durch Wiederansteigen des Gasabsatzes aus.[493]

135 *Ansicht vom städtischen Gaswerk, um 1927, in: Die Landeshauptstadt Oldenburg, 1927, S. 87.*

Das Ende des Ersten Weltkrieges führte auf dem Energiesektor zu einer grundlegenden Umgestaltung. Die Elektrizität drang in sämtliche traditionelle Bereiche des Gassektors ein: Beleuchtung, Kraft und Wärme. Während die Innenbeleuchtung bereits in den 1920er Jahren ganz an die Elektrizität verloren ging, konnte sich die Straßenbeleuchtung mit Gas über weitere Jahrzehnte behaupten. Vor Ausbruch des Ersten Weltkriegs gab es in der Stadt Oldenburg insgesamt 1 367 Gaslaternen und 57 elektrische Bogenlampen.[494]

Die Gesamtzahl der Straßenlaternen änderte sich in den folgenden Jahrzehnten kaum, lediglich das Verhältnis zwischen dem Gas- und dem elektrischen Licht. Im Winter 1929 brannten im Oldenburger Stadtgebiet 1 260 Gas- und 115 elek-

[491] Ebd.
[492] Zit. nach: Körting: Geschichte der deutschen Gasindustrie, S. 422.
[493] Wichmann: Das städtische Gaswerk, S. 87f.
[494] Geschäftsbericht des städtischen Gaswerks 1912/13, S. 2 und S. 15.

trische Laternen.[495] Im Verlauf der 1930er Jahre, nach der Umstrukturierung der städtischen Energieversorgung, nahm die Zahl der elektrischen Straßenlaternen weiterhin zu, während gleichzeitig die Zahl der Gaslaternen leicht sank: 1937 waren in Oldenburg 1 220 Gas- und 671 elektrische Laternen installiert. Mit Gas wurden 113 Straßenkilometer beleuchtet, mit Strom hingegen 69 Kilometer.[496] Das endgültige Aus für die Gasbeleuchtung erfolgte erst nach der Umstellung von Stadtgas auf Erdgas im Jahre 1960. Ein wichtiges Absatzgebiet behielt das Gaswerk im häuslichen Bereich mit der Abgabe von Koch- und Heizgas. Allerdings eroberte die Elektrizität auch auf diesem Sektor rasch wesentliche Marktanteile. Doch zu einem vollständigen Verdrängungsprozess wie bei der Beleuchtung kam es nicht. Der Bereich Kochen und Heizen gehört auch heute noch zu den wichtigsten Segmenten der Gasindustrie.

135a *Das Oldenburger Gaswerk nach der Modernisierung 1949/50. Stadtmuseum Oldenburg.*

495 Noack an Strom AG vom 20.5.1937, StAO, Best. 262-1 A Nr. 6-155.
496 Deutscher Gemeindetag, Fragebogen über Straßenbeleuchtung vom 14.1.1938, StAO, Best. 262-1 A Nr. 6-157.

Elektrizität

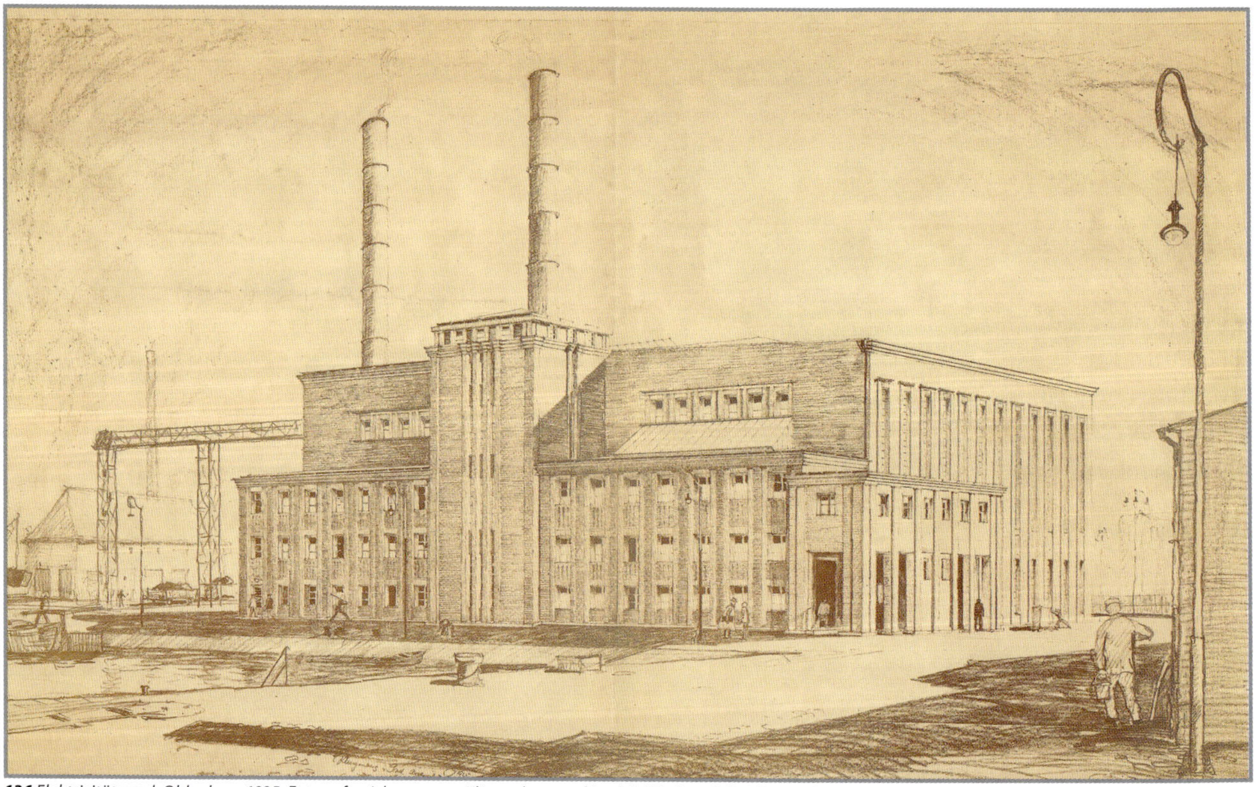

136 *Elektrizitätswerk Oldenburg 1925. Entwurfszeichnung von Klingenberg und Issel. StAO, Best. 262-1 Nr. 441 P.*

Der Aufbruch Oldenburgs ins Elektrizitätszeitalter

Die Pioniere

Die Erfindung der Elektrizität und die Anwendung dieser bahnbrechenden Schlüsseltechnologie, die gegen Ende des 19. Jahrhunderts ihren Anfang nahm, eroberte schnell nahezu alle Lebensbereiche und führte zu einem radikalen Wandel der Gesellschaft. Die Geschwindigkeit, mit der sich die Elektrizität in den Ländern Europas und Nordamerikas ausbreitete, bestimmte den Modernisierungsprozess der Industrie in dem jeweiligen Land. In Deutschland begann diese Entwicklung in den 1880er Jahren. Ebenso wie die Industrie und das Handwerk, die vor allem durch die Entwicklung des Elektromotors vorangetrieben wurden, revolutionierte die Elektrizität auch das Alltagsleben. So wurden etwa im Haushalt die wichtigsten Funktionen, wie Kochen, Heizen, Beleuchtung und Reinigung, elektrifiziert.[1]

Die Elektrizität mit ihren vielfältigen Anwendungsmöglichkeiten wurde von den Zeitgenossen als *das* Medium für die Umgestaltung der modernen Lebensverhältnisse angesehen, Elektrizität und Modernität galten als Synonyme. Viele Menschen brachten damals die neue Energieform nicht in Verbindung mit den negativen Kennzeichen, die mit der industriellen Revolution verknüpft waren, sondern sahen sie als „elektrische Fee" an, die Sauberkeit, Hygiene, Kraftersparnis und Geschwindigkeit versprach.[2]

Im ausgehenden 18. Jahrhundert und in der ersten Hälfte des 19. Jahrhunderts schritt die Entwicklung der Elektrotechnik besonders drastisch voran. Diese Pionierzeit setzte Meilensteine auf dem Weg zum praktischen Einsatz der Elektrizität: Nach der Erfindung der Voltaschen Säule 1799, der ersten Quelle für Gleichstrom, stellte Thomas Christian Oerstedt 1820 den Zusammenhang zwischen Magnetismus und Elektrizität her. Oerstedts Entdeckungen wurden von dem französischen Physiker André Marie Ampère und dem Engländer Michael Faraday weiterentwickelt. 1826 begründete der deutsche Physiker Georg Simon Ohm sein Gesetz, 1831 entdeckte Faraday das Induktionsgesetz und 1833 stellte er die Elektrolyse vor. In Berlin gründeten Siemens & Halske 1847 ihr Werk für Telegrafentechnik. 1850 wurde das erste internationale Telegrafenkabel zwischen Dover und Calais gelegt. Mit Hilfe elektrischer Datenübertragung war nun annähernd ohne Zeitverlust Kommunikation über große Distanzen möglich. 1866 gelang Werner von Siemens mit der Entdeckung des dynamoelektrischen Prinzips der entscheidende Schritt, um mechanische in elektrische Energie zu verwandeln. Damit wurde der Durchbruch des elektrotechnischen Zeitalters eingeleitet.[3] Die großen Erkenntnissprünge basierten im Wesentlichen auf Entwicklungen verschiedener Techniken zur Messung physikalischer Größen, die ersten Messinstrumente für Elektrizität entstanden um 1745.[4] Von ebenso großer Bedeutung waren auch Erfindungen wie Gleichstrom, Wechselstrom, Transformatoren, Telegrafie, Telefon, Fotografie, Spektroskopie etc. Sie legten den Grundstein

[1] Metz, Karl Heinz: Ursprünge der Zukunft. Die Geschichte der Technik in der westlichen Zivilisation, Paderborn 2006, S. 230f.; ferner: Herzig, Thomas: Wirtschaftsgeschichtliche Aspekte der deutschen Elektrizitätsversorgung 1880–1990, in: Fischer, Wolfram (Hg.): Die Geschichte der Stromversorgung, Frankfurt/M 1992, S. 123f.

[2] Osietzki, Maria: Die allegorischen Geschlechter der Energie, in: Spilker: Unbedingt modern sein, S. 12ff.; ferner: Schivelbusch: Lichtblicke, S. 76ff.

[3] Heering, Peter (Hg.): Welt erforschen – Welten konstruieren. Physikalische Experimentierkultur vom 16. bis zum 19. Jahrhundert (Schriftenreihe des Staatlichen Museums für Naturkunde und Vorgeschichte 6), Oldenburg 1998, S. 29ff.; Canby, Edward T.: Geschichte der Elektrizität, Lausanne 1963, S. 106ff.; Teichmann, Jürgen: Vom Bernstein zum Elektron. Eine Kurzgeschichte der Elektrizität, hg. vom Deutschen Museum, München 1983, S. 3ff.

[4] Teichmann: Vom Bernstein zum Elektron, S, 11ff.; Lührs, Otto: Elektrische Eleganz. Messtechnik im Wandel der Zeit, hg. vom Museum für Verkehr und Technik, Berlin 1996, S. 14ff.

für unser heutiges, hochtechnisiertes Zeitalter. Die Diskussion und Verbreitung der Forschungsergebnisse erfolgte nicht nur in Akademien, sondern bis weit ins 19. Jahrhundert hinein auch über Zeitungen und über Experimente vor Zuschauern auf Jahrmärkten, an fürstlichen Höfen und in den Salons des Bürgertums. Insbesondere der Salon avancierte zum Zentrum naturwissenschaftlicher Experimente und zog zugleich eine Flut von Zeitungsartikeln, Journalen und kleineren Schriften nach sich. Das öffentliche Interesse an neuen technischen Entwicklungen, verbunden mit dem Willen, zugleich auch über Fragen der Wissenschaft, Politik und Wirtschaft zu debattieren, war groß. Und so reisten Wissenschaftler, die ihr Salär von einer Akademie bezogen, ebenso wie Amateurwissenschaftler in Deutschland, England, Frankreich und in vielen anderen Ländern durch die Provinz, diskutierten Fragen der Zeit und demonstrierten die neuesten technischen Geräte.[5]

Zu den Aufsehen erregenden Experimenten der modernen Physik zählten die Elektrisiermaschine[6], die von Otto von Guericke aus Magdeburg 1663 entwickelt und später von anderen Wissenschaftlern verbessert wurde, sowie die Leydener Flasche[7], die 1745 unabhängig voneinander Ewald Jürgen von Kleist aus Pommern sowie Pieter van Musschenbroek aus Holland erfanden.

Unter den Forschern und Technikern zählte die Elektrizitätstechnik zum attraktivsten Experimentierfeld. Mit der Zunahme wissenschaftlicher Erkenntnisse stiegen auch die Anforderungen an die Wissenschaftler, die eigenen Beobachtungen und Forschungsergebnisse öffentlich zu machen. Demonstrationen und Vorträge auf Kongressen und in den Salons des Bildungsbürgertums reichten nicht mehr aus, um national wie international auf sich aufmerksam zu machen. Es entstand ein regelrechter Markt für naturwissenschaftliche Fachzeitschriften und Publikationen, die Zahl der Veröffentlichungen stieg im Verlauf des 19. Jahrhunderts drastisch an.[8]

137 Nachbau einer Scheiben- und Reibungs-Elektrisiermaschine, Erfindungen von Otto von Guericke (1602–1686). Institut für Physik, Universität Oldenburg.

1.2. Welt- und Landesausstellungen

Neben den Printmedien entwickelten sich die Weltausstellungen und die auf nationaler wie lokaler Ebene organisierten Industrie- und Gewerbeausstellungen zu den wichtigsten Foren für Naturwissenschaftler und Techniker. Diese Ausstellungen, die die neuesten wissenschaftlichen Erkenntnisse und technischen Erfindungen präsentierten, genossen sowohl unter Wissenschaftlern, Unternehmern und Handwerkern als auch in der breiten Öffentlichkeit eine hohe Wertschätzung. Die erste Weltausstellung wurde 1851 in London eröffnet. Sie war nicht nur die erste moderne, kommerzielle Massenveranstaltung, sondern sie dokumentierte zugleich auch die zunehmende wirtschaftliche Vernetzung.[9]

[5] Hochadel, Oliver: Öffentliche Wissenschaft. Elektrizität in der deutschen Aufklärung, Göttingen 2003, S. 187ff.

[6] Heering: Welt erforschen, S. 30f. Bei der Erfindung von Guericke handelt es sich um die erste Reibungs-Elektrisiermaschine in Gestalt einer drehbar gelagerten Schwefelkugel. Durch Reiben mit den Händen, begann die Kugel zu leuchten und zu knistern und unterschiedliche Federn, Papier, Gold- und Silberschnitzel anzuziehen bzw. abzustoßen. Auch später entwickelte Elektrisiermaschinen beruhten auf diesem Prinzip und bildeten die experimentelle Basis der Elektrizitätslehre.

[7] Ebd., S. 44.: Ewald Jürgen von Kleist beschrieb als erster die so genannte Verstärkungsflasche, die auch als Leydener oder als Kleistsche Flasche bezeichnet wurde. Ausgehend von der Idee, Wasser in einer gläsernen Flasche zu elektrisieren, wurde ein Nagel durch den Korken der Flasche gesteckt, der in das Wasser eintauchte. Kleist „führte die Flasche mit der Hand an den geladenen Konduktor einer Elektrisiermaschine, um durch den Funken das Wasser aufzuladen. Als er dann den Nagel mit der anderen Hand berührte, erhielt er zu seiner Überraschung einen Schlag." Entscheidend für den erfolgreichen Versuch war, „daß der Experimentierende beim Aufladen der Flasche auf dem Boden stand, also geerdet war."

[8] Daum, Andreas W.: Wissenschaftspopularisierung im 19. Jahrhundert. Bürgerliche Kultur, natur-wissenschaftliche Bildung und die deutsche Öffentlichkeit 1848–1914, München 1998, S. 244.

[9] Kretschmer, Winfried: Geschichte der Weltausstellungen, Frankfurt/M., New York 1999, S. 32ff.

Um 1880 begann der Aufschwung der Elektrizitätswirtschaft und der Elektroindustrie, was sich sogleich auch in den Weltausstellungen widerspiegelte. Die Hauptattraktion der Pariser Ausstellung von 1878 war die elektrische Bogenlampe, eine Erfindung von Pawel N. Jablotschkow aus Russland.[10] Aufsehen erregte im Jahre 1889 neben dem Eiffelturm vor allem das Edisonsche elektrische Beleuchtungssystem.

138 Großer Scheinwerfer für die Marine von Schuckert & Co, in: Das Buch der Erfindungen, Gewerbe und Industrie. Die Elektrizität, ihre Erzeugung und ihre Anwendung in Industrie und Gewerbe, Bd. 3., Leipzig 1897, S. 256.

In Chicago 1893 übten die vielfältigen Anwendungsgebiete der Elektrizität wie zum Beispiel die elektrische Hochbahn, das Transportband für Fußgänger oder der riesige Scheinwerfer, der aus den Schuckertwerken in Deutschland geliefert wurde, eine besondere Anziehungskraft auf die Besucher aus.[11] Der Politiker Friedrich Naumann berichtete begeistert von der Pariser Weltausstellung 1900:

> Wer die Wirksamkeit der Elektrizität auf der Ausstellung beschreiben will, muss einfach die ganze Ausstellung beschreiben, denn überall, überall glimmt der Funken. […] Die Illumination, der Fahrstuhl, das mechanische Theater, der Scheinwerfer, die Spinnmaschine, das Automobil, die Korkmaschine, die Milchzentrifuge – wo soll man anfangen und aufhören, wenn man von der Elektrizität reden will?[12]

139 Elektrische Ausstellung im Palais de l´Industrie zu Paris 1881, in: Das Buch der Erfindungen, Gewerbe und Industrie. Die Erfindungen der neuesten Zeit, Leipzig, Berlin 1883, S. 681.

Nicht weniger attraktiv als die Weltausstellungen waren die internationalen Fachausstellungen. Doch anders als bei den Weltausstellungen wandten die Initiatoren sich bei diesen kleineren Ausstellungen oder Industriemessen, wie sie fortan vielfach genannt wurden, einem speziellen Fachgebiet zu und konzentrierten sich stärker auf den europäischen Markt. In den Jahren zwischen 1881 und 1891 standen elektrotechnische Ausstellungen in der Gunst des Publikums obenan. In jenem Jahrzehnt wurde in glanzvollen Inszenierungen der Eintritt in das neue elektrische Zeitalter gefeiert. Dabei wurde besonders der internationale Charakter betont, denn durch die internationale Konkurrenz konnte die Elektroindustrie eines jeden Landes ihre Leistungsfähigkeit beweisen.[13] Den Auftakt bildete 1881 die „Internationale elektrische Ausstellung" in Paris. Diese Schau faszinierte und inspirierte Oskar von Miller, studierter Bauingenieur und Gründer des Deutschen Museums, so sehr, dass er kurze Zeit später in München eine „Internationale Elektricitäts-Ausstellung" organisierte.[14] Über die Pariser Ausstellung schwärmte er:

> Der Eindruck der Ausstellung war überwältigend. Die Beleuchtung übertraf jede Vorstellung. Die Edison-Glühlichter, die im

[10] Ebd., S. 114.
[11] Ebd., S. 121ff.
[12] Naumann, Friedrich: Ästhetische Schriften, hg. von Heinz Ladendorf, in: F. N.: Werke, hg. von Walter Uhsadel, Bd. 6, Köln, Opladen 1964, S. 407.
[13] Füßl, Wilhelm: Oskar von Miller 1855–1934. Eine Biographie, München 2005, S. 60.
[14] Ebd., S. 46ff.

Gewölbe des Saales und im Treppenhaus angebracht waren, strahlten wie Tausende von Sternen von der Decke, die Bogenlampen von Brush, Siemens und Hefner-Alteneck verbreiteten ein bis dahin unbekannt starkes Licht [...]. Alles dies erschien wunderbar und märchenhaft. Das allergrößte Aufsehen aber erregte doch eine Glühlampe von Edison, die man mit einem Schalter anzünden und auslöschen konnte, an welcher die Menschen zu Hunderten anstanden, um selbst diesen Schalter einmal bedienen zu können.[15]

140 Ansicht der Mittelpartie des Glaspalastes, Kupferstich, in: W. v. Beetz u.a.: Offizieller Bericht über die Internationale Elektrizitäts-Ausstellung im Glaspalast in München 1882, S. 15. Foto Deutsches Museum München.

Die Eröffnung der Münchner Ausstellung fand in den Abendstunden des 16. September 1882 im hell erleuchteten Glaspalast statt, „der sich von der schummrigen Gasbeleuchtung auf den Straßen strahlend abhob" und den Gästen einen Eindruck von den Vorzügen des elektrischen Lichts vermittelte. Millers Ziel war es, die Anwendung der Elektrizität für verschiedene Zwecke zu demonstrieren und publikumsorientiert zu inszenieren. Neben von Künstlern entworfenen Lichtinstallationen, die in verschiedenen Räumen des Glaspalastes präsentiert wurden, hatte Miller auch kleine Telefonkabinette eingerichtet, in denen Besucher, wie schon in Paris, via Telefon verschiedene Musikübertragungen aus drei Münchner Theaterhäusern verfolgen konnten. Das Publikum stand Schlange, um die Neuheit auszuprobieren. Die elektrische Straßenbeleuchtung auf dem Königsplatz sowie in den beiden angrenzenden Hauptstraßen, in der Arcis- und Briennerstraße, beeindruckte die Zeitgenossen nicht weniger.[16] Die Wirkungsgeschichte, so Wilhelm Füßl in seiner Biografie über Miller, basierte auf

> der angesprochenen Popularisierung der Elektrizität, die durch die Münchner Ausstellung entscheidend vorangetrieben wurde. [...] Man war fasziniert von der einfachen Bedienbarkeit, den vielfältigen Einsatzmöglichkeiten sowie dem rückstandsfreien Verbrennen von Energie und begeisterte sich für Elektrizität, ohne an technische Probleme oder Kosten zu denken.[17]

141 Beleuchtung des Königsplatzes durch Bogenlampen, Holzschnitt, Internationale Elektrizitäts-Ausstellung München 1882, in: La Lumière Électrique, Paris 1883, Bd. 10, S. 393. Foto Deutsches Museum München.

In den 1880er Jahren folgten kleinere und größere Ausstellungen in zahlreichen europäischen Großstädten, manchmal gleich drei innerhalb eines Jahres. Deutschland hatte einen wesentlichen Anteil an der Popularisierung der Elektrizität, wobei der elektrotechnischen Ausstellung in Frankfurt/M. im Jahre 1891 eine besondere Bedeutung zukam. Die technische Leitung der Ausstellung übernahm wiederum Oskar von Miller, die Konzeption orientierte sich wesentlich an der Münchner

[15] Zit. nach: Ziesak, Anne-Katrin: Am Vorabend des elektrischen Säkulum. Die Zeit der Ausstellungen 1882–1891, in: Spilker: Unbedingt modern sein, S. 26.
[16] Füßl: Oskar von Miller, S. 46ff.
[17] Ebd., S. 61.

Ausstellung zehn Jahre zuvor und richtete ihren Blick gleichermaßen auf die breite Öffentlichkeit und die Fachwelt. Während ihrer fünfmonatigen Dauer hatte die Ausstellung 1,2 Millionen Besucher angelockt.[18]

***142** Plakat zur Eröffnung der Frankfurter Ausstellung am 16. Mai 1891. „Aus der Finsterniss zum Licht!" Zeichnung von Prof. Kirchbach, in: Ausstellungszeitung der Internationalen Elektrotechnischen Ausstellung in Frankfurt/M. 1891.*

In der zeitgenössischen nationalen und internationalen Presse sowie beim Publikum erregte die Frankfurter Ausstellung besondere Aufmerksamkeit nicht zuletzt wegen einer technischen Neuerung, die den Durchbruch in der Anwendung der Elektrizität bedeutete: der Einführung des Wechselstroms und der technischen Verbesserung des Drehstrom-Transformators. In einem Experiment wurde publikumswirksam erstmals eine Hochspannungsübertragung über eine Strecke von rund 175 Kilometern zwischen dem Kraftwerk in Lauffen am Neckar und dem Frankfurter Ausstellungsgelände demonstriert. Die Hochspannungstechnik war zwar vorher bereits bekannt, allerdings mussten noch hohe Übertragungsverluste in Kauf genommen werden. In Frankfurt gelang es nun aufgrund verbesserter Techniken, die Verluste erheblich zu reduzieren. Für die Elektrotechnik war dies ein entscheidender Schritt, denn er eröffnete die Möglichkeit der weiträumigen Trennung von Kraftwerken und Verbrauchern. Der Bankier und Politiker Georg Siemens, ein Neffe des Erfinders Werner von Siemens, bezeichnete dieses Ereignis als „Bastillensturm der Elektrotechnik".[19]

***143** Kraftübertragung Lauffen-Frankfurt/M. 1891, Eingangsbogen umrahmt von 1000 Glühlampen. Foto Deutsches Technikmuseum Berlin.*

Auf der Abschlussveranstaltung in Frankfurt am 19. Oktober 1891 zog der Ausstellungsvorsitzende Leopold Sonnemann, der im Hauptberuf Herausgeber und Verleger der *Frankfurter Zeitung* war, folgendes Resümee:

> Während die drei ersten elektrischen Ausstellungen, die im Anfang des letzten Jahrzehnts stattgefunden haben, sich hauptsächlich mit den verschiedenen Arten der Lichterzeugung beschäftigten, hat diese Ausstellung ihren Werth und ihren Kern gefunden in der Uebertragung und Vertheilung der elektrischen Kraft, die erst in der allerneuesten Zeit so grosse Erfolge aufzuweisen hat, und auf welchem Gebiet erst in der allerneuesten Zeit so grosse Erfindungen gemacht worden sind. […] Nun endlich mit der Lauffener Kraftübertragung, diesem nach so grossen Mühen und so grossen Opfern zu Stande gekommenen Experiment, sind der elektrotechnischen Industrie neue Bahnen geöff-

[18] Ebd., S. 105ff.; ferner Ziesak: Am Vorabend des elektrischen Säkulum, S. 26ff.
[19] Radkau, Joachim: Technik in Deutschland. Vom 18. Jahrhundert bis zur Gegenwart, Frankfurt/M. 1989, S. 39.

net, neue Bahnen, deren Ende sich heute noch nicht absehen lässt. Das zeigt sich schon jetzt darin, dass, wo die Ausstellung noch nicht einmal geschlossen ist, wir von allen Seiten hören, dass Wasserkräfte angekauft und eine Reihe von Kraftübertragungen im In- und Ausland in Angriff genommen sind.[20]

144 Teilnehmer des Internationalen Elektrotechniker-Kongresses bei der Besichtigung des Drehstrom-Kraftwerks in Lauffen, in: Ausstellungszeitung der Internationalen Elektrotechnischen Ausstellung in Frankfurt/M. 1891.

Die Elektrizitätswirtschaft feierte den Erfolg der Lauffener Kraftübertragung 1891 als herausragende Ingenieursleistung, denn nach ihrer Meinung war der Durchbruch der Drehstromtechnik nicht aufgrund neuer physikalischer Erfindungen erzielt worden. Entscheidend war in erster Linie die Möglichkeit, die Stromerzeugung zu zentralisieren. Emil Rathenau, Gründungsdirektor der AEG, erklärte nach dem gelungenen Experiment:

> Die neuesten Fortschritte werden uns gestatten, großartige Krafterzeugungszentren an beliebigen Stellen, im Bergwerk, an der Meeresküste, um die Ebbe und Flut zu benutzen, an den großen Katarakten anzulegen, die dort vorhandenen, bisher zwecklos vergeudeten Kräfte in nutzbringende Elektrizität umzusetzen, diese in, wir können fast sagen, beliebige Entfernungen zu versenden und dort in beliebiger Art zu verteilen und zu verbrauchen.[21]

Die neue Drehstromtechnik beeinflusste ab 1891 nicht nur die Standortfrage der Elektrizitätswerke, sondern führte auch zu einer Konzentration der Werke. Bei den ersten Gleichstromwerken, die noch in unmittelbarer Nähe des Verbrauchers liegen mussten, handelte es sich zumeist um kleine Stationen, die einzelne Gebäude, Straßenzüge, Fabriken oder Hafenanlagen mit elektrischer Energie versorgten. Die Kraftwerke mit der neuen Technologie konnten jetzt dort aufgebaut werden, wo die Erzeugung am günstigsten war: In der Nähe eines Flusses, Bergwerks, Hafengebiets oder einer Eisenbahnverbindung. Wasserkraft und Steinkohle, aber auch Braunkohle und Torf waren die wichtigsten Energieträger. Parallel zur Konzentrierung der Werke wuchs auch die Entfernung zwischen Erzeugungs- und Verbrauchsstandort.[22]

Die Vorteile einer Energiezentrale wurden nicht nur von privaten Unternehmen, sondern auch von Kommunalvertretern erkannt. Bei der Errichtung eines Elektrizitätswerkes in einer Kommune ging es bald nicht mehr darum, ob und wann mit der Elektrifizierung begonnen werden sollte, bedeutsamer war die Frage: privatwirtschaftliche oder kommunale Regie?

Die Entwicklung in Deutschland vollzog sich uneinheitlich. In den Pionierjahren der Energieversorgungsunternehmen (EVU) entstanden bis zum Jahre 1900 mit jährlich steigender Tendenz insgesamt 726 Werke. Dabei handelte es sich teils um kleine private oder öffentliche Unternehmen, teils um überregional agierende Aktiengesellschaften.[23] Eine Untersuchung aus dem Jahre 1910 belegt, dass die Zahl der Elektrizitätswerke in Deutschland inzwischen auf über 2 000 gestiegen war, „von den kleinsten Dorfzentralen an bis zu den Riesenbetrieben der Berliner Elektricitäts-Werke".[24] Unter den Großbetrieben, dazu zählten ausschließlich Werke, die zwischen 100.000 und 600.000 Konsumenten versorgten, befanden sich 41 Elektrizitätswerke in öffentlicher und 15 in pri-

[20] Elektrizität. Offizielle Zeitung der Internationalen Elektrotechnischen Ausstellung Frankfurt am Main 1891, hg. unter Mitwirkung des Ausstellungsvorstandes und hervorragender Fachleute, Frankfurt/M. 1891, Ausg. vom 24.10.1891, S. 978.
[21] Pohl: Emil Rathenau und die AEG, S. 93: Festrede Emil Rathenaus anlässlich der Fernübertragung Frankfurt-Lauffen auf der Frankfurter Ausstellung 1891.
[22] Herzig: Wirtschaftsgeschichtliche Aspekte, S. 127ff.
[23] Füßl: Oskar von Miller, S. 151.
[24] Majerczik, Wilhelm: Elektrizitätswerke in öffentlicher und privater Verwaltung, Teil 2, in: AEG-Zeitung 13, 1910, Dez. 1910, S. 5.

vater Verwaltung.[25] Bis zur Jahrhundertwende übernahmen die Elektrizitätswerke hauptsächlich die öffentliche Straßenbeleuchtung sowie die Versorgung der Privatkonsumenten mit elektrischem Licht. Fabrikbetriebe verfügten vielfach über Generatoren und waren Selbstversorger.[26]

145 *Emil Rathenau und Thomas Alva Edison in der Kraftzentrale Moabit, Berlin, am 25. September 1911. Electrolux Deutschland GmbH (Nürnberg).*

Das Anlagekapital der Elektrizitätswerke betrug insgesamt 2,15 Milliarden Mark, ein Drittel davon wurde von öffentlichen Körperschaften und zwei Drittel wurden von Privatunternehmen aufgebracht. Ein Blick auf die Entwicklung der kommunalen Elektrizitätswerke zeigt, dass zwischen 1891 und 1929 die Zahl größerer Werke von 15 auf 600 gestiegen war. Würden auch kleine, meist rein lokalen Zwecken dienende Elektrizitätswerke hinzugezählt, könnte sich die Zahl auf 3 000 bis 4 000 erhöhen.[27]

Gewerbeausstellungen in Oldenburg

Bei ihrem Bemühen, Anschluss an die Industrialisierung zu gewinnen, verfolgten die Oldenburger Unternehmen mit großem Interesse die Weltausstellungen und die nationalen Fachausstellungen. Der Gewerbe- und Handelsverein, der 1840 gegründet worden war, informierte seine Mitglieder regelmäßig über diese Schauen. Für die Pariser Weltausstellung 1866 hatten sich aus dem Herzogtum zwölf Betriebe um eine Teilnahme beworben. Doch dem Pariser Ausstellungskomitee ging es weniger um die Präsentation einzelner Industrien als vielmehr um einen „glänzenden Totaleindruck". Aufgrund dieser Vorgaben sowie der hohen Kosten zogen die Oldenburger ihre Bewerbung wieder zurück.[28] Die erste internationale Anerkennung erhielt die Gussstahlfabrik Schulze, Fimmen & Co aus Augustfehn. Sie beteiligte sich an der Weltausstellung 1879/80 in Sydney und erzielte mit ihrem ausgestellten Werkzeugstahl den dritten Preis. Anschließend erhielt sie auch Aufträge aus Sydney.[29]

Technische Ausstellungen gab es nicht nur in den Metropolen, sondern auch in Provinzstädten, so auch in Oldenburg. Die ersten vier Gewerbeausstellungen 1842, 1844, 1847 und 1854 entsprachen wegen der mangelnden öffentlichen Resonanz aber nicht den Erwartungen der Veranstalter. Erst in den Jahren 1865 und 1876 fanden sie das Interesse der Öffentlichkeit.[30]

Durch den Erfolg motiviert, begann der Handels- und Gewerbeverein 1882 mit den Vorbereitungen für eine weitere Ausstellung. Der Veranstalter orientierte sich an Weltausstellungen und anderen überregionalen Ausstellungen, die sich durch die gemeinsame Präsentation von Kunst und Gewerbe

25 Ebd.: Der Autor weist in seinem Bericht darauf hin, dass in dieser Statistik die beiden größten Unternehmen, die Berliner und die Hamburger Elektrizitätswerke, nicht einbezogen wurden, weil deren Versorgungsgebiet um ein Vielfaches größer war als das der übrigen Großbetriebe und dadurch die Privatunternehmen ein übermäßiges Gewicht erhalten hätten.

26 Passavant, H.: Die Entwicklung der deutschen Elektrizitätswerke seit 1891, in: Ruppel, Sigwart (Hg.): Elektrotechnische Gesellschaft. Zur 50-Jahrfeier der ETG (1881–1931), Frankfurt/M. 1931, S. 115ff.

27 Ebd.

28 Jahres-Bericht des Gewerbe- und Handels-Vereins in Oldenburg für 1865, Oldenburg 1866, S. 12f.

29 Jahres-Bericht des Gewerbe- und Handels-Vereins in Oldenburg für 1877,1878 und 1879, Oldenburg 1880, S. 28.

30 Bericht über die 7. Oldenburger Gewerbe-Ausstellung, verbunden mit einer Ausstellung für Kunst und altes Kunstgewerbe, vom 15. August bis 22. September 1885, in: Jahres-Bericht des Gewerbe- und Handels-Vereins in Oldenburg für 1883, 1884 und 1885, Oldenburg 1886, S. 131.

als wahre Publikumsmagneten erwiesen hatten. Mit diesem Prinzip gelang 1885 schließlich der Durchbruch. Neben den Produkten aus Handel, Industrie und Gewerbe wurden kunstgewerbliche Erzeugnisse und eine umfangreiche Kunstsammlung gezeigt. Aus den Bereichen Industrie und Gewerbe waren 415 Firmen aus 61 Ortschaften des Großherzogtums Oldenburg beteiligt.[31]

Eine viel bestaunte Neuheit auf der Oldenburger Ausstellung von 1885 aber war die elektrische Illuminierung. Das Holzunternehmen Heye in Elsfleth[32] hatte seine Maschinenanlagen zur Verfügung gestellt und die erste elektrische Beleuchtung in Oldenburg installiert. Sieben Bogenlichter verwandelten „den Abend zum Tag" und zogen die Bewunderung der Besucher auf sich. Die Elektrofirma Siemsen aus Hannover lieferte zudem eine „glänzende Effektbeleuchtung".[33] In den *Nachrichten* vom 22. August 1885 wurde das elektrische Licht als der „neueste Rivale" des Mondes charakterisiert. Offenbar weckte das neue Licht jedoch auch Begehrlichkeiten, denn es wurden drei Laternen gestohlen.[34]

Als Ausstellungsgelände diente das Areal am Pferdemarkt mit rund 4 600 Quadratmetern. Die Bedeutung, die dieser Ausstellung zugewiesen wurde, zeigte sich vor allem darin, dass eigens für diesen Zweck mehrere große Ausstellungshallen gebaut wurden. Neben der bereits vorhandenen 800 Quadratmeter großen Exerzierhalle, die das Militär zur Verfügung stellte, wurden fünf neue Hallen mit einer Gesamtfläche von 3 650 Quadratmetern errichtet. Außerdem entstanden eine Weinstube, ein Musikpavillon und eine Feuerwehrwache. Ein 15 Meter hoher Wasserturm sowie einige Wasserspritzen dienten als weiterer Feuerschutz.[35] Rückblickend war der Handels- und Gewerbeverein mit dem Gesamtergebnis jedoch nicht sehr zufrieden, weil die Kunstausstellung, die der Großherzog zur Verfügung gestellt hatte, die größte Aufmerksamkeit auf sich gezogen und die meisten Besucher angelockt hatte. Nicht zuletzt deshalb wurde in Kreisen der Industrie und des Gewerbes anschließend eine „Ausstellungsmüdigkeit" konstatiert.[36]

Elektrifizierung der Landesausstellung von 1905

Bis zur Realisierung der nächsten Gewerbeausstellung in Oldenburg sollten zwanzig Jahre vergehen. „Allgemeine Landes-, Industrie- und Gewerbe-Ausstellung verbunden mit einer Nordwestdeutschen Kunstausstellung und einer Ausstellung kunstgewerblicher Altertümer" lautete der offizielle Titel der Gewerbeausstellung von 1905, die bis heute aus der Sicht der oldenburgischen Stadtgeschichtsforschung zu den herausragenden Ereignissen zählt.[37]
Mitte April 1905, nur wenige Wochen vor Eröffnung der Landesausstellung, beauftragte der Oldenburger Gesamtstadtrat die Berliner Allgemeine Elektrizitäts-Gesellschaft (AEG), in Oldenburg ein zentrales, öffentliches Elektrizitätswerk zu errichten.[38] Für die geplante Landesausstellung bedeutete dies, dass der gesamte Energiebedarf der Ausstellung in einer Eigenanlage auf dem Ausstellungsgelände erzeugt werden musste. Die Energiezentrale wurde ebenso wie die anderen Ausstellungsgebäude als ein Element des Gesamtkunstwerks betrachtet, dennoch hat sie auf den Betrachter eine besondere Wirkung

[31] Ebd., S. 136–227; ferner: Festschrift des Oldenburgischen Gewerbe- und Handels-Vereins zu dessen fünfzigjährigem Jubiläum 1891, hg. vom Vorstand des Vereins, Oldenburg 1891, S. 131f.

[32] Die Firma Heye beantragte 1888 als eines der ersten Unternehmen die Konzession zur Errichtung eines zentralen Elektrizitätswerks in der Stadt Oldenburg. Der Antrag wurde abgelehnt.

[33] Katalog der siebten Oldenburger Gewerbe-Ausstellung verbunden mit einer Ausstellung für Kunst und altes Kunstgewerbe für das Herzogthum Oldenburg vom 15. August bis 20. September 1885, Oldenburg 1885, S. 4f.; ferner: Jahres-Bericht des Gewerbe- und Handels-Vereins in Oldenburg für 1883, 1884 und 1885, Oldenburg 1886, S. 134.

[34] Von der Ausstellung, in: Nachrichten, Nr. 111, 19.9.1885.

[35] Jahres-Bericht des Gewerbe- und Handels-Vereins in Oldenburg für 1883, 1884 und 1885, S. 133f.

[36] Bericht des Verbandes der Handels- und Gewerbe-Vereine für das Herzogtum Oldenburg über das Jahr 1896, Oldenburg 1896, S. 48f.

[37] Elerd, Udo (Hg.): Der Aufbruch Oldenburgs in die Moderne – Die Landesausstellung von 1905 (Veröffentlichungen des Oldenburger Stadtmuseums 48), Oldenburg 2005; im Jahr 2005 wurde das 100-jährige Jubiläum in mehreren Ausstellungen und Veranstaltungen in Oldenburg gefeiert.

[38] Vertrag über die Errichtung und den Betrieb eines öffentlichen Elektrizitätswerkes in Oldenburg. Der Vertrag wurde in Oldenburg am 11. April und in Berlin am 15. April 1905 unterzeichnet, in: Gemeinde-Blatt 52, 1905, S. 65ff. Vgl. Kap. 2.2.

Private Elektrifizierung und kommunale Skepsis

Gegen Ende des 19. Jahrhunderts erregte das elektrische Licht national und international die Aufmerksamkeit der Bevölkerung bis in kleine Landstädte und Dörfer hinein und löste eine immense Nachfrage aus.

> Es war die Eigenschaft des elektrischen Stroms, reine, geruchlose und körperlose Energie zu sein, die ihn sofort salonfähig machte. Die Elektrizität war nicht nur nicht gesundheitsschädlich oder gar lebensgefährlich, sondern sie wurde im Gegenteil als ausgesprochen heilsam, fast als eine Art Vitamin betrachtet.[49]

Der Ausbau des Energieversorgungsnetzes erfolgte nicht zuletzt durch die Initiative der sich entwickelnden Elektrobranche. In diesem Industriezweig dominierten im Gegensatz zum herkömmlichen Privatunternehmertum die Aktiengesellschaften, in denen vielfach Ingenieure die Leitung des Unternehmens innehatten und die Direktoren der Großbanken in den Aufsichtsräten saßen. Die führenden Konzerne der Jahrhundertwende waren AEG[50] und Siemens[51], die beide ihren Sitz in Berlin hatten. Die Produktpalette dieser Konzerne deckte nahezu alle Bereiche der Elektrizitätstechnik ab.[52] Neben diesen Unternehmen hatten sich weitere Großbetriebe in Berlin niedergelassen, so dass die Stadt um 1900 zum elektrotechnischen Zentrum Deutschlands avancierte. Insgesamt waren in der Elektrobranche des Deutschen Reiches zu diesem Zeitpunkt rund 62.000 Menschen beschäftigt.[53]

Nach der Jahrhundertwende geriet Deutschland in eine allgemeine Konjunkturkrise, von der die Elektroindustrie besonders stark betroffen war. Überproduktion mit anschließendem Preisverfall und eine geringe Eigenkapitaldecke führten bei einigen Elektrounternehmen zu existenziellen Problemen. Aus dem einsetzenden Konzentrations- und Monopolisierungsprozess gingen die AEG und Siemens als größte Unternehmen der deutschen Elektroindustrie hervor. Während die AEG mit der Union Elektrizitäts-Gesellschaft, die sich auf den Bahnbau spezialisiert hatte, fusionierte, schloss sich Siemens & Halske mit der Elektrizitäts-Aktiengesellschaft vorm. Schukkert & Co. zur Siemens & Schuckertwerke GmbH zusammen. Weitere kleinere Betriebe fusionierten in dieser Zeit mit den großen Unternehmen.[54]

Die Konzerne Siemens und AEG bauten auch die Energieversorgung im Oldenburger Land auf. Die Siemens Elektrischen Betriebe, eine Siemens-Tochtergesellschaft, engagierten sich ab 1909 in Wiesmoor und versorgten hauptsächlich den ostfriesischen Raum mit Elektrizität, die AEG errichtete

[49] Schivelbusch: Lichtblicke, S. 74.

[50] Varchmin, Joachim/Schubert, Matthias: Stromerzeugung und Elektrizitätswirtschaft (Bausteine für das Museum für Verkehr und Technik, hg. vom Museum für Verkehr und Technik), Berlin 1988, S. 4ff.: Der Berliner Ingenieur Emil Rathenau lernte 1881 auf der elektrotechnischen Ausstellung in Paris das von Thomas Alva Edison entwickelte Beleuchtungssystem mit elektrischen Glühlampen kennen und sicherte sich die Patente für Deutschland. Im März 1883 gründete Rathenau mit Hilfe mehrerer Banken die „Deutsche Edison-Gesellschaft für angewandte Electrizität" (DEG), die 1887 in „Allgemeine Elektricitäts-Gesellschaft" (AEG) umbenannt wurde.

[51] Ebd.: Werner von Siemens gründete 1847 die Firma Siemens & Halske, die sich vor allem mit der Entwicklung und der Produktion von Telegraphen und Signalanlagen beschäftigte. 1866 entwickelte Siemens einen Dynamo auf der Grundlage des dynamoelektrischen Prinzips, der die Produktion hochleistungsfähiger Stromgeneratoren einleitete, weitere Fabrikationsschwerpunkte waren der Bau elektrischer Lokomotiven und Straßenbahnen sowie die elektrische Straßenbeleuchtung.

[52] Rohkrämer, Thomas: Eine andere Moderne? Zivilisationskritik, Natur und Technik in Deutschland 1880–1933, Paderborn 1999, S. 77.

[53] Richter, Rudolf: Die Elektrizitätsversorgung, ihre volkswirtschaftliche Bedeutung und ihre Organisation, Leipzig 1916, S. 17.

[54] Pohl: Emil Rathenau, S. 165ff.

1905/07 das E-Werk in der Stadt Oldenburg. Nach langjährigen Diskussionen hatten sich die Oldenburger Kommunalvertreter schließlich von den Vorteilen und den technischen Möglichkeiten einer Energiezentrale überzeugen lassen. Bald ging es ihnen nicht mehr allein darum, ob und wann mit der Elektrifizierung begonnen werden würde, bedeutsamer war die Frage: privatwirtschaftliche oder kommunale Regie?[55]

Mit der Errichtung eines städtischen Elektrizitätswerks hielt sich die Stadt Oldenburg zurück. Sie war nicht bereit, auf eigenes Risiko eine öffentliche Stromversorgung zu schaffen, weil sie 1901 das Gaswerk in städtischen Besitz übernommen hatte. Zudem bezweifelten die Kommunalpolitiker die Wirtschaftlichkeit einer Elektrizitätszentrale, weil sie von einer geringen Nachfrage ausgingen. In der Öffentlichkeit wuchs hingegen das Bedürfnis nach elektrischem Licht und die örtlichen Kammern versprachen sich durch die Versorgung der Industrie-, Handwerks- und Landwirtschaftsbetriebe mit Kraftstrom eine Stärkung der heimischen Wirtschaft.[56] Der Diskussionsprozess dauerte viele Jahre, bevor schließlich die AEG mit der Errichtung einer Elektrizitätszentrale den Durchbruch erzielte.

Mehrere Unternehmen hatten bereits in den Pionierjahren der öffentlichen Stromversorgung Elektrifizierungspläne für die Stadt Oldenburg entwickelt. Zu den Protagonisten der Energieversorgungsunternehmen zählte die „Helios Actien-Gesellschaft für electrisches Licht und Telegraphenbau" mit Sitz in Ehrenfeld und Köln.[57] Im Herbst des Jahres 1886 startete die Firma Helios eine landesweite Werbekampagne und schrieb zahlreiche Stadtverwaltungen an, so auch die Oldenburger, um ihnen ein Angebot zur Errichtung eines „electrischen Beleuchtungssystem für Städte" zu unterbreiten.[58] Die Firma hielt die Patente für das Ganz'sche Transformatorensystem, die sie zusammen mit der „Berliner Maschinenbau Actiengesellschaft vormals L. Schwartzkopff"[59] für Deutschland erworben hatte. Der Transformator war 1884 in der Firma Ganz & Co, mit Sitz in Budapest, entwickelt worden. Mit diesem System war laut Information der Erfinder eine technische Möglichkeit geschaffen, Strom in beliebiger Menge und zu jeder Zeit sogar über Strecken von zehn und mehr Kilometern zu den Verbrauchern zu leiten. Als weiterer Vorteil galt, dass „sehr verschiedene Lampensorten, Bogenlampen und Glühlampen, und zwar letztere von verschiedener Leuchtkraft, in derselben Installation" und in beliebiger Anzahl je nach Bedarf verwendet werden konnten.[60] Die Helios AG konnte sich damit rühmen, dass sie – ebenso wie die Edisongesellschaften in Frankreich und Italien – die Patente für Deutschland erworben hatte. Die Edisongesellschaften in Amerika und England verhandelten zu diesem Zeitpunkt noch mit dem Budapester Unternehmen über den Ankauf der Lizenz.[61]

150 *Helios Actien-Gesellschaft für electrisches Licht u. Telegraphenbau, Ehrenfeld & Coeln, Firmenkatalog, Titelblatt, um 1889, Kupferstich von Georg Meisenbach. Foto Deutsches Museum München.*

[55] Majerczik: Elektrizitätswerke in öffentlicher und in privater Verwaltung, S. 11f.
[56] Bericht der Gas- und Wasserkommission über die Verhandlungen zur Errichtung eines Elektrizitätswerks, 8.4.1905, StAO, Best. 262-1 A Nr. 2364.
[57] Helios war damals neben AEG, Siemens und Schuckert & Co. eine führende Elektrofirma.
[58] VEW AG: Mehr als Energie, S. 12: Helios machte 1886 auch der Stadt Dortmund ein Angebot.
[59] Die Firma Schwartzkopff wurde 1852 in Berlin gegründet und 1870 in eine AG umgewandelt. Ihr Produktionsschwerpunkt lag im Bau von Lokomotiven, Straßenwalzen und Druckluftgrubenwagen, vgl: 75 Jahre Schwartzkopff 1852–1927, Berliner Maschinenbau-Actien-Gesellschaft vormals Schwartzkopff, Berlin 1927, S. 1ff.
[60] Helios an Stadtverwaltung Oldenburg vom 1.10.1886. Beschreibung des Transformatorensystems (Ganz & Co) zur electrischen Beleuchtung von Städten, StAO, Best. 262-1 A Nr. 2349.
[61] Ebd.

In einem Vertragsentwurf der Firma Helios von 1886 „zur Errichtung einer electrischen Beleuchtungsanstalt" in Oldenburg garantierte das Unternehmen, „daß der Betrieb der Beleuchtungsanlage an den Consumstellen vollkommen gefahrlos ist und zwar derart, daß alle blanken Theile der Leitungen ec. in den Häusern ohne jede Gefahr mit bloßen Händen angefaßt und verbunden werden können." Helios versprach, die Stadt am Gewinn zu beteiligen, und sicherte sich im Gegenzug das Monopol für 25 Jahre. Die weiteren Rechte und Pflichten der Stadt Oldenburg sowie der Elektrizitätsgesellschaft wurden in 16 Paragrafen festgehalten, auf die hier nicht näher eingegangen wird, weil die Firmenofferte, trotz der neuesten Technologie und der damaligen wirtschaftlichen Bedeutung des Unternehmens, kein Interesse in der Stadtverwaltung fand.[62]

Das Gesuch der Helios AG bildete den Auftakt einer bald darauf einsetzenden Serie unterschiedlichster Angebote und Anfragen zur Errichtung eines zentralen Elektrizitätswerks in der Stadt Oldenburg.[63] Zu Beginn des Jahres 1887 bot als nächstes die „Deutsche Unternehmung für elektrische Beleuchtung" in Karlsruhe der Stadt den Aufbau einer Zentralstation an. In einem Vordruck mit handschriftlichen Eintragungen hieß es, dass das Unternehmen elektrische Installationen für das Rathaus, das Ministerialgebäude, die Spar- und Leihbank sowie für die Firmen Ritterhof und Hoyer plano.[64] Der Kostenvoranschlag für die Kraftstation belief sich auf 17.772 Mark. Hinzu kamen die Kosten für die Beleuchtungsanlagen in den Gebäuden, die beispielsweise bei einer Leistung von 100 Glühlampen und 3 Bogenlampen inklusive Leitungsnetz, Schalter, Lampenschirmen etc. für das Rathaus 11.734 Mark betragen sollten. Darüber hinaus wurden in den „Licht-Lieferungs-Bedingungen der Electrischen Lichtanstalt" auch die laufenden Belastungen erläutert.[65]

Diese Offerte des Karlsruher Elektrizitätsunternehmens wurde abgewiesen, nachdem der Stadtbaumeister Noack in einem Gutachten seine Gründe gegen eine Elektrifizierung des Rathauses erläutert hatte. Seine Ausführungen spiegeln die Unsicherheit der Zeitgenossen gegenüber der neuen Technologie wider, denen es zunächst noch an Erfahrungen im Umgang mit dem elektrischen Licht mangelte. Nicht Prestige und Bequemlichkeit spielten bei den Verantwortlichen der Stadt die entscheidende Rolle, sondern der Kostenfaktor. Noack befürchtete zudem eine Lärmbelästigung für die Anwohner des Theaterwalls und des Marktplatzes, weil die Kraftstation in bzw. hinter der Markthalle aufgebaut werden sollte. Aus technischen Gründen konnte bei Gleichstromanlagen keine große Entfernung zwischen Krafterzeugung und -verbrauch liegen, deshalb erhielten die Gebäude jeweils den Strom entweder aus einem Kleinkraftwerk oder einer Blockstation. In dem Gutachten von Noack heißt es:

> Abgesehen von Betriebsstörungen, welche ja bei nur einem Exemplar von Dampfkessel in Rechnung zu ziehen sind, können Fälle eintreten wo zu ungewöhnlichen Zeiten in den Geschäftsräumen des Rathauses gearbeitet werden muß. In solchen Fällen kann man allerdings nicht die Kessel geheizt halten, komt [sic] aber das Erforderniß unerwartet, so würde man schon ¾ Std. Geduld haben müßen bis Kraft geliefert werden kann.
> […] Meines Erachtens ist die elektrische Beleuchtung nur billiger als Gas, wo Wasserkraft zur Verwendung gelangt, oder in größeren Fabriken, wo von der großen Betriebsmaschine in den meisten Fällen die Kraft für die Beleuchtung noch übrig ist und es nur nöthig wird eine kleine Reservemaschine anzuschaffen, also die Kosten der Kraft für die Beleuchtung nicht in gänze in Rechnung gezogen werden brauchen.

Noack wollte jedoch nicht als Gegner der neuen Technologie eingestuft werden und bat um Verständnis für seine ablehnende Haltung:

> Ich bin ein großer Freund der elektrischen Beleuchtung, ich kann jedoch nicht empfehlen auf Grund der vorliegenden Erhebun-

[62] Ebd.
[63] Diverse Korrespondenz mit verschiedenen Firmen zur Versorgung der Stadt mit Elektrizität, ebd.
[64] Offerte an die Stadt Oldenburg vom 5.4.1887, StAO, Best. 262-1 K Nr. 233.
[65] Kostenanschläge vom 8.3. und 5.4.1887, ebd.

gen bereits einen Entschluß zu fassen, da ich stark in Zweifel ziehe, daß das vorliegende Projekt ein billigeres Licht schafft.[66]

Zwei Anträge kamen von örtlichen Firmen und wurden bei der Oldenburger Stadtverwaltung eingereicht. Das erste Schreiben der Firma Georg H. Heye aus Elsfleth stammte vom 17. Juni 1888 und das der Firma Julius Telge aus Oldenburg vom 10. November 1888.[67] Beide Unternehmen waren zu diesem Zeitpunkt bereits im Besitz kleiner Kraftwerke, mit denen elektrischer Strom für den Eigenbedarf hergestellt wurde. Die Firma Heye hatte ihre Leistungskraft und Modernität schon auf der Oldenburger Gewerbeausstellung 1885 demonstriert und der staunenden Öffentlichkeit erstmals das elektrische Licht präsentiert.[68]

Das Unternehmen Heye in Elsfleth war Ende der 1870er Jahre gegründet worden und bestand aus zwei selbstständigen Betrieben, einer Getreidemühle sowie einem Säge- und Hobelwerk.[69] Für damalige Verhältnisse war der Betrieb nach modernsten Gesichtspunkten organisiert. Die Roh- und Fertigprodukte wurden nicht nur innerhalb des Betriebsgeländes über Eisenbahnschienen transportiert, sondern es bestanden auch direkte Verbindungen zur oldenburgischen Staatsbahn und zur Weser. Ein eigener Pier von 60 Metern Länge mit mehreren Kränen, die teils mit Dampf, teils mit Druckluft betrieben wurden, ermöglichten ein rationelles Be- und Entladen der Schiffe. Insgesamt waren in dem Unternehmen 50 Personen beschäftigt.[70]

In einem Bericht des Oldenburger Gewerbe- und Handelsvereins wird besonders der hohe technische Entwicklungsstand der Anlagen und Produktionsmaschinen hervorgehoben:

Die Maschinen sind mit der Meyer'schen variablen Expansion versehen und besitzen 80 Pferdekraft. Electrische Telegraphen verbinden die einzelnen Theile sowohl unter sich als mit der Hauptmaschine. [...] Der Apparat hat den Zweck, die einzelnen Theile in Betrieb resp. in Ruhe zu setzen und kann im Falle eines Unglücks das ganze Werk in 17 Secunden in Stillstand bringen. — Elevatoren führen den Abfall, Säge- und Hobelspäne unterirdisch nach dem Kessel, so daß der Fußboden niemals mit leicht brennbaren Stoffen bedeckt ist. Auch bei Lichtarbeit ist die größte Sicherheit hinsichtlich der Feuersgefahr getroffen, indem das ganze Werk durch elektrisches Licht erleuchtet wird.[71]

***151** Eine der ersten Stromerzeugungsanlagen des Oldenburger Landes stand in der Heye'schen Mühle in Elsfleth-Lienen, um 1885. EWE AG.*

Im September 1888 erkundigte sich Heye, ob sein Antrag zur Errichtung einer „electrischen Zentral-Licht-Anlage" im Magistrat der Stadt Oldenburg schon beraten worden sei. Daran anknüpfend verwies er auf das große öffentliche Interesse an dem Projekt und teilte mit,

daß er schon jetzt reichlich 100,000 M Betheiligung zugesagt erhalten hat, auch haben die ersten Firmen der Stadt mit Freude ihren Beitritt zur Anstalt zugesagt; ich erwähne namentlich die Hotels, die ersten Kauffirmen und Bankgeschäfte, auch zweifle ich nicht, auf Grund von Anfragen – unter der Hand, wie man zu sagen pflegt – daß die Ministerien, Schlösser und das Theater ihren Beitritt sofort nach Fertigstellung der Anstalt anmelden.[72]

---

66 Noack an Oberbürgermeister von Schrenk vom 29.3.1887, ebd.
67 Diverse Korrespondenz mit verschiedenen Firmen zur Versorgung der Stadt mit Elektrizität, StAO, Best. 262-1 A Nr. 2349.
68 Bericht über die 7. Oldenburger Gewerbe-Ausstellung, S. 131.
69 Für die Produktion stand im Säge- und Hobelwerk ein umfangreicher Maschinenpark zur Verfügung: Drei Zweiblattsägen, ein Spaltgatter, drei Zirkelsägen, zwei Hobelmaschinen etc. Eine Besonderheit war, dass ein Teil des Holzlagers außerhalb des Zollgebiets lag und somit als Transitlager verwendet werden konnte.
70 Etablissement von George H. Heye in Elsfleth, in: Jahres-Bericht des Gewerbe- und Handels-Vereins in Oldenburg für 1877, 1878 und 1879, Oldenburg 1880, S. 237ff.
71 Ebd., S. 238f.
72 Heye an Stadtmagistrat vom 25.9.1888, StAO, Best. 262-1 A Nr. 2349.

Stadtbaurat Noack, der den Antrag von Heye zur Begutachtung erhielt, sprach sich gegen das Projekt aus:

> Nach meiner Ansicht ist eine derartige Anlage in unserer Stadt weder Bedürfnis noch dürfte dieselbe auch nur die geringsten Aussichten auf Rentabilität besitzen.
>
> Die städtischen Behörden haben m. E. die moralische Verpflichtung, Projekte, welche nach aller Voraussicht sich nicht selbst erhalten können, und bei denen ein Grund zur Unterstützung aus öffentlichen Mitteln nicht vorliegt, kurzweg von der Hand zu weisen, selbst wenn damit gewissermaßen eine Art Bevormundung des betr. Unternehmens ausgeübt werden sollte.[73]

Auch der Oldenburger Fabrikant Julius Telge hatte ein eigenes Kraftwerk installiert, um seine Werkstätten, sein Wohnhaus sowie einige Nachbarhäuser elektrisch zu beleuchten. Zum Unternehmen „Julius Telge & Bock" gehörten eine Maschinenfabrik und eine Eisengießerei, ein weiterer Unternehmensschwerpunkt war die Installation elektrischer Beleuchtungsanlagen. Der Handels- und Gewerbeverein berichtete über das Werk:

> Die Fabrik, im Jahre 1887 von dem Teilhaber Julius Telge gegründet und im Laufe der letzten Jahre mehrmals vergrößert, arbeitet gegenwärtig mit 28 Werkzeugmaschinen. Das Etablissement ist mit elektrischer Beleuchtung ausgestattet und kann die Anlage außer dem eigenen Bedarf von 12 Bogenlampen à 1000 Kerzen und ca. 250 Glühlampen noch Licht an die benachbarten Privathäuser abgeben. Die Gießerei fertigt außer Maschinenguß auch Bauguß jeder Art. Die Maschinenfabrik baut als Spezialität Dampfmaschinen jeder Art bis 1000 Pferdestärken und installiert elektrische Beleuchtungsanlagen und Kraftübertragung.[74]

Für den Aufbau einer elektrischen Energieversorgung in der Stadt Oldenburg plante Telge die Gründung einer „Oldenburger Centrale" unter Beteiligung mehrerer Gesellschafter. Das Bankhaus E. C. Weyhausen aus Bremen sollte das Projekt finanzieren, das Berliner Elektrizitätsunternehmen AEG war als Partner für die Ausführung der elektrischen Anlage vorgesehen. Schließlich sollten die Kabellegung, die Ingenieurleistungen sowie die Herstellung der Motoren, der Dampfmaschinen, Pumpen etc. von der Maschinenfabrik Telge erbracht werden.[75]

152 Etablissement von Julius Telge & Bock in Oldenburg. Maschinenfabrik, Eisengießerei und Installation elektrischer Anlagen, in: Festschrift des Oldenburgischen Gewerbe-Handels-Vereins, S. 75.

153 Firmenanzeige von Julius Telge, in: Oldenburger Adressbuch 1896/97, Anzeigenteil.

Damit sie sich ein Bild von der neuen Technologie machen konnten, lud Telge die Mitglieder des Stadtmagistrats in seine Fabrik, Osterstraße 7, und in sein Wohnhaus, Rosenstraße 20, ein und demonstrierte ihnen die elektrische Anlage.[76]

In Zusammenhang mit diesen Anträgen beschäftigte sich die Stadtverwaltung in Oldenburg eingehend mit der Frage, ob die Errichtung eines Elektrizitätswerks in der Stadt neben dem Gaswerk, das seit 1853 für die Beleuchtung in der Stadt zuständig war, ökonomisch vertreten werden konnte. Besonders vor dem Hintergrund, dass die Stadt noch im Jahre 1876

---

73 Noack an Oberbürgermeister vom 1.10.1888, StAO, Best. 262-1 K Nr. 233.

74 Festschrift des Oldenburgischen Gewerbe- und Handelsvereins, S. 76; ferner: Adressbuch der Stadt Oldenburg für 1900: „Telge, Julius: Maschinenfabrik, Metallgießerei, Sophienstr. 1a". Außerdem betrieb er eine Kesselschmiede und eine Schiffswerft in der Feldstraße 12 und in der Osterstr. 7. Vermutlich wurde der Betrieb 1901/02 eingestellt, denn im Adressbuch der folgenden Jahre fehlt ein entsprechender Eintrag.

75 Telge an Stadtmagistrat vom 20.5.1890, StAO, Best. 262-1 A Nr. 2349.

76 Telge an Stadtmagistrat vom 1.5.1890, ebd.

mit dem Gasfabrikanten Fortmann eine Verlängerung des Konzessionsvertrages bis zum 20. August 1903[77] beschlossen hatte, stand die Verwaltung dem Elektrizitätsprojekt sehr skeptisch gegenüber.[78]

Für Orientierung in dieser Frage sorgte ein Schreiben der Allgemeinen Elektricitäts-Gesellschaft vom 23. Juni 1888. Entgegen späteren anders lautenden Aussagen lehnte die AEG die öffentliche Elektrizitätsversorgung zu diesem Zeitpunkt ab, weil die Nachfrage in der Stadt Oldenburg zu gering sei, um die hohen Anlagekosten und die laufenden Ausgaben bestreiten zu können. Selbst bei einem doppelten Preis für Elektrizität würde der Gewinn nur halb so groß ausfallen wie der des Gaswerks, denn es sei zu bedenken, dass Fabriken, Restaurants und das Theater über eigene elektrische Anlagen verfügten.[79]

Die Elektrizitätsversorgung in Oldenburg wurde erstmals in der öffentlichen Sitzung des Stadtrats vom 11. Dezember 1888 auf die Tagesordnung gesetzt. Ein Interesse an einer intensiven Beschäftigung mit dem Thema war nicht festzustellen. Der Oberbürgermeister Freiherr von Schrenck führte dazu lediglich aus, dass der Antrag der Firma Heye nicht weiter behandelt werde, weil zwischenzeitlich ein Schreiben des Fabrikanten Telge aus Oldenburg eingegangen sei und nunmehr beide Anträge geprüft werden sollten.[80] Daraufhin zog Heye seine Bewerbung zurück und die Stadtverwaltung konzentrierte sich nun auf den Vertragsentwurf der Firma Telge.

Bei den Beratungen, die in der darauf folgenden Zeit hinter verschlossener Tür geführt wurden, übernahmen Stadtbaumeister Franz Noack und Oberbaurat G. Wolff eine leitende Rolle. Beide standen im Interesse des Gaswerks einer schnellen Elektrifizierung ablehnend gegenüber. In ihrer Argumentation verwiesen sie zum einen auf die fehlende Qualifikation und Erfahrung der Firma Telge, zum anderen auf den unannehmbaren Vertragsentwurf, wonach die Stadt Oldenburg ihre Rechte auf 30 Jahre ohne Gegenleistung an den Unternehmer überlassen sollte. In einem Schreiben an den Oberbürgermeister erläuterte Noack:

> Bei großen technischen Errungenschaften sind häufig erste Unglücksfälle die Wegweiser gewesen, welche den Wissenschaften geeignete Mittel zur Verhütung derselben finden ließen. Es soll nun daraus nicht gefolgert werden, daß unter diesen Umständen derartige Anlagen am besten unterlassen würden, sondern nur, daß die Ausführung derselben in Hände von Firmen gelegt wird, welche durch ihre anerkannte Erfahrung in fragl. Sache eine Garantie dafür bieten, daß sie auf dem weiten, bezüglich neuer Entwicklungen liegendem Felde der Elektrotechnik alles Wesentliches kennen und beherrschen. Ob bei der Firma Telge eine solche Garantie zu finden ist, will ich weder bejahen noch verneinen. M.W. steht aber fest, daß dieselbe größere derartige Anlagen noch nicht ausgeführt hat.[81]

Oberbaurat Wolff, der den Antrag von Julius Telge dem Direktor der Aktiengesellschaft Helios zur Begutachtung vorgelegt hatte, sprach sich auf dessen Empfehlung gegen eine Elektrifizierung der Stadt durch die Firma Telge aus. Wolff war der Meinung, dass ein Elektrizitätswerk, das sich nur auf die Innenstadt konzentriere, wegen fehlender größerer Hotels und Geschäfte bzw. Privatkunden nicht genügend ausgelastet sein werde. Hingegen würde bei einer Ausdehnung auf die äußere Stadt, aufgrund der weitläufigen Bebauung, die Verlegung der Kabel sehr teuer werden. Außerdem ließe

> der Charakter dieser äußeren Stadtteile eine irgend erforderliche Abnahme an Licht nicht erwarten. Die in der Rentabilitätsberechnung angenommene Lichterzahl dürfte unter diesen Umständen bei Weitem nicht zu erreichen sein. [Wolff erkannte aber durchaus die zunehmende Bedeutung der Elektrizität und plädierte dafür, dass das Elektrizitätswerk in städtischer Regie betrieben werden sollte.] Auch scheint solches Verfahren bei Anlage und Betrieb entsprechender Unternehmungen neuerdings

[77] Der mit dem Fabrikanten W. Fortmann am 14. März 1876 abgeschlossene Vertrag, betr. die Beleuchtung der Stadt mit Gas, in: Gemeinde-Blatt 45, 1898, S. 13ff.
[78] Auswertung der verwaltungsinternen Korrespondenz, insbesondere Protokoll der Magistratssitzung vom 13.11.1890, StAO, Best. 262-1 A Nr. 2349.
[79] AEG an Hoftheater-Maschinisten und Obermaschinen-Inspektor Otto Duphorn, StAO, Best. 262-1 K Nr. 233.
[80] Stadtratssitzung, StAO, Best. 262-1 A Nr. 2349; ferner: Öffentliche Sitzung des Stadtrats, 11.12.1888, in: Gemeinde-Blatt 35, 1888, S. 273f.
[81] Noack an OB Roggemann vom 7.5.1890, StAO, Best. 262-1 A Nr. 2349.

allgemein von den städtischen Verwaltungen als das grundsätzlich richtigere anerkannt zu werden.[82]

Diese geheimen Beratungen führten dann in der Magistratssitzung vom 13. November 1890 nach kurzer Debatte zur Ablehnung des Antrages von Julius Telge. In der Mitteilung, die der Unternehmer später erhielt, hieß es, dass „der rechte Zeitpunkt für eine solche Anlage für die Stadt noch nicht gekommen ist." In derselben Sitzung wurden außerdem noch die Bewerbungen von zwei bedeutenden Elektrounternehmen zur Errichtung eines Elektrizitätswerks in Oldenburg zurückgewiesen: Die Anträge kamen am 18. September 1890 von „Schuckert & Co in Nürnberg" und am 11. November 1890 von den „Allgemeinen Installations- und Elektrizitäts-Werken in Dresden".[83] Auch der Versuch einer weiteren auswärtigen Gesellschaft im Jahre 1898 scheiterte an der Unbeweglichkeit von Politik und kommunaler Bürokratie. In ihrer ablehnenden Haltung machte die Kommune keinen Unterschied, ob es sich um große Elektrounternehmen oder örtliche Anbieter handelte.[84]

Doch der Siegeszug es elektrischen Lichts war nicht mehr aufzuhalten. Immer mehr Oldenburger Geschäfte, Fabriken, die Empfangshalle des Bahnhofs, das Schloss, das Theater so wie Hotels, Banken und Gaststätten beleuchteten ihre Räume elektrisch. Ein Bericht aus dem Jahre 1892 belegt, dass sowohl staatliche Institutionen als auch Privatunternehmen ihre Energieversorgung selbst in die Hand nahmen und isolierte Einzelanlagen oder Blockstationen betrieben:

> Die hiesige Bahnhofshalle wird schon seit mehreren Jahren elektrisch beleuchtet, ebenso die Glashütte und die Spinnerei. Als Kraft dient bei der ersteren Anlage eine besondere Dampfmaschine, während die beiden letzteren Fabriken Dampf ihrer vorhandenen Betriebsmaschinen benutzen. Ferner hat die „Oldenb. Spar- und Leihbank" seit einigen Jahren eine elektrische Beleuchtungsanlage, und benutzt eine 5 HP.[85] Gasmaschine. Neuerdings hat man auch das Wasser des Hunteflusses zur Krafterzeugung nutzbar gemacht. Mit bedeutenden Kosten hat der Staat, welchem die Wasserkraft gehört, eine früher vorhandene gewöhnliche Wassermühle durch Einlegung von zwei Turbinen hergerichtet, um mittels einer Dynamomaschine drei Regierungsgebäude und die Landesbank elektrisch zu beleuchten. Es wird aber abzuwarten sein, ob der im Winter, also zur Hauptbeleuchtungszeit, besonders durch Sturmfluthen hervorgebrachte hohe Wasserstand unterhalb des Wehres, nicht recht oft nachtheilig auf den Gang der Turbinen einwirken wird.

154 Die Oldenburger Landesregierung nahm 1891 das Wasserkraftwerk an der Mühlenstraße in Betrieb, Fotograf Carl Wöltje, 1923. Stadtmuseum Oldenburg.

155 Ansicht der Oldenburgischen Glashütte um 1890. Die Glasfabrik erzeugte ihren Strom zunächst im eigenen Kraftwerk, 1908 erhielt sie einen Anschluss an das zentrale Elektrizitätswerk. Stadtmuseum Oldenburg.

> Man spricht deshalb auch von der Aufstellung einer Reservekraft und wird wahrscheinlich dazu eine Gasmaschine nehmen. Die

82 Wolff an Stadtmagistrat vom 30.5.1890, ebd.
83 Protokoll der Magistratssitzung vom 13.11.1890, ebd.
84 Bericht der Gas- und Wasserkommission über die Errichtung eines Elektrizitätswerks vom 8.4.1905, StAO, Best. 262-1 A Nr. 2364; Nachrichten, 15.4.1905.
85 Die Leistung der Gasmotoren wurde entweder mit dem Kürzel HP. [engl. horsepower] oder mit PS [Pferdestärke] angegeben, vgl. Journal für Gasbeleuchtung 35, 1892, S. 372.

kürzlich stattgefundene Beleuchtungsprobe ist gut ausgefallen. Sämmtliche aufgeführten Anlagen arbeiten ohne Accumulatoren, doch haben die Glashütte und die „Oldenb. Spar- und Leihbank" die Absicht, solche aufzustellen.[86]

Unternehmen wie Heye und Telge verfügten über eigene kleine Kraftwerke, betrieben die Maschinen in ihren Werkstätten mit Motoren und beleuchteten ihre Wohnungen und Fabrikhallen mit elektrischem Licht.[87] Im Jahr 1896 baute Telge zusätzlich eine kleine elektrische Zentrale in der Innenstadt auf. Sie versorgte neben dem Café Bauer auch Geschäftshäuser wie Gehrels & Sohn, E. Willers, Louis Rothschild, Hofdekorateur Asseier und Drechslermeister Poppen mit elektrischem Strom.[88] Auch einige metallverarbeitende Betriebe in der Stadt Oldenburg erzeugten die elektrische Energie für ihre Maschinen mit betriebseigenen Dampfmaschinen: In der Eisengießerei Koch & Franksen war eine Dampfmaschine mit 10 PS aufgestellt, die Dampfsägerei, Maschinen- und Wagenfabrik A. Beeck & Co besaß eine stationäre Dampfmaschine mit 6 PS sowie vier Lokomobile mit zusammen 24 PS, und schließlich wurden auch in der Kupfer- und Metallwarenfabrik von A. Meyer jun. eine Dampfmaschine mit 4 PS, ein Gasmotor mit 1 PS und sechs Arbeitsmaschinen betrieben.[89]

In den 1890er Jahre begann die Elektrifizierung des Oldenburger Bahnhofs. Neben der Empfangshalle, die bereits seit 1892 elektrisch beleuchtet wurde, erhielten 1895/96 auch die Außenanlagen des Bahnhofs, der Rangierbahnhof und die Werkstätten elektrisches Licht. 1897 wurden außerdem die elektrischen Drehvorrichtungen an den beiden Huntebrükken am Stau in Betrieb genommen. Die Erzeugung des elektrischen Stroms erfolgte durch zwei liegende Verbunddampfmaschinen mit je 40 PS, zur Speicherung diente eine Akkumulatorenbatterie.[90]

156 *Firmenanzeige Telge & Bock, in: Oldenburger Adressbuch 1891/92, Anzeigenteil.*

Die ersten Pläne zur Installation einer elektrischen Beleuchtungsanlage im Theater reichen bis in das Jahr 1888 zurück. Vier bedeutende Elektrounternehmen gaben jeweils eine Offerte bei der Großherzoglichen Theaterkommission ab. Das erste Angebot kam von der AEG. Nach deren Berechnungen sollten die Kosten für die Beleuchtung des Oldenburger Theaters insgesamt 78.500 Mark betragen. Auch die Angebote von Siemens & Halske, Berlin, und von Fritsche & Pischon, Berlin, bewegten sich in diesem Kostenvolumen, während die Helios Actien-Gesellschaft für electrisches Licht und Telegraphenbau, Ehrenfeld, in ihrem Schreiben vom 28. Februar 1889 die Installation einer Wechselstromanlage im Oldenburger Hoftheater zum Preis von 56.277 Mark anbot.[91] Das Projekt scheiterte, weil das Theater 1891 einem Brand vollständig zum Opfer fiel. Spekulationen, dass eine Gasexplosion den Brand ausgelöst hatte, konnten widerlegt werden, wie folgender Bericht zeigt:

Mit Sicherheit ist nunmehr anzunehmen, dass die Ursache des Feuers, welches unser Hoftheater vollständig zerstört hat, darin zu suchen ist, dass bei der Explosion des Pulverthurms im letzten Act des Trauerspiels „Zriny" nicht mit der nöthigen Vorsicht verfahren worden ist. Inzwischen ist ein provisorisches Theater an einer anderen Stelle [auf dem Cäcilienplatz] erbaut und wird in

86 Ebd., S. 126.
87 Telge an Stadtmagistrat vom 1.5.1890, StAO, Best. 262-1 A Nr. 2349; ferner Jahres-Bericht des Gewerbe- und Handels-Vereins in Oldenburg für 1877, 1878 und 1879, Oldenburg 1880, S. 237ff.
88 Die elektrische Beleuchtung, in: Nachrichten, Nr. 211, 8.9.1896.
89 Jahres-Bericht des Gewerbe- und Handels-Vereins in Oldenburg für 1877, 1878 und 1879, Oldenburg 1880, S. 222f.
90 Jahres-Berichte über die Betriebs-Verwaltung der Oldenburgischen Eisenbahnen, 1895–1897, Oldenburg 1895, S. 16f.; 1896, S. 19 und 1897, S. 17ff.
91 Beleuchtungsanlage für das Hoftheater in Oldenburg 1888/89. Angebote von vier Elektrofirmen, StAO, Best. 262-1 A Nr. 2949.

> der nächsten Zeit eröffnet werden. Den Neubau des neuen Theaters hofft man in zwei bis drei Jahren vollendet zu haben.[92]

Das neue Theater, das an alter Stelle wiederaufgebaut wurde, konnte am 8. Oktober 1893 eingeweiht werden. Es verfügte über ein Kleinstkraftwerk, das an den Theaterabenden das Gebäude mittels elektrischer Glühlampen in künstlichem Licht erstrahlen ließ. Die *Nachrichten* berichteten am 9. Oktober 1893 über die Eröffnung des neuen Theaters:

> Der Zuschauerraum darf mit Recht ein Schmuckkästchen genannt werden, und die Blicke aller hafteten sowohl vor dem Beginn der Vorstellung, wie während der Zwischenakte an den Stukkaturarbeiten, den Malereien, den Vergoldungen, den Draperien, der glänzenden Krone über der Hofloge, dem wunderschönen Kronleuchter, welcher gleichsam den Abschluß der reizenden Decke bildet, den hübschen Charyatiden[93], und an alle dem andern, welches sich dem überraschten Auge in der tageshellen elektrischen Beleuchtung darbot.

***157** Großherzogliches Hoftheater, Kunstdruck nach Radierung, um 1900. Stadtmuseum Oldenburg.*

Für die Projektierung der Elektroanlage waren verschiedene Vorschläge unter Federführung des Stadtbaumeisters Noack diskutiert worden. Dabei ging es hauptsächlich um die Frage, ob das soeben fertig gestellte staatliche Wasserkraftwerk an der Hohen Brücke die Versorgung des Theaters übernehmen sollte. Die AEG sowie Schuckert & Co., die als Sachverständige zur Beurteilung des Projekts herangezogen wurden, erhielten den Auftrag, die Kosten für verschiedene Verfahren zu ermitteln. Hinsichtlich der Anlagekosten wiesen die drei Systeme kaum Unterschiede auf, wesentliche Abweichungen ergaben sich jedoch bei den jährlichen Betriebskosten. Seine Entscheidung zugunsten einer autonomen Stromversorgungsanlage begründete der verantwortliche Stadtbaumeister daraufhin wie folgt:

> Bei dieser Sachlage wird es das Richtige sein von einer Beleuchtung der staatlichen Turbinenanlage abzusehen und beim Theater eine eigene Dampfmaschinenanlage zu erbauen. Diese würde sich auch noch dann empfehlen, wenn die jährlichen Kosten von Projekt I und II sich gleich blieben; denn der Vortheil, daß man bei Projekt I völlig Herr im eigenen Haus und gänzlich unabhängig ist von anderen Personen ist m. E. nicht hoch genug anzusehen.[94]

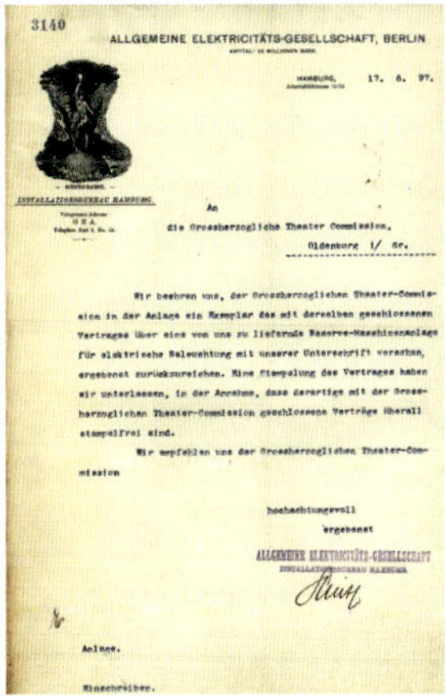

3140

ALLGEMEINE ELEKTRICITÄTS-GESELLSCHAFT, BERLIN

17. 6. 97.

INSTALLATIONSBUREAU HAMBURG

An

die Grossherzogliche Theater Commission,

Oldenburg i/ Gr.

Wir beehren uns, der Grossherzoglichen Theater-Commission in der Anlage ein Exemplar des mit derselben geschlossenen Vertrages über eine von uns zu liefernde Reserve-Maschinenanlage für elektrische Beleuchtung mit unserer Unterschrift versehen, ergebenst zurückzureichen. Eine Stempelung des Vertrages haben wir unterlassen, in der Anrahme, dass derartige mit der Grossherzoglichen Theater-Commission geschlossene Verträge überall stempelfrei sind.

Wir empfehlen uns der Grossherzoglichen Theater-Commission

hochachtungsvoll

ergebenst

ALLGEMEINE ELEKTRICITÄTS-GESELLSCHAFT

Anlage.

Einschreiben.

***158** Schreiben der AEG Berlin an die Großherzogliche Theater-Commission, 17.6.1897, Briefbogen mit Darstellung einer weiblichen Allegorie der Elektrizität. Stadtmuseum Oldenburg.*

***159** Plakat, AEG. Grafik: Louis Schmidt, 1888. Die Lichtgöttin der AEG, in Verbindung mit der Wortmarke „Allgemeine Elektricitäts-Gesellschaft Berlin", dominierte um die Jahrhundertwende Firmenprospekte, Anzeigen und Plakate. Foto Deutsches Technikmuseum Berlin.*

---

[92] Statistische und finanzielle Mittheilungen. Oldenburg, in: Journal für Gasbeleuchtung 35, 1892, S. 126.

[93] Karyatide: Bildsäule als Träger, weibliche Figuren in voller reicher Tracht, vgl. Mothes, Oscar: Illustrirtes Bau-Lexikon, 3. Bd., 3. umgearb. und verm. Aufl., Leipzig, Berlin 1876, S. 133f.

[94] Noack an Oberbürgermeister Roggemann vom 21.6.1892, StAO, Best. 262-1 A Nr. 2947.

Die Preise für die Installation einer kompletten Beleuchtungsanlage hatten sich gegenüber 1888 kaum geändert und betrugen zwischen 64.000 und 77.000 Mark. Sie umfassten neben einer Maschinenanlage mehr als 1 000 Glühlampen und eine geringe Anzahl Bogenlampen.[95] Die Stadtverwaltung erteilte schließlich der Generalvertretung der AEG in Berlin, Zweigwerk Hamburg, den Auftrag für die Installation einer elektrischen Beleuchtungsanlage des Oldenburger Hoftheaters.[96] Als Referenz hatte die AEG eine Liste mit 40 Theatern beigefügt, in denen sie bereits eine elektrische Beleuchtung ausgeführt hatte, und empfahl sich damit,

> dass wir fast alle größeren Theater Deutschlands und theilweise des Auslands eingerichtet haben, und dürfen daher wohl mit Recht die Theaterbeleuchtung als unsere Spezialität bezeichnen, in welcher wir die langjährige Erfahrung und grösste Praxis besitzen.[97]

***160** Ansicht vom städtischen Schlachthof, um 1927, in: Die Landeshauptstadt Oldenburg, Berlin 1927, S. 90.*

Rund drei Jahre später installierte die AEG auch im städtischen Schlachthof eine elektrische Beleuchtungsanlage. Erneut gewann sie den Wettbewerb gegen die Konkurrenten Schuckert & Co und Siemens & Halske, die ebenfalls ihre Kostenpläne eingereicht hatten.[98]

Bei der Projektierung des Schlachthofs war zunächst eine Gasbeleuchtung vorgesehen. Die technischen Vorteile und die positiven Erfahrungen mit der elektrischen Beleuchtung in öffentlichen Gebäuden hatten jedoch bei dem verantwortlichen Stadtbaumeister zum Umdenken geführt. In seinem Sachverständigengutachten betonte Noack die Wirtschaftlichkeit bei der Verwendung von Elektrizität und die bequeme Handhabung. In erster Linie sei von Vorteil, dass die Anlagekosten von Gasbeleuchtung und elektrischer Beleuchtung nahezu gleich seien. Außerdem benötige ein Schlachthofbetrieb im Sommer vor allem Energie zum Kühlen und im Winter für Beleuchtung und warmes Wasser. Dadurch sei die Dynamomaschine das ganze Jahr über gleichmäßig ausgelastet und der Maschinist habe eine ausreichende Beschäftigung. Im Kühlhaus wirke sich darüber hinaus die geringe Wärmeentwicklung der elektrischen Beleuchtung besonders vorteilhaft aus. „Hiernach empfiehlt sich nach jeder Richtung die Anlage der elektrischen Beleuchtung", urteilte Noack abschließend in seinem Gutachten. Auf seine Empfehlung hin erhielt die AEG den Auftrag.[99] Damit gelang es dem Berliner Unternehmen durch Vertragsabschluss mit der städtischen Verwaltung 1896 ihr zweites elektrisches Kleinstkraftwerk in Oldenburg zu errichten.

Tatsächlich waren jedoch nur wenige Dienstleistungs- und Gewerbebetriebe in der Lage, die teuren technischen Anlagen zu finanzieren. Denn die privat betriebenen Kleinstkraftwerke durften nur den Strom für eine Fabrik, ein Gebäude oder einen Straßenzug liefern, weil es gesetzlich untersagt war, Versorgungsleitungen über öffentlichen Grund oder eine Straße hinweg zu verlegen. Hinzu kam, dass Anträge zum Bau privater Blockstationen von der Behörde mit der Begründung abgelehnt wurden, dass diese Form der dezentralen Stromerzeugung die Einrichtung eines zentralen E-Werks weiter verzögern würde.[100]

---

95 Angebote der vier Elektrounternehmen, ebd.

96 Noack an die AEG, Filiale Hamburg, vom 5.10.1892; vgl. auch Elektricitäts-Gesellschaft an Noack vom 6.10.1892; Schreiben Nr. 142: Vertrag mit der AEG vom 13.6.1893 (enthält 9 Seiten Vertragstext, 33 Seiten Kostenanschlag, 10 Seiten Erläuterungsbericht und 5 Seiten Lampenlisten), ebd.

97 AEG an Stadtverwaltung vom 29.9.1892; ebd.

98 Noack an Oberbürgermeister vom 8.6.1896, StAO, Best. 262-1 A Nr. 3217.

99 Ebd.

100 Bericht der Gas- und Wasserkommission über die Errichtung eines Elektrizitätswerks vom 8.4.1905, StAO, Best. 262-1 A Nr. 2364.

Die städtische Verwaltung saß zwischen zwei Stühlen: Auf der einen Seite hatte sie 1901 das Gaswerk gekauft und war an einem rentablen Gasgeschäft interessiert, auf der anderen Seite standen die Interessen der heimischen Wirtschaft, die vehement ein zentrales Elektrizitätswerk forderte und dafür vom Magistrat Unterstützung erwartete. Einen Fürsprecher fanden die fortschrittlichen Oldenburger in Professor Dr. Ing. Georg Klingenberg (1870-1925), der von 1902 bis zu seinem Tode 1925 im Vorstand der AEG in Berlin saß.[101] Klingenberg war aus familiären Gründen häufig Gast in Oldenburg und hielt Vorträge über den Nutzen und die Vorteile eines zentralen Elektrizitätswerks.[102] Er war der Wegbereiter für die Gründung des zentralen E-Werks in Oldenburg. Seiner Überzeugungskraft gelang es, den Stadtrat für den Plan zu gewinnen, die AEG mit dem Bau eines Elektrizitätswerks in Oldenburg zu beauftragen.

***161** Georg Klingenberg (1870–1925), Vorstandsmitglied der AEG. Foto Deutsches Technikmuseum Berlin.*

Aufgrund der besonderen Verdienste, die sich Klingenberg im Zusammenhang mit der Elektrifizierung in Oldenburg erworben hat, soll der bedeutende und international anerkannte „Elektrizitätserbauer" hier kurz vorgestellt werden. Aus Anlass seines Todes würdigte die AEG Georg Klingenberg in einer Denkschrift.[103] Klingenberg wurde am 28. November 1870 als Sohn des Architekten Ludwig Klingenberg geboren.[104] Er wuchs in Oldenburg auf, besuchte hier zunächst die Oberrealschule und wechselte dann nach Osnabrück.[105] Nach dem Abitur studierte er in Berlin an der Technischen Hochschule Maschinenbau, Elektrotechnik und Physik. Auf den jungen Studenten übte die internationale elektrotechnische Ausstellung in Frankfurt von 1891 eine besondere Anziehung aus und Klingenberg begann an der Berliner Hochschule im elektrotechnischen Labor, das damals nur provisorisch eingerichtet war, zu experimentieren. Sein Organisationstalent zeigte sich schon bald darin, dass er ein neues Labor aufbaute und mit gestifteten Maschinen und Apparaten ausstattete. Als Assistent von Prof. Adolf Slaby, der regelmäßig Kaiser Wilhelm II. über die neuesten technisch-wissenschaftlichen Forschungen informierte, übernahm Klingenberg die Vorführung der technischen Experimente. Sein Studium beendete er mit der Promotion.[106]

Anschließend war Klingenberg als Assistent an der Hochschule beschäftigt und trat als beratender Ingenieur für den Entwurf und die Ausführung öffentlicher Elektrizitätswerke auf. Darüber hinaus befasste er sich mit der Konstruktion von Autos und Verbrennungs- und Schiffsmotoren. Das von ihm entwickelte Auto gewann bei dem ersten Berliner Automobilrennen den ersten Preis und nach einer Fernfahrt von Berlin nach Aachen erreichte er als zweiter das Ziel.[107] Diese Erfolge führten zur Gründung der Automobil-Gesellschaft, die 1901

[101] Pohl: Emil Rathenau, S. 161.
[102] Bericht der Gas- und Wasserkommission über die Errichtung eines Elektrizitätswerks vom 8.4.1905, StAO, Best. 262-1 A Nr. 2364.
[103] AEG (Hg.): Zum Gedächtnis an Georg Klingenberg, Berlin o. J. [um 1925/26].
[104] Böker, Doris: Stadt Oldenburg, S. 127ff.; Anton Ludwig Dietrich Klingenberg (1840–1924) baute u. a. das Augusteum, das Haus am Theaterwall 4 und das Kunstgewerbemuseum am Stau, das 1914–17 dem Gebäude der Oldenburgischen Landesbank weichen musste.
[105] Büsing, Wolfgang: Glück, Heil und Segen angewünschet. Familiengeschichtliche und heimatkundliche Beiträge aus dem Oldenburgischen, Oldenburg 1988, S. 142.
[106] AEG: Zum Gedächtnis an Georg Klingenberg, S. 5.
[107] Ebd., S. 6.

von der AEG übernommen wurde und in Neue Automobil-Gesellschaft (N.A.G) umbenannt wurde. Sie baute Autos nach den Patenten von Georg Klingenberg.[108]

Emil Rathenau, der sich ebenfalls für die Automobiltechnik und speziell für das Klingenberg-Auto interessierte, wurde auf den mittlerweile habilitierten jungen Wissenschaftler aufmerksam und berief ihn zum 1. Juli 1902, nach dem Ausscheiden seines Sohnes Walther aus der AEG, in den Vorstand des Unternehmens. Klingenberg kam also nicht über die Elektrotechnik, sondern über das Automobil zur AEG. Im Verlauf seiner 23-jährigen Tätigkeit bei der AEG gelang es ihm bei der Konstruktion von Kraftwerken wiederholt neuartige Verfahren zu entwickeln, rationellere Produktionsabläufe und technische Verbesserungen zu organisieren. So stellten die großen Elektrizitätswerke immer wieder eine Weiterentwicklung gegenüber dem vorangegangenen dar.[109] Seine besondere Leistung bestand darin, dass er Werke aus einem Guss aufbaute. Seine letzte „Kilowattstundenfabrik", wie Klingenberg die Kraftwerke manchmal bezeichnete, war das Großkraftwerk Rummelsberg bei Berlin, die Realisierung seiner Idee hat er nicht mehr erlebt.[110] Er verstarb wenige Monate nach dem ersten Spatenstich. Anlässlich der feierlichen Einweihung des Werks wurde es nach seinem Erbauer „Großkraftwerk Klingenberg" genannt.[111]

Seinen persönlichen Erfolg verdankte Klingenberg seinen technischen und organisatorischen Fähigkeiten, ein Kollege beschrieb ihn als „Dirigent eines umfangreichen technischen Orchesters".[112] Er verstand es aber auch, sich Rückzugsmöglichkeiten fern vom Großstadtleben und von seinem angespannten Arbeitsalltag zu verschaffen. Seine besondere Vorliebe galt seiner Heimatstadt. In seinem Berliner Wohnhaus, dessen Architektur Elemente des Oldenburger Baustils übernommen hatte, richtete er ein Oldenburger Zimmer ein, in dem er sich besonders gern mit seinen engsten Freunden aufhielt. Sein zweites Zuhause war in Elmendorf am Zwischenahner Meer, hierhin zog er sich zurück, wenn er sich von seiner Arbeit erholen wollte, hier verbrachte er seine Feiertage.[113]

In seinem ersten Vortrag am 28. Dezember 1895 vor dem Oldenburger Architekten- und Ingenieursverein hatte Klingenberg, seinerzeit Assistent an der Technischen Hochschule in Berlin, die Frage aufgeworfen: „Welche Aussichten bietet die Errichtung einer electrischen Centrale für Oldenburg?" Klingenberg entwickelte in seinem Referat keine utopischen Konzepte, sondern konkrete Vorstellungen, auch erwies er sich als guter Kenner der Oldenburger Verhältnisse. Als Beispiele wählte er die Städte Berlin und Brake, in denen sich die zentralen Elektrizitätswerke trotz unterschiedlicher Ausgangsbedingungen und Voraussetzungen zu rentablen Unternehmen entwickelt hatten. In Berlin war 1884 ein Elektrizitätsnetz aufgebaut worden und in Brake zehn Jahre später.[114] Die Preise für die Verbraucher waren ähnlich: So kostete eine Glühlampenstunde in Berlin 2,9 Pfennig und in Brake 3 Pfennig. Im Gegensatz zu diesen beiden Städten war Oldenburg an einen Vertrag mit der Gasanstalt gebunden, die das Monopol der Straßenbeleuchtung besaß. Deshalb sah Klingenberg den größten Bedarf an elektrischem Licht in Privathaushalten und in geschäftlichen Bereichen. Zugleich verwies er auf die großen Vorteile des Einsatzes von Elektromotoren in Handwerks- und Gewerbebetrieben:

> Wie sehr aber gerade durch billige Kraftversorgung von einer Centrale aus das Kleingewerbe gehoben werden kann, brauche ich wohl nicht erst hervorzuheben; nur hierdurch ist es dem Kleinmeister möglich, in erfolgreichen Wettbewerb mit der fabrikmässigen Produktion zu treten. Alle Anstrengungen, die gemacht sind, das Kleingewerbe zu heben und zu früherer Blü-

[108] Pohl: Emil Rathenau, S. 164.
[109] Ebd., S. 20.
[110] Ebd., S. 17f.
[111] Berliner städtisches Elektrizitätswerk (Hg.): Das große Kraftwerk Klingenberg, Berlin 1928, S. 35.
[112] AEG: Zum Gedächtnis an Georg Klingenberg, S. 20.
[113] Ebd., S. 31.
[114] Pohl: Emil Rathenau, S. 48f.; ferner: Eckhardt, Albrecht u. a.: Brake. Geschichte der Seehafenstadt an der Unterweser, Oldenburg 1981, S. 156. Das 1894 in Brake errichtete Elektrizitätswerk stand unter städtischer Regie und versorgte die Stadt und die staatlichen Hafenanlagen mit Gleichstrom.

te zu bringen, bleiben so lange erfolglos, als man ihm nicht eine billige Kraftquelle giebt, die zugleich bequemes Arbeiten gestattet. Das Vorgehen vieler elektrischen Centralen, die dem kleinen Gewerbetreibenden die erforderlichen Motoren zu billigen Sätzen leihweise überlassen, kann deshalb nicht genug Anerkennung finden.[115]

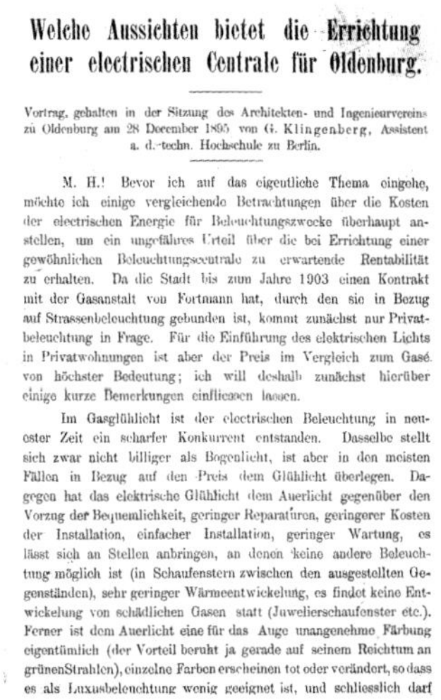

Welche Aussichten bietet die Errichtung einer electrischen Centrale für Oldenburg.

Vortrag, gehalten in der Sitzung des Architekten- und Ingenieurvereins zu Oldenburg am 28 December 1895 von G. Klingenberg, Assistent a. d. techn. Hochschule zu Berlin.

M. H.! Bevor ich auf das eigentliche Thema eingehe, möchte ich einige vergleichende Betrachtungen über die Kosten der electrischen Energie für Beleuchtungszwecke überhaupt anstellen, um ein ungefähres Urteil über die bei Errichtung einer gewöhnlichen Beleuchtungscentrale zu erwartende Rentabilität zu erhalten. Da die Stadt bis zum Jahre 1903 einen Kontrakt mit der Gasanstalt von Fortmann hat, durch den sie in Bezug auf Strassenbeleuchtung gebunden ist, kommt zunächst nur Privatbeleuchtung in Frage. Für die Einführung des elektrischen Lichts in Privatwohnungen ist aber der Preis im Vergleich zum Gase von höchster Bedeutung; ich will deshalb zunächst hierüber einige kurze Bemerkungen einfliessen lassen.

Im Gasglühlicht ist der electrischen Beleuchtung in neuester Zeit ein scharfer Konkurrent entstanden. Dasselbe stellt sich zwar nicht billiger als Bogenlicht, ist aber in den meisten Fällen in Bezug auf den Preis dem Glühlicht überlegen. Dagegen hat das elektrische Glühlicht dem Auerlicht gegenüber den Vorzug der Bequemlichkeit, geringer Reparaturen, geringerer Kosten der Installation, einfacher Installation, geringer Wartung, es lässt sich an Stellen anbringen, an denen keine andere Beleuchtung möglich ist (in Schaufenstern zwischen den ausgestellten Gegenständen), sehr geringer Wärmeentwickelung, es findet keine Entwickelung von schädlichen Gasen statt (Juwelierschaufenster etc.). Ferner ist dem Auerlicht eine für das Auge unangenehme Färbung eigentümlich (der Vorteil beruht ja gerade auf seinem Reichtum an grünenStrahlen), einzelne Farben erscheinen tot oder verändert, so dass es als Luxusbeleuchtung wenig geeignet ist, und schliesslich darf

***162** Titelblatt des Vortragsmanuskripts von Georg Klingenberg, Vortrag gehalten am 28. Dezember 1895, Hg.: Technischer Verein zu Oldenburg, o. J.*

Klingenberg hielt den Bau einer elektrischen Zentrale in Oldenburg für realisierbar. Bei der Ermittlung der Kosten-Nutzen-Relation seien auch zukünftige Projekte wie beispielsweise die kurz vor der Vollendung stehende zentrale Wasserversorgung und die Projektion einer Kanalisationsanlage zu berücksichtigen, denn dadurch würde der Bedarf an elektrischen Pumpen drastisch steigen. Sein Resümee: Je besser die Auslastung des Elektrizitätswerks, desto billiger der Strom und desto größer die Nachfrage der privaten Konsumenten.[116]

Auch in den folgenden Jahren ließ sich Klingenberg nicht von der Idee abbringen, der Stadt Oldenburg das Produkt „Strom" zu verkaufen. Anders als Politik und Verwaltung schätzte er die künftige Entwicklung der Elektrizitätsversorgung optimistisch ein. Am 27. Dezember 1900 referierte Klingenberg vor Mitgliedern des Magistrats und des Stadtrats. Möglicherweise lagen zu diesem Zeitpunkt schon die Ergebnisse einer Umfrage unter den Bürgern vor, die die Oldenburger Verwaltung im Dezember 1900 durchgeführt hatte, um den voraussichtlichen Strombedarf zu ermittelten. Die Nachfrage war beeindruckend: Nahezu 10.600 Glühlampen, über 200 Bogenlampen und 50 Motoren wurden gemeldet.[117] Trotzdem konnte sich die Verwaltung nicht entschließen, auf eigene Kosten eine Zentralstation zu bauen, während die AEG ihrerseits nicht bereit war, den Bau und Betrieb zu übernehmen. Weil die Vorstellungen der Verhandlungspartner zu diesem Zeitpunkt noch weit auseinander lagen und eine Verständigung nicht gelang, scheiterte das Projekt „zentrale Stromversorgung".

Ein erstes Entgegenkommen signalisierte die AEG im Juni 1903 mit ihrem Angebot, sich mit 50 Prozent an der Errichtung eines Elektrizitätswerks zu beteiligen.[118] Klingenberg, der als Vermittler zwischen AEG und Stadt fungierte, musste jedoch feststellen, dass die Oldenburger noch immer nicht von der Rentabilität eines E-Werks überzeugt waren. Ihre Skepsis begründete die Stadt damit, dass nach einer aktuellen Statistik der Vereinigung der Elektrizitätswerke, welche die Wirtschaftsdaten von insgesamt 159 deutschen Elektrizitätswerken enthielt,

> die Elektrizitätswerke in Städten von 20.000 bis 40.0000 Einwohnern, von seltenen Ausnahmen abgesehen, keine genügende Verzinsung des Anlagekapitals abwerten, sofern ausreichende Rückstellungen für Abschreibung und Erneuerung gerechnet werden. Dass Oldenburg zu den bevorzugten Ausnahmen gehören würde, dafür bieten die wirtschaftlichen Verhältnisse unserer Stadt leider keinerlei Gewähr.[119]

[115] Klingenberg, Georg: Welche Aussichten bietet die Errichtung einer electrischen Centrale für Oldenburg, Berlin o. J. [gedruckt 1907 aus Anlass der Eröffnung der Elektrizitätszentrale], S. 8.
[116] Ebd.
[117] Bericht der Gas- und Wasserkommission über die Errichtung eines Elektrizitätswerks vom 8.4.1905, StAO, Best. 262-1 A Nr. 2364.
[118] Ebd.
[119] Ebd.

Ihre kompromisslose Haltung änderten die Kommunalpolitiker auch nicht, als aus hiesigen Handwerkerkreisen in dringenden Appellen „die Errichtung einer elektrischen Zentrale im gewerblichen Interesse" gefordert wurde.[120] Trotz dieser schwierigen Voraussetzungen gelang es Klingenberg kurze Zeit später, nicht zuletzt durch das persönliche Engagement des Oldenburger Oberbürgermeisters Tappenbeck, die AEG davon zu überzeugen, das Risiko allein zu tragen und die Investitionssumme für den Bau eines Kraftwerks in Oldenburg bereitzustellen. Mit welcher Vorsicht dieser Plan verfolgt wurde, zeigt sich daran, dass die Verhandlungen zwei Jahre lang im Geheimen geführt wurden, bevor Tappenbeck den Stadtrat am 8. April 1905 mit einem fertig ausgearbeiteten Vertrag konfrontierte. An den Geheimgesprächen hatten auf der einen Seite die AEG, vertreten durch Klingenberg und weitere führende Persönlichkeiten der Gesellschaft, und auf der anderen Seite eine Oldenburger Kommission unter Vorsitz von Tappenbeck, die eigens zu diesem Zweck ins Leben gerufen wurde, teilgenommen.[121]

***163** Karl Tappenbeck (1858–1941), Oberbürgermeister der Stadt Oldenburg von 1900 bis 1921. Stadtmuseum Oldenburg.*

In Oberbürgermeister Tappenbeck hatte Klingenberg einen Partner gefunden, der sich massiv für ein modernes Oldenburg einsetzte. Karl Friedrich Johann Tappenbeck (1858–1941) war 1900 zum Oberbürgermeister gewählt worden, er trat die Nachfolge von Dr. Roggemann (1840–1900) an.[122] Klingenberg seinerseits genoss größtes Vertrauen bei seinen Verhandlungspartnern in Oldenburg, und die Zusammenarbeit mit der AEG erfüllte sie mit Stolz, denn der Elektrokonzern war inzwischen „global player", der seine Produkte nicht nur in Deutschland verkaufte, sondern auch in die europäischen Nachbarländer und nach Nord- und Südamerika exportierte.[123]

Die anfängliche Skepsis der politischen Akteure gegenüber der Elektrizitätszentrale wurde schrittweise aufgegeben. In Oldenburg waren bis zur Wende des 20. Jahrhunderts wirtschaftliche Entwicklungen und gesellschaftliche Veränderungen nur in dem Maße zugelassen worden, wie sie mit den traditionellen Strukturen und Wertvorstellungen zu vereinbaren waren. Dies hatte den Charakter der Stadt geprägt und eine Modernisierung der Wirtschaft und Gesellschaft erschwert.[124] Da sich die Technik jedoch ständig weiterentwickelte und insbesondere die Elektrizität auf die Menschen eine besondere Faszination ausübte, bedurfte es nur noch eines Impulses, der ein Umdenken auslöste. Klingenberg hatte die Verhandlungspartner davon überzeugen können, dass Oldenburg ohne zentrales Elektrizitätswerk den Anschluss an die industrielle Entwicklung zu verlieren drohe. Dabei war es vor allem der Magistrat, der dann entsprechend sachlich und professionell auf die grundlegenden Wandlungen der gesellschaftlichen und wirtschaftlichen Verhältnisse reagierte.[125]

Anders der Stadtrat. Die Mitglieder gehörten dem gehobenen und mittleren Bürgertum an, das sich im Wesentlichen

[120] Schreiben an den Magistrat vom Innungsausschuss, 10.4.1903, und von der Handwerkskammer, 20.5.1903, ebd.
[121] Bericht der Gas- und Wasserkommission über die Errichtung eines Elektrizitätswerks vom 8.4.1905, ebd.
[122] Reeken, Dietmar von: Durchbruch der Moderne? Oldenburg 1880–1918, in: Stadt Oldenburg (Hg.): Geschichte der Stadt Oldenburg, Bd. 2, S. 200f; Roggemann war von 1890–1900 und Tappenbeck von 1900–1921 Oberbürgermeister in Oldenburg.
[123] AEG (Hg.): 1883–1923, Festschrift zum 40-Jährigen Bestehen, Berlin 1923, S. 1ff.: Der Konzern zählte 1903 insgesamt 18 278 und 1912 mehr als 70 000 Beschäftigte, das war der höchste Stand in der Geschichte des Konzerns vor dem Ersten Weltkrieg; ferner: Pohl: Emil Rathenau, S. 165ff.: Der Gesamtumsatz betrug im Geschäftsjahr 1913/14 rund 450 Mio. Mark, von denen über 20 Prozent im Ausland erwirtschaftet worden waren.
[124] Ephraim, Hugo: Die Stadt Oldenburg in sozialstatistischer Beleuchtung, S. 23ff.
[125] Bericht der Gas- und Wasserkommission über die Errichtung eines Elektrizitätswerks vom 8.4.1905, StAO, Best. 262-1 A Nr. 2364.; ferner: von Reeken: Durchbruch der Moderne?, S. 200f.

aus drei Gruppen zusammensetzte: den klassischen Bildungsbürgern, den Kaufleuten und der Handwerkerschaft. Aus der Sicht der Stadtratsmitglieder war die kommunale Daseinsvorsorge weniger dringend als der Ausbau des Hafens und der Wasserstraßen sowie die Verdichtung des Schienen- und Straßennetzes, weil diese Vorhaben den eigenen wirtschaftlichen Interessen dienlicher waren. Hinzu kam, dass die Landesregierung an den Kosten für die Ausdehnung des Verkehrsnetzes erheblich beteiligt war, diese also nicht allein aus städtischen Mitteln finanziert werden mussten.[126] Die Stadtratsmitglieder waren nicht grundsätzlich gegen die Stadttechnik, gehörten sie doch zu jener Bevölkerungsgruppe, die von dem Anschluss an eine zentrale Wasser-, Gas- und Elektrizitätsversorgung profitierte, weil sie ihn sich leisten konnte. Sie lehnten es aber ab, dass die Stadt den Bau und Betrieb der Versorgungsbetriebe übernahm, weil sie dann damit rechnen mussten, zu höheren Steuern herangezogen zu werden, und befürworteten stattdessen den Betrieb unter privater Regie.[127]

***164** Hinter der Fassade des Rathauses debattierten Stadtmagistrat und Stadtrat Anfang des 20. Jahrhunderts über das Für und Wider eines zentralen Elektrizitätswerks. Ansichtskarte 1895. Stadtmuseum Oldenburg.*

Nachdem dieser Vorbehalt durch das Vertragswerk zwischen AEG und Stadtmagistrat ausgeräumt war, konnte der Stadtrat seine Zustimmung erteilen. Die AEG übernahm den Bau und den Betrieb der Zentrale und räumte der Stadt das Recht ein, das Werk zu erwerben, sobald sich die Gewinnerwartungen erfüllt hatten. Gleichzeitig gewährte sie der Kommune von Beginn an eine 50-prozentige Beteiligung am Gewinn. Aus der Sicht des Oberbürgermeisters Tappenbeck war ein lukratives Geschäft aber nicht so schnell zu erwarten und er äußerte sich entsprechend wenig optimistisch:

> Es ist auch ein mässiger Anteil der Stadt am Betriebsgewinn vorgesehen. Hierauf ist aber kein allzugrosser Wert zu legen, da anfangs die Voraussetzungen für die Gewinnbeteiligung schwerlich eintreten werden, und sobald der Betriebsgewinn eine gewisse Höhe und Stetigkeit erreicht, die Uebernahme des Werkes in Betracht zu ziehen sein wird.[128]

Bei den Beratungen über den Konzessionsvertrag mit der AEG hatte die Oldenburger Kommission zur Entscheidungsfindung unabhängige Gutachter um Rat gefragt sowie Verträge anderer Städte zum Vergleich herangezogen, weil es in der Stadt keine Experten für den Bereich Elektrotechnik gab. Im Mittelpunkt stand die Frage, ob die Entwicklung des soeben modernisierten städtischen Gaswerks durch die Konkurrenz der Elektrizität beeinträchtigt werden könnte.

Die Bedenken wurden von den Experten mit Verweis auf Erfahrungen in anderen Städten zurückgewiesen, denn die Entwicklung habe gezeigt, dass das Licht- und Kraftbedürfnis mit der Anwendung der Elektrizität stark zugenommenen habe. Die Gutachter versicherten außerdem, dass in zahlreichen Fällen beide Energiequellen teils in gegenseitiger Konkurrenz, teils gemeinsam ein weites und vielfach auch neues Anwendungsspektrum erschlossen hatten, so dass die Rentabilität sowohl des Gas- als auch des Elektrizitätswerks gewährleistet sei.[129] Zum Jahreswechsel 1904/05, wenige Monate vor Veröffentlichung des Vertragswerks, besuchte Klingenberg nach einem längeren Auslandsaufenthalt, unter anderem in den USA und in Kuba, erneut die Residenzstadt. Zur Enttäuschung der örtlichen Presse gab die städtische Verwaltung anlässlich

[126] Hauptvoranschlag der Einnahmen und Ausgaben für 1. Mai 1906/1907, hg. von der Haupt- und Residenzstadt Oldenburg, Oldenburg 1906, S. 87.
[127] Von Reeken: Durchbruch der Moderne?, S. 201.
[128] Bericht der Gas- und Wasserkommission über die Errichtung eines Elektrizitätswerks vom 8.4.1905, StAO, Best. 262-1 A Nr. 2364.
[129] Ebd.

seines Besuchs die Erklärung heraus, dass die Besprechung mit Klingenberg ergebnislos abgebrochen worden sei, weil die Stadt nach wie vor das Wagnis scheue, auf eigene Kosten eine Zentralstation zu bauen, während die AEG ihrerseits keine Bereitschaft gezeigt habe, den Bau und den Betrieb zu übernehmen. Der *General-Anzeiger* kommentierte diese Aussage mit harscher Kritik und titelte: *Stillstand ist Rückschritt!* Weiter hieß es in dem Artikel:

> Es ist höchst unerfreulich zu erfahren, daß hiernach unsere Stadt für absehbare Zeit einer Einrichtung anscheinend noch nicht teilhaftig werden wird, denen sich viel kleinere, auch in Bezug auf Handel, Industrie und Verkehr wesentlich unbedeutendere Plätze als die Stadt Oldenburg bereits erfreuen. Die Mitteilung dürfte um so mehr mit Bedauern entgegengenommen werden, da eine elektrische Zentrale als Bezugsquelle von elektrischem Licht und elektrischer Kraft ein Bedürfnis ist, und, besonders für weitere Kreise unserer Bürgerschaft, mindestens als ebenso wichtig erachtet werden muß, wie beispielsweise die Erweiterung unserer städtischen Hafenanlagen, welche schließlich nur einem kleinen Kreis von Interessenten zu Gute kommen und wofür jetzt städtischerseits wieder der Aufwand bedeutender Mittel vorgesehen wird. Auf elektrisches Licht reflektieren ebensowohl eine große Anzahl von Privaten, wie auch unsere Geschäftsleute, öffentliche Etablissements ec., während andererseits elektrische Energie als Betriebskraft für Großbetriebe ebenso sehr erwünscht ist, wie für kleinere Betriebe und selbst für unsere Handwerker.[130]

Dieser Artikel spiegelt die Stimmung in der Residenzstadt wider, denn die Elektrizität genoss zu Beginn des 20. Jahrhunderts höchstes Prestige, als „elektrische Fee" hatte sie über ihre Technologie hinaus erheblich an Bedeutung gewonnen. Die Elektrizität galt für verschiedene gesellschaftliche Gruppen wie Private, Geschäftsinhaber, Restaurant- und Gaststättenbesitzer, Industrielle und Handwerker als Hoffnungsträger. Die Oldenburger wollten nicht hinter dem Umland zurückstehen und auf diese technische Innovation verzichten, weil sie den Arbeits- und Lebensalltag der Menschen zu erleichtern und zu verbessern versprach. Die Unzufriedenheit war deutlich zu spüren. Dass hinter den Kulissen die Weichen schon auf „Zukunft" gestellt worden waren, wussten die Bürger zu diesem Zeitpunkt noch nicht.

Ein öffentliches Stromnetz für Oldenburg 1905

Unter Ausschluss der Öffentlichkeit unterzeichneten der Magistrat und die AEG am 11./15.[131] April 1905 ein umfangreiches Vertragswerk, das der AEG 50 Jahre lang das alleinige Recht zusicherte, in Oldenburg ein E-Werk zu betreiben. Die Stadt hatte nach einjähriger Kündigungsfrist aber auch die Möglichkeit, das Werk zu übernehmen. Zudem sicherte sie sich nicht nur ein Mitspracherecht bei den Bauplänen und Kostenanschlägen der geplanten Anlage, sondern auch bei künftigen Erweiterungen. Dem Magistrat waren darüber hinaus die jährlichen Geschäftsberichte zur Prüfung vorzulegen sowie ein Nachweis über den jeweiligen Übernahmewert. Diese Vereinbarung diente vor allem dem Zweck, umfassende Informationen über die betriebswirtschaftliche Entwicklung zu erhalten, weil der Magistrat davon überzeugt war, das Elektrizitätswerk in absehbarer Zeit in städtischen Besitz übernehmen zu können. Vertraglich wurde außerdem festgelegt, dass die AEG an jedermann Elektrizität für Beleuchtungs- und sonstige Zwecke in all jenen Straßen zu liefern habe, die mit Leitungen versehen sind. Nachdem der Stadtrat am 25. April 1905 in erster Lesung zugestimmt hatte, galt die Errichtung des öffentlichen Elektrizitätswerks als beschlossen. Im Verlauf des Jahres 1905 wurden noch einige Ergänzungen und Änderungen vorgenommen, die schließlich am 6. Dezember 1905 in zweiter Lesung vom Stadtrat genehmigt wurden. Damit hatte er den

[130] General-Anzeiger für Oldenburg und Ostfriesland, Nr. 304, 30.12.1904.

[131] Vertrag zwischen Stadt Oldenburg und AEG mit Nachtrag und Änderungen des § 3 vom 11.12.1905; ferner Protokoll des Stadtmagistrats, 21.12.1905. Der Vertrag zwischen Magistrat und AEG wurde am 11./15.4.1905 unterzeichnet. Das Datum der Unterzeichnung in Oldenburg variiert, mal ist es der 13., mal der 15. April. Im Schriftverkehr zwischen Magistrat und Stadtrat wird stets der 15. April genannt, StAO, Best. 262-1 A Nr. 2364.

Vertrag endgültig bestätigt.[132] In den Oldenburger *Nachrichten für Stadt und Land* wurde dieser Schritt euphorisch begrüßt und dem Magistrat und dem Stadtrat für ihre zukunftsweisende Politik großes Lob gezollt:

> Man geht wohl nicht fehl, wenn man von seiner Einrichtung an eine ganz neue Entwicklungszeit für unsere Stadt datiert, zum wenigsten erhofft, und es besteht für uns gar kein Zweifel, daß das neue Werk neben dem Gaswerk nicht nur bestehen kann, sondern daß beide zu schönster Blüte gelangen werden. [...] Die Stadt muß und wird die zielbewußte Arbeit des Magistrats und die Leistung der Stadtratskommission freudig anerkennen. Kaum haben die Leiter unseres Gemeinwesens die notwendigsten Fragen des städtischen Wirtschaftslebens, wie die Kanalisation, die Neupflasterung, die Reform des Gaswerks, die Abfuhr u. a. erledigt, so versuchen sie, durch diesen Plan den Gewerbebetrieb auf eine höhere Stufe zu heben. Diese weitblickende Politik verdient die vollste Würdigung. Ihre Früchte werden langsam reifen, aber zweifelsohne von der größten Bedeutung für die Stadt sein.[133]

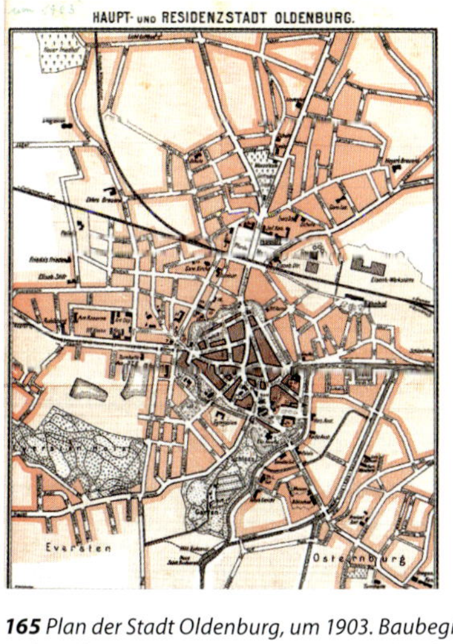

165 *Plan der Stadt Oldenburg, um 1903. Baubeginn des E-Werks an der Doktorsklappe war 1905. Stadtmuseum Oldenburg.*

Das Elektrizitätswerk war von Anfang an zu klein projektiert, obschon die AEG bei ihrer Kapazitätsberechnung auf die Ergebnisse der Bedarfsanalyse, die die städtische Verwaltung im Dezember 1900 durchgeführte hatte, zurückgegriffen und auch eigene Erhebungen veranlasst hatte.[134] Diese bewusste oder unbewusste Verknappung der Leistung zog sich durch die ganze Entwicklungsgeschichte des Oldenburger Werks. Kaum war eine Kapazitätserweiterung verwirklicht, begann bereits die Planung der nächsten. Dieses Schicksal teilte das Oldenburger Werk mit dem Osnabrücker Elektrizitätswerk ebenso wie mit Anlagen in anderen Städten.[135]

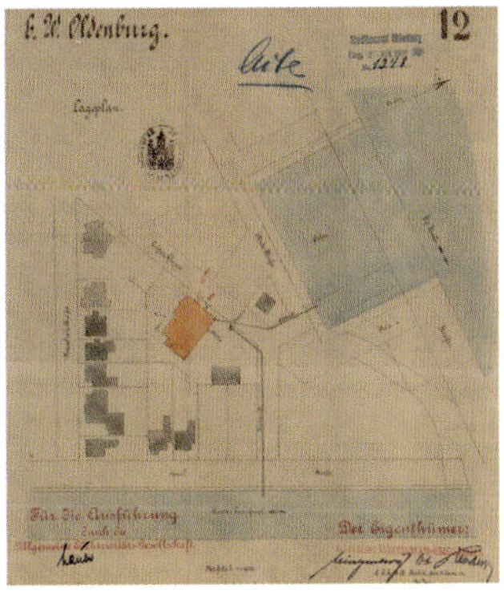

166 *Lageplan des Kraftwerks an der Doktorsklappe von 1906. StAO, Best 262-1 Nr. Fa 51- Fa. Fromm.*

167 *Elektrizitätswerk Oldenburg, Planzeichnung mit zwei Ansichten, 1906, Maßstab 1:100. StAO, Best. 262-1 Nr. 441 P.*

---

132 Stadtratssitzungen vom 25.4. und 6.12.1905, StAO, Best. 262-1 A Nr. 2364.

133 Oldenburg erhält ein Elektrizitätswerk!, in: Nachrichten, Nr. 90. 15.4.1905.

134 Paragraf 4 des Stromversorgungsvertrages zwischen AEG und Stadt Oldenburg vom 21.12.1905, StAO, Best. 262-1 A Nr. 2364.

135 Spilker, Rolf: Der Schritt ans Netz. Der Bau des Osnabrücker Elektrizitätswerks, in: Spilker: Unbedingt modern sein, S. 124. Die AEG hatte auch ein E-Werk in Osnabrück errichtet

Aus gutem Grund verzichtete die AEG auf eine gründliche Marktanalyse, denn bei jeder Betriebserweiterung konnte sie wieder neue Anlagen verkaufen, die größtenteils in eigenen Fabriken hergestellt wurden. Hinzu kam, dass der Übernahmewert für Oldenburg sich dadurch, abgesehen von den Investitionskosten, jedes Mal zusätzlich um 20 Prozent erhöhte.[136]

Die Folgen, die sich aus dem Fehlen einer zuverlässigen Marktanalyse und den unzulänglichen Berechnungen in Bezug auf die Größe der Anlage ergaben, hatte der Bauausschuss das erste Mal bereits in der Planungsphase hinzunehmen. Bevor das Elektrizitätswerk in Oldenburg ans Netz ging, musste die Kapazität erhöht werden, weil die Großherzogliche Eisenbahndirektion und die AEG vertraglich vereinbart hatten, den Oldenburger Hauptbahnhof und die Eisenbahn-Werkstätten mit Lichtstrom zu versorgen. Offen blieb zu diesem Zeitpunkt die Frage, ob die Eisenbahn auch Kraftstrom erhalten sollte. Darüber hinaus war die Nachfrage von Privatkunden für Hausanschlüsse drastisch gestiegen. Die ursprünglich kalkulierten Kosten erhöhten sich dadurch um fast 43.000 Mark und betrugen im Februar 1906 insgesamt 441.504 Mark.[137]

Eine weitere Änderung betraf die Verlegung der Stromkabel. Zunächst war geplant, alle Speiseleitungen unterirdisch und die Verteilungsleitungen oberirdisch über den Dächern, an den Häusern oder auf Masten zu verlegen. Die AEG favorisierte diese Lösung, weil sie im Aufbau am preisgünstigsten, in der späteren Unterhaltung jedoch teurer war. Die Stadt lehnte diese Variante aus ästhetischen Gründen ab, war aber schließlich damit einverstanden, weil sie massive Schäden am neuen Straßenpflaster befürchtete. Als sich jedoch infolge einer aktualisierten Reichsvorschrift, die zur Sicherung des Fernsprechnetzes überall eiserne statt hölzerne Masten verordnete, das oberirdische Leitungssystem wesentlich verteuerte, beabsichtigte die AEG daraufhin alle Leitungen unterirdisch zu verlegen. Die Stadt begrüßte diesen Schritt und entwickelte zusammen mit der AEG Grundsätze, die bei der Verlegung von unterirdischen Leitungen mit Rücksicht auf das Straßenpflaster zu beachten waren. Der Plan sah vor, dass in allen gepflasterten Straßen in der erweiterten Stadt auf Kosten des Elektrizitätswerks in Abständen von 50 bis 80 Metern Rohrkanäle durch den Fahrdamm gelegt werden mussten. Weiter heißt es:

> Abgesehen von den Strassenkreuzungen müssen die Leitungen überall unter den Bürgersteigen verlegt werden. Die Bürgersteige dürfen nach Bedürfnis, auch bei künftigen Hausanschlüssen, aufgebrochen werden, jedoch mit Ausnahme der Zementplatten am Stau, am Julius Mosenplatz und am Friedensplatz. Wo die Trottoire infolge der Aufbrüche verschlechtert werden, sind sie demnächst in ganzer Breite auf Kosten des Elektrizitätswerkes umzulegen. Künftig dürfen in neugepflasterten Bürgersteigen innerhalb zweier Jahre nur ausnahmsweise mit Genehmigung des Magistrats und dann nur gegen eine Gebühr von 40 M Anschlussleitungen verlegt werden.[138]

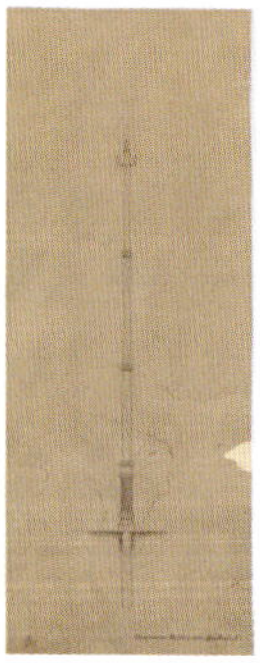

***168** Strommast, den die AEG in ihren Versorgungsgebieten aufstellte, um 1905. StAO, Best. 262-1 Nr. 441 P.*

Der Ausbau des Leitungssystems sollte schrittweise erfolgen. Im ersten Schritt war vorgesehen, alle Straßen in der Altstadt, im Dobbenviertel und in einigen unmittelbar an das Stadtzentrum angrenzenden Straßen mit einem unterirdischen Leitungsnetz zu versehen. Die Liste umfasste 33 Straßen:[139] Stau

[136] Stadtmagistrat an Stadtrat vom 8.12.1908; Festsetzung des Herstellungswertes des Elektrizitätswerks, StAO, Best. 262-1 A Nr. 2364.
[137] Stadtmagistrat an Stadtrat vom 20.2.1906, ebd.
[138] Stadtmagistrat an Stadtrat vom 19.7.1906. Der Magistrat bezog sich dabei auf die zwischen dem Stadtbaumeister Noack und der AEG vereinbarten Grundsätze vom 16.7.1906, ebd.
[139] Auflistung der Straßen, 22.5.1906, ebd.; ferner: Das Elektrizitätswerk für die Stadt Oldenburg, in: Nachrichten, Nr. 277, 28.11.1905.

bis Kaiserstraße, Rosenstraße von der Bahnhofstraße bis zum Pferdemarkt, Gottorp-, Bahnhof-, Oster-, Donnerschweer- bis Karlstraße, Stau-, Schütting-, Achtern-, Ritter-, Lange-, Gast-, Haaren-, Motten-, Wallstraße, Markt, Kasinoplatz, innerer und mittlerer Damm, Theaterwall, Friedensplatz, Lindenallee, Ofener- bis Auguststraße oder bis Artilleriekasino, Cäcilienstraße bis zum Cäcilienplatz, Herbart-, Moltke-, Bismarck-, Roon-, Tauben-, Gartenstraße bis Stadtgrenze, Heiligengeiststraße bis zur Bahn, Pferdemarkt von der Heiligengeist- bis zur Rosenstraße, Peterstraße vom Friedensplatz bis zur Blumenstraße, Elisabethstraße bis zum Öljestrich.

Als eine Entscheidung über die maschinelle Einrichtung getroffen werden musste, zeigte sich erneut, dass die AEG ihre Unternehmensargumentationen durchzusetzen verstand. Es war üblich, dass die AEG die von ihr gebauten Elektrizitätswerke mit eigenen lieferbaren Produkten einrichtete, folglich versuchte sie auch in Oldenburg das von ihr gewünschte System aufzubauen. Dem Vorschlag des Unternehmens hatte die Baukommission kaum etwas entgegenzusetzen, denn es fehlte in Oldenburg an eigenen Fachkräften aus dem Elektrobereich, die in der Lage waren, die in Frage kommenden Technologien kritisch zu beurteilen und mit den Ingenieuren des Konzerns über die Wahl des geeigneten technischen Systems zu verhandeln. Auf Wunsch des Magistrats hatte die AEG eine vergleichende Kostenanalyse zwischen Dampfturbinen, Dampfmaschinen und Gasmaschinen erstellt und war zu dem Ergebnis gekommen, dass die beiden ersten Technologien sich von den Anlage- und Betriebskosten her glichen, während die Kosten für die Gasmaschine höher lagen. Die AEG empfahl aus technischen und wirtschaftlichen Gründen die Aufstellung einer Dampfturbine, die in dem Berliner Unternehmen nach der Jahrhundertwende entwickelt worden war. Die Maschine zeichnete sich nach Firmenauskunft durch „ihre geringe Raumbeanspruchung und größere Wirtschaftlichkeit“ aus und verdrängte in kurzer Zeit die vorher gebräuchlichen Kolbenmaschinen.[140] Weil der Bauausschuss gegenüber dieser neuen Entwicklung Zweifel hegte, lud die AEG Baurat Dittmann, Gaswerksdirektor Wichmann und Stadtbaumeister Noack nach Berlin zu einer Fabrikbesichtigung ein. Die technische Anlage überzeugte die Oldenburger Expertengruppe und sie empfahlen die Installation der Dampfturbine. Über den Besuch in Berlin berichtete die Lokalzeitung:

> Es wurde in Berlin die Werkstätte der A.E.G. für Dampfturbinenbau besichtigt und dabei gefunden, daß eine große Anzahl von Turbinen jeder Größe teils fertig, teils im Bau begriffen waren, daß also eine große Anzahl von Lieferungsaufträgen vorlag, und daß mehrere solcher Maschinen als Betriebsmaschinen in Arbeit standen. Die Ausführung der Maschinen zeigte sich als eine äußerst solide, die Bedienung derselben tatsächlich als eine sehr einfache. In der Kraftstation der Spandauer Straßenbahn, welche ebenfalls besichtigt wurde, war seit einiger Zeit für zwei Dampfmaschinen eine Dampfturbine im Betriebe. Der Direktor der Straßenbahn war mit der Turbine sehr zufrieden. Die Turbinenanlage nahm einen erheblich geringeren Platz ein als die beiden weniger leistungsfähigen Dampfmaschinen. Auch hier wurde die große Einfachheit in der Bedienung hervorgehoben.[141]

***169** Vollständiger Gleichstromgenerator, AEG 1905. Foto Deutsches Technikmuseum Berlin.*

[140] AEG (Hg.): AEG-Festschrift 1883–1923, S. 6.
[141] Aus dem Projekt der Allgem. Elektrizitäts-Gesellschaft über den Bau des Elektrizitätswerkes in Oldenburg, in: Nachrichten, Nr. 278, 29.11.1905.

Als Bauplatz für das zentrale Elektrizitätswerk diente ein rund 2 300 Quadratmeter großes Grundstück südlich vom Wendehafen an der Doktorsklappe. Das Areal war so bemessen, dass zukünftige Erweiterungen der Maschinenanlage und der Gebäude vorgenommen werden konnten.

> Die Anlage ist dem mutmasslichen Bedürfnisse entsprechend disponiert und in guter solider Ausführung nach dem gegenwärtigen Stande der Technik, im übrigen aber, im Hinblick auf die mässigen Rentabilitätsaussichten, einfach und bescheiden geplant. Dies gilt namentlich auch für das Leitungsnetz, und zwar sowohl hinsichtlich der Ausdehnung, als auch hinsichtlich der Anbringung der Verteilungsleitungen.[142]

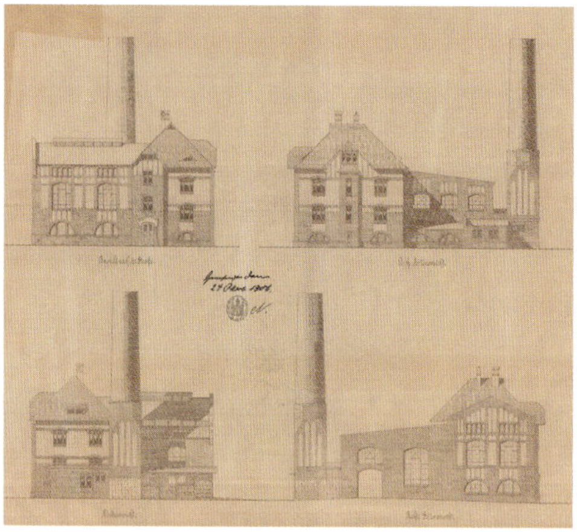

170 Vier Ansichten vom E-Werk, Bauzeichnung 1905. StAO, Best. 262-1 Nr. Fa 51- Fa. Fromm.

Die Kostenkalkulationen für die Maschinenstation, das Leitungsnetz, die Bauleitung sowie für Zuleitungen zu den Hausanschlüssen und Zählern erwiesen sich bereits kurze Zeit nach Baubeginn als völlig unzureichend. Die Gesamtbaukosten waren seit Februar 1906 von 441.504 Mark auf 601.617 Mark im Herbst 1906 angewachsen.[143]

Im September 1906 begannen die Ausschachtungs- und Fundamentierungsarbeiten. Das Fundament für die großen Maschinen bestand aus zahlreichen Eisenstangen, die in mehreren Schichten in Zement eingebettet waren. Die Konstruktion sollte gewährleisten, dass beim späteren Betrieb der Anlage keine Erschütterungen und Schwankungen auftraten.[144] Das erste Dampfkraftwerk für die Stadt Oldenburg wurde mit zwei Turbinen von je 200 Kilowatt Leistung und einer Akkumulatorenbatterie von 100 Kilowatt errichtet, so dass sich eine Gesamtkapazität von rund 500 Kilowatt ergab. Die Spannung betrug 2 mal 220 Volt Gleichstrom.[145]

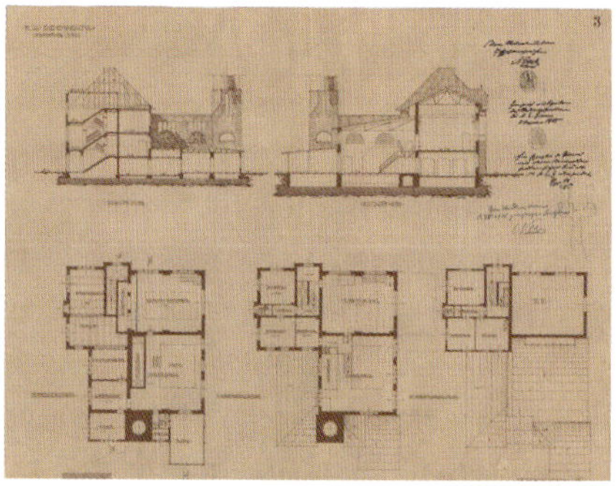

***171** Lageplan, Seitenansicht und Schnitt durch das Maschinen- und Kesselhaus, 1905, Maßstab 1:100. StAO, Best. 262-1 Nr. 441 P.*

Das Gleichstromsystem galt seit den 1880er Jahren als technisch ausgereift, und die großen Elektrokonzerne Siemens & Halske und die AEG gaben diesem System viele Jahre den Vorzug. Mit Beginn der 1890er Jahre, vor allem seit der erfolgreichen Fernübertragung des hochgespannten Drehstroms von Frankfurt nach Lauffen am Neckar anlässlich der Frankfurter Elektrotechnischen Ausstellung, entbrannte jedoch eine heftige Debatte über die Stromarten – Gleichstrom- oder Wechselstrom-Verteilung –, die schließlich zu Beginn des 20. Jahrhunderts zu Gunsten des Wechselstroms entschieden wurde.[146]

142 Gas- und Wasserkommission an Stadtrat vom 23.11.1905; Vertrag zwischen Stadt und AEG vom April 1905; ferner Lageplan des Elektrizitätswerks vom 9.7.1912, StAO, Best. 262-1 A Nr. 2364.
143 Das Projekt für den Bau des Elektrizitätswerkes, in: Nachrichten, Nr. 262, 22.9.1906.
144 Elektrizitätswerk, in: Nachrichten, Nr. 257, 17.9.1906.
145 Stadtmagistrat an Stadtrat vom 18.3.1908, StAO, Best. 262-1 A Nr. 2364.
146 Steen, Jürgen: Die „fée électricité" trifft Prometheus – Die Internationale Elektrotechnische Ausstellung 1891 und die „Neue Zeit", in: Spilker: Unbedingt modern sein, S. 39ff.; ferner: AEG: AEG-Festschrift 1883–1923, S. 6. Zur Frage des Stromsystems siehe den Beitrag über die Frankfurter Ausstellung in Kap. 1.2.

Auch die AEG favorisierte nun die Drehstromerzeugung. In der Festschrift der AEG anlässlich des 40-jährigen Bestehens des Unternehmens heißt es über die technische Entwicklung im ersten Jahrzehnt des 20. Jahrhunderts:

> Man zieht in der Regel heute die reine Drehstromerzeugung vor, selbst wenn aus historischen (bestehende Gleichstromnetze) oder technischen Gründen (Straßenbahnen) noch Gleichstrom für den Verbrauch geliefert werden muß. Dieser wird heute fast ausnahmslos durch Umformung erzeugt.[147]

Aus der Quellenüberlieferung geht nicht hervor, warum die AEG trotzdem in Oldenburg eine Gleichstromanlage aufbaute. Möglicherweise gab der Umstand, dass nur die Residenzstadt und nicht die umliegenden Regionen mit Strom versorgt werden sollten, den Ausschlag. Auch könnte der erwartete hohe Anteil an Lichtstrom die Entscheidung beeinflusst haben, denn zur Versorgung von Glüh- und Bogenlampen war dieses System hervorragend geeignet, da sich Gleichstrom in geringen Mengen in Batterien speichern ließ. Gleichzeitig versprach die Mischung der Konsumenten aus Gewerbe, Industrie und Privathaushalten eine rentable Auslastung, da sie den Strom zu unterschiedlichen Tages- und Nachtzeiten nachfragten. Die Spitzenzeiten in den Morgen- und Abendstunden konnten durch die Akkumulatorenbatterie ausgeglichen werden.

Aus technischer Sicht war für die Erzeugung und Verteilung von Gleichstrom die Nähe zum Verbraucher wichtig, denn die Energie konnte nicht ohne beträchtliche Verluste transportiert werden. Das erklärt vor allem den Standort des Kraftwerks inmitten des Hafens, in dessen unmittelbarer Nachbarschaft, insbesondere im Vorort Osternburg, zudem zahlreiche Handwerks- und Industriebetriebe angesiedelt waren. Vom Wendehafen aus war es außerdem nur eine geringe Entfernung zum Stadtzentrum mit seinen Geschäften, Banken, Gaststätten und Verwaltungsgebäuden. Zudem wohnte der Großteil die Bevölkerung in zwar weitläufigen, aber eng an das Zentrum angrenzenden Wohnquartieren.[148]

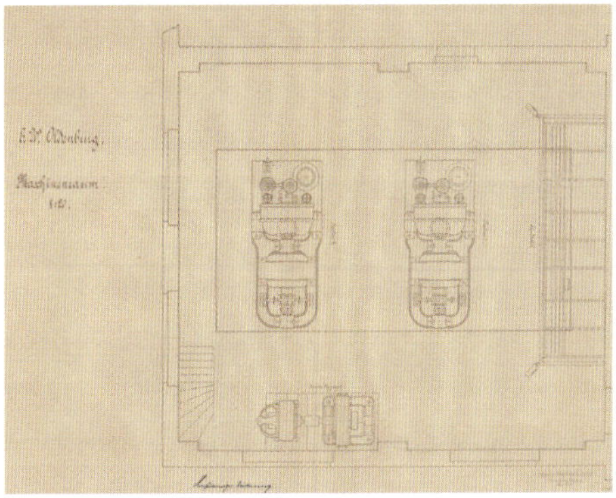

***172** Schnitt durch den Maschinenraum: Ansicht von zwei Turbinen und einem Zusatz-Aggregat, 10. Juni 1907, Maßstab 1:20. StAO, Best 262-1, Nr. 441 P.*

Die Eröffnung des Werks wurde immer wieder verschoben. Zunächst war der Eröffnungstermin für November 1906 vorgesehen, dann sollte er einen Monat später stattfinden. Bald hieß es, „daß vor Anfang bis Mitte März kein elektrisches Licht geliefert werden kann".[149] Schließlich wurden am 1. Mai 1907 die ersten Läden und Wohnungen in Oldenburg elektrisch beleuchtet.[150]

> In den Häusern sind die nötigen Anlagen bereits seit geraumer Zeit fertig gestellt, die liebe Jugend hat mit dem nötigen Sachverständnis das Legen des Kabels in unseren vielgeplagten Straßen beobachtet und wartet nun auf den Augenblick, „wo es losgeht". Die Hausfrau freut sich, daß „die Wirtschaft mit den Lampen" ein Ende hat und man nur zu „knipsen" braucht. Nur der Herr des Hauses sieht mit gemischten Gefühlen in die elektrisch erhellte Zukunft und rechnet im Stillen aus, was es kosten wird. Aber vielleicht wird es auch nicht so schlimm, wie man ihm am Stammtische erzählt hat. Zudem kann man ja „abstellen", und wie immer im Leben kommt auch hier alles auf rechtzeitiges „Abstellen" an.[151]

[147] Ebd., S. 6f.
[148] Tepasse: Stadttechnik im Städtebau Berlins, S. 187f., ferner: Herzig: Wirtschaftsgeschichtliche Aspekte, S. 125; Ephraim: Die Stadt Oldenburg in sozialstatistischer Beleuchtung, S. 23ff.
[149] Wann wird das Elektrizitätswerk fertig?, in: Nachrichten, Nr. 308, 7.11.1906.
[150] Elektrisch erleuchtet, in: Nachrichten, Nr. 119, 2.5.1907.
[151] Unser Beleuchtungswesen einst und jetzt, in: Nachrichten, Nr. 118, 1.5.1907.

Die feierliche Eröffnung der Elektrizitätszentrale mit Prof. Klingenberg und Oldenburger Honoratioren fand am 14. Mai 1907 statt. Klingenberg führte die Gäste durch das Werk und erläuterte die technische Funktion der Stromerzeugung. In seiner Ansprache betonte er besonders die wirtschaftliche Bedeutung des Elektrizitätswerks für die Zukunft Oldenburgs:

> Immerhin zeigen die bereits vor der Betriebseröffnung vorliegenden zahlreichen Anmeldungen, daß für die Errichtung des Werkes ein großes tatsächliches Bedürfnis vorlag: insbesondere weisen die zahlreichen Motoranschlüsse darauf hin, daß das Kleingewerbe den Nutzen der elektrischen Energielieferung bereits richtig erkannt hat.

Anschließend bedankte sich Oberbürgermeister Tappenbeck bei Klingenberg, der als Sohn der Stadt sich mit der Elektrizitätszentrale besondere Verdienste erworben habe.[152] Einige Wochen zuvor war es zu heftigen Protesten in der Oldenburger Bevölkerung gekommen, weil die AEG bis zum feierlichen Eröffnungstermin mit der lang ersehnten elektrischen Versorgung warten wollte. Die Geschäftsleitung beugte sich schließlich dem Druck der Oldenburger und das Elektrizitätswerk nahm die Stromversorgung am 1. Mai 1907 auf.[153]

Die Erwartungen der Oldenburger Betreibergesellschaft, der „Elektrizitäts-Lieferungs-Gesellschaft (E.L.G.)", einer Tochtergesellschaft der AEG, die unmittelbar nach Fertigstellung des Elektrizitätswerks die Betriebsleitung übernommen hatte, waren weit übertroffen worden. Bei der Eröffnung des Werks waren 106 Bogenlampen, 4 285 Glühlampen sowie 51 Apparate und Motoren angeschlossen. Angemeldet waren zu diesem Zeitpunkt bereits 9 600 Glühlampen, 360 Bogenlampen und 81 Elektromotoren. Mit diesem Ergebnis hatte die AEG erst drei Jahre nach Inbetriebnahme des Werks gerechnet, so dass bereits für das laufende Jahr eine Werkserweiterung geplant wurde.[154]

Bis Januar 1908 kamen zahlreiche Anschlüsse hinzu: Allein auf dem Oldenburger Hauptbahnhof leuchteten 1 040 Glühlampen und 183 Bogenlampen. Darüber hinaus hatte sich die Anzahl der Glühlampen für Private auf 11.897 erhöht, und die der Motoren und Apparate auf 290 Stück.[155]

Der erste Prüfungsbericht, den die ELG den Mitgliedern der Licht- und Wasserkommission vorgelegt hatte, wies zahlreiche Mängel auf. In vielen Fällen waren für Erweiterungen und Neuanschaffungen keine Genehmigungen von der Kommunalverwaltung eingeholt worden, zudem fehlten oft die Belege oder die Preise waren zu hoch angesetzt. Die Prüfung ergab, dass die ELG rund 32.600 Mark fehlerhaft abgerechnet hatte.[156] Der Kommentar der Licht- und Wasserkommission nach monatelangen Prüfungen der Bauabrechnungen lautete: „Derartige Doktorrechnungen werden, wenn wir jetzt nicht energisch dagegen auftreten, in jeder Jahresbilanz wiederkehren. Es sind uns lediglich Selbstkosten in Rechnung zu stellen und kein Verdienst."[157]

Nach mehreren Verhandlungen wurde schließlich im Einverständnis mit der ELG der Herstellungswert des Werks nach der ersten Ausbaustufe auf 644.228,26 Mark festgestellt.[158] Daraus ergab sich ein Übernahmewert des Elektrizitätswerks zum 31. Dezember 1907 von 796.400,55 Mark.[159] Der Übernahmewert stellte die Summe dar, die die Stadt beim Kauf des Werks zu zahlen hatte. In Paragraf 18 des Vertrags vom April 1905 heißt es dazu:

[152] Die Eröffnung des Elektrizitätswerks, in: Nachrichten, Nr. 132, 15.5.1907.
[153] Das Elektrizitätswerk wir morgen eröffnet werden, in: Nachrichten, Nr. 117, 30.4.1907.
[154] Elektrisch erleuchtet, in: Nachrichten, Nr. 119, 2.5.1905; ferner: Die Eröffnung des Elektrizitätswerks, in: Nachrichten, Nr. 132, 15.5.1907.
[155] Bericht der ELG vom 17.3.1909, Abschlussprüfung, 1.1.-31.1.1908, Stadtmuseum Oldenburg, Elektrizitätswerk, o. Sig.; ferner: Stadtmagistrat an Stadtrat vom 18.3.1908. Die Angaben des Stadtmagistrats im Schreiben vom 18.3.1908 an den Stadtrat stimmen nicht überein mit den Angaben des Prüfungsberichtes, StAO, Best. 262-1 A Nr. 2364; ferner: Die Eröffnung des Elektrizitätswerks, in: Nachrichten, Nr. 132, 15.5.1907.
[156] Stadtmagistrat an Stadtrat vom 8.12.1908, StAO, Best. 262-1 A Nr. 2364.
[157] Nicht namentlich gezeichnetes Schreiben vom 23.5.1908, vermutlich Gaswerksdirektor Wichmann. Erwiderung auf die Zusammenstellung der Antworten der ELG vom 13.4.1908, Stadtmuseum Oldenburg. Elektrizitätswerk. o. Sig.
[158] Stadtmagistrat an Stadtrat vom 8.12.1908: Festsetzung des Herstellungswertes des Elektrizitätswerks, StAO, Best. 262-1 A Nr. 2364.
[159] Stadtmagistrat an Stadtrat vom 23.1.1909, ebd.

> Der nach § 5 ermittelte Herstellungswert der ersten Anlage wie je einer künftigen Erweiterung wird um 20 Proz. erhöht, und dieser erhöhte Wert wird jährlich um 3 Proz. des erhöhten Herstellungswertes vermindert bis zur gänzlichen Abschreibung. Der sich so ergebende, alljährlich beim Abschluss dem Magistrat nachzuweisende Wert stellt den jeweiligen Übernahmewert vor.[160]

Der sprunghaft gestiegene Bedarf an Elektrizität unmittelbar nach der Betriebseröffnung konnte von der ELG kaum gedeckt werden. Schon 1908 wurde deshalb die Maschinenstation um eine zusätzliche Turbine mit einer Leistung von 500 Kilowatt erweitert, was zu einer Verdoppelung der Kraftwerkskapazität führte, und im selben Jahr kaufte die Stadt vom Staat das staatliche Elektrizitätswerk – das Wasserkraftwerk an der Mühlenstraße – und verpachtete es an die ELG.[161] Im Wasserkraftwerk waren zwei Drehstrommaschinen 600/100 und eine Batterie von 128 Kilowatt in Betrieb. Die Höchstleistung des Gleichstromwerks und des Drehstromwerks betrug jeweils im Dezember zusammen:[162]

Jahr	Kilowatt	Steigerung gegenüber Vorjahr
1907	440 Kilowatt	–
1908	590 Kilowatt	+ 34,0 Prozent
1909	760 Kilowatt	+ 28,8 Prozent
1910	1020 Kilowatt	+ 34,2 Prozent
1911	1170 Kilowatt	+ 14,7 Prozent

Die folgende Übersicht legt die Entwicklung der Elektrizitätsversorgung in der Residenzstadt dar. Die Zahl der Abnehmer stieg zwischen 1908 und 1911 um 121,8 Prozent. Dabei zeigt sich, dass der Verbrauch für Beleuchtung viel höher lag als der für Motoren und Apparate.[163]

	Mai 1907 Eröffnung des Werkes	31.12. 1908	31.12. 1909	31.12. 1910	31.12. 1911
Elektrische Lampen und Geräte	Anzahl	Anzahl	Anzahl	Anzahl	Anzahl
Glühlampen für Private	4 285	14.635	20.262	25.542	30.747
Nernstlampen, Große Glühlampen Bogenlampen für Private	106	397	562	603	572
Glühlampen Bahnhof	–	1 078	–	–	–
Bogenlampen Bahnhof	–	211	–	–	–
Bogenlampen, Straßenbeleuchtung	–	12	–	–	–
Apparate	20	139	220	302	351
Motoren	31	151	199	255	308
Abnehmer	–	707	952	1 264	1 568
Zähler	–	752	1 037	1 470	1 872

Der Ausbau des Leitungsnetzes erfolgte nicht über Nacht, aber überall dort, wo Leitungen verlegt worden waren, wünschten sich die Anwohner möglichst rasch einen elektrischen Anschluss. Wie gering der Elektrifizierungsgrad 1910 noch war, verdeutlichen einige Zahlen: Die Stadt zählte 1910 insgesamt 30.242 Einwohner.[164] Die Zahl der Wohngebäude betrug zur selben Zeit 3 302 mit insgesamt 6 321 Wohnungen.[165] Der Anteil der Haushaltungen, die zu diesem Zeitpunkt über einen Elektrizitätsanschluss verfügten, läßt sich nicht genau ermitteln, denn unter den 1 264 Kunden waren

[160] Vertrag über die Errichtung und den Betrieb eines öffentlichen Elektrizitätswerkes in Oldenburg vom 11./13. April 1905, in: Gemeinde-Blatt, 52, 1905, S. 73.
[161] Geschäftsbericht des städtischen Elektrizitätswerks, 1.1.-30.4.1912, in: Gemeinde-Blatt 59, 1912, S. 178ff.
[162] Bericht vom 20.2.1912 betreffend die Prüfung des Abschlusses des Elektrizitätswerkes per 1.1.1911–31.1.1912, Stadtmuseum Oldenburg. Elektrizitätswerk, o. Sig.
[163] Direktor der Gas- und Wasserwerke: Anlage zum Schreiben des Stadtmagistrats an den Stadtrat vom 13.4.1911 betrifft Festsetzung des Übernahmewerts, StAO, Best. 262-1 A Nr. 2364; ferner: Abschlussberichte vom 17.3.1909 und 20.2.1912, Stadtmuseum Oldenburg, Elektrizitätswerk, o. Sig.
[164] Schulze: Oldenburgs Wirtschaft einst und jetzt, S. 26.
[165] Ephraim: Die Stadt Oldenburg in sozialstatistischer Beleuchtung, S. 78ff. Ephraim weist darauf hin, dass ihm für seine Erhebung das Material von 98,2 Prozent aller Wohnhäuser und 95,2 Prozent der darin untergebrachten Personen zur Verfügung gestanden habe.

auch Gewerbebetriebe sowie Büro- und Geschäftshäuser. Doch entsprechend der Struktur der Residenzstadt, in der nur verhältnismäßig wenig Industrie ansässig war, lieferte die ELG am häufigsten Lichtstrom.

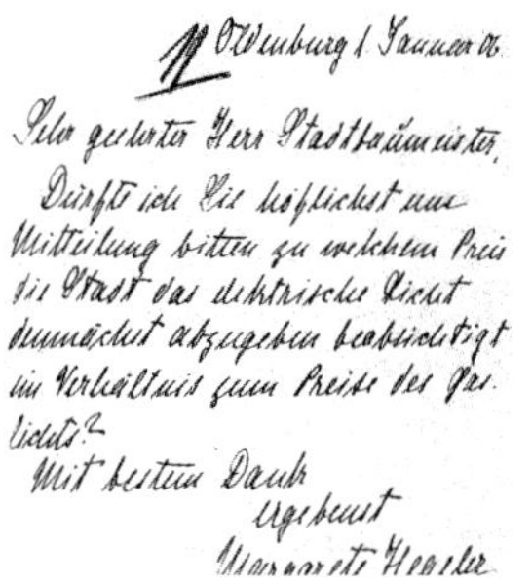
[illegible] Oldenburg 1 Januar 06.

Sehr geehrter Herr Stadtbaumeister,
Dürfte ich Sie höflichst um Mitteilung bitten zu welchem Preis die Stadt das elektrische Licht demnächst abzugeben beabsichtigt im Verhältnis zum Preise des Gaslichts?
Mit besten Dank
ergebenst
[illegible]

***173** Eine Oldenburgerin erkundigt sich nach den Preisunterschieden für Gas- und für elektrisches Licht, 1906. StAO, Best. 262-1 Nr. 2364.*

Das Elektrizitätswerk konnte die steigende Nachfrage kaum befriedigen, und es häuften sich die Klagen der Bewohner über den wiederholten Stromausfall. Die *Nachrichten* berichteten am 15. November 1911 über die Ursachen,

> daß infolge der außerordentlich großen Zahl von Neuanschlüssen die Kabelleitung in einzelnen Stadtteilen überlastet sei. Auf die dadurch bedingten Spannungsverluste seien die Mängel der Beleuchtung in den meisten Fällen zurückzuführen. Die Verlegung neuer Kabel nimmt längere Zeit in Anspruch, das Elektrizitätswerk ist aber darüber aus, [sic!] provisorische Einrichtungen zu treffen, um die Mängel, soweit möglich, rasch zu beseitigen [...] Das Elektrizitätswerk ist unausgesetzt bemüht, durch Einrichtung von Provisorien und durch Abmachungen mit größeren Stromabnehmern Störungen vorzubeugen.

Die Ursachen für diese Entwicklung waren vielschichtig. Einer der Gründe war, dass das elektrische Licht sich innerhalb kurzer Zeit einen zentralen Platz im Alltag der Bürger erobert hatte. Aufgrund der wachsenden Einwohnerzahl seit dem Ende des 19. Jahrhunderts verdichteten sich die Stadtviertel an den Ausfallstraßen, und zur selben Zeit dehnten sie sich immer mehr aus. Die Bevölkerung war zwischen 1880 und 1910 um knapp 10.000 Personen gewachsen.[166] Der Empiriker Hugo Ephraim teilte die Stadt in seiner Sozialstudie von 1910 in sieben Quartiere: „Altstadt, Stau und Bahnhof, Hunte und Dammtor, Dobben, Auß'm Haartentor, Auß'm Heiligengeißtor, Stadtgebiet." Vor allem in den Neubaugebieten Dobben- und Haareneschviertel ließen sich begüterte Rentiers und Staatsbeamte nieder. Zu den bevorzugten Wohngebieten zählten auch das Hunte- und das Dammtor sowie der Stau und der Bahnhof. Ärmere Leute wohnten vor allem im Heiligengeisttorviertel und im Stadtgebiet.

Allerdings waren nach der Untersuchung von Ephraim – mit Ausnahme des Dobbenviertels – in den übrigen sechs Quartieren „Arm und Reich, Hoch und Niedrig durcheinander vertreten".[167] Es liegt auf der Hand, dass die Bewohner in ihren Häusern, sofern sie es sich leisten konnten, auf das elektrische Licht nicht verzichten wollten, nicht zuletzt deshalb, weil damit in den Anfangsjahren der Elektrifizierung Prestige, Glanz und Luxus assoziiert wurden. Eine Verzögerung bei der Versorgung der Randbezirke oder einiger Straßenzüge bedeutete dagegen für die Bewohner, auf eine gemeinsame Stadterfahrung mit dem Zentrum und dem Dobbenviertel verzichten zu müssen, zu der die elektrische Beleuchtung der Wohnungen und der Straßen zählte.

***174** Oldenburger Hauptbahnhof, Ansicht von der Bahnhofstraße, 1916. Stadtmuseum Oldenburg.*

[166] Ebd., S. 5: Bevölkerung in der Stadt: 1880: 20 575; 1895: 25 472; 1905: 28 565; 1910: 30 242 Einwohner.
[167] Ebd., S. 92ff.

Ein weiterer Grund für die Schwierigkeiten der Elektrizitätslieferung war der Stromhunger von Gewerbe und Industrie. Der Oldenburger Hauptbahnhof und die Werkstätten der Eisenbahn waren bereits kurze Zeit nach der Eröffnung des Elektrizitätswerks ans Netz gegangen, im April/Mai 1911 erhielt auch der neue Verschiebebahnhof in Osternburg einen Netzanschluss. Die Versorgung des Verschiebebahnhofs erfolgte mit Drehstrom aus dem Wasserkraftwerk. Der jährliche Strombedarf wurde auf etwa 17.000 Kilowattstunden Kraftstrom und 80.000 Kilowattstunden Lichtstrom geschätzt.[168] Die Genehmigung für das Verlegen des Hochspannungskabels vom Turbinenhaus des Wasserkraftwerks durch die Poststraße, Huntestraße, den mittleren und äußeren Damm, die Bremer Straße und Bremer Heerstraße bis zum Rangierbahnhof erteilte der Stadtrat in seiner Sitzung am 4. Mai 1911.[169]

***175** Verschiebebahnhof Oldenburg. Die Anlage wurde am 11. Juni 1911 in Betrieb genommen. Stadtmuseum Oldenburg.*

Die Großherzoglich Oldenburgische Eisenbahn war in jener Zeit der zweitgrößte Stromkonsument des Oldenburger Elektrizitätswerks.

Den Spitzenwert erzielte die Oldenburgische Glashütte (gegründet 1845). Sie bezog seit 1908 ihren Energiebedarf vom Elektrizitätswerk. Die Glashütte im Vorort Osternburg war um die Jahrhundertwende der größte Oldenburger Industriebetrieb mit 675 Arbeitern.[170] 1907 stellte das Werk die erste automatische Flaschenblasmaschine auf, 1911 die zweite und schließlich erfolgte 1912 die Aufstellung der dritten Maschine. Der Kraftstrombedarf war so hoch, dass die Glashütte einen Sondertarif erhielt, der 1908, 1910 und 1911 zwischen ELG und Glashütte vertraglich geregelt wurde. Nach der Kommunalisierung des E-Werks gewährte auch die Stadt dem bedeutenden Industriebetrieb Sonderkonditionen beim Stromtarif:

> Es ist anzunehmen, dass im nächsten Jahre [1912] etwa 500.000 Kwst., also ein Drittel der Gesamtabgabe des Werkes abgenommen werden wird. Da die Maschinen Tag und Nacht laufen, so ist die Glashütte wegen der gleichmässigen Belastung des Werkes, die insbesondere auch eine günstige Ausnutzung der Wasserkraft ermöglicht, ein sehr erwünschter Abnehmer, dem für die bedeutende Strommenge ein sehr niedriger Preis zugestanden werden kann. Nach dem vorstehenden Tarif kosten 500.000 Kwst. im Mittel 7,2 Pf, und wenn sich der Bedarf auf 700.000 Kwst. steigern sollte, so stellt sich der Durchschnittspreis auf 6,86 Pf.[171]

***176** Elektrische Flaschenblasmaschine, um 1910. Stadtmuseum Oldenburg.*
***177** Arbeiter und Arbeiterinnen der Glashütte vor der Owens-Maschine, um 1917. Stadtmuseum Oldenburg.*

Aber nicht allein die große Nachfrage der Privatkonsumenten und der Industrie führten beim Elektrizitätswerk zu den beschriebenen Engpässen. Die Störungen in der Stromversorgung waren außerdem darauf zurückzuführen, dass das Werk seit 1910 kaum noch über eine Betriebsreserve verfügte und in den Wintermonaten häufig die Grenze der Belastbarkeit er-

[168] Stadtmagistrat an Stadtrat vom 24.4.1911, StAO, Best. 262-1 A Nr. 2364.
[169] Ebd.; Paragraf 1 des Vertragsentwurf zwischen der Elektrizitäts-Lieferungs-Gesellschaft in Berlin und der Stadt Oldenburg. Antrag des Stadtmagistrats beim Stadtrat betrifft Genehmigung des Vertrags über die Verlegung eines Drehstromkabels vom Wasserkraftwerk zum Verschiebebahnhof Osternburg; ferner: Sitzung des Stadtrats am 4.5.1911, in: Gemeinde-Blatt 58, 1911, S. 147.
[170] Ephraim: Die Stadt Oldenburg in sozialstatistischer Beleuchtung, S. 16.
[171] Stadtmagistrat an Stadtrat vom 23.9.1911. Zwischen ELG und Glashütte waren 1908, 1910 und 1911 jeweils Verträge über Stromlieferbedingungen geschlossen worden. Nach der Übernahme in städtisch

reichte.[172] Das Jahr 1910 leitete die entscheidende Veränderung in der Betriebsstruktur des Werks ein. Mit der Ausdehnung des Leitungsnetzes und der Steigerung des Stromabsatzes stieg die Notwendigkeit, die Stromerzeugung zu erhöhen. Die ELG beabsichtigte, einen zusätzlichen 500-Kilowatt- bzw. 750-Kilowatt-Turbodynamo aufzustellen, und stellte einen entsprechenden Antrag an den Magistrat. Zur selben Zeit gab es in der Stadtverwaltung Überlegungen, das Elektrizitätswerk zu erwerben, denn die Betriebsergebnisse versprachen auf lange Sicht eine gute Rendite. Zudem sicherte der Eigenbetrieb der Stadt das ausschließliche Wegerecht und die Tarifpolitik. Die Verhandlungen mit der ELG über die Übernahmemodalitäten wurden jedoch unterbrochen, weil die AEG eine Verschmelzung des Oldenburger Elektrizitätswerks mit ihrer geplanten Überlandzentrale anstrebte. Der Plan des Elektrizitätskonzerns vom Dezember 1909 sah vor, sämtliche Gemeinden des Herzogtums mit Strom zu versorgen, darunter auch die Residenzstadt.[173]

Die Überlandzentrale sollte in Vehnemoor, südwestlich von Oldenburg in der heutigen Gemeinde Wardenburg, errichtet werden, als Primärenergie war die Verwendung von Torf vorgesehen. Die Erzeugung elektrischer Energie sollte nach ähnlichen Grundsätzen erfolgen wie in der Überlandzentrale Wiesmoor, die von der zum Siemens-Konzern gehörende „Siemens Elektrischen Betriebe AG" (SEB) betrieben wurde. 1909 war zwischen dem Preußischen Staat und der SEB ein Vertrag über die Errichtung eines Torfkraftwerks in Wiesmoor geschlossen worden.

Die Maschinen und das Leitungsnetz wurden von der SEB, die Werksgebäude und die Torflieferung vom Domänenfiskus finanziert. Der Standort der SEB in Wiesmoor bei Aurich war damals preußisches Territorium. Der Konzessionsvertrag sicherte der SEB für 75 Jahre das Monopol für den Betrieb der Überlandzentrale Wiesmoor. Die Eröffnung des Werks erfolgte Ende 1909.[174] Es versorgte zunächst die Stadt Rüstringen (Bant) sowie die Gemeinden Zetel und Sande mit elektrischer Energie.[175]

178 *Kraftwerk Wiesmoor, 1921, in: Hinrichs, Jan: Wiesmoor, Hannover 1961, S. 21.*

Während im Norden der preußische Staat als Eigentümer der Moore der SEB das Nutzungsrecht erteilt hatte, war die AEG beim Aufbau ihrer geplanten Überlandzentrale im Herzogtum von der Lizenz des Oldenburgischen Staates abhängig, weil das Vehnemoor oldenburgisches Staatseigentum war. Die Großherzogliche Regierung unterstützte das Vorhaben und führte die Vertragsverhandlungen mit der AEG nicht nur über die Nutzungsrechte der Moore, sondern auch über die Lieferbedingungen elektrischer Arbeit an die Gemeinden, die bislang noch nicht an das Stromnetz angeschlossen waren. In zahlreichen Kommunen regte sich jedoch heftiger Widerstand, weil sie sich nicht für 50 Jahre an den Elektrokonzern binden wollten, obwohl die AEG insgesamt bessere Konditionen als die SEB angeboten hatte. Kommunen, die bereits über eigene Elektrizitätswerke verfügten, konnten unabhängig von staatlichen Vorgaben entscheiden, ob sie den Anschluss an die Überlandzentrale oder die Eigenregie bevorzugten.[176]

---

172 Betriebsbericht des städtischen Elektrizitätswerks Oldenburg i. Gr. vom 1. Januar bis 30. April 1912, in: Gemeinde-Blatt 59, 1912, S. 178. en Besitz vereinbarte die Stadt mit der Glashütte o. g. Sondertarifregelungen, StAO, Best. 262-1 A Nr. 2364.

173 Bericht Tappenbeck an Stadtrat vom 15.4.1911, Stadtmuseum Oldenburg, Elektrizitätswerk. o. Sig.; ferner: Amt Oldenburg an Gemeindevorsteher in Osternburg vom 5.2.1910, Einladung zur Informationsveranstaltung der AEG am 14.2.1910, StAO, Best. 262-1 F Nr. 14.

174 Hinrichs, Jan: Wiesmoor. Entstehung und Zukunft, Hannover 1961, S. 18.

175 Die Ueberlandzentrale im Vehnemoor, in: Nachrichten, Nr. 341, 11.12.1909.

176 Ebd.; ferner: Die große Elektrizitätszentrale in Vehnemoor, in: Nachrichten, Nr. 170, 22.6.1909.

Die AEG bot der Stadt Oldenburg an, auf das Übernahmerecht zu verzichten und das Werk an die Überlandzentrale zu verkaufen, die dann das Recht erhalten sollte, die Stromversorgung der Residenzstadt zu übernehmen. Oldenburg sollte einen Anteil an dem Gewinn aus dieser Stromversorgung erhalten. Die hohen Gewinnerwartungen führten im Magistrat jedoch zu der Entscheidung, das E-Werk besser in Eigenregie zu betreiben. Entsprechend lehnte er den Vorschlag der AEG mit der Begründung ab, dass die

> Angebote nicht ausreichten, um die Stadt zum Verzicht auf das wertvolle Uebernahmerecht zu bestimmen. Das Schlussergebnis der Kommissionsberatung beruht auf umfangreichen Berechnungen der Wirkung der von der anderen Seite gemachten Angebote sowie auf gründlichen Erörterungen über die Aussichten für die künftige Entwicklung des Elektrizitätswerkes.[177]

Das Ergebnis der Beratungen bestärkte die Licht- und Wasserkommission zugleich in ihrem Vorhaben, den Erwerb des Elektrizitätswerks umgehend zu realisieren.[178] In seiner Sitzung vom 9. August 1910 beschloss der Stadtrat den Ankauf des Elektrizitätswerks zum 1. Januar 1912 und beauftragte die Licht- und Wasserkommission, die Übernahme des Werks in städtischen Eigenbetrieb vorzubereiten.[179]

Wider Erwarten versuchte die AEG zu Beginn des Jahres 1911 erneut, Oldenburg zum Anschluss an das Stromnetz der Überlandzentrale zu bewegen. Nach den aktuellen Vorstellungen der AEG sollte die Stadt für einen bestimmten Preis eine festgesetzte Menge Strom von der Überlandzentrale erhalten. Das Leitungsnetz sollte die Stadt übernehmen, ebenso die Verteilung und den Verkauf des von der Überlandzentrale bezogenen Stroms. Die Bedingungen sahen außerdem vor, dass die Stadt das ausschließliche Wegerecht und die Gewalt über die Strompreispolitik erhielt. Die AEG ihrerseits wollte die Kosten für Verzinsung und Tilgung des Oldenburger Werks über den Strompreis verrechnen. Für die Residenzstadt hätten diese Geschäftsbedingungen zu einem höheren Strompreis geführt als im übrigen Herzogtum.

179 *Kundenwerbung der AEG Berlin für einen Stromanschluss an die Überland-Zentrale, 1910. EWE AG*

Die Gegenrechnung der Stadt ergab, dass sie bereits über ein entwickeltes Konsumgebiet mit einem Absatz von über 1 Million Kilowattstunden verfügte, im Besitz eines Wasserkraftwerks für Drehstrom war und die Option für die Übernahme des Elektrizitätswerks für Gleichstrom hatte. Angesichts des florierenden Stromgeschäfts in Oldenburg versprach die Übernahme in städtischen Besitz höhere Gewinne als bei einem Anschluss an die Überlandzentrale. In den langwierigen und schwierigen Verhandlungen, die die Licht- und Wasserkommission mit der AEG führte, spielte infolgedessen die Höhe des Strompreises eine entscheidende Rolle. Als die Differenz zwischen Forderung und Gebot nur noch geringfügig und die Kommission trotz beträchtlicher Opfer zum Einlenken bereit war, brach die AEG die Verhandlungen am 30. März 1911 plötzlich ab. Ein Grund wurde nicht genannt, Oberbürgermeister Tappenbeck vermutete, „dass das Scheitern der Verhandlungen mit der Stadt von äusseren Ursachen beeinflusst worden ist."[180] Später wurde bekannt, dass die AEG ihren Plan, eine Überlandzentrale zu errichten, aufgegeben hatte.[181]

---

[177] Stadtmagistrat an Stadtrat vom 30.7.1910, Hinweis auf Kaufverhandlungen mit der ELG, StAO, Best. 262-1 A Nr. 2364.
[178] Ebd.
[179] Stadtmagistrat an Stadtrat vom 15.4.1911, ebd.; ferner: Sitzung des Stadtrats am 9.8.1910, in: Gemeinde-Blatt 57, 1910, S. 133.
[180] Stadtmagistrat an Stadtrat vom 15.4.1911, StAO, Best. 262-1 A Nr. 2364.
[181] Amt Oldenburg an sämtliche Gemeindevorsteher des Amts vom 30.10.1911, StAO, Best. 262-1 F Nr. 14.

Die Ursache dafür lag in dem zunehmenden Unbehagen staatlicher Institutionen, insbesondere des preußischen Handelsministeriums und des Parlaments, gegenüber der Kartellbildung in der elektrotechnischen Industrie. Einige Politiker wollten nicht dulden, dass, wie der konservative Abgeordnete Friedrich Hammer aus Potsdam es ausdrückte, die führenden Elektrokonzerne überall „ihre Saugrüssel in die Kommunen und Kreise" hineinsteckten. Hammer hatte dabei besonders die AEG im Blick.[182] Durch staatliche Intervention sollte verhindert werden, dass die Elektrokonzerne sich vor allem auf lukrative Gebiete konzentrierten, während ländliche Regionen vernachlässigt wurden, obwohl gerade sie die Elektrifizierung für ihre wirtschaftliche Entwicklung dringend benötigten, um den Anschluss an die Metropolen nicht zu verpassen.[183]

Einen ersten Vorstoß in der parlamentarischen Debatte gab es im Sommer 1910. Die preußische Regierung regelte im Erlass vom 18. August 1910 über die „Stromlieferungsverträge der Überlandzentralen", dass Monopole bei der Einrichtung von Überlandzentralen zu unterbinden seien und der freie Wettbewerb bei den Installateuren nicht eingeschränkt werden dürfe. In einem zweiten Schritt standen die Verträge der Elektroindustrie mit den öffentlichen Körperschaften im Mittelpunkt. Die Kommunen sollten darin bestärkt werden, den Elektrokonzernen keine Zugeständnisse in Bezug auf das Gebiets- und Wegemonopol einzuräumen, denn diese „blokkierten konkurrierende Vorhaben, verhinderten den freien Wettbewerb und brachten private wie gewerbliche Elektrizitätsverbraucher über ganze Regionen hinweg in Abhängigkeit von den Stromlieferanten."[184] Im Erlass vom Juli 1912 wurde schließlich der Grundsatz verkündet, dass die Elektrizitätsgesellschaften zum Anschluss aller Interessenten im Gebiet einer Überlandzentrale verpflichtet seien und der staatlichen Tarifpolitik unterstünden.[185] Die öffentlich geführte Diskussion über die Überlandzentralen und die administrativen Auflagen waren vermutlich der Grund für den Abbruch der Verhandlungen der AEG mit der Stadt Oldenburg im März 1911. Hinzu kam, dass in einem Teilgebiet der Region bereits die Überlandzentrale Wiesmoor als Stromlieferant auftrat. Nachdem das Projekt der AEG-Überlandzentrale gescheitert war, warb das Großherzogliche Ministerium im Herbst 1911 bei den Gemeinden und Ämtern im Herzogtum Oldenburg nun für den Anschluss an die „Siemens elektrischen Betriebe". Das Ministerium, als oberste Instanz für die Ämter und Gemeinden im Herzogtum, hatte der SEB das Wegerecht zum Ausbau des Leitungsnetzes erteilt und einen Vertragsentwurf vorgelegt, der als Grundlage für die Verhandlung zwischen der jeweiligen Gemeinde und der SEB dienen sollte. Dadurch sollte verhindert werden, dass das Unternehmen durch Verhandlungsgeschick zu ungunsten einzelner Gemeinden einen Stromlieferungsvertrag abschloss. In Absprache mit dem Ministerium hatten sich die „Siemens elektrischen Betriebe" vertraglich verpflichtet, mit jeder oldenburgischen Gemeinde bis zum 30. September 1921 einen Stromlieferungsvertrag abzuschließen.[186]

Von der privaten zur kommunalen Elektrizitätsversorgung

Nachdem die AEG ihren Plan aufgegeben hatte, eine Überlandzentrale im Herzogtum Oldenburg aufzubauen, wurden die Verhandlungen zwischen AEG und Stadt Oldenburg über den Verkauf des Elektrizitätswerks an die Stadt wieder aufgenommen und die Übernahmebedingungen vertraglich geregelt. Am 1. Januar 1912 ging das von der AEG gebaute und von ihrer Tochtergesellschaft ELG betriebene Elektrizitätswerk für 1,3 Millionen Mark in den Besitz der Stadt über.[187] Unter der Be-

[182] Zit. nach: Stier: Staat und Strom, S. 221.
[183] Ebd., S. 222.
[184] Ebd., S. 223.
[185] Ebd., S. 224f.
[186] Amt Oldenburg an sämtliche Gemeindevorsteher des Amts, 30.10.1911, StAO, Best. 262-1 F Nr. 14.
[187] Stadtmagistrat an Stadtrat vom 9.3.1912. Anlage A: Übernahmevertrag, 2.1.1912, Anlage B: Jahresbericht über das Betriebsjahr 1911 nebst Bilanz, Gewinn- und Verlustkonto zum 31.12.1911, StAO, Best. 262-1 A Nr. 2364.

zeichnung „Städtische Licht- und Wasserwerke" befand sich fortan die gesamte infrastrukturelle Versorgung – Gas, Wasser und Elektrizität – in kommunaler Hand. Der Direktor der vormaligen Licht- und Wasserwerke, Dipl.-Ing. Oskar Wichmann, übernahm die Gesamtleitung.

Nicht ohne Stolz konnte die Stadt auf die Symbole der Modernität unter städtischer Regie blicken: Die weithin sichtbaren Wahrzeichen der kommunalen Daseinsvorsorge waren der Wasserturm, der Gasometer und das Elektrizitätswerk, hinzu kam ein unterirdisches dichtes Netz von Versorgungsleitungen für Wasser, Gas und Elektrizität.

Die Stadt hatte mit dem Elektrizitätswerk eine höchst lukrative Einrichtung erworben. Der Bruttoüberschuss betrug 1907: 17.925 Mark; 1908: 91.248 Mark, 1909: 121.699 Mark und 1911: 201.239 Mark. Vom Gewinnüberschuss erhielt die Stadt die Hälfte, die andere Hälfte ging an die AEG. Im ersten Betriebsjahr erzielte die Stadt keinen Ertrag, im zweiten Jahr blieb nach Abzug des Verlustes aus 1907 ein Gewinn von mehr als 9000 Mark, im Jahre 1909 erhielt die Stadt über 23.000 Mark und schließlich im letzten Betriebsjahr vor dem Kauf des Werks im Jahr 1911 knapp 55.700 Mark.[188] Als Grund für das gute Betriebsjahr 1909 wurde angegeben, dass „die große Konsumzunahme eine hohe Ausnutzung der Maschinenanlage ermöglichte".[189] Was an Steuereinnahmen infolge des geringen steuer- und gebührenpolitischen Spielraumes im städtischen Haushalt fehlte, ließ sich nun durch die Gewinne aus dem E-Werk kompensieren. Und es waren hauptsächlich die wohlhabenderen Leute, denen sich die Erhöhung der Einnahmen verdankte, denn sie waren in erster Linie die Nutznießer der neuen Technologie.

Die neue Energie löste einen Nachfrageboom aus, der weite Kreise des öffentlichen, gewerblichen, industriellen und privaten Lebens erfasste. Bis zur Übernahme des Elektrizitätswerks 1912 waren insgesamt rund 150.000 Meter Kabel verlegt worden. Angeschlossen waren 312 elektrische Motoren. Sie befanden sich vor allem in den holz- und metallverarbeitenden Firmen, in Druckereien sowie im Hafen. Auch in Handwerksbetrieben wurden zahlreiche Apparate, Geräte und Kleinmotoren elektrisch betrieben. Den größten Bedarf verzeichnete das E-Werk allerdings für Beleuchtung im Privat- und Geschäftsbereich. Im Versorgungsgebiet brannten 1912 mehr als 30.000 Lampen. Das Ergebnis beeindruckte die Zeitgenossen: In den ersten vier Jahren nach der Eröffnung des E-Werks hatte sich die Zahl der Beleuchtungsanlagen mehr als verdreifacht, die der Motoren sogar vervierfacht und der Stromhunger nahm weiter zu.[190]

180 *Bei der Werbung für Strom spielte die Leuchtreklame eine wichtige Rolle. EWE AG.*

Die Erwerbung des städtischen Elektrizitätswerks bedeutete für die Licht- und Wasserkommission eine besondere Herausforderung. Die Stadt verfügte über ein Doppelsystem: Das Leitungsnetz und die Stromerzeugung waren für Gleich- und Wechselstrom ausgelegt. Die Innenstadt erhielt Gleichstrom aus der Elektrizitätszentrale an der Doktorsklappe zur Beleuchtung von Häusern und Straßen sowie zum Antrieb von Motoren in den Handwerks- und Gewerbebetrieben, während die Eisenbahn, der Verschiebebahnhof und die Glashütte mit Drehstrom aus dem Wasserkraftwerk versorgt wurden. Dass die städtische Elektrizitätszentrale auch über Drehstromkapazitäten verfügte, sollte sich bei der weiteren Entwicklung als strategischer Vorteil für das Überleben des Werks in den 1920er Jahren erweisen.

[188] Geschäftsberichte des Elektrizitätswerks aus den Jahren 1907–1912 (Geschäftsbericht von 1910 fehlt), Stadtmuseum Oldenburg, Elektrizitätswerk, o. Sig.
[189] Uebernahme des Elektrizitätswerkes, in: Nachrichten, Nr. 213, 5.8.1910.
[190] Betriebsbericht des städtischen Elektrizitätswerks Oldenburg i. Gr., 1. Januar bis 30. April 1912, in: Gemeinde-Blatt 59, 1912, S. 178ff.

Infolge der stark steigenden Tendenz bei der Nachfrage nach Elektrizität stand die Licht- und Wasserkommission 1911/12 vor der Frage, mit welchem System die Elektrizitätsversorgung in Zukunft vorrangig gesichert werden sollte. Das Gleichstromwerk hatte bereits 1910 seine Kapazitätsgrenze erreicht und würde nach den Berechnungen der ELG spätestens 1911 eine weitere Maschine von 500 bis 750 Kilowatt Leistung zur Deckung des steigenden Bedarfs erfordern. Im Zuge der Verhandlungen über die Kommunalisierung des Werks wurde dieser Plan jedoch zurückgestellt.[191] Um die Nachfrage befriedigen zu können, entschied sich die Kommission, den zusätzlichen Strombedarf von der Überlandzentrale Wiesmoor zu kaufen. Im November 1911 wurde ein entsprechender Vertragsentwurf von der Licht- und Wasserkommission mit der SEB erarbeitet, der schließlich ab 1912 für zehn Jahre Gültigkeit erhalten sollte. Die Vereinbarung legte fest,

> dass die Stadt von der S.E.B. zusätzlichen Strom zu einem bestimmten Preise und in einer bestimmten Mindestmenge bezieht, im übrigen aber hinsichtlich des Betriebes und beliebiger Erweiterung des städtischen Werkes freie Hand behält.[192]

Der Anschluss an die Überlandzentrale Wiesmoor erforderte die Erweiterung der technischen Anlagen im Gleich- und im Drehstromwerk. Ab 1912/13 standen zur Erzeugung von Gleichstrom zwei Dampfturbos von je 200 Kilowatt, ein Dampfturbo von 500 Kilowatt und eine Akkumulatorenbatterie von 100 Kilowatt zur Verfügung. Die Drehstromanlage umfasste zwei Wasserturbinen von je 80 Kilowatt, zwei Einankerumformer von je 550 Kilowatt und schließlich einen Transformator von 200 Kilowatt. Die Errichtung der Umformeranlage und die Hochspannungsschaltanlage waren durch den Anschluss an die Überlandzentrale Wiesmoor erforderlich geworden und wurden im November 1912 installiert. Der neue Transformator im Wasserkraftwerk diente allein zur Stromversorgung von Osternburg. Im Geschäftsjahr 1912/13 betrug die Gesamtleistung 2460 Kilowatt. Es wurden 1.819.591 Kilowatt Gleichstrom und 406.820 Kilowatt Drehstrom erzeugt, damit lag der Anteil an Gleichstrom rund viereinhalbmal so hoch wie der an Drehstrom.[193]

Trotz der enormen Erweiterung der technischen Anlagen zur Stromerzeugung herrschte in der Betriebsleitung Sorge darüber, ob das vorhandene System genügend Sicherheit für die Stromkunden biete. Ihre Befürchtungen brachte sie im Geschäftsbericht 1913/14 zum Ausdruck:

> Beim Ausfall eines größeren Maschinenaggregats von 500 bzw. 550 Kw. – läßt sich also die Stromversorgung der Stadt Oldenburg, soweit sie mit Gleichstrom versorgt wird, nicht aufrecht erhalten. Auch wenn die Überlandzentrale versagt, wie es mehrfach vorgekommen ist, läßt sich während der Wintermonate in den Abendstunden der Betrieb nicht in vollem Umfange aufrecht erhalten.

Um Stromausfälle zu vermeiden, schlug die Betriebsleitung vor, entweder in allernächster Zukunft einen dritten Umformer aufzustellen oder die eigene Anlage zu vergrößern.[194] Unmittelbar nach Ausbruch des Ersten Weltkrieges reduzierte sich der Stromverbrauch jedoch ganz erheblich, so dass die Werkserweiterung zurückgestellt wurde.

Das Interesse der Betriebsleitung bezog sich jedoch nicht allein auf die Sicherstellung der Stromversorgung des innerstädtischen Bereichs, sondern sie strebte zugleich die Elektrifizierung weiterer Stadtteile und Vorortgemeinden an. Durch die Ausdehnung des Versorgungsgebietes ließen sich die Investitionskosten schneller amortisieren und die Gewinne erhöhen. Zugleich diente die Versorgung der Vorortgemeinden mit Elektrizität auch als „Lockmittel", um die Eingemeindungen zu forcieren. Die Stadt hatte dabei besonderes Interesse an dem industriellen Vorort Osternburg. Schon seit Mitte des 19. Jahrhunderts waren immer wieder Verhandlungen geführt worden, die aus unterschiedlichen Gründen mal von der Ge-

[191] Stadtmagistrat an Stadtrat vom 19.10.1910, StAO, Best. 262-1 A Nr. 2364.
[192] Tappenbeck an Stadtrat vom 25.11.1911, ebd.
[193] Bericht über die Verwaltung des städtischen Elektrizitätswerks zu Oldenburg i. Gr., 1. Mai 1912 bis 30. April 1913, Oldenburg 1913, S. 1f.
[194] Geschäftsbericht des städtischen Elektrizitätswerks, 1913/14, StAO, Best. 262-1 A Nr. 2378.

meinde Osternburg, mal von der Stadt Oldenburg zum Scheitern gebracht wurden. Die Eingemeindung Osternburgs erfolgte schließlich 1922.[195]

Auch die Vorortgemeinden Ohmstede und Eversten besaßen gegen Ende des 19. Jahrhunderts schon einen städtischen Kern, zugleich gehörten zahlreiche Bauernschaften zur Gemeinde. Die Bauern verkauften ihre Produkte in der Stadt und versorgten sich dort mit gewerblichen Gütern des täglichen Bedarfs, so dass sich eine enge wirtschaftliche Verflechtung zwischen Stadt und Umland entwickelte.[196] Die Vorortgemeinden ihrerseits waren sehr an den innovativen Versorgungsleistungen interessiert, das galt für die Gas- und Wasserversorgung ebenso wie für die Elektrizität. Mittel- und langfristig wurde so durch die Vernetzung von Stadt und Vorstadt die Ungleichheit zwischen Stadt und Umland aufgehoben. 1924 wurden zunächst der städtische Kern von Eversten und 1932/33 im Zuge der Verwaltungsreform auch Ohmstede in die Stadt integriert.[197]

Das öffentliche Versorgungsnetz erfuhr eine wesentliche Erweiterung durch die Verträge mit den Vorortgemeinden: Das Elektrizitätswerk Oldenburg (EWO) hatte mit der Gemeinde Osternburg und der Ortsgemeinde Osternburg am 12. August 1912 einen Konzessionsvertrag abgeschlossen, der die Gemeinden am Gewinn des verkauften Stroms in ihrem Versorgungsgebiet beteiligte. Von den erzielten Bruttoeinnahmen ohne Zählermiete erhielten sie im ersten Geschäftsjahr ein Prozent und in den folgenden Jahren steigend bis maximal sechs Prozent.[198] Der Schritt ans Netz war in Osternburg Ende Mai 1913 getan und unmittelbar danach begann auch in der Vorortgemeinde das elektrische Zeitalter. Bis April 1914 waren 253 Zähler aufgestellt sowie etliche Elektromotoren mit zusammen 142 PS angeschlossen.[199]

Die Verhandlungen der Licht- und Wasserwerke der Stadt Oldenburg mit der Gemeinde Ohmstede begannen im April 1913 und konnten erst im April 1917 zum Abschluss gebracht werden, weil der Ausbruch des Ersten Weltkrieges zur Unterbrechung der Gespräche geführt hatte.[200]

Anders als in Osternburg wurde schließlich mit Ohmstede ein Stromlieferungsvertrag vereinbart, denn die Gemeinde beabsichtigte, ihr Verteilungsnetz selbst auszubauen. Das Hauptinteresse der Gemeinde war erst einmal, das staatliche Munitionsdepot mit Strom zu versorgen. In Ofenerdiek, das zur Gemeinde Ohmstede gehörte, war Anfang 1917 ein Munitionslager eingerichtet worden. Die Anlage hatte schon vor Ausbruch des Ersten Weltkrieges innerhalb der Stadt Oldenburg bestanden, sie war aber wegen der großen Explosionsgefahr nach Ofenerdiek verlegt worden. Die Fabrik beschäftigte von Anfang 1917 bis Ende 1918 durchschnittlich 3 500 Arbeitskräfte, die zu 60 Prozent weiblich waren. Sie arbeiteten in Tag- und Nachtschichten, „da ununterbrochen Munitionszüge ins Feld rollten."[201] Der Strombedarf in dieser Fabrik wurde auf 40.000 bis 50.000 Kilowatt geschätzt. Ebenso hoch wurde auch der Anteil für Licht und Kraft in der Gemeinde angenommen, allerdings sollte der Ausbau des Netzes für die Ohmsteder Bürger erst nach dem Ende des Krieges erfolgen. Die vertragliche Vereinbarung sah vor, dass die Gemeinde den Strom teils von der Überlandzentrale in Wiesmoor, teils vom Wasserkraftwerk in Oldenburg erhalten sollte, vor allem nachts.

> Der Strom wird als Ganzes von Oldenburg bezogen. Die Verteilung und den Verkauf will die Gemeinde zur Wahrung ihrer Selbständigkeit und in Erwartung grösserer Gewinnanteile selbst besorgen. Oldenburg liefert den Strom bis zur Uebergabestelle, die beim Kanalpumpwerk an der unteren Hunte geplant ist. Dort wird der Strom gemessen und der Gemeinde übergeben.[202]

[195] Schulze: Oldenburgs Wirtschaft, S. 22.
[196] Ebd.
[197] Ebd., S. 28.
[198] Der Vertrag umfasste 14 Paragrafen, Paragraf 8 regelte die Gewinnbeteiligung, s. Gemeinde-Blatt 59, 1912, S. 130ff.
[199] Geschäftsbericht des städtischen Elektrizitätswerks, 1914/15, StAO, Best. 262-1 A Nr. 2378.
[200] Tappenbeck an Stadtrat vom 26.4.1917, StAO, Best. 262-1 A Nr. 2364; Wichmann an Gemeindevorsteher in Ohmstede vom 5.11.1914, StAO, Best. 262-1 F Nr. 325; ferner: Vertrag zwischen der Gemeinde Ohmstede und der Stadtgemeinde Oldenburg über die Lieferung elektrischer Arbeit, in: Gemeinde-Blatt 64, 1917, S. 117ff.
[201] Jahresbericht der Gewerbeinspektion für das Großherzogtum Oldenburg, 1914–1918, S. 11f., StAO, Best. 136 Nr. 348.
[202] Beschlussvorlage, Tappenbeck an Stadtrat, 26.4.1917, StAO, Best. 262-1 A Nr. 2364.

Die Versorgung der Gemeinde Ohmstede mit Elektrizität erforderte keine bauliche Erweiterung der Zentrale. Lediglich die Verlegung eines Drehstromkabels bis zur Übergabestelle verursachte Kosten in Höhe von etwa 12.000 Mark. Entsprechend waren die Gewinnerwartungen der Stadt Oldenburg zwar nur mäßig, aber nicht unbedeutend. Ihren Berechnungen zufolge stand bei einem Bedarf von 50.000 Kilowatt der Einnahme von 7 500 Mark eine Ausgabe von 5 000 Mark gegenüber. Von dem Bruttoüberschuss verblieben „unter Berücksichtigung der Zinsen und Abschreibungen für das Kabel ein Reingewinn von 1 500 M."[203] Nachdem die Gemeinde Ohmstede den Stromlieferungsvertrag am 10. Juli 1917 unterzeichnet und der Stadtrat ihn in seiner Sitzung am 21. August 1917 bewilligt hatte, trat er endgültig am 27. September 1917 in Kraft.[204]

Ein Stromlieferungsvertrag mit der Vorortgemeinde Eversten wurde hingegen nicht abgeschlossen.[205] Die Bevölkerung in Eversten musste jedoch nicht auf Elektrizität verzichten, sie wurde von einem Privatunternehmer versorgt. Das Sägewerk Dieks & Kuhlmann hatte 1912 ein Gleichstromwerk errichtet, das den eigenen Bedarf deckte und darüber hinaus Strom für Beleuchtung in 1 250 Privathaushalten sowie Kraftstrom für 35 Motoren und Geräte zur Verfügung stellte.[206]

Die Stromversorgung durch private Initiative bildete – wie das Beispiel aus Eversten zeigt – keine Ausnahme. Insgesamt sollen zwischen 1895 und 1920 im Oldenburger Land 52 Elektrizitätswerke, darunter auch Großkraftwerke, als private, genossenschaftliche oder kommunale Anlagen gegründet worden sein.[207] Auf dem Land wurden vor allem Elektrizitätsgenossenschaften gegründet, deren Hauptziel es war, kleine Landgemeinden preisgünstig mit dem ersehnten Strom zu versorgen: Mühlen- und Sägewerksgenossenschaften, aber auch Handwerks- und Fabrikbetriebe nutzten ihre vorhandenen Anlagen, um zunächst ihren eigenen Betrieb oder Hof, später auch die der Nachbarn zu beleuchten, und sich somit einen Nebenerwerb zu sichern. In der frühen Elektrifizierungsphase bestand die große Leistung der Elektrizitätsgenossenschaften darin, dass sie praktisch auf privater Ebene den Erstanschluss durchführten und dass die beteiligten Erzeuger, deren Freunde und Nachbarn gemeinsam über ihre Stromversorgung befanden. So belieferte beispielsweise in Edewecht der Brennereibesitzer Oltmanns ab 1909 die Gemeinde mit Strom. 500 Kunden in Jeddeloh wurden ab 1912 von der Maschinenfabrik Bünting mit Elektrizität versorgt. Die Genossenschaftsmühle in Gruppenbühren sorgte ab 1913 für elektrisches Licht in den umliegenden Bauernschaften. Die Molkerei der Gebrüder Friis in Steinkimmen stellte seit 1914 für 250 Kunden Haushaltsstrom und für 60 Kunden Kraftstrom zur Verfügung, und in Ganderkesee lieferte die Mühle der Gebrüder Engelbart ab 1914 den Strom für die Ortschaft. In Ofen-Wehnen versorgte der Schmiedemeister Hiljegerdes die umliegenden Bauernschaften ab 1919/20 mit Elektrizität.[208]

In den Kleinkraftwerken erfolgte die Versorgung der Kunden mit niedergespanntem Gleichstrom. Nach dem Ersten Weltkrieg reichte aufgrund des zunehmenden Strombedarfs und einer Ausweitung des Netzes die Produktionskapazität nicht mehr aus und es häuften sich die Stromausfälle. Ein Teil der Kraftwerksbetreiber, der sich auf den begrenzten lokalen Absatzmarkt konzentriert hatte, konnte den wachsenden Bedarf nicht mehr befriedigen und stellte die Versorgung ein. Einige Gemeinden schlossen sich daraufhin zu einem Verbundsystem zusammen, das dann entweder eigene Kraftwerke besaß oder Strom von benachbarten Kraftwerken bezog und verkaufte, andere Gemeinden vereinbarten mit der SEB einen Stromlieferungsvertrag. Nach diesem Prinzip handelten das Überlandwerk Wildeshausen GmbH, das Überlandwerk Ahlhorn, die Überlandzentrale Cloppenburg und die Überlandzentrale Friesoythe. Die Lichtgenossenschaft Wardenburg verfügte über ein eigenes Wasserkraftwerk an der Lethe. Sie

[203] Ebd.
[204] Vertrag zwischen der Gemeinde Ohmstede und der Stadtgemeinde Oldenburg über die Lieferung elektrischer Arbeit, in: Gemeinde-Blatt 64, 1917, S. 102. und S. 117ff.
[205] Vertragsentwurf über die Versorgung der Gemeinde Eversten mit elektrischer Energie, [um 1914], StAO, Best. 262-1 A Nr. 2364.
[206] Neubert, Karl: Die Entwicklung der Elektrizitäts-Wirtschaft im Oldenburger Land 1885–1933, in: Oldenburger Jahrbuch 58, Teil 2, Oldenburg 1959, S. 95–119.
[207] Eine genaue Zahl lässt sich aufgrund der vorliegenden Quellenüberlieferung nicht nennen. In den Akten der EWE ist von rund 60 Werken die Rede.
[208] Neubert: Die Entwicklung der Elektrizitäts-Wirtschaft, S. 99ff.

schloss ein Abkommen mit der Stadt Oldenburg, in dessen Folge einerseits bei Engpässen Strom aus Oldenburg geliefert und andererseits überschüssiger Strom aus Wardenburg ins Oldenburger Netz eingespeist werden konnte. Die meisten Kommunen und Elektrizitätsgenossenschaften im Oldenburger Land wurden bis in die 1920er Jahre hinein von der Überlandzentrale Wiesmoor (SEB) beliefert, eine Ausnahme bildete Südoldenburg. Um 1912 hatten die Niedersächsischen Kraftwerke Osnabrück „Nike" von der oldenburgischen Staatsregierung das Recht erhalten, in Südoldenburg die Gemeinden Damme, Steinfeld und Neuenkirchen zu elektrifizieren.[209] Diese Gemeinden behielten auch nach der Umstrukturierung der Stromversorgung 1930 zunächst ihren Sonderstatus.

Standen in diesem und in den vorangehenden Kapiteln die Erzeugung und Verteilung elektrischer Arbeit sowie ökonomische, betriebswirtschaftliche und stadtgeschichtliche Aspekte im Mittelpunkt der Untersuchung, so sollen im Folgenden die Entwicklungen und Wirkungen der Elektrizität näher betrachtet werden. Im frühen 20. Jahrhundert hatten das elektrische Licht und die elektrische Kraft die Alltagswelt der Menschen verändert: Die Menschen waren fasziniert von dem hellen Licht, was Ladenbesitzer, Hotel- und Gaststättenbetreiber für sich zu nutzen wussten, um Besucher in ihre Etablissements zu locken. Gleichzeitig lud die elektrische Straßenbeleuchtung zum abendlichen Flanieren durch die Oldenburger Innenstadt ein. Sofern private Wohnquartiere an das Stromnetz angeschlossen waren, stieg der Bedarf an Glühlampen rasant, während zur selben Zeit die Technisierung der Haushalte nur in langsamen Schritten zunahm.

In Industrie und Handwerk veränderte der Elektromotor die Produktionsweise grundlegend und beschleunigte das wirtschaftliche Wachstum in bisher unbekanntem Tempo. Diese unterschiedlichen Anwendungsbereiche der Elektrizität vom ausgehenden 19. Jahrhundert bis ins frühe 20. Jahrhundert hinein sind Gegenstand des folgenden Abschnitts.

[209] Ebd.

Die Faszination des elektrischen Lichts

Zur Entwicklung des Bogenlichts

Der Siegeszug der Elektrizität begann mit dem elektrischen Licht und ist untrennbar mit dem Namen Thomas Alva Edison verbunden. Lange vor Edison unternahmen jedoch weltweit zahlreiche Wissenschaftler Versuche, elektrische Leiter in einem Vakuum so stark durch Strom zu erhitzen, dass sie zu glühen anfingen. Allerdings dauerte das Entwicklungsstadium vom grellen Bogenlicht bis zur schwachen Glühlampe, die sich zur Beleuchtung von privaten und öffentlichen Räumen eignete, mehr als ein halbes Jahrhundert.

Erst die technischen Möglichkeiten, das elektrische Licht in beliebig viele Einzellichter zu teilen und diese gleichzeitig zu betreiben sowie außerdem die Helligkeit des Lichts je nach Bedarf zu regulieren, schufen die Voraussetzung dafür, dass das elektrische Licht die herkömmlichen Beleuchtungsarten weitgehend ersetzen konnte. Von Bedeutung waren zudem soziale und ökonomische Faktoren: Es mussten neue Bedürfnisse geweckt werden und elektrisches Licht musste bezahlbar sein.[210]

Beim Experimentieren mit der Elektrizität hatte der englische Mechaniker und Assistent von Newton, Francis Hawksbee, um 1700 „mit einer leergepumpten und von Hand getriebenen Glaskugel, dann einer Glasröhre, künstliches Licht erzeugt."[211] Rund einhundert Jahre später erkannte der Engländer Humphrey Davy, Präsident der Royal Institution, dass Platindraht, durch den elektrischer Strom geleitet wird, sich erwärmt und so zum Glühen gebracht werden kann. Platin war jedoch zu teuer, um massenhaft zur Glühlampenherstellung verwendet zu werden. 1801 entdeckte Davy schließlich das Bogenlicht.[212] Bei seinen späteren Versuchen beobachtete er,

> dass zwischen zwei Kohlestäbchen, die nach der Berührung auseinandergezogen wurden, ein Funkenüberschlag entstand, der einen Lichtbogen entstehen ließ, dessen Helligkeit ungleich stärker war als die aus der Verbrennung von Gas erzeugte. Das war das technische Prinzip der Bogenlampe, die vor allem zur Beleuchtung von Plätzen und Straßen eingesetzt wurde.[213]

Das Bogenlicht zeichnete sich durch seine extreme Helligkeit aus, die hauptsächlich auf die glühenden Kohlenspitzen zurückzuführen war, denn der Lichtbogen selbst besaß nur eine geringe Helligkeit. Zudem entwickelte das Bogenlicht weit weniger Wärme als herkömmliche Beleuchtungsarten und besaß den Vorteil gegenüber Gas-, Petroleum- oder Kerzenbeleuchtung, keine schlechte Luft zu erzeugen. Seine Nachteile bestanden im hohen Energiebedarf und der aufwendigen Handhabung. Da die Kohlenspitzen nach kurzer Zeit verbrannten, mussten sie stets im richtigen Abstand zueinander gehalten werden, weil sonst das Licht verlosch. Jedes Mal wenn das Licht ausgegangen war, wurden die beiden Kohlestäbe zunächst in die Ausgangsposition gebracht und anschließend wieder auseinander gezogen, damit von Neuem ein Lichtbogen entstehen konnte. Solange diese Tätigkeit von Hand erledigt werden musste und die Störanfälligkeit nicht beseitigt war, fand die Bogenlampe keine praktische Verwendung. Erst gegen Mitte des 19. Jahrhunderts gelang es Duboscq und Fou-

[210] Teichmüller, J.: Die Entwicklung der elektrischen Glühlampe bis zur Halbwattlampe, in: Journal für Gasbeleuchtung 57, 1914, S. 409ff., ferner Götz, Matthias: Nichts als Licht. Nichts als ein Bericht, in: Museum für Gestaltung Basel (Hg.): Licht. Katalog zur gleichnamigen Ausstellung, Basel 1990, S. 121.

[211] Metz: Ursprünge der Zukunft, S. 235.

[212] Canby: Geschichte der Elektrizität, Chronologie, o. S.

[213] Metz: Ursprünge der Zukunft, S. 235.

cault mittels Einbau eines Uhrwerks die beiden Kohlestäbe stets in der gleichen Entfernung voneinander zu halten und dadurch eine längere Brenndauer zu erzielen.[214] Einsatzgebiete dieser ersten brauchbaren Bogenlampe waren die Theaterbühnen und nächtliche Bauarbeiten. Als Stromquellen dienten zunächst nur Batterien, so dass die Beleuchtung sehr teuer war und auf besondere Ereignisse beschränkt blieb. Als in den 1850er Jahren größere elektrische Maschinen zur Verfügung standen, wurden die Bogenlampen vorzugsweise in Leuchttürmen eingesetzt.[215]

***181** Beleuchtung eines Hafens durch einen Scheinwerfer, in: Das Buch der Erfindungen, Berlin 1897. S. 255.*
***182** Dreschen mit der Maschine bei elektrischem Licht, in: ebd., S. 599.*

Die Kehrseite dieser frühen Bogenlampe war, dass das Licht nicht geteilt werden konnte, sondern jedes Licht als Einzellicht verwendet werden musste. Der Einsatz mehrerer Lampen in einem gemeinsamen Stromkreislauf war nicht möglich,

> weil jede einzelne Lampe Veränderungen in den Widerstandsverhältnissen hervorruft, welche eine selbstthätige Regulierung der übrigen Lampen verhindern. [...] Die erste Lampe, welche eine Teilung des elektrischen Lichtes zuließ, war die von Hefner-Alteneck (Siemens u. Halske) angegebene Differenziallampe (1879).[216]

Friedrich von Hefner-Alteneck entwickelte eine Differenzialbogenlampe, die wiederum mit Hilfe eines Uhrwerks eine selbsttätige Nachführung der Kohlestäbchen ermöglichte. Die Regulierung des Elektrodenabstands wurde bewerkstelligt, indem das eingesetzte Uhrwerk elektromagnetisch auf den jeweils herrschenden Widerstand des Lichtbogens differenziert reagierte. So konnte verhindert werden, dass beim Ausfall einer Lampe der gesamte Stromkreis unterbrochen wurde.[217]

Im Jahr 1888 erstrahlten Unter den Linden in Berlin zum ersten Mal insgesamt 104 Bogenlampen, installiert von der AEG.[218] Technische Verbesserungen der Regulierbarkeit und insbesondere die Ausdehnung der Brenndauer der Kohlestifte machten die helle Bogenlampe attraktiv für Straßen und Plätze, Bahnsteige und große Hallen, bis sie in den 1920er Jahren fast überall durch leistungsstärkere Glühlampen ersetzt wurde.[219]

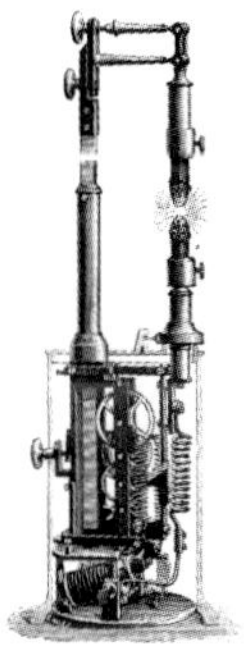

***183** Differenzialbogenlampe, in: La Lumière Électrique, Paris 1879, S. 217.*
***184** Straßenbeleuchtung in Paris, in: La Lumière Électrique, Paris 1880, S. 3.*

***185** Durch Bogenlampen erleuchtete Pferderennbahn, Holzschnitt, in: ebd., S. 304.*

---

214 Meyers Konversations-Lexikon, Bd. 5, 5. erw. Aufl., Leipzig, Wien 1894, S. 640ff.
215 Rödl, Ernst/Teichmann, Jürgen/Wissner, Adolf: Der gebändigte Blitz. Illustrierte Geschichte der elektrischen Entdeckungen und Erfindungen, Oldenburg, Hamburg 1972, S. 100.
216 Meyers Konversations-Lexikon, Bd. 5, S. 642.
217 Götz: Nichts als Licht, S. 120.
218 Pohl: Emil Rathenau, S. 82.
219 Wandlungen der Bremer Strassenbeleuchtung, in: Bremer Nachrichten, Nr. 130, 10.5.1936, in: StAO, Best. 262-1 A Nr. 6-155.

Das Bogenlicht illuminiert die Oldenburger Innenstadt

Die Einführung der elektrischen Straßenbeleuchtung begann in Oldenburg zwei Jahre nach der Eröffnung des Elektrizitätswerks: Die Stadtverwaltung plante die Erneuerung des Straßenpflasters in Teilen der Innenstadt. Um nicht das neue Pflaster nach kurzer Zeit wieder aufbrechen zu müssen, sollten vorher die Kabelverlegungsarbeiten durchgeführt und die Laternenmasten aufgestellt werden. Wie schon bei der Einführung der Gasbeleuchtung im Jahre 1853 erhielten zunächst nur die zentral gelegenen Hauptgeschäftsstraßen eine elektrische Beleuchtung. Vielen Nebenstraßen und Gassen blieb die Elektrifizierung vorenthalten. Der städtische Plan sah vor, die Langen- und Heiligengeiststraße vom Pferdemarkt bis zum Gertrudenfriedhof, die Achtern-, Stau-, Schütting- und Haarenstraße sowie den Markt und Casinoplatz mit einem unterirdischen Kabelnetz zu versehen. Weil aber in der Langenstraße ein Jahr zuvor bereits ein neues Straßenpflaster verlegt worden war, wurde hier eine Freileitung geplant. „Es ist deshalb hier die Leitung oberirdisch, möglichst unauffällig, die Häuserreihe entlang zu führen.“[220]

Insgesamt sollten 45 neue Triplex-Flammenbogenlampen installiert werden, hinzu kamen acht Bogenlampen in der Haarenstraße, die von den Anwohnern, die eine Lichtgenossenschaft gebildet hatten, betrieben wurden und in das Beleuchtungskonzept der Stadt integriert werden sollten.[221]

Die Triplex-Lampen stellte die AEG in ihrer Glühlampenfabrik (gegründet 1884) her, das Design stammte von Peter Behrens. Dieser hatte seine Position als Direktor der Düsseldorfer Kunstgewerbeschule aufgegeben und 1907 einen Ruf nach Berlin als künstlerischer Beirat der AEG angenommen. Zu diesem Zeitpunkt war er kein Unbekannter mehr, er hatte sich vor allem als Maler, Gestalter und Architekt einen Namen gemacht. Seinen Weltruhm als Industriedesigner begründete er mit seiner 1907 entworfenen „Sparbogenlampe“.[222] 1908 entwarf er unter anderem auch das Design für die Triplex-Flammenbogenlampe. Sie wurde in zwei Ausführungen hergestellt: mit zylindrischem Opalüberfangglas und mit einer kugelförmigen Opalglasglocke.[223] Letztere wurde in Oldenburg eingesetzt.[224] In der Bogenlampe „waren die übereinander stehenden Kohlestifte mit Leuchtsalzen versehen, sodaß diese Lampe nur für Außenräume oder große Hallen Verwendung fand“.[225] Über die Brenndauer der Kohlestäbe in dieser Lampe liegen keine Angaben vor.

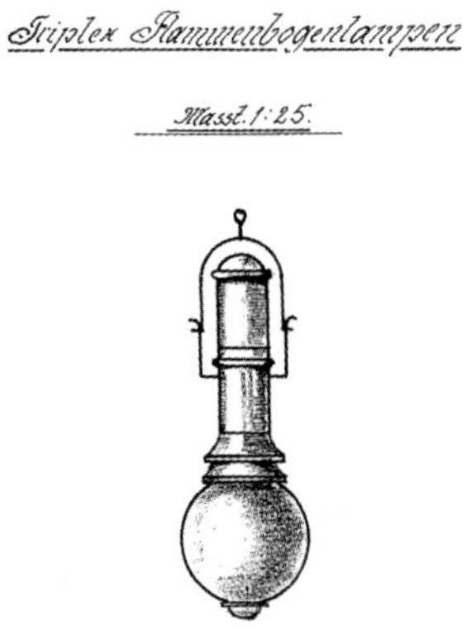

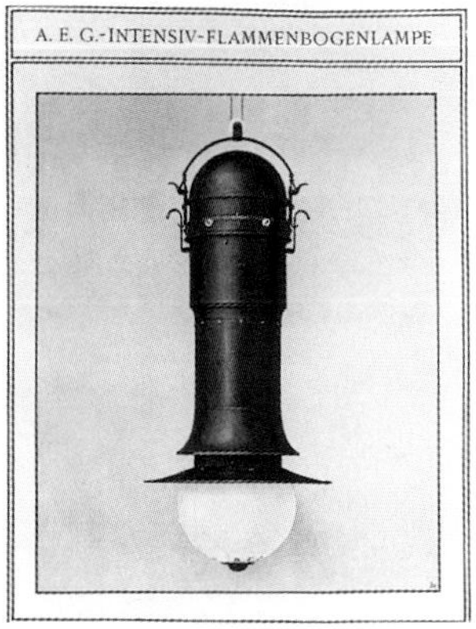

186 Skizze einer Triplex Flammenbogenlampe, Entwurf Peter Behrens, 1908. StAO, Best. 262-1 Nr. 2330.
187 Flammenbogenlampe, Entwurf Peter Behrens. Electrolux Deutschland GmbH (Nürnberg).

Allgemein wurde bei den historischen Bogenlampen zum einen nach dem Regulierwerk unterschieden und zum anderen „nach den Bedingungen, unter denen der Lichtbogen brennt“: Bei der „Reinkohlen-Bogenlampe“, die bis in die späten 1890er Jahre bei der AEG hergestellt wurde und brillant-weißes Licht lieferte, waren die Kohlestifte nach etwa acht Stunden abgebrannt und mussten täglich erneuert werden. Bei der „Sparbogenlampe“ konnte durch den veränderten Luftzutritt zum Lichtbogen die Brenndauer der Kohlestäbe auf 25 Stunden

220 Stadtmagistrat an Stadtrat vom 25.5.1909, StAO, Best. 262-1 A Nr. 2364.
221 Ebd.
222 Kasparek, Michael/Röck, Sabine: Peter Behrens' Sparbogenlampe. Betrachtung einer Ikone des Industriedesigns, in: Spilker: Unbedingt modern sein, S. 138ff.
223 Buddensieg, Tilmann: Peter Behrens und die AEG, Springe 1989, S. 91ff.
224 Blaupause und Skizze von der Triplex-Flammenbogenlampe im Maßstab. 1:25, 30.7.1909, StAO, Best. 262-1 A Nr. 2330.
225 Buddensieg: Peter Behrens, S. D148: AEG Produkte

ausgedehnt werden. Das Licht war bläulich-weiß. Der sparsame Kohleverbrauch wie auch der einfache technische Aufbau gaben der Laterne ihren Namen. Der Vorteil der „Dauerbrand-Bogenlampe", die gegen Ende des 19. Jahrhunderts in Amerika entwickelt worden war, bestand darin, dass die Kohlestäbe erst nach 150 Stunden erneuert werden mussten. Ein Nachteil war das unangenehme bläuliche Licht.[226]

Die elektrische Straßenbeleuchtung verbesserte nicht nur die Lichtverhältnisse in den Abendstunden, sie rentierte sich auch ökonomisch für die Stadt:

> Die jährlichen Kosten der Beleuchtung betragen bei einem Strompreise von 18 Pfennig für die Kilowattstunde einschliesslich der Kosten für Unterhaltung und Bedienung 4740 M, während nach Ausrechnung des Gaswerksdirektors die Kosten der Gasbeleuchtung für dasselbe Gebiet unter Zugrundelegung von zweiflammigem Gashängelicht jährlich 4962 M betragen würden. Das elektrische Licht, das eine Leuchtkraft von 63.000 Kerzen besitzt, gegen 22.600 Kerzen bei Gaslicht, stellt sich also noch etwas billiger als Gaslicht. Das Bogenlicht brennt nicht rötlich, wie die Lampen in der Haarenstrasse, sondern weiss, und auch die Lampen der Haarenstraße sollen künftig mit weiss brennender Kohle versehen werden.[227]

Die neue Energie Elektrizität verdrängte die Gasbeleuchtung in der Innenstadt jedoch nur teilweise, denn ab 23 Uhr übernahmen die herkömmlichen Gaslaternen die Nachtbeleuchtung.[228]

Vom städtischen Elektrifizierungsplan ausgeschlossen blieben zunächst die Ritter-, Gast- und Kurwickstraße sowie der Damm. Die Ritterstraße, die als wichtige Durchgangsstraße zur Post, zum Bahnhof und nach Osternburg galt, blieb trotz des Einspruchs der Anlieger ohne elektrische Straßenbeleuchtung. Als Zugeständnis erhielten die Ritter- und Gaststraße eine neue Gasbeleuchtung mit doppelflammigem Hängelicht.[229] In der Kurwickstraße war ebenso wie in der benachbarten Haarenstraße bereits 1907 eine elektrische Beleuchtung mit Differenzialbogenlampen in Betrieb genommen worden. Die Geschäftsleute hatten eine Lichtgenossenschaft gegründet und in Eigeninitiative elektrische Straßenlaternen installiert.[230]

> Wegen der Betriebsspannung von 45 bis 80 Volt wurden 4 bis 6 Lampen in Reihe geschaltet. Jede Lampe besaß einen Ersatzwiderstand, der sich beim Ausfallen dieser Lampe automatisch einschaltete und die mit diesen in Reihe geschalteten Lampen weiterbrennen ließ. In den Wintermonaten mußten die Kohlestifte täglich erneuert werden.[231]

Die Lichtgenossenschaft der Kurwickstraße fühlte sich gegenüber der angrenzenden Haarenstraße benachteiligt und forderte die Einbeziehung ihrer Straße in das Beleuchtungskonzept der Stadt. Der Stadtrat lehnte das Gesuch jedoch mit der Begründung ab, dass dann auch andere Straßen wie die Ritterstraße und der Damm Anspruch auf die elektrische Straßenbeleuchtung hätten.[232] Es hatten sich zwar schon zahlreiche Geschäfte in diesen Durchgangs- und Nebenstraßen angesiedelt, aber weil sie sich nicht zum abendlichen Flanieren eigneten, erhellten weiterhin Gaslaternen das abendliche Dunkel.

Die neuen Bogenlampen setzten mit ihrer strahlenden Helligkeit neue Maßstäbe der künstlichen Beleuchtung im Stadtzentrum. Die Oldenburger Stadtväter, die sich erst nach einem langwierigen Diskussionsprozess für das zentrale Elektrizitätswerk entschieden hatten, entwickelten jetzt großes Interesse, ihrer Stadt durch die elektrische Straßenbeleuchtung einen fortschrittlichen und modernen Charakter zu verleihen. Das überragende Symbol für neue Formen des modernen urbanen Lebens waren drei Kandelaber, die an zentralen Plätzen

226 Röck, Sabine: Die Behrens-Lampe. Die große Sparbogenlampe der AEG, Berlin 2003, S. 24ff.
227 Stadtmagistrat an Stadtrat vom 25.5.1909, StAO, Best. 262-1 A Nr. 2364.
228 Ebd.
229 In den gestrigen Stadtratsverhandlungen; ferner: Sitzung des Magistrats, Gesamtstadtrat und Stadtrats vom 15.6.1909, in: Nachrichten, Nr. 164, 16.6.1909.
230 Ebd.
231 Anonym: 1200 Lampen brennen und doch noch viel zu wenig! Über die Straßenbeleuchtung in Oldenburg, in: Die Wattpost, Werkzeitung der Energieversorgung Weser-Ems AG, Oldenburg, Jg. 2, Februar 1955, S. 7.
232 Sitzung des Magistrats, Gesamtstadtrat und Stadtrats vom 15. Juni 1909, in: Nachrichten, Nr. 164, 16.6.1909.

der Stadt aufgestellt wurden. Allein ihre Höhe war beeindruckend, die Lampen leuchteten in sechs, zehn und zwölf Metern Höhe. Hier wurde elektrisches Licht publikumswirksam inszeniert. Mit der Gestaltung der Kandelaber waren Künstler beauftragt worden. Der vierarmige Kandelaber am Lefferseck wurde nach einem Entwurf von Professor Georg Narten gefertigt. Der bekannte Oldenburger Künstler hatte während der Landesausstellung von 1905 die Funktion des stellvertretenden Vorsitzenden des Ausschusses für kunstgewerbliche Altertümer übernommen.[233]

***188** Kandelaber am Lefferseck, 1909 in Betrieb genommen, Entwurf Georg Narten. Ansichtskarte. Stadtmuseum Oldenburg.*

Der von ihm entworfene Kandelaber war sechs Meter hoch, bestand aus einem Sockel aus rotem Meißner Granit und einer schmiedeeisernen mit zahlreichen Arabesken versehenen Konstruktion, die die vier Lampen aufnahm. Die künstlerische Gestaltung des Nachtwächters auf dem Sockel des Leuchters übernahm der Plastiker Paul Peterich, der ebenfalls sehr engagiert an der Landesausstellung von 1905 beteiligt gewesen war und der seit 1907 in Italien lebte.[234] In einem Brief aus Florenz an Oberbürgermeister Tappenbeck kündigte er die Versendung und baldige Ankunft seiner Plastik in Oldenburg an, über die er dann schrieb:

> Dem Wunsche des Grossherzogs entsprechend, habe ich, da es mir künstlerisch durchaus möglich schien, dem alten Herrn [dem Nachtwächter] eine elektrische Lampe in seine Laterne stecken lassen. Hoffentlich findet das Ihren Beifall. Um einen Farbenkontrast zum eisernen Gitterwerk zu schaffen habe ich der Figur eine schöne grüne Patina gegeben. Sie wird dadurch aussehen als stände sie schon etliche hundert Jahre am Platze.[235]

Ursprünglich war der Kandelaber für Gaslicht vorgesehen, nachdem jedoch die Elektrizitäts-Lieferungs-Gesellschaft (ELG) signalisiert hatte, dass sie die Verbrauchskosten übernehmen würde, entschied sich die Stadt für die Elektrifizierung des Kandelabers.[236] Die ELG verwendete statt der üblichen wartungsintensiven Bogenlampen hier 400-kerzige Osramlampen, die im Jahre 1900 bei der AEG entwickelt worden waren und inzwischen Produktionsreife erlangt hatten. Dem Elektrokonzern diente die Installation zunächst vor allem als Werbeeffekt, durch den Einsatz modernster technischer Entwicklungen warb das Unternehmen für das elektrische Licht und demonstrierte zugleich seine Modernität.[237] Die Vorzüge der Osramlampe gegenüber der Bogenlampe wurden in den meisten anderen Straßenlaternen der Oldenburger Innenstadt erst in den 1920er Jahren genutzt.[238]

In der Öffentlichkeit heftig umstritten war der Jugendstil-Obelisk auf dem Marktplatz, ein Entwurf des Oldenburger Bildhauers und Hofmodelleurs Heinrich Boschen. Die Kritik richtete sich besonders gegen die Aufstellung des massiv wirkenden Kandelabers in der Mitte des Platzes, weil dadurch dessen Harmonie gestört werde. In einem der zahlreichen Leserbriefe, die bei der lokalen Presse eingingen, wurde darüber hinaus die Frage aufgeworfen, ob der Marktplatz überhaupt in dieser Art und Weise beleuchtet werden müsse:

> Aber ist es denn durchaus notwendig, daß der Marktplatz abends taghell erleuchtet wird? Ist der Platz abends denn mehr als ein

233 Amtlicher Katalog: Landes-Industrie- und Gewerbe-Ausstellung von 1905, S. 15.
234 Gäßler, Ewald: Erfolge und Wirkungen der Landesausstellung von 1905, in: Elerd: Der Aufbruch Oldenburgs in die Moderne, S. 132.
235 Peterich an Tappenbeck vom 3.7.1909, StAO, Best. 262-1 A Nr. 2331.
236 Stadtmagistrat an Stadtrat vom 4.12.1908, ebd.
237 Mey, Karl: Die AEG-Nitralampe, in: AEG-Zeitung 16, Nr. 5, November 1913, S. 1–7.
238 Mitteilungen der städtischen Licht- und Wasserwerke sowie der Stromversorgungs AG, StAO, Best. 262-1 A Nr. 6-156.

> Uebergangsplatz? So dunkel, daß Menschen zusammenrannten, ist der Platz bis jetzt auch nicht beleuchtet gewesen. Hätte man nun an den Seiten des Platzes elektrische Bogenlampen an den Gebäuden oder – namentlich an der Kirchseite – eiserne Masten angebracht, dann hätte der Platz heller als früher und jedenfalls auch genügend beleuchtet werden können.[239]

Einem anderen Leserbriefschreiber missfielen der Baustoff und die künstlerische Gestaltung des Reliefs. Der Baustoff, Kunstsandstein bzw. Kalksandstein, war bereits im Altertum bekannt, dann aber war das Verfahren der Herstellung verloren gegangen und wurde schließlich in den 1870er Jahren wieder neu entdeckt. Kalksandstein fand hauptsächlich Verwendung bei der Gestaltung dekorativer Fassaden und Decken in Innenräumen, weil er leicht zu bearbeiten war und preiswert hergestellt werden konnte. Das Unternehmen Boschen hatte sich auf die Verwendung dieses Baustoffs spezialisiert und sich damit bereits auf der Landesausstellung von 1905 einen Namen erworben.[240] Der Kalksandstein war bei den Zeitgenossen heftig umstritten, wie auch in dem Leserbrief zum Ausdruck gebracht wurde:

> Die Silhouette des Ganzen ist gut, dagegen lassen die Reliefdarstellungen am Sockel fast alles zu wünschen übrig. Das Schlimmste aber ist das Material, der Kunststein, der den Schein erwecken will, als sei er natürliches Material. Ich habe gegen das Material an und für sich nichts einzuwenden; nur wolle man die besondere Eigenart desselben zeigen und nicht anderes vortäuschen, was nicht ist.[241]

Der mit vier Lampen bestückte Kandelaber hatte eine Lichtpunkthöhe von zwölf Metern, der Granithartsteinring einen Durchmesser von 3,60 Metern. Die Winden zum Herablassen der Bogenlampen und die elektrischen Einrichtungen befanden sich im Innern des Kandelabers.[242] Der Künstler Georg Narten lieferte auch den Entwurf für den Kandelaber mit drei Lampen am Casinoplatz. Die Lichtpunkthöhe betrug zehn Meter, der Granithartsteinsockel hatte einen Durchmesser von drei Metern. Narten war beauftragt worden, einen Kandelaber zu entwerfen, dessen Winden zum Herablassen der Bogenlampen und dessen elektrische Anlagen leicht zugänglich in den Sockel integriert werden konnten.[243]

***189** Kandelaber auf dem Marktplatz, um 1910. Stadtmuseum Oldenburg.*

Stadtbaumeister Noack, der die Elektrifizierung der Straßen förderte und leitete, legte durch sein Engagement auch die Standards für die Modernisierung Oldenburgs fest.[244] Wie die formschönen Behrens Bogenlampen, die im Stadtzentrum aufgestellt wurden, übernahmen auch die Kandelaber vor allem repräsentative Funktionen. Die Technik trat jeweils vollständig in den Hintergrund, so dass die Leuchter am Tage in erster Linie als Kunstobjekte wirkten. Bei Dunkelheit schließlich breitete

239 Der Oldenburger Marktplatz, in: Nachrichten, Nr. 333, 2.12.1909.
240 Landes-Ausstellung 1905. Einiges über Kalksandsteine, in: Nachrichten, Nr. 156, 6.7.1905; ferner: Landes-Ausstellung 1905. Ueber neue Industriezweige, in: Nachrichten, Nr. 158, 8.7.1905.
241 Der neue Kandelaber, in: Nachrichten, Nr. 337, 6.12.1909.
242 Noack an Boschen vom 22.7.1909, StAO, Best. 262-1 A Nr. 2330.
243 Noack an Narten vom 21.7.1909, ebd.
244 Diverse Korrespondenz Noack mit den Künstlern, 1907–1909, ebd., ferner: ebd., Nr. 2331.

sich auf den drei Plätzen eine bisher unbekannte Lichtfülle aus, die das neue Zeitalter ankündigen und den fortschrittlichen Entwicklungsstand der Stadt symbolisieren sollte.

Am 1. Dezember 1909 wurde die elektrische Straßenbeleuchtung in der Oldenburger Innenstadt in Betrieb genommen, darunter auch „die inzwischen errichteten beiden monumentalen Kandelaber, der Wächter an der Langenstraße (von Professor Peterich) und der Obelisk auf dem Markt (von Bildhauer H. Boschen)." [245] Der Kandelaber am Casinoplatz wurde erst später fertiggestellt.

Die Kosten für die Herstellung der Beleuchtungsanlage in der Innenstadt, mit Ausnahme der Kandelaber und Masten, übernahm die ELG. Nach dem Konzessionsvertrag wurden diese Anlagekosten dann dem Herstellungswert des Elektrizitätswerks und mit einem Aufschlag von 20 Prozent dem Übernahmewert hinzugerechnet. Während die Investitionen den Übernahmewert des Elektrizitätswerks um insgesamt 18.211 Mark erhöhten, beliefen sich die Kosten der Stadt für Kandelaber und Masten auf 9 500 Mark.[246]

***190** Beleuchtung der Empfangshalle im Oldenburger Hauptbahnhof, 1916, Ansichtskarte Stadtmuseum Oldenburg.*

Der Bahnhofsplatz und die Empfangshalle erhielten nach Fertigstellung des neuen Bahnhofs im Jahre 1914 eine eindrucksvolle Beleuchtungsanlage. Rund ein Jahr nach Betriebsaufnahme leuchteten bereits insgesamt 264 Bogenlampen rund um den Bahnhof und auf den Bahnsteigen. Gemessen an der Lichtfülle am Hauptbahnhof war die Beleuchtung in der Oldenburger Innenstadt zu diesem Zeitpunkt noch gering. Die Anzahl der Bogenlampen für die Straßenbeleuchtung hatte sich bis 1915 lediglich auf 64 erhöht.[247]

Die Jahre zwischen Eröffnung des Elektrizitätswerks 1907 und Ausbruch des Ersten Weltkriegs 1914 hatten in der Stadt, insbesondere bei Privat- und Firmenkunden, einen „Elektrizitätshunger" ausgelöst und dem Unternehmen phänomenale Wachstumsraten beschert. Die Entwicklung hielt auch während des Krieges wegen der Nachfrage in den Rüstungsbetrieben an, für die Bevölkerung bedeutete der kriegsbedingte Kohlen-, Petroleum- und Materialmangel jedoch einen folgenreichen Einschnitt in den Lebens- und Arbeitsalltag. Nach dem Ende des Krieges verschärften die Hyperinflation und die Ruhrbesetzung (1923) nicht nur die Lage der Bevölkerung, sondern sie führten auch zu finanziellen Einbußen im städtischen Energieversorgungsunternehmen. Wegen der drastischen Einschränkung der Kohlenlieferungen konnte nur noch eine Notstrom- und eine Notgasversorgung gewährleistet werden. Die Straßenbeleuchtung wurde stark eingeschränkt und die Stromsperren, die schon während des Ersten Weltkrieges eingeführt worden waren, wurden weiter ausgedehnt. „Wenn die Sperrzeit beibehalten werden soll, und das scheint mir angesichts der Kohlennot notwendig, dann können nachts keine Laternen brennen", schrieb der Direktor der Licht- und Wasserwerke am 26. August 1919 an den Oberbürgermeister und kündigte an, dass die Laternen gegen 22 Uhr gelöscht werden würden.[248] Wenige Tage später hieß es: „Es hat sich als notwendig herausgestellt, die elektrischen Bogenlampen zwecks Instandsetzung abzunehmen. Eine plötzliche Wiederinbe-

[245] Bemerkenswerte Ereignisse im Jahre 1909. Ein Rückblick, in: Nachrichten, Nr. 360, 31.12.1909.
[246] Stadtmagistrat an Stadtrat vom 25.5.1909, StAO, Best. 262-1 A Nr. 2364.
[247] Geschäftsbericht des Elektrizitätswerks 1914/15, Stand 1.5.1915, StAO, Best. 262-1 A Nr. 2378.
[248] StAO, Best. 262-1 A Nr. 6–156.

triebnahme der Bogenlampen ist daher ausgeschlossen."[249] Diese Maßnahme sparte vor allem Wartungsarbeiten und dadurch Kosten für Löhne und Kohlenstifte.[250] Auch im Gaswerk musste gespart werden, allerdings waren hier die technischen Möglichkeiten begrenzt, den Gasdruck je nach Erfordernis zu regeln. Der Regler in der Gasanstalt erzeugte einen so hohen Druck, dass die Straßenbeleuchtung und die Haushalte immer gleichzeitig mit Gas versorgt werden mussten. Infolgedessen gab es keine Möglichkeit, die Sperrzeiten für Privatverbraucher und für die Straßenbeleuchtung variabel zu regulieren, so dass in den Haushalten auch gegen 22 Uhr das Licht der Gaslampen erlosch.[251]

Während also aus Gründen der Sparsamkeit die elektrische Beleuchtung weitgehend eingestellt wurde, waren von den Gaslaternen nur noch die Nachtlaternen in Betrieb, die nun als Abendlaternen dienten. Sie brannten weniger hell und waren sparsamer im Verbrauch. Von den 1 485 Gaslaternen, die am 1. Mai 1920 im Stadtgebiet aufgestellt waren, brannten lediglich 390 Stück. Im Laufe des folgenden Jahres gingen aber noch mehr Lichter aus, so dass im März 1921 in der ganzen Stadt nur noch 286 Gasflammen glühten. Eine geringfügige Besserung trat ab 1922 ein, jetzt brannten 397 Lampen. Erst im Jahr 1926 leuchteten abends immerhin wieder über die Hälfte, genauer gesagt: 862 von insgesamt 1 501 aufgestellten Straßenlaternen.[252] Im Winter 1928/29 erhellten schließlich wieder 1 260 Gas- und 115 elektrische Laternen die abendlichen Straßen.[253] Gegenüber der Vorkriegszeit hatte sich die Zahl der elektrischen Lampen fast verdoppelt, während sich die Gaslaternen um einhundert verringert hatten.[254] Im Gegensatz zur Gasbeleuchtung wurde bei der elektrischen Straßenbeleuchtung ab 1913 nicht die Anzahl der Straßenlaternen, sondern die abgegebene Strommenge in Kilowatt für die Straßenbeleuchtung unter dem Sammelbegriff „Lichtzwecke" dokumentiert. Die Kohlennot zeigte sich besonders drastisch im letzten Kriegsjahr und in der unmittelbaren Nachkriegszeit. Erst gegen Ende der 20er Jahre, nach Inbetriebnahme des neuen Drehstromkraftwerks, gingen in Oldenburg die Lichter wieder an, wie die nachfolgende Tabelle deutlich macht. Die Zahlen beziehen sich auf die Stromabgabe in Kilowattstunden für die Straßenbeleuchtung in den Jahren 1913 bis 1929.[255]

Strom für die Straßenbeleuchtung in kWh 1913–1929

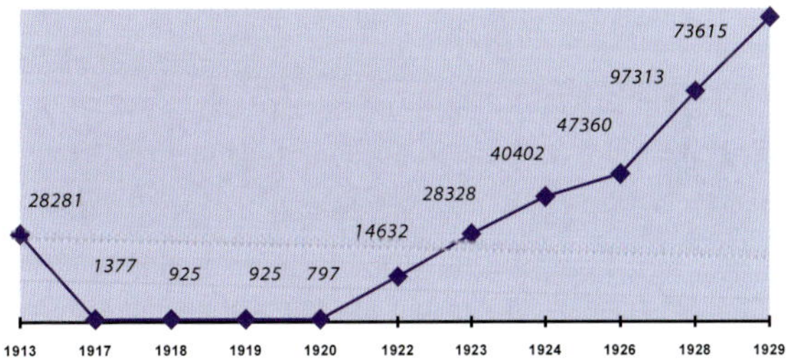

Die mangelhafte Straßenbeleuchtung während der Weimarer Zeit löste bei den Bürgern eine Flut von Anträgen und Beschwerden aus. Um ein Stimmungsbild dieser Situation wiederzugeben, sollen im Folgenden ihre Forderungen sowie die Reaktionen der zuständigen Behörde dargestellt werden.[256]

Als in der unmittelbaren Nachkriegszeit nur etwa jede dritte Laterne in der Stadt funktionierte und ganze Straßen abends im Dunkeln lagen, forderten die Anlieger, dass mindestens an den Straßenkreuzungen oder an besonders dunklen kritischen Stellen eine Laterne brannte. Sie wandten sich an die zuständige Behörde

[249] Wichmann an Oberbürgermeister vom 30.8.1919, ebd.

[250] Wichmann an Noack vom 5.12.1922, ebd.

[251] Wichmann an Oberbürgermeister vom 3.9.1919, ebd.

[252] Geschäftsberichte der städtischen Licht- und Wasserwerke der Stadt Oldenburg 1919/20–1925/26, StAO, Best. 262-1 A Nr. 2372–2376.

[253] Licht- und Wasserwerke an Bürgermeister Fimmen vom 29.5.1929, StAO, Best. 262-1 A Nr. 6–156.

[254] Bericht über die Verwaltung des städtischen Gaswerks zu Oldenburg i. Gr. 1. Mai 1912 bis 30. April 1913, Oldenburg 1913, S. 15 und S. 2; ferner: Bericht über die Verwaltung des städtischen Elektrizitätswerkes zu Oldenburg i. Gr. 1. Mai 1912 bis 30. April 1913, Oldenburg 1913, S. 2.

[255] Bericht über die Verwaltung des städtischen Elektrizitätswerkes 1912/1913, S. 7; ferner: Geschäftsberichte der städtischen Licht- und Wasserwerke 1917/18-1925/26, StAO, Best. 262-1 A Nr. 2370–2376, sowie: Geschäftsbericht städtischen der Licht- und Wasserwerke 1927/28 und 1928/29, S. 12, Firmenarchiv EWE. Für die Jahre 1921, 1925 und 1927 liegen keine Angaben vor.

[256] Ausführungen beziehen sich auf diese Akte, StAO, Best. 262-1 A Nr. 6–156.

[...] mit der Bitte, die Strassenbeleuchtung von Ecke Auguststrasse-Ziegelhofstrasse bis zum Reservelazarett an der Jägerstrasse auch des Nachts genehmigen zu wollen. Es ist in letzter Zeit häufiger vorgekommen, dass Angehörige von Schwerkranken, die telegrafisch gerufen wurden, nicht zum Lazarett finden konnten. Auch bei der Einlieferung von Kranken ist es gleichfalls unangenehm empfunden worden. Die Zuwegung an der Jägerstrasse, besonders am Reservelazarett, ist ohne Strassenbeleuchtung nicht ungefährlich, da z. T. auf beiden Seiten Abflussgräben vorhanden sind.[257]

Auch in der Innenstadt beklagten Anwohner der Kurwickstraße die mangelhafte Beleuchtung, doch die Lichtkommission konnte keine Verbesserung anbieten:

Auf Ihre an die Lichtkommission der Stadt Oldenburg gerichtete Eingabe vom 12. ds. Mts. [dieses Monats] betr. Beleuchtung der Kurwickstrasse erwidern wir ergebenst, dass mit Rücksicht auf die städtische Finanzlage eine bessere Beleuchtung der Kurwickstrasse erst dann erfolgen kann, wenn auch in den übrigen Strassen allgemein zu einer besseren Beleuchtung übergegangen wird. Eine andere Verteilung der in der Kurwickstrasse bereits vorhandenen Lampen lässt sich deshalb nicht vornehmen, weil die Strassenkreuzung Mottenstrasse auf alle Fälle beleuchtet werden muss.[258]

Die Stabilisierung der wirtschaftlichen Lage ab 1924 führte auch zu Verbesserungen in der Straßenbeleuchtung. Die Nachtbeleuchtung wurde wieder aufgenommen und auch in den Ausfallstraßen brannten erneut die Laternen:

In der Verkehrsordnung der Stadt Oldenburg ist die Ofenerchaussee wie die Ofener- und andere Strassen als Hauptverkehrsstrasse bezeichnet. Auf Anregung mehrerer Anwohner richte ich an den Stadtmagistrat die ergebene Bitte, sämtliche Strassenlaternen an der Ofenerchaussee fortan wieder brennen zu lassen. Der Verkehr auf dieser Chaussee war schon immer sehr rege, ist aber durch die vielen Neubauten der letzten Zeit noch sehr gestiegen, sodass wirklich eine Beleuchtung wie in Friedenszeit notwendig ist.[259]

Der Stadtbaurat befürwortete den Antrag und empfahl, auch in anderen Hauptverkehrsstraßen wie in der Alexander-, Nadorster-, Bremer-, Haupt-, Edewechter-, Bloherfelder- und Cloppenburgerstraße sämtliche Straßenlaternen wieder in Betrieb zu nehmen.[260]

***191** Die Ecke Stau / Ritterstraße bildete eine Hauptverkehrsader vom Bahnhof und Hafen in die Innenstadt, um 1900. Stadtmuseum Oldenburg.*

Obwohl Fortschritte zu verzeichnen waren, konnte von einer zufriedenstellenden Straßenbeleuchtung noch keine Rede sein. „In der Magistratssitzung am 9. November 1927 ist darauf hingewiesen worden, dass die Beleuchtung des Herbartplatzes durchaus unzureichend sei und es ist beschlossen worden, die Beleuchtung zu verbessern."[261] Selbst die Licht- und Wasserwerke befürworteten den Antrag der örtlichen Polizei, die Straßenbeleuchtung im Bereich der stark frequentierten Kreuzung Stau/Ritterstraße zu verbessern:

Wir erhielten den Bericht des Polizeiamtes über die mangelhafte Beleuchtung der Strassenkreuzung Stau-Ritterstrasse usw. Auch haben wir schon beobachtet, dass die Beleuchtung dem dort herrschenden Verkehr nicht entfernt genügt. Um Abhilfe zu schaffen, müsste u. E. in grosszügiger Weise die Beleuchtung des

[257] Chefarzt an Magistrat vom 7.12.1918, ebd.
[258] Noack an Gastwirt in Kurwickstraße vom 30.4.1924, ebd.
[259] Anlieger an Stadtmagistrat vom 14.11.1927, ebd.
[260] Wichmann an Stadtbaurat vom 18.11. und 5.12.1927, ebd.
[261] Magistrat an Licht- und Wasserwerke vom 18.11.1927, ebd.

Platzes und der wichtigsten abgehenden Strassen neu aufgebaut werden. Vielleicht wäre zweckmässig, auf dem Platze einen hohen Kandelaber mit einer Lampe von 1 000 Watt oder mehr aufzustellen und eine Reihe weiterer Lichtmasten vor der Post und am Stau entlang vorzusehen und im Zusammenhang damit die Gottorpstrasse besser zu beleuchten.[262]

Der Plan erhielt vom Stadtbaurat jedoch keine Unterstützung, weil nach seiner Einschätzung die finanziellen Mittel dafür fehlten.[263] Auch in den Neubaugebieten, die von den Wohnungsbaugesellschaften errichtet worden waren, erfolgte die Beleuchtung der Straßen oft nur in kleinen Schritten. Im folgenden Beispiel bedurfte es jedoch nur eines Bittschreibens und die beantragte Laterne konnte bereits zwei Monate später in Betrieb genommen werden:[264]

> An der Ecke Grüner Weg – Werbachstrasse müsste unbedingt eine Laterne aufgestellt werden resp. eine andere versetzt werden. Die Ecke ist nämlich äusserst unübersichtlich und daher für Fußgänger und Radfahrer sehr gefährlich. Gerade am Grünen Weg – Werbachstrasse sind mehrere neue Wohnhäuser entstanden und dürfte der schlechte Zustand wohl darauf zurückzuführen sein. Wir wenden uns daher vertrauensvoll persönlich an Sie und hoffen, dass Sie unserer geringfügigen Bitte entsprechen werden.[265]

Für Bewohner in Randbezirken der Stadt war es besonders schwierig, eine Straßenbeleuchtung durchzusetzen:

> Eine Prüfung der Strassenbeleuchtungs-Verhältnisse im Ellernbrok führte zu dem Ergebnis, dass für die insgesamt vorhandenen 10 Häuser an dem etwa 400 m langen Weg unmöglich eine Strassenbeleuchtung ausgebaut werden kann. Es würde dies dahin führen, dass wir mehr Strom für die Strassenbeleuchtung aufwenden würden als der gesamte Konsum der Anwohner ausmacht. [...] U.E. haben doch andere Strassenzüge mit wesentlich grösserem Verkehr und dichterer Bebauung ein grösseres Vorrecht auf eine Strassenbeleuchtung.[266]

Ab 1928/29, verursacht durch die Weltwirtschaftskrise, wurde die Straßenbeleuchtung erneut wegen drastischer Sparmaßnamen eingeschränkt. Als die Licht- und Wasserwerke an den Stadtbaurat den Antrag stellten, dass die volle Friedensbeleuchtung wieder herzustellen sei, wurde die Forderung mit dem Hinweis auf die schlechte Finanzlage der Stadt abgelehnt.[267] Kurze Zeit später wurde das städtische Energieversorgungsunternehmen von der Baubehörde aufgefordert, Vorschläge zur Verbilligung der Straßenbeleuchtung vorzulegen. Der Plan des Direktors Bronner sah dann folgendermaßen aus:

> Durch die angeregte Abkürzung der Abendbeleuchtung um eine Stunde würde eine Ersparnis von etwa M 7 000,- eintreten. Eine weitere Ersparnis von M 11.000,- könnte dadurch erreicht werden, dass die Pressglaslaternen auf dem Damm, dem Schlossplatz, dem Theater- und Heiligengeistwall, in der Gaststraße und auf der Staulinie, die jetzt die ganze Nacht hindurch brennen, bis auf 11 Nachtlaternen als Abendlaternen eingerichtet und ebenfalls um 11 Uhr gelöscht werden. Weitergehende Ersparnisse werden sich nur durch eine Verminderung der Zahl der Laternen oder eine noch weitergehende Kürzung der Brennzeit erreichen lassen.[268]

Dem Bauausschuss unter Vorsitz von Noack genügten die Ersparnisse jedoch nicht, und er forderte die Einsparung von weiteren 13.000 Reichsmark, die schließlich dadurch erzielt werden sollte, dass die Laternen in mondhellen Nächten ausgeschaltet blieben und die Brennzeit nach dem Brennkalender um eine halbe Stunde verkürzt wurde.[269] In einem eindringli-

---

262 Licht- und Wasserwerke an Stadtbaurat vom 8.12.1927, ebd.
263 Licht- und Wasserwerke an Stadtbaurat vom 7.6.1928, ebd.
264 Licht- und Wasserwerke an Stadtbaurat vom 3.1.1929, ebd.
265 Anlieger an Stadtmagistrat vom 1.11.1928, ebd.
266 Licht- und Wasserwerke an Stadtbaurat vom 16.3.1928, ebd.
267 Korrespondenz Noack und Licht- und Wasserwerke vom 28.11. und 1.12.1928, ebd.
268 Licht- und Wasserwerke an Bauausschuss vom 6.5.1929, ebd.
269 Licht- und Wasserwerke an Bauausschuss, 30. / 31.5.1929, ferner: Anordnung des Magistrats vom 6.6.1929, ebd.

chen Appell wandte sich Oberbürgermeister Goerlitz in der Presse an die Bürger und warb um Verständnis für die Sparmaßnahmen:

> Die grossen unvermeidlichen Ausgaben der Stadt Oldenburg für Wohlfahrtspflege und Schulwesen haben ausser erheblichen Abstrichen bei allen städtischen Voranschlägen für das Rechnungsjahr 1929/30 erfordert, dass wie in anderen Städten auch eine Kürzung der für die öffentliche Strassenbeleuchtung vorgesehenen Mittel vorgenommen und über den Betrag von jährlich 180.000 RM (im Vorjahre etwa 35.000 RM mehr) auf keinen Fall hinausgegangen wird. Es ist daher notwendig, dass die Strassenbeleuchtung im laufenden Jahre, vor allem in den kommenden Sommermonaten, äusserst eingeschränkt und u. U. in mondhellen Nächten vorübergehend gänzlich eingestellt wird. [...] Auch sei beachtet, dass ein Nichtbrennen von Laternen auf kein Versagen der Laternen zurückzuführen ist, sondern eine absichtlich herbeigeführte Sparmassnahme darstellt.[270]

Nach Eingang zahlreicher Beschwerden von Geschäftsleuten, Polizei und Straßenanliegern nahm der Stadtmagistrat diese Anweisung jedoch wieder zurück. Vielmehr stimmte er in seiner Sitzung am 25. September 1929 einem Antrag der Licht- und Wasserwerke zu, in dem diese erklärt hatten, für den Betrag von 180.000 Mark die Straßenbeleuchtung zu übernehmen, ohne dass die Brennzeiten verkürzt und der Ausbau des Beleuchtungsnetzes eingeschränkt würden. Zur Erläuterung führten sie unter anderem an, dass die ermittelten Ersparnisse bei den Beleuchtungskosten nur ein Verrechnungsposten sei. Tatsächlich gespart würden lediglich einige tausend Mark. Entscheidend für die Offerte des städtischen Energieversorgers war folgende Überlegung:

> Die Licht- und Wasserwerke seien in den letzten Wochen bei ihrer Absatzwerbung auf immer stärkeren Widerstand gestossen und sie müssten befürchten, dass die Beleuchtungseinschränkung zu einer Verringerung der Konsumzunahme und insofern wiederum zu einer Minderung des Gewinnes führen werde. Es sei immer beobachtet, je besser die Strassenbeleuchtung sei, desto besser sei auch der Absatz an Licht. Aus allen diesen Gründen sahen sich die Licht- und Wasserwerke genötigt, der Stadt vorzuschlagen, ihnen zu dem in der Stadtkasse eingesetzten Betrage von 180.000,-- RM die Strassenbeleuchtung zu übertragen und es ihnen zu überlassen, diese Beleuchtung weiter zu verbessern.[271]

Der Stadtmagistrat folgte der Begründung der Licht- und Wasserwerke und beschloss die Annahme des Antrags, verbunden mit der Hoffnung, „dass nicht nur die Innenteile der Stadt, sondern auch die äusseren Teile von der besseren Beleuchtung profitieren möchten."[272]

Diese Entscheidung blieb indes ohne praktische Konsequenz, denn die städtischen Gas- und Elektrizitätswerke wurden bereits ein halbes Jahr später an die Oldenburgische Stromversorgungs AG verkauft, die dann ab 1. April 1930 die Strom- und Gasversorgung der Stadt Oldenburg übernahm.[273] Das Dilemma der mangelhaften Straßenbeleuchtung setzte sich jedoch, wie die Beschwerden zahlreicher Oldenburger belegen, teilweise unter noch rigoroseren Sparmaßnahmen weiter fort.[274]

Zur Entwicklung der Glühlampe

Das Licht der Bogenlampe war zu hell, um innerhalb kleiner Räumen eingesetzt werden zu können. Die Zukunft des elektrischen Lichts lag in der Glühlampe. Den technischen und wirtschaftlichen Durchbruch erzielte Edison 1879 mit seiner Glühlampe, doch die Anfänge der Entwicklung reichen bis in die erste Hälfte des 19. Jahrhunderts zurück. Unter Vakuum, so wies der Engländer Frederick De Moleyn bereits 1841 nach,

270 Presse-Entwurf: Einschränkung der Straßenbeleuchtung vom 3.6.1929, ebd.
271 Protokoll des Magistratsbeschlusses vom 25.9.1929, ebd.
272 Ebd.
273 Vertrag über Verkauf des städtischen Elektrizitätswerks vom 22.3.1930, StAO, Best. 262-1 A Nr. 20 – 329.
274 Korrespondenz Noack mit den städtischen Licht- und Wasserwerken, der Stromversorgungs AG sowie mit Oberbürgermeister Rabeling 1929–1937, StAO, Best. 262-1 A Nr. 6 – 154.

konnte ein Verglühen des elektrisch geladenen Drahtes verhindert werden. Auch in Deutschland beschäftigten sich Wissenschaftler mit der Erforschung des elektrischen Lichts. Die erste brauchbare Glühlampe mit Bambuskohlefaden wurde 1854 von dem aus Springe bei Hannover stammenden Erfinder Heinrich Goebel entwickelt.[275] Da seine Erfindung jedoch auf kein kommerzielles Interesse stieß, beschränkte er sich darauf, das Schaufenster seines eigenen Geschäfts elektrisch zu beleuchten. Kurz vor Edison hatten auch Warren de la Rue, James Bowmann Lindsay, Jobard, Grove, John Starr, King, Greener, Staite, Watson, Shepard, Moses Farmer, Joseph W. Swan, Alexander Lodygin, Sawyer und Man mit luftleeren Glühlampen experimentiert.[276] Keiner von ihnen aber hatte es verstanden, seine Erfindung auch nur ansatzweise zu vermarkten, wohl nicht zuletzt deshalb, weil die technischen Voraussetzungen wie Kraftwerk, Stromnetz, Kabel und Schalter noch gar nicht vorhanden waren.

> Wenn dennoch die Erfindung der Glühlampe mit Edisons Name verbunden bleibt, so vor allem deshalb, weil er beide Impulse einer technischen Innovation: die Konstruktion einer praktisch belastbaren, nicht nur experimentell funktionierenden Vorrichtung und deren tatsächliche Ökonomisierung, Vermarktung, gleichermaßen beherrschte.[277]

***192** Thomas Alva Edison erfindet die Glühlampe im Jahre 1879, Gemälde. Foto Deutsches Museum München.*

Edisons herausragende Leistung bestand vor allem darin, vorhandene Erkenntnisse zu vervollkommnen und sie werbewirksam einzusetzen. Als er kurz nach der Pariser Weltausstellung 1878 in Amerika eine Fabrik besichtigte, die Bogenlampen und Generatoren herstellte, äußerte er gegenüber dem Direktor der Fabrik seine Bedenken gegenüber dieser Technologie und begann nun seinerseits mit Versuchen zur Entwicklung einer Glühlampe.[278] 1879 reichte Edison ein Patent für eine elektrische Glühlampe ein.[279] Bereits 1881 stellte er auf der Exposition Internationale d'Electricité in Paris seine Erfindung dem interessierten Publikum vor.

Den öffentlichen Durchbruch erzielte Edison, als er im Rahmen der Berliner Gesundheitsausstellung 1883 als Erster mittels elektrischer Lichtreklame die Buchstaben seines Namens für sich werben ließ. Eine effektvolle Steigerung dieses Prinzips, das in den Folgejahren einen regelrechten „Lichthunger" auslöste, konnte 1889 bei der Pariser Weltausstellung beobachtet werden:

> Auf einem Sockel in der Mitte der Schau stand ein zwölf Meter hohes, riesenhaft vergrößertes Modell einer Edison-Lampe. Offensichtlich hatte Edison für seinen Ausstellungsauftritt „by the way" die Leuchtreklame kreiert: „In Kaskaden aus hunderten farbigen Lämpchen leuchteten vom Sockelfuß beginnend die Flaggen Frankreichs und Amerikas, Edisons Name, die Jahreszahl 1889 und weiß die Riesenglühlampe auf".[280]

Die stete Weiterentwicklung der Glühlampe verbesserte nicht nur den Helligkeitswert des elektrischen Lichts, sie reduzierte auch den Stromverbrauch. 1882 errichtete Siemens die erste Glühlampenfabrik in Deutschland, die AEG folgte zwei Jahre später. Eine Glühlampe kostete beispielsweise bei den Brüdern Siemens & Co 7 Mark, Siemens & Halske verlangten 6,50 Mark,

---

275 Götz: Nichts als Licht, S. 120.
276 Ebd., S. 121f.
277 Metz: Ursprünge der Zukunft, S. 237.
278 Kretschmer: Geschichte der Weltausstellungen, S. 128; Volkmann, Peter: Technikpioniere. Namensgeber von Einheiten physikalischer Grössen, 2. aktual. und erw. Aufl., Berlin, Offenbach 1994, S. 115.
279 Canby: Geschichte der Elektrizität, S. 106ff.
280 Kretschmer: Geschichte der Weltausstellungen, S. 128; Volkmann: Technikpioniere, S. 156ff.

am teuersten waren die Glühlampen von Swan (England) und Edison (Amerika) mit 10 Mark.[281]

193 *Jablochkoffkerze und Bogenlampe von Siemens & Fein, 1880–1890, Originale, Objektsammlung des DM. Foto Deutsches Museum München.*

Der 21. Oktober 1879 gilt als Geburtstag der elektrischen Glühlampe. Edison entwickelte die erste Kohlefadenlampe. Neue Erkenntnisse über hochschmelzende Metalle und Oxyde führten in schneller Folge zur Erfindung der Nernst- (1897), Osmium- (1900), Tantal- (1904), Wolframfaden- (1906), Wolframdraht- (1911) und schließlich zur Nitralampe (1913). Die Lichtausbeute der Kohlefadenlampe entsprach 220 Normalkerzen (NK). Die Nitralampe erreichte mit 2 000 Kerzen bereits etwa den zehnfachen Wert.[282]

194 *Kohlefadenlampen von Edison, Swan und Siemens (unten), 1885–1895, Originale, Objektsammlung des DM. Foto Deutsches Museum München.*

Carl Auer von Welsbach konstruierte die erste taugliche Metallfaden-Glühlampe, die Osmiumlampe, mit einem Lichtwert von 650 Kerzen. Sie kam 1902 auf den Markt und verbrauchte nur halb so viel Strom wie die Kohlefadenlampe. Einen entscheidenden Durchbruch erzielten Siemens & Halske mit der Wolframfadenlampe, die 1908 Marktreife erlangte und sich dadurch auszeichnete, dass sie sehr hohen Temperaturen von mehr als 3 000 Grad standhielt, ein helleres Licht bot und einen äußerst geringen Energieverbrauch aufwies. Die Stromersparnis gegenüber der Kohlefadenlampe soll nach einem Bericht in der Werkszeitung der AEG 70 Prozent betragen haben, ihre Lichtstärke betrug 900 Normalkerzen. Die elektrische Bogenlampe, die hauptsächlich in der Straßenbeleuchtung sowie in Fabrik- und Bahnhofshallen eingesetzt wurde, hatte eine Leuchtkraft von 1 000 NK.[283] Die Glühlampe hatte also nahezu die Lichtstärke der Bogenlampe erreicht.

195 *Plakat, AEG Metalldraht-Lampe, Grafik: Peter Behrens, um 1910. Foto Deutsches Technikmuseum Berlin.*

[281] Rebske, Ernst: Lampen, Laternen, Leuchten. Eine Historie der Beleuchtung, Stuttgart 1962, S. 128.

[282] Die Lichtmenge, hergestellt mit einem Kilowatt, wurde in der Pionierzeit der Elektrizität in der Einheit „Normalkerzen" (NK) angegeben, vgl. Mey: Die AEG-Nitralampe, S. 1–7. Ab 1909 war für Lichtstärke vielfach die Bezeichnung „Lumen" oder „Lux" üblich, doch eine international einheitliche Sprachregelung hatte sich auch 1921, nach einer Verhandlungsdauer von über 40 Jahren, noch nicht durchgesetzt, vgl. Ahlert, E.: Internationale Kerze und Lumen, in: Journal für Gasbeleuchtung 64, 1921, S. 155.

[283] Ebd.; ferner: Bloch, L.: Elektrische Beleuchtung in Fabriken, in: AEG-Zeitung 13, Nr. 4, Oktober 1910, S. 13–16.

Aus dem hoch schmelzenden Osmium- und Wolframfaden wurde der Name Osram abgeleitet, der zunächst der Lampe und dann der Firma den Namen gab.[284] Um sich besser gegen die ausländische Konkurrenz zu schützen, wurde 1919 in Deutschland die Firma Osram GmbH KG gegründet. Es handelte sich dabei um den Zusammenschluss der drei bedeutenden Unternehmen AEG, Deutsche Auer-Gesellschaft und Siemens & Halske AG, die ihre bisherige Glühlampenproduktion einstellten und sich unter dem neuen Firmennamen mit der Wolframfadenlampe auf dem Markt etablierten.[285] Nach dem Ersten Weltkrieg setzte sich die Osramlampe durch, sie ist bis Anfang des 21. Jahrhunderts eine der gebräuchlichsten Glühlampenformen geblieben.[286]

196 *Plakat, AEG Metallfadenlampe, Grafik: Peter Behrens, um 1910. Foto Deutsches Technikmuseum Berlin*

Die Erfindung der Metallfaden-Glühlampe führte nicht nur zu einer Steigerung der Lichtleistung, sondern auch zu einer veränderten Wahrnehmung von Licht: Das Licht verlor zum einen seinen bis dahin üblichen rötlichen Ton und zum anderen ließ es sich nicht mehr mit bloßem Auge betrachten. Folglich musste es jetzt zum Schutz des menschlichen Auges abgeschirmt werden. Zunächst begnügte man sich damit, immer dichtere Lampenschirme herzustellen. Doch zugleich wurden erste Versuche unternommen, das Prinzip der Umkehrung anzuwenden und das Licht nicht nach unten, sondern an die Zimmerdecke zu lenken. Der Lichtschein traf nun ungefiltert auf die weiße Decke und wurde als indirektes Licht in den Raum zurückgeworfen. Diese Lichttechnik, „indirekte Beleuchtung" genannt, prägte den Stil in den 1920er Jahren, der in der Designgeschichte als „Art-direkt" bezeichnet wird. Die indirekte Beleuchtung war in erster Linie das Beleuchtungssystem in öffentlichen Gebäuden wie Restaurants, Kinos, Hotellobbys oder Kaufhäusern.[287] In einigen Fabrikhallen wurde sie schon vor dem Ersten Weltkrieg angewendet:

> Auch mit den für Fabrikräume von mäßiger Höhe häufig angewendeten indirekten Bogenlampen läßt sich eine recht ökonomische Beleuchtung von großer Gleichmäßigkeit erzielen, wobei auch die Blendung durch direkt sichtbare Lichtquellen von großem Glanz, sowie störende Schatten vermieden werden. Allerdings muß hierbei auf möglichst ebene und dauernd weiß gehaltene Decken großer Wert gelegt werden.[288]

Die primäre Innenbeleuchtung in privaten Wohnungen blieb bis in die heutige Zeit hinein das so genannte „Lichtmöbel" wie beispielsweise die Schreibtisch-, Nachttisch-, Flur-, Decken oder Stehlampe.

Schon um 1900 betrug die Lebensdauer der Glühlampen durchschnittlich 1000 Stunden. Durch das Glühen verdampfte der Wolframdraht im Innern der Lampe, er verlor zunehmend an Gewicht und wurde mit der Zeit immer dünner, bis er schließlich zerriss und das künstliche Licht verlöschte. Das Auseinanderreißen des Glühdrahtes nach 1 000 Brennstunden war ein automatischer Prozess, dem ein bestimmtes Konstruktionsprinzip zugrunde lag. Bei längerem Gebrauch der Glühlam-

284 Licht im Dunkeln, in: Frankfurter Rundschau, Nr. 461, 23.2.2007. S. 2.
285 AEG (Hg.): Die AEG Fabrik Sickingenstraße. Information aus der AEG Geschichte 1/93, Berlin, Frankfurt/M. 1993, S. 5.
286 Rebske: Lampen, Laternen, Leuchten, S. 212.
287 Schivelbusch: Licht, Schein und Wahn, S. 27ff.
288 Bloch, L.: Elektrische Beleuchtung in Fabriken, in: AEG-Zeitung 13, Nr. 4, Oktober 1910, S. 16.

pe beschlug sich das Innere mit einem bräunlichen Belag aus Kohlepartikeln, die durch den Verdampfungsprozess entstanden, dadurch wurde die Lampe immer trüber und die Leuchtkraft verminderte sich. Um die Menschen zum zeitigen Lampenwechsel zu bewegen, wurde der Glühdraht so konstruiert, dass er nach rund 1 000 Brennstunden zerbrach. Das hat sich bis heute bei den gängigen Glühlampen nicht geändert.[289]

Es gibt aber auch eine berühmte Ausnahme, die im Guinnessbuch der Rekorde erwähnt ist: In Livermoore, USA, glüht eine Lampe in der Feuerwache Nr. 6 seit 1906 im Dauerbetrieb. „Sie läuft aber nur mit vier Watt, ist mundgeblasen, hat einen Kohlefaser-Glühfaden und wurde 1890 von der Shelby Electric Company gebaut."[290]

Licht im Haus

Wie anderswo begann auch in Oldenburg das elektrische Zeitalter mit dem elektrischen Licht. In den ersten Jahren nach Eröffnung des Elektrizitätswerks wurde mehr Strom für Licht verkauft als für Kraft und Heizung zusammen. Eine Umkehrung trat erst ab 1915 ein und setzte sich nach dem Ersten Weltkrieg und in den 1920er Jahren infolge der starken Zunahme von Elektromotoren, elektrischen Haushaltsgeräten und Heizungen fort.[291]

Um 1910 lebten im Stadtgebiet von Oldenburg 30.242 Personen, es gab 6 321 Wohnungen[292], zur selben Zeit brannten in der Stadt rund 30.000 elektrische Glühlampen.[293] Statistisch gesehen kam damit auf etwa jeden Einwohner eine Glühlampe. Tatsächlich war die Verteilung jedoch eine andere, weil zu diesem Zeitpunkt bei Weitem noch nicht in allen Straßen der Stadt Stromkabel verlegt worden waren, so dass die Anzahl der Glühlampen in den mit Strom versorgten Gebäuden wesentlich höher lag. Während in den Zimmern der Privatwohnungen meistens nur eine Lampe leuchtete, herrschte der größte Bedarf an Licht in den Geschäften, Gaststätten, Hotels, Büros, Handwerks- und Industriebetrieben des Stadtzentrums. Anfänglich unterschied das Energieversorgungsunternehmen nach dem Verwendungszweck des Stroms: Bogen- und Glühlampen, elektrische Geräte und Motoren. Aus diesen Daten ergab sich dann die Gesamtzahl der Verbraucher. Fünf Jahre nach Inbetriebnahme zählte das Unternehmen insgesamt 1 652 Kunden, die die neue Energieform für unterschiedlichste Zwecke nutzten.[294]

197 *Plakat, Werbung für elektrisches Licht, ohne Nennung eines bestimmten Firmennamens. Electrum Hamburg.*
198 *Postkarte, Osram, Grafik: Herm(ann) Frenz, um 1911, (Exlibris). Electrum Hamburg.*

Die hohe Anschlussrate war vor allem auf die intensive Werbung zurückzuführen, die die AEG bereits vor der Eröffnung des Werks betrieben hatte. Es galt zunächst, die Vorzüge des elektrischen Lichts gegenüber dem Gaslicht herauszustellen:

> Das Gasglühlicht mit seinen großen Lichteffekten ist weitgehenden Anforderungen gewachsen und wird sich infolge des erheblich billigeren Preises auch neben dem elektrischen Lichte be-

289 Götz: Nichts als Licht, S. 124.
290 Der Dauerbrenner, in: Frankfurter Rundschau, Nr. 461, 23.2.2007, S. 2.
291 Geschäftsberichte des Elektrizitätswerks 1912/13–1927/28, StAO, Best. 262-1 A Nr. 2378.
292 Ergebnis der Einschätzung zur Einkommens- Vermögenssteuer 1911/12, in: Gemeinde-Blatt 59, 1912, S. 5; ferner: Ephraim: Die Stadt Oldenburg in sozialstatistischer Beleuchtung, S. 82.
293 Für 1910 liegen keine Angaben über die Anzahl der Glühlampen vor. 1912 waren 31 693 Glühlampen angeschlossen.
294 Bericht über die Verwaltung des städtischen Elektrizitätswerkes 1912/13; ferner: Geschäftsbericht des Elektrizitätswerks 1914/15, StAO, Best. 262-1 A Nr. 2378.

haupten. So wird z.B. eine Verwendung des elektrischen Lichtes für die Straßenbeleuchtung hier in größerem Umfange schwerlich in Betracht kommen. Aber das elektrische Licht hat unverkennbar große Vorzüge: Die größere Bequemlichkeit in der Handhabung, Leichtigkeit in der Anbringung, Verteilung und Verwertung des Lichtes für Schaustellungen, Werkstätten und Reklamezwecke, die Gefahrlosigkeit, Unschädlichkeit für Zimmerpflanzen, für gewisse empfindliche Metallwaren usw. Solche Verbesserungen der Einwohnerschaft, namentlich der Geschäftswelt, zugängig zu machen, ist gewiß nicht ohne Wert. Für das geschäftliche Leben kann darin eine merkliche Förderung liegen.[295]

200 *Urania, Vortragshalle und Kinematographentheater, Porträt Hermann Wempe, Landes-Industrie- und Gewerbe-Ausstellung 1905. Ansichtskarte Stadtmuseum Oldenburg.*

Von diesen Vorzügen überzeugte sich die Oldenburger Bevölkerung schon wenige Wochen später auf der Landesausstellung von 1905. Mit der Illuminierung des Ausstellungsgeländes und der Präsentation zahlreicher Erfindungen aus dem Bereich der Elektrizität wurde ein bedeutender Werbeeffekt erzielt. Hier präsentierte die Elektroindustrie, was sie an Errungenschaften und Zukunftsvisionen zu bieten hatte. Die elektrische Produktenwelt umfasste zwei Sparten: auf der einen Seite die Motoren, Haushaltsgeräte, Dynamos sowie Film- und Fotoapparate, auf der anderen Seite das elektrische Licht.

199 *Firmenanzeigen im Katalog zur Landes-Industrie- und Gewerbe-Ausstellung, Oldenburg 1905.*

Zugleich gab es zahlreiche Bemühungen, den Menschen die neue Technologie verständlich zu machen. Während der Landesausstellung trat hier besonders der Privatgelehrte Hermann Wempe hervor. In einer sechsteiligen Vortragsreihe referierte Wempe über sichtbare und unsichtbare elektrische Strahlen.[296] In zwei weiteren Vorträgen informierte er über das Licht in der Fotografie.[297] Seine Filme, die aktuelle Ereignisse zeigten, entwickelten sich zu einem Publikumserfolg. Über das Kinematographentheater, das im Volksmund Kino hieß, berichtete die örtliche Presse:

> Die kinematographischen Vorführungen in der ‚Urania' erfreuen sich einer von Tag zu Tag steigenden Beliebtheit, wie der immer wachsende Besuch dartut. Dies hat natürlich zunächst seinen Grund darin, daß die vorgeführten Bilder Szenen darstellen, die für den Oldenburger ganz besonderes Interesse darbieten (Großherzogliche Familie im Park, Oldenburger Rennen, Eröffnung der Ausstellung) oder die durch ihre Komik selbst bei den Mißvergnügtesten ein herzliches Lachen hervorrufen. Andererseits sind aber die Bilder so außerordentlich schön und klar, wie sie hier noch nicht gezeigt worden sind. Besonders angenehm wirkt es, daß sie das bisher immer so lästige Flackern und Flimmern fast durchweg vermissen lassen.[298]

Für Geschäftsleute, Handwerker und Industrielle hatte Wempe bereits zu Beginn des Jahres 1905 im Landesgewerbemuseum spezielle Veranstaltungen über Lichtbilderreklame angeboten,

295 Zur Errichtung eines Elektrizitätswerkes in Oldenburg, in: Nachrichten, Nr. 90, 15.4.1905.
296 Ueber sichtbare und unsichtbare Strahlen, in: Nachrichten, Nr. 190, 15.8.1905.
297 Licht und Farben, in: Nachrichten, Nr. 204, 31.8.1905, sowie Nr. 205, 1.9.1905.
298 Landes-Ausstellung 1905. Der Kinematograph „Buderus", in: Nachrichten, Nr. 152, 1.7.1905.

in denen er über die „Art und Weise der Reklamebilder, sowie Anfertigung und Kosten der Klischees" informierte. Dieses moderne Werbemittel stieß auf großes Interesse, denn es bot den Firmen die Möglichkeit, jetzt auch in Schaufenstern und in Kinos, die überall wie Pilze aus dem Boden schossen, für sich und ihre Produkte zu werben.[299]

Bekanntlich verfügte die AEG damals nicht nur über ein Standbein im Bereich Elektrizitätserzeugung, sondern war auch führend in der Elektro- und Nachrichtentechnik. Sie zählte neben Siemens zu den „global players", die den wachsenden Strommarkt beherrschten. Da elektrischer Strom zu Beginn des 20. Jahrhunderts wesentlich teurer als Gas war, mussten geeignete Mittel und Argumente für die Akzeptanz in der Bevölkerung gefunden werden.

In Zusammenarbeit mit dem Oldenburger Handels- und Gewerbeverein führte die AEG Informationsveranstaltungen durch, um über das Wesen und die Anwendungsgebiete des elektrischen Lichts und Kraftantriebs, die Ermittlung des Stromverbrauchs und der Strompreise oder das gefürchtete Gespenst des Kurzschlusses zu referieren.[300] Um den Oldenburgern den Einstieg in die Elektrifizierung zu erleichtern, bot die AEG in Kooperation mit Oldenburger Installateuren an, in Geschäfts- und Privathaushalten die Hausanschlüsse und die elektrischen Anlagen zu installieren, die gegen eine gestaffelte Jahresgebühr genutzt werden konnten.[301] Das Unternehmen lieferte auch alle gewünschten Haushaltsgeräte, Motoren, Ventilatoren, Heizapparate, Bügeleisen, Lampen, Kronleuchter, Glühbirnen etc.[302]

Bei Inbetriebnahme des Elektrizitätswerks in Oldenburg betrug der normale Preis für Lichtstrom 45 Pfennig pro Kilowattstunde. Für Kunden mit einem hohen Stromverbrauch und für Nutzer von Nachtstrom hielt die AEG Sondertarife bereit. Für Kraft- und andere Beleuchtungszwecke galten wiederum andere Tarife. Neben der Grundgebühr, die abhängig von der Motorleistung war, kostete eine Kilowattstunde 10 Pfennig. Darüber hinaus gab es für Kraftstrom Rabatte, so dass je nach Verbrauch ein Preis zwischen 22 und 15 Pfennig je Kilowattstunde zu Buche schlug.[303]

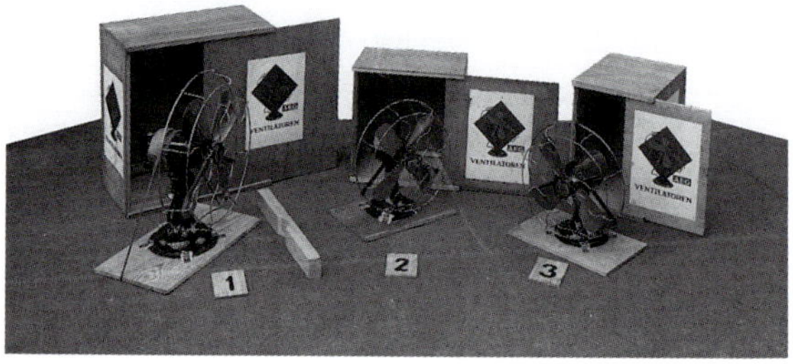

201 *Einzelverpackung von Ventilatoren, AEG, 16. Juni 1928. Foto Deutsches Technikmuseum Berlin.*

202 *Werbung für eine elektrische Fruchtpresse, 1912. Electrolux Deutschland GmbH (Nürnberg).*
203 *Werbung für den elektrischen Haartrockner, AEG, 1912. Foto Deutsches Technikmuseum Berlin.*

Rund zwei Jahre nach Betriebseröffnung wurde das Tarifsystem geändert, es sah Rabatte, Sperrzeitenregelungen und die Differenzierung in verschiedene Tarifgruppen vor. Die neuen Tarife galten ab 1. Januar 1910. Der Grundpreis für elektrische Energie zu Beleuchtungszwecken blieb konstant bei 45 Pfennig. Neu waren die Strompreise für Abnehmer mit einem hohen Verbrauch. Der niedrigste Durchschnittstarif für Licht betrug

299 Landesausstellung, in: Nachrichten, Nr. 50, 28.2.1905.
300 Das neue Elektrizitätswerk, in: Nachrichten, Nr. 161, 13.6.1906.
301 Aus dem Elektrizitätstarif der AEG von 1906, StAO, Best. 262-1 A Nr. 2364; ferner: Aus dem Elektrizitätstarif, in: Nachrichten, Nr. 92, 18.4.1905; Errichtung des Elektrizitätswerks, in: Nachrichten, Nr. 202, 24.7.1906; Erläuterungen zum Pauschaltarif mit Strombegrenzer, in: Nachrichten, Nr. 345, 17.12.1911.
302 Adressbuch der Residenzstadt Odenburg für 1910, Geschäftsanzeigen, S. 5, sowie Adressbuch für 1911, Geschäftsanzeigen, S. 12.
303 Aus dem Elektrizitätstarif der AEG von 1906, StAO, Best. 262-1 A Nr. 2364.

28 Pfennig. Auch der Tarif für Koch- und Heizzwecke, der auf 15 Pfennig festgesetzt wurde, war eine Neuerung. Der Kraftstrom kostete 20 Pfennig, es wurden auch hier Preisermäßigungen bei hohem Verbrauch gewährt. Die Höhe der monatlichen Zählermiete variierte von 50 Pfennig bis 3,50 Mark, entscheidend war die Menge der verbrauchten Kilowattstunden.[304]

Die Tarifänderung für Lichtstrom verlief parallel zur technischen Verbesserung der Metallfadenlampe, die im Gegensatz zur Kohlefadenlampe erheblich weniger Strom verbrauchte und günstiger in der Anschaffung war. Den Verbrauchern wurde suggeriert, dass Elektrizität entgegen früherer Behauptung nicht mehr „eine Luxusbeleuchtung, sondern, nachdem sie nunmehr auch hinsichtlich des Preises einen Vergleich mit anderen Lichtarten nicht mehr zu scheuen braucht, eine Gebrauchsbeleuchtung für jedermann geworden" war.[305]

Zum 1. Mai 1912, wenige Monate nach Übernahme des Elektrizitätswerks in städtischen Besitz, änderten sich die Stromlieferungsbedingungen erneut. Fortan galten fünf verschiedene Tarife für Lichtstrom, die sich im Wesentlichen an den alten Vertragsbedingungen orientierten. Wichtig für die Normalverbraucher war jedoch, dass der Grundpreis für Licht von 45 Pfennig auf 40 Pfennig sank. Der Preis für Kraftstrom, der in vier Tarifgruppen eingeteilt war, wurde von 20 Pfennig auf 18 Pfennig verringert. Der Stadtmagistrat sah sich genötigt, die Strompreise zu senken, weil die Überlandzentrale Wiesmoor den Strompreis auf 40 Pfennig für Licht und auf 18 Pfennig für Kraft festgesetzt hatte. Den Einnahmeverlust in Höhe von 10.000 Mark für Lichtstrom und 1000 Mark für Kraftstrom hoffte der Magistrat durch die gesteigerte Konsumnachfrage kompensieren zu können.[306] Mit der Angleichung der Strompreise verfolgte die Stadt die Absicht, die Vorortgemeinden, die sonst eventuell direkt mit der SEB einen Stromlieferungsvertrag abgeschlossen hätten, als Stromkunden zu gewinnen.[307]

204 *Büro in der Landwirtschaftskammer, Mars-la-Tour-Straße, 1909, Fotografin Anna Feilner. Stadtmuseum Oldenburg.*
205 *Innenansicht Kaufhaus Gehrels, Ecke Stau-/Achternstraße, 1911. Stadtmuseum Oldenburg.*

In vielen Privathaushalten, Geschäften und öffentlichen Gebäuden verdrängte das elektrische Licht die Gasbeleuchtung immer mehr, wie die Anschlusszahlen zeigen: Während am 1. Mai 1912 insgesamt 31.693 Glühlampen gemeldet waren, lag die Zahl am 1. Mai 1915 schon bei 54.029 Lampen.[308] Einen wichtigen Anteil an der Steigerung des Stromverbrauchs während des Ersten Weltkriegs hatten die elektrischen Münzzähler und die Ermäßigung der Beisteuer für elektrische Anlagen.[309] Die Beisteuer wurde erhoben für die Installation einer elektrischen Anlage in Gebäuden, die auf Kosten des Elektrizitätswerks erfolgte. Der Abnehmer hatte mindestens drei, höchstens jedoch zehn Jahre lang eine jährliche Beisteuer zu entrichten, deren Höhe sich nach dem Anschlusswert richtete. Der Jahresbeitrag betrug mindestens 7,80 Mark, jeder weitere Stromanschluss kostete 96 Pfennig.[310] Auch der Petroleummangel beschleunigte die Verbreitung des elektrischen Lichts. Wer es sich leisten konnte, bevorzugte elektrisches Licht, weil es bequemer, sicherer und lichtstärker war als Gaslicht. Zudem

[304] Mitteilung Elektrizitätswerk Oldenburg an Stadtbaurat vom 11.12.1909, ebd.; ferner: Eine weitere Verbilligung des elektrischen Lichtes, in: Nachrichten, Nr. 341, 10.12.1909.
[305] Eine weitere Verbilligung des elektrischen Lichtes, in: Nachrichten, Nr. 341, 10.12.1909.
[306] Stadtmagistrat an Stadtrat vom 23.3.1912, StAO, Best. 262-1 A Nr. 2364.
[307] Verträge über die Versorgung der Gemeinden Eversten, Osternburg, Ohmstede mit Strom; ferner: Stadtmagistrat an Stadtrat, 19.7.1912, ebd.
[308] Geschäftsbericht des Elektrizitätswerks 1914/15. Ab 1915 wurde in den Geschäftsberichten nur noch der Gesamtverbrauch für Beleuchtung angegeben, StAO, Best. 262-1 A Nr. 2378.
[309] Stadtratsbeschluss vom 17.8.1915, in: Gemeinde-Blatt 62, 1915, S. 72.
[310] Anlage zum Lieferungsvertrag mit Ohmstede vom 26.4.1917, StAO, Best. 262-1 A Nr. 236.

überzeugte insbesondere die Wolframfadenlampe, die von der AEG entwickelt worden war, durch ihren erschwinglichen Preis und sparsamen Verbrauch. Entscheidend dabei waren jedoch nicht allein die finanziellen Möglichkeiten der Konsumenten, sondern auch der Anschluss an das Stromnetz, denn viele Stadtgebiete verfügten bis Mitte der 1920er Jahre noch nicht über die nötige Infrastruktur. Entsprechend standen in vielen Privathaushalten Petroleum, Gas und Elektrizität noch viele Jahre in Konkurrenz zueinander, wie Aussagen von Oldenburgerinnen und Oldenburgern belegen.[311]

Bis Mitte der 1920er Jahre leuchteten noch die Gaslampen im Gerberhof:

> Das „Licht der Welt" erblickte ich am Grenzweg zwischen dem Stadtviertel „Gerberhof" und der Gemeinde Eversten; d.h. es war eine Gaslampe, die bei meiner Geburt an einem frühen Dezembermorgen des Jahres 1919 im Hause meiner Großmutter leuchtete, denn „Elektrisch" wurde erst in den 20er Jahren gelegt.[312]

In Osternburg musste sich Familie B. noch bis in die dreißiger Jahre hinein mit Kerzen- und Petroleumlicht behelfen:

> Meine Mutter, mein Bruder und ich wohnten in der Oberwohnung am Herrenweg. Es war 1927 bis 1933. Als wir dort einzogen, war noch kein elektrisches Licht in der Wohnung. Eine Wasserleitung war vorhanden. Eine wunderschöne Petroleumlampe hatten wir, die dann auf den Tisch gestellt wurde. Mit Kerzen wurde sich auch beholfen.[313]

Familie H., die auch in Osternburg wohnte, stellte gegen Mitte der zwanziger Jahre von Gas- auf elektrisches Licht um: „Bis etwa 1925 hatten wir in der Nordstraße nur Gasbeleuchtung, im Haus und auf der Straße. Dann wurde alles auf elektrischen Strom umgestellt und später konnten wir auch elektrisch kochen."[314]

Die gut situierten Anlieger der Gartenstraße erhielten schon vor 1914 elektrische Energie: „Bei uns in der Gartenstraße haben wir 1904 Heizung einbauen lassen, Wasserleitung ist vorher gekommen, Kanalisation muß auch zu der Zeit gekommen sein, ebenso Elektrizität."[315]

***206** Schreibbüro der Druckerei Stalling, Ritterstraße, um 1910. Stadtmuseum Oldenburg.*

Die Versorgung der Oldenburger Bevölkerung mit Elektrizität im Ersten Weltkrieg

Wegen des wachsenden Stromverbrauchs beschloss das städtische E-Werk 1914 die Erweiterung des Leitungsnetzes in Oldenburg, und die Bürger wurden aufgefordert, sich für einen Elektroanschluss zu bewerben.[316] Nach dem Ausbruch des Ersten Weltkriegs am 1. August 1914 änderte sich die Lage jedoch schlagartig: Infolge der Mobilmachung waren der Straßen-, Eisenbahn- und Schiffsverkehr für den zivilen Transport gesperrt und die Anlieferung von Kohlen nicht mehr möglich. An die Gas- und Stromabnehmer wurde appelliert, ihren Ver-

[311] Niemann-Witter: „Also Langeweile gab es nicht", S. 11ff. Die Interviews wurden zwischen 1990 und 1992 in der Geschichtswerkstatt im Stadtmuseum Oldenburg aufgezeichnet. Das angegebene Alter bezieht sich auf den Zeitpunkt der Gespräche.
[312] Herr R. G., 72 Jahre, ebd., S. 15.
[313] Frau E. B., 72 Jahre, ebd., S. 18.
[314] Frau G. H., 71 Jahre, ebd., S. 16.
[315] Herr O. F., 70 Jahre, ebd., S. 16.
[316] Bekanntmachung der Licht und Wasserwerke, in: Nachrichten, Nr. 203, 28.7.1914.

brauch auf das Mindeste zu beschränken, die Brennzeiten der Gas- und Strombeleuchtung in den Straßen wurden eingeschränkt.[317] In der Ausgabe vom 5. September 1914 berichtete das *Journal für Gasbeleuchtung* über die Hintergründe des Brennstoffmangels und die Folgen für die Verbraucher:

> Im Ruhrrevier stellt sich die Förderung ungefähr wieder auf 60 %, doch darf vorläufig noch nicht damit gerechnet werden, daß diese ganzen Mengen zur Ablieferung gelangen, da die Eisenbahn vorläufig nur ca. 1/3 der Mengen, die vor dem Kriege zum Versand gelangten, zu befördern imstande sein dürfte. [...] Insbesondere die Ansprüche der Marine, der Eisenbahn und der Kriegsgut herstellenden Industrie sind bedeutend gewachsen, und die für die privaten Verbraucher verbleibenden Mengen sind nicht dermaßen groß, daß nicht eine sparsame Handhabung empfohlen werden müßte.[318]

Besonders betroffen vom einsetzenden Versorgungsmangel waren Oldenburger Schulen und städtische Verwaltungen sowie Privatverbraucher, die sich bisher mit der Petroleumbeleuchtung begnügt hatten. Durch die Unterbrechung ausländischer Petroleumlieferungen waren ihre Vorräte bald aufgebraucht und sie waren gezwungen, einen Strom- oder Gasanschluss zu beantragen.[319] In den Gebieten der Stadt jedoch, wo noch keine Stromkabel oder Gasleitungen verlegt waren, gab es keine Alternative, denn infolge des Krieges wurden die Ausbaupläne des Stromnetzes auf Eis gelegt, wie beispielsweise in Ohmstede:

> Infolge der jetzigen Petroleumknappheit wird es allgemein bedauert, daß die Arbeiten zur Versorgung der Gemeinde mit elektrischem Licht durch den Ausbruch des Krieges ins Stocken gekommen sind. An sich hat bekanntlich der Gemeinderat die Durchführung des Planes beschlossen, weswegen seine Verwirklichung jetzt doppelt wertvoll würde, namentlich auch mit Rücksicht darauf, daß so mancherlei Verdienstmöglichkeiten geschaffen würden.[320]

Die Kabelverlegungsarbeiten waren eingeschränkt worden, weil von der Kriegs-Metall AG alle Kupferbestände in deutschen Elektrizitätswerken beschlagnahmt worden waren. Davon ausgenommen war nur der Bedarf für Reparaturen im eigenen Betrieb. Das Oldenburger Elektrizitätswerk sah sich infolgedessen nicht mehr in der Lage, das Stromnetz und die Leitungsanlagen für private Zwecke weiter auszubauen.[321] Das Problem in Ohmstede verschärfte sich dadurch, dass dem Entwurf des Stromlieferungsvertrags zufolge die Gemeinde den Ausbau des Netzes selbst organisieren sollte.

Gas und Elektrizität

bieten vollen Ersatz für ausländisches Petroleum, im Gebrauch erheblich billiger. Unsere grossen Kohlenvorräte gestatten uns, den vollen Bedarf zu liefern. Anträge auf Anschluss zu richten an die

Licht- u. Wasserwerke Oldenburg.
Fernsprecher Nr. 182.

***207** Die Petroleumnot im Ersten Weltkrieg verstärkt die Werbung für Gas und Elektrizität. Werbeanzeige der Licht- und Wasserwerke Oldenburg.*

In einer Anzeige in den *Nachrichten* vom 21. November 1914 wurde der Bevölkerung zur selben Zeit aber suggeriert:

> Gas und Elektrizität bieten vollen Ersatz für ausländisches Petroleum, im Gebrauch erheblich billiger. Unsere grossen Kohlenvorräte gestatten uns, den vollen Bedarf zu liefern. Anträge auf Anschluss zu richten an die Licht- und Wasserwerke Oldenburg.[322]

Und am 22. Dezember 1914 heißt es in derselben Zeitung unter dem Titel *Gasverbrauch und Landeswohlfahrt:*

> Nicht jeder ist in der Lage, an der Front, oder durch Kriegsanleihen das Vaterland zu unterstützen, aber auch der Ärmste kann das im eigenen Land erzeugte Gas in seinem Haushalt verwen-

317 Bekanntmachung des Gaswerks Osternburg, in: Nachrichten, Nr. 221, 15.8.1914; ferner: Unsere Straßenbeleuchtung, in: Nachrichten, Nr. 233, 27.8.1914.
318 Marktbericht, in: Journal für Gasbeleuchtung 57, 1914, S. 868.
319 Sitzung des Magistrats, Gesamtstadtrats und Stadtrats vom 24.11.1914, in: Nachrichten, Nr. 323, 25.11.1914.
320 Ohmstede, in: Nachrichten, Nr. 323, 21.11.1914.
321 Wichmann an Oberbürgermeister vom 7.1.1915, StAO, Best. 262-1 A Nr. 4218.
322 Anzeige der Licht- und Wasserwerke, in: Nachrichten, Nr. 319, 21.11.1914.

den und muss nicht das für jährlich 120 Millionen Mark teure Petroleum benutzen. Durch den Gasverbrauch trägt jeder dazu bei, dem Vaterland Mittel zur Kriegsführung verfügbar zu machen.

Ausschlaggebend für die Wiederaufnahme der Werbetätigkeit wenige Monate nach Ausbruch des Ersten Weltkrieges war der gravierende Rückgang des Absatzes von Gas und Elektrizität seit Kriegsbeginn. Die finanziellen Einbußen bei den Versorgungsbetrieben sowie die Notlage der Bevölkerungsgruppen, die bisher ihre Räume ausschließlich mit Petroleum beleuchtet hatten, führten zu einem Umdenken bei der Reichsregierung. Sie propagierte, im vaterländischen Interesse Gas und Elektrizität statt Petroleum zu verwenden und appellierte an die Kommunen, sich dafür einzusetzen, dass kostenlos Gas- und Elektrizitätseinrichtungen für die breite Bevölkerung bereitgestellt würden. Zu einem „Mittler zwischen den lenkenden Behörden und dem Fach" trat die Zentrale für Gasbeleuchtung e.V. mit Sitz in München auf, die darin vor allem die Chance sah, den Gaskonsum zu steigern.[323] Im Oktober 1914 veröffentlichte das Fachjournal die neue Strategie:

> Wie schon zu Beginn des Krieges vorauszusehen war, hat die Petroleumeinfuhr nach Deutschland sich vermindert und, was die hauptsächlich in Betracht kommende Lieferung von Amerika anlangt, wohl so ziemlich aufgehört. Die Folge ist, daß die Petroleumvorräte jetzt merklich knapp werden. [...] Um so mehr ist es nötig, jetzt überall in den mit Gas versorgten Orten darauf hinzuwirken, daß das Gaslicht Verwendung findet. Dauert der Krieg lange, so wird geradezu die Notwendigkeit dafür vorliegen, soweit nicht die Beleuchtung elektrisch erfolgt, was bekanntermaßen für Kleinwohner wegen der besonderen Kosten der elektrischen Installation, die den Kochzwecken dieser Familien nicht zu dienen vermag, weit weniger angebracht ist.[324]

Angesichts des Petroleummangels kam es zu einem scharfen Konkurrenzstreit zwischen Gas und Elektrizität, der überwiegend über die Hausanschlüsse ausgetragen wurde. Als Fürsprecher der uneingeschränkten Elektrizitätsversorgung äußerte sich Georg Klingenberg im Rahmen eines Vortrags, in dem er erklärte, dass „das elektrische Licht die Lampe des armen Mannes sei", und in dem er empfahl, „durch kostenlose Installation eine möglichst weite Verbreitung der Stromverwendung auch in den unteren Schichten der Bevölkerung anzustreben."[325]

208 *Die zentrale Elektrizitätswerbung verweist auf die Vorzüge der Elektrizität gegenüber Petroleum, das zur Mangelware geworden ist, in: Gefelek 1915. Electrum Hamburg.*

Eine Oldenburgerin erinnert sich an die Veränderungen auf dem Energiesektor nach Ausbruch des Krieges: „Im Ersten Weltkrieg wurde das Petroleum so knapp, daß sich viele umstellen mussten. Eine Zeitlang wurde Karbid sehr empfohlen; auch sollte man sich elektrischen Strom anschaffen."[326]

Die Licht- und Wasserwerke der Stadt Oldenburg boten der Gemeinde Ohmstede an, die durch den Krieg unterbrochenen Verhandlungen über einen Stromlieferungsvertrag wieder aufzunehmen, um die Bevölkerung statt mit Petroleum mit elektrischer Energie zu versorgen:

> Wir benutzen die Gelegenheit darauf hinzuweisen, dass in letzter Zeit in Rücksicht auf die Petroleumknappheit viele Gemein-

---

[323] Körting, Johannes: Geschichte der deutschen Gasindustrie. Mit Vorgeschichte und bestimmenden Einflüssen des Auslandes, Essen 1963, S. 427.
[324] Die Notwendigkeit der Hebung des Gasabsatzes für die Beleuchtung und besonders für die Landesverteidigung, in: Journal für Gasbeleuchtung 57, 1914, S. 940.
[325] Zit. nach: ebd., S. 890.
[326] Frau H. J., 76 Jahre, Niemann-Witter: „Also Langeweile gab es nicht", S. 163.

den Stromlieferungsverträge abgeschlossen haben. Leider ruhen die Verhandlungen zwischen Oldenburg und Ohmstede seit Beginn der Mobilmachung.

Es liegt u. E. ganz besonders auch im Interesse der Gemeinde den Vertrag mit Oldenburg endlich zum Abschluss zu bringen. Es lässt sich natürlich nicht übersehen ob wir unser früheres Angebot auf Stromlieferung nach Beendigung des Krieges erhalten können.

Für den Fall, dass der Vertrag jetzt abgeschlossen wird, dürfte es uns voraussichtlich auch jetzt noch möglich sein, das Hochspannungskabel von unserem Werke bis zur Uebergabestelle innerhalb 8 Wochen zu verlegen, frostfreies Wetter vorausgesetzt.[327]

Die Kampagne führte in der Vorortgemeinde Ohmstede jedoch nicht zu dem gewünschten Erfolg. Der Gemeindevorstand lehnte den Anschluss an das Stromnetz ab und befürwortete stattdessen den Ausbau des Gasnetzes. Vor allem deshalb, weil einige Straßen und Wege unmittelbar an die Stadt angrenzten, in deren Straßen bereits Gasleitungen lagen, die nur um 60, 100 oder 150 Meter verlängert werden mussten. Galt zu Beginn des 20. Jahrhunderts die Straßenbeleuchtung mit Gas noch als das Hauptinteresse der Ohmsteder Bürger, änderten sich die Bedürfnisse nach Ausbruch des Krieges. Ob in der Donnerschweer-, Bogen-, Kranberg-, Beverbäker-, Esch- oder Bürgerstraße, die Anlieger waren allesamt nur an Hausanschlüssen interessiert und weniger an einer Straßenbeleuchtung, ein Problem, das „erst nach Eintritt besserer Zeiten gelöst werden" sollte. Eine wichtige Rolle bei den Privatkunden spielte der Kostenfaktor im Hinblick auf die Wahl der Energie: Elektrizität oder Gas.[328]

Die Anwohner der Bürger- und der Eschstraße befürworteten Gasleitungen, wie aus ihrem Antrag vom 9. November 1914 an den Gemeinderat in Ohmstede hervorgeht:

Da hier meistens das Gas zu Kochzwecken verwendet wird und das elektrische Licht dafür viel zu teuer ist, haben wir uns für Gas entschieden. Es wird außerdem immer schwieriger, Petroleum in genügender Menge zu beschaffen. Unter diesem Uebelstande leiden namentlich die Geschäftsleute, die gezwungen sind, Licht in Läden und Geschäftszimmern zu unterhalten.[329]

Auch ein Hauseigentümer beantragte für seine 14 Mietwohnungen in der Eschstraße eine Gasautomateneinrichtung und begründete sein Gesuch wie folgt:

Da die verehrl[iche] Verwaltung die öfters Anregung von der Eschstraße sich wohl erinnern wird, ist aber jetzt, wo mehrere Anwohner im Kriege sind, eine Einigung kaum zu erlangen. Ich kann aber die Versicherung geben, daß alle Anwohner nur für Gas sind, da hier nämlich fast alle Arbeiter sind, die hier wohnen, die gerne Gas zum Kochen und auch als Beleuchtung nehmen. Für elektrisch ist hier keine Stimmung und werden wir nicht nehmen.[330]

Die Licht- und Wasserwerke erklärten sich bereit das Gasnetz auszubauen, wenn die Gemeinde in diesen Straßen auf den Ausbau eines Elektrizitätsnetzes für etwa 10 bis 15 Jahre verzichten würde.[331] Die Gemeinde ihrerseits verpflichtete sich, für die Dauer von 10 Jahren 8 Prozent der Ausbaukosten für die Verlegung von Gasleitungen in Straßen zu übernehmen, in denen die Anwohner einen Antrag gestellt hatten.[332] Der beachtliche Bedarf an Gas als Alternative zum Petroleum zeigte sich daran, dass bereits bis zum 28. November 1914 über 350 Anträge für eine Gasautomatenanlage abgegeben worden waren. Die Licht- und Wasserwerke waren den Anforderungen kaum gewachsen und empfahlen den Anwohnern der Junker-, Esch- und Bürgerstraße, die möglichst rasch einen Anschluss wünschten, „ihre Gasleitungen im Hause von einem Privatinstallateur

[327] Wichmann an Gemeindevorstand Hanken vom 5.11.1914, StAO, Best. 262-1 F Nr. 325.
[328] Anlieger an den Gemeinderat Ohmstede vom 9.11.1914, StAO, Best. 262-1 F Nr. 325.
[329] Ebd.
[330] Schreiben an Licht- und Wasserwerke vom 2.11.1914, ebd.
[331] Wichmann an Gemeindevorsteher Hanken vom 4.11.1914, ebd.
[332] Licht- und Wasserwerke an Gemeinde Ohmstede, Juli/August 1915. Die Verpflichtungserklärung war in Paragraf 3 des Gaslieferungsvertrags von 1903 festgeschrieben, ebd.

fertigstellen zu lassen."[333] Gegen Ende des Jahres 1915 waren in Ohmstede 144 gewöhnliche Gasmesser und 174 Gasautomaten-Anlagen installiert und das Gasnetz dehnte sich im Verlauf des Krieges immer weiter aus.[334]

209 *Kampagne der Elektrizitätsverwertung (Gefelek), die eine Steigerung des Stromabsatzes zum Ziel hatte, 1915. Electrum Hamburg.*

Zur selben Zeit expandierte auch das Elektrizitätsgeschäft. Jährlich kamen durchschnittlich zwischen 200 und 400 Anschlüsse hinzu. Die Zahl der Stromzähler in Oldenburger Haushalten, Geschäften und Gewerbebetrieben stieg zwischen 1913 und 1919 von 2 483 auf 5 571 Stück.[335] Dadurch verfügten zwar viele Oldenburger über die technischen Installationen, doch der Verbrauch an Gas und Strom unterlag im Verlauf des Krieges immer stärker staatlicher Steuerung. Priorität bei der Verteilung von elektrischer Energie hatte die Rüstungsindustrie, während bei den übrigen Branchen und den Privathaushalten das Prinzip Bedarfsregelung durch Sparmaßnahmen galt. Mit Kriegsbeginn wurde beispielsweise die Lichtreklame zunächst eingeschränkt und schließlich durch die Bundesratsverordnung vom 11. November 1916 über die „Ersparnis von Brennstoffen und Beleuchtungsmitteln" ganz untersagt. Die Verfügung erhielt am 15. Dezember 1916 Gültigkeit:

> Jede Art von Lichtreklame ist verboten. Als Lichtreklame gilt auch die Erleuchtung der Aufschriften von Namen, Firmenbezeichnungen usw. an Läden, Geschäftshäusern, Gast-, Speise- und Schankwirtschaften, Cafés, Theatern, Lichtspielhäusern wie überhaupt an sämtlichen Vergnügungsstätten. [....] Die Außenbeleuchtung von Schaufenstern und von Gebäuden zu gewerblichen Zwecken ist verboten.[336]

Durch das Verbot sollte zum einen Brennstoff eingespart, zum anderen aber auch verhindert werden, dass die nächtliche Helligkeit in den Städten den Feinden als Orientierungshilfe diente. Wie vor der Einführung der Gasbeleuchtung herrschte nun wieder beklemmende Dunkelheit in den Städten. Erst 1922 wurde die Verordnung nach heftigen Protesten der Werbewirtschaft wieder aufgehoben.[337]

Die Brennstoffknappheit beherrschte nahezu alle Bereiche des täglichen Lebens. Um Brennmaterialien zu sparen, mussten beispielsweise die Geschäfte wochentags um sieben Uhr und sonnabends um acht Uhr geschlossen werden. Die Verordnung von 1916 begrenzte auch die Öffnungszeiten von Restaurants, Gaststätten, Cafés, Theatern, Kinos, Lichtspielhäusern und anderen öffentlichen Vergnügungsstätten auf abends zehn Uhr. Die Menschen wurden ferner aufgefordert, möglichst sparsam mit dem Licht umzugehen: So war es verboten, Hausflure und Treppenhäuser in Wohngebäuden nach neun Uhr abends zu beleuchten. Diese Einschränkung galt auch für öffentliche Gebäude.[338]

Zu den Sparmaßnahmen gehörte außerdem die Einschränkung der Straßenbeleuchtung: „Die Beleuchtung der öffentlichen Straßen und Plätze ist bis auf das zur Aufrechterhaltung der öffentlichen Sicherheit notwendige Maß einzuschränken." Bei Zuwiderhandlungen drohten Geldstrafen bis zu 10.000 Mark oder Gefängnis bis zu drei Monaten.[339]

333 Wichmann an Hanken vom 28.11.1914, ebd.
334 Wichmann an Hanken vom 20.3.1916 und 27.11.1916, ebd.
335 Auswertung der Geschäftsberichte des Elektrizitätswerks 1914/15 bis 1922/23, StAO, Best. 262-1 A Nr. 2368, Nr. 2369, Nr. 2370, Nr. 2371 und Nr. 2378.
336 Bundesratsbeschluss vom 4.8.1914; Ergänzungsbestimmung vom 11.12.1916, in: Journal für Gasbeleuchtung 60, 1917, S. 9f.
337 Reinhardt, Dirk: „Licht lockt Leute". Die Anfänge der Lichtwerbung 1890–1930, in: Spilker: Unbedingt modern sein, S. 81f.
338 Ersparnis von Brennstoffen und Beleuchtungsmitteln, in: Journal für Gasbeleuchtung 60, 1917, S. 9.
339 Ebd., S. 10.

Die Auswirkungen des Krieges spürten besonders die Familien, in denen der Hauptenährer zum Kriegsdienst einberufen worden war. Der Anstieg der Lebenshaltungskosten, insbesondere die Verteuerung der Lebensmittel, verursachte in zahlreichen Arbeiter- und Angestelltenhaushalten große materielle Not. Viele Frauen, deren Männer und Söhne eingezogen waren, konnten sich und ihre Kinder mit der kärglichen Kriegsunterstützung kaum durchbringen, sie erhofften sich zusätzliche Unterstützung durch die Behörden. Am 15. August 1914, zu einem Zeitpunkt, als die *Nachrichten* mit Siegesmeldungen gefüllt waren, schrieb „eine Soldatenfrau":

> Von den städtischen Licht- und Wasserwerken werden die Rechnungen über Gas-, Wasser- und Lichtverbrauch für die Monate Mai, Juni und Juli den Abnehmern zugestellt. In vielen Familien hapert es jetzt mit der Bezahlung, da der Ernährer oder sonst ein Glied der Familie, das zur Lebensbestreitung sein Teil beitrug, im Felde steht. Hierauf wird hoffentlich bei der Begleichung seitens der städtischen Behörden nach Möglichkeit Rücksicht genommen.[340]

Ein erfolgloser Appell, wie sich wenige Wochen später herausstellte. Am 11. September 1914 wurde in einem Leserbrief das Vorgehen der Licht- und Wasserwerke bei Zahlungsunfähigkeit geschildert:

> Die hiesigen Licht- und Wasserwerke erheben nach wie vor 50 Pfennig Strafgebühr, falls die präsentierte Rechnung nicht innerhalb 5 Tagen bezahlt wird, und drohen mit Sperrung der Zuführung unter Berechnung einer weiteren Gebühr von 1,50 M, falls nicht innerhalb 3 Tagen nach der ersten Androhung Zahlung erfolgt. Ist diese Art der Beitreibung schon in Friedenszeiten bedenklich, so ist sie bei dem jetzigen Kriegszustand einfach nicht zu verstehen. [...] Mindestens muß eine Verlängerung der Frist verlangt werden, denn sehr häufig ist es nicht möglich, innerhalb 5 Tagen eine Nachprüfung der Rechnung vorzunehmen, und diese ist um so mehr notwendig, als aus der Rechnung nicht einmal hervorgeht, für welche Zeit man bezahlen soll. Außerdem muß doch, namentlich wenn es sich um größere Summen handelt, manchmal das Geld erst beschafft werden, und das fällt z. Zt. schon schwer, wo viele Geschäfte stocken und das Geld von allen Seiten festgehalten wird.[341]

Als sich die Situation im Verlauf des Krieges noch verschärfte, sahen sich die Licht- und Wasserwerke gezwungen, ihre rigorose Haltung beim Schuldeneintreiben zu ändern und den Frauen eine Stundung der Gebühren zu gewähren. Gegenüber dem Stadtmagistrat erläuterte der Werksdirektor sein Vorgehen im Fall von Frau Toben:

> Der Maler Ernst Toben, hier, Nadorster Chaussee schuldet für Wasser- und Wassermessermiete pro Oktober 1914 M 7,80 sowie für Wasseranlage M 28,90. Toben befindet sich im Felde. Frau Toben kann von der Unterstützung aus der „Kriegshilfe" nicht zahlen und ist bis jetzt befristet worden. Sie hat um einen weiteren Zahlungsaufschub gebeten. Da gerichtlich gegen den Schuldner z. Zt. nicht vorgegangen werden kann, schlage ich vor, eine weitere Frist bis zum 1. Juli ds. Js. zu gewähren.[342]

Am 31. März 1915 erhielten die Licht- und Wasserwerke vom Magistrat die Mitteilung, dass Frau Toben die Wasserrechnung bezahlt habe.[343] Im Juli 1915 baten drei Oldenburgerinnen, ihnen die Nachforderungen für nicht bezahlte Rechnungen zu erlassen. Ihre häusliche Lage war dadurch gekennzeichnet, dass der Mann eingezogen worden war, Kinder zu versorgen waren und sie nur eine geringe finanzielle staatliche Unterstützung erhielten.[344]

In Absprache mit dem Direktor der Licht- und Wasserwerke bestimmte der Oberbürgermeister zunächst „daß den Schuldnern, die Kriegsteilnehmer sind, der Rückstand bis nach dem Kriege zu stunden ist."[345] Aber kurze Zeit später

340 Stimmen aus dem Publikum, in: Nachrichten, Nr. 221, 5.8.1914.
341 Stimmen aus dem Publikum, in: Nachrichten, Nr. 248, 11.9.1914.
342 Wichmann an Magistrat vom 24.3.1915, StAO, Best. 262-1 A Nr. 2361.
343 Ebd.
344 Wichmann an Tappenbeck vom 2.7.1915, ebd.
345 Tappenbeck an Wichmann vom 5.7.1915, ebd.

ordnete er an, dass wegen der zunehmenden Not der Menschen „auch soweit sie nicht im Felde stehen, während der Dauer des Krieges nicht mit Zugangsmaßregeln vorgegangen werden" sollte.[346] Auch wenn die angefallene Summe für den Energie- und Wasserverbrauch meistens nur gering war, so bedeutete die Entscheidung des Oberbürgermeisters für die betroffenen Familien eine Entlastung, denn es waren nicht nur die monatlichen Gebühren für den Verbrauch und die Zählermiete fällig, sondern mit jeder Fristverlängerung wurden zusätzlich Verzugsgebühren erhoben.[347]

Je länger der Krieg andauerte, desto öfter wurde die Beschaffung von Lebensmitteln zur Überlebensfrage und bildete eine Quelle ständiger Unzufriedenheit in der Zivilbevölkerung. Zudem waren fast alle Bedarfsgüter des täglichen Gebrauchs rationiert. In den Elektrizitätswerken wurden die Kohlenkontingente sukzessive reduziert, nur kriegswichtige Betriebe wurden noch mit Strom versorgt, aber auch hier musste der Verbrauch stark eingeschränkt werden. Die Kohlenknappheit ließ die Preise in die Höhe schnellen und musste von den Abnehmern teuer bezahlt werden. Ab 1. August 1916 galten in Oldenburg neue Tarife für Strom und Gas.[348] Aber schon ab 1. Dezember 1917 stiegen die Preise für Strom, Gas und Wasser erneut. Die Tarife betrugen für ein Kilowatt Lichtstrom 55 Pfennig, für ein Kilowatt Kraftstrom 25 Pfennig, für ein Kubikmeter Leucht- und Kochgas 20 Pfennig, und für ein Kubikmeter Wasser 40 Pfennig.[349] Damit lag der Tarif 1917 für Lichtstrom um 10 Pfennig und für Kraftstrom um 15 Pfennig höher als 1907 bei Inbetriebnahme des Elektrizitätswerks.[350]

Als im Winter 1917 die Überlandzentrale Wiesmoor ihre Stromlieferung vorübergehend einstellte, blieben ganze Stadtviertel in Oldenburg tagelang ohne Elektrizität. Der Stromausfall war nicht wie in anderen Elektrizitätswerken durch Kohlenmangel verursacht, sondern durch die Schwierigkeiten bei der Gewinnung von Torf, der in Wiesmoor als Primärenergie diente. Als im Verlauf der Zeit immer mehr Städte und Dörfer an das Versorgungsnetz angeschlossen wurden, konnte die Überlandzentrale Wiesmoor die wachsende Nachfrage kaum noch befriedigen. Vor allem stieg der Strombedarf der Marine in Wilhelmshaven nach Ausbruch des Ersten Weltkriegs erheblich an. Die Torfversorgung bereitete die größten Schwierigkeiten, weil viele Männer zum Kriegsdienst eingezogen worden waren und die Arbeiter durch russische und französische Kriegsgefangene ersetzt wurden. Rund 1000 Männer waren im Moor beschäftigt. Doch die Menge des angelieferten Torfs war entweder zu gering oder das Brennmaterial war zu nass und benötigte für die künstliche Trocknung fast ebenso viel elektrische Energie wie gewonnen wurde. Deshalb wurde auch Kohle als Primärenergie eingesetzt, die im sieben Kilometer entfernten Ems-Jade-Kanal gelöscht und anschließend mit der Feldbahn zum Kraftwerk transportiert wurde.[351] Das Kraftwerk in Wiesmoor stand während des Krieges oft am Rande eines vollständigen Zusammenbruchs, was im Versorgungsgebiet zu mehrtägigen Stromausfällen führte. Zur Vorbeugung und um den Stromverbrauch noch weiter einzuschränken, beschloss der Oldenburger Stadtrat im Juli 1918 die Einführung von Sperrzeiten. In der Magistratsvorlage heißt es zur Begründung:

> Im vorigen Winter begegnete die Versorgung der städtischen Bevölkerung mit elektrischem Strom infolge der Kohlenknappheit öfter großen Schwierigkeiten. Insbesondere war es mehrfach nicht zu vermeiden, ganze Stadtviertel tagelang abzuschalten, weil die Wiesmoorzentrale die Stromlieferung einzustellen genötigt war. Da nun auch für den nächsten Winter auf ausreichende Stromlieferung aus der Ueberlandzentrale Wiesmoor nicht zu rechnen ist, und um der in solchen Fällen sonst wieder unvermeidlichen Abschaltung ganzer Stadtviertel vorzubeugen, schlägt der Licht- und Wasserausschuß vor, durch Tarifänderungen den Stromverbrauch soweit einzuschränken, daß mit eini-

346 Tappenbeck an Wichmann vom 17.9.1915, ebd.
347 Ebd., ferner: Stimmen aus dem Publikum, in: Nachrichten, Nr. 248, 11.9.1914.
348 Stadtratsbeschluss vom 28.4.1916, in: Gemeinde-Blatt 63, 1916, S. 56.
349 Stadtratsbeschluss vom 9.10.1917, in: Gemeinde-Blatt 64, 1917, S. 108.
350 AEG (Hg.): Bedingungen für die Lieferung von Elektrizität zur Beleuchtung und Kraftübertragung im Anschluß an das Elektrizitätswerk, Oldenburg 1906, S. 5ff.
351 Hinrichs: Wiesmoor, S. 20.

ger Wahrscheinlichkeit eine allgemeine Versorgung der Stadt mit Lichtstrom in den Abendstunden möglich bleibt. Dazu ist erforderlich, daß der Kraftstrom während der Lichtzeit möglichst ganz abgeschaltet wird. Außerdem muß aber auf die Lichtstromverbraucher durch Tarifbestimmungen dahin eingewirkt werden, daß sie ihren Stromverbrauch, namentlich soweit größere Betriebe und Büros in Betracht kommen, nach Möglichkeit einschränken.

Wer innerhalb der Sperrzeiten in den Wintermonaten, hauptsächlich in der Zeit von September bis April, abends zwischen 4 bzw. 5½ und 9 Uhr, Strom verbrauchte, zahlte den doppelten Tarif: Für Lichtstrom eine Mark und für Kraftstrom zwei Mark je Kilowattstunde. In den übrigen Monaten lag die Sperrzeit zwischen 7 und 9 Uhr abends. Wer in diesen Abendstunden Strom verbrauchte, zahlte für Lichtstrom 65 Pfennig und für Kraftstrom 55 Pfennig. Die Tarifänderungen und die Sperrzeiten traten am 1. September 1918 in Kraft.[352]

Mit diesen Tarifbestimmungen reagierte die Oldenburger Kommunalbehörde zugleich auf den Beschluss des Reichskommissars für die Kohlenverteilung in Berlin vom 2. November 1917 „über die Einschränkungen beim Verbrauch elektrischer Arbeit". In den Schlussbestimmungen der elf Paragrafen umfassenden Verfügung wurden die Kommunalbehörden aufgefordert „diese Bekanntmachung und die von ihnen aufgestellten Vorschriften öffentlich bekanntzumachen und die Ortsvorschriften nach Erlaß sogleich dem Reichskommissar für die Kohlenverteilung vorzulegen."[353] Dementsprechend forderte die Stadt Oldenburg die Bewohner auch auf Plakaten, in Zeitungsinseraten und durch Aushänge in den Fabrikräumen zum Stromsparen auf. In einem der Merkblätter heißt es:

> Wie spart man elektrische Arbeit (und damit Kohlen)? Im vaterländischen Interesse ist es notwendig, überall an elektrischer Arbeit (Strom) und damit an Kohlen zu sparen: Dies muß insbesondere dadurch geschehen, dass jeder nur irgend entbehrlicher Verbrauch unterbleibt. [...] Man vermeide jeden längeren Leerlauf von Motoren. [...] Man schalte Lampen, die nicht mehr benötigt werden, sofort aus. [...] Man lese in bestimmten Zeiträumen (je nach Höhe des Verbrauchs, monatlich, wöchentlich oder täglich) selbst den Zähler ab.[354]

Der hohe Verbrauch in den Rüstungsbetrieben sicherte jedoch den Gewinn des städtischen Elektrizitätswerks. Hatte dessen Reingewinn im Geschäftsjahr 1914/15 „nur" 60.000 Mark betragen[355], so erbrachte der wachsende Stromabsatz im Geschäftsjahr 1915/16 für die Stadtkasse einen Reingewinn in Höhe von 112.000 Mark. In demselben Zeitraum hatten auch das Gaswerk und das Wasserwerk hohe Gewinne erzielt, so dass der Stadt ein Überschussanteil von insgesamt 251.000 Mark überwiesen wurde.[356] Auch im Geschäftsjahr 1916/17 setzte sich die Gewinnentwicklung fort – allerdings in geringerem Umfang. Das Elektrizitätswerk erwirtschaftete einen Reingewinn in Höhe von 67.000 Mark, das Gaswerk 82.000 Mark und das Wasserwerk 24.000 Mark. Die Gesamtsumme, die an die Stadt überwiesen wurde, betrug 173.000 Mark.[357] Die im Geschäftsjahr 1917/18 erwirtschafteten Reingewinne waren deutlich geringer als in den Vorjahren und betrugen im Elektrizitätswerk 9 000 Mark, im Gaswerk 29.000 Mark und im Wasserwerk 16.000 Mark.[358] Im letzten Kriegsjahr konnten das

---

352 Anlage zum Protokoll vom 9.7.1918. Im letzten Kriegswinter dauerte die Sperrzeit in den Monaten November, Dezember und Januar von 4 bis 9 Uhr abends. In den Folgemonaten bis April begann die Sperrzeit 1½ Stunden später und in den übrigen Monaten dauerte sie von 7 bis 9 Uhr abends, in: Gemeinde-Blatt 65, 1918, S. 106.

353 Bekanntmachung über die Einschränkung elektrischer Arbeit, in: Journal für Gasbeleuchtung 60, 1917, S. 580f.

354 Extrablatt. Herausgegeben vom Reichskommissar für die Kohlenverteilung (Abteilung Elektrizität), in: Nachrichten, Nr. 30, 30.1.1918, Beiblatt.

355 Stadtratssitzung vom 5.10.1915, in: Gemeinde-Blatt 62, 1915, S. 99.

356 Geschäftsbericht der städtischen Licht- und Wasserwerke 1915/16, 20.8.1916, StAO, Best. 262-1 A Nr. 2368; Stadtratssitzung vom 27.3.1917. Der Reingewinn in den drei Werken wurde in dem Schreiben an den Stadtmagistrat niedriger angesetzt. Die Oldenburger Stadtkasse sollte vom Gaswerk 80 000 Mark, vom Wasserwerk 40 000 Mark und vom Elektrizitätswerk 60 000 Mark erhalten. Tatsächlich überwiesen wurden aber 251 000 Mark, in: Gemeinde-Blatt 64, 1917, S. 48f.

357 Geschäftsbericht der städtischen Licht- und Wasserwerke 1916/17, 10.11.1917, StAO, Best. 262-1 A Nr. 2369; ferner: Stadtratssitzung vom 7.2.1918, in: Gemeinde-Blatt 65, 1918, S. 41f.

358 Geschäftsbericht der städtischen Licht- und Wasserwerke 1917/18, 25.9.1918, StAO, Best. 262-1 A Nr. 2370; ferner: Stadtratssitzung vom 25.2.1919, in: Gemeinde-Blatt 66, 1919, 13ff.

Elektrizitätswerk und das Gaswerk ihre Einnahmen wieder deutlich steigern. Auch das Wasserwerk vermehrte seinen Absatz gegenüber dem Geschäftsjahr 1917/18 musste aber Einbußen von rund 15.000 Mark hinnehmen. Die Hintergründe gehen aus dem Geschäftsbericht für 1918/19 nicht hervor.[359] Von dem Bruttogewinn des Wasserwerks in Höhe von mehr als 70.700 Mark erhielt die Stadtkasse 4000 M, der übrige Überschuss wurde für den Neubau einer Enteisungsanlage sowie für Zins- und Tilgungsaufwand verwendet. Das Elektrizitätswerk führte im Geschäftsjahr 1918/19 einen Reingewinn von 31.000 Mark und das Gaswerk 63.000 Mark an die Stadtkasse ab.[360] Dass die Zahlungen an die Stadtkasse im ersten Friedensjahr erheblich niedriger waren als in den Kriegsjahren, begründete der Werksdirektor damit, dass Mehrausgaben im Wesentlichen durch die Erhöhung der Löhne und Vergütungen, Erhöhung der Versicherungsbeiträge und Verteuerung der Rohstoffpreise entstanden seien.[361]

Die wirtschaftliche und soziale Lage der Bevölkerung hatte sich in den Wintermonaten 1918/19 jedoch weiter verschlechtert, so dass der Stadtrat die Versorgung der Bevölkerung mit Lebensmitteln sicherstellen musste.[362] Die Kohlenkrise machte sich für alle Bevölkerungsschichten bemerkbar. Die Menschen froren und mussten selber sehen, wie sie den Brennstoffmangel bewältigten, wie eine Oldenburgerin berichtete:

> Ganz schlimm muß es in den Jahren 1916/17 gewesen sein, in dem „Steckrübenwinter". Meine Mutter nähte die Mäntel für meine Brüder aus alten Pferdedecken. Das war die einzige Möglichkeit, überhaupt Wärme zu vermitteln, zumal ja keine Kohlen mehr da waren.[363]

Etwas besser erging es den Familien, die in der Lage waren, Holz und Torf zu organisieren. Trotzdem herrschte auch hier äußerste Genügsamkeit:

> Das A und O war damals (1919) die Versorgung jeglicher Art! Unter der schlechten Kohleversorgung litt natürlich die Beheizung der Öfen, für mehr als zwei Räume reichte es nicht. Für einen Werkstatt- oder Arbeitsraum und eine Stube oder Wohnküche, trotz Torf und Holz, welches wegen des ewigen Nachheizens immer viel Mühe machte. Kerzen und Petroleumlampen waren unentbehrliche Requisiten. Wo man heute gedankenlos eben das elektrische Licht anknipst, tasteten wir uns mit der Kerze durchs Dunkel. Petroleum war schon lange Mangelware.[364]

Die Tariferhöhungen für Gas, Strom und Wasser, die der Stadtrat in seiner Sitzung am 25. Februar 1919 beschloss, hatten zu diesem Zeitpunkt vor allem symbolische Bedeutung. Auch wenn einige Oldenburger über das notwendige Geld verfügten, was allerdings nur für wenige Menschen zutraf, denn das Einkommen der Arbeiter und Angestellten war auf etwa die Hälfte des Vorkriegsstandes gesunken, wären die Versorgungsbetriebe wegen der fehlenden Kohlenlieferung gar nicht in der Lage gewesen, ausreichend Gas und Elektrizität zur Verfügung zu stellen. Hinzu kam die schleichende Entwertung der Mark, die bereits während des Krieges eingesetzt hatte und in den Nachkriegsjahren unaufhörlich weiter ging.[365]

Durch den Stadtratsbeschluss stieg der Preis für einen Kubikmeter Leucht- und Heizgas von 20 auf 32 Pfennig und für Automatengas von 24 und 36 Pfennig pro Kubikmeter. Ebenso kräftig wurden auch die Tarife für Elektrizität angehoben, Lichtstrom von 55 auf 75 Pfennig und Kraftstrom von 25 auf 35 Pfennig je Kilowatt. Darüber hinaus wurde die Miete für Gas- und Stromzähler heraufgesetzt sowie eine einmalige Anschlussgebühr erhoben. Strom- und Gaskunden

359 Geschäftsbericht der Licht- und Wasserwerke 1917/18, 25.9.1918, StAO, Best. 262-1 A Nr. 2370; ferner: Teil I, Kap. 4.3.
360 Geschäftsbericht der Licht- und Wasserwerke 1918/19, 16.9.1919, StAO, Best. 262-1 A Nr. 2371.
361 Wichmann an Tappenbeck vom 9.1.1919, StAO, Best. 262-1 A Nr. 2371.
362 Verhandlungen des Magistrats, Gesamtstadtrats und Stadtrats: 9.4.1918, 28.5.1918 und 12.11.1918, in: Gemeinde-Blatt 65, 1918, S. 63ff.
363 Frau G. D., 86 Jahre, Niemann-Witter: „Also Langeweile gab es nicht", S. 163.
364 Herr E. H., 88 Jahre, ebd., S. 171.
365 Mann, Golo: Deutsche Geschichte des 19. und 20. Jahrhunderts, Frankfurt/M. 1999, S. 694ff.

mussten zudem mindestens 32 Mark jährlich bezahlen, auch wenn sie weniger als 40 Kilowattstunden Strom oder weniger als 100 Kubikmeter Gas verbraucht hatten.[366]

Die Lage der Verbraucher verschärfte sich weiter nach einer Verordnung der Reichsregierung im Oktober 1923, die Hyperinflation befand sich auf ihrem Höhepunkt. Fortan galten die Preise für Gas, Wasser und Elektrizität vom Tag des Rechnungseingangs. Die Preise entsprachen also am Zahltag schon dem doppelten Wert der zuvor verbrauchten Gas-, Wasser- und Strommenge. Die Verbraucher konnten ihren Zahlungsverpflichtungen kaum noch nachkommen, denn die ausgezahlten Löhne und Gehälter waren am Zahltag nur noch die Hälfte Wert.[367] Wenn die Wasser-, Strom- und Gaskunden ihre Rechnungen nicht bezahlen konnten, mussten sie mit Verzugsgebühren und einer Lieferungssperre rechnen.[368]

> Die Reichsregierung hat in dem Streit um die Festsetzung der Tarife für Gas, Wasser und Elektrizität gesprochen. In einer soeben erschienenen Verfügung sucht sie die Not der öffentlichen Werke für das Wasser und die Elektrizität dadurch zu beseitigen, daß sie alle bisherigen Zugeständnisse an die Verbraucher kurzerhand beseitigt und die volle Last der Geldentwertung den Verbraucherkreisen zuschiebt. Die Neuregelung ist derart gedacht, daß zunächst einmal ein auf 16 Tage festgesetzter Ablesungs- und Berechnungszeitraum als Norm angenommen wird. […] Für diesen Zeitraum soll nun derjenige Preis berechnet werden, der am Tage des Eingangs der Rechnung für die Verbraucher gilt.[369]

Die Versorgungskrise auf dem Energiesektor wie auch die allgemeine Wirtschaftskrise spiegeln sich in den Geschäftsberichten des städtischen Elektrizitätswerks wider. So ist der Rückgang im Geschäftsjahr 1919/20 auf eine Verfügung des Reichskommissars für die Kohlenverteilung zurückzuführen, die dazu verpflichtete, den Licht- und Kraftstromverbrauch auf 80 Prozent des Verbrauchs im gleichen Zeitraum des Jahres 1916 einzuschränken.[370] Dem verminderten Absatz von Strom im Jahr 1923/24 lag die geringe Beschäftigung in der Oldenburger Industrie zu Grunde.[371] Von besonderer Bedeutung war die Entwicklung der Rendite in der Nachkriegszeit. Die ausgewiesenen Gewinne, die an die Stadtkasse abgeführt wurden, entsprachen kaum dem höheren Stromabsatz, sondern der zunehmenden Geldentwertung, die im Geschäftsjahr 1923/24 ihren Höhepunkt erreichte. Die nachstehenden Angaben beziehen sich auf die jährliche Gesamtabgabe an Elektrizität in der Zeit zwischen 1919 und 1924 und die jeweilige Gewinnabgaben an die Stadtkasse.[372]

Jahr	Kilowattstunden	Reingewinn in Mark
1918/19	3.100.178	31.000
1919/20	2.979.625	150.000
1920/21	3.376.849	150.000
1921/22	4.121.073	650.544
1922/23	4.675.445	880.215
1923/24	3.631.778	10.026.680.000.000.000

Infolge der Ruhrbesetzung (1923) hatte sich die Versorgung der Stadt mit Kohle nochmals verschlechtert. Einem städtischen Bericht vom Januar 1923 zufolge waren zahlreiche Menschen in Oldenburg gezwungen, auch tagsüber im Bett zu bleiben, um Energie und Licht zu sparen. Im November 1923 jedoch, auf dem Höhepunkt der Inflation, hatte sich die Brennstoffversorgung auf niedrigem Niveau stabilisiert.[373] Schließlich gelang es, mit der Währungsumstellung am 28. November 1923 die Inflation zu stoppen, und nach dem Winter 1923/24 begann sich auch die wirtschaftliche Lage in der Stadt Oldenburg zu verbessern.

366 Beschluss des Stadtrats am 25.2.1919, in: Gemeinde-Blatt 66, 1919, S. 15f.
367 Mann: Deutsche Geschichte, S. 697.
368 Eine Reichsverordnung über Gas, Wasser und Elektrizität. Preisfestsetzung am Tage des Einganges der Rechnung, in: Nachrichten, Nr. 294, 28.10.1923.
369 Ebd.
370 Geschäftsbericht der Licht- und Wasserwerke 1919/20, StAO, Best. 262-1 A Nr. 2372.
371 Geschäftsbericht der Licht- und Wasserwerke 1923/24, ebd.
372 Geschäftsbericht der Licht- und Wasserwerke 1918–1924, ebd.
373 Nistal: Oldenburg wird moderne Hauptstadt, S. 317ff.

Elektrische Helfer in Haushalt, Gewerbe und Industrie

Der Elektromotor brachte alles ins Rollen

Bereits vor dem Ersten Weltkrieg waren die meisten der uns heute bekannten elektrischen Haushaltsgeräte zum Kochen, Heizen und Reinigen erfunden worden, auch wenn sie wegen des mangelhaft ausgebauten Stromnetzes sowie hoher Strom- und Gerätekosten noch nicht zum Einsatz kamen. In Berlin besaßen zum Beispiel 1914 nur 5,5 Prozent der Wohnungen einen Stromanschluss, 1927 waren es bereits 50 Prozent und schließlich 1933 schon 76 Prozent.[374] In Oldenburg gab es nach einem Bericht des Direktors des städtischen Elektrizitätswerks bereits 1927 kaum einen „Haushalt in der Stadt und in den nächstgelegenen Dörfern, der nicht angeschlossen ist."[375] Der Strom wurde jedoch hauptsächlich für Beleuchtung und weniger für elektrische Geräte verbraucht, denn diese waren für die meisten Menschen Luxusgüter.

Die AEG brachte 1913 einen leichten und handlichen Staubsauger auf den Markt, der 300 Mark kostete.[376] Das war für einen Normalverdiener wie zum Beispiel einen Schlosser im Oldenburger Gaswerk mit einem Jahreseinkommen von 1 695 Mark unbezahlbar, er hätte mehr als zwei Monatsgehälter ausgeben müssen. Für einen elektrischen Eierkocher, der für 56 Mark von der AEG angeboten wurde, zahlte ein Oldenburger Laternenanzünder einen Monatslohn. Diese Beispiele zeigen, dass die elektrischen Geräte außerhalb der Reichweite eines Durchschnittshaushalts lagen und für die unteren Bevölkerungsgruppen ganz und gar unerschwinglich waren.[377] Dennoch gelang es der Elektroindustrie durch fortgesetzte und systematische Steuerung schrittweise alle Lebensbereiche zu elektrifizieren. Die Entwicklung der Haushaltsgeräte beruhte nicht auf einer Bedarfsanalyse des Elektrokonzerns, auf deren Grundlage die Techniker und Ingenieure dann entsprechende praktische Lösungen erfanden, vielmehr erfolgte die Produktentwicklung in wissenschaftlichen Labors. Ideen und Kreativität waren gefragt, um neue Anwendungsgebiete zu erforschen und zu erschließen, Geräte zu testen und schließlich in Ausstellungen und Publikationen zu präsentieren. Die Verkaufsstrategie der AEG hieß: „Dem Verbraucher das Bedürfnis nahe legen."[378] Damit ging die AEG neue Wege, denn im Gegensatz zur „älteren Industrie", die auf den konkreten Bedarf mit entsprechenden technischen Erzeugnissen reagierte, weckte der AEG-Konzern durch gezielte Werbemaßnahmen Bedürfnisse bei den potentiellen Kunden.[379] Während gegen Ende des 19. Jahrhunderts und sogar noch um 1900 in Fachkreisen die Fragen diskutiert wurden, ob die Elektrizität jemals das Gas verdrängen würde und ob der elektrische Strom den breiten Massen zugänglich gemacht werden sollte[380], vertrat Emil Rathenau, Gründer der AEG, die Ansicht, dass der Elektrizität die Zukunft gehöre. Sein Sohn, der spätere Außenminister Walther Rathenau, der als Vorstandsmitglied der AEG die Unternehmenspolitik seines Vaters fortsetzte, war der Ansicht, dass es sich bei

374 Metz: Ursprünge der Zukunft, S. 246; ferner Langguth, Frauke: „Elektrizität in jedem Gerät" – Die Elektrifizierung der privaten Haushalte am Beispiel Berlins, in: Arbeitsgemeinschaft Hauswirtschaft e.V. (Hg.): HaushaltsTräume. Ein Jahrhundert Technisierung und Rationalisierung im Haushalt. Begleitbuch zur gleichnamigen Ausstellung, Königstein im Taunus 1990, S. 95ff.

375 Bronner, Rudolf: Das neue städtische Elektrizitätswerk, in: Stadtmagistrat Oldenburg (Hg.): Die Landeshauptstadt Oldenburg, S. 86.

376 Centrum Industriekultur Nürnberg und AEG (Hg.): Alles elektrisch. 100 Jahre AEG-Hausgeräte, Nürnberg 1989, S. 10.

377 Geschäftsbericht des städtischen Gaswerks 1911/12, in: Gemeinde-Blatt 59, 1912, S. 258.

378 Buddensieg: Peter Behrens, S. 103f.

379 Ebd., S. 100.

380 Giedion, Siegfried: Die Herrschaft der Mechanisierung. Ein Beitrag zur anonymen Geschichte, Frankfurt/M. 1982, S. 607.

der Schaffung der angewandten Elektrotechnik [...] um die Entstehung eines neuen Wirtschafts-Gebietes und um eine Umgestaltung eines großen Teils aller modernen Lebensverhältnisse [handelte], die nicht vom Konsumenten ausging, sondern vom Produzenten organisiert und gewissermaßen aufgezwungen werden mußte.[381]

Das Suggerieren von Bedürfnissen resultiere aber nicht aus dem Interesse Profite zu erzielen, sondern solle vielmehr verstanden werden „als Mittel zur Erreichung zivilisatorischen Fortschritts, indem sie [die AEG] die Elektrizität in der Rolle der Förderin einer modernen Kultur sah." Rathenau sah sich jedoch nicht nur dem kulturellen, sondern auch dem nationalen Auftrag verpflichtet, insofern er durch die von ihm propagierte Verkaufsstrategie „Deutschland zu einer führenden Stellung unter den Industrieländern der Welt verhelfen wollte".[382] Der Ausbruch des Ersten Weltkriegs verzögerte aber zunächst die erhoffte Ausbreitung der Elektrotechnik. In der Zwischenkriegszeit jedoch gelang es den Elektrokonzernen wie der AEG, als Motor für den wirtschaftlichen Aufschwung zu wirken und der umfassenden Elektrifizierung der Gesellschaft in der zweiten Hälfte des 20. Jahrhunderts den Boden zu bereiten.[383]

Auch im Haushalt begann der Siegeszug der Elektrizität erst in der zweiten Hälfte des 20. Jahrhunderts, doch die Grundlagen für diesen Prozess wurden vorher gelegt. Die Anfänge dieser Entwicklung, die bis ins 19. Jahrhundert zurückreichen, sollen nachfolgend aufgezeigt werden. Zwischen Erfindung und wirklicher Einsatzfähigkeit der Geräte lagen zum Teil mehr als fünfzig Jahre, und bis zur selbstverständlichen Anwendung im Haushalt verging dann fast ein Jahrhundert. Arbeitssparende Geräte wie der Staubsauger (1859), die Geschirrspülmaschine (1865) und die Waschmaschine (1869) wurden in Amerika schon um 1860 erfunden.[384] Aber erst durch die Entwicklung eines brauchbaren elektrischen Kleinmotors erlangten diese frühen Erfindungen einen praktischen Nutzen, entscheidend dabei war die richtige Verbindung zwischen Motor und Gerät. Der Motor brachte alles ins Rollen, so der Maschinenbauingenieur und Architekturhistoriker Sigfried Giedion:

> Er bedeutete für die Mechanisierung des Haushalts, was die Erfindung des Rades für den Transport von Lasten bedeutete. [...] Ohne ihn hätte der mechanische Komfort im Haushalt nur wenig über die Verhältnisse der sechziger Jahre hinausgelangen können.[385]

Unter den zahlreichen Wissenschaftlern, die an seiner Entwicklung beteiligt waren, zählte der Engländer Michael Faraday zu den erfolgreichsten. Er konstruierte 1837 den ersten Elektromotor. Ein Interesse an der Vermarktung hatte er jedoch nicht, sein Ziel war einzig die Entdeckung. Den Durchbruch erzielte schließlich der Amerikaner Nicola Tesla mit der Erfindung eines elektrischen Kleinmotors. 1889 brachte er zusammen mit der Westinghouse Company, Pittsburgh, einen dreiflügeligen Ventilator auf den Markt, der direkt verbunden war mit einem Wechselstrommotor von 1/6 PS. Dieses Gerät, das innerhalb des Hauses an jeden beliebigen Ort getragen werden konnte, war „der Ausgangspunkt für vielfältige Wege zur Ausstattung des Hauses mit punktuellen Kraftquellen", dessen Bedeutung darauf beruhte, „daß er nicht nur Idee blieb, sondern kommerziell hergestellt und auf den Markt gebracht wurde." Den elektrischen Strom erhielt der Ventilator aus einer Batterie, denn in den 1890er Jahren gab es in Amerika ebenso wie in Europa noch kein ausgebautes Stromnetz.[386]

Auf der Basis der Publikationen von Tesla und Ferrais über den mehrphasigen Wechselstrom entwickelte der Chefkon-

381 Zit. nach: Buddensieg: Peter Behrens, S. 100.
382 Zit. nach: ebd., S. 103.
383 Tenfelde, Klaus: Über Entwicklungen und Wirkungen der Elektrizität, in: Wessel, Horst A. (Hg.): Das elektrische Jahrhundert. Entwicklung und Wirkungen der Elektrizität im 20. Jahrhundert. Ergebnisse einer Tagung des VDE-Ausschusses „Geschichte der Elektrotechnik" und des Umspannwerkes Recklinghausen, Essen 2002, S. 14f.
384 Giedion: Die Herrschaft der Mechanisierung, S. 600ff.
385 Ebd., S. 604.
386 Ebd., S. 606.

strukteur der AEG, Michail von Dolivo-Dobrowolksky, den Drehstrommotor weiter und meldete seinen Motor, der 1/10 PS leistete, 1889 zum Patent an.[387] Damit leitete er die Wende in der Mechanisierung der Haushaltstechnik in Deutschland ein.

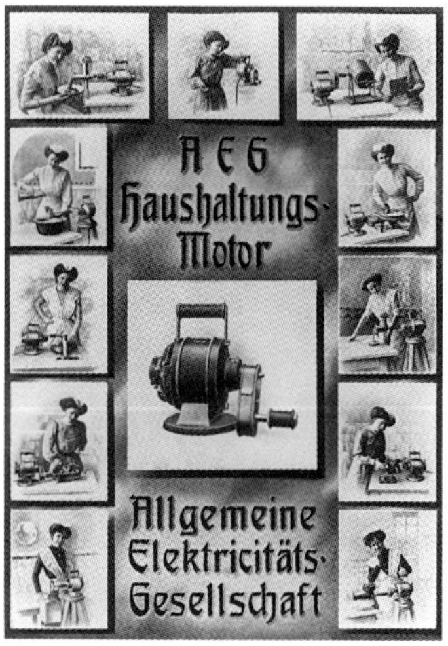

210 *AEG Haushaltungsmotor von 1911 – der Alleskönner. Electrolux Deutschland GmbH (Nürnberg).*

Bereits vor 1914 brachte die AEG eine Vielzahl elektrischer Geräte auf den Markt, die schon seit 1895 serienmäßig gefertigt wurden: elektrischer Haartrockner (1899), Staubsauger (1908), Waschmaschine (1910), Kühlschrank (1911) und schließlich 1911 den transportablen Haushaltsmotor, der mit allerlei Zubehör angeboten wurde und die vielfältigen Hausarbeiten erleichtern sollte: Brot schneiden, Obst entsaften, Mayonnaise rühren, Kaffee mahlen, Fleisch zerkleinern, Nähmaschine antreiben usw. Das Design für den elektrischen Haushaltsmotor entwarf Peter Behrens.[388]

Etwa zeitgleich erfolgte die Mechanisierung der Wärmequellen. Ein Katalog der AEG von 1896 enthielt bereits über 80 „elektrische Heiz- und Kochapparate für Haushaltszwecke“. Die Produktpalette umfasste: Bügeleisen, Schminkewärmer, Massageapparate, Wärmflaschen, Brennscherenwärmer, Pfeifenanzünder, Teekocher, Speisen- und Tellerwärmer, Kochplatten, Eierkocher, Wasserkocher, Heizöfen und Wassererhitzer.[389]

In Oldenburg betrieb das Energieversorgungsunternehmen bereits 1909/10 eine gezielte Bedarfsweckung speziell im Haushaltsbereich. Die ELG führte einen Tarif für Koch- und Heizzwecke ein, der pro Kilowattstunde 15 Pfennig betrug und damit um 25 Pfennig günstiger war als Lichtstrom.[390] Damit reagierte sie auf dem Umstand, dass die damaligen Geräte einen sehr hohen Energieverbrauch hatten und die Folgekosten entsprechend zu Buche schlugen. Durch das günstige Angebot erhoffte sich die Gesellschaft eine gezielte Stromnachfrage sowie einen höheren Kaufanreiz für ihre elektrischen Haushaltsgeräte:

> Der Strom für Koch- und Heizzwecke ist auf 15 Pfennig pro Kwstd. festgesetzt. Dieser Preis ist derart niedrig, daß die verschiedensten Koch- und Heizeinrichtungen, Bügeleisen usw. bereits zahlreich und selbst auch in den einfachsten Haushaltungen zur Einführung gelangt sind und sicher noch eine ausgedehnte Verbreitung finden werden.[391]

Der praktische Einsatz scheiterte in den wohlhabenden Haushalten, den potentiellen Kunden, zunächst weniger am Widerstand der Hausfrauen gegen die technischen Helfer. Die Einführung der Elektrotechnik in den Haushalt kam für sie ohnehin nicht in Betracht, da die Hausarbeit von Dienstboten verrichtet wurde, deren Arbeitskraft damals noch preiswert war, wie eine Oldenburgerin berichtete:

> Familien, die einen größeren Haushalt führten, so zum Beispiel Geschäftshaushalte, oder vor allem entsprechende Einkünfte hatten, stellten zur Entlastung der Hausfrau ein Dienstmädchen ein für einen mäßigen Lohn mit Unterkunft und Verpflegung, aber meistens nicht mit Familienanschluß. Diese Haushaltshilfen blieben häufig lange in der Familie, oft bis zu ihrer Verheira-

[387] AEG (Hg.): 100 Jahre Drehstrommotor (Informationen aus der AEG Geschichte 89,1) Berlin, Frankfurt/M. 1989, S. 6ff.
[388] Sölheim, Hans: Die AEG-Fabrik für Elektrobeheizung Nürnberg – Ein moderner Betrieb, in: AEG Mitteilungen 42, H. 9/10, Berlin 1952, S. 247; ferner: Centrum Industriekultur Nürnberg und AEG (Hg.): Alles elektrisch, S. 10.
[389] Sölheim: Die AEG-Fabrik, S. 247; ferner: Centrum Industriekultur Nürnberg und AEG (Hg.): Alles elektrisch, S. 10.
[390] Lieferbedingungen von Elektrizität vom 1.1.1910, StAO, Best. 262-1 A Nr. 2364.
[391] Eine weitere Verbilligung des elektrischen Lichtes, in: Nachrichten, Nr. 341, 10.12.1909.

tung und manchmal, wenn sie ledig blieben, das ganze Leben bis zu ihrem Rentnerdasein.[392]

Die Rolle, die das Dienstbotenwesen in der Stadt Oldenburg spielte, zeigte Hugo Ephraim in seiner sozialstatistischen Studie auf. Grundlage für seine Erhebung bildete der Anteil verschiedener gesellschaftlicher Gruppen am Steueraufkommen um 1910. Die Steuer zahlende Bevölkerung war in 15 Gruppen eingeteilt und umfasste rund 11.900 Personen. Die zahlenmäßig größte Gruppe bildeten die Arbeiter und Arbeiterinnen mit rund 2 900 Personen. Den zweitstärksten Anteil übernahmen die weiblichen Dienstboten. Von den über 1 900 Frauen waren 45,3 Prozent unter 20 Jahren und 36,3 Prozent zwischen 21 und 25 Jahren in häuslichen Diensten tätig. Die drittstärkste Gruppe bildeten wohlhabende Rentiers und Pensionäre, die rund 1 700 Personen umfasste, gefolgt von den Ober- und Mittelbeamten mit rund 1 100 Personen. Es ist davon auszugehen, dass hauptsächlich die beiden letztgenannten Gruppen, ebenso wie Kaufleute, Unternehmer und Freiberufler, zu den potenziellen Arbeitgebern der Dienstmädchen gehörten.[393]

War in einem Haushalt ein Dienstmädchen angestellt und wurde trotzdem ein Staubsauger gekauft, dann ging es nicht darum, die Arbeit des Dienstmädchens zu rationalisieren oder zu erleichtern, vielmehr übernahm die Hausangestellte eine Vermittlerrolle, um die Technik in den Haushalt einzuführen. Zum damaligen Bild der bürgerlichen Frau passte einfach kein technisches Haushaltsgerät, es wurde als Widerspruch zum Wesen der Frau empfunden.[394] Entsprechend warb die AEG vor dem Ersten Weltkrieg für den elektrischen Staubsauger noch mit einer jungen Frau in Dienstmädchenkleidung. Der Werbetext pries die Einsatzmöglichkeiten und die technischen Leistungen:

> [Sie] reinigen Möbel, Teppiche, Tapeten, Vorhänge usw. in wirksamster Weise von Staub durch direktes Absaugen und vermeiden die mit dem bisherigen primitiven Reinigungsverfahren verbundenen hygienischen Nachteile. Äußerst geringer Stromverbrauch, einfache, billige Konstruktion.[395]

***211** Die Bedienung eines Staubsaugers wird im vertrauten Kontext gezeigt, in: „Mitteilungen der Berliner Elektricitäts-Werke", August 1911. Electrolux Deutschland GmbH (Nürnberg).*

Mit der Aufhebung der Gesindeordnung 1918[396] und den zunehmenden Chancen für junge Frauen, eine Arbeit in der Fabrik, im Büro oder im Verkauf aufzunehmen, trat die Dienstbotenfrage in den Vordergrund. Viele Frauen waren nicht mehr bereit, eine Stelle als Dienstmädchen anzunehmen, denn sie hatten während des Krieges Arbeitserfahrungen in der Rüstungsindustrie gesammelt, dort eine geregelte Arbeitszeit kennen gelernt und bedeutend mehr Geld verdient.[397] Dennoch versuchte die Oldenburger Arbeitsvermittlung in dringenden Appellen Frauen zu motivieren, wieder als Hausangestellte, wie die Dienstmädchen jetzt genannt wurden, tätig zu werden:

> Der weibliche Arbeitsmarkt zeigt noch immer dasselbe ungünstige Bild, große Nachfrage, geringes Angebot. Offene Stellen für Hauspersonal aller Art liegen in großer Anzahl vor. Die Zahl der für den 1. November freiwerdenden Stellen nimmt täglich zu. Die

[392] Frau G. H., 71 Jahre, in: Niemann-Witter: „Also Langeweile gab es nicht", S. 43.
[393] Ephraim: Die Stadt Oldenburg in sozialstatistischer Beleuchtung, S. 42ff.
[394] Glauser, Christoph: Einfach blitzsauber. Die Geschichte des Staubsaugers, Zürich 2001, S. 133f.
[395] Zit. nach: Centrum Industriekultur Nürnberg und AEG (Hg.): Alles elektrisch, S. 15.
[396] Paragraf 6, Aufruf des Rates der Volksbeauftragten vom 12.11.1918, in: RGBl. 1918, Nr. 153, Berlin 1918, S. 243; vgl. auch: Gerhard, Ute: Unerhört. Die Geschichte der deutschen Frauenbewegung, Hamburg 1990, S. 343: Das im Entwurf vorliegende Hausgehilfinnengesetz, das Arbeitszeit, Urlaub und Rechtsansprüche der Hausangestellten verbessern sollte, kam in der Weimarer Republik aber nicht mehr zur Verabschiedung.
[397] Jahresbericht des Gewerbeaufsichtsbeamten für 1919, S. 18ff., StAO, Best. 136 Nr. 9348.

Abneigung der Mädchen gegen die Annahme häuslicher Dienste ist angeblich in niedrigen Lohnsätzen und dem Mangel an Kleidungsstücken zu suchen. Ungeübte Stenotypistinnen und Kontoristinnen werden sich nach anderer Arbeit umsehen müssen, da im Bureaudienst nur perfektes Personal verlangt wird. [...] Spinnereien, die durch Zuführung von Rohmaterialien allmählich ihren Betrieb wieder aufnehmen, konnten schon einen Teil der Arbeiterinnen einstellen.[398]

Zugleich beeinträchtigte die Verarmung der bürgerlichen Schichten durch Krieg und Inflation aber auch die Möglichkeit, Hausangestellte zu beschäftigen. Neben den Rentiers, die ihr Vermögen durch die Inflation verloren hatten, litten auch manche Geschäftsleute unter dem Kaufkraftverlust der Bevölkerung und meldeten Konkurs an.[399] Zu den Verlierern der Nachkriegszeit zählten ebenfalls die Angestellten und die Beamten, deren Gehalt erst mit der Verabschiedung des Besoldungsgesetzes am 25. März 1928 wieder das Niveau der Vorkriegszeit erreichte.[400] Um ein Dienstmädchen beschäftigen zu können, fehlte in diesen Haushalten oft das Geld.

Das Ausmaß der Veränderung in der Erwerbsstruktur stand in direktem Zusammenhang mit der Zunahme der Erwerbstätigkeit von Frauen nach dem Ende des Ersten Weltkriegs, wie Hugo Ephraim in seiner Erhebung der Volks-, Berufs- und Betriebszugehörigkeit im Freistaat Oldenburg ermittelte. Ephraim hatte im Auftrag des Statistischen Landesamtes unter Berufung auf das Reichsgesetz vom 13. März 1925 im Freistaat Oldenburg noch im selben Jahr die Zählung durchgeführt und dabei auch die spezifische Berufsstruktur in der Stadt Oldenburg untersucht.[401] Die durch den Krieg und seine Folgen entstandene Notlage hatte zu einem erheblichen Anstieg der Erwerbsarbeit von Frauen geführt, „so daß jetzt von je 100 weiblichen Personen in Oldenburg sogar 37,3 im Erwerbsleben stehen, im Reiche 35,6."[402]

Die nachstehende Tabelle gibt einen Überblick über die Verteilung der beschäftigten Personen in der Stadt Oldenburg in insgesamt 27 Berufsgruppen. Dabei ist der Anteil der weiblichen Erwerbstätigen extra ausgewiesen:[403]

Berufsgruppen	**Erwerbstätige überhaupt**	**Erwerbstätige darunter weibliche**
Landwirtschaft, Gärtnerei u. Tierzucht	1 981	961
Forstwirtschaft u. Fischerei	13	1
Bergbau, Salinenwesen u. Torfgräberei	48	8
Industrie der Steine und Erden	678	17
Eisen- und Metallgewinnung	89	4
Herstellung von Eisen-, Stahl- u. Metallwaren	392	8
Maschinen-, Apparate- und Fahrzeugbau	449	14
Elektrotechnische Industrie, Feinmechanik u. Optik	180	11
Chemische Industrie	62	10
Textilindustrie	307	181
Papierindustrie u. Vervielfältigungsgewerbe	514	147
Leder- und Linoleumindustrie	54	5
Kautschuk- und Asbestindustrie	3	–
Holz- und Schnitzstoffgewerbe	700	21
Musikinstrumenten- u. Spielwarenindustrie	25	2
Nahrungs- und Genussmittelgewerbe	1 122	254
Bekleidungsgewerbe	1 095	545
Baugewerbe	1 702	23

398 Bericht des Landesarbeitsamtes im August 1919, in: Gemeinde-Blatt 66, 1919, S. 74.

399 Krischan Weetwat: Oldenburger Zustände von 1925, in: Oldenburgischer Volkskalender, Oldenburg 1927, S. 6. [Es konnte nicht ermittelt werden, wer sich hinter dem Pseudonym Krischan Weetwat verbarg]

400 Gesetzblatt für den Freistaat Oldenburg, 1927/28, 45. Bd., Oldenburg 1928, S. 659ff.; ferner: Schneider, Michael: Höhen, Krisen und Tiefen. Die Gewerkschaften in der Weimarer Republik 1918 bis 1933, in: Borsdorf, Ulrich (Hg.): Geschichte der deutschen Gewerkschaften. Von den Anfängen bis 1945, Köln 1987, S. 351ff.

401 Ephraim: Die Ergebnisse der Volks-, Berufs- und Betriebszählung, S. 180ff.

402 Ebd., S. 30.

403 Ebd., S. 180ff.

Wasser-, Gas- und Elektrizitätsgewinnung und -versorgung	221	13
Handelsgewerbe	4081	1143
Versicherungswesen	215	38
Verkehrswesen	2742	167
Gast- und Schankwirtschaftsgewerbe	648	350
Verwaltung, Heereswesen, Kirche u. freie Berufsarten	2650	388
Gesundheitswesen und hygienische Gewerbe einschließlich Wohlfahrtspflege	676	384
Häusliche Dienste und Erwerbstätigkeit ohne feste Stellung oder ohne Angabe der Betriebszugehörigkeit	181	51
Hausangestellte	1967	1953
Ohne Beruf und Berufsangabe	4885	2561
Erwerbstätige zusammen	**27.680**	**9267**

Die meisten Frauen waren noch immer in häuslichen Diensten tätig. Vergleicht man hingegen die Anzahl der Hausangestellten von 1910 und 1925, so zeigt sich, dass sie nahezu gleich geblieben war. Jedoch hatte sich, gemessen an der Bevölkerungszahl, der Anteil der Haushalte, die Haushaltshilfen beschäftigten, verringert. 1910 zählte die Stadt 30.115 Einwohner, 1925 war sie auf 52.723 angewachsen[404], was hauptsächlich auf die Eingemeindungen – Osternburg 1922 und Eversten 1924 – zurückzuführen war. Zwar musste die Stadt durch den Abzug der Garnison zugleich erhebliche Wanderungsverluste hinnehmen, diese wurden allerdings durch die Ansiedlung neuer Industriezweige und einen Geburtenüberschuss nahezu wieder ausgeglichen.[405]

Die Tabelle belegt, dass die Erwerbstätigkeit von Frauen eine besonders große Bedeutung im Einzelhandel und im Bürobereich erlangt hatte. Aber auch im Bekleidungsgewerbe bot sich den Frauen ein weites Arbeitsfeld, dabei handelte es sich vorwiegend um Bereiche wie Schneiderei, Näherei, Reinigung und Ausbesserung, Putzmacherei usw., in denen sie zum Teil als Selbstständige tätig waren. Zu den typisch weiblichen Berufsfeldern zählten außerdem das Gastgewerbe sowie das Gesundheits- und Wohlfahrtswesen, hier waren Frauen in beachtlichem Umfang vertreten. Auch in der Landwirtschaft, der Textilindustrie und im Nahrungsmittelgewerbe spielte die Erwerbsarbeit von Frauen eine große Rolle.[406]

Staubsauger und Bügeleisen

Die Zunahme der elektrischen Geräte im bürgerlichen Haushalt war in den 1920er Jahren sowohl Folge als auch Motor dieses Prozesses. Verstärkt wurde die Entwicklung durch gezielte Werbung der Elektrokonzerne und eine flächendeckende Ausweitung des Stromnetzes. Die Gefelek – die Gesellschaft für Elektrizitätsverwertung – die 1911 mit Sitz in Berlin gegründet worden war, spielte bis zu ihrer Auflösung nach dem Ende des Ersten Weltkriegs eine führende Rolle. Die Werbezeitung der Elektroindustrie umwarb besonders die Frauen. Dabei wandte sie sich nicht an die breite Öffentlichkeit, sondern an die gut situierten Frauen, um ihnen den Einsatz von Staubsaugern oder Ventilatoren „als neue Dimension von Luxus anzubieten".[407] Zugleich verwies sie auf das zunehmende Problem der Dienstboten, das aber durch den Einsatz der Elektrizität gelöst werden könne:

> Die immer schwieriger werdende Dienstbotenfrage läßt keinen Zweifel darüber, daß unsere Frauen sich bald ohne ständige Dienstboten behelfen mussen. [...] Um die Nichtüberanstrengung der Hausfrau zu ermöglichen, müssen nicht nur elektrisches Licht, Zentralheizung, Warmwasserversorgung, Müllschlucker und alle derartigen Bequemlichkeiten, sondern auch und sogar vor allem elektrische Haushaltsapparate vorgesehen werden.[408]

404 Ergebnis der Volkszählung am 1.12.1910, in: Gemeinde-Blatt 57, 1910, S. 254; ferner: Ephraim: Die Ergebnisse der Volks-, Berufs- und Betriebszählung, S. 156.
405 Ephraim: Die Ergebnisse der Volks-, Berufs- und Betriebszählung, S. 10ff.
406 Ebd., S. 45ff.
407 Döring, Peter/Weltmann, Christoph: „Die Erweckung von Stromhunger". Elektrizitätswerbung im 20. Jahrhundert, in: Wessel: Das elektrische Jahrhundert, S. 96.
408 Zit. nach: Centrum Industriekultur Nürnberg und AEG (Hg.): Alles elektrisch, S. 17.

Zugleich priesen die Produzenten ihre Produkte als modern, sauber und einfach in der Anwendung an. Jede Frau, so wurde versichert, könne mit ihnen umgehen und brauche nicht das Gefühl zu haben, niedrige, körperlich anstrengende Dienstbotenarbeit zu verrichten. Die damals bekannte Berliner Schauspielerin Edmonde Guy war eine der wichtigsten Werbeträgerinnen der AEG – wenn sogar *sie* ihren Haushalt staubsaugen konnte, so konnten es ihre bürgerlichen Geschlechtsgenossinnen auch. Die Fotografie von 1924, heute eine der bekanntesten Werbefotografien, symbolisierte die neue Rolle der bürgerlichen Frau.

212 *Stielstaubsauger Vampyr. Modernsein bezog sich nicht nur auf das neue Bild der Frau, sondern auch auf die Nutzung elektrischer Geräte, 1924. Electrolux Deutschland GmbH (Nürnberg).*
213 *AEG-Klopfsauger. Dank des Technikeinsatzes konnte die moderne Frau „Dame – und doch Hausfrau" sein, 1931. Electrolux Deutschland GmbH (Nürnberg).*

Der Slogan der AEG auf dem Plakat von 1931 suggerierte: „Dame – und doch Hausfrau". Das Motiv, eine elegant gekleidete Frau, die scheinbar mühelos mit dem Staubsauger „Vampyr" hantiert, sollte zeigen, dass die Doppelrolle – Damenhaftigkeit und Hausarbeit – mit Hilfe moderner elektrischer Geräte leicht und problemlos miteinander zu vereinbaren sei.[409] Die Arbeitsbelastung ohne Staubsauger lässt sich besonders gut ablesen am anstrengenden Frühjahrsputz, einem jährlich wiederkehrenden Ritual in den Familien. Eine Oldenburgerin erinnerte sich an den großen Hausputz:

> Bis Pfingsten mußte der große Hausputz beendet sein. Die Gardinen wurden gewaschen, Teppiche geklopft, Fenster gründlich gesäubert, Betten und Matratzen nach draußen zum Lüften gebracht. Meistens wurde die Küche neu gestrichen. Die Schränke und Auszüge wurden immer zuerst gesäubert. Einen Staubsauger hatten in den 20er Jahren die wenigsten Haushalte. Man benutzte Ausklopfer und Bürsten. Das waren jedes Jahr aufregende Wochen. Zwei bis drei Wochen brauchte man dazu.[410]

214 *Vampyr Staubsaugermontage, AEG Berlin, 1926. Foto Deutsches Technikmuseum Berlin.*

Ein Staubsauger als Ersatz für die Dienstmädchen stand in den 1920er Jahren nur wenigen Bürgern zur Verfügung, weitaus gebräuchlicher war das elektrische Bügeleisen. Vielfach war es das erste elektrische Gerät, das schon vor dem Ersten Weltkrieg angeschafft wurde, weil es erschwinglich war. Auch wenn eine Familie sparsam haushalten musste, ein Bügeleisen zum Preis von unter 10 Mark konnten die meisten finanzieren, vorausgesetzt es gab einen Stromanschluss.[411] Für die Hausfrau bzw. Plätterin bedeutete der Einsatz eines elektrischen Bügeleisens nicht nur eine Entlastung bei der mühevollen Arbeit, sondern vor allem mehr Bequemlichkeit, wie eine Anzeige der AEG versprach: „Das elektrische Bügeleisen ist sofort heiß und im Gebrauche höchst bequem; es erzeugt weder üble Dämpfe noch unerwünschte Hitze und arbeitet absolut sauber."[412]

[409] Oetzel, Sabine: Der elektrische Haushalt, in: Wessel: Das elektrische Jahrhundert, S. 74.
[410] Frau W. F., 72 Jahre, Niemann-Witter: Kindheit und Jugend, S. 38f.
[411] Oetzel: Der elektrische Haushalt, S. 72.
[412] Centrum Industriekultur Nürnberg und AEG: Alles elektrisch, S. 15.

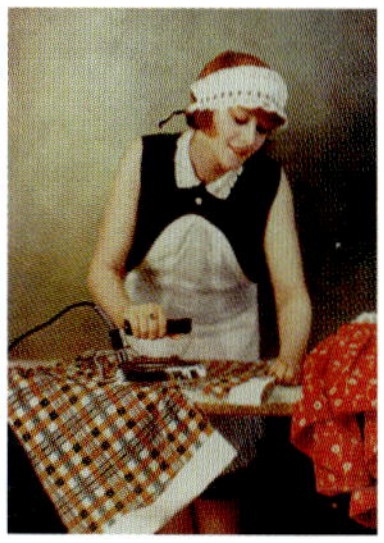

215 *Das elektrische Bügeln geht dem Dienstmädchen scheinbar leicht von der Hand. AEG-Bügeleisen, 1920er Jahre. Electrolux Deutschland GmbH (Nürnberg).*

Das Bügeln mit den althergebrachten Plätteisen verlangte große Kraftanstrengung und einiges Geschick im Umgang mit der schwankenden Temperatur. Dabei hing es besonders von der Erfahrung der Plätterin ab, Temperatur und Gewebe aufeinander abzustimmen. Den hohen Aufwand beim Bügeln der Kleidung sowie der Bett- und Tischwäsche nach dem herkömmlichen Verfahren erläuterte Herr E. H. In seiner Familie war es üblich, dass auch die Kinder mithalfen:

> Für das Plätten und Bügeln mußte damals das große schwere Plätteisen erst mit einigen Stückchen heller Glut aus dem Ofen oder Herd versorgt werden, damit die darauf gefüllte Holzkohle anbrannte. Das Oberteil mit dem Holzgriff zugeklappt und verriegelt, wurde das Plätteisen draußen geschwenkt, damit der Luftstrom durch die seitlichen Löcher im Eisen die Holzkohle schneller in Glut brachte und damit die passende Hitze zum Plätten. In den herrschaftlichen Häusern wurde eine Plätterin für ein oder mehrere Tage ins Haus bestellt. Für die Bettwäsche und Tischdecken hatten wir eine Wäscherolle, bei der zwischen zwei ca. 15 cm dicken und ca. 80 cm langen Holzwalzen, bei starkem Druck aufeinander, die Wäschestücke durchgeführt wurden. Es war für uns Jungs eine schwere Arbeit, wenn wir abwechselnd oder gemeinsam das große Rad mit dem langen Griff drehen mussten.[413]

Elektrische Küche – Rationalisierung der Hausarbeit

Eine wirkliche Sensation in der Küche kündigte sich gegen Ende des 19. Jahrhunderts an: Die Chicagoer Weltausstellung von 1893 präsentierte die erste „elektrische Modellküche" von Friedrich Wilhelm Schindler-Jenny, der dafür mit einer Goldmedaille ausgezeichnet wurde.[414] Wie der Elektroherd war jedes Gerät wie Kochtopf, Wasserkocher, Backofen oder Boiler an separaten Steckdosen angeschlossen. Als Vorbild für den elektrischen Kochherd diente „der Gasherd mit aufgesetztem Brat- und Backofen".[415]

216 *Werbeblatt um die Wende zum 20. Jahrhundert. Electrolux Deutschland GmbH (Nürnberg).*

Die AEG baute 1908 die ersten elektrischen Kochherde, doch Käufer fanden sich kaum, denn die moderne Kochstelle benötigte auch spezielle Töpfe. Für Herd und Kochgeschirr wurden insgesamt 450 Mark verlangt, hinzu kamen die hohen Verbrauchskosten. Selbst die AEG musste eingestehen, dass ein Elektroherd erst bei einem Strompreis von 10 Pfennig pro Kilowatt wirtschaftlich vertretbar sei.[416] In Oldenburg lag der Preis für Koch- und Heizstrom bei 15 Pfennig.[417]

---

413 Herr E. H., 88 Jahre, in: Niemann-Witter: „Also Langeweile gab es nicht", S. 42f.
414 Grasmück, Gisela: „Der Wunsch jeder Hausfrau – ein Elektroherd". Die Entwicklung des Herdes unter dem Gesichtspunkt der Elektrifizierung, in: Badisches Landesmuseum Karlsruhe: Die Elektrisierte Gesellschaft, S. 165.
415 Giedion: Die Herrschaft der Mechanisierung, S. 589f.
416 Centrum Industriekultur Nürnberg und AEG: Alles elektrisch, S. 10.
417 Eine weitere Verbilligung des elektrischen Lichtes, in: Nachrichten, Nr. 341, 10.12.1909.

Anfangs wurden bei den elektrischen Kocheinrichtungen zwei verschiedene Systeme unterschieden: „das Kochen mit Herden und Heizplatten und das Kochen mit direkt beheizten Töpfen". Der Vorteil beim Kochen auf dem Herd war, dass jeder beliebige Topf mit einem glatten Boden verwendet werden konnte, der Nachteil bestand darin, dass der Stromverbrauch höher als bei den direkt beheizten Töpfen war. Nach Ansicht damaliger Zeitgenossen war es noch nicht abzusehen, welches der beiden Systeme sich durchsetzen würde. So ist zu erklären, dass um 1910 eine Vielzahl von direkt beheizbaren Apparaten angeboten wurde. Verschiedene Anbieter brachten Kasserollen, Kochtöpfe, Kartoffelkocher, Bratpfannen, Back- und Bratofen, Kochkisten und dergleichen mehr auf den Markt. Doch unabhängig vom System versprach das elektrische Kochen eine Reihe von Annehmlichkeiten und Vorzügen gegenüber dem Kochen mit dem Kohle- oder Gasherd: Sauberkeit, keine Luftverschlechterung, schnelle Betriebsbereitschaft, gute Wärmeisolation der Gefäße, bequeme Regulierbarkeit, Regelmäßigkeit des Kochprozesses, Einfachheit der Handhabung, gute Dosierung der Wärme, Gleichmäßigkeit der Wärmeentwicklung, hoher Wirkungsgrad, keine Vergiftungsgefahr, keine Explosionsgefahr, höchste Feuersicherheit.[418]

217 *Kombinationsherd, für Kohle und Elektrizität. Mit dem Kohleherd konnte nicht nur gekocht, sondern auch geheizt werden, um 1930. EWE AG.*

Bis der elektrische Herd technisch ausgereift und erschwinglich war, dauerte es noch bis in die 30er Jahre hinein. Das zeigte sich insbesondere an den Verkaufszahlen: 1925 hatte die AEG deutschlandweit erst 1 000 Elektroherde verkauft, 1928 waren es 20.000 und schließlich 1935 schon 400.000 Stück. Angeboten wurden die Herde in verschiedenen Größen: mit zwei, drei oder vier Platten, außerdem gab es noch so genannte Kombiherde, die sowohl über Elektroplatten als auch über einen eingebauten Kohleteil verfügten. Die rasante Absatzsteigerung um 1930 war auf das verbesserte Stromnetz und die massive Werbung für das elektrische Kochen zurückzuführen, vom Schaukochen über Kochkurse bis hin zu Kochbüchern und Werbeschriften. Der Elektroherd galt als sauber, bequem, sicher und einfach in der Bedienung. Die Elektrizität erhielt das Signum der Modernität, während das Gas nun als unmodern galt. Der Ausbruch des Zweiten Weltkriegs und die Nachkriegszeit unterbrachen den Trend zum elektrischen Kochen, denn diese Jahre waren geprägt durch Stromsperren, zerstörte Infrastruktur, Wohnungsnot und Flüchtlingselend. In den 1950er Jahren setzte die Aufwärtsentwicklung bei der Elektrifizierung der Haushalte jedoch wieder ein. 1952 hatte die AEG ihren zweimillionsten Elektroherd an die Frau gebracht.[419]

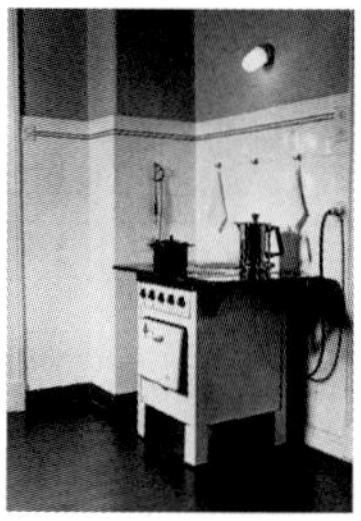

218 *Vier-Platten-Elektroherd, um 1930. EWE AG.*
219 *Unter den Haushaltsgeräten genoss der Durchlauferhitzer zum Erhitzen von Wasser besonderes Interesse, um 1930. EWE AG.*

In Oldenburg wurde erst ab den 1930er Jahren Werbung für elektrisches Kochen betrieben, denn vor Inbetriebnahme des neuen Oldenburger Drehstromkraftwerks 1926 wäre sie kaum sinnvoll gewesen. Die Verantwortlichen des städtischen Elektrizitätswerks hielten sich mit der Einführung von Elektroherden zurück, weil schon seit einigen Jahren die Kapazitätsgrenze des Werks erreicht worden war. Sie befürchteten außerdem, dass durch das mittägliche oder abendliche Kochen das Stromnetz zusammenbrechen könnte, wenn zur selben Zeit

[418] Dettmar, Georg: Elektrizität im Hause. In ihrer Anwendung und Wirtschaftlichkeit dargestellt, Berlin 1911, S. 65ff.
[419] Sölheim, Hans: Der Elektroherd prägt das Gesicht der modernen Küche, in: AEG Mitteilungen 42, H. 9/10, Berlin 1952, S. 205.

hoher Bedarf an Energie für Licht und Kraft bestand. Weitere Belastungen des Stromnetzes, insbesondere in Spitzenzeiten, konnten aus Sicht des Stromversorgers nicht bewältigt werden. Die Einstellung gegenüber dem elektrischen Kochen änderte sich grundlegend nach dem Neubau des Werks, der Ausweitung des Stromnetzes und nicht zuletzt nach dem Verkauf des städtischen Elektrizitätswerks an die Stromversorgungs AG. Systematisch erschloss die Gesellschaft neue Absatzgebiete für die elektrische Küche in der Stadt Oldenburg und in der Region, die sie seit 1930 ebenfalls mit Strom versorgte.[420] Die verstärkte Werbung ab 1930 war insbesondere deshalb notwendig, weil auch die regionale Wirtschaft unter den Folgen der Weltwirtschaftskrise litt. Besonders betroffen waren die Oldenburgische Glashütte und die Fleischwarenfabrik. Sie hatten einen Teil der Belegschaft entlassen, Kurzarbeit eingeführt oder die Produktion gedrosselt bzw. vorübergehend eingestellt.[421] Da diese Betriebe zu den wichtigsten Stromabnehmern gehörten, waren erhebliche Absatzeinbußen zu verzeichnen, die durch den Haushaltsstrom kompensiert werden sollten.

220 Die erste Lehrküche in der Donnerscheer Straße, 1934, EWE AG.

Im September 1931 eröffnete das Energieversorgungsunternehmen eine Lehrküche, die ausschließlich Werbezwecken diente. Zunächst wurden gezielt Personen angesprochen, die als Multiplikatoren wirken sollten. Zu den ersten Adressaten der Vorführungen und Vorträge zählten die Elektroinstallateure mit Ehefrau und Töchtern, dann folgte das Außendienstpersonal des Unternehmens, insbesondere die Ableseboten. Diese Personen hatten regelmäßig Kontakt zu den Kunden und waren deshalb als Werbestrategen besonders geeignet. So stellte der Referent für Werbung in Oldenburg fest:

> Wann öffnet sich das Herz des Kunden und gibt seiner Unzufriedenheit vollen Lauf? Wenn der Bote zum Kassieren in die Häuser kommt. Jede bei dieser Gelegenheit gegebene Auskunft wird vom Konsumenten doppelt dankbar aufgegriffen. [...][422]

Als wichtige Multiplikatoren galten außerdem die Lehrerinnen der Gewerbe- und Haushaltungsschulen:

> Gerade von dieser Seite geht manche für die Werbung positive Einflußnahme aus. Umgekehrt kann ein ständiger gegenseitiger Gedankenaustausch zwischen diesen Damen und der Kursusleiterin für die Ausgestaltung der Lehrgänge nur fördernd sein.[423]

Besondere Aufmerksamkeit wurde auch den Köchinnen geschenkt, die in Hotels, Gaststätten oder in Privathaushalten für große Gesellschaften kochten:

> Ein Versagen der Elektroküche gerade bei diesen Anlässen (Taufe, Konfirmation, Verlobung, Gesellschaften) könnte gewaltige Werberückschläge, ihre Bewährung hingegen eine gute Empfehlung bringen.

Die Oldenburgerinnen besuchten die Kurse aus unterschiedlichen Gründen. Teils wollten sie sich über einzelne elektrische Geräte informieren, teils allgemein die Möglichkeiten der Elektroküche kennen lernen. Das Kursangebot für die interessierten Hausfrauen beinhaltete die Teilnahme an den Kochkursen, eine technische Einführung in den Gebrauch der Haushaltsgeräte sowie eine „Erläuterung der technischen und physikalischen Belange des elektrischen Kochens".[424]

420 Vortrag Goerlitz über die Neugestaltung des Elektrizitätsversorgung am 9.3.1930, StAO, Best. 262-1 20 Nr. 331.
421 Meyer, Lioba: Zur Lohn- und Arbeitszeitentwicklung in der Weimarer Republik, in: Berg, Eugenie/Meyer, Lioba/Steitz, Ulf (Hg.): Moderne Zeiten. Industrie- und Arbeiterkultur in Oldenburg 1845-1945 (Veröffentlichungen des Stadtmuseums Oldenburg 5), Oldenburg 1989, S. 242.
422 Hartmeyer, Fr.: Die Lehrküche – Grundlage der Kochstromwerbung, in: Der Werbeleiter, Fachblatt für den Einsatz von Strom und Geräten. Organ der Arbeitsgemeinschaft zur Förderung der Elektrowirtschaft, Berlin, H. 2, 1934, S. 30.
423 Ebd.
424 Ebd.

Die Einrichtung und Organisation der Oldenburger Lehrküche orientierte sich an der damals in Fachkreisen häufig diskutierten Frage der rationellen Haushaltsführung. Sie soll im Folgenden kurz skizziert werden:

In den zwanziger Jahren entspann sich eine breite Diskussion um die Rationalisierung der Hausarbeit, die maßgeblich sowohl durch Theoretiker als auch durch Praktiker beeinflusst wurde. Pionierarbeit leistete vor allem die Amerikanerin Christine Frederick mit ihrer 1913 veröffentlichten Publikation *The New Housekeeping Efficiency Studies in Home Management*, die 1921 in deutscher Übersetzung von der sozialdemokratischen Reichstagsabgeordneten Irene Witte unter dem Titel *Die rationelle Haushaltsführung. Betriebswissenschaftliche Studien* herausgegeben wurde.[425] Auch die Publizistin Dr. Erna Meyer befasste sich mit der Rationalisierung der Arbeitsabläufe im Haushalt.[426] Vorausgegangen waren intensive Diskussionen mit dem niederländischen Architekten Jacobus Johannes Pieter Oud über die Haushaltstechnik und die damit verbundenen arbeits- und betriebswirtschaftlichen Fragen, deren Ergebnisse in die Publikation einflossen.[427]

Die Zwischenkriegszeit hatte in Deutschland zu einer sozialen Umschichtung geführt und auch den privaten Haushalt verändert. Unter dem Druck der wirtschaftlichen Not waren viele Frauen, auch aus bürgerlichen Kreisen, berufstätig geworden. Die starke Belastung der Frau in der Erwerbsarbeit und im Haushalt war der Grund, sich mit den Erkenntnissen des Taylorismus auseinanderzusetzen, um die Arbeit im Haushalt effektiver zu gestalten sowie Zeit und Kraft zu sparen.[428] Hatte in der Industrie der Taylorismus, die „wissenschaftliche Betriebsführung", zu einer beachtlichen Effektivierung des Produktionsprozesses geführt, so übertrugen die Autorinnen die neuen Erkenntnisse der Wissenschaft nun auf den Haushalt und gaben damit wichtige Impulse für die Entwicklung eines neuen Küchentyps.[429]

Die Umsetzung dieser Erkenntnisse auf den Haushalt übernahmen dann die Architekten, die praktischen Vertreter der Bewegung. Der erste Anstoß ging vom Bauhaus in Weimar aus. Im Jahre 1923 öffneten die Mitglieder des Bauhauses ihre Ateliers und präsentierten der Öffentlichkeit ihre künstlerischen und architektonischen Produkte. In einer Gemeinschaftsarbeit hatten einige Architekten ein Wohnhaus mit einer Küche neuen Typs konstruiert. Sie war L-förmig und in die Bereiche Vorrats-, Reinigungs-, Vorbereitungs- und Kochzentrum gegliedert. Arbeitsfläche, Herd und Abstellfläche hatten die gleiche Höhe und grenzten unmittelbar aneinander an.[430]

Dieses frühe architektonische Beispiel bildete das Modell für spätere Konstruktionen von Küchen in Neubausiedlungen, die in den zwanziger Jahren für die Arbeiter und den Mittelstand gebaut wurden. Die allgemeine Wohnungsnot nach dem Ersten Weltkrieg veranlasste viele Kommunen, darunter auch Oldenburg, möglichst rasch kostengünstige Wohnungen zu bauen. Dabei versuchten Stadtplaner in Frankfurt und in einigen anderen Städten die „Verbilligung des Bauens" mit der „Hebung der Wohnkultur" zu verbinden. Die Kostenersparnis wurde vor allem durch die Verkleinerung der Wohnfläche erzielt, zugleich erhielten die Wohnungen ein Bad und einen Balkon oder eine Loggia, also sanitär-hygienische Verbesserungen. Darüber hinaus spielte auch die Frage des Küchentyps eine wichtige Rolle, denn mit dem „Verschwinden des Dienstpersonals" veränderten sich ebenfalls die Anforderungen an die Organisation einer Küche. Für die Planer galt es, die wichtigsten Grundsätze wie Zeit-, Kraft- und Materialersparnis bei der Hausarbeit in die Gestaltung der „Neuen Küche" einfließen zu lassen.[431]

---

425 Giedion: Die Herrschaft der Mechanisierung, S. 571f.; ferner: Richarz, Irmintraut: Oikos, Haus und Haushalt. Ursprung und Geschichte der Haushaltsökonomie, Göttingen 1991, S. 249. Richarz nennt fälschlicherweise 1918 als Erscheinungsjahr für die Publikation von Frederick.

426 Meyer, Erna: Der Neue Haushalt. Ein Wegweiser zur wissenschaftlichen Hausführung, Stuttgart 1926.

427 Giedion: Die Herrschaft der Mechanisierung, S. 571f.

428 Richarz: Oikos, S. 249.

429 Krausse, Joachim: Die Frankfurter Küche, in: Andritzky, Michael (Hg.): Oikos. Von der Feuerstelle zur Mikrowelle. Haushalt und Wohnen im Wandel. Katalogbuch zur gleichnamigen Ausstellung, Gießen 1992, S. 103f.

430 Giedion: Die Herrschaft der Mechanisierung, S. 570.

431 Krausse: Die Frankfurter Küche, S. 103f.

Einen herausragenden Namen hat sich die Architektin Grete Schütte-Lihotzky mit ihrer Konstruktion der „Frankfurter Küche" erworben, die nur wenige Quadratmeter groß war und eine völlige Abkehr von der traditionellen Wohnküche darstellte. Sie entwarf eine ergonomische Küche, die durch Serienfertigung preiswert herzustellen, mit neuester Technik ausgestattet und gleichzeitig hygienisch, pflegeleicht und wohnlich war.[432] Aufgrund außerordentlicher Werbekampagnen des Frankfurter Baudezernenten Ernst May machte dieser Küchentyp schnell Furore.[433] Die Frankfurter Küche übernahm schon kurze Zeit später Vorbildcharakter für die „Weißenhofsiedlung" bei Stuttgart, die von Mitgliedern des Deutschen Werkbundes in Zusammenarbeit mit ausländischen Architekten im Jahre 1927 gebaut wurde. Sie bot Vieles, was später zur Selbstverständlichkeit wurde, wie der Architekturhistoriker Giedion formulierte: „In ihrer Organisierung jedoch enthalten diese Küchen so ziemlich alles, was später in luxuriöser Weise industriell hergestellt wurde."[434] Die moderne Küche war zweckmäßig und rationell eingerichtet und sollte der „Neuen Frau" durch kürzere Wege, geringeren Kraft- und Zeitaufwand sowie verbesserte Technologie die Hausarbeit erleichtern.

Die Einrichtung und Organisation der Lehrküche in Oldenburg orientierte sich an der Frankfurter Küche. Sowohl die Gestaltung der Räume als auch die technische Ausstattung entsprachen damals dem neuesten Stand und übten eine faszinierende Wirkung auf die Besucherinnen aus, die zu Hunderten in die Lehrküche strömten, die im September 1931 ihre Pforten geöffnet hatte.[435]

Die gesamte Küche war in acht Kojen eingeteilt, die jeweils vier Kursteilnehmerinnen Platz boten. Jede Koje verfügte über einen Kühlschrank, einen Experimentiertisch mit fließendem Wasser, Strom- und Gasanschluss, Geschirrspülmaschine und einen Esstisch in der Mitte des Raumes. Im unteren Teil des Küchenschrankes waren das Kochgeschirr und das Besteck, in den oberen Glasvitrinen das Geschirr untergebracht.

> Die Geschirraufwäsche erfolgt an einem gesondert eingerichteten Aufwaschstand. Nach beendigtem Kursus werden die gefüllten Geschirrkästen aus den Arbeitstischen in einem fahrbaren, zum Ziehen eingerichteten Hocker an die Geschirrspülmaschine gefahren. Der während der Geschirr-Reinigung ebenfalls gesäuberte Kasten dient zur Aufnahme des sauberen Geschirres und zu dessen Rücktransport in die Arbeitsschränke. Arbeitshinderndes Umherschleppen ist dadurch unmöglich gemacht und der leidige Geschirrbruch tunlichst vermieden. Ein 80-Liter-Heißwasserspeicher als Ablaufspeicher versorgt Geschirrspülmaschine und die seitwärts angeordneten Hand- und Betriebsspülbecken mit heißem Wasser. Die Einführung eines elektrisch beheizten Handtuchtrockners hat den Bedarf an gleichzeitig umlaufender Küchenwäsche wesentlich herabgesetzt. Die unter den Fenstern angeordneten Arbeitstische sind ein bevorzugter Platz für die Inbetriebnahme von Einzelgeräten. [...] Auf einem dieser Tische ist ein Küchenmotor dauernd betriebsfertig angeschlossen. Der untere Schrank birgt auf herausziehbaren Schiebebrettern ausziehbar angeordnet sämtliche Aufsteckmaschinen. [...] Zweckmäßige Beleuchtung verstärkt diesen Eindruck am Abend. Lichtdichte Vorhänge und eine transportable Projektionswand ermöglichen die jederzeitige Vorführung von Filmen und Standbildern.[436]

Der Bericht über die Lehrküche zeigt, dass die Frauen die elektrischen Geräte und den Umgang damit erst noch kennen lernen mussten. Welche Kundin besaß schon Anfang der 30er Jahre eine Geschirrspülmaschine, einen elektrischen Handtuchtrockner oder ein elektrisches Warmwassergerät? In den meisten Haushalten standen Kohleherde, einige Frauen kochten mit Gas, denn die Gaswerbung hatte schon vor dem Ersten Weltkrieg eingesetzt.[437] Der Erfolg der Werbekampagne der Elektrizitätswirtschaft zeigte sich an der steigenden Zahl der

432 Much, Franz J.: Frankfurter und Stuttgarter Küchen auf der Werkbundausstellung „Die Wohnung 1927" in Stuttgart, in: Andritzky (Hg.): Oikos, S. 114.
433 Krausse: Die Frankfurter Küche, S. 99.
434 Giedion: Die Herrschaft der Mechanisierung, S. 571.
435 Hartmeyer: Die Einrichtung einer Lehrküche, Stromversorgungs AG Oldenburg Ostfriesland, in: Der Werbeleiter, H. 4, Berlin 1933, S. 82.
436 Ebd., S. 84.
437 Siehe Kapitel 3.2.

Elektroherde in den Haushalten. Der Ausbruch des Zweiten Weltkriegs unterbrach dann diese Entwicklung. Die folgende Übersicht zeigt den Bestand an elektrischen Geräten im Versorgungsgebiet der Stromversorgungs AG Oldenburg/Ostfriesland:[438]

Art der Geräte	Stand 31.12.1938	Stand 30.09.1939	Zugang
2 Platten Tischherde	1066	1302	236
2 Platten Vollherde	347	426	79
3 Platten Vollherde	441	523	82
4 Platten Vollerde	80	92	12
Kombinationsherde	175	240	65
Kühlschränke	176	263	87
Kühlanlagen	43	48	5
Heißwasserspeicher	357	394	37

Kühlschrank und Waschmaschine

Die haushaltstechnische Innovation, die in der Lehrküche demonstriert wurde, war beeindruckend und manche Frau hat sich vielleicht überzeugen lassen und nach dem Kochkursus einen Elektroherd erworben. Die Begleitumstände des Kochens waren jedoch die gleichen geblieben: Die Verarbeitung der Nahrungsmittel, die nach wie vor im Haus erledigt wurde, von der Zubereitung des täglichen Mittagessens bis hin zur Vorratshaltung für den Winter. Alle Nahrungsmittel mussten saisonal im eigenen Garten geerntet, auf dem Markt gekauft und frisch verarbeitet werden.

> Das Gemüse und Obst, das wir aus dem eigenen Garten ernteten, wurde im Sommer, so wie es anfiel, in Weckgläser eingekocht bzw. zu Saft und Marmelade verarbeitet, so daß es im Sommer immer viel zu tun gab, da wir einen großen Garten hatten. Im Herbst nach der Apfelernte wurde das Obst oben im Haus in einem frostsicheren, aber kühlen Raum gelagert.[439]

Ohne Kühlschrank war das Lagern der Lebensmittel ein großes Problem. Einige Haushalte verfügten über einen Eisschrank, der regelmäßig mit frischen Eisstangen aufgefüllt wurde[440], andere lagerten ihre Vorräte im Keller. Fast täglich gingen die Hausfrauen zum Einkaufen, was sehr zeitaufwendig war, da die Einzelhandelsgeschäfte manchmal weit auseinander lagen und die Wege zu Fuß oder mit dem Fahrrad zurückgelegt werden mussten:

> Auch das tägliche Einkaufen machte die Mutter. Kaufmann und Schlachter waren in der Nähe. So große Kaufhäuser, die es heute gibt, waren nicht da. Es gab wohl den Konsum, aber den auch nur für die Mitglieder des Vereins. Einen Kühlschrank gab es auch nicht, man hatte einen Keller, darin wurde alles aufbewahrt.[441]

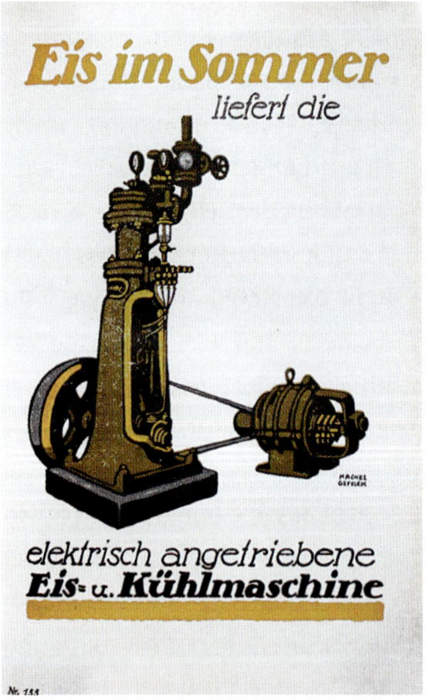

221 *Werbung für eine Eismaschine mit elektrischem Antrieb. Die Eisblöcke wurden in die Vorratsschränke gelegt, in: Gefelek 1915. Electrum Hamburg.*

438 Tätigkeitsbericht der Werbeabteilung der Stromversorgungs AG Oldenburg Ostfriesland, 1.1.–30.9.1939, StAO, Best. 262-1 20 Nr. 332.
439 Frau G. H., 71 Jahre, in: Niemann-Witter: „Also Langeweile gab es nicht", S. 26.
440 Frau G. J. 58 Jahre, ebd., S. 28.
441 Frau W. F., 72 Jahre, ebd.

In der „Elektrowärme-Ausstellung" in Essen von Juli bis August 1933 spielten Kühlschränke zur Konservierung von Lebensmitteln nur eine untergeordnete Rolle. In dieser „Weltschau für Elektrowärme" erhielten elektrische Heiz-, Koch- und Warmwassergeräte eine größere Aufmerksamkeit. Zwar beteiligten sich insgesamt zehn Firmen mit Kälteanlagen an der Ausstellung, darunter die Gesellschaft für Linde's Eismaschinen, AEG, Fink und die Siemens-Schuckertwerke, doch gemessen an der Gesamtzahl der Haushaltsprodukte war die Anzahl der präsentierten Kühlschränke und -anlagen für Haushalt und Gewerbe gering. Als einziges Unternehmen stellte Elektrolux einen Einbaukühlschrank aus.[442]

In der Begleitpublikation zur Ausstellung wurde gleichwohl der „Einführung von elektrischen Kühlanlagen eine überragende Bedeutung" zugewiesen, denn es hatte sich gezeigt, dass private Haushalte nur vereinzelt über einen Kühlschank verfügten. Dementsprechend ging an die Ingenieure der Appell, „dies wichtige Gebiet des Haushalts nachdrücklichst zu bearbeiten."[443] Um 1930 waren in Deutschland 12 Millionen Haushalte mit Elektrizität versorgt, davon besaßen nur rund 65.000 Haushalte einen elektrischen Kühlschrank, aber 140.000 bis 150.000 einen elektrischen Herd. Der Durchschnittspreis lag für einen 44-Liter-Kühlschrank bei rund 300 Reichsmark und für einen 90-Liter-Kühlschrank zwischen 400 und 500 Reichsmark.[444] Im gesamten Versorgungsgebiet der Stromversorgungs AG Oldenburg/Ostfriesland waren bei Ausbruch des Zweiten Weltkriegs 263 Kühlschränke und 48 Kühlanlagen in Gebrauch.[445]

Die Entwicklung des Kühlschranks war von den Elektrobetrieben lange Zeit vernachlässigt worden, die meisten hatten den Kühlanlagen in Gewerbebetrieben den Vorzug gegeben. Um 1900 gab es bereits technisch ausgereifte Kühlanlagen in der Lebensmittelbranche: Den größten Bedarf an Kältetechnik hatten die Fleischwarenfabriken und die Brauereien. Eine wichtige Rolle spielte diese Technologie auch beim Transport von Lebensmitteln, wenn Waren nicht nur vom Land in die Stadt, sondern mit dem Schiff von Kontinent zu Kontinent befördert werden sollten. Der Einsatz der Kältetechnik forcierte zu Beginn des 20. Jahrhunderts die Entwicklung einer modernen Nahrungsmittelindustrie. Die „Kühlkette", so wurde der Prozess genannt, wenn die gekühlte oder gefrorene Ware ohne Unterbrechung zum Kunden gelangte, endete jedoch meistens an der Wohnungstür des Verbrauchers, weil bis in die zweite Hälfte des 20. Jahrhunderts hinein kaum ein Haushalt einen wirklich brauchbaren Kühlschrank besaß. Der Kühlschrank im Haushalt setzte sich erst mit großer zeitlicher Verzögerung durch.[446]

222 *Kühlschrankwerbung mit der Schauspielerin Ilona Karolewna, 1927. Elektrolux Deutschland GmbH (Nürnberg).*
223 *Kühlschrankwerbung AEG, um 1934. Elektrolux Deutschland GmbH (Nürnberg).*

1927 brachte die AEG ihren ersten Kühlschrank auf den Markt. Das Gerät wurde mit Wasserkühlung betrieben und erforderte neben dem elektrischen auch einen Wasseranschluss. Der Betrieb war umständlich und teuer: „Täglich musste der Schrank von Hand eingestellt werden. 1½ bis 3 kg Klareis konnten pro

442 Elektrowärme-Ausstellung Essen 1933 [Ausst.-Kat.], Essen 1933, S. 30ff.
443 Ebd., S. 23 und S. 77.
444 Elektrokühlung in Zahlen, in: Der Werbeleiter, H. 4, 1934, S. 80ff., sowie: H. 5, 1939, S. 61.
445 Stand vom 30.9.1939, StAO, Best. 262-1 20 Nr. 332.
446 Hellmann, Ullrich: Schockgefroren und gefriergetrocknet. Die Geschichte kalter Nahrungsmittel, in: Andritzky: Oikos, S. 234ff.

Tag hergestellt werden."[447] Der Stromverbrauch betrug 4 bis 5 Kilowatt pro Tag. Die Technik erwies sich als ungeeignet und die AEG setzte ab 1929 für Haushaltskühlschränke das Kompressionsverfahren ein. Im firmeneigenen Mitteilungsblatt aus dem Jahr 1952 werden dessen Bedeutung und Vorzüge zusammengefasst:

> Die AEG war die erste Firma in Deutschland, die eine hermetisch gekapselte Maschine für Haushaltskühlschränke auf den Markt brachte. Diese Maschinentype hat sich gut bewährt, und heute sind noch Schränke dieser Bauart in Betrieb. Der Schrank besaß Einknopfreglung und einen emaillierten Verdampfer.[448]

Ständige technische Verbesserungen führten 1936 zur Herstellung eines 90-Liter-Kühlschranks, der nur 0,6 Kilowatt in 24 Stunden verbrauchte.[449] Der Zweite Weltkrieg unterbrach die Kühlschrankherstellung. Die Nationalsozialisten hatten gegen Mitte der dreißiger Jahre mit ihrer Kampagne „Kühle elektrisch – Kampf dem Verderb" die Menschen aufgerufen, zur Bewahrung von „Volksgut" Lebensmittel sachgemäß, vornehmlich im Kühlschrank, zu lagern und nicht verderben zu lassen:[450]

> Neben dem Volksempfänger und dem Volkswagen sollte er [der Kühlschrank] zum dritten, massenweise produzierten Artikel für das ganze Volk werden. [...] Für den durchschnittlichen Verbraucher lagen die Kosten aber immer noch viel zu hoch, und mit den anlaufenden Kriegsvorbereitungen verlor das Regime das Interesse am Volkskühlschrank.[451]

1953 verfügten erst sechs Prozent der Haushalte in der Bundesrepublik Deutschland über einen Kühlschrank, 1960 waren 45 Prozent mit einem solchen Gerät ausgestattet, doch dann verlief die Entwicklung sehr dynamisch und zehn Jahre später gehörten Kühlschränke schon zur Mindestausstattung einer Wohnung. Dabei blieben die Preise relativ konstant, die Steigerung der Ausstattungsquote wurde hauptsächlich durch Einkommenssteigerungen bewirkt.[452]

Das Wäschewaschen mit seinen negativen Begleiterscheinungen gehörte bis in die zweite Hälfte des 20. Jahrhunderts hinein zu den zeitaufwendigsten Arbeiten im Haushalt. Es dauerte mindestens einen Tag, begann schon am Abend zuvor mit dem Einweichen der Wäsche und war erst beendet, wenn die Wäsche gebügelt in den Schrank zurückgelegt werden konnte. Der Waschtag war für alle Hausfrauen mit viel Mühe und Anstrengung verbunden, und wer es sich leisten konnte, beschäftigte eine Waschfrau für die anstrengende Tätigkeit. Die Organisation des Haushalts wurde vollständig diesem Waschküchentermin untergeordnet, für weitere Termine blieb keine Zeit. Sämtliche Familienmitglieder waren insofern davon betroffen, dass an diesem Tag, meistens der Montag, die Küche kalt blieb.[453]

Bei Familie O. in der Cloppenburger Straße stand kein Personal für den Waschtag zur Verfügung. Die Erinnerungen von Frau J. an die „Große Wäsche", die von der Großmutter und Mutter erledigt wurde, reichen bis in ihre Schulzeit zurück:

> [...] Wir hatten eine große Waschküche, die am Haus angebaut war. Darin stand der große Waschkessel, der mit Holz, Torf und Kohle geheizt wurde. Außerdem hatten wir einen länglichen Waschtrog auf zwei Böcken, und mit einem Stöpsel konnte man das Wasser aus dem Trog ablaufen lassen. Außerdem gab es noch Zinkwannen und die Pumpe. Gewaschen wurde nur mit Regenwasser, die Zisterne war unter der Waschküche. Grundsätzlich wurde nur montags gewaschen, aber eingeweicht wurde die Wäsche vorher mit Bleichsoda. Die Wäsche wurde sortiert nach Weiß-, Koch- und Buntwäsche. Zuerst kam die weiße Wäsche wie Bett-, Tischwäsche, Handtücher und Leibwäsche dran, eben alles,

---

447 Fuchs, Erich: 25 Jahre AEG-Kühlschränke, in: AEG Mitteilungen 42, 1952, H. 9/10, S. 211.
448 Ebd.
449 Ebd.
450 Der Werbeleiter, 1939, H. 4, S. 61f.
451 Pleitner, Berit: Elektrizität in jedem Gerät, in: Meyer: Mehr Licht!, S. 156.
452 Dennerlein, Rudolf K.-H.: Energieverbrauch privater Haushalte. Die Bedeutung von Technik und Verhalten, Augsburg 1990, S. 178f; ferner: Centrum Industriekultur Nürnberg, Münchner Stadtmuseum (Hg.): Unter Null, Kunsteis, Kälte und Kultur, [Ausst.-Kat.] München 1991, S. 150.
453 Zum Thema „Waschtag" liegen mehrere Publikationen und Aufsätze vor wie z. B. Silberzahn-Jandt, Gudrun: Wasch-Maschine. Zum Wandel von Frauenarbeit im Haushalt, Marburg 1991; Meyer, Sybille: Waschtage, die unvergessen sind, in: Andritzky: Oikos, S. 427-436; Delille/Grohn: Geschichten der Reinlichkeit.

was gekocht werden durfte. Dann wurde der Kessel mit Holz, Torf und Brikett beheizt. Wenn die Wäsche kochte, wurde sie mit einem Holzstab gestampft, nach einer Viertelstunde kam sie dann in den Waschtrog, wo sie mit der Hand noch einmal durchgewaschen wurde, dann zum Spülen in die Zinkwanne. Die Wäsche wurde zwei- bis dreimal gespült. [...] Je nachdem wie groß die Familie war, wurde meistens alle zwei Wochen gewaschen. Am Waschtag gab es zum Essen nur „Aufgewärmtes" oder Bratkartoffeln. Die Mutter hatte nicht die Zeit zum Kochen.[454]

Die Entwicklung mechanischer, später elektrischer und jetzt elektronischer Waschmaschinen zählte zu den wichtigsten Innovationen bei den Haushaltsgeräten. Der Entwicklungsprozess dauerte rund fünfzig Jahre und bis zur allgemeinen Verwendung vergingen noch einmal rund dreißig Jahre. Die ersten Maschinen mit Handbetrieb, die vor 1914 von Miele konstruiert wurden, ersparten nur das Bewegen der Wäsche in der Lauge.

Der aus Oldenburg stammende Herr W. S., Jg. 1901, erinnerte sich noch an diese mechanischen Waschmaschinen:

Auch Waschmaschinen in den verschiedensten Konstruktionen, fast ausschließlich handbetrieben, gab es in früheren Jahrzehnten schon. Meistens bestanden diese Maschinen aus einem schweren runden Holzbottich, der auf drei eisernen Beinen stand. An dem ebenfalls sehr soliden, aufklappbaren Deckel befand sich ein Drehkreuz mit vier in den Kübel hineinragenden Armen, die durch einen äußeren Mechanismus in hin- und hergehende Drehungen versetzt wurden. Als Ersatz für die am Waschtrog befestigte Wringmaschine kam nach dem Ersten Weltkrieg die freistehende Wäschepresse auf.[455]

1925 brachte Miele eine Schaukelwaschmaschine mit direktem Antrieb durch einen Elektromotor auf den Markt. Die anderen anstrengenden Arbeiten wie das Einfüllen von heißem Wasser, das Wechseln der Wäsche von einem Behälter in den anderen sowie das Spülen und Wringen der nassen Wäsche mussten weiterhin von Hand erledigt werden. Die Miele-Metallwaschmaschine von 1930 war mit einer Heizung versehen, die das Wasser in der Maschine erhitzte.[456]

224 *Miele-Waschmaschine mit Aufsatz zum Auswringen der Wäsche, um 1930. EWE AG.*

Etwa zur selben Zeit konstruierte Siemens einen „Kraftwascher", der die Wäsche kochte und anschließend in fließendem Warm- und Kaltwasser spülte. Das Wasser wurde aber noch nicht wie bei der Mielemaschine in der Waschmaschine erwärmt, sondern musste aus dem Warmwasserspeicher entnommen werden. Eine große Arbeitserleichterung für die Hausfrauen bedeutete die von Siemens entwickelte Wäscheschleuder mit Fußbremse, durch die das Wringen der Wäsche von Hand entfiel.[457]

Den ersten Waschvollautomaten, der alle Arbeitsgänge, vom Einweichen über das Waschen und Spülen bis hin zum Schleudern, automatisch erledigte, präsentierte 1951 die Bauausstellung Constructa in Hannover.[458] Die meisten Waschmaschinenhersteller bauten damals noch Halbautomaten, das Schleudern der Wäsche erfolgte in einem separaten Gerät. 1952 gab es zwar schon 150 verschiedene Waschmaschinentypen auf dem deutschen Markt[459], im Jahr 1960 waren je-

454 Frau W. F., 72 Jahre, in: Niemann-Witter: „Also Langeweile gab es nicht", S. 39f.
455 Ebd., S. 40.
456 Meyer: Waschtage, S. 436.
457 Siemens (Hg.): Elektrizität im Haushalt, Berlin o. J. [um 1936], S. 42ff.
458 Oetzel: Der elektrische Haushalt, S. 77.
459 Anonym: Vom Waschen, in: AEG Mitteilungen 42, 1952, H. 9/10, S. 208.

doch erst 25 Prozent der Haushalte mit einer Waschmaschine ausgestattet.[460]

Anfang der 1930er Jahre standen außer den elektrischen Großgeräten wie Herden, Waschmaschinen, Heißwasserspeichern, Kühlschränken, Staubsaugern, Heizungen und dergleichen noch eine Reihe elektrischer Kleingeräte zur Verfügung, die als elektrische Helfer in einigen Haushalten schon unentbehrlich geworden waren, statistisch spielten sie jedoch noch keine Rolle. Aber ebenso wie das elektrische Licht, anfangs noch ein Luxus, nach einigen Jahrzehnten schon zum selbstverständlichen Bedürfnis geworden war, erzielten auch elektrische Haushaltsgeräte im Laufe der Zeit dynamische Wachstumsraten vermittels intensiver Förderung und Bedarfslenkung der Elektroindustrie. Durch die Erweiterung des Stromnetzes, Senkung der Strompreise, vielfältige Werbemaßnahmen, hauptsächlich durch die Einrichtung von Lehrküchen, Angebote für Ratenzahlungen, Ausstattung der Neubauten mit elektrischen Leitungen, Schaltern, Steckdosen und Stromzählern, technische Verbesserungen der Geräte und Senkung der Anschaffungspreise wurde insbesondere in der Zeit zwischen 1925 und dem Ausbruch des Zweiten Weltkriegs der Boden bereitet für den Siegeszug der Elektrizität auch im Haushalt in der zweiten Hälfte des 20. Jahrhunderts.[461]

225 *Blick in den Ausstellungs- und Beratungsraum der EWE AG. Präsentiert werden Haushaltsgeräte wie Herd, Kühlschrank, Wäscheschleuder, Waschmaschine und Heißwasserspeicher. In den 1950er Jahren vielfach noch unerschwinglich, doch in den 1960er Jahren setzte die Hochphase der Technisierung des Haushalts ein. EWE AG*

Der Elektromotor im Handwerk

Bereits vor der Inbetriebnahme des Elektrizitätswerks in Oldenburg im Jahre 1907 wurde für die vielfältigen Anwendungsmöglichkeiten des elektrischen Stroms in Gewerbe- und Industrieunternehmen geworben. Das Haupthindernis für eine rasche Elektrifizierung bestand in der Konkurrenz des städtischen Gaswerks, das seit über 50 Jahren die Straßenbeleuchtung beherrschte und sich um die Jahrhundertwende auch einen festen Platz in Haushalt und Gewerbe gesichert hatte. Insbesondere durch den konkurrierenden Gasmotor, der wegen des geringeren Preises und der steten Betriebsbereitschaft in zahlreichen Betrieben eingeführt worden war, schien die Durchsetzung des Elektromotors schwierig zu werden. Die Werbestrategie der AEG richtete sich zunächst vor allem an das Handwerk, das durch die Verbreitung der industriellen Produktion einen immer stärkeren Existenzkampf führen musste und deshalb, so die Erwartung des Energieversorgers, zugänglich war für die neue Technologie. Das Unternehmen seinerseits war am Verkauf von Kraftstrom interessiert, weil er hauptsächlich am Tage nachgefragt wurde. Zusammen mit dem Verbrauch für Lichtstrom in den Abendstunden konnte das Elektrizitätswerk infolgedessen gleichmäßig ausgelastet und die Wirtschaftlichkeit dadurch erhöht werden.[462]

In der örtlichen Presse machte die AEG die Gewerbetreibenden auf die Vorteile des Elektromotors gegenüber dem Gasmotor aufmerksam:

> Wenngleich der Gasmotor neuerdings technisch sehr vervollkommnet worden ist, so steht er doch in vielfacher Hinsicht hinter dem Elektromotor zurück. Der letztere ist billiger in Anlage und Betrieb, ist bei geringerem Raumbedarf fast überall anzubringen und leicht zu transportieren, ist jederzeit betriebsfertig, kann durch den einfachsten Handgriff augenblicklich an- und abgestellt werden, ist deshalb sparsam im Stromverbrauch, ist sauber und arbeitet gefahrlos, geräuschlos und völlig geruchfrei und verursacht durchaus keine Erschütterungen. Diese bedeu-

460 Dennerlein: Energieverbrauch privater Haushalte, S.178.
461 Langguth: „Elektrizität in jedem Gerät", S. 101f.
462 König, Wolfgang / Weber, Wolfhard: Netzwerke. Stahl und Strom 1840–914, Frankfurt/M., Berlin 1990, S. 339f.

tenden Vorteile, die besonders bei kleinen und kleinsten Betriebsanlagen hervortreten, machen es manchem Kleinmeister überhaupt erst möglich, sich einer Betriebskraft zu bedienen und dadurch seinen Geschäftsbetrieb modernen Anforderungen anzupassen.[463]

***226** Elektro-Motorenlager AEG, 1906. Foto Deutsches Technikmuseum Berlin.*

Um den Oldenburgern den Einstieg in die Elektrifizierung zu erleichtern, überließ die AEG ihren Kunden Elektromotoren aus der firmeneigenen Produktion gegen eine jährliche Miete. Der geliehene Motor konnte unter Anrechnung der Ratenzahlung auch jederzeit käuflich erworben werden.[464] In der Mühlenstraße 15 richtete die AEG ferner einen Ausstellungsraum ein, in dem sie ihre Produkte für Licht, Wärme und Kraft präsentierte. Die Schau umfasste Kohlenfadenglühlampen, AEG Metallfadenlampen, Beleuchtungskörper aller Art, Kronen, Zuglampen, Wandarme, Stehlampen, Pendel, Bogenlampen, Motoren, Ventilatoren, Koch- und Heizapparate, Plätteisen, Öfen etc. Praktische Vorführungen und die Veranschaulichung der Funktionsweise der elektrischen Geräte sollten die Oldenburger zur Nutzung und zum Kauf elektrischer Lampen, Geräte und Motoren anregen.[465]

Der Elektromotor veränderte die Wirtschaftskraft des Oldenburger Landes gravierend. Insbesondere im Handwerk verlief der Wechsel vom Handbetrieb zur Werkstatt mit Motorbetrieb unerwartet rasch. Die Entwicklung führte jedoch nicht dazu, dass die Betriebsgröße sich veränderte, stattdessen kam es zu zahlreichen Neugründungen, wie die Jahresberichte der Großherzoglichen Gewerbeinspektion zeigen. Die technische Innovation führte im Nahrungs- und Genussmittelgewerbe 1907 zur Gründung von 12 Betrieben und einer Zunahme von 274 Arbeitskräften.[466] Im darauf folgenden Jahr entstanden in diesem Wirtschaftszweig weitere 36 neue Betriebe mit zusammen 62 Arbeitern. Zu den Neugründungen gehörten vor allem Metzgereien, die vorher nicht gezählt worden waren, weil es sich um reine Handbetriebe gehandelt hatte. Durch den Einsatz von Elektromotoren unterlagen sie nun auch der Aufsicht der Gewerbeinspektion. Eine ungewöhnliche Steigerung infolge „der wachsenden Verwendung motorischer Kraft" verzeichneten auch die Bäckereien, allein 1908 wurden 30 Betriebe gegründet, in denen 37 Arbeiter eine Beschäftigung fanden.[467] Die Betriebszahlen machen deutlich, dass es sich in der Nahrungsmittelbranche hauptsächlich um Kleingewerbebetriebe mit 1 bis 5 Personen gehandelt hat, demgegenüber zeigte sich in der Metallbranche ein Trend zur Entwicklung von Mittelbetrieben. 1907 konnte die Maschinenbaubranche 14 neue Betriebe mit 711 Arbeitern verzeichnen, durchschnittlich waren in jedem Unternehmen rund 50 Arbeitskräfte beschäftigt.[468] Ein Jahr später kamen 9 weitere Firmen der Maschinen- und Apparateindustrie hinzu. Die hohe Wachstumsrate erklarte sich durch das Bestreben der Handbetriebe, „durch Beschaffung motorischer, insbesondere elektrischer Betriebskraft konkurrenzfähig zu bleiben."[469]

463 Errichtung eines Elektrizitätswerkes in Oldenburg, in: General-Anzeiger für Oldenburg und Ostfriesland, Nr. 90, 15.4.1905.
464 Aus dem Elektrizitätstarif, in: Nachrichten, Nr. 92, 18.4.1905.
465 Adressbuch der Residenzstadt Oldenburg, Geschäftsanzeigen, 1910, S. 5, und 1911, S. 12.
466 Jahresbericht des Gewerbe-Aufsichtsbeamten des Großherzogtums Oldenburg für das Jahr 1907, Berlin 1908, S. 12f.
467 Jahresbericht des Gewerbe-Aufsichtsbeamten für 1908, Berlin 1909 S. 13.
468 Jahresbericht des Gewerbe-Aufsichtsbeamten für 1907, S. 11f.
469 Jahresbericht des Gewerbe-Aufsichtsbeamten für 1908, S. 12.

Die rapide Zunahme der Handwerksbetriebe im Herzogtum hing wesentlich mit dem Ausbau der Überlandzentralen zusammen, die die Region mit Drehstrom versorgten, während kleinere, örtlich begrenzte Elektrizitätswerke meistens Gleichstrom erzeugten.[470] Die Elektrizitätswerke boten deshalb sowohl Drehstrom- als auch Gleichstrommotoren an. Über Umformer konnte je nach Erfordernis die elektrische Energie in Gleichstrom oder Drehstrom umgewandelt werden.[471]

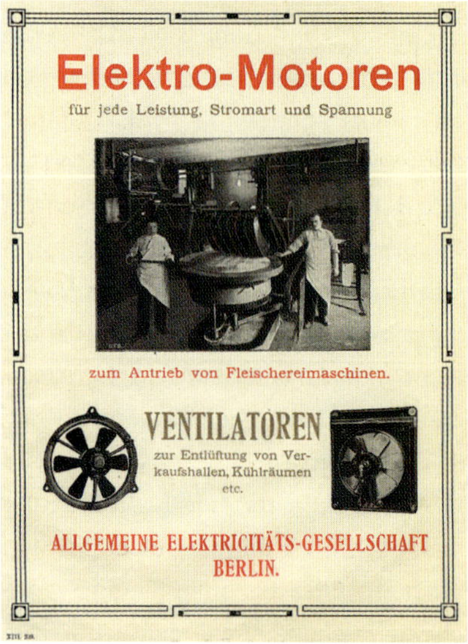

227 *Werbeblatt der AEG für Elektro-Motoren, um 1912. Foto Deutsches Technikmuseum Berlin.*

Im Zuge der Elektrifizierung siedelten sich in der Stadt Oldenburg auch immer mehr Elektrofirmen an. Im Branchenverzeichnis der Stadtadressbücher wird unterschieden nach Einzelhandelsgeschäften, Werkstätten und Installationsbetrieben. Während Unternehmer wie der Ingenieur Richard Duden, der Mechaniker Paul Brüning oder die AEG alle Sparten vertraten, boten andere Firmen spezielle Dienstleistungen an. In der Stadt Oldenburg hatten sich 1911, zu diesem Zeitpunkt war die AEG noch im Besitz des Elektrizitätswerks, bevor es dann ab 1. Januar 1912 unter städtischer Regie weitergeführt wurde, sieben Elektrofirmen niedergelassen:

Elektrotechnische Bedarfsartikel:
Richard Duden, Ingenieur, Elektrotechniker, Elektrotechnisches Büro und Lager elektrischer und maschinentechnischer Artikel, Bahnhofstraße 3; Paul Brüning, Mechaniker, Ritterstraße 2; Elektrizitätswerk, Mühlenstraße 15; Emil Sander, Elektromechaniker, Gaststraße 3; Emil Schulz, Optiker und Mechaniker, Achternstraße 30.
Elektrotechnische Beleuchtungsartikel:
Paul Brüning; Friedrich Büsing, Hoflampenfabrikant, Luxuswaren, Haarenstraße 46; Elektrizitätswerk; Wilhelm Tebbenjohanns, Inhaber Emil Caecil Tebbenjohanns Fabrikant, Haushaltungs- und Beleuchtungsartikel, Luxuswaren, Markt 3.
Elektrische Licht und Kraftanlagen:
Paul Brüning; Friedrich Büsing; Richard Duden; Elektrizitätswerk; Wilhelm Tebbenjohanns,.
Elektrotechnische Geschäfte:
Paul Brüning; Richard Duden; Elektrizitätswerk.
Elektrotechnische Werkstätten:
Paul Brüning; Richard Duden; Elektrizitätswerk; Gustav Lemcke, optische, mechanische Artikel und Apparate, Inhaber Max Bruchhaus, Staustraße 22; Emil Sander.[472]

Während im Handwerk ein Gründungsboom herrschte, setzten sich im industriellen Bereich kaum Neugründungen durch, vielfach bauten jedoch bestehende Betriebe ihre Kapazitäten aus. Ein Grund für die geringe Ausbreitung der Industrie war die Voreingenommenheit vieler Menschen „gegen das Fabrikwesen mit seinen rauchenden Schornsteinen, seiner unruhigen Bevölkerung."[473] Aus ihrer Abneigung machten die Oldenburger keinen Hehl. So bemerkte Hugo Ephraim in seiner Untersu-

470 Jahresbericht des Gewerbe-Aufsichtsbeamten für 1909, Berlin 1910, S. 4; und für 1913, Berlin 1914, S. 7.
471 AEG (Hg.): Elektrizität in der Landwirtschaft, Berlin 1930, S. 4.
472 Adressbuch der Residenzstadt Oldenburg: Berufsstände, gewerbliche Anlagen: 1910, S. 314; 1911, S. 316; ferner: Handelsadressbuch für das Herzogtum Oldenburg, 3. Aufl., Oldenburg 1909, S. 123ff.
473 Ephraim: Die Stadt Oldenburg in sozialstatistischer Beleuchtung, S. 35.

chung von 1910 und hatte dabei besonders den Einfluss der Rentiers im Blick:

> Man will den Charakter der ruhigen Residenz gewahrt wissen. [...] Diese Bestrebungen können die industrielle Entwicklung hemmen, besonders wenn sie, wie es früher der Fall war, in sehr einflußreichen Kreisen Unterstützung finden; sie haben gewiß auch ihre Berechtigung, jedenfalls sind sie leicht zu verstehen. Aber man darf sich dann nicht wundern, wenn Oldenburg eben nur gerade so sich weiter entwickelt, daß man nicht das ominöse Wort „Stillstand" gebrauchen muß.[474]

Im Jahre 1910 standen in der Stadt Oldenburg 662 selbstständige Handwerker 23 kleineren Industriebetrieben gegenüber. Dazu zählten:

> 6 Eisengießereien und Maschinenfabriken mit zusammen 219 Arbeitern, 14 Druckereien mit 245 Arbeitern (von denen aber 75 auf einen einzigen Betrieb entfallen), 1 Tabakfabrik mit 82 Arbeitern, 1 Konservenfabrik mit 40 Arbeitern, 1 Pianofabrik mit 37 Arbeitern.[475]

Die nachstehende Tabelle spiegelt die Verwendung der Elektromotoren in Gewerbebetrieben der Stadt Oldenburg wider. Die Zahlen machen die Dynamik seit Gründung des Elektrizitätswerks deutlich. Warum die Angaben für 1912/13 bei einigen Branchen erheblich von den beiden folgenden Jahren abwichen, konnte nicht ermittelt werden, vielleicht waren einige Betriebe wieder vom Markt verschwunden oder die Zuordnung der Betriebe war geändert worden. Möglicherweise hatte sich zum Beispiel bei den landwirtschaftlichen Betrieben nur ein Zahlendreher eingeschlichen.

Im Geschäftsjahr 1912/13 waren insgesamt 741 Motoren und Geräte mit zusammen 1 606,82 PS im Einsatz.[476] 1913/14 hatte sich die Stückzahl auf 835 mit zusammen 1 743,1 PS erhöht, schließlich wurden 1914/15 insgesamt 860 Motoren mit zusammen 1 771 PS betrieben.[477] Zur selben Zeit führten die Gasmotoren in den Gewerbebetrieben nur noch ein Nischendasein, ihre Zahl war auf 35 Stück gesunken.[478]

Branche	**Kraftmaschinen**		
	1912/13	**1913/14**	**1914/15**
Nahrungsmittel	94	82	84
Landwirtschaftliche Betriebe	31	13	13
Holzbearbeitung	55	70	72
Metallbearbeitung	42	34	35
Druckereien	36	31	32
Eigenverbrauch	8	8	8
Kräne für Hafenbetrieb	5	5	5
Verschiedene Anlagen	89	168	168
Apparate u. Kleinmotoren	381	424	443
Elektromotore insgesamt	**741**	**835**	**860**

Parallel zur Einführung des Elektromotors wurden im gesamten Staatsgebiet zunehmend mehr junge Leute eingestellt, bevorzugt in den größeren Betrieben, in denen sich die Serienfertigung durchsetzte.[479] Sie bildeten die neue Gruppe der angelernten Arbeiter, die es vor der Mechanisierung in den traditionellen Handwerksbetrieben noch nicht gegeben hatte. Von ihnen wurden Kenntnisse über den Mechanismus der Maschine erwartet, zugleich erforderten die maschinell vereinfachten Arbeitsgänge konzentrierte Aufmerksamkeit. Ihre Qualifizierung, die sich auf wenige Tage, Wochen oder Monate beschränkte, war meistens gekoppelt an ihren Arbeitsplatz. In der Betriebshierarchie lag ihre Position zwischen den Handwerksgesellen und den ungelernten Arbeitern, die rein mechanische Arbeiten verrichteten.

474 Ebd., S. 35.
475 Ebd., S. 32.
476 Bericht über die Verwaltung des städtischen Elektrizitätswerkes 1912/ 1913, S. 6.
477 Geschäftsbericht des städtischen Elektrizitätswerks 1913/14 und 1914/15, StAO, Best. 262-1 A Nr. 2378.
478 Geschäftsbericht des städtischen Gaswerks 1913/14, ebd.
479 Jahresbericht des Gewerbe-Aufsichtsbeamten für 1913, S. 7.

Dies spiegelte sich auch in den Löhnen wider, ihre Arbeitskraft wurde höher bewertet als die der Ungelernten, jedoch niedriger als die der relativ gut bezahlten hoch qualifizierten Facharbeiter. Diese Hochqualifizierten waren in der Werkstatt tätig, die es in jedem Betrieb gab, um spezielle Werkzeuge und Maschinen herzustellen oder um Maschinenteile zu reparieren.[480]

228 *Setzmaschine mit Motorantrieb in der Druckerei Essich, um 1920. Stadtmuseum Oldenburg.*

„Auf den Elektromotor lass' ich nichts kommen, der ist und bleibt mein bester Geselle!"[481] Dieser Slogan, der in den ersten Jahrzehnten des 20. Jahrhunderts in Handwerkerkreisen gebräuchlich war, entsprach der herausragenden Bedeutung, die der technischen Innovation zugewiesen wurde. Der Einsatz des Elektromotors machte den kleinen Gewerbetreibenden konkurrenzfähig, weil er dadurch eine erhebliche Arbeitszeitersparnis und eine bessere Qualität seiner Produkte erzielen konnte.

In Oldenburg besaß das Handwerk eine Vorrangstellung bei der Versorgung der Stadt und der näheren Umgebung mit den fürs tägliche Leben notwendigen Waren. Diese Tradition setzte sich bis weit ins 20. Jahrhundert hinein fort, so dass es den zahlenmäßig größten Anteil innerhalb des produzierenden Gewerbes stellte.[482]

Eine Verlagerung der Produktion vom Handwerks- zum Industriebetrieb blieb in Oldenburg aus, insgesamt dominierten in allen Gewerbegruppen Klein- und Mittelbetriebe. „Die Alleinbetriebe, Kleinbetriebe und Mittelbetriebe stellen zusammen 99,35 % der Betriebe und 71,74 % der beschäftigten Personen dar", ermittelte Hugo Ephraim in seiner Erhebung von 1925 über die Größenverhältnisse der gewerblichen Betriebe im Freistaat Oldenburg. Die Verteilung der gewerblichen Betriebe zeigt folgendes Bild:[483]

Betriebsgrößenklassen	**Betriebe**		**Personen**	
	absolut	**Prozent**	**absolut**	**Prozent**
Kleinbetriebe / Alleinbetriebe 1–5 Personen	26.088	90,706	47.490	43,17
Mittelbetriebe 6–50 Personen	2.484	8,64	31.435	28,57
Großbetriebe 51–1000 Personen	186	0,65	25.204	22,91
Riesenbetriebe 1001–über 5000 Personen	3	0,010	5.883	5,35
Betriebe insgesamt	**28.761**	**100**	**110.012**	**100**

Ein Vergleich mit den Betriebsgrößen im Deutschen Reich ergab, dass die Gruppe der Kleinbetriebe keine großen Unterschiede aufwies. Im Reich waren 89,1 Prozent und in Oldenburg 90,7 Prozent Klein- und Alleinbetriebe. Der Abstand vergrößerte sich jedoch erheblich bei den Groß- un Riesenbetrieben. Während in Oldenburg 0,66 Prozent zu dieser Kategorie zählten, waren es im Reich 1,2 Prozent.[484]

Der Siegeszug des Elektromotors zeigte sich im Freistaat Oldenburg in allen Gewerbegruppen sehr deutlich, bis zur selbstverständlichen Anwendung in jedem Betrieb war es jedoch noch ein langer Weg. Von den insgesamt 28.761 Betrieben,

480 Raps, August: Elektrizität und Volkswohlfahrt, Berlin 1914, S. 75.
481 Meyen: Die Elektrizität in Haus und Gewerbe, S. 146.
482 Schulze: Oldenburgs Wirtschaft, S. 34ff.
483 Ephraim: Die Ergebnisse der Volks-, Berufs- und Betriebszählung, S. 126f.
484 Ebd., S. 127.

die in der Betriebszählung von 1925 erfasst worden waren, verfügten 5412 Betriebe, also 18,8 Prozent, über Kraftmaschinen. Davon waren rund 59 Prozent Elektromotoren, bei den übrigen handelte es sich um Primärmotoren zur Erzeugung von Elektrizität.[485] Die Verbreitung von Elektromotoren in Gewerbebetrieben des Freistaates Oldenburg ist folgender Tabelle zu entnehmen:[486]

Gewerbegruppen	Verbreitung der Elektromotoren	
	Anzahl der Betriebe	Anzahl der Motoren
Nichtlandwirtschaftliche Gärtnerei u. Tierzucht	5	6
Hochseefischerei	3	48
Bergbau, Salinenwesen u. Torfgräberei	13	85
Industrie der Steine und Erden	996	1362
Eisen- u. Metallgewinnung	6	193
Herstellung von Eisen-, Stahl- u. Metallwaren	514	895
Maschinen-, Apparate- u. Fahrzeugbau	188	1064
Elektrotechnische Industrie, Feinmechanik u. Optik	48	218
Chemische Industrie	14	131
Textilindustrie	18	606
Papierindustrie u. Vervielfältigungsindustrie	71	361
Lederindustrie u. Linoleumindustrie	18	223
Kautschuk- u. Asbestindustrie	2	8
Holz- u. Schnitzstoffgewerbe	691	1216
Musikinstrumenten- u. Spielwarenindustrie	1	7
Nahrungs- u. Genussmittelgewerbe	948	1530
Bekleidungsgewerbe	116	166
Baugewerbe	210	386
Wasser-, Gas- u. Elektrizitätsgewinnung und -versorgung	27	108
Handelsgewerbe	201	319
Versicherungswesen	–	–
Verkehrswesen	42	395
Gast- u. Schankwirtschaftsgewerbe	86	122
Theater-, Musik-, Sport- u. Schaustellergewerbe	16	25
Gesundheitswesen u. hygienisches Gewerbe	38	72
Gewerbe überhaupt	**4.275**	**10.089**

Die Verwendung von Elektromotoren verbesserte wesentlich die technische Entwicklung in den Betrieben und spielte eine wichtige Rolle bei der Erhaltung kleiner Betriebsstrukturen im Handwerk. Die einzelnen Gewerbegruppen profitierten jedoch ganz unterschiedlich von der technologischen Entwicklung. In langsamen Schritten vollzog sich bis gegen Ende der 1920er Jahre eine Konzentration im Handwerk. Während einzelne Handwerkszweige, vor allem im Textilgewerbe und in der Holzverarbeitung, eine rückläufige Entwicklung hinnehmen mussten, prosperierten Betriebe der Nahrungsmittel-, Bau- und Metallbranche. Während der Weimarer Zeit verringerte sich die Gesamtzahl der Handwerksbetriebe zwar leicht, gleichzeitig zeichnete sich aber ein Trend zur Vergrößerung bestehender Betriebe ab.[487]

Gleichwohl behaupteten, wie weiter oben aufgezeigt, die Kleinbetriebe weiterhin eine dominante Stellung: Innerhalb des produzierenden Gewerbes hatten Kleinbetriebe mit ein bis drei Beschäftigten mit rund 45 Prozent den zahlenmäßig größten Anteil. An zweiter Stelle standen die Alleinbetriebe mit rund 30 Prozent. In diesen Betrieben war eine Person ohne Gehilfen und Motor tätig. Der Anteil der übrigen Mittel-, Groß- und Riesenbetriebe lag jeweils weit unter 10 Prozent.[488]

485 Ebd., S. 132f.
486 Ebd., S. 140.
487 Schulze: Oldenburgs Wirtschaft, S. 175ff.
488 Ephraim: Die Ergebnisse der Volks-, Berufs- und Betriebszählung, S. 126.

Im Ersten Weltkrieg und in den zwanziger Jahren wurde die Versorgung der Industrie mit Elektrizität durch den Ausbau des Stromnetzes verstärkt. Gleichzeitig hielten einige Betriebe weiterhin an der Eigenstromproduktion fest. Die Großherzogliche Oldenburgische Eisenbahn war bereits 1907, die Oldenburgische Glashütte 1908 und der Verschiebebahnhof in Osternburg 1911 zum Fremdstrombezug übergegangen. Ab 1917 bezog auch die Munitionsfabrik in Ohmstede ihren Bedarf an Elektrizität aus dem Oldenburger Stromnetz.[489]

Am Beispiel der Traditionsunternehmen Warpsspinnerei & Stärkerei (gegr. 1856) und der Oldenburger Fleischwarenfabrik (gegr. 1923) soll das Wechselverhältnis von Produktionsbedingungen und Energieversorgung näher untersucht werden.

Energieversorgung in der Warpsspinnerei & Stärkerei

Die Warpsspinnerei & Stärkerei plante 1917 den Bezug elektrischer Energie aus dem kommunalen Netz. Sie war in unmittelbarer Nachbarschaft der Glashütte angesiedelt und gehörte um die Jahrhundertwende ebenfalls zu den großen Industriebetrieben mit insgesamt 201 Arbeitskräften, überwiegend Frauen.[490] Durch vermehrte Rüstungsaufträge während des Ersten Weltkrieges – die Garnherstellung war eingestellt worden, stattdessen wurden Granaten gedreht – traten Engpässe bei der Produktion auf, weil das herkömmliche Energiesystem nicht ausreichte, um den Bedarf zu decken. Das Unternehmen hatte bislang den Strom in einer eigenen Anlage erzeugt, zuletzt war 1909 eine moderne 650 PS starke Heißdampflokomobile aufgestellt worden.[491] Wegen des hohen Energiebedarfs, der zwischen 1.200.000 und 1.500.000 Kilowattstunden geschätzt wurde, bot das Elektrizitätswerk der Spinnerei Sonderkonditionen an. Die Hälfte des Bedarfs sollte aus der Überlandzentrale Wiesmoor bezogen werden, die andere Hälfte aus dem städtischen Elektrizitätswerk. Der Preis für die Kilowattstunde betrug je nach Abnahmemenge durchschnittlich 8,5 Pfennig plus Kohlenklauselzuschlag.[492] Kriegsbedingt sollte es der Fabrik nicht gestattet werden, in den sechs Wintermonaten zwischen fünf und sieben Uhr abends Strom zu entnehmen bzw. erst dann gestattet werden, wenn entweder die Oldenburger oder Wiesmoor-Zentrale erweitert werden würde. Der Vertrag sah außerdem vor, dass sich die Warpsspinnerei verpflichtete, jährlich Strom für 25.000 Mark zu entnehmen, und diesen Betrag auch dann zu entrichten, wenn überhaupt kein Strom verbraucht wurde.

Um die Spinnerei mit Strom beliefern zu können, waren die Installation eines 400-kW-Transformators sowie eine neue Hochspannungsleitung erforderlich, die zu Lasten des städtischen Elektrizitätswerks gehen sollten.[493] Diese Bedingungen waren für die Warpsspinnerei jedoch unannehmbar, so dass ein Liefervertrag nicht zustande kam und die Heißdampflokomobile weiterhin den erforderlichen elektrischen Strom für den Betrieb und die Beleuchtung lieferte. Die Stromerzeugung war allerdings recht mühsam und musste exakt auf den Produktionsablauf abgestimmt werden. „Wir beginnen unsern Betrieb vormittags 7 Uhr und unsere 500 PSe [sic!] Lokomobile muss spätestens um 5 Uhr angeheizt werden, um bis 7 Uhr den Betriebsdruck von 15 Atm. zu haben."[494]

Mit steigender Garnproduktion nach dem Ersten Weltkrieg erreichte das Energieversorgungssystem in der Warpsspinnerei erneut seine Grenze. Die zahlreichen Riemen und Transmissionen zum Antrieb der Spinnmaschinen verursachten einen erheblichen Energieverlust.[495] Die Lokomobile verfügte jedoch nicht über die notwendige Leistungskraft, um alle Maschinen

[489] Vertrag zwischen der Gemeinde Ohmstede und der Stadtgemeinde Oldenburg vom 10.7.1917, in: Gemeinde-Blatt 64, 1917, S. 117ff.
[490] Ephraim: Die Stadt Oldenburg in sozialstatistischer Beleuchtung, S. 16.
[491] Jahresbericht der Handelskammer für das Herzogtum Oldenburg für 1909, Oldenburg 1910, S. 52.
[492] Stromversorgung der Warpsspinnerei, 1917. Die Kohlenklausel besagte, dass der Preis für eine Tonne Kohlen 25 Mark betrug. Der Abnehmer hatte für jede Mark und Tonne einen Zuschlag in Höhe von 0,22 Pfennig für die Kilowattstunde zu bezahlen, StAO, Best. 262-1 A Nr. 2364.
[493] Wichmann über die geplante Stromversorgung der Warpsspinnerei, 28.9.1917, StAO, Best. 262-1 A Nr. 2364.
[494] Warpsspinnerei an Demobilisierungskommissar vom 8.4.1920, Stadtmuseum Oldenburg, Akten des Gewerbeaufsichtsamt, 91-W-27.
[495] Stromversorgung der Warpsspinnerei 1917, StAO, Best. 262-1 A Nr. 2364.

gleichzeitig in Gang zu setzen. Es kam zu Arbeitszeitverschiebungen und zu Überstunden für die Beschäftigten. Als die Gewerbeinspektion die Überstunden bemängelte, verwies die Geschäftsleitung auf die desolaten Betriebsverhältnisse, deren Ursache in der mangelhaften Elektrizitätsversorgung lag. Abhilfe sollte eine weitere Lokomobile schaffen, deren Aufstellung für den Herbst geplant war.

> Der Kraftbedarf der Spinnerei-Maschinen ist morgens beim Anlaufen um etwa 20% höher als bei normalem Betrieb und ist nach Verlauf von etwa einer Stunde auf den Normalen angelangt. Wir hatten bei reinem 8 stündigen Arbeitstag immer in der er-

229 *Ansicht der Warpsspinnerei & Stärkerei um 1890. in: Festschrift des Oldenburgischen Gewerbe- und Handelsvereins, 1891, S. 41.*

> sten Stunde etwa 3000 Spindeln von 20.000 Spindeln stillstehen, welche erst allmählich im Verlaufe der ersten Stunde in Betrieb kamen. Ausserdem haben wir ständig noch 1000 Spindeln infolge unzureichender Betriebskraft stillstehen. Um nicht in der ersten Stunde immer 3000 Spindeln abstellen zu müssen, haben wir die Arbeitszeit in der Weise gegeneinander verschoben, dass die Vorbereitung und der Scheersaal von 7–4 Uhr, die Ringspinnerei von 8–5 Uhr, beide mit einer Stunde Mittagspause arbeiten. Auf diese Weise fällt das Anlaufen nicht aller Maschinen zeitlich zusammen und es ist möglich, wenigstens in den wärmeren Sommer-Monaten, den Betrieb ungestört durchzuführen.[496]

Bedeuteten durch technische Probleme bedingte innerbetriebliche Störungen auf der einen Seite betriebswirtschaftliche Einbußen, führten sie auf der anderen Seite bei den Beschäftigten zu existenzieller Not, wie an einem Beispiel aufgezeigt werden soll. Die Betriebsleitung versuchte in diesem Fall sogar, die Kosten auf die Arbeitskräfte abzuwälzen:

> In der Warpsspinnerei führte ein Defekt in der zentralen Antriebstechnik im April 1920 zum Stillstand der Produktion, der insgesamt viereinhalb Tage dauerte. Für diese Ausfallzeit erhielten 120 Frauen, die davon betroffen waren, keinen Lohn. Zur Kompensation des Verdienstausfalls vereinbarten anschließend Betriebsleitung, Arbeitnehmerschaft und Gewerkschaft, daß innerhalb von drei Wochen die Stunden nachgearbeitet werden sollten. Allerdings nicht zum Überstundentarif, sondern zu einem Stundenlohn, der weit unter dem normalen Tariflohn lag: Alle Frauen erhielten im Schnitt 27 Prozent weniger als den normalen Tariflohn.[497]

Nachdem sich die Währung stabilisiert hatte, begann die Modernisierung der Spinnerei. Sie gehörte zu den ersten Betrieben in Oldenburg, die konsequent die Rationalisierung der Produktion verfolgten: Die Geschwindigkeit der Maschinen wurde heraufgesetzt und die Arbeit weiter verdichtet. Der veraltete Maschinenpark wurde ab 1924 sukzessive durch leistungsfähigere Maschinen ersetzt. Dabei handelte es sich, wie auch schon bei den früheren Anlagen, ausnahmslos um englische Maschinen. Akkordarbeit und die Einführung einer zweiten Arbeitsschicht bestimmten ab 1920 den Arbeitsalltag der Frauen und Männer an den Maschinen und führten zu einer enormen Produktivitätssteigerung, so dass die Spinnerei in den 1920er Jahren zu den wenigen prosperierenden Industriebetrieben der Stadt zählte."[498] Andreas Haselmann war von 1925 bis 1962 als Spinnmeister in der Warpsspinnerei beschäf-

496 Warpsspinnerei an Gewerbeamt, 5.7.192, Stadtmuseum Oldenburg, Akten des Gewerbeaufsichtsamts, 91-W-27.
497 Meyer, Lioba: Die Maschinen liefen immer, in: Arbeitskreis Frauengeschichte (Hg.): Oldenburgerinnen. Texte und Bilder zur Geschichte, Oldenburg 1995, S. 150.
498 Ebd., S. 151.

tigt. Er erhielt den Auftrag, die Modernisierung der Fabrik zu organisieren. In einem Gesprächsprotokoll von 1983 wurden die Aussagen des damals 86-Jährigen festgehalten:

> Als junger Mann sei er 1925 von Kulmbach nach Oldenburg gekommen, um die Reorganisation und den Wiederaufbau des Betriebes zu übernehmen. Er habe Leute eingespart und die Maschinen schneller laufen lassen, um dadurch ein höheres Pensum zu erreichen. [...] Bevor er gekommen sei, konnten die Arbeiterinnen an den Maschinen nebenbei stricken, da jede Arbeiterin nur eine Maschine zu betreuen hatte.[499] Später musste jede Arbeiterin sogar zwei Maschinen bedienen. Da ihre Arbeit nach Akkord bezahlt wurde, hätten sie auch wesentlich besser verdient. [...] Die in der Warpsspinnerei verwendeten Dampfmaschinen, Lokomobilen, trieben die Transmissionsbänder an bzw. sorgten für Elektrizität. Sie konnten mit Torf, Kohle oder Koks beheizt werden.[500]

Als Lokomobile wurden Dampfmaschinen bezeichnet, die ohne feste Fundamente montiert waren und ihren Standort je nach Bedarf ohne besonderen Kostenaufwand verändern konnten. Sie waren direkt mit den Kesseln verbunden, sonst unterschied sich die Konstruktion nicht von anderen Dampfmaschinen.[501]

Der Antrieb der Maschinen über Riemen-Transmissionen sowie das schnelle Drehen der Spindeln der Spinnmaschinen verursachten in den Fabrikräumen einen ohrenbetäubenden Lärm. In einem Fabriksaal standen oft zehn und mehr Maschinen, davon war jede bereits um 1900 mit rund 1000 Spindeln bestückt.[502] Im Verlauf der Zeit stieg in den Produktionshallen nicht nur die Zahl der Maschinen, sondern auch die der Spindeln und Transmissionen, in den 1960er Jahren standen bis zu 48 Spinnmaschinen in einem Saal.[503]

230 *Blick in den Spinnsaal der Warpsspinnerei & Stärkerei, Fotograf G. Wehlau, um 1930. Stadtmuseum Oldenburg.*

Zu dem gesundheitsschädigenden Lärm kam die Unfallgefahr durch die Antriebsriemen. Infolge der hohen Drehgeschwindigkeiten waren die Riemen sehr stark beansprucht und zerrissen bei unzureichender Kontrolle häufig. Wurde dabei eine Arbeiterin von einem Lederriemen getroffen, kam es zu schweren Verletzungen. Eine große Gefahr stellten auch weite Kleidung und lange Haare dar, wenn sie von Antriebsriemen erfasst wurden, konnten die Betroffenen mitgerissen werden. Durch Unachtsamkeit oder wenn bei laufender Maschine Reinigungsarbeiten durchgeführt wurden, konnten Beschäftigte mit der Hand zwischen Riemen und Antriebsscheibe geraten und sich dadurch Quetschungen und Brüche zuziehen.[504]

Rund einhundert Jahre blieben diese Unfallgefahren in der Warpsspinnerei bestehen. Erst im Zuge der Modernisierung des Betriebes gegen Ende der 1950er Jahre wurden die Transmissionen zum Antrieb der Maschinen abgebaut. Jede Maschine erhielt einen Einzelmotor, der zum Schutz der Arbeitskräfte in die Maschine integriert war.[505]

---

499 Ebd., S. 163, Diese Aussage machte auch Frau Hormann, die 1921 als Spinnerin angefangen hatte.
500 Gesprächsprotokoll vom 22.2.1983, Stadtmuseum Oldenburg, Warpsspinnerei, o. Sig.
501 Ripke, G./Liebetanz, F.: Der praktische Maschinenbauer. Ein Hand- und Lehrbuch über den modernen Maschinenbau, sowie über das Wesen der Elektrizität und ihre Anwendung in der Industrie, insbes. im Maschinenbau, 3. Aufl., Leipzig 1907, S. 498.
502 Bohnsack, Almut: Spinnen und Weben. Entwicklung von Technik und Arbeit im Textilgewerbe, 17.–18. Tsd., Hamburg 1989 (zuerst: 1981), S. 224.
503 Meyer: Die Maschinen liefen immer, S. 163.
504 Adam: Die Textilindustrie, in: Syrup, Fr. (Hg.): Handbuch des Arbeitsschutzes und der Betriebssicherheit, Bd. 2, Berlin 1927, Teil I, S. 221f.
505 Thielpape, Rainer: Die ausländische Konkurrenz machte die Spinnerei kaputt, in: Nordwest-Zeitung, Oldenburg (künftig zit.: NWZ), Nr. 34, 10.2.1988.

Energieversorgung in der Oldenburger Fleischwarenfabrik

In einer wirtschaftlich schweren Zeit entstand 1923/24 die Bölts AG. Möglicherweise war dies einer der Gründe für das besondere Interesse der Oldenburger Bevölkerung an dem neuen Werk, denn es versprach die Wirtschaftskraft der Stadt zu erhöhen und vielen Menschen einen Arbeitsplatz zu verschaffen. Rund 60.000 Besucher kamen im September 1924 zur Fabrikeinweihung und besichtigten die moderne Anlage. Die Fleischwarenfabrik wirkte als Wahrzeichen einer neuen Zeit und erregte damals weit über die Region hinaus Aufsehen. Das gigantische Projekt war aufgebaut nach dem Vorbild der Chicagoer Schlachthöfe, die wegen des Einsatzes neuester Technologie und rationeller Arbeitsabläufe die Unternehmensgründer aus Oldenburg inspiriert hatten: Spezialmaschinen, Prüfeinrichtungen, besondere Transportbahnen und Fließbänder sowie eine weitgehende Normierung der Arbeitsbewegungen sorgten auch in der Oldenburger Fleischwarenfabrik nach der Inbetriebnahme 1924 für eine rationelle Arbeitsweise.[506] Über den Produktionsprozess berichtete die örtliche Presse:

> Es braucht nicht besonders betont zu werden, daß die Ausstattung dieser und überhaupt aller in Frage kommender Räumlichkeiten sich den heutigen modernsten Anforderungen der Technik angepaßt, und insbesondere auch Rücksicht auf wirtschaftliche Betriebs- und Höchstleistung in denselben nimmt.
> Soweit denkbar, werden alle Leistungen maschinell vorgenommen. Die ausgeschlachteten Tiere verschieben sich auf Hochtransportbahnen in die anliegenden Arbeitshallen, werden hier aufgeteilt, zerlegt und zur Weiterverarbeitung sortiert.[507]

Weil die Betriebssicherheit in der Fleischwarenfabrik eine große Rolle spielte, war die Versorgung mit Elektrizität und mit Kälte doppelt abgesichert. Eine der Besonderheiten der Fleischwarenfabrik war der hohe Bedarf an Kälte für die Produktions- und Kühlhallen. Die Kompressoren der Eismaschinen, die im Maschinenhaus aufgestellt waren, wurden elektrisch betrieben. Um zu verhindern, dass beim Versagen der Kühlmaschinen die Fleischwaren ungenießbar wurden, waren mehrere Kühlmaschinen installiert, deren Gesamtkapazität über dem Bedarf lag, so dass immer Ersatzmaschinen zur Verfügung standen.[508]

***231** Blick in das Maschinenhaus mit den Kompressoren der Eismaschinen, um 1930. Stadtmuseum Oldenburg.*

Die Lieferung elektrischer Energie für die Fabrik übernahm das städtische Kraftwerk, durch einen betriebseigenen Transformator wurde der Strom umgeformt. Der Strombedarf in der Fleischwarenfabrik war immens hoch. In den ausgedehnten Produktionshallen diente Elektrizität zum Antrieb der Maschinen und Anlagen, hinzu kam, dass sämtliche Büros, Hallen und Außenräume eine elektrische Beleuchtung erhielten. Um eventuellen Stromunterbrechungen vorzubeugen, war in der Kraftstation eine doppelte Stromzuführung installiert. Dadurch sollte das Risiko eines Produktionsstillstandes gemindert werden:

> Daneben wird in den vorhandenen Dampfkesseln neben heißem Wasser und neben dem Dampf für die Kochanlagen auch gespannter Dampf zum direkten Antrieb von Maschinen erzeugt, so daß im Notfall sowohl ein Dynamo zur Stromerzeugung als auch die Kühlmaschine mit Dampf getrieben werden kann.[509]

506 Daniel, Horst: Wie der Großherzog im Fleischgeschäft sein Geld verlor. Die Geschichte der Fleiwa [Fleischwarenfabrik], in: NWZ, Nr. 30, 4.2.1989.
507 Richtfest und Urkundlegung der Fleischwarenwerke Bölts A.G., in: Nachrichten, Nr. 246, 10.9.1923.
508 Großeinkaufsgesellschaft Deutscher Consumvereine (Hg.): Fleischwarenfabrik Oldenburg, Hamburg 1931, S. 30.
509 Ebd.

Eine weitere Besonderheit war der hohe Wasserbedarf, vor allem an warmem Wasser und Wasserdampf. Die Herstellung erfolgte im Kesselhaus, das an das Maschinenhaus angrenzte. Das täglich verbrauchte Wasser kam aus betriebseigenen Brunnen. Schon um 1930 konnten stündlich bis zu 70.000 Liter Wasser gepumpt werden. Der durchschnittliche Tagesverbrauch betrug damals rund 1 500 Kubikmeter (= 1,5 Millionen) Liter Wasser. Die gleiche Menge wurde täglich von den Einwohnern der Stadt Oldenburg verbraucht. Von der Pumpstation wurde das Wasser zunächst in die Wasseraufbereitungsanlage geleitet. Das enthärtete und gereinigte Wasser gelangte danach in den Wasserbehälter des Wasserturms und von dort in die Dampfkesselanlage. In den Dampfkesseln wurde außer heißem Wasser auch Wasserdampf für die Kochanlagen erzeugt.[510]

232 Anlieferung und Aufstellung der Elektromotoren in der Produktionshalle, 1924. Stadtmuseum Oldenburg.

Die Leistungsfähigkeit der Oldenburger Fleischwarenfabrik wurde entscheidend beeinflusst durch den Elektromotor. Transmissionen zum Antrieb der Maschinen oder Gruppenantriebe, bei der die Antriebsenergie durch einen Elektromotor auf mehrere Arbeitsmaschinen übertragen wurde, fehlten in diesem hochmodernen Industriebetrieb, stattdessen besaßen die Maschinen in allen Abteilungen einen Einzelantrieb. Der Elektromotor konnte an jeder beliebigen Stelle in der Fabrikhalle installiert werden und ermöglichte dadurch eine hohe Flexibilität bei der Organisation des Fertigungsablaufs. Entscheidend für die Aufstellung der Spezialmaschinen war die Reihenfolge der durchzuführenden Bearbeitungsschritte von den einzelnen Fleischstücken bis zur Fertigstellung der Endprodukte wie Kochwürstchen, Schinkenspeck, Rollschinken, Rauchfleisch, Fleisch in Konserven etc. Die jeweiligen Bestandteile eines Produkts wurden durch Fließbänder, Transportbahnen, fahrbare Gestelle, Karren oder auf Rolltischen weitergegeben, die Fertigware schließlich mit Lastwagen oder in Kühlwaggons zu den Verbrauchern gebracht.[511]

233 Fleischproduktion am laufenden Band, oben: Würstchenproduktion, unten: Herstellen von Hackfleisch, 1930. Stadtmuseum Oldenburg.

Der Einzelantrieb durch den Elektromotor und das Fließband veränderten nicht nur den Produktionsablauf in der Fabrik, sondern auch die Architektur der Industrieanlage. Einstöckige, lang gestreckte Hallen traten an die Stelle von mehrstöckigen Fabrikgebäuden. Die bebaute Grundfläche war dadurch zwar

[510] Ebd., S. 30f.
[511] Ebd., S. 17ff.

größer, ermöglichte aber eine optimale Anordnung der einzelnen Gebäude nach den Erfordernissen des Produktionsablaufs.[512] Der Einsatz des Elektromotors und die Fließbandfertigung erfüllten zwei Funktionen. Zunächst erhöhten sie die Produktivität, es konnten also mehr Produkte zu einem günstigen Preis auf dem Markt angeboten werden. Die zusätzlichen Gewinne ermöglichten wiederum Investitionen in neue technische Anlagen und eine Steigerung der Produktivität etc. Die zweite Funktion des Fließbandes bestand darin, dass sich die Arbeitsinhalte für die Arbeitskräfte veränderten. Die Einführung des Leistungslohnsystems gab das Arbeitstempo vor und das Fließband übernahm dabei teilweise die Kontrolle der Arbeiter, weil die Arbeit innerhalb einer vorgegebenen Zeit erledigt werden musste. Darüber hinaus wurden innerhalb des Produktionsprozesses die Tätigkeiten immer weiter zerlegt und die Arbeit zunehmend verdichtet. Die Umstrukturierung der Betriebe führte außerdem zu einer Polarisierung der Qualifikationen. Während einige Meister und Facharbeiter in die Arbeitsvorbereitung aufstiegen, verloren andere Facharbeiter ihre höherwertigen Aufgaben und übernahmen wie unzählige un- und angelernte Arbeiter Aufgaben minderer Qualität.[513]

***234** Innenhof der Fabrikanlage, 1924. Stadtmuseum Oldenburg.*

Die Fleischwarenfabrik im Haareneschviertel hat Geschichte geschrieben. Die Hoffungen, die bei der Betriebsgründung zum Ausdruck gebracht worden waren, erfüllten sich zum Teil. Über viele Jahre hinweg trug das Werk zur finanz- und wirtschaftspolitischen Bedeutung der Stadt Oldenburg bei und gab vielen Menschen Lohn und Brot. Jedoch blieb das Werk von wirtschaftlichen Krisen nicht verschont, es gab schwerste wirtschaftliche Erschütterungen: Bereits im November 1927 wurde die Bölts AG an die Großeinkaufsgenossenschaft Deutscher Konsumvereine (GEG), deren Zentralverwaltung ihren Sitz in Hamburg hatte, verkauft.

Um einen Konkurs abzuwenden, hatte sich die Betriebsleitung des Oldenburger Werks zum Verkauf an das Gewerkschaftsunternehmen GEG entschlossen. Sie baute den Betrieb weiter aus und die Oldenburger GEG galt um 1930 als die modernste und größte Fleischwarenfabrik Europas. Im Jahr 1988 verlagerte die Oldenburger Fleischwarenfabrik unter neuer Firmenleitung den Produktionsstandort innerhalb Oldenburgs, die Stadt übernahm die gesamte Liegenschaft im Haareneschviertel und gestaltete die teils unter Denkmalschutz stehenden Gebäude zu einem neuen Domizil für städtische Ämter um.[514] Ein Finanzskandal beendete die Ära des Gewerkschaftsunternehmens im Jahre 1989.[515]

---

512 Döring, Peter: „Zauberin des Riesenmarktes". Elektrizitätsanwendung in Industrie und Handwerk, in: Wessel: Das elektrische Jahrhundert, S. 41.
513 König, Wolfgang/Weber, Wolfhard: Netzwerke. Stahl und Strom, Frankfurt/M., Berlin 1990, S. 438ff.
514 Für Qualität, Vielfalt und Preiswürdigkeit leisten heute die Maschinen Schwerstarbeit. Standort Oldenburg der Zeit wieder einen Schritt voraus, in: NWZ, Nr. 224, 24.9.1988; sowie: Daniel: Wie der Großherzog im Fleischgeschäft sein Geld verlor.
515 Hans Friderichs wirft bei co op das Handtuch. Teil-Verkauf an Rewe wahrscheinlich, in: Frankfurter Rundschau, Nr. 124, 30.5.1990; ferner: Asko neuer Chef mit 90 Prozent-Anteil. Stillschweigen über Kaufpreis, in: NWZ, Nr. 265, 13.11.1990.

Wirtschaftliche Entwicklung nach dem Ersten Weltkrieg

Die Stadt Oldenburg war durch die Folgen des Ersten Weltkriegs schwer getroffen worden. Der Zusammenbruch des Kaiserreiches, der Versailler Vertrag und die Inflation nach dem Ende des Krieges hatten das städtische Leben grundlegend verändert: Der Großherzog wurde abgesetzt, die Hofhaltung aufgelöst, die Rentner hatten ihr Vermögen verloren und waren verarmt, die Löhne und Gehälter der Arbeiter, Beamten und Angestellten blieben noch jahrelang unter dem Niveau der Vorkriegszeit, schließlich verblieb von der Garnison nur noch ein Bataillon. Infolgedessen gingen der Stadt in diesen ohnehin schwierigen Zeiten wichtige Einnahmequellen verloren. Möglichkeiten, die soziale und wirtschaftliche Lage zu verbessern, sahen die Verantwortlichen der Stadt darin, neue Industrien anzusiedeln und bereits bestehende Betriebe zu stärken, heimkehrende Soldaten wieder ins Arbeitsleben einzugliedern, das Kultur- und Bildungswesen zu verbessern, die Stadttechnik zu modernisieren sowie den Ausbau der bereits in der Stadt ansässigen Reichs- und Staatsbehörden zu intensivieren.[516]

Einen vielfachen Nutzen für die Entwicklung der Stadt versprachen sich die politischen Vertreter durch die Eingemeindungen. Am 1. Oktober 1922 wurden Osternburg mit 12.000 Einwohnern und am 1. August 1924 Eversten mit 5 000 Einwohnern Stadtteile von Oldenburg. Dadurch erhöhte sich die Einwohnerzahl von Oldenburg zwischen 1919 und 1925 von 32.541 auf 52.723 Personen.[517] Das ausgeprägte Interesse an Osternburg war darauf zurückzuführen, dass es über umfangreichen stadteigenen Grundbesitz verfügte sowie über bedeutende Industriebetriebe mit einem entsprechenden Körperschaftssteueraufkommen. Im Stadtteil Eversten, der sich durch seinen guten Baugrund auszeichnete, sollten neue Wohnquartiere für die wachsende Bevölkerung entstehen.[518]

Nach einer Zeit des Mangels und der Not erlebte die Stadt zwischen 1924 und 1928 eine relative Stabilisierung, die maßgeblich von einer regen Bautätigkeit beeinflusst wurde und vielen Menschen Arbeit brachte. An erster Stelle stand die Förderung des Wohnungsbaus, der wie in vielen anderen deutschen Städten seit dem Ausbruch des Krieges zum Erliegen gekommen war. Neben privaten Bauunternehmern und Genossenschaften hat sich vor allem die Gemeinnützige Siedlungsgesellschaft (GSG), die 1921 auf Initiative des Oberbürgermeisters Goerlitz gegründet worden war, durch den Bau zahlreicher Neubausiedlungen einen Namen erworben. Insgesamt entstanden nach dem Krieg unter der Leitung von zehn Privatunternehmen und Baugesellschaften 2 050 Wohnungen in Oldenburg. Bevorzugter Gebäudetyp waren das Reihen-, Doppel- oder Einzelhaus, eine Bauweise, die dem traditionellen Bild der Gartenstadt entsprach und für deren Umsetzung sich der damalige Stadtbaurat Jean Robert Carton besonders engagierte. Diese Kleinwohnungen mit 75 bis 84 Quadratmetern, die meistens über einen Stallanbau und Garten, aber nicht über ein Badezimmer verfügten, waren Ausdruck des ökonomischen Zwangs nach dem Ende des Ersten Weltkriegs.

Gleichzeitig wurden jedoch besondere Anforderungen an die Wohnungen gestellt: Alle Räume sollten das Tageslicht optimal ausnutzen, über eine gute Querlüftung verfügen und vom Wohnraum aus den Blick in den Garten ermögli-

516 Goerlitz, Theodor: Oldenburg an der Schicksalswende, in: Stadtmagistrat Oldenburg: Die Landeshauptstadt Oldenburg, S. 5.
517 Schulze: Oldenburgs Wirtschaft, S. 28f.
518 Goerlitz, Theodor: Die Eingemeindungen von 1922 und 1924, in: Stadtmagistrat Oldenburg: Die Landeshauptstadt Oldenburg, S. 38f.

chen.[519] Die Stadt vergab in der Weimarer Zeit für 5,6 Millionen Reichsmark Baudarlehen und übernahm für 3,7 Millionen Reichsmark Baubürgschaften.[520]

Der Oldenburger Oberbürgermeister Dr. Theodor Goerlitz (1885–1949) galt als ehrgeiziger Förderer nicht nur des Wohnungsbaus, sondern auch der heimischen Wirtschaft und Kultur. Der studierte Jurist war von 1921 bis 1932 Oberbürgermeister der Stadt Oldenburg. Sein Name ist untrennbar mit der Entwicklung der Stadt in der Weimarer Republik verbunden. Der fortschrittlich denkende Goerlitz hatte weit reichende Ideen und Visionen und wollte Oldenburg zu einer modernen Stadt machen:

> Neues Leben, neue Einnahmequellen mußten der Stadt zugeführt werden. Mit Widerstand des Teiles der Bevölkerung, der mit niedersächsischer Zähigkeit am liebgewordenen Alten hing, war von Anfang an zu rechnen; indessen durfte im Interesse der Stadt nicht nachgegeben werden.[521]

Um sein Ziel zu erreichen, arbeitete er mit zahlreichen Firmen und Verbänden, Architekten, Wissenschaftlern und Künstlern zusammen. Doch die wirtschaftlichen und politischen Spielräume in der Weimarer Zeit waren eng begrenzt. Insbesondere kam es gegen Ende der zwanziger Jahre zu Auseinandersetzungen mit den erstarkten Nationalsozialisten, die ihn schließlich 1932 auch zur Aufgabe seines Amtes zwangen.[522]

Sein Credo „Möge der Fortschritt auch in Zukunft Wahrzeichen der Stadt sein!" stellte Goerlitz schon bei der Gründung des ersten großen industriellen Unternehmens auf einem von der Stadt bereitgestellten Gelände unter Beweis.[523] Der Industriebau der Bölts AG am Philosophenweg im Haareneschviertel war das erste der Bauwerke, die dem Stadtbild ein neues Gepräge verliehen. Unternehmensgründer waren Georg Bölts, Sohn von Brun Bölts, dem ersten Ammerländer Fleischwarenfabrikanten, und der Großherzog Friedrich August. Die Oldenburger Fleischwarenfabrik, wie sie später genannt wurde, beschäftigte anfangs rund 500 Arbeiter und Arbeiterinnen. Sie wurde in den Jahren 1923/24 in Stahlskelettbauweise errichtet und lieferte damit einen maßstabsetzenden Beitrag für die Industriearchitektur der Stadt. Als Architekt konnte der aus Berlin stammende Walter Frese gewonnen werden.[524] Noch heute lässt sich die moderne Formensprache jener Zeit an den denkmalgeschützten Gebäuden ablesen.[525]

***235** Dr. Theodor Goerlitz, Oldenburgs Oberbürgermeister von 1921 bis 1932. Stadtmuseum Oldenburg.*

Die besondere Bedeutung der Ernährungswirtschaft für die Stadt und die Region spiegelte sich auch in dem Neubau des Tierseuchen-Instituts der Oldenburgischen Landwirtschaftskammer an der Mars-la-tour-Straße wider. Es wurde 1925/26 von den Architekten Lübbers und Zeitler aus Wilhelmshaven gebaut. Einen Beitrag zum Wirtschaftsstandort Oldenburg leistete außerdem der Zentralviehmarkt, der 1926 in Osternburg errichtet wurde, aber kaum Gewinne erwirtschaftete. Durch die direkte Gleisanbindung an den Oldenburger Hauptbahnhof wurde der Viehtransport wesentlich erleichtert und beschleunigt. Die Geschäftsabwicklung auf dem Zentralviehmarkt konnte an den Marktagen durch Filialen von Banken, Viehagenturen, Post- und Telegraphenbüros ohne zeitliche

[519] Carton, Jean Robert: Der Wohnungsbau nach dem Kriege, in: Stadtmagistrat Oldenburg: Die Landeshauptstadt Oldenburg, S. 40ff.
[520] Nistal: Oldenburg wird moderne Hauptstadt, S. 309.
[521] Goerlitz: Oldenburg an der Schicksalswende, S. 5.
[522] Nistal: Oldenburg wird moderne Hauptstadt, S. 368ff.
[523] Ebd., S. 6.
[524] Anonym: Die Fleischwarenwerke der Bölts AG, in: Stadtmagistrat Oldenburg: Die Landeshauptstadt Oldenburg, S 100ff.
[525] s. Kap. 2.3. Kraftstrom in Handwerk und Industrie.

Verzögerung sogleich erledigt werden. Die gesamte Anlage stand unter städtischer Verwaltung.[526] Die nationalsozialistische Regierung verkaufte den Zentralviehmarkt 1934 an die Wehrmacht, um dadurch vor allem den zahlreichen jüdischen Viehhändlern die Existenzgrundlage zu entziehen.[527]

Maßgeblichen Anteil an der Stadtentwicklung in der Weimarer Republik hatte darüber hinaus der Ausbau des Küstenkanals, der eine Verbindung zum Ruhrgebiet herstellte und neue, vor allem aber kostengünstigere Wege des Warentransports ermöglichte. Im Zuge dieses Kanalbaus entstanden vier Bauwerke: Die Amalien- (1926) und die Cäcilienbrücke (1927), die Schleuse (1927) und das Wasserkraftwerk (1928).[528] Die alte Amalienbrücke, die ebenso wie die Cäcilienbrücke eine Hubbrücke war, wurde 1980 abgebrochen und durch eine feststehende Brücke ersetzt. Die übrigen technischen Bauwerke existieren noch heute und zählen zu den schönsten und eindrucksvollsten Zeugnissen einer vergangenen Epoche. Architekt der beiden historischen Brücken war der beim Staat angestellte Carl Ferdinand Adolf Rauchheld (1868–1932).[529]

236 *Die Amalienbrücke im Bau, 1926, Fotograf Gustav Tahl. Wasser- und Schifffahrtsamt Bremen.*

Die Schleuse, eine mit Bockhorner Klinkern verkleidete Kammerschleuse aus Beton und Eisenbeton, hat eine Länge von 105 Metern, eine Tiefe von 9,85 Metern und eine Kammerbreite von 12 Metern. Der Neubau der Schleuse war notwendig geworden, nachdem ein Teilstück des Küstenkanals zwischen Hundsmühlen und Cäcilienbrücke begradigt und ein neues Kanalbett geschaffen worden war, das die alte Schleuse überflüssig machte.[530]

237 *Die 1000-Tonnen-Schleuse am Küstenkanal, 1927, Fotograf Gustav Tahl. Wasser- und Schifffahrtsamt Bremen.*

Das Wasserkraftwerk, das in Höhe der Schleuse über die neue Hunte errichtet wurde, entstand wie die oben erwähnten Brücken nach den Plänen von Rauchheld.[531] Die Kapazität des alten Wasserkraftwerks hatte aufgrund der gestiegenen Nachfrage aus der Wirtschaft und den Privathaushalten seine Grenze erreicht. 1928 pachtete deshalb die Stadt Oldenburg, nachdem das Wasserkraftwerk zwischen Poststraße und Huntestraße durch die Umlegung der oberen Hunte in Verbindung mit dem Bau des Küstenkanals stillgelegt worden war, das vom Oldenburger Staat erbaute neue Wasserkraftwerk.[532] Zur Anlage, die heute noch besteht, gehören ein Ma-

[526] Jungermann, L.: Der Zentralviehmarkt, in: Stadtmagistrat Oldenburg: Die Landeshauptstadt Oldenburg, S. 73f.
[527] Nistal: Oldenburg wird moderne Hauptstadt, S. 322.
[528] Schnittger, Gustav: Oldenburg und der Küstenkanal, in: Stadtmagistrat Oldenburg: Die Landeshauptstadt Oldenburg, S. 72.
[529] Böker: Stadt Oldenburg, S. 108.
[530] Ebd.
[531] Ebd.
[532] Neubert: Die Entwicklung der Elektrizitäts-Wirtschaft, S. 113.

schinenhaus zwei Wasserturbinen mit je einem Generator von 350 Kilowatt Drehstrom sowie eine Wehranlage und ein Sturzbecken. Das Wasser zum Betrieb des Kraftwerks kommt aus dem Oberlauf der Hunte und aus dem Hunte-Ems-Kanal. Im März 1928 nahm das Wasserkraftwerk seinen Betrieb auf und lieferte jährlich 2½ bis 3 Millionen Kilowatt elektrischen Strom – in seiner heutigen Funktion dient es dazu, den Wasserstand zwischen Kanal und Hunte auszugleichen.[533]

***238** Unterkonstruktion des Wasserkraftwerks, 1927. Fotograf Gustav Tahl. Wasser- und Schifffahrtsamt Bremen.*

***239** Das Wasserkraftwerk in der Nähe der Schleuse vor den Toren der Stadt, Fertigstellung 1928, Fotograf Gustav Tahl. Wasser- und Schifffahrtsamt Bremen.*

Das Kraftwerk ist bis heute in seinem äußeren Erscheinungsbild unverändert. Es zeichnet sich durch eine hohe architektonische Ästhetik aus und gliedert sich unaufdringlich ein in das Ensemble aus Flusslandschaft, Schleuse und Naherholungsgebiet. Das kastenförmige Betonbauwerk wurde mit einheimischen Klinkern verblendet. Während auf der Rückseite mit den beiden Wasserturbinen die technische Funktion im Vordergrund steht, wurde der Baukörper zur Schauseite hin aufwendig gestaltet durch maßstäbliche Gliederung, hervortretende Klinkerelemente und symmetrisch angeordnete rechteckige Gitterfenster.[534] Die Attika wurde besonders plastisch betont und verlieh dem Gebäude wie der Architekturhistoriker Nils Aschenbeck schrieb, „eine fast skulpturale Wirkung".[535]

Georg Klingenberg und das neue Drehstromwerk in Oldenburg

In die Reihe der das Stadtbild prägenden Bauwerke gehörte auch das Drehstromkraftwerk, das 1925/26 an der Doktorsklappe errichtet wurde. Es setzte Maßstäbe in der Architekturgeschichte wie auch in der Politik- und Wirtschaftsgeschichte. Die Bauleitung und die Ausführung des Werks sowie die Lieferung der technischen Anlagen übernahm die AEG, die auch schon 1905 das Gleichstromkraftwerk in direkter Nachbarschaft errichtet hatte. Als Vorbild für das Drehstromwerk in Oldenburg diente das Großkraftwerk Klingenberg in der Nähe von Berlin, nur fiel es bedeutend kleiner aus.[536]

Namensgeber für das Berliner Großkraftwerk war der aus Oldenburg stammende Georg Klingenberg. Sein Name stand seinerzeit vor allem in Zusammenhang mit einem von ihm entwickelten neuen Kraftwerkstyp, der jahrzehntelang Gültigkeit besitzen sollte. Klingenberg war für den Bau von über 60 Kraft-

[533] Geschäftsbericht der Licht- und Wasserwerke 1927/28, S. 10, in: Firmenarchiv EWE, Best. 100; Schnittger: Oldenburg und der Küstenkanal, S. 70ff.; ferner: Pachtvertrag über das Wasserkraftwerk zwischen dem Freistaat Oldenburg, Ministerium des Innern und der Stadtgemeinde Oldenburg, Oberbürgermeister Goerlitz, 23.5.1927, StAO, Best. 262-1 20 Nr. 331.
[534] Böker: Stadt Oldenburg, S. 108.
[535] Aschenbeck, Nils: Architektur und Elektrizität. Ein Monument am Hafen und andere Bauten der Stromversorgung in Oldenburg und Umgebung, in: Meyer: Mehr Licht!, S. 136.
[536] Bronner: Das neue städtische Elektrizitätswerk, in: Stadtmagistrat Oldenburg: Die Landeshauptstadt Oldenburg, S. 84.

werken der AEG verantwortlich. Die architektonischen Entwürfe lieferte Werner Issel, der 1906 in die „Centralenabteilung" der AEG eintrat und für die Architektur der Elektrizitätswerke verantwortlich zeichnete. Über die produktive Zusammenarbeit mit Klingenberg notierte Issel 1971:

> [...] daß ich meine Pläne überall durchsetzen konnte, verdanke ich dem geistigen Schöpfer [...], dem großen Elektriker, Direktor der AEG, Geheimrat Professor Georg Klingenberg, mit dem mich eine 20jährige Zusammenarbeit verband und der meinen Ideen gegenüber immer sehr aufgeschlossen war.[537]

Wie weiter oben ausgeführt, spielte Georg Klingenberg in Oldenburg im Zuge der Elektrifizierung der Stadt bereits eine entscheidende Rolle.

Durch die enge Verbundenheit mit seiner Heimatstadt kannte Klingenberg auch die wirtschaftliche Entwicklung der Stadt und wusste von den Problemen des Oldenburger Elektrizitätswerks. Das veraltete Gleichstromwerk und das Wasserkraftwerk konnten die steigende Nachfrage nach elektrischer Energie nach dem Ende der Inflationszeit kaum noch befriedigen, die Stromversorgung brach wegen Überlastung häufig zusammen, die Betriebssicherheit war nicht mehr gewährleistet. Stadtbaurat Noack und Direktor Wichmann, die schon 1905, zum Zeitpunkt der Gründung des Elektrizitätswerks, Verhandlungspartner von Klingenberg gewesen waren, hielten sich noch immer auf ihrem Posten. Wie eng das Verhältnis war, lässt sich aus den Quellen nicht ablesen. Denkbar ist, dass Klingenberg aus persönlichem Interesse den Kontakt zu diesen Männern gepflegt und mit ihnen über neue Entwicklungen in der Elektrizitätsversorgung debattiert hat. Vielleicht hat Klingenberg 1924/25 den Bau eines neuen Drehstromwerks vorgeschlagen, weil er zur selben Zeit das Großkraftwerk Rummelsburg plante. Der erste Kostenvoranschlag der AEG für den Neubau des Oldenburger Drehstromwerks stammte vom 9. Februar 1925.[538] Auch ein Vergleich der Architektur der Kraftwerke in Berlin und in Oldenburg weist zahlreiche Parallelen auf. Die Architekturzeichnungen für das Oldenburger Werk wurden signiert mit den Kürzeln Kl[ingenberg] und I[ssel].[539]

Bereits im Jahr 1913 hatte Klingenberg die Publikation *Bau großer Elektrizitätswerke* herausgegeben. Anhand verschiedener Beispiele größerer Elektrizitätswerke, die nach seinen Plänen gebaut worden waren, stellte er die Frage nach der Effektivierung des Baus und Betriebs von Elektrizitätswerken in den Mittelpunkt. Sein Ziel war: Das Elektrizitätswerk aus einem Guss. 1914, 1920 und schließlich 1924 erschienen weitere Buchveröffentlichungen zu dieser Thematik. In jedem dieser Bücher spielte auch der Aspekt Kraftwerksarchitektur eine Rolle, die ebenso wie die technische Organisation Teil eines Ganzen bildete:

> Die architektonische Ausgestaltung der Bauten hat sich vielfach in falschen Bahnen bewegt und die selbstverständliche Forderung, daß die Formengebung dem Zwecke des Gebäudes Rechnung tragen muß, ist bisher oft übersehen worden. Man sollte nie vergessen, daß eine Zentrale nichts anderes ist als eine Elektrizitätsfabrik und daß ihr Fabrikcharakter ebenso wie bei anderen Fabrikbauten nicht verdeckt werden darf. [...] Ebenso wie bei der Formgebung von Maschinen liegt die Schönheit von Industriebauten in guten Proportionen und im einfachsten Ausdruck für den gegebenen Zweck. Werden besondere konstruktive Hilfsmittel, wie z.B. Eisenkonstruktionen im Kesselhaus, eiserne Dachbinder in der Maschinenhalle usw., verwandt, so soll man sie, unter Berücksichtigung einfacher Linienführung, auch äußerlich in Erscheinung treten lassen und sie nicht durch Hilfskonstruktionen verkleiden.[540]

Unverkennbar in diesen Ausführungen zur Gestaltung der Kraftwerke ist die Nähe zu Peter Behrens, der als Verantwortlicher für das gesamte Erscheinungsbild der AEG mit Sicherheit auch Einfluss auf die bautechnische Abteilung ausgeübt hat.[541]

537 Hesse, Kurt: Der Architekt Werner Issel und der Kraftwerksbau, in: Industrie-Kultur. Ztschr. des Landschaftsverbandes Rheinland, Rheinisches Industriemuseum, Westfälische Industriemuseum, Landschaftsverband Westfalen-Lippe, Jg. 5 (1999), H. 6, 1, S. 18.
538 Stadtmagistrat an AEG vom 23.10.1926, StAO, Best. 262-1 A Nr. 2364.
539 Für das Berliner Werk in: Kierdorf: Kraftwerke in historischen Fotographien, S. 33; Pläne des Oldenburger Werks von 1925, StAO, Best. 262-1 K Nr. 231.
540 Klingenberg, Georg: Bau großer Elektrizitätswerke, 2. verb. Aufl., Berlin 1924, S. 393.
541 Kierdorf: Kraftwerke in historischen Fotographien, S. 29

Klingenbergs zentrale Gedanken zur Kraftwerksarchitektur spiegelten sich auch im neuen Oldenburger Drehstromwerk wider. An den Fassaden des komplexen Backsteinbaus fanden Mauerwerkslisenen Verwendung, die enge Anordnung von Pfeilern und vertikalen Fensterbändern verliehen dem Gebäude ein gleichmäßiges Raster. Über dem besonders ausgeprägten horizontalen Abschlussgesimse lag das Flachdach. Die Schauseite zum Hafen zeigte ein horizontal gestrecktes Gebäude, das durch den wesentlich höheren Baukörper des Treppenhauses mittig gegliedert wurde.[542]

***240** Ansicht vom Klingenberg-Kraftwerk in Berlin, Fertigstellung 1926. Foto Deutsches Technikmuseum Berlin.*

Der erste Kostenanschlag von der AEG für das Oldenburger Werk wurde im Februar 1925 erstellt. Während der Bauphase jedoch verstarb Georg Klingenberg. Seine organisatorischen Fähigkeiten und sein technisches Wissen fehlten bei der Fertigstellung des Kraftwerks überall, noch Jahre danach wies es zahlreiche technische Mängel auf. Das Großkraftwerk Klingenberg in Berlin und das E-Werk in Oldenburg wurden fast zeitgleich in Betrieb genommen. Das Oldenburger Kraftwerk ging 1926 ans Netz und das Großkraftwerk Klingenberg im Jahre 1927. Zunächst war vorgesehen, im Oldenburger Werk zwei Drehstrom-Turbogeneratoren von je 2 500 Kilowatt und zwei Dampfkessel einzubauen. Jedoch noch während der Bauzeit wurde die Leistung der Maschinen auf je 3 500 Kilowatt erhöht, so dass insgesamt 7 000 Kilowatt zur Verfügung standen. Kurz nach Inbetriebnahme musste noch ein dritter Dampfkessel aufgestellt werden, weil auch die Kesselanlage zu klein projektiert worden war.[543] Die Höchstleistung, die mit den zwei Turbogeneratoren erzeugt wurde, betrug am 22. Dezember 1927 insgesamt 35.300 Kilowatt.[544] Im Geschäftsjahr 1928/29 lieferte das Drehstromkraftwerk 80,5 Prozent der elektrischen Energie, das neue Wasserkraftwerk an der oberen Hunte den Rest.[545] Das alte Gleichstromkraftwerk hatte im ersten Betriebsjahr 1907 lediglich 500 Kilowatt geliefert.[546]

***241** Entwurfszeichnung Kraftwerk Oldenburg, Mai 1924, Maßstab 1:100, Architekten Klingenberg, Issel. StAO, Best 262-1 Nr. 441 P.*

***242** Entwurfszeichnung Kraftwerk Oldenburg, Nordansicht, Februar 1925, Maßstab 1:100, Architekten Klingenberg, Issel. StAO, Best 262-1 Nr. 441 P.*

542 Architekturzeichnungen des Oldenburger Werks von 1925, die Pläne sind mit Kürzeln versehen: Kl [Klingenberg] und I [Issel], StAO, Best. 262-1 K Nr. 231.
543 Geschäftsbericht der Licht- und Wasserwerke der Stadt Oldenburg 1928/29, Elektrizitätswerk, S. 11, Firmenarchiv EWE, Best. 100.
544 Geschäftsbericht der Licht- und Wasserwerke der Stadt Oldenburg 1927/28, Elektrizitätswerk, S. 10, ebd.
545 Geschäftsbericht der Licht- und Wasserwerke der Stadt Oldenburg 1928/29, Elektrizitätswerk, S. 11, ebd.
546 Stadtmagistrat an Stadtrat vom 18.3.1908, StAO, Best. 262-1 A Nr. 2364.

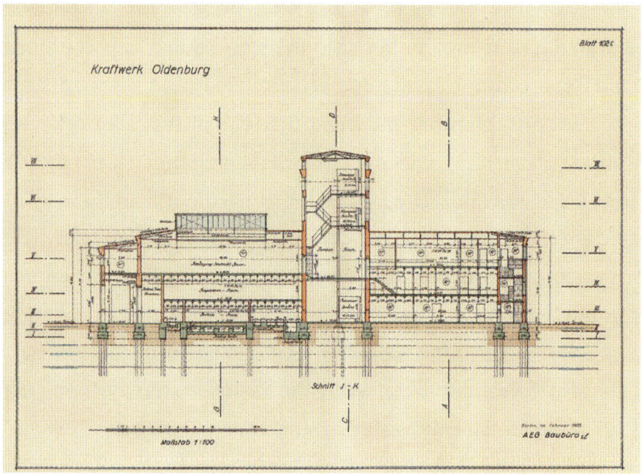

243 *Schnitt durch die Kraftwerksanlage, Februar 1925, Maßstab 1:100. StAO, Best 262-1 Nr. 441 P.*

Die vielfältigen Schwierigkeiten bei der Errichtung der Drehstromzentrale führten dazu, dass die Zusammenarbeit zwischen der AEG und den städtischen Licht- und Wasserwerken in den beiden Jahren der Bauzeit 1925 und 1926 auf eine harte Probe gestellt wurde. Die gravierenden technischen Mängel, die Explosion der Kosten, die zeitliche Verzögerung der Inbetriebnahme, die Lärmbelästigung der Anwohner[547] sowie die zunehmenden Angriffe der rechten Presse gegen Oberbürgermeister Goerlitz[548] begleiteten das Projekt und zwangen die beteiligten Personen und Firmen immer wieder an den Verhandlungstisch.

Die Investitionskosten in das neue Drehstromkraftwerk waren höher als geplant: Am 9. Februar 1925 hatte die AEG einen Kostenanschlag in Höhe von 1.716.000 Mark abgegeben. Zur Sicherheit hatte Baurat Wichmann im Stadtrat 50.000 Mark mehr beantragt. Die Ausgaben beliefen sich aber am Ende der Bauzeit schon auf 2.600.000 Mark.[549] Infolge zahlreicher technischer Nachbesserungen und zeitlicher Verzögerungen wurden die Kosten zusätzlich in die Höhe getrieben, so dass das neue Drehstromwerk am Ende Baukosten in Höhe von 2.627.000 Mark verschlungen hatte. Hinzu kamen Ausgaben für neue technische Anlagen, deren Wert im Jahr 1930 mit 2.357.000 Mark angegeben wurde.[550]

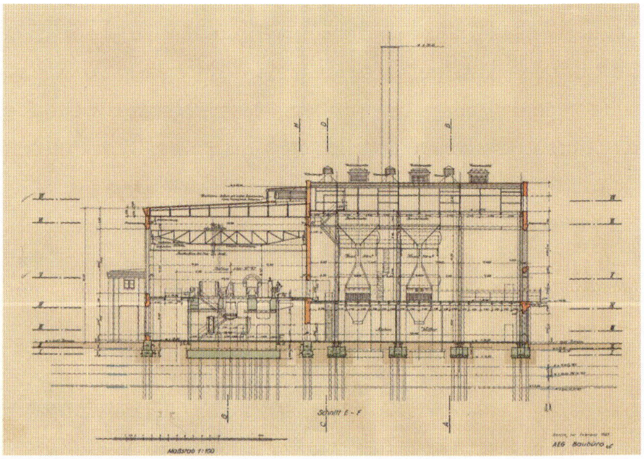

244 *Schnitt durch das Turbinen- und Kesselhaus, Februar 1925, Maßstab 1:100. StAO, Best 262-1 Nr. 441 P.*

Die technischen Mängel der Anlage waren oft so schwerwiegend, dass sie sich nicht einfach nachrüsten oder durch Improvisation beheben ließen. Die Nachbesserungen erforderten beispielsweise: bauliche Maßnahmen, das Auswechseln und die Neukonstruktion von Teilen, die Leistungssteigerung von Motoren, neue Be- und Entlüftungsanlagen, die Beseitigung störender Geräusche, nachträgliche Einbauten technischer Vorrichtungen, Ausgleichsmaßnahmen für zu hohe Wärme- und Feuchtigkeitsentwicklung usw.[551]

In einem Schreiben vom 23. Oktober 1926 erläuterte die Stadt Oldenburg gegenüber der AEG die zusätzlichen Kosten, die „infolge verspäteter Fertigstellung der Turbinen" entstanden waren, und die die Stadt sich weigerte zu übernehmen:

> Die Zentrale sollte am 1. Oktober 1925 betriebsfertig sein. Durch Streik wurde dieser Termin hinausgezögert. Wir sind uns be-

[547] Aktenvermerk Besprechung AEG und Stadt Oldenburg, 3.7.1926; ferner: Protokolle und Korrespondenz mit diversen Lieferbetrieben, StAO, Best. 262-1 A Nr. 2364.
[548] Goerlitz an Rechtsanwalt Ehlermann vom 6.7.1926, ebd.
[549] Aktenvermerk Besprechung AEG und Stadt Oldenburg vom 3.7.1926, ebd.
[550] Stadtratssitzung, 3.3.1930, StAO, Best. 262-1 20 Nr. 331.
[551] Aktenvermerk Besprechung AEG und Stadt Oldenburg vom 3.7.1926, StAO, Best. 262-1 A Nr. 2364.

wusst, dass ein Streik von 7 Wochen Dauer, wie er in Ihrer Turbinenfabrik geherrscht hat, in seinen Auswirkungen eine längere Zeit umfasst. Wenn wir nun unserer Aufstellung zugrunde legen, dass die Zentrale am 1. Februar 1926 hätte fertig sein müssen, so glauben wir, damit die dem Streik zuzuschiebende Verzögerung reichlich berücksichtigt zu haben. Tatsächlich ist Turbine I am 26. Januar 1926 betriebsfertig gemeldet. Es traten dann Erscheinungen ein, auf die hier nicht näher eingegangen zu werden braucht. Umfangreiche Arbeiten an den Turbinen, im Pumpenhaus und an den Rohrleitungen waren erforderlich. [...] Somit bleibt ein Betrag von [...] insgesamt RM 109 581,50, der infolge Verzögerung in der Fertigstellung unseres Werkes zu unserem Schaden verausgabt worden ist.[552]

Es gibt in den Akten keinen Hinweis darüber, ob die AEG der Stadt Oldenburg den Nachlass gewährt hat. Das Unternehmen war jedoch sehr bemüht, die technischen Mängel zu beheben und in Oldenburg ein gut funktionierendes Elektrizitätswerk abzuliefern.[553] Allerdings arbeitete das Werk erst ab Oktober 1929 nach dem Einbau einer weiteren Dampfkesselanlage störungsfrei und zugleich mit erhöhter Betriebssicherheit.[554] Bei den Oldenburgern lösten die Unzulänglichkeiten bei der Elektrifizierung Empörung und Ärger, aber zugleich auch Spott aus. Ein fiktiver Brief spiegelt eindrücklich die Stimmung in der Bevölkerung über den Bau des neuen Drehstromwerks wider:

Und da haben sie hier ein neues Elektrizitätswerk da hinten an der Doktorsklappe gebaut. Denn, weißt Du, Hinnerk, das war ja vorigen Winter hier gar nicht zum Aushalten. Denk Dir bloß, du sitzt mit Deiner Frau und Kindern beim Abendbrot und – bums geht das Licht aus. In der ganzen Stadt. Alles pickeduster. Wenn Du nicht zufällig einige Kerzenstummel liegen hast, kannst Du nichts machen. Na, meine Frau hatte ja noch welche vom Plätten. Aber wie sollst Du dabei lesen. Wir stellten mehrere auf den Tisch. Schmeißt unser Junge dann mal eins um, dann ist alles voll Stearin und das kriegt mal so schlecht wieder raus. Und dann stinkt das im Hause nach diesen Kerzen! Dann geht das Licht mit einem Male wieder an. Hat man einen Augenblick wieder gesessen, bums, ist wieder alles aus. [...] Darum mußten wir nötig ein neues Elektrizitätswerk haben. Hoffentlich kriegen wir dann auch endlich gutes Licht, das nicht immer ausgeht. Das Elektrizitätswerk kostet natürlich einen Haufen Geld, beinahe mehr jeden Tag als sie dachten. Dabei können alle Leute, die dort wohnen, überhaupt nicht mehr schlafen. Die Maschinen machen einen dermaßen Radau, daß die Häuser nur so wackeln. Auch die Amalienstraße. Ein Glück, daß wir im lieben Kuhviertel wohnen und nichts davon merken.[555]

Der Bau des Drehstromkraftwerks wurde mit der wachsenden Nachfrage begründet, die den raschen Ausbau der Kraftwerkskapazitäten und der Verteilungsanlagen erforderlich machten. Aus technischer Sicht war die Umstellung vom bisher üblichen Gleichstrom auf Wechselstrom geboten, denn dieser ermöglichte eine wirtschaftlichere Ausnutzung des Netzes und damit eine zuverlässigere Versorgung der Abnehmer. Die Umstellung auf Wechselstrom zog sich noch über Jahrzehnte hin. Während der gesamten Übergangszeit führten die Spannungsverhältnisse im Gleichstromnetz immer wieder zu Betriebsstörungen, weil der Strombedarf sich, trotz zahlreicher Umstellungen von Gleich- auf Drehstrom, kaum verringerte.[556] Bis zum Jahr 1953 dauerten der Austausch von Anschlussanlagen sowie die Verlegung vieler Kilometer Drehstromkabel und die Errichtung neuer Transformatorenstationen.[557]

Nach Fertigstellung des Drehstromwerks an der Doktorsklappe blickte der Direktor des Werks Dipl.-Ing. Rudolf Bronner mit Stolz auf die technologische Neuheit und die gelungene Industriebaukunst. Nach den Jahren wirtschaftlicher Depression wurde das neue Kraftwerk zum Hoffnungsträger des wirt-

552 Bürgermeister Fimmen an AEG vom 23.10.1926, ebd.
553 Korrespondenz Stadt und AEG, ebd.
554 Geschäftsbericht der Licht- und Wasserwerke der Stadt Oldenburg 1928/29, S. 12, Firmenarchiv EWE, Best. 100.
555 Krischan Weetwat: Oldenburger Zustände von 1926 in vertraulichen Mitteilungen, in: Oldenburgischer Volkskalender, Oldenburg 1927, S. 142f.
556 Geschäftsbericht der Licht- und Wasserwerke der Stadt Oldenburg 1928/29, S. 3, Firmenarchiv EWE, Best. 100.
557 Fietje: Ein Wasserfall in Oldenburg, in: Die Wattpost 2, Februar 1955, S. 5-6.

schaftlichen Aufschwungs sowie von verbesserten Arbeits- und Lebensbedingungen:

> Es hat sich sehr bewährt, daß Gleichstrom wie Drehstrom nur durch unterirdisch verlegte Kabel von der Zentrale aus geführt und verteilt werden. Erst in den dünn besiedelten Außenbezirken und in den ländlichen Nachbargemeinden werden Freileitungen benutzt. In vorwiegendem Maße wird der erzeugte Strom, entsprechend dem Charakter der Stadt, zur Beleuchtung benutzt, und zwar wird davon ausgiebig Gebrauch gemacht, ist doch kaum ein Haushalt in der Stadt und in den nächstgelegenen Dörfern, der nicht angeschlossen ist. Die Gewerbetreibenden machen sich ebenfalls die Vorteile des elektrischen Stromes als Antriebskraft für Arbeitsmaschinen der verschiedensten Art zunutze. Ebenso sind auch die industriellen Unternehmungen zum größten Teil Abnehmer des Elektrizitätswerkes.[558]

245 *Rechts das neue Drehstromkraftwerk, links das alte Gleichstromkraftwerk, 1927, in: Die Landeshauptstadt Oldenburg, S. 84.*

Für den Bau des Kraftwerks gab es auch wirtschaftspolitische Gründe. Das städtische Elektrizitätswerk hätte, statt einen Neubau zu errichten, auch von der Überlandzentrale in Wiesmoor (SEB) den gesamten Strombedarf beziehen können. Anfang der 1920er Jahre erwog die Stadt zunächst eine Fusion mit der SEB, da die Gesellschaft ohnehin einen großen Teil des Strombedarfs lieferte. Zahlreiche Betriebsstörungen, die durch schwere Stürme und häufige Gewitter im Landesteil Oldenburg auftraten, sowie das veraltete Kabelnetz boten jedoch keine ausreichende Betriebssicherheit und sprachen gegen einen Zusammenschluss. Hinzu kam, dass die Kapazität der Anlage die steigende Nachfrage kaum noch befriedigen konnte. Aus diesem Grunde verlängerte die Stadt mit der SEB den alten Stromlieferungsvertrag von 1912 um fünf Jahre bis zum 1. Oktober 1927.[559]

1925 änderten sich jedoch die Rahmenbedingungen für die Stromlieferung aus dem Kraftwerk Wiesmoor. Die Preußenelektra (Preußische Elektrizitäts-Aktiengesellschaft, Berlin) übernahm die Aktienmehrheit der SEB-Überlandzentrale in Wiesmoor und im Zusammenhang damit auch die Überlandzentralen in Farge, Harburg und Lübeck, zugleich wurde eine Namensänderung in Nordwestdeutsche Kraftwerke (NWK) AG, Hamburg, beschlossen.[560] Oldenburg geriet so in das Einflussfeld der NWK. Um sich jedoch gegen die Interessen der NWK abgrenzen und den kommunalen Einfluss auf die Energieversorgung uneingeschränkt wahrnehmen zu können, errichtete die städtische Verwaltung das neue Drehstromkraftwerk. Dadurch gelang es ihr, jedenfalls für einige Jahre, die kommunale Strompolitik gegenüber dem sehr großen Anbieter zu verteidigen und die Angliederung an die Preußenelektra zu verhindern. Mit diesem Schritt signalisierte die Stadtverwaltung ihre Kompetenz in Sachen Stromversorgung, zugleich versprach sie sich durch die Investitionen hohe Gewinne.[561]

Aus dem Geschäftsbericht des Jahres 1927/28 geht hervor, dass das Elektrizitätsunternehmen einen Reingewinn in Höhe von über 110.500 Reichsmark erwirtschaftet hatte. Im darauf folgenden Geschäftsjahr betrug der Gewinn noch knapp 91.700 Reichsmark.[562] So gesehen war das kommunale Elektrizitätswerk durchaus eine lohnende Einnahmequelle für den städtischen Haushalt.

558 Bronner: Das städtische Elektrizitätswerk, S. 86.
559 Stromlieferungsvertrag zwischen der Hauptstadt Oldenburg und Siemens Elektrische Betriebe vom 8.4.1921, StAO, Best. 262-1 23 Nr. 1b; ferner: Bericht über die Neugestaltung der Elektrizitäts- und Gasversorgung in Oldenburg, S. 1ff., StAO, Best. 262-1 20 Nr. 331.
560 Preussische Elektrizitäts-Aktiengesellschaft (Hg.): Preussenelektra. Entwicklung und Ziele, Berlin 1930, S. 50f.; Handelsblatt der Kölnischen Zeitung, 1.3.1930; ferner: Vorstand des Deutschen Metallarbeiter-Verbandes (Hg.): Die Deutsche Elektrizitätsversorgung, Stuttgart 1927, S. 64ff.
561 Vortragsmanuskript von Goerlitz vom 9.3.1930: Die Neugestaltung der Elektrizitäts- und Gasversorgung in Oldenburg, S. 2, StAO, Best. 262-1 20 Nr. 331.
562 Geschäftsbericht der Licht- und Wasserwerke der Stadt Oldenburg 1927/28, S. 11, und 1928/29, S. 12, Firmenarchiv der EWE, Best. 100.

Der Weg von den Städtischen Licht- und Wasserwerken zur EWE AG

> In einem spektakulären Akt der Unternehmensumwandlung beschloß der Preußische Landtag im Oktober 1927 die Gründung der „Preußischen Elektrizitäts-Aktiengesellschaft" („Preußenelektra" oder „Preag") und die Übertragung bestehender staatseigener Stromversorgungsunternehmen an diesen neuen, landesweit operierenden Großkonzern [...].
> Neben staatswirtschaftlich-fiskalischen Motiven war sie von dem Gedanken bestimmt, daß allein ein langfristig angelegter, großdimensionierter Ausbau der Stromversorgung und ihre technisch-wirtschaftliche Optimierung, Nutzen der Skalen- und Synergieeffekte und die Steigerung der Elektrizitätserzeugung eine ausreichende Versorgung mit elektrischer Arbeit zu möglichst billigen Preisen ermöglichen und damit neben dem Gewinn für den Fiskus gesamtwirtschaftliche Wachstumseffekte mobilisieren könnten.[563]

In den folgenden Jahren baute die Preußenelektra Zug um Zug das Versorgungsgebiet aus und beschränkte sich dabei nicht nur auf preußisches Territorium, sie erwarb oder baute neue Kraftwerke und übernahm die Verteilung des elektrischen Stroms. Gegen Ende der 1920er Jahre versorgte das Großunternehmen „Preußische Elektrizitäts-Aktiengesellschaft" bereits ein Gebiet, das von Bremen über Hannover bis an den Main reichte[564], und sie neben RWE mit Sitz in Essen und der Elektrowerke in Mitteldeutschland zu einem der drei großen Stromkonzerne machte.[565] Ihr Ziel bestand darin, den zunehmenden Strombedarf vollständig und möglichst kostengünstig nach einem einheitlichen Tarif bereitzustellen und dabei auch die dünn besiedelten Gebiete beispielsweise in Ostfriesland zu versorgen.[566] Das Netz der Preußenelektra war mit dem der NWK verbunden. Im Oldenburger Land umfasste das Versorgungsgebiet der NWK zwölf oldenburgische Ämter sowie die Städte Aurich, Emden, Leer, Norden und Wilhelmshaven-Rüstringen.[567] Im März 1930 gelang es der Preußenelektra schließlich, auch das Elektrizitätswerk der Stadt Oldenburg zu übernehmen.[568] Dieser Weg soll im Folgenden beschrieben werden.

> Die gesetzliche Grundlage für die Zusammenarbeit mit den Kommunen wurde im Juli 1929 durch einen Beschluss des preußischen Landtags geschaffen, der die Ermächtigung gab, bis zu 26 % des Aktienkapitals der Gesellschaft an kommunale Körperschaften zu überlassen.[569]

Auch Oldenburg spürte schon bald den Einfluss der Veränderungen in der deutschen Elektrizitätswirtschaft. Die Diskussion über die Umstrukturierung der Stromversorgung hatte in den großen Elektrizitätsgesellschaften, unter Politikern und in den Fachjournalen aber schon viel früher begonnen, und wurde auch von dem Oldenburger Oberbürgermeister Goerlitz aufmerksam verfolgt. Im Juni 1928 fanden erste Gespräche zwischen der Preußenelektra und dem Oldenburger Oberbürgermeister statt, in denen das Unternehmen seine Kaufabsichten äußerte und Oldenburg gebeten wurde, die Rentabilität der kommunalen Versorgungsbetriebe darzulegen.[570] In langwierigen Verhandlungen gelang es schließlich, einen Entwurf über die Umstrukturierung des Wasser-, Gas- und Elektrizitätswerks zu formulieren. Demnach war vorgesehen, das Gas- und das Elektrizitätswerk zu verkaufen und das Wasserwerk in kommunalem Besitz zu belassen. Die Einzelheiten wurden in verschiedenen Verträgen geregelt und bedurften der Zustimmung des Stadtrats.

---

563 Vgl. Stier: Staat und Strom, S. 213: Das Gesetz über die Zusammenfassung der elektrowirtschaftlichen Unternehmungen und Beteiligungen des Staates in einer Aktiengesellschaft vom 24.10.1927.
564 Preussische Elektrizitäts-Aktiengesellschaft: Preussenelektra, S. 9 und S. 50ff., s. a. Übersichtskarte mit den Beteiligungen, S. 64.
565 Stier: Staat und Strom, S. 214.
566 Heyden, Wilhelm: Die geschichtliche Entwicklung der Preußenelektra, in: Preußische Elektrizitäts-Aktiengesellschaft. Denkschrift anläßlich ihres 25jährigen Bestehens 1927–1952, Hannover 1952, S. 21ff.
567 Preussische Elektrizitäts-Aktiengesellschaft: Preussenelektra, S. 51.
568 Ebd., S. 61.
569 Ebd., S. 58.
570 Schreiben der Preußischen Elektrizitäts-Aktiengesellschaft an OB Goerlitz vom 18.6.1828, Firmenarchiv der EWE, Best. 100.

Die Beratung in den Magistratssitzungen begann im März 1930, aber schon um die Jahreswende 1929/30 wurde die Öffentlichkeit über die Pläne in der Presse informiert.[571] Kurz zuvor, am 25. Oktober 1929, war in New York die Börse zusammengebrochen und hatte eine Weltwirtschaftskrise ausgelöst, die besonders in Deutschland zur Massenarbeitslosigkeit führte.

***246** Die Kraftwerksanlage an der Doktorsklappe, um 1930. Stadtmuseum Oldenburg.*

In der Stadt und im Amt Oldenburg stieg die Zahl der Arbeitslosen zwischen September 1929 und September 1930 von 1 230 auf 2 157.[572] Infolgedessen nahm zur selben Zeit die Zahl der bedürftigen Familien zu, die finanzielle Mittel aus der städtischen Wohlfahrtskasse erhielten. Allein 700 Familien und Einzelpersonen hatten 1929 eine Weihnachtsbeihilfe erhalten, ein Jahr später waren es 1 661 Haushaltungen. Wegen Kapitalmangels und einer schlechten Auftragslage infolge der Wirtschaftskrise mussten mehrere Betriebe, darunter auch die Oldenburgische Glashütte, die GEG, ehemals Bölts AG, und die Warpsspinnerei, die Produktion sukzessive drosseln und Kurzarbeit einführen bzw. Arbeitskräfte entlassen. Nach dem Börsenkrach verschärfte sich die wirtschaftliche und soziale Situation in Oldenburg.[573] Besonders dramatisch zeigte sich die Entwicklung in der Warpsspinnerei. Ende 1929 geriet die Fabrik in eine finanzielle Notlage. Ausschlaggebend war nicht allein die Weltwirtschaftskrise, sondern auch die Veruntreuung von Geldern durch zwei Direktoren, die eine viertel Million Reichsmark verspekuliert hatten.[574] Zu diesem Zeitpunkt waren 280 Menschen in dem Werk beschäftigt. Durch Kredite konnte ein Großteil des Unternehmens erhalten werden, nur die Weberei wurde stillgelegt, 26 Arbeitnehmer verloren ihren Arbeitsplatz.[575] Zwei Jahre später kam es wegen Auftragsmangels erneut zu Entlassungen. Von den 166 Arbeitern und 18 Angestellten wurden 35 Arbeitnehmer entlassen, für die übrigen 151 Arbeiterinnen und Arbeiter wurde Kurzarbeit eingeführt.[576]

In diesem politischen und wirtschaftlichen Klima wurde über die Zukunft der Gas- und Stromversorgung in den Versammlungen der Parteien und in der Presse diskutiert. Zu den vehementesten Gegnern des Verkaufs gehörte die NSDAP mit Carl Röver an der Spitze, der die Öffentlichkeit mit unwahren Behauptungen und mit falschen Zahlen zu täuschen versuchte. In einer Anzeige in den *Nachrichten* wurde unter der Parole: „Der Zusammenbruch der Stadt Oldenburg ist jetzt da. Dr. Goerlitz verkauft das Gas- und Elektr.-Werk" zu einer öffentlichen Versammlung am 2. März 1930 in den Lindenhof an der Nadorster Straße eingeladen.[577] Laut Zeitungsberichten folgten etwa 1 000 Menschen diesem Aufruf.[578] Am Ende der Veranstaltung

571 Die ersten Berichte wurden gegen Ende des Jahres 1929 veröffentlicht, z.B.: Zur Elektrizitätsversorgung von Oldenburg und Ostfriesland, in: Nachrichten, Nr. 352, 28.12.1929; Entscheidende Umwälzung in der Elektrizitätsversorgung Oldenburgs und Ostfrieslands, in: Oldenburgische Landeszeitung, Nr. 363, 29.12.1929; Die Zukunft der Stromversorgung, in: Oldenburgische Landeszeitung, Nr. 5, 5.1.1930.

572 Monatliche Polizeiberichte, StAO, Best. 205 Nr. 59.

573 Nistal: Oldenburg wird moderne Hauptstadt, S. 364.

574 Der Finanzskandal bei der Warpsspinnerei Oldenburg; Osternburg, in: Nachrichten, Nr. 238, 2.9.1930.

575 Ministerium der sozialen Fürsorge an Warpsspinnerei, 31.5.1930 und 9.7.1930, in: Stadtmuseum Oldenburg, Akten des Gewerbeaufsichtsamtes, 91-W-27.

576 Industrie- und Arbeitgeberverband an Ministerium der sozialen Fürsorge, 18.5.1932, ebd.

577 Anzeige, in: Nachrichten, Nr. 58, 28.2.1930.

578 Die Umgestaltung der Elektrizitäts- und Gasversorgung, in: Nachrichten, Nr. 61, 3.3.1930.

wurde ein vorbereiteter Antrag angenommen, in dem die Versammelten „auf das Schärfste Verwahrung dagegen [einlegen], dass die der Bevölkerung gehörigen Werke verramscht werden".[579] Röver, der nicht nur Mitglied des Stadtmagistrats war, sondern auch einen Sitz im Landtag hatte, stellte dort den Antrag, die Bürgermeister der Städte Brake und Oldenburg darauf hinzuweisen, dass „der Verkauf der kommunalen Gas- und Elektrizitätswerke in der getätigten oder beabsichtigten Form rechtsungültig ist". Als Begründung führte er den Artikel 42 im Abschnitt 4, Paragrafen 1 und 2 der Gemeinde-Ordnung für den Landesteil Oldenburg an.[580] Röver scheiterte mit seinem Gesuch im Landtag, doch in den Parteiveranstaltungen setzte er seine falschen Behauptungen gegen Goerlitz weiter fort und die Menschen kamen in Massen.[581]

Die Umstrukturierung des städtischen Gas- und Elektrizitätswerks fand nicht nur auf den Parteiveranstaltungen der NSDAP ein breites Echo, sondern auch in der Presse. Eine umfangreiche Berichterstattung gab es in den Monaten Januar bis April 1930, als Politik und Verwaltung aufgefordert waren, sich der Situation zu stellen und über die Zukunft des städtischen Gas-, Wasser- und Elektrizitätswerks zu beraten und abzustimmen. Oberbürgermeister Goerlitz nahm zahlreiche Gelegenheiten in Pressekonferenzen und in den Stadtratssitzung wahr, um über den Verkauf der kommunalen Versorgungsbetriebe zu informieren. Auch die Direktion des Gas-, Wasser- und Elektrizitätswerks sowie Vertreter der städtischen Verwaltung traten in öffentlichen Versammlungen als Befürworter der geplanten Umstrukturierung auf. Im Mittelpunkt der Ausführungen standen Aspekte wie die Begründung für den Verkauf, die finanziellen Vorteile für die Stadt, die Aktien- und Gesellschaftsanteile der Kommune an den neuen Unternehmen sowie die Entschuldung des städtischen Haushalts.[582]

Die Meinung in Oldenburg über das Für und Wider der Umgestaltung der Energieversorgung blieb jedoch uneinheitlich, wie auch im Abstimmungsergebnis des Stadtrats zum Ausdruck kam. „Bis zum Halse mit Elektrizität geladen" fühlte sich ein Mitglied des Finanzausschusses nach zahlreichen Sitzungen, die mal in Berlin, mal in Oldenburg stattfanden, um Änderungen in den Verträgen auszuhandeln. Schließlich wurde nach der zweiten Lesung am 20. März 1930 die Stadtratsvorlage mit den 29 Stimmen der Volkspartei, der Demokraten, des Zentrums und der Sozialdemokraten gegen die 12 Stimmen der Deutschnationalen Volkspartei, des Überparteilichen Bürgerblocks, der Nationalsozialisten und der Kommunisten angenommen.[583] Damit spiegele das Oldenburger Ergebnis auch die Stimmung wider, die zur selben Zeit in Berlin das politische Klima bestimme, so der Kommentar der *Oldenburgischen Landeszeitung* am Tag nach der Abstimmung.[584]

Das Jahr 1930 markierte also einen Wendepunkt in der Unternehmensstruktur des kommunalen Versorgungsbetriebes. Ausschlaggebend waren verschiedene Entwicklungen, die zeitgleich aufeinander trafen und die Stadt Oldenburg in eine schwere wirtschaftliche und politische Krise stürzten. Auf politischer Ebene musste Oberbürgermeister Goerlitz sich gegen die Forderung von Mitgliedern der NSDAP und der DNVP zur Wehr setzen, die ihn für die Zerrüttung der städtischen Finanzen verantwortlich machten und seine Absetzung forderten. Während der Antrag im Stadtrat angenommen wurde, lehnte das Staatsministerium den Beschluss des Stadtrats ab, Goerlitz

579 Bericht Röver vom 3.3.1930. Die Entschließung vom 3.3.1930 wurde von den Versammelten mit einer Gegenstimme angenommen, StAO, Best. 262-1 20 Nr. 331.

580 Verhandlungen des V. Landtags des Freistaates Oldenburg, 1.4.1930, Anlage 211 und 212, Oldenburg 1928/30 S. 117.

581 Oeffentliche Volksversammlung der NSDAP im Lindenhof, in: Nachrichten, Nr. 65, 7.3.1930; ferner: Bericht des Ausschusses II über den selbstständigen Antrag des Abgeordneten Röver, 2.3.1930, Firmenarchiv der EWE, Nr. 100–00, S. 243.

582 Diverse Zeitungsberichte z.B.: Die Oldenburger Elektrotransaktion, in: Oldenburgische Landeszeitung, Nr. 63, 4.3.1930; Die Unaufrichtige Agitation der Nationalsozialisten, in: Oldenburgische Landeszeitung, Nr. 66, 7.3.1930; Zur gestrigen Stadtratssitzung, in: Nachrichten, Nr. 62, 4.3.1930; Zur Neuregelung der Gas- und Elektrizitätsversorgung, in: Nachrichten, Nr. 66, 8.3.1930; Die Umgestaltung der Elektrizitätsversorgung Oldenburgs im Spiegel der deutschen Energiewirtschaft, in: Nachrichten, Nr. 68, 10.3.1930; Versammlung der deutschen Volkspartei, in: Nachrichten, Nr. 78, 20.3.1930.

583 Der Verkauf des Elektrizitäts- und Gaswerks endgültig beschlossen, in: Nachrichten, Nr. 79, 21.3.1930; Elektro-Transaktion endgültig beschlossen, in: Oldenburgische Landeszeitung, Nr. 80, 21.3.1930.

584 Ebd., Oldenburgische Landeszeitung, Nr. 80, 21.3.1930.

zu entlassen.[585] Tatsächlich war die städtische Finanzlage gegen Ende der 1920er Jahre desolat:

> Erhebliche und nichtkalkulierbare Belastungen waren der Stadt durch die Versorgung der Ausgesteuerten und der Arbeitslosen über die Wohlfahrtskasse entstanden. Dazu hatte die Stadt hypothekarisch gesicherte Baudarlehen (ohne städtische Sparkasse) in Höhe von rund 5,618 Millionen RM vergeben, die durch die Wirtschaftskrise nur zögerlich zurückgezahlt werden konnten, sowie 3,7 Millionen RM städtische Bau-Bürgschaften geleistet, die natürlich auch dem Handwerk zugute kamen. Auch waren für die Notstandsarbeiten und den Straßen- und Wegebau 1,4 Millionen RM und für den Schulbau 1,3 Millionen RM verausgabt worden.[586]

1929/30 stand die städtische Verwaltung vor der Alternative, entweder den Finanzbedarf für den notwendigen Netzausbau und die Erweiterung des Drehstromwerks über Kredite zu finanzieren, die aufgrund der Weltwirtschaftskrise jedoch nur zu ungünstigen Bedingungen aufgenommen werden konnten, oder das kommunale Elektrizitätswerk zu verkaufen. Die Mehrheit im Stadtrat entschied sich für den Verkauf. Durch diesen Beschluss wurde der Weg frei für eine Neuorganisation der Strom- und Gasversorgung in Oldenburg. Die Verträge vom 22. März 1930[587] räumten der Preußischen Elektrizitäts AG, Berlin (Preag) fortan einen wesentlichen Anteil am Oldenburger Strom- und Gasgeschäft ein.

Für die Stromerzeugung und die Stromverteilung traten jetzt zwei neue Gesellschaften auf: Die Stromerzeugung fiel an die Nordwestdeutsche Kraftwerke AG, Hamburg (NWK), einer Tochtergesellschaft der Preag.[588] Die Stromverteilung wurde von der neu gegründeten Gesellschaft Oldenburgische Stromversorgungs AG (Oldag) übernommen. Das Oldenburger Kraftwerk an der Doktorsklappe wurde an die NWK verkauft und blieb bis in die 1950er Jahre hinein als Reserve- und Spitzendeckungsstelle erhalten. Der Verkaufspreis des Oldenburger Kraftwerks einschließlich der Grundstücke, Gebäude und technischen Anlagen an die NWK betrug zwei Million Reichsmark.

Bei den Vertragsverhandlungen war die Preußenelektra auf die Forderungen der Stadt eingegangen, das Gaswerk in die neue Gesellschaft Oldenburgische Stromversorgungs AG (Oldag) mit aufzunehmen. Das Stadtgas wurde folglich weiterhin im hiesigen Gaswerk erzeugt. Zum Geschäftsbereich der Oldag gehörte also neben der Gaserzeugung vor allem die Verteilung von Gas und Strom in dem Gebiet, das zuvor vom städtischen Elektrizitätswerk beliefert worden war. Der kommunale Einfluss wurde durch die Gründung der Gesellschaft zwar geschmälert, aber keineswegs vollständig aufgehoben. Denn die Stadt Oldenburg und die Preußenelektra waren zu gleichen Teilen an der Oldenburgischen Stromversorgungs Gesellschaft (Oldag) beteiligt. Der Vertrag hatte eine Laufzeit bis zum 30. September 1950.

Das Wasserwerk blieb in städtischem Besitz. Die Oldag verpflichtete sich, gegen Gebühr die Zähler abzulesen und das Wassergeld zu kassieren. Diese Dienstleistung konnte mit dem Ablesen der Zähler für Strom und Gas gekoppelt werden, so dass der personelle Mehraufwand gering blieb. Der finanzielle Überschuss aus dem Wasserwerk wurde an die Stadt abgeführt.

Im Kaufvertrag zwischen der Stadt Oldenburg und der Oldag wurde der Verkaufspreis für das Leitungsnetz und die technischen Anlagen auf acht Millionen Reichsmark festgesetzt. Davon zahlte die Gesellschaft drei Millionen Reichsmark an die Stadt in bar, die diese Summe dringend zur Sanierung

585 Nistal: Oldenburg wird moderne Hauptstadt, S. 370.

586 Ebd.

587 Kaufvertrag zwischen der Stadt Oldenburg und der NWK AG zu Hamburg, ohne Datum, Firmenarchiv EWE, Best. 100–02.

588 Preußische Elektrizitäts-Aktien-Gesellschaft: „Aktienkapital 120 000 000 RM, an der die Freistaaten Preußen und Hessen sowie eine Reihe preußischer und nichtpreußischer Kommunalverbände beteiligt sind, und zu den Nordwestendeutschen Kraftwerken A.G. in Hamburg, von deren 8 Millionen Reichsmark Stammkapital 96 v. H. in der Hand der Preuß. Elektrizitäts-A.G. sind […].", in: Oldenburgische Landeszeitung, Nr. 60, 1.3.1930; ELGAWE – Tagesfragen, Wirtschaftliche und Sozialpolitische Nachrichten für die Elektrizitäts-, Gas- und Wasserwirtschaft Deutschlands (Berlin), 4, Nr. 25, 27.3.1930, Blatt 4.

589 Kaufvertrag zwischen der Stadt Oldenburg und der Oldenburgischen Stromversorgungs AG, ohne Datum, Firmenarchiv EWE, Best. 100–02; ferner Elektro-Transaktion endgültig beschlossen, in: Oldenburgische Landeszeitung, Nr. 80, 21.3.1930.

des städtischen Haushalts benötigte, für weitere drei Millionen Reichsmark erhielt die Stadt Aktienanteile der Gesellschaft und die restlichen zwei Millionen Reichsmark stundete die Stadt der Oldag als unkündbares Schuldscheindarlehen. Die Gesellschaft verpflichtete sich ihrerseits, die Angestellten und Arbeiter zu den bisherigen Bedingungen zu übernehmen und außerdem für deren Ruhegehalts- und Hinterbliebenenbezüge aufzukommen. Darüber hinaus wurde vereinbart, dass für die Schulen, die städtische Verwaltung, die Betriebe und die Straßenbeleuchtung Vorzugspreise gelten sollten.[589]

Hatte die Preußenelektra bei ihrer Gründung im Jahre 1927 noch die Auffassung vertreten, dass auf dem Elektrizitätsmarkt private und kommunale Interessen voll gewahrt werden sollten, verfolgte sie ab 1930 den Plan, die starke Zersplitterung in den Gemeinden, Genossenschaften und Kreisen durch eine Neugliederung der Versorgungskreise „in freier Verständigung mit den kommunalen Behörden" neu zu gliedern. „Der Strom, der durch mehrere Hände gehe, werde durch zwangsläufig entstehende Verwaltungskosten verteuert. Hier Verbesserung zu schaffen, sei die Aufgabe der Großstromversorgung."[590] Ziel war es, die verschiedenen Elektrizitätsgesellschaften unter dem gemeinsamen Dach der staatlichen Preußenelektra zu vereinigen und die Lieferung bis hin zur Lampe zu übernehmen. Im Laufe des Jahres 1930 führte die Preußenelektra Übernahmeverhandlungen mit den über 200 Elektrizitätsgenossenschaften im Oldenburger Land, die bis dahin einen lokal begrenzten Raum mit Strom versorgt hatten.[591]

In unmittelbarem Zusammenhang damit stand die rasante Expansion der Oldag. Im Mai 1930 erwarb die Gesellschaft das Elektrizitätswerk der Stadt Brake und die Ortnetze Rodenkirchen, Rastede, Nuttel und Petersfehn. Am 1. November 1930 wurde die Fusion mit der Weser-Ems-Stromversorgungs AG (Wesag), die ihren Sitz in Leer hatte, beschlossen. Diese Gesellschaft war 1929 von der Stadt Leer gemeinsam mit der Preußenelektra gegründet worden. Zu ihr gehörten seit dem 1. Januar 1930 die Elektrizitätswerke des Landeskreises Emden sowie die Rheiderländer Elektrizitätswerke GmbH. Das Vermögen der Wesag wurde von der Oldenburgischen Stromversorgungs AG (Oldag) übernommen, die zu diesem Zweck unter gleichzeitiger Änderung des Namens in Stromversorgungs AG Oldenburg-Ostfriesland (Strosag) ihr Aktienkapital auf 10 Millionen Reichsmark erhöhte. Gegen Schluss des Geschäftsjahres 1930 konnte die Strosag ihr Versorgungsgebiet noch auf weitere bis dahin unversorgte Gemeinden des Kreises Norden ausdehnen. Den Strom bezog die Gesellschaft aufgrund eines langfristigen Vertrages so gut wie ausschließlich von der Nordwestdeutschen Kraftwerke AG. Die Stromübergabe erfolgte an 15 Übergabestellen.[592]

Die Strosag ist die Rechtsvorgängerin der EWE AG, als deren Gründungsdatum gilt folglich der 1. November 1930. Den Namen Energieversorgung Weser-Ems AG führt die Gesellschaft aber erst seit der Fusion von Strosag und Landeselektrizitätsverband Oldenburg (LEV) am 24. März 1943.

Auf der politischen Bühne leitete die Landtagswahl vom 29. Mai 1932 die entscheidende Wende ein. Die NSDAP hatte im Freistaat Oldenburg 24 von 46 Sitzen erobert und so die absolute Mehrheit im Landtag erlangt. Sie war die erste nationalsozialistische Landesregierung in Deutschland. Am 16. Juni 1932 wurde der Gauleiter Weser-Ems Carl Röver zum Ministerpräsidenten gewählt.[593] Zu den ersten Maßnahmen der neuen NS-Regierung gehörte der Sturz des Oberbürgermeisters Dr. Goerlitz im November 1932. Sein Amtsnachfolger wurde der Oberfinanzrat Dr. Rabeling.[594] Für die Energiepolitik von besonderer Bedeutung war auch die Oldenburger Verwaltungsreform von 1933. Über die Vereinfachung und Kostensenkung der Verwaltung war schon seit Beginn des 20. Jahrhunderts immer wieder debattiert worden, sie war aber

590 Mohrmann: Die Zukunftsaussichten und -aufgaben der kommunalen Elektrizitätswirtschaft, Tagungsbericht, in: Wasser und Gas 22, 1932, S. 622.
591 Elektro-Transaktion endgültig beschlossen, in: Oldenburgische Landeszeitung, Nr. 80, 21.3.1930.
592 Geschäftsbericht der Stromversorgungs AG. Oldenburg-Ostfriesland, Oldenburg i. O. in: Journal für Gasbeleuchtung 74, 1931, S. 716.
593 Nistal: Oldenburg wird moderne Hauptstadt, S. 373.
594 Ebd., S. 375f.

aufgrund der zu geringen Effektivität nicht weiter verfolgt worden.

> Als jedoch im Zuge der einsetzenden Wirtschaftskrise die Soziallasten, deren größten Teil die Gemeinden trugen, drastisch stiegen und den Haushaltsausgleich immer schwieriger machten, erhob sich die Forderung nach einer Verwaltungsreform von neuem. [...] Hier setzte die NS-Regierung nach ihrer Machtübernahme an. Am 22. Juli 1932 wurde das Staatsministerium durch Notverordnung ermächtigt, „die Staats- und Gemeindeverwaltung zu verbilligen und zu vereinfachen".[595]

Wenige Monate später verabschiedete die Oldenburger Regierung ein Gesetz, das am 27. April 1933 in Kraft trat. Danach sollte die Verwaltungsreform zu einer grundlegenden Veränderung der öffentlichen Verwaltung und kommunalen Wirtschaftsbetriebe führen.[596] In der Elektrizitätswirtschaft wurde die seit Anfang der 1930er Jahre durch die Preußenelektra eingeleitete „Flurbereinigung" weiter vorangetrieben. Durch das Landesgesetz von 1933 wurden die kommunalen Elektrizitätsverbände zum „Landeselektrizitätsverband Oldenburg" (LEV) zusammengeschlossen.[597] In Kapitel 8 des Gesetzes vom 27. April 1933 heißt es in Paragraf 4, Absatz 1):

> Der Landeselektrizitätsverband ist befugt, alle für die Durchführung des Verbandszwecks geeigneten Handlungen und Rechtsgeschäfte vorzunehmen.
>
> 2) Zur Durchführung seiner Aufgaben werden dem Verband die gesamten Anstalten, Einrichtungen und Betriebe der Verbandsglieder, welche der Erzeugung, dem Bezuge oder der Verteilung von Elektrizität dienen, zur Verwaltung und Nutznießung unentgeltlich übertragen. Mit der Verwaltung geht die gesamte Geschäftsführung auf den Verband über; er vertritt die Verbandglieder in ihren Rechten und Pflichten aus dem Strombezugs- und Lieferverträgen.[598]

Auf der Grundlage dieses Gesetzes wurden dem Landeselektrizitätsverband wichtige Entscheidungskompetenzen zugebilligt mit der Folge, dass die so genannte Flurbereinigung, die im Freistaat Oldenburg zwischen 1933 und 1943 durchgeführt wurde, nicht in freier Vereinbarung, sondern unter Zwang erfolgte. Am 27. April 1933 ordnete der Verband den Zusammenschluss des Landkreises Cloppenburg sowie mehrerer Stadt- und Landkreise zum LEV an. Einige Gemeinden und Genossenschaften schlossen sich der Stromversorgungs AG (Strosag) an. Schließlich wurde mit dem Änderungsgesetz vom 12. August 1936 der Zusammenschluss aller Oldenburgischen Stadt- und Landkreise zum LEV verfügt. Mitglieder des Zweckverbandes LEV waren über 30 Gemeindeverbände und rund 230 Genossenschaften.[599] Lediglich die Städte Oldenburg und Brake blieben in der Stromversorgungs AG (Strosag).[600]

Die verbundwirtschaftliche Zusammenfassung der Stromversorgungsunternehmen wurde durch das Energiewirtschaftsgesetz, das die Reichsregierung im Dezember 1935 verabschiedete, beschleunigt.[601] Mit Hilfe des Gesetzes sollte eine ausreichende, sichere und billige Energieversorgung vor allem für den Strombedarf der expandierenden Rüstungsindustrie gewährleistet werden. Um dieses Ziel zu erreichen, wurde die Elektrizitätswirtschaft zusammengefasst und rationalisiert. Die deutsche Energiewirtschaft wurde durch das Energiewirtschaftsgesetz von 1935 unter die zentrale Aufsicht des Reiches gestellt, die Kontrolle übernahm der Reichswirtschaftsminister. Das Gesetz war in erster Linie das Resultat einer Allianz der staatlichen Wirtschaftspolitik mit den teils staatlichen, teils

---

595 Günther, Wolfgang: Freistaat und Land Oldenburg (1918–1946), in: Eckhardt, Albrecht/Schmidt, Heinrich: Geschichte des Landes Oldenburg. Ein Handbuch, Oldenburg, 1987, S. 450ff.

596 Gesetzblatt für den Freistaat Oldenburg 48, 1933/34, Oldenburg 1934, S. 171ff.

597 Ebd., S. 260–265.

598 Zusammenfassung der Elektrizitätswirtschaft im Landesteil Oldenburg, ebd., S. 264.

599 Die Entwicklung der Oldenburgischen Energieversorgung, StAO, Best. 262-1 20 Nr. 329; ferner EWE AG (Hg.): 50 Jahre Energieversorgung Weser-Ems, Oldenburg 1980, S. 45.

600 Schulze: Oldenburgs Wirtschaft, S. 207.

601 Gesetz zur Förderung der Energiewirtschaft (Energiewirtschaftsgesetz) vom 13.12.1935, in: Journal für Gasbeleuchtung 78, 1935, S. 959; veröffentlicht am 16.12.1935 im RGBl. I, Nr. 139, S. 1451/56.

gemischt-wirtschaftlichen Energieversorgungsunternehmen wie z.B. der Preußenelektra. Diese hatte großes Interesse daran, die Konkurrenz der zahlreichen städtischen und ländlichen Versorgungsbetriebe als Erzeuger auszuschalten. Am 3. und 20. September 1939, unmittelbar nach dem Ausbruch des Zweiten Weltkrieges am 1. September, wurde das Energiewirtschaftsgesetz von 1935 über die Sicherstellung der Elektrizitäts- und Gasversorgung wesentlich erweitert.[602]

247 *Luftaufnahme Kraftwerk Oldenburg, im Hintergrund der Küstenkanal und die Amalienbrücke, um 1960, e.on Netz GmbH.*

Am 24. März 1943 übertrug der Landeselektrizitätsverband (LEV) sein gesamtes Vermögen mit allen Rechten und Pflichten auf die Stromversorgungs-AG Oldenburg-Ostfriesland in Oldenburg (Strosag), die nun in „Energieversorgung Weser-Ems Aktiengesellschaft" (EWE AG) umbenannt wurde. Zugleich wurde das Grundkapital von 10.000.000 Reichsmark auf 24.400.000 Reichsmark erhöht. Die neuen Aktien entsprachen ungefähr dem Vermögen des Landeselektrizitätsverbandes, das in die Aktiengesellschaft eingebracht wurde. Die neue EWE Aktiengesellschaft übernahm 74 Prozent der Aktien und Preußenelektra erhielt die restlichen 26 Prozent.[603]

Der juristische Unternehmenskern der heutigen Energieversorgung Weser-Ems AG entspricht immer noch der alten zwischen der Stadt, Preußenelektra und der Stadt Leer am 1. November 1930 gegründeten Oldenburgischen Stromversorgungsgesellschaft AG Oldenburg-Ostfriesland (Strosag). Bis Ende 2003 hielten die Landkreise und Städte zwischen Ems, Weser und Elbe eine Anteilsmehrheit von 72,6 Prozent an der EWE AG. Gegenwärtig setzt sich das Unternehmen aus drei Anteilseignern zusammen: Weser-Ems-Energiebeteiligungen GmbH (WEE) 59 Prozent, Energieverband Elbe-Weser-Beteiligungsholding GmbH (EEW) 15 Prozent, die gemeinsam den Ems-Weser-Elbe Versorgungs- und Entsorgungsverband bilden. Der dritte Partner ist die Energie Baden-Württemberg (EnBW) mit 26 Prozent.[604]

In den neunziger Jahren hat die EWE ihr Versorgungsgebiet von Oldenburg ausgehend vergrößert: neben der traditionellen Region Ems-Weser-Elbe beliefert sie darüber hinaus Brandenburg, das nördliche Vorpommern und Rügen mit Erdgas. Außerdem werden noch Dienstleistungen wie Telekommunikation, Informationstechnologie und auch Abwasser- und Abfallentsorgung angeboten.

Seit 1998 ist die EWE auch im Ausland tätig, damit betrat das Unternehmen Neuland: denn bis vor wenigen Jahren spielten transnational agierende Energieversorgungsunternehmen nur eine geringe Rolle. In Polen wurde die EWE Polska gegründet mit Schwerpunkt im Erdgasgeschäft. Über die EWE ENERJI in der Türkei, die 2007 gegründet wurde, hält EWE Anteile an zwei türkischen Gasversorgern und einer Gashandelsgesellschaft.

Die swb AG mit Standorten in Bremen und Bremerhaven, die seit 2009 zum EWE Konzern gehört (100 Prozent minus einer Aktie), deckt sowohl den Bereich Energieerzeugung als auch Netzbetrieb und Vertrieb ab. Darüber hinaus ist sie in ihrem Versorgungsgebiet zuständig für die Trinkwasserver-

[602] RGBl. I Nr. 139, 1939, S. 1451ff.; ferner Gesetz zur Förderung der Energiewirtschaft (Energie-wirtschaftsgesetz) vom 13.12.1935, in: Journal für Gasbeleuchtung 78, 1935, S. 959ff.

[603] Kaufvertrag vom 24.3.1943 zwischen der Stromversorgungs-Aktiengesellschaft Oldenburg-Ostfriesland und dem Landeselektrizitätsverband, Firmenarchiv EWE 110–00–02.

[604] http://www.ewe.com/investor-relations/1492.php, 27.9.2011.

sowie Abfall- und Abwasserentsorgung. Die Bremer Gesellschaft brachte ein weiteres Marktgebiet mit einem hohen Versorgungsanteil in den EWE Konzern ein.

Die EWE stieg 1959 in die Ergasversorgung ein. Zusätzlich ist sie seit 1972 in der Förderung und seit 1983 in der Produktion von Erdgas aktiv.[605] In den 1970/80er Jahren leiteten innovative Energietechnologien einen Wandel in der Stromproduktion ein: die EWE investierte in dezentrale klimaverträgliche Stromerzeugung. Der Focus liegt dabei auf den erneuerbaren Energien wie Wind, Biomasse, Biogas und Sonne. Der größte Teil des Energiebedarfs wird jedoch von Dritten bezogen, von in- und ausländischen Lieferanten.[606]

Technische Infrastrukturen waren von der Mitte des 19. bis weit in die zweite Hälfte des 20. Jahrhunderts hinein darauf ausgerichtet, eine universelle und allgemeinzugängliche „Daseinsvorsorge" zu gewährleisten. Das sind immer noch gültige Notwendigkeiten, die ein effektives Infrastruktursystem erfüllen muss, die Handlungsspielräume zur Versorgung der Menschen mit Wasser, Gas und Elektrizität haben sich jedoch grundlegend verändert. In den achtziger Jahren setzte ein Paradigmenwechsel ein: vor dem Hintergrund der Klima- und Energiedebatte, der Technikinnovationen bei regenerativen Energie- und intelligenten Netzinfrastruktursystemen, der veränderten Rolle der Verbraucher sowie Ende der 1990er Jahre beschlossenen Liberalisierung des Energiemarktes wurde ein tief greifender Strukturwandel der Energieversorgungssysteme eingeleitet. Die EWE, die traditionell mit der Stadt Oldenburg eng verbunden ist und hier nach wie vor ihren Hauptsitz hat, hat ihre Unternehmensstrategie auf die neue „Logik der Infrastrukturversorgung"[607] ausgerichtet.

Die Entwicklungen zeigen, dass sich die herkömmliche institutionelle Struktur der EWE durch die Erweiterung des Versorgungsgebietes gravierend verändert hat, indem neue Märkte erschlossen wurden wie etwa durch die Übernahme der swb AG oder die Gründung von Unternehmen im europäischen Ausland. Zugleich haben sich die infrastrukturellen Dienstleistungen immer weiter ausgedehnt, die im Geschäftsbericht der EWE 2010 beschrieben werden mit dem Begriff „Multi-Service-Anbieter".[608] Festzuhalten bleibt, dass die EWE, insbesondere in den letzten zwei Jahrzehnten, enorme Anstrengungen unternommen hat, um sich als regionaler Gebietsversorger am Markt zu profilieren.

---

605 http://www.ewe.com/konzern/gasfoerderung.php, 4.10.2011.

606 Vgl. http://www.ewe.unternehmensberichte.net/reports/ewe/annual/2010/gb/German/ html; 27.9.2011.

607 Vgl. Monstadt, Jochen: Der räumliche Wandel der Stromversorgung und die Auswirkungen auf die Raum- und Infrastrukturplanung, in: Moss: Infrastrukturnetze und Raumentwicklung, S. 197.

608 http://ewe.unternehmensberichte.net/reports/ewe/annual/2010/gb/German/ html; 27.9.2011.

Ausblick

Als „das goldene Zeitalter" bezeichnete Stefan Zweig die Epoche vor dem Ersten Weltkrieg, die geprägt war von dem Glauben „an den ununterbrochenen, unaufhaltsamen ‚Fortschritt'":

> [...] man glaubte an diesen „Fortschritt" schon mehr als an die Bibel, und sein Evangelium schien unumstößlich bewiesen durch die täglich neuen Wunder der Wissenschaft und Technik. [...] Auf den Straßen flammten des Nachts statt der trüben Lichter elektrische Lampen, die Geschäfte trugen von den Hauptstraßen ihren verführerischen neuen Glanz bis in die Vorstädte [...]. Der Komfort drang aus den vornehmen Häusern in die bürgerlichen, nicht mehr mußte das Wasser vom Brunnen oder Gang geholt werden, nicht mehr mühsam am Herd das Feuer entzündet, die Hygiene verbreitete sich, der Schmutz verschwand.[1]

Dieser publizistische Blick auf die Großstadt wurde vermutlich von vielen Zeitgenossen geteilt. Denn erhebliche Bevölkerungsgruppen profitierten vor dem Ersten Weltkrieg bereits von den technischen Innovationen im Bereich der Gas- und Elektrotechnik sowie der Trinkwasserversorgung und der Abwasserbeseitigung. Die versorgenden Infrastrukturen hatten sich im Verlauf des 19. Jahrhunderts zunehmend zu einer kommunalen Aufgabe entwickelt und bildeten einen zentralen Aspekt der Grundversorgung der Bevölkerung im Zeitalter der Industrialisierung und des Städtewachstums.

Seit den 1850er Jahren war die Bevölkerung in den Industrie- und Verwaltungsstädten in bislang unbekanntem Ausmaß und Tempo gestiegen. Motor der enormen Wanderungsbewegung vom Land in die Stadt waren gleichermaßen der Strukturwandel in der Landwirtschaft und die Industrialisierung.[2] Die Industrie war zum „Städtegründer" geworden.[3] Ein wesentliches Kennzeichen solcher Zentren war nicht allein das sehr rasche Bevölkerungswachstum, sondern auch, dass die Stadtbevölkerung sich überwiegend aus Zuwanderern zusammensetzte. Großstädte mit mehr als 100.000 Einwohnern in der Hochphase der Urbanisierung waren keine Seltenheit und trugen entscheidend zur Veränderung der städtischen Lebensbedingungen bei. Neben diesen Industriestädten existierten in der zweiten Hälfte des 19. Jahrhunderts außerdem noch Hanse-, Verwaltungs-, Residenz-, Universitäts- und Garnisonstädte. Einige davon entwickelten sich zu großen Industriestädten, bedeutenden Handelszentren bzw. multifunktionalen Städten. Viele andere konnten jedoch bis ins 20. Jahrhundert hinein ihren traditionellen Charakter beibehalten[4] – wie beispielsweise die Stadt Oldenburg. Gleichwohl unterlagen auch sie strukturellen Veränderungen und verzeichneten ein hohes Bevölkerungswachstum.

Die Forschungen über technische Infrastruktursysteme konzentrieren sich – auch aufgrund der vergleichbaren Ausgangsbedingungen – fast immer auf Großstädte, denn ihnen kam in dieser Hinsicht eine führende Rolle zu. Die Großstadt war der Ort, an dem die zu erforschenden tief greifenden Wandlungsprozesse am deutlichsten und zuerst sichtbar wurden. Charakteristisch waren der wachsende Bedarf an Infrastrukturleistungen und die massiven Probleme, die in den Großstädten besonders drastische Auswirkungen hatten und den Handlungsdruck früher als in den Klein- und Mittelstädten spürbar werden ließen. In neueren Forschungen über die Versorgung mit Infrastruktur in Großstädten kristallisierten sich zwei Schwerpunkte heraus, die unabhängig voneinander dargestellt wurden: der Bereich Wasserversorgung und Abwasserbeseitigung auf der einen und die Energieversorgung auf der anderen Seite.

In der vorliegenden Arbeit wurde ein anderer Weg beschritten, der sich dadurch unterscheidet, dass sowohl die Wasserversorgung und Abwasserbeseitigung als auch die Gas- und Elektrizitätsversorgung in einer mittelgroßen Stadt im Fokus der Forschung standen. Auch wenn kein direkter Vergleich von mittelgroßen und großen Städten möglich ist, darf das nicht darüber hinwegtäuschen, dass auch Klein- und

[1] Zweig, Stefan: Die Welt von gestern. Erinnerungen eines Europäers, Sonderausgabe, Nördlingen 1978, S. 13.
[2] Mann, Golo: Deutsche Geschichte des 19. und 20. Jahrhunderts, Frankfurt/M. 1999, S. 399.
[3] Reulecke: Die deutsche Stadt im Industriezeitalter, S. 58. Dieser Begriff wurde von Werner Sombart geprägt.
[4] Krabbe: Die deutsche Stadt im 19. und 20. Jahrhundert, S. 77.

Mittelstädte dieselben Probleme zu bewältigen hatten, wenn auch mit zeitlicher Verzögerung. Netzgebundene Technologien wie Wasserversorgung, Abwasserentsorgung und Energieversorgung entwickelten sich in der Hochurbanisierungsphase in den meisten deutschen Städten – wie auch in Oldenburg – zum Motor modernen Lebens. In dieser Epoche wurde die Grundlage für unsere heutigen, weit verzweigten Netzwerke gelegt, die die Nutzer in fast jedem Haus mit zentralen, mehr oder weniger entfernt gelegenen Versorgungsanlagen verbinden.

In dieser Arbeit wurde untersucht, unter welchen Umständen sich in der Residenzstadt Oldenburg, die 1910 rund 30.000 Einwohner zählte, im 19. und frühen 20. Jahrhundert die versorgenden Infrastrukturen entwickelten. Die Ergebnisse lassen sich unter folgenden Aspekten zusammenfassen:

1. Es wurden die Hemmnisse herausgearbeitet, die den Modernisierungsprozess in Oldenburg im Vergleich zu den Großstädten verzögert haben: Traditionelle Hoheits- und Vermögensverwaltungsstrukturen und das Fehlen von Expertenwissen führten zu einem verspäteten Ausbau von Infrastrukturen.
2. Der Einfluss von externen Experten aus den Bereichen Wissenschaft, Technik, Medizin und Verwaltung auf die kommunalen Entscheidungen wurde erörtert: Diese Einflussnahme bewirkte vor allem, dass der Aufbau technischer Infrastrukturen, mit Ausnahme der Kanalisation, privaten Unternehmern überlassen wurde.
3. Die Kommunalisierung des Wasser-, Gas- und Elektrizitätswerks wurde als Prozess interpretiert, der in Zusammenhang mit dem Wechsel von der Ordnungs- zur Leistungsverwaltung stand: Die Übernahme der Infrastrukturanlagen diente zur Sicherstellung der Grundversorgung mit Wasser und Energie und erwies sich zudem als ein lukratives Geschäft für den städtischen Haushalt.
4. Neue Erkenntnisse in Wissenschaft und Technik im Bereich der versorgenden Infrastrukturen wurden im Hinblick auf ihre Bedeutung und Wirkung analysiert: Hygienisierung der Stadt, Verbesserung der gesundheitlichen Verhältnisse, Technisierung des Haushalts sowie die Verbesserung der Produktionsmethoden in Handwerk und Industrie waren wesentliche Aspekte, die zur Modernisierung städtischen Lebens beitrugen.
5. Technische Innovationen wurden als die entscheidende Kraft diskutiert, die eine Grundlage für die rationelle Arbeitsorganisation und die Konsumgesellschaft bildeten: Dienten die versorgenden Infrastrukturen zunächst vor allem den städtischen Interessen und dem lokalen Gewerbe, gewann die Versorgung der privaten Haushalte mit Wasser und Energie bei den Verantwortlichen erst ab der Jahrhundertwende an Bedeutung. Technische Verbesserungen der Gas- und Elektrogeräte sowie die Senkung der Energiepreise waren eine Seite, das entscheidende Medium, die Zeitgenossen für die Technisierung und Hygienisierung des Haushalts zu gewinnen, war jedoch die Werbung.
6. Der Konzentrationsprozess auf dem Energiesektor in den 1920er Jahren wurde als eine folgenreiche Entwicklung für die lokale Energieversorgung dargestellt: Die Stadt Oldenburg verlor 1930 die Autonomie ihres Gas- und Elektrizitätswerks und damit zugleich ein Kernstück ihres wirtschaftlichen, technologischen und kulturellen Gestaltungspotenzials.

Die differenzierte Betrachtung der Wasserversorgung, der Abwasser- und Müllentsorgung sowie der Gas- und Elektrizitätsversorgung erlaubte es vor allem, die Beweggründe und Handlungen der städtischen Akteure systematischer zu analysieren, denn es war ein Unterschied, ob die Kommune beispielsweise über die Verbesserung der Stadthygiene, die Kommunalisierung des Gaswerks oder die Einführung der Elektrizität zu entscheiden hatte. Jedes Infrastruktursystem erforderte andersartige technische Anlagen, spezifischen Sachverstand und organisatorische Formen der Regulierung. Von Bedeutung war außerdem der zeitliche Faktor, denn durch die Verzögerung beim Aufbau der Versorgungsbetriebe konnten jeweils die aktuellen technischen, wissenschaftlichen und ökonomischen Standards berücksichtigt werden. Waren beispielsweise wegen mangelnder wirtschaftspolitischer und rechtlicher Kenntnisse bei den Konzessionsverträgen mit dem Gaswerksunternehmen noch gravierende Fehler gemacht worden, zeigte sich bei der Planung des Elektrizitätswerks rund 50 Jahre später, dass die Kompetenzen in den Fachressorts der Verwaltungsbehörde inzwischen ein hohes Niveau erreicht hatten. Insgesamt hatte sich um die Wende zum 20. Jahrhundert der kommunale Aufgabenbereich in quantitativer und qualitativer Hinsicht grundlegend gewandelt. Dieser Wechsel von der Ordnungs- zur Leistungsverwaltung[5] ist am Beispiel von technischen Infrastrukturen in dieser Arbeit näher beleuchtet worden.

Die zunehmende Professionalisierung der Oldenburger Verwaltung ergab sich vor allem aus dem Anwachsen der Aufgaben, die mit dem Bevölkerungswachstum und dem Ausbau der Stadt in Zusammenhang standen. Doch bevor die institutionellen Reformen durchgesetzt werden konnten, galt es, Widerstände zu überwinden und eigene Vorstellungen zu artikulieren, um die komplexen Aufgaben des Umbaus und die Entwicklung neuer Formen der öffentlichen Verwaltung angehen zu können.

Ein wesentliches Anliegen dieser Arbeit war es, die Interessenkonflikte zwischen den Akteuren zu zeigen, die zur Verzögerung des Ausbaus der Stadttechnik beigetragen haben. Die Mitwirkung der städtischen Selbstverwaltungsorgane an der Gestaltung der Stadt war vor allem durch die obrigkeitsstaatliche Unterdrückung gekennzeichnet, die erst mit dem Zusammenbruch der Monarchie endete. Durch diese Einfluss nahme und Steuerungsprozesse war das Verhältnis von Stadt und Staat stark belastet, auf der anderen Seite war die Gemeindevertretung nicht bereit, etwas Grundsätzliches an den im Verlauf des 19. Jahrhunderts mehrfach reformierten Stadt- und Gemeindeordnungen zu ändern. Dabei spielte sicherlich eine Rolle, dass der Bürgermeister der Großherzoglichen Regierung unterstand und gleichzeitig eine Vermittlerfunktion zwischen Magistrat und Stadtrat innehatte, zudem bevorzugte das Wahlrecht die Oldenburger Führungsschichten, so dass die Konfliktbereitschaft nicht sonderlich groß war. Eine gewisse Unzufriedenheit zeigte sich besonders dann, wenn das Staatsministerium auf neue Verordnungen, Statutenänderungen, Haushaltsangelegenheiten etc. mit großer zeitlicher Verzögerung reagierte oder die Stadt zur Überarbeitung von Vorlagen aufgefordert wurde. Besonders deutlich wurde diese Handlungsweise bei den Diskussionen über das Abort- und Abfuhrwesen und das Kanalisationsprojekt, die sich jeweils über Jahre hinzogen. Der Umstand, dass zwischen der Genehmigung zum Bau einer Kanalisation (1896) und der Bewilligung zum Anschluss von Toiletten an die städtische Kanalisation (1908) mehr als zehn Jahre vergingen, zeigt die Interesselosigkeit der Staatsregierung an technischen Lösungen, die eine Verbesserung der Lebensqualität der Oldenburger zur Folge gehabt hätte. Zugleich war es das Eingeständnis der Stadtverwaltung, der Steuerungsgewalt des Staates machtlos ausgesetzt zu sein, zumal die Mehrheit in Stadtrat und Magistrat eher eine pragmatische Haltung einnahm.[6]

Die Stadtverwaltung hatte sich nicht allein mit den staatlichen Behörden auseinanderzusetzen, sondern auch das Innenverhältnis von Stadtmagistrat und Stadtrat spielte eine Rolle bei der Bewältigung von Verwaltungsaufgaben. Eine zentrale Funktion übernahmen die Kommissionen, sie waren besetzt mit Mitgliedern des Magistrats, des Stadtrats und mit Bürgern der Stadt, die das Bürgerrecht besaßen.

Die Gesundheitskommission sowie die Licht- und Wasserkommission sind von besonderer Bedeutung im Zusammenhang mit der Darstellung über die Entwicklung der gemeinwohlorientierten Verantwortung der Stadtverwaltung für die Sicherung der Daseinsvorsorge. Ein wichtiges Ergebnis dieser Studie ist, dass die in der Gesundheitskommission als Ärzte oder Chemiker wirkenden Gutachter und Berater anfangs nur geringen Einfluss auf die Entscheidungen der Gemeindevertretung hatten, denn sie mussten sich deren Handlungsspielräumen unterordnen, die durch unterschiedliche Intereressen einzelner Gruppen und durch staatlichen Gegendruck gekennzeichnet waren. Das besondere Verdienst

[5] Wittkämper, Gerhard W. von: Zur Entstehung und Entwicklung kommunaler Aufgabenfelder im 19. Jahrhundert, in: Blotevogel: Kommunale Leistungsverwaltung, S. 25-41.

[6] Die Gemeindeverwaltung der Stadt Oldenburg, 1908 Januar 1., Oldenburg 1908, S. 1; ferner Statuten der Stadtgemeinde Oldenburg, Statut 70 vom 7. April 1908, s.a. Kapitel I: Wasser.

der Gesundheitskommission liegt darin, dass die Grundlagenforschung der Oldenburger Mediziner und Chemiker über die Stadthygiene mit den damals zur Verfügung stehenden wissenschaftlichen Standards, die Untersuchung der Wasserqualität in den privaten Brunnen und den Gewässern, die Förderung des Abort- und Abfuhrwesens, die Straßenreinigung sowie das Erstellen von Statistiken über ansteckende Krankheiten nicht nur die Gemeindevertretung für eine bessere Gesundheitspolitik sensibilisiert hat. Auch ihre breite Berichterstattung über die Missstände in den Medien löste eine öffentliche Diskussion aus, die sicherlich zur Aufklärung der Bevölkerung beigetragen hat. In den Diskussionen der Kommission spielten nicht nur medizinische und hygienische Fragen eine Rolle, sondern es wurde auch über technische Lösungen und Finanzierungsmöglichkeiten debattiert. Von besonderer Bedeutung war etwa der Gastvortrag von James Hobrecht, dem Kanalisationsexperten aus Berlin, vor dem Oldenburger Gesamtstadtrat. Ebenso grundlegend waren die Publikationen des Deutschen Vereins für öffentliche Gesundheitspflege, die über den wissenschaftlichen Diskussionsstand informierten und auf die sich die Kommunalpolitiker bei ihrer Argumentation stützen konnten. Wichtig erscheint mir in diesem Zusammenhang die Bereitschaft einiger Mitglieder der Gemeindevertretung, sich den Expertenurteilen zu öffnen und deren Lösungsansätze auf die Stadt Oldenburg zu übertragen zu wollen. Diese Strategie führte in den 1890er Jahren dazu, dass der Rückhalt in den politischen Gremien und bürgerlichen Schichten immer breiter wurde und schließlich der Bau der Wasserversorgung und Kanalisation die notwendige Zustimmung in den entscheidenden Körperschaften erhielt.

Neuere Forschungen haben darauf hingewiesen, dass nicht in erster Linie die Hygienebewegung die Entscheidung der Gemeindeverwaltungen beeinflusste, ein Wasserwerk und Abwassersystem zu bauen, sondern die Kosten und die Umlage der Reingewinne aus diesen Werken eine wichtigere Bedeutung hatten.[7] Dieser Prozess, so ein weiteres Ergebnis dieser Arbeit, konnte auch in Oldenburg beobachtet werden. Der wohl einflussreichste Akteur der Oldenburger Stadtverwaltung war Franz Noack, der seit 1885 als Stadtbaumeister angestellt war. Er übernahm eine Vermittlerrolle zwischen Verwaltung, Politik und Bürgern. Seine Position wurde noch gestärkt durch den Bürgermeister Roggemann, der 1890 das Amt übernommen hatte. Noack und Roggemann besaßen eine bemerkenswerte Gestaltungskraft und lenkten maßgeblich die urbane Politik in den 1890er Jahren. Roggemann war ebenfalls ein vehementer Verfechter von stadthygienischen Reformen, allerdings standen bei ihm ökonomische Interessen, die durch das kommunale Finanzwesen bestimmt wurden, im Vordergrund. Gemäß der Gemeindeordnung konnte die Gemeindevertretung unter bestimmten Umständen Anleihen aufnehmen, z.B. zur Schuldenabtragung oder „zur Bestreitung von unvermeidlichen oder zum dauernden Vorteile der Gemeinde gereichenden Ausgaben", dabei war der Grundsatz zu beachten, dass die Finanzierung der Anleihe aus Steuereinnahmen der Gemeinde zu erfolgen hatte, ohne dass die Gemeindeangehörigen übermäßig belastet wurden. Die städtische Verwaltung benötigte für die Aufnahme von Krediten die Genehmigung des Ministeriums des Innern bzw. der Regierung und war verpflichtet, einen genauen Tilgungsplan vorzulegen. Diese Genehmigung wurde nur erteilt, wenn die Verzinsung und die Tilgungsfrist vertraglich geregelt worden waren.[8]

Während Noack die Lösung der städtischen Wasserprobleme als kommunale Aufgabe ansah, die von der Kommune finanziert und organisiert werden sollte, bevorzugten die politischen Vertreter privates Unternehmertum für die Umsetzung der modernen Stadttechnik. Unter den Oldenburger Ratsherren herrschten wirtschaftsliberale Vorstellungen vor, weshalb sie der Kommunalverwaltung keine fiskalisch-erwerbsmäßige Tätigkeit zubilligen wollten, sondern den Aufbau von Infrastrukturbetrieben als Aufgabe der Privatwirtschaft ansahen.

[7] Brown, C. John: Wer bezahlt die hygienisch saubere Stadt? Finanzielle Aspekte der sanitären Reformen in England, USA und Deutschland um 1910, in: Vögele /Woelk: Stadt, Krankheit und Tod, S. 240f.

[8] Schücking: Staatsrecht, S. 300.

Die Debatten drehten sich im Kreis, solange zwischen Verwaltung und Politik keine Einigkeit über die Finanzierung der Infrastrukturen erzielt werden konnte. Gegen Ende des 19. Jahrhunderts hatte sich die Position der Politiker jedoch grundlegend gewandelt, sie distanzierten sich inzwischen vom „Wirtschaftsliberalismus manchesterlicher Prägung“[9] und arbeiteten mit der Verwaltung bei der Durchsetzung der Daseinsvorsorge zusammen. Insbesondere die Fachausschüsse, in denen sich Vertreter aus Verwaltung, Politik und Experten am runden Tisch trafen, um im Vorfeld der öffentlichen Diskussion in den Stadtratssitzungen Probleme zu erörtern, erhielten einen größeren Stellenwert. Die Konsensfindung in der Oldenburger Stadtverwaltung wurde wesentlich dadurch beeinflusst, dass man das Risiko einer hohen Pro-Kopf-Verschuldung scheute und für eine Aufteilung der Kosten zwischen Privatwirtschaft und Kommune plädierte. Nach Abwägung verschiedener Standpunkte kam es zu folgendem Kompromiss: Die Kanalisation wurde von der Kommune finanziert, die Wasserversorgung übernahm eine überregional agierende Aktiengesellschaft, und mit der Fäkalien- und Abfallbeseitigung wurden örtliche Unternehmen beauftragt.[10] Die Oldenburger Politiker beschritten damit jedoch keinen Sonderweg, vielmehr hatten Modellversuche in Dresden, Leipzig, München und anderen Städten diesen Weg bereits vorbereitet.[11] In zahlreichen Kommunen hatten sich liberale Kräfte dafür eingesetzt, dass der Infrastrukturaufbau mit ihrer Unterstützung erfolgte. Zugleich sollte damit verhindert werden, dass Infrastrukturen allein von Privaten geleitet wurden, vielmehr sollte die Gemeindevertretung die politische Verantwortung und die Steuerung übernehmen.[12] Im Zusammenhang mit dem Infrastrukturaufbau stellte sich die Frage, ob die lokalen Experten – der 1840 gegründete Handels- und Gewerbeverein sowie der 1869 ins Leben gerufene Technische Verein – Einfluss auf den Modernisierungsprozess in der Stadt hatten.[13]

Ein einziges Mal, und zwar in seiner Sitzung am 2. Oktober 1874, befasste sie sich der Handels- und Gewerbeverein mit der Gasversorgung in der Stadt. Angesichts der Unzufriedenheit mit der Straßenbeleuchtung und des kompromisslosen Verhaltens des Unternehmers Fortmann plädierte der Verein für die Kommunalisierung des Gaswerks.[14] Eine nachhaltige Zusammenarbeit mit der Gemeindevertretung wurde wohl deshalb abgelehnt, weil der Verein aufgrund seiner Abhängigkeit von der Herzoglichen Regierung keine unabhängige Infrastrukturpolitik betreiben konnte. Der Staat sicherte sich seinen Einfluss durch regelmäßige finanzielle Zuschüsse, während die Institution sich verpflichtete, als Gegenleistung die Mitgliederlisten und die Sitzungsprotokolle einzureichen.[15] Dieses Beispiel macht erneut die Dominanz der Oldenburger Regierung deutlich. In der Forschung wird auch die Auffassung vertreten, dass gegen Ende des 19. Jahrhunderts der Einfluss des Staates in den Städten nachgelassen hatte.[16] In Oldenburg war die Autorität der Staatsmacht jedoch noch auf den verschiedensten Ebenen wirksam, weshalb die kommunalen Gestaltungsmöglichkeiten stark eingeschränkt waren.

Die Frage, wie innerhalb des Technischen Vereins die Entscheidungsprozesse der Stadtverwaltung im Hinblick auf die technischen Infrastrukturen diskutiert worden sind, und inwieweit umgekehrt neue Technologien, die in dem Verbands-

---

[9] Krabbe: Städtische Wirtschaftsbetriebe, S. 134.
[10] Siehe Kapitel I: Wasser.
[11] Krabbe: Städtische Wirtschaftsbetriebe, S. 118.
[12] Jellinghaus: Zwischen Daseinsvorsorge und Infrastruktur, S. 186.
[13] Ein Vergleich der Namenslisten dieser Privatvereine mit den Namen der Gemeindevertreter in der zweiten Hälfte des 19. Jahrhunderts, dem Hauptuntersuchungszeitraum, war nicht möglich, weil in den Berichten des Handels- und Gewerbevereins nur die Namen des Vorstands genannt wurden und vom Technischen Verein lediglich Mitgliederverzeichnisse aus den Jahren 1869 und 1875 vorliegen. Andererseits sind alle Namen der Stadtratsmitglieder ab 1854 bekannt und geben Aufschluss darüber, wer aus den drei Berufsklassen sich politisch engagierte. Auf eine weitergehende Analyse dieses Aspektes muss hier verzichtet werden, weil die überwiegende Mehrheit nur eine Legislaturperiode im Stadtrat aktiv war und zudem keine zuverlässige Antwort auf die Frage möglich ist, inwiefern es personelle Verquickungen zwischen den Privatvereinen und der Gemeindevertretung gegeben hat.
[14] 150 Jahre Gewerbe- und Handelsverein von 1840 e.V. Oldenburg, hg. vom Gewerbe- und Handelsverein von 1840 e.V., Oldenburg 1990, S. 57.
[15] 150 Jahre Gewerbe- und Handelsverein von 1840, S. 52ff.
[16] Jellinghaus: Zwischen Daseinsvorsorge und Infrastruktur, S. 278.

organ und in Vorträgen thematisiert wurden, das Verwaltungshandeln beeinflussten, kann nicht beantwortet werden, weil die Jahresberichte nur lückenhaft vorliegen und 1879 enden. Von seinem Selbstverständnis her hätte der Technische Verein durchaus Einfluss auf die Stadtverwaltung ausüben können, er verfügte über das technische Know-how und stand in regem Austausch mit unabhängigen Fachkollegen in anderen Städten. Anfang der 1890er Jahre, so die Aktenüberlieferung, beteiligte er sich an der Diskussion über das Kanalisationsprojekt, das der Stadtbaumeister Noack vorgelegt hatte, das aber vom Stadtrat seinerzeit abgelehnt worden war.

Zudem hielt Georg Klingenberg auf Anregung des Vereins im Dezember 1895 einen Vortrag über die Bedeutung eines zentralen Elektrizitätswerks für die Stadt Oldenburg. Es kann nur vermutet werden, dass die Stadtverwaltung bzw. die zuständigen Kommissionen den Rat des Technischen Vereins einholten, wenn es um technische Anlagen wie etwa die Kanalisation, Kläranlage oder den Betrieb eines Gas- oder Elektrizitätswerks ging, nicht zuletzt, weil dieses Themenspektrum in dem Verbandsorgan des Vereins umfassend behandelt wurde.

Ohne die zahlreichen ehrenamtlich tätigen Bürger hätte die Stadt die Verwaltungsaufgaben kaum bewältigen können. Am Beispiel der Gas- und Wasserkommission, die nach der Kommunalisierung des Elektrizitätswerks 1912 in Licht- und Wasserausschuss umbenannt wurde, lassen sich die Aufgaben und Funktionen dieses Gremiums näher beleuchten: Schon in den 1870er und dann noch einmal in den 1880/90er Jahren, als es um die Frage ging, ob das als Privatunternehmen geführte Gaswerk in kommunale Regie überführt werden sollte, hatte sich in der Vorbereitungsphase eine Kommission aus Magistratsmitgliedern und Stadtverordneten gebildet, in der wichtige Entscheidungen vorbereitet wurden. Es wurden Kontakte zu anderen Städten hergestellt, die bereits Erfahrungen mit städtischen Gaswerken gesammelt hatten, Dienstreisen unternommen, Musterverträge mit anderen Kommunen ausgetauscht sowie Gutachten und technische Pläne in Auftrag gegeben. Die Ergebnisse wurden dann dem Gesamtstadtrat vorgestellt und Empfehlungen für das weitere Vorgehen abgegeben.

Nachdem die Kommunalisierungen des Gaswerks 1901 und des Wasserwerks 1902 realisiert worden waren, übernahm die gemischte Deputation auch deren reguläre Verwaltung. Die Gas- und Wasserkommission bestand aus sieben Personen, drei aus der städtischen Verwaltung und vier aus dem Stadtrat. Diese Männer wirkten innerhalb der Kommission noch im Betriebs- und Bauausschuss mit.

Eine Besonderheit stellte die Kommission dar, die die Errichtung des Elektrizitätswerks vorbereitete, sie bestand aus drei Personen: Oberbürgermeister Karl Tappenbeck, Stadtbaumeister Franz Noack und AEG Vorstandsmitglied Georg Klingenberg. In langwierigen – vor Verwaltung, Politik und Öffentlichkeit geheim gehaltenen – Verhandlungen hatten sich die Männer über die Errichtung eines Elektrizitätswerks verständigt. Die Kommission stand vor der Herausforderung, die Zweifel gegenüber der Elektrizität unter Kommunalpolitikern und Magistratsmitgliedern, die darin vor allem eine Konkurrenz zum Gas sah, auszuräumen, und eine Lösung anzubieten, die die Interessen der Wirtschaft und der Gemeindevertretung gleichermaßen zufrieden stellte.

1912 übernahm die Stadt auch das Elektrizitätswerk der AEG in kommunaler Regie. Der daraufhin gebildete Licht- und Wasserausschuss wurde erweitert und setzte sich nunmehr aus dem Bürgermeister und zwei Magistratsmitgliedern sowie acht Stadtratsmitgliedern oder aus anderen Gemeindebürgern zu wählenden Mitgliedern zusammen. Der Direktor des Gas-, Elektrizitäts- und Wasserwerks konnte auf Wunsch der Kommission mit beratender Stimme an den Verhandlungen teilnehmen.

Das Gremium kontrollierte die Verwaltung der städtischen Betriebe dahingehend, dass die vom Stadtrat aufgestellten Grundsätze beachtet wurden. Darüber hinaus übernahm es die Vorprüfung der vom Direktor entworfenen Jahresvoranschläge, Jahresbilanzen und Jahresberichte. Ihm mussten zudem die Vorschläge über die Abschreibungen und die Verwendung des Jahresgewinns sowie die Tarifordnungen vorgelegt werden. Auch über geplante Neubauten oder Immobilienverkäufe hatte der Direktor die Kommission zu informieren.

Aus der Mitte der Kommission wurden ein Betriebs- und ein Bauausschuss gewählt, dem jeweils drei Personen angehörten. Der Betriebsausschuss war zuständig für die Kontrolle der Finanzen, die Genehmigung der Arbeiterordnung und die Bewilligung von Gratifikationen. Der Bauausschuss genehmigte die Baupläne der vom Stadtrat beschlossenen Neubauten und Rohrnetzerweiterungen.[17]

Als wichtiges Motiv für die Kommunalisierung der Infrastrukturen galt, dass, wenn auch zunächst nur in Grenzen, langfristig die gesamte Bevölkerung zu bezahlbaren Preisen mit Wasser und Energie versorgt werden sollte. Darüber hinaus spielten auch das Bemühen der Städte um Selbstbehauptung in der zunehmend auch öffentlich diskutierten Städtekonkurrenz eine Rolle sowie der Handlungsdruck, der von der örtlichen Wirtschaft ausging, die sich dadurch Standortvorteile und einen ökonomischen Nutzen versprach.[18]

Dass die Stadt Oldenburg durch die Kommunalisierung der Infrastrukturbetriebe hohe Gewinne erzielte, die teils für Abschreibungen und Investitionen verwendet, teils als Reingewinn an die Stadtkasse abgeführt wurden und für andere Projekte zur Verfügung standen, ist ein weiteres Ergebnis dieser Arbeit. Durch die Kommunalisierung wandelte sich das Selbstverständnis der Kommune, die Kompetenzen in der Stadtverwaltung wurden neu verteilt und das Personal in den kommunalen Eigenbetrieben mit neuen Herausforderungen konfrontiert. Eine exponierte Position nahm der Direktor der städtischen Versorgungsbetriebe ein. Der Dipl.-Ing. Oskar Wichmann war ursprünglich von Hamburg nach Oldenburg gekommen, um die Leitung des Gaswerks zu übernehmen, 1902 wurde ihm zusätzlich die Führung des Wasserwerks übertragen und nach der Kommunalisierung des Elektrizitätswerks 1912 erhielt er die Ernennung zum Direktor der städtischen Licht- und Wasserwerke.

Die Versorgungsbetriebe wurden Teil der städtischen Leistungsverwaltung und trugen wesentlich zur Modernisierung der Stadt bei. Mit Blick auf die Bürger bedeutete dies, dass durch intensive Werbemaßnahmen in Zeitschriften und Zeitungen, in Kinos und auf Plakaten sowie durch öffentliche Inszenierungen in Ausstellungen bei den Konsumenten die Weichen für eine positive „Bedeutungszuschreibung"[19] für technische Produkte gestellt wurden. Infolgedessen gehörten innerhalb weniger Jahrzehnte vormals technische Neuheiten, deren Bedienung und Anwendung erst noch gelernt werden musste, zum Bestandteil des alltäglichen Lebens: Spülklosetts, Staubsauger, Bügeleisen, Koch-, Heiz- und Heißwasseranlagen waren am Ende des Untersuchungszeitraums – zumindest für einen Teil der Bevölkerung – selbstverständlich geworden.

Zu den Herausforderungen der städtischen Leistungsverwaltung zählte insbesondere die Schaffung von Voraussetzungen für den Absatz von gewerblich und privat genutzter Energie sowie von Haushaltstechnik, die auf Gas und Elektrizität basierte. Wesentliche Indikatoren zur Sicherstellung der Versorgung der Verbraucher waren ausreichende Wasser-, Gas- und Elektrizitätsanschlüsse, erschwingliche Preise für Wasser und Energie und nicht zuletzt ein ausgedehntes Leitungsnetz.

Ein weiterer Bereich der Leistungsverwaltung war die Förderung der Hygiene in der Stadt. Zum Symbol der Moderne und des Fortschritts wurde um die Wende zum 20. Jahrhundert die Einrichtung eines Badezimmers. Denn erst durch den Anschluss an die zentrale Wasserversorgung und Kanalisation wurde es möglich, Badewannen, Duschen, Waschbecken und Toiletten mit Wasserspülung einzuführen. Sauberkeit war zu einer überwiegend individuellen Angelegenheit geworden. Hinter der Tür des privaten Badezimmers, vor den Blicken anderer verborgen, war der Mensch mit sich und seiner Körperpflege allein beschäftigt.

Im III. Kapitel dieser Arbeit wurde gezeigt, dass der Konzentrationsprozess auf dem Energiesektor gravierende lokale

[17] Beschluß des Stadtrats vom 3. November 1903: Über die Verwaltung der Licht- und Wasserwerke der Stadt Oldenburg, in: Gemeinde-Blatt, 50, 1903, S. 272ff.
[18] Matzerath: „Kommunale Leistungsverwaltung", in: Blotevogel: Kommunale Leistungsverwaltung, S. 9ff.
[19] Binder: Elektrifizierung als Vision, S. 45.

Veränderungen zur Folge hatte. Waren die städtischen Infrastrukturbetriebe einst Kernstück des wirtschaftlichen, technologischen und kulturellen Urbanisierungsprozesses, verloren sie ihren Integrationscharakter, indem die Energieerzeugung, -verteilung und -verwaltung von der Stadt und der Bevölkerung losgelöst und in ein Staatsunternehmen eingegliedert wurde. Die Entscheidung über die Neuordnung der Infrastrukturbetriebe kann aber nicht allein als eine bloße Machtfrage zwischen Preußenelektra und der Stadt Oldenburg interpretiert werden, sondern sie war auch einer situationsspezifischen Vereinbarung geschuldet. Angesichts der Finanznot der Stadt, deren Ursache die anhaltende Wirtschaftskrise war, sah die Mehrheit der Gemeindevertretung keine Alternative zur Umstrukturierung der städtischen Energieversorgungsbetriebe. Während die Verteilung der Energie von der neu gegründeten Stromversorgungs AG, an der die Stadt zur Hälfte beteiligt war, übernommen wurde, wurden die Kraftwerksanlagen an die Nordwestdeutschen Kraftwerke verkauft. Aus der Stromversorgungs AG, in die in der Zwischenzeit viele Kommunen durch Zwangsmaßnahmen eingegliedert worden waren, ging 1943 die EWE AG hervor.

Nahezu drei Jahrzehnte hatte die Stadt Oldenburg sich in der infrastrukturellen Daseinsvorsorge engagiert und sukzessive den Versorgungsstandard der Bevölkerung verbessert. Entstanden aus der Notwendigkeit, auf das Anwachsen der Einwohnerzahl und die damit verbundenen infrastrukturellen Herausforderungen zu reagieren, hatten Politik und Verwaltung ihre Unentschlossenheit schließlich aufgegeben, um dann aktiv Entwicklungen zu lenken, zu kontrollieren und zu gestalten. Dabei waren es zunächst vor allem fiskalische Vorteile, die die Kommunalverwaltung in ihrer Entscheidung beeinflussten, die Wasser-, Gas- und Stromversorgung in eigener Regie zu betreiben. Gleichwohl haben diese städtischen Wirtschaftsbetriebe wie kaum ein anderer Bereich an der kulturellen Umgestaltung der Stadt mitgewirkt und dazu beigetragen, dass den Menschen heute die permanente und uneingeschränkte Versorgung mit Trinkwasser, Gas und Elektrizität zur Verfügung steht.

Literaturverzeichnis

Archive und Quellen

Niedersächsisches Staatsarchiv Oldenburg (StAO):

Best. 136 Oldenburgisches Ministerium im Innern
Best. 71–5 Kammern in Oldenburg
Best. 265 Industrie- und Handelskammer
Best. 205 Polizeiinspektion
Best. 70 Regierung Oldenburg

Stadtarchiv Oldenburg:

Seit dem 1.8.2003 wird das Depositum des Stadtarchivs Oldenburg im Staatsarchiv Oldenburg nicht mehr mit der bisherigen Kennzeichnung „Bestand 262-1", sondern unter der neuen Bestandssignatur „Dep 10" geführt. In der vorliegenden Arbeit wird die herkömmliche Signatur verwendet, weil sie die Bestellsignatur geblieben ist.

Best. 262-1 A, Akten der Stadtverwaltung, 16.–20. Jahrhundert
Best. 262-1 F, Gemeindearchive von Osternburg, Eversten und Ohmstede
Best. 262-1 K, Baupolizei Oldenburg
Best. 262-1 M, Theater in Oldenburg
Best. 262-1 P, Amt Oldenburg
Best. 20, Stadtkämmerei
Best. 23, Liegenschaftsamt

Bauamt der Stadt Oldenburg:

Archiv des Amtes für Gebäudewirtschaft und Hochbau der Stadt Oldenburg

Stadtmuseum Oldenburg:

Wasserwerk 1898, Nr. I.2.B.21
Bild-, Karten- und Planarchiv
Unverzeichnete Sammlung des Elektrizitätswerks
Lebenserinnerungen aus der Zeit 1909 bis 1992 (Handschriftliche Aufzeichnungen)
Kopien aus den Akten des Gewerbeaufsichtsamts, 91-W-27

Firmenarchiv EWE:

Best. 100
Best. 110

Gedruckte Quellen, zeitgenössisches Schrifttum und Dokumentationen

75 Jahre Schwartzkopff 1852–1927. Berliner Maschinenbau-Actien-Gesellschaft vormals Schwartzkopff, Berlin 1928.

150 Jahre Gewerbe- und Handelsverein von 1840 e.V. Oldenburg, hg. vom Gewerbe- und Handelsverein von 1840 e.V., Oldenburg 1990.

Adam: Die Textilindustrie, in: Syrup: Handbuch des Arbeiterschutzes, Bd. 2, Teil I, S. 216–245.

Adressbuch der Residenzstadt Oldenburg, Oldenburg 1854ff.; auch u. d. T.: Adressbuch für die Haupt- und Residenzstadt Oldenburg sowie für Stadtgebiet und Osternburg, Oldenburg (1868); Adreßbuch der Residenzstadt Oldenburg mit Vororten (1901); Adreßbuch der Haupt- und Residenzstadt Odenburg mit Vororten (1900, 1910, 1911, 1914, 1924); Einwohnerbuch der Haupt- und Residenzstadt Oldenburg mit Vororten (1917); Einwohnerbuch der Stadt Oldenburg (1919).

AEG (Hg.): 1883–1923, Festschrift zum 40-Jährigen Bestehen, Berlin 1923.

AEG (Hg.): Bedingungen für die Lieferung von Elektrizität zur Beleuchtung und Kraftübertragung im Anschluß an das Elektrizitätswerk, Oldenburg 1906.

AEG (Hg.): Elektrizität in der Landwirtschaft, Berlin 1930.

AEG (Hg.): Zum Gedächtnis an Georg Klingenberg, Berlin o. J. [um 1925/26].

Ahlert, E.: Internationale Kerze und Lumen, in: Journal für Gasbeleuchtung 64, 1921, S. 155.

Allgemeines Fremdwörterbuch oder Handbuch zum Verstehen und Vermeiden der in unserer Sprache mehr oder minder gebräuchlichen fremden Ausdrücke, mit Bezeichnung der Aussprache, der Betonung und der nöthigsten Erklärung, hg. von Joh. Christ. Aug. Heyse, Erste Abteilung: A bis J, 5. rechtmäßige, sehr verm. Ausg., Hannover 1829.

Allgemeines Landes-Adreßbuch für das Herzogthum Oldenburg und die Erbherrschaft Jever, Oldenburg 1839.

Amtlicher Katalog. Allgemeine Landes-Industrie- und Gewerbe-Ausstellung verbunden mit einer Nordwestdeutschen Kunst-Ausstellung und einer Ausstellung kunstgewerblicher Altertümer, Oldenburg im Grossherzogtum 1905.

Anonym: 100 Jahre Gasbeleuchtung in Hannover (1826 bis 1926), in: Journal für Gasbeleuchtung 69, 1926, S. 819. Original in: Hannoversches Magazin, 1836.

Anonym: 1200 Lampen brennen – und doch noch viel zu wenig! Über die Straßenbeleuchtung in Oldenburg, in: Die Wattpost. Werkzeitung der Energieversorgung Weser-Ems AG, Oldenburg, Jg. 2, Februar 1955.

Anonym: Die Fleischwarenwerke der Bölts AG, in: Stadtmagistrat Oldenburg: Die Landeshauptstadt Oldenburg, S. 100–109.

Anonym: Vom Waschen, in: AEG Mitteilungen 42, 1952, H. 9/10, S. 208–210.

Aus den Verhandlungen des Märkischen Vereins von Gas- und Wasserfachmännern, in: Journal für Gasbeleuchtung 35, 1892, S. 497–501.

Aus der Eröffnungsrede der Deutschen Ausstellung „Das Gas" München 1914. in: Journal für Gasbeleuchtung 57, 1914, S. 672.

Aus der Gasmotorenpraxis, in: Journal für Gasbeleuchtung 35, 1892, S. 372–376.

Bericht des Gewerberaths Tenne über die Beaufsichtigung von Fabriken und diesen gleichstehenden gewerblichen Anlagen in dem Großherzogthum Oldenburg im Jahre 1899, Berlin 1900.

Bericht des Verbandes der Handels- und Gewerbe-Vereine für das Herzogtum Oldenburg über das Jahr 1896, Oldenburg 1896.

Bericht über die 7. Oldenburger Gewerbe-Ausstellung, verbunden mit einer Ausstellung für Kunst und altes Kunstgewerbe, vom 15. August bis 22. September 1885, in: Jahres-Bericht des Gewerbe- und Handels-Vereins in Oldenburg für 1883,1884 und 1885, Oldenburg 1886, S. 131.

Bericht über die Verwaltung des städtischen Elektrizitätswerkes zu Oldenburg i. Gr. 1. Mai 1912 bis 30. April 1913, Oldenburg 1913.

Bericht über die Verwaltung des städtischen Gaswerks zu Oldenburg i. Gr. 1. Mai 1912 bis 30. April 1913, Oldenburg 1913.

Berliner städtisches Elektrizitätswerk (Hg.): Das große Kraftwerk Klingenberg, Berlin 1928.

Bertelsmann, Wilhelm: Über den Einfluß der unverbrennlichen Bestandteile auf die praktische Brauchbarkeit des Leuchtgases, Vortrag, gehalten auf der Jahresversammlung des Deutschen Vereins von Gas- und Wasserfachmännern, 1924, in: Journal für Gasbeleuchtung 67, 1924, S. 609–612.

Berufsgenossenschaft der Gas- und Wasserwerke, in: Journal für Gasbeleuchtung 57, 1914, S. 569.

Bilder aus der Oldenburgischen Geschichte. Für Schule und Haus, 3. verb. Aufl., Oldenburg, o. J. [um 1906].

Bloch, L.: Elektrische Beleuchtung in Fabriken, in: AEG-Zeitung 13, Nr. 4, Oktober 1910, S. 13–16.

Bode, Günther: Die Entwicklung des Gasglühlichts, Vortrag gehalten auf der vierten ordentlichen Mitgliederversammlung der Deutschen Beleuchtungstechnischen Gesellschaft in Berlin, 24.1.1914, in: Journal für Gasbeleuchtung 57, 1914, S. 265–271.

Bremer Nachrichten, Jg. 1936.

Bronner, Rudolf: Das neue städtische Elektrizitätswerk, in: Stadtmagistrat Oldenburg: Die Landeshauptstadt Oldenburg, S. 84–86.

Buresch, E.: Der Central-Bahnhof der Oldenburg'schen Staatsbahnen zu Oldenburg, Sonderdruck aus der Zeitschrift des Architekten- und Ingenieur-Vereins zu Hannover, Bd. 29, Hannover 1883.

Carton, Jean Robert: Der Wohnungsbau nach dem Kriege, in: Stadtmagistrat Oldenburg: Die Landeshauptstadt Oldenburg, S. 40–51.

Claussen, E.: Die Kleinmotoren und die Kraftübertragung von einer Centralen, ihre wirtschaftliche Bedeutung für das Kleingewerbe, ihre Construktion und Kosten [Rezension], in: Journal für Gasbeleuchtung 35, 1892, S. 121.

Correspondenz-Blatt für die Aerzte und Apotheker des Grossherzogthums Oldenburg, hg. von Dugend, C./Müller, Dodo/Tappehorn, Theodor, Oldenburg, Bd. 1, 1861; Bd. 3, 1863.

Corswant, H. v.: Betrachtungen über Brennapparat-Constructionen für Gaslaternen, in: Journal für Gasbeleuchtung 35, 1892, S. 684–686.

Cuno, R.: Die Beleuchtung Berlins, in: Journal für Gasbeleuchtung 35, 1892, S. 129–134.

Darstellung des von der Stadtgemeinde Oldenburg vorgelegten Planes über die Erweiterung ihrer Gränzen, Oldenburg 1854.

Das Gas- und Wasserfach. Wochenschrift des Deutschen Vereins von Gas- und Wasserfachmännern e.V, u.a., Zeitschrift des Deutschen Vereins von Gas- und Wasserfachmännern, München, Berlin 1921–1944, Forts.: Das Gas- und Wasserfach. Fachblatt für das Gesamtgebiet der Gastechnik, Gaswirtschaft und des Wasserversorgungswesen, München 1947–1949. (ehemals: Journal für Gasbeleuchtung).

Der Beobachter, Jg. 1853.

Der Oldenburgische Volksbote. Ein gemeinnütziger Volkskalender für den Bürger und Landmann des Großherzogthums Oldenburg, Jg. 1841, 1858–1859.

Der Werbeleiter. Fachblatt für den Einsatz von Strom und Geräten. Organ der Arbeitsgemeinschaft zur Förderung der Elektrowirtschaft, Berlin, Jg. 1933, 1934, 1939.

Dettmar, Georg: Elektrizität im Hause. In ihrer Anwendung und Wirtschaftlichkeit dargestellt, Berlin 1911.

Deutscher Verein von Gas- und Wasserfachmännern (Hg.): 100 Jahre Deutscher Verein von Gas- und Wasserfachmännern. Festschrift den Mitgliedern und Freunden zur Jubiläumstagung 1959 überreicht, München 1959.

Die Gemeindeverwaltung der Stadt Oldenburg, Oldenburg 1908–1912.

Die Gemeindeverwaltung und der Gemeindehaushalt der Stadt Oldenburg vom Anfange des Jahres 1834 bis zum 30. April 1847, Oldenburg 1847.

Die Notwendigkeit der Hebung des Gasabsatzes für die Beleuchtung und besonders für die Landesverteidigung, in: Journal für Gasbeleuchtung 57, 1914, S. 940.

Die Statistik der Gas- und Wasserversorgung, in: Wasser und Gas 22, Nr. 1, Oktober 1931, Berlin 1932, S. 12–18.

Dr. Makinson's Gebrauchsanweisung des Kamala (Rottlera tinctoria Roxbg.) gegen Bandwurm, in: Correspondenz-Blatt für Aerzte und Apotheker des Grossherzogthums Oldenburg 1, 1861, S. 52.

Duden. Rechtschreibung der deutschen Sprache und der Fremdwörter, bearb. von J. Ernst Wülsing und Alfred C. Schmidt, 9., neubearb. Aufl., Leipzig 1926.

Ein neuer Weg zur Vereinfachung des Abrechnungswesens von Elektrizitäts-, Gas- und Wasserwerken, Bericht der Fakturier- und Rechenmaschinenwerke GmbH, Düsseldorf-Reisholz, in: Journal für Gasbeleuchtung 57, 1914, S. 164.

Elektrizität. Offizielle Zeitung der Internationalen Elektrotechnischen Ausstellung Frankfurt am Main 1891, hg. unter Mitwirkung des Ausstellungsvorstandes und hervorragender Fachleute, Frankfurt/M. 1891.

Elektrowärme-Ausstellung Essen 1933 [Ausst.-Kat.], Essen 1933.

ELGAWE – Tagesfragen, Wirtschaftliche und Sozialpolitische Nachrichten für die Elektrizitäts-, Gas- und Wasserwirtschaft Deutschlands (Berlin), 4, Nr. 25, 27.3.1930.

Ephraim, Hugo (Bearb.): Die Ergebnisse der Volks-, Berufs- und Betriebszählung am 16. Juni 1925 für den Freistaat Oldenburg, hg. vom Statistischen Landesamte (Statistische Nachrichten über den Freistaat Oldenburg 29), Oldenburg 1928.

Ephraim, Hugo: Die Stadt Oldenburg in sozialstatistischer Beleuchtung, Tübingen 1910.

Eröffnung der Deutschen Ausstellung „Das Gas" München 1914, in: Journal für Gasbeleuchtung 57, 1914, S. 671–673.

Fähndrich, G.: Über das Auer'sche Gas-Glühlicht, in: Journal für Gasbeleuchtung 35, 1892, S. 527–533.
Festschrift des Oldenburgischen Gewerbe- und Handels-Vereins zu dessen fünfzigjährigem Jubiläum 1891, hg. vom Vorstand des Vereins, Oldenburg 1891.
Fietje: Ein Wasserfall in Oldenburg, in: Die Wattpost. Werkzeitung der Energieversorgung Weser-Ems AG, Oldenburg, Jg. 2, Februar 1955, S. 5–6.
Firmeninformation der Fakturier- und Rechenmaschinenwerke GmbH, Düsseldorf-Reisholz: Ein neuer Weg zur Vereinfachung des Abrechnungswesens von Elektrizitäts-, Gas- und Wasserwerken, in: Journal für Gasbeleuchtung 57, 1914, S. 164.
Friedrichs, Karl. Gewerbebetriebe und Gemeinnützige Anstalten, in: Wasser und Gas 17, 1927, Nr. 17, 1. Juni, S. 885–893:
Fuchs, Erich: 25 Jahre AEG-Kühlschränke, in: AEG Mitteilungen 42, 1952, H. 9/10, S. 210–215.
Gasanzünder Perpetuum, in: Journal für Gasbeleuchtung 64, 1921, S. 707.
Gasglühlicht und elektrisches Licht, Tagungsbericht, in: Journal für Gasbeleuchtung 35, 1892, S. 345–348.
Gemeinde-Blatt s. Oldenburgisches Gemeinde-Blatt.
Gemeinde-Ordnung für das Herzogthum Oldenburg vom 1. Juli 1855, Oldenburg 1855.
Gemeinde-Uebersicht 1. Mai 1901, mit handschriftlichen Ergänzungen, Oldenburg 1901.
General-Anzeiger für Oldenburg und Ostfriesland. Oldenburger Zeitung. Unparteiische Zeitung für Jedermann, Oldenburg, Jg. 1904, 1905.
Geschäftsbericht der Gemeinnützigen Siedlungsgesellschaft Oldenburg über das Jahr 1927/28, Oldenburg 1931.
Gesetz zur Förderung der Energiewirtschaft (Energiewirtschaftsgesetz) vom 13.12.1935, RGBl. I, Nr. 139, S. 1451/56.
Gesetzblatt für den Freistaat Oldenburg 45, 1927/28, Oldenburg o. J.
Gesetzblatt für den Freistaat Oldenburg 48, 1933/34, Oldenburg 1934.
Glasgow, A. G.: Carburirtes Wassergas, in: Journal für Gasbeleuchtung 35, 1892, S. 78-79.
Goerlitz, Theodor: Die Eingemeindungen von 1922 und 1924, in: Stadtmagistrat Oldenburg: Die Landeshauptstadt Oldenburg, S. 38–39.
Goerlitz, Theodor: Oldenburg an der Schicksalswende, in: Stadtmagistrat Oldenburg: Die Landeshauptstadt Oldenburg, S. 5–6.
Goulden, T.: Carburirtes Wassergas in Beckton, Vortrag, gehalten in London, 1891, in: Journal für Gasbeleuchtung 35, 1892. S. 26–30.
Grahn, Ernst /Meyer, Andreas F.: Reisebericht einer von Hamburg nach Paris und London ausgesandten Commission über künstliche centrale Sandfiltration zur Wasserversorgung von Städten und über Filtration im kleinen Maasstabe, Hamburg 1877.
Grahn, Ernst: Die städtische Wasserversorgung im Deutschen Reiche sowie in einigen Nachbarländern, Erster Band: Königreich Preußen, München/Leipzig 1898.
Grahn, Ernst: Ueber Quellwasser- und Flusswasserversorgung, Vortrag vom 4.6.1875, in: Grahn/Meyer: Reisebericht, S. 113ff.
Greineder, Friedrich: Die öffentliche Energieversorgung und die Gaswerke, in: Journal für Gasbeleuchtung 57, 1914, S. 48.
Greineder, Friedrich: Die öffentliche Verwaltung der Gaswerke, in: Schilling/Bunte: Handbuch der Gastechnik, Bd. 10, 1914, S. 22–75.
Großeinkaufsgesellschaft Deutscher Consumvereine (Hg.): Fleischwarenfabrik Oldenburg, Hamburg 1931.
Handelsadressbuch für das Herzogtum Oldenburg, 3. Aufl., Oldenburg 1909.
Handelsblatt der Kölnischen Zeitung, Jg. 1930.
Hanomag-Nachrichten, Sonderdruck, hg. von der Hannoverschen Maschinenbau-Actien-Gesellschaft, vorm. Georg Egestorff, Hannover-Linden, Jg. 2, H. 8, August 1915, S. 129–140.
Hartmeyer, Fr.: Die Lehrküche – Grundlage der Kochstromwerbung, in: Der Werbeleiter 1934, H. 2, S. 30–31.

Hartmeyer, Fr.: Die Einrichtung einer Lehrküche, Stromversorgungs AG Oldenburg Ostfriesland, in: Der Werbeleiter, 1933, H. 4, S. 82–84.
Hauptvoranschlag der Einnahmen und Ausgaben für 1. Mai 1906–1907, hg. von der Haupt- und Residenzstadt Oldenburg, Oldenburg 1906.
Hauptvoranschlag der Einnahmen und Ausgaben für die Gemeindecasse, im Rechnungsjahre 1886/87, hg. von der Stadt Oldenburg, Oldenburg 1887.
Jahrbuch der Gastechnik für das Jahr [1912–1916], im Auftrag des Vereines der Gas- und Wasserfachmänner in Österreich-Ungarn zusammengestellt, München, Berlin 1913–1917.
Jahresbericht der Handelskammer für das Herzogtum Oldenburg 9, 1909, Oldenburg 1910.
Jahres-Bericht des Gewerbe- und Handelsvereins in Oldenburg für das Jahr [1865, 1874–1885], Oldenburg 1866, 1877–1886.
Jahresbericht des Gewerbe-Aufsichtsbeamten des Großherzogtums Oldenburg für das Jahr 1900–1913, Berlin 1901–1914.
Jahresbericht des Gewerbeaufsichtsbeamten des Staates Oldenburg für das Jahr 1914–1919, Oldenburg 1914–1919.
Jahresbericht des Technischen Vereins zu Oldenburg 1869, Faksimile 1994 aus Anlass des 125jährigen Bestehens des Technischen Vereins, Oldenburg 1994.
Jahres-Berichte über die Betriebs-Verwaltung der Oldenburgischen Eisenbahnen, 1895–1897, Oldenburg 1895, 1896 und 1897.
Jahresberichte. Die Gemeinnützige Siedlungsgesellschaft Oldenburg mbH, hg. von der Wohnungsfürsorge-Gesellschaft des Freistaates Oldenburg, Oldenburg i. O. in den Jahren 1929/30, Oldenburg 1931.
Jeverländische Nachrichten, Jg. 1853.
Journal für Gasbeleuchtung und verwandte Beleuchtungsarten sowie für Wasserversorgung. Organ des Deutschen Vereins von Gas- und Wasserfachmännern, München, Leipzig 1871–1920; 1921 Forts.: Das Gas- und Wasserfach. Wochenschrift des Deutschen Vereins von Gas- und Wasserfachmännern e. V, u.a., München, Berlin 1921–1945.
Jungermann, L.: Der Zentralviehmarkt, in: Stadtmagistrat Oldenburg: Die Landeshauptstadt Oldenburg, S. 73–75.
Katalog der siebten Oldenburger Gewerbe-Ausstellung verbunden mit einer Ausstellung für Kunst und altes Kunstgewerbe für das Herzogthum Oldenburg vom 15. August bis 20. September 1885, Oldenburg 1885.
Klingenberg, Georg: Bau großer Elektrizitätswerke, 2. verb. Aufl., Berlin 1924.
Klingenberg, Georg: Welche Aussichten bietet die Errichtung einer electrischen Centrale für Oldenburg, Berlin o. J. [gedruckt 1907 aus Anlass der Eröffnung der Elektrizitätszentrale].
Kohl, Dietrich: Die Straßen der Stadt Oldenburg [Sonderdruck], Oldenburg 1919/20.
Kohl, Dietrich: Forschungen zur Verfassungsgeschichte der Stadt Oldenburg, Teil 2: Die Allmende der Stadt Oldenburg, in: Jahrbuch für die Geschichte des Herzogtums Oldenburg, hg. vom Oldenburger Verein für Altertumsforschung und Landesgeschichte, Bd. 11, Oldenburg 1902, S. 7–82.
Kohli, Ludwig: Handbuch einer historisch-statistisch-geographischen Beschreibung des Herzogthums Oldenburg sammt der Erbherrschaft Jever und der beiden Fürstenthümer Lübeck und Birkenfeld, Oldenburg 1844.
Kollmann, Paul: Das Herzogthum Oldenburg in seiner wirtschaftlichen Entwicklung während der letzten vierzig Jahre, Oldenburg 1893.
Kollmann, Paul: Statistische Beschreibung der Gemeinden des Herzogtums Oldenburg, Oldenburg 1897.

Krünitz, Johann Georg: Oekonomische Encyklopädie, oder allgemeines System der Staats- Stadt- Haus- und Landwirthschaft, in alphabetischer Ordnung (242 Bde.), Berlin 1773–1858, Bd. 145.

Kümmel, W.: Die Cholera in Hamburg und Altona, Bericht vom 23.10.1892, in: Journal für Gasbeleuchtung 35, 1892, Nr. 32, S. 638.

Lasius, Georg Siegmund Otto: Blicke in der Stadt Oldenburg, Vergangenheit und Zukunft, Oldenburg 1853.

Lasius, Otto: Oldenburg zur Zeit unsrer Väter. Eine Festgabe zur Feier des fünfhundertjährigen Bestehens unserer Stadt, Oldenburg 1845.

Lempelius, Karl: Der Gasverkauf, in: Schilling, E./Bunte, H.: Handbuch der Gastechnik, Bd. 10, 1914, S. 151–181.

Lempelius, Karl: Vortrag gehalten auf der Ausstellung „Das Gas", in: Journal für Gasbeleuchtung 57, 1914, S. 689.

Lewes, B.: Hundert Jahre Arbeit an der Gewinnung von Licht aus Leuchtgas, für den Druck überarbeiteter Vortrag, gehalten in London am 15. Juni 1892, in: Journal für Gasbeleuchtung 35, 1892, S. 621–623.

Magazin für die Staats- und Gemeindeverwaltung im Großherzogthum Oldenburg, Oldenburg 1864.

Majerczik, Wilhelm: Elektrizitätswerke in öffentlicher und privater Verwaltung, Teil 2, in: AEG-Zeitung 13, 1910, Dez. 1910, S. 5.

Marcuse, Julian: Bäder und Badewesen der Neuzeit, in: Deutsche Vierteljahresschrift für öffentliche Gesundheitspflege, 32, 1900, S. 345–390.

Mendelsohn, Max: Die Stellung des Handwerks in den hauptsächlichsten der ehemals zünftigen Gewerbe, Jena 1899.

Mey, Karl: Die AEG-Nitralampe, in: AEG-Zeitung 16, Nr. 5, November 1913, S. 1–7.

Meyen, Fritz A.: Die Elektrizität in Haus und Gewerbe, 2. Aufl., Leipzig 1922 (1. Aufl. 1915).

Meyer, Erna: Der Neue Haushalt. Ein Wegweiser zur wissenschaftlichen Hausführung, Stuttgart 1926.

Meyer, O.: Der Außendienst, in: Schilling/Bunte: Handbuch der Gastechnik, Bd. 10, 1914, S. 108–150.

Meyers Konversations-Lexikon, Bd. 5, 5. erw. Aufl., Leipzig, Wien 1894.

Mohrmann: Die Zukunftsaussichten und -aufgaben der kommunalen Elektrizitätswirtschaft, Tagungsbericht, in: Wasser und Gas 22, Nr. 15, 1. Mai 1932, S. 601–643.

Mothes, Oscar: Illustrirtes Bau-Lexikon, Bd., 3. umgearb. und verm. Aufl., Leipzig, Berlin 1876.

Müller, Eberhard: Technische Entwicklung der Hamburger Wasserversorgung in den vergangenen 100 Jahren 1848 bis 1948, in: Das Gas- und Wasserfach 89, H. 12, 1948, S. 357.

Müller, H.: Zur Naturgeschichte unserer Malaria, in: Correspondenz-Blatt für Aerzte und Apotheker des Grossherzogthums Oldenburg, Dugend 1, 1861, Nr. 13, S. 150ff., Nr. 15. S. 180ff., Nr. 16. S. 189ff., Nr. 17, S. 208ff.

Murken, Elimar: Ueberblick über die in Deutschland vorhandenen Gemeindewahlsysteme, in: Das Gemeindewahlrecht der Stadt Oldenburg, Oldenburg 1902, S. 9–72.

Nachrichten für Stadt und Land, Oldenburger Zeitung für Volk und Heimat (zit.: Nachrichten), Jg. 1892, 1893, 1885, 1896, 1902, 1903, 1905–1918, 1920, 1923, 1930.

Neue Blätter für Stadt und Land, Oldenburg, Jg. 1843, 1844, 1847.

Noack, Franz: Das Kanalpumpwerk zu Oldenburg i. Gr., in: Journal für Gasbeleuchtung 48, 1905, Nr. 45, S. 978.

Noack, Franz: Die Kanalisation der Stadt Oldenburg. Sonderdruck aus den Berichten des Technischen Vereins zu Oldenburg. Oldenburg o. J. [um 1889].

Noack, Franz: Wasserleitung zur Spülung von Straßengossen in Oldenburg i. Gr., in: Gesundheits-Ingenieur 20, Nr. 13, 15. Juli 1897, S. 210f.

Norddeutsches Volksblatt, Jg. 1906.

Nordwestdeutsche Morgen-Zeitung. Jg. 1905.

Oechelhäuser, W. von: Die Steinkohlengasanstalten als Licht-, Wärme- und Kraft-Centralen, in: Journal für Gasbeleuchtung 35, 1892, S. 677–684.

Oehmcke, Th.: Gesundheit und weiträumige Stadtbebauung, in: Deutsche Vierteljahresschrift für öffentliche Gesundheitspflege 36, 1904, S. 237–305.

Oldenburg's hundertjährige Jubelfeier am 14. December 1873. Eine Gedenkschrift, Oldenburg 1873.
Oldenburger Anzeiger, Jg. 1855.
Oldenburger Landeszeitung, Jg. 1929.
Oldenburger Volksblatt, Jg. 1929.
Oldenburger wöchentliche Anzeigen (OWA), Jg. 1749, 1774, 1775, 1783, 1786.
Oldenburgische Blätter, Oldenburg 1817–1848, Jg. 1817, 1833, 1834.
Oldenburgische Landeszeitung. Unabhängiges Wochenblatt für Nordwestdeutschland, Jg. 1930.
Oldenburgisches Gemeinde-Blatt, Oldenburg, Jg. 1853–1918 (zit.: Gemeinde-Blatt); Bd. 1–49 (1853-1902) u. d. T.: Oldenburgisches Gemeinde-Blatt; Bd. 50–65 (1903–1918) u. d. T.: Gemeinde-Blatt der Stadt Oldenburg.
Passavant, H.: Die Entwicklung der deutschen Elektrizitätswerke seit 1891, in: Ruppel, Sigwart (Hg.): Elektrotechnische Gesellschaft. Zur 50-Jahrfeier der ETG (1881–1931), Frankfurt/M. 1931, S. 115–126.
Pleitner, Emil: Oldenburg im 19. Jahrhundert. Bd. 1: 1800–1848, Oldenburg 1899.
Preussische Elektrizitäts-Aktiengesellschaft (Hg.): Preussenelektra. Entwicklung und Ziele, Berlin 1930.
Ralph: Die Geheimnisse von Oldenburg oder Schilderungen Oldenburgischer Zustände, Oldenburg 1844/45, Heft 4, 1845, S. 149–193.
Ramsauer, Peter: Antrag des Stadtmagistratsmitgliedes Ramsauer, betreffend Aenderung des Artikels 3 des revidierten Statuts I, betreffend die Einrichtung des Gemeindewesens in der Stadt Oldenburg, Anlage I, in: Das Gemeindewahlrecht der Stadt Oldenburg, Oldenburg 1902, S. 1–8.
Raps, August: Elektrizität und Volkswohlfahrt, Berlin 1914.
Reichsgesetzblatt (RGBl), Berlin 1916, 1918, 1926, 1935, 1939.
Revidierte Gemeinde-Ordnung für das Herzogtum Oldenburg vom 15. April 1873 in der am 1. April 1910 geltenden Fassung. Oldenburg 1910.
Revidiertes Statut I. betreffend die Einrichtung des Gemeindewesens der Stadtgemeinde Oldenburg, in: Statuten der Stadtgemeinde Oldenburg, Oldenburg 1875.
Revidirte Gemeinde–Ordnung für das Herzogthum Oldenburg (1873 April 15), Oldenburg 1873.
Richter, Rudolf: Die Elektrizitätsversorgung, ihre volkswirtschaftliche Bedeutung und ihre Organisation, Leipzig 1916.
Ripke, G./Liebetanz, F.: Der praktische Maschinenbauer. Ein Hand- und Lehrbuch über den modernen Maschinenbau, sowie über das Wesen der Elektrizität und ihre Anwendung in der Industrie, insbes. im Maschinenbau, 3. Aufl., Leipzig 1907.
Roechling, H. Alfred: Technische Einrichtungen für Wasserversorgung und Canalisation in Wohnhäusern, in: Deutsche Vierteljahresschrift für öffentliche Gesundheitspflege 27, 1895, S. 35–89.
Runde, Christian Ludwig: Kurz gefaßte Oldenburgische Chronik, Oldenburg 1831.
Runde, Justus Friedrich: Oldenburgische Chronik, 3. Ausgabe, Oldenburg 1862.
Rüthning, Gustav: Die Pest in Oldenburg, in: Jahrbuch für die Geschichte des Herzogtums Oldenburg, hg. von dem Oldenburger Verein für Altertumskunde und Landesgeschichte Bd. 13, Oldenburg 1905, S. 103–120.
Rüthning, Gustav: Geschichte der Oldenburgischen Post. Denkschrift zur Eröffnung des Dienstbetriebes im neuen Reichspostgebäude, Berlin, Oldenburg, Leipzig 1902.
Sammlung der im Herzogthum Oldenburg geltenden Gesetze, Verordnungen und Bekanntmachungen aus der Zeit vom 1.12.1813 bis 1.1.1852, Oldenburg 1868.
Sammlung der im Herzogtum Oldenburg geltenden Gesetze, Verordnungen und Bekanntmachungen aus den Jahren 1813 bis 1903, Oldenburg 1905.
Schilling, E./Bunte, H. (Hg.): Handbuch der Gastechnik, neubearb. u. erw. 3. Auf., Berlin, München 1914ff.

Schneider, George: Messung des Gases, in: Schilling/Bunte: Handbuch der Gastechnik, Bd. 6, München, Berlin 1917, S. 168–258.
Schnittger, Gustav: Oldenburg und der Küstenkanal, in: Stadtmagistrat Oldenburg: Die Landeshauptstadt Oldenburg, S. 70–72.
Schücking, Walther: Das Staatsrecht des Großherzogtums Oldenburg, Tübingen 1911.
Sello, Georg: Historische Wanderung durch die Stadt Oldenburg, Oldenburg 1896.
Siemens (Hg.): Elektrizität im Haushalt, Berlin o. J. [um 1936].
Sitzungsprotokolle des Deutschen Vereins von Gas- und Wasserfachmännern, in: Journal für Gasbeleuchtung 35, 1892, S. 425–432.
Sölheim, Hans: Der Elektroherd prägt das Gesicht der modernen Küche, in: AEG Mitteilungen 42, 1952, 9/10, S. 205–207.
Spitta, Oskar: Die Wasserversorgung, in: Wasser und Abwasser. Die Hygiene der Wasserversorgung und Abwasserbeseitigung, bearb. von Kolkwitz, Richard/Reichle, Carl/Schmidtmann, A.,u. a., Leipzig 1911, S. 1–150.
Stadtmagistrat Oldenburg (Hg.): Die Landeshauptstadt Oldenburg, bearb. von Theodor Goerlitz, Berlin 1927.
Statistische und finanzielle Mitteilungen, Oldenburg, in: Journal für Gasbeleuchtung, 60, 1917, S. 457.
Statistische und finanzielle Mittheilungen. Oldenburg, in: Journal für Gasbeleuchtung 35, 1892, S. 126.
Statuten der Stadtgemeinde Oldenburg, Statut 70 vom 7. April 1908, in: Statuten der Residenzstadt Oldenburg, Oldenburg 1911.
Strackerjan, Christian Friedrich: Repertorium der Oldenburgischen Gesetzgebung oder allgemeines Real-Register über alle Sammlungen und Verzeichnisse der Landesherrlichen Verordnungen und der Bekanntmachungen der Landesbehörden, Oldenburg 1837, Bd. 2.
Strackerjan, Ludwig: Von Land und Leuten. Bilder und Geschichten aus dem Herzogtum Oldenburg, Oldenburg 1881.

Syrup, Friedrich (Hg.): Handbuch des Arbeiterschutzes und der Betriebssicherheit. 3 Bde., Berlin 1927/28.
Technischer Verein zu Oldenburg, in: Zeitschrift für Baukunde, Organ der Architekten- und Ingenieur-Vereine 2, München 1879, S. 698–704.
Technischer Verein zu Oldenburg, in: Zeitschrift für Baukunde, Organ der Architekten- und Ingenieur-Vereine 3, München 1880, S. 535–540.
Teichmüller, J.: Die Entwicklung der elektrischen Glühlampe bis zur Halbwattlampe, in: Journal für Gasbeleuchtung 57, 1914, S. 409–416.
Thiem, A.: Grundwasserversorgung mit besonderer Berücksichtigung der Enteisenung, in: Deutsche Vierteljahresschrift für öffentliche Gesundheitspflege 29, 1897, S. 8–50.
Uebersicht über die Gemeindeverhältnisse der Stadtgemeinde Oldenburg, deren Verwaltung und Vertretung. 1876–1898, in: Mittheilungen über die Gemeinde-Verwaltung und den Gemeinde-Haushalt der Stadt Oldenburg, Oldenburg 1854–1898.
Verhandlungen der Versammlung des V. Landtags des Freistaats Oldenburg, Oldenburg 1928/30.
Verordnung über die Verfassung und Verwaltung der Stadt Oldenburg, Oldenburg 1833, hg. von der Großherzoglichen Regierung Paul Friedrich August (= Oldenburgische Verordnungen a. d. J. 1831–1836, 6. Teil).
Verordnung wegen Reinigung der Gassen und Häusinge in der Stadt Oldenburg vom 27.6.1785, in: Sammlung der im Herzogthum Oldenburg geltenden Gesetze, Verordnungen und Bekanntmachungen aus der Zeit vom 1. Dezember 1813 bis zum 1. Januar 1852, Oldenburg 1868, S. 31–35.
Verzeichniß und summarischer Inhalt der im Herzogthum Oldenburg vom 1sten Januar 1802 bis zum 8ten März 1811 ergangenen Verordnungen, Rescripte und Resolutionen. Oldenburg 1826, Teil 3.
Verzeichniß und summarischer Inhalt der in dem Herzogthum Oldenburg vom 1sten Septb. 1775 bis zum 31sten Decb. 1793 ergangenen Verordnungen, Rescripte und Resolutionen, 5. Theile, Oldenburg 1794.

Vollbrecht: Gaswerke, in: Syrup: Handbuch des Arbeiterschutzes, Bd. 3, Berlin 1928.

Vorstand des Deutschen Metallarbeiter-Verbandes (Hg.): Die Deutsche Elektrizitätsversorgung, Stuttgart 1927.

Vortrag anlässlich der Eröffnung der Deutschen Ausstellung „Das Gas" München 1914, in: Journal für Gasbeleuchtung 57, 1914, S. 671–673.

Wasser und Gas. Zeitschrift für die Gesamtinteressen des Wasser-, Gas- und Elektrizitätsgebietes, Organ des Vereins für Wasser- und Gaswirtschaft E.V. und des Verbandes der Wassersachverständigen, hg. von Zahn, Stein und Thiem (Ab 1929 im Untertitel: Zeitschrift für die Gesamtinteressen des Wasser-, Gas- und Elektrizitätsgebietes. Unabhängiges Organ für die Gas-, Wasser- und Installationstechnik.), Berlin 1910/11–1933/34.

Wasserfuhr, Hermann: Die Gesundheitsschädlichkeiten der Bevölkerungsdichtigkeit in den modernen Miethshäusern mit besonderer Rücksicht auf Berlin, in: Deutsche Vierteljahresschrift für öffentliche Gesundheitspflege 18, 1886, S. 185–203.

Weetwat, Krischan [Pseud.]: Oldenburger Zustände von 1925, in: Oldenburgischer Volkskalender, Oldenburg 1927.

Weetwat, Krischan [Pseud.]: Oldenburger Zustände von 1926 in vertraulichen Mitteilungen, in: Oldenburgischer Volkskalender. Oldenburg 1927, S. 140–147.

Wichmann, Oskar: Das städtische Gaswerk, in: Stadtmagistrat Oldenburg: Die Landeshauptstadt Oldenburg, S. 87–88.

Wichmann: Die Gas- und Wasserwerke der Stadt Oldenburg i. Gr. [Vortrag], in: Niedersächsischer Verein von Gas und Wasserfachmänner (Hg.): Bericht über die 7. Jahresversammlung in Oldenburg, 11., 12. und 13.9.1905, München o. J. [1906], S. 22–36.

Zeitschrift für Baukunde, Organ der Architekten- und Ingenieur-Vereine, München, Jg. 1878–1880.

Zusammenfassung der Elektrizitätswirtschaft im Landesteil Oldenburg, in: Gesetzblatt für den Freistaat Oldenburg von den Jahren 1933 und 1934, Bd. 48, Oldenburg 1934, S. 264.

Sekundärliteratur

AEG (Hg.): 100 Jahre Drehstrommotor (Informationen aus der AEG Geschichte 89,1) Berlin, Frankfurt/M. 1989.

AEG (Hg.): Die AEG Fabrik Sickingenstraße. Information aus der AEG Geschichte 1/93, Berlin, Frankfurt/M. 1993.

Andritzky, Michael (Hg.): Oikos. Von der Feuerstelle zur Mikrowelle. Haushalt und Wohnen im Wandel, Gießen 1992.

Andritzky, Michael/Hauser, Thomas: Alles, was Netz ist, in: Beyrer, Klaus/Andritzky, Michael (Hg.): Das Netz. Sinn und Sinnlichkeit vernetzter Systeme. (Kataloge der Museumsstiftung Post und Kommunikation 12), Heidelberg 2002, S. 11–18.

Aschenbeck, Nils: Architektur und Elektrizität. Ein Monument am Hafen und andere Bauten der Stromversorgung in Oldenburg und Umgebung, in: Meyer, Lioba (Hg.): Mehr Licht, S. 129–140.

Badisches Landesmuseum Karlsruhe (Hg.): Die Elektrisierte Gesellschaft, Ausstellung des Badischen Landesmuseums in Zusammenarbeit mit dem Badenwerk aus Anlaß des 75jährigen Jubiläums, Karlsruhe 1996.

Barton, Walter: Oldenburgische Geschichte im Spiegel der frühen Presse. Die ersten 150 Jahre 1596–1746, Oldenburg 2000.

Barton, Walter: Oldenburgisches Leben im Spiegel der einheimischen Presse. Teil 1: Die Presse von 1746 bis 1785, Teil 2: Die Presse von 1786–1805, Oldenburg 2002/2004.

Bäumler, Susanne (Hg.): Die Kunst zu werben. Das Jahrhundert der Reklame. Ausstellungskatalog des Stadtmuseums München, München 1996.

Berg, Eugenie/Meyer, Lioba/Steitz, Ulf (Hg.): Moderne Zeiten. Industrie- und Arbeiterkultur in Oldenburg 1845–1945 (Veröffentlichungen des Stadtmuseums Oldenburg 5), Oldenburg 1989.

Berlepsch, Hans-Jörg von: „Neuer Kurs" im Kaiserreich? Die Arbeiterpolitik des Freiherrn von Berlepsch 1890 bis 1896, Bonn 1987.

Binder, Beate: Elektrifizierung als Symbol. Zur Symbolgeschichte einer Technik im Alltag, Tübingen 1999.

Blessing, Werner K.: Fest und Vergnügen der kleinen Leute, in: van Dülmen, Richard/Schindler, Robert (Hg.): Volkskultur. Zur Wiederentdeckung des vergessenen Alltags (16.–20. Jahrhundert), Frankfurt/M. 1984, S. 352–379.

Blotevogel, Hans Heinrich (Hg.): Kommunale Leistungsverwaltung und Stadtentwicklung vom Vormärz bis zur Weimarer Republik, Köln, Wien 1990.

Bohnsack, Almut: Spinnen und Weben. Entwicklung von Technik und Arbeit im Textilgewerbe. 17.–18. Tsd., Reinbek 1989 [zuerst: 1981].

Böker, Doris: Stadt Oldenburg (Oldenburg), in: Baudenkmale in Niedersachsen. Veröffentlichung des Niedersächsischen Landesverwaltungsamtes Hannover 31, Hameln 1993.

Bremer Landesmuseum für Kunst- und Kulturgeschichte (Focke-Museum) (Hg.): Wasser. Zur Geschichte der Trinkwasserversorgung in Bremen, Bremen 1988.

Brown, C. John: Wer bezahlt die hygienisch saubere Stadt? Finanzielle Aspekte der sanitären Reformen in England, USA und Deutschland um 1910, in: Vögele/Woelk: Stadt, Krankheit und Tod, S. 237–257.

Buddensieg, Tilmann: Peter Behrens und die AEG, Springe 1989.

Büsing, Wolfgang: Ernst Gottlieb Büsing. Klempnermeister zu Oldenburg, Mitbegründer der Oldenburger Gasanstalt. Ein Lebensbild zur Erinnerung an seinen Geburtstag vor 150 Jahren (5. August 1807), an seinen Todestag vor 100 Jahren (26. Oktober 1857) und die Gründung der Firma „E.G. Büsing" vor 125 Jahren (Juni 1832), Oldenburg 1957.

Büsing, Wolfgang: Glück, Heil und Segen angewünschet. Familiengeschichtliche und heimatkundliche Beiträge aus dem Oldenburgischen, Oldenburg 1988.

Canby, Edward T.: Geschichte der Elektrizität, Lausanne 1963.

Centrum Industriekultur Nürnberg und AEG (Hg.): Alles elektrisch. 100 Jahre AEG-Hausgeräte, Nürnberg 1989.

Centrum Industriekultur Nürnberg, Münchner Stadtmuseum (Hg.): Unter Null. Kunsteis, Kälte und Kultur. [Ausstellungskat.], München 1991.

Christiansen, Jörn (Hg.): Bremen wird hell. 100 Jahre Leben und Arbeiten mit Elektrizität (Veröffentlichungen des Bremer Landesmuseums für Kunst und Kulturgeschichte, Focke Museum 92), Bremen 1993.

Costas, Ilse: Auswirkungen der Konzentration des Kapitals auf die Arbeiterklasse in Deutschland (1880–1914), Frankfurt/M., New York 1981.

Daniel, Horst/Belling, Reimund/Hoffmann, Gerd: Verkehr und Wasser in Oldenburg. Zur Geschichte der Verkehr und Wasser GmbH, Oldenburg 1996.

Daniel, Horst: Wie der Großherzog im Fleischgeschäft sein Geld verlor. Die Geschichte der Fleiwa [Fleischwarenfabrik], in: NWZ, Nr. 30, 4.2.1989.

Daum, Andreas W.: Wissenschaftspopularisierung im 19. Jahrhundert. Bürgerliche Kultur, naturwissenschaftliche Bildung und die deutsche Öffentlichkeit 1848–1914, München 1998.

Delille, Angela/Grohn, Andrea (Hg.): Geschichten der Reinlichkeit. Vom römischen Bad zum Waschsalon, Frankfurt/M. 1986.

Dennerlein, Rudolf K.-H.: Energieverbrauch privater Haushalte. Die Bedeutung von Technik und Verhalten, Augsburg 1990.

Deutscher Verein von Gas- und Wasserfachmännern e.V. (Hg.): 100 Jahre Deutscher Verein von Gas- und Wasserfachmännern. Festschrift zum Jubiläumstag 1959, Frankfurt/M. 1959.

Deutsches Technikmuseum Berlin (Hg.): Feuer und Flamme für Berlin. 170 Jahre Gas in Berlin. 150 Jahre städtisches Gaswerk (Berliner Beiträge zur Technikgeschichte und Industriekultur 16), Berlin 1997.

Döring, Peter/Weltmann, Christoph: „Die Erweckung von Stromhunger". Elektrizitätswerbung im 20. Jahrhundert, in: Wessel: Das elektrische Jahrhundert, S. 93–108.

Döring, Peter: „Zauberin des Riesenmarktes". Elektrizitätsanwendung in Industrie und Handwerk. Folgen und Wirkungen 1900–2000, in: Wessel: Das elektrische Jahrhundert, S. 37–46.

Dormann, Michael: „Das asiatische Ungeheuer". Die Cholera im 19. Jahrhundert, in: Hans Wilderotter (Hg.): Das große Sterben. Seuchen machen Geschichte. Ausstellung des Deutschen Hygiene-Museums Dresden, Berlin 1995, S. 204–251.

Drechsler, Hanno/Hilligen, Wolfgang/Neumann, Franz: Gesellschaft und Staat. Lexikon der Politik, 5. neubearb. und erw. Aufl., Baden-Baden 1979.

Dröge, Kurt: Von der Notunterkunft zum Eigenheim. Zur Wohnform als Faktor der kulturellen Integration, in: Meyer, Lioba (Hg.): Zuhause war anderswo. Flüchtlinge und Vertriebene in Oldenburg (Veröffentlichungen des Stadtmuseums Oldenburg 26), Oldenburg 1997, S. 75–98.

Duden, Herkunftswörterbuch, Bd. 7, 2. völlig neu bearb. und erw. Aufl., Mannheim, Leipzig, Wien, Zürich 1989.

Düselder, Heike: Oldenburg nach 1945 – Beständigkeit und Tradition, Wachstum und Dynamik, in: Stadt Oldenburg: Geschichte der Stadt Oldenburg, Bd. 2, S. 487–682.

Eckhardt, Albrecht u. a.: Brake. Geschichte der Seehafenstadt an der Unterweser, Oldenburg 1981.

Eckhardt, Albrecht/Schmidt, Heinrich (Hg.): Geschichte des Landes Oldenburg. Ein Handbuch, Oldenburg, 1987.

Engeli, Christian: Die Großstadt um 1900, in: Zimmermann/Reulecke (Hg.): Die Stadt als Moloch? Das Land als Kraftquell?, S. 21–51.

Ekirch, A. Roger: In der Stunde der Nacht. Eine Geschichte der Dunkelheit, Bergisch Gladbach 2006.

Elerd, Udo (Hg.): Der Aufbruch Oldenburgs in die Moderne – Die Landesausstellung von 1905 (Veröffentlichungen des Stadtmuseums Oldenburg 48), Oldenburg 2005.

Energieversorgung Weser-Ems AG (Hg.): Hundert Jahre Gaswerk in Oldenburg, 1853–1953, Oldenburg 1953.

Evans, Richard J.: Tod in Hamburg. Stadt, Gesellschaft und Politik in den Cholera-Jahren 1830–1910, Reinbek 1990.

EWE AG (Hg.): 50 Jahre Energieversorgung Weser-Ems: 1930–1980, Oldenburg 1980.

Fischer, Wolfram (Hg.): Die Geschichte der Stromversorgung, Frankfurt/M. 1992.

Forsthoff, Ernst: Die Verwaltung als Leistungsträger, Stuttgart, Berlin 1938.

Frank, Susanne/Gandy, Matthew (Hg.): Hydropolis. Wasser und die Stadt der Moderne, Frankfurt/M., New York 2006.

Friedl, Hans/Günther, Wolfgang/Günther-Arndt, Hilke (Hg.): Biographisches Handbuch zur Geschichte des Landes Oldenburg, Oldenburg 1992.

Fuchs, Eduard: Illustrierte Sittengeschichte, Frankfurt/M. 1985.

Furrer, Daniel: Wasserthron und Donnerbalken. Eine kleine Kulturgeschichte des stillen Örtchens, Darmstadt 2004.

Füßl, Wilhelm: Oskar von Miller 1855–1934. Eine Biographie, München 2005.

Gäßler, Ewald: Erfolge und Wirkungen der Landesausstellung von 1905, in: Elerd: Der Aufbruch Oldenburgs in die Moderne, S. 131–137.

Gerhard, Ute: Unerhört. Die Geschichte der deutschen Frauenbewegung, Hamburg 1990.

Giedion, Siegfried: Die Herrschaft der Mechanisierung. Ein Beitrag zur anonymen Geschichte, Frankfurt/M. 1982 [zuerst: Oxford 1948].

Glauser, Christoph: Einfach blitzsauber. Die Geschichte des Staubsaugers, Zürich 2001.

Götz, Matthias: Nichts als Licht. Nichts als ein Bericht, in: Museum für Gestaltung Basel (Hg.): Licht. Katalog zur gleichnamigen Ausstellung, Basel 1990, S. 97–130.

Graham, Stephan/Marvin, Simon: Splintering Urbanism. Infrastrukturnetzwerke, technologische Mobilität und die Bedingung des Städtischen, in: Moss/ Naumann/Wissen: Infrastrukturnetze und Raumentwicklung, S. 37–62.

Grasmück, Gisela: „Der Wunsch jeder Hausfrau – ein Elektroherd". Die Entwicklung des Herdes unter dem Gesichtspunkt der Elektrifizierung, in: Badisches Landesmuseum Karlsruhe (Hg.): Die Elektrisierte Gesellschaft, Ausstellung des Badischen Landesmuseums in Zusammenarbeit mit dem Badenwerk aus Anlaß des 75jährigen Jubiläums, Karlsruhe 1996. S. 163–169.

Grathoff, Dirk/Hethey, Raimund (Hg.): Oldenburg Literarisch, Oldenburg 1992.
Gräf, Holger, Th.: Zur Konjunktur in der historischen Kleinstadtforschung, in: Johanek/Post (Hg.): Vielerlei Städte. Der Stadtbegriff, S. 145–158.
Günther, Wolfgang: Freistaat und Land Oldenburg (1918–1946), in: Eckhardt/Schmidt: Geschichte des Landes Oldenburg, S. 403–489.
Handwerkskammer Oldenburg, Landwirtschaftskammer Oldenburg und Oldenburgische Industrie- und Handelskammer (Hg.): Oldenburg um 1900, Oldenburg 1975.
Hansgrohe (Hg.): Badewonnen. Gestern – heute – morgen, Köln 1993.
Hardy, Anne I.: Ärzte, Ingenieure und städtische Gesundheit. Medizinische Theorien in der Hygienebewegung des 19. Jahrhunderts, Frankfurt/M., New York 2005.
Häußermann, Hartmut/Läpple, Dieter/Siebel, Walter: Stadtpolitik, Frankfurt/M. 2008.
Häußermann, Hartmut/Siebel, Walter: Urbanität, Wien 1992.
Heering, Peter (Hg.): Welt erforschen – Welten konstruieren. Physikalische Experimentierkultur vom 16. bis zum 19. Jahrhundert. Ausstellungskat. (Schriftenreihe des Staatlichen Museums für Naturkunde und Vorgeschichte 6), Oldenburg 1998.
Heinrich Schmidt: Oldenburg in der „Dänenzeit", in: Stadt Oldenburg: Geschichte der Stadt Oldenburg, Bd. 1, S. 332–477.
Heise, Ulla: Lampenfieber. Historischer Spaziergang zu den Gaslaternen, Leipzig 2001.
Hellmann, Ullrich: Schockgefroren und gefriergetrocknet. Die Geschichte kalter Nahrungsmittel, in: Andritzky: Oikos, S. 228–245.
Hengartner, Thomas: Forschungsfeld Stadt. Zur Geschichte der volkskundlichen Erforschung städtischer Lebensformen (Lebensformen Bd. 11), Berlin, Hamburg 1999.
Herzig, Thomas: Wirtschaftsgeschichtliche Aspekte der deutschen Elektrizitätsversorgung 1880–1990, in: Fischer: Die Geschichte der Stromversorgung, S. 123–166.
Hesse, Kurt: Der Architekt Werner Issel und der Kraftwerksbau, in: Industrie-Kultur. Ztschr. des Landschaftsverbandes Rheinland, Rheinisches Industriemuseum, Westfälische Industriemuseum, Landschaftsverband Westfalen-Lippe, Jg. 5 (1999), H. 6, 1, S. 17–21.
HEW Hamburgische Electrizitäts-Werke AG (Hg.): Stadt am Strom. 100 Jahre Strom und Fernwärme für Hamburg, Hamburg 1994.
Heyden, Wilhelm: Die geschichtliche Entwicklung der Preußenelektra, in: Preußische Elektrizitäts-Aktiengesellschaft. Denkschrift anläßlich ihres 25jährigen Bestehens 1927–1952, Hannover 1952, S. 21–41.
Heymann, Gerd: Vom Irrlicht zum Industriemotor. Die Leuchtende Gas-Geschichte der VEW, Dortmund 1996.
Hinrichs, Ernst: Oldenburg in der Zeit Herzog Peter Friedrich Ludwigs (1785–1829), in: Stadt Oldenburg: Geschichte der Stadt Oldenburg, Bd. 1, S. 481–622.
Hinrichs, Jan: Wiesmoor. Entstehung und Zukunft, Hannover 1961.
Hochadel, Oliver: Öffentliche Wissenschaft. Elektrizität in der deutschen Aufklärung, Göttingen 2003.
Jellinghaus, Lorenz: Zwischen Daseinsvorsorge und Infrastruktur. Zum Funktionswandel von Verwaltungswissenschaft und Verwaltungsrecht in der zweiten Hälfte des 19. Jahrhunderts, Frankfurt/M. 2006.
Johanek, Peter/Post, Franz-Joseph (Hg.): Vielerlei Städte. Der Stadtbegriff, Köln 2004.
Kaika, Maria: City of Flows. Der Wandel der symbolischen Bedeutung technischer Infrastrukturen in der Moderne, in: Moss/ Naumann/Wissen: Infrastrukturnetze und Raumentwicklung, S. 87–111.
Kasparek, Michael/Röck, Sabine: Peter Behrens' Sparbogenlampe. Betrachtung einer Ikone des Industriedesigns, in: Spilker: Unbedingt modern sein, S. 136–145.
Kate-von Eicken, Brigitte ten: Email für Haushalt und Küche, Weil der Stadt bei Stuttgart 1983.
Kierdorf, Alexander (Hg.): Kraftwerke in historischen Fotographien 1890–1960, Köln 1997.

Knollmann, Wilhelm: Das Verfassungsrecht der Stadt Oldenburg im 19. Jahrhundert, Oldenburg 1969.

König, Wolfgang/Weber, Wolfhard: Netzwerke. Stahl und Strom 1840–1914, Frankfurt/M., Berlin 1990.

Koolmann, Egbert u.a.: Der sassen speyghel. Sachsenspiegel – Recht – Alltag. Bd. 1 (Veröffentlichungen des Stadtmuseums Oldenburg 21), Oldenburg 1995.

Koolmann, Egbert/Meyer, Lioba: In Oldenburg gedruckt. Drucke, Drucker und Druckereien in Oldenburg seit 1599 (Veröffentlichungen des Stadtmuseums Oldenburg 35), Oldenburg 1999.

Körting, Johannes: Geschichte der deutschen Gasindustrie. Mit Vorgeschichte und bestimmenden Einflüssen des Auslandes, Essen 1963.

Krabbe, Wolfgang, R.: Die deutsche Stadt im 19. und 20. Jahrhundert. Eine Einführung, Göttingen 1989.

Krabbe, Wolfgang, R.: Die Lenkungsverwaltung: Eine Sonderform der Leistungsverwaltung, in: Blotevogel: Kommunale Leistungsverwaltung, S. 159–167.

Krabbe, Wolfgang, R.: Städtische Wirtschaftsbetriebe im Zeichen des „Munizipalsozialismus". Die Anfänge der Gas- und Elektrizitätswerke im 19. und frühen 20. Jahrhundert, in: Blotevogel: Kommunale Leistungsverwaltung, S. 117–135.

Krausse, Joachim: Die Frankfurter Küche, in: Andritzky: Oikos, S. 96–113.

Kretschmer, Winfried: Geschichte der Weltausstellungen, Frankfurt/M., New York 1999.

Kruse, Heinrich: Wasser. Darstellung seiner chemischen, hygienischen, medizinischen und technischen Probleme, Hannover 1949.

Langguth, Frauke: „Elektrizität in jedem Gerät" – Die Elektrifizierung der privaten Haushalte am Beispiel Berlins, in: Arbeitsgemeinschaft Hauswirtschaft e.V. (Hg.): HaushaltsTräume. Ein Jahrhundert Technisierung und Rationalisierung im Haushalt. Begleitbuch zur gleichnamigen Ausstellung, Königstein im Taunus 1990, S. 93–102.

Lenger, Friedrich: Stadt-Geschichten. Deutschland, Europa und die USA seit 1800, Frankfurt/M. 2009.

Lippincott, Louise: Light! The Industrial Age 1750–1900, art & sciences, technology & society. Ausstellungskatalog Rijksmuseum Vincent van Gogh, Amsterdam 2000.

Lübbing, Hermann (Hg.): Oldenburg. Eine feine Stadt am Wasser Hunte, 5. Aufl., Oldenburg 1990, S. 100–103.

Lüdtke, Alf (Hg.): Alltagsgeschichte. Zur Rekonstruktion historischer Erfahrungen und Lebensweisen, Frankfurt/M., New York 1989.

Lührs, Otto: Elektrische Eleganz. Messtechnik im Wandel der Zeit, hg. vom Museum für Verkehr und Technik, Berlin 1996 [zuerst: 1989].

Machtan, Lothar: Risikoversicherung anstatt Gesundheitsschutz für Arbeiter. Zum Entstehungszusammenhang der Unfallversicherungsgesetzgebung im Bismarck-Reich, in: Haupt, Heinz-Gerhard (Hg.): Proletarische Lebenslagen und Sozialpolitik. Studien zur Sozialgeschichte des 19. und 20. Jahrhunderts, Bremen 1985, S. 405–431.

Mann, Golo: Deutsche Geschichte des 19. und 20. Jahrhunderts, Frankfurt/M. 1999.

Matzerath, Horst: „Kommunale Leistungsverwaltung". Zu Bedeutung und politischer Funktion des Begriffs im 19. und 20. Jahrhundert, in: Blotevogel: Kommunale Leistungsverwaltung, S. 3–24.

Metz, Karl Heinz: Ursprünge der Zukunft. Die Geschichte der Technik in der westlichen Zivilisation, Paderborn 2006.

Meyer, Lioba (Hg,): Zuhause war anderswo. Flüchtlinge und Vertriebene in Oldenburg, (Veröffentlichungen des Stadtmuseums Oldenburg Bd. 26) Oldenburg 1997.

Meyer, Lioba (Hg.): Future TechArt – Zukunft verstehen (Veröffentlichungen des Stadtmuseums Oldenburg 49), Oldenburg 2005.

Meyer, Lioba (Hg.): Mehr Licht! Die Geschichte der Energieversorgung Ems-Weser-Elbe (Veröffentlichungen des Stadtmuseums Oldenburg 50), Oldenburg 2005.

Meyer, Lioba: Die Maschinen liefen immer, in: Arbeitskreis Frauengeschichte (Hg.): Oldenburgerinnen. Texte und Bilder zur Geschichte, Oldenburg 1995, S. 123–170.

Meyer, Lioba: Ganz ohne Eile. Die Großherzoglich Oldenburgische Eisenbahn, 1867–1920 (Veröffentlichungen des Stadtmuseums Oldenburg 15), Oldenburg 1992.

Meyer, Lioba: Zur Lohn- und Arbeitszeitentwicklung in der Weimarer Republik, in: Berg /Meyer /Steitz: Moderne Zeiten, S. 237–243.

Meyer, Sybille: Waschtage, die unvergessen sind, in: Andritzky: Oikos, S. 427–436.

Mohajeri, Shahrooz: Historische Entwicklung der Wasserversorgung und Abwasserentsorgung in Berlin bis zum Zweiten Weltkrieg, Univ. Diss. Berlin 2002.

Monstadt, Jochen: Der räumliche Wandel der Stromversorgung und die Auswirkungen auf die Raum- und Infrastrukturplanung, in: Moss, Timothy/Naumann, Matthias/Wissen, Markus (Hg.): Infrastrukturnetze und Raumentwicklung, S. 187–224.

Moss, Timothy/Naumann, Matthias/Wissen, Markus (Hg.): Infrastrukturnetze und Raumentwicklung. Zwischen Universalisierung und Differenzierung (Ergebnisse sozial-ökologischer Forschung 10), München 2008.

Much, Franz J.: Frankfurter und Stuttgarter Küchen auf der Werkbund Ausstellung „Die Wohnung 1927" in Stuttgart, in: Andritzky: Oikos, S. 114–119.

Münch, Peter: Stadthygiene im 19. und 20. Jahrhundert. Die Wasserversorgung, Abwasser- und Abfallbeseitigung unter besonderer Berücksichtigung Münchens, Göttingen 1993.

Naumann, Friedrich: Ästhetische Schriften, hg. von Heinz Ladendorf, in: F. N.: Werke, hg. von Walter Uhsadel, Bd. 6, Köln, Opladen 1964.

Neubert, Karl: Die Entwicklung der Elektrizitäts-Wirtschaft im Oldenburger Land 1885–1933, in: Oldenburger Jahrbuch, hg. vom Oldenburger Landesverein für Geschichte, Natur- und Heimatkunde e.V. 58, Teil 2, Oldenburg 1959, S. 95–119.

Neumann, Peter: Zur Bedeutung von Urbanität in kleinen Industriestädten – untersucht am Beispiel von Henningsdorf und Ludwigsfelde im Umland von Berlin (Münstersche Geographische Arbeiten 45), Münster 2002.

Neumann-Gäßler, Sibylle: Oldenburg in alten Ansichten, Bd. 2, Oldenburg 1997.

Niemann-Witter, Dagmar: „Also Langeweile gab es nicht". Kindheit und Jugend in Oldenburg 1900–1950 (Veröffentlichungen des Stadtmuseums Oldenburg 13), Oldenburg 1992.

Nistal, Matthias: Oldenburg wird moderne Hauptstadt. Vom Ende des Ersten Weltkrieges bis zum Beginn des Nationalsozialismus (1918–1932), in: Stadt Oldenburg: Geschichte der Stadt Oldenburg, Bd. 2, S. 287–390.

Nolte, Paul: Abschied vom 19. Jahrhundert oder Auf der Suche nach einer anderen Moderne, in: Osterhammel/Langewiesche/Nolte (Hg.): Wege der Gesellschaftsgeschichte, S. 103–132.

Oetzel, Sabine: Der elektrische Haushalt, in: Wessel: Das elektrische Jahrhundert, S. 71–78.

Olmer, Beate: Wasser. Historisch. Zu Bedeutung und Belastung des Umweltmediums im Ruhrgebiet 1870–1930, Frankfurt/M. 1998.

Olmer, Beate: Wasserwerke, in: von Borsdorf, Ulrich/Steiner, Jürg (Hg.): Wasser-Fälle an Rhein und Maas. [Ausstellungskat.], Essen 2002, S. 216–219.

Osietzki, Maria: Die allegorischen Geschlechter der Energie, in: Spilker: Unbedingt modern sein, S. 12–25.

Osterhammel, Jürgen/Langewiesche, Dieter/Nolte, Paul: Wege der Gesellschaftsgeschichte, (Geschichte und Gesellschaft. Zeitschrift für Historische Sozialwissenschaft, Sonderheft 22), Göttingen 2006.

Pagel, Marianne: Gesundheit und Hygiene: Zur Sozialgeschichte Lüneburgs im 19. Jahrhundert (Veröffentlichungen der Historischen Kommission für Niedersachsen und Bremen 34), Hannover 1992.

Pelc, Ortwin/Grötz, Susanne (Hg.): Konstrukteur der modernen Stadt. William Lindley in Hamburg und Europa 1808–1900 (Schriftenreihe des Hamburgischen Architekturarchivs 22), Hamburg 2008.

Pleitner, Berit: Elektrizität in jedem Gerät, in: Meyer: Mehr Licht, S. 151–174.

Pohl, Manfred: Emil Rathenau und die AEG, Mainz 1988.

Precht, Friedrich/Seggern, Andreas von: Ausgewählte Aspekte des Oldenburger Wohnungsbaus im Zeichen der Flüchtlingsnot in den frühen 1950er Jahren, in: Meyer: Zuhause war anderswo, S. 105–126.

Radkau, Joachim: Technik in Deutschland. Vom 18. Jahrhundert bis zur Gegenwart, Frankfurt/M. 1989.

Rebske, Ernst: Lampen, Laternen, Leuchten. Eine Historie der Beleuchtung, Stuttgart 1962.

Reeken, Dietmar von: Durchbruch der Moderne? Oldenburg 1880–1918, in: Stadt Oldenburg: Geschichte der Stadt Oldenburg, Bd. 2, S. 173–286.

Reidegeld, Eckart: Staatliche Sozialpolitik in Deutschland. Historische Entwicklung und theoretische Analyse von den Ursprüngen bis 1918, Opladen 1996.

Reinders-Düselder, Christoph: Oldenburg im 19. Jahrhundert – Auf dem Weg zur selbstverwalteten Stadt 1830–1880, in: Stadt Oldenburg: Geschichte der Stadt Oldenburg, Bd. 2, S. 9–172.

Reinhardt, Dirk: „Licht lockt Leute". Die Anfänge der Lichtwerbung 1890–1930, in: Spilker: Unbedingt modern sein, S. 76–87.

Reulecke, Jürgen (Hg): Die deutsche Stadt im Industriezeitalter. Beiträge zur modernen Stadtgeschichte, Wuppertal 1978.

Reulecke, Jürgen: Geschichte der Urbanisierung in Deutschland (Neue Historische Bibliothek), Frankfurt/M. 1985.

Reulecke, Jürgen/Castell Rüdenhausen, Adelheid Gräfin zu (Hg.): Stadt und Gesundheit. Zum Wandel von „Volksgesundheit" und kommunaler Gesundheitspolitik im 19. und frühen 20. Jahrhundert (Nassauer Gespräche der Freiherr-vom-Stein-Gesellschaft 3), Stuttgart 1991.

Richarz, Irmintraut: Oikos, Haus und Haushalt. Ursprung und Geschichte der Haushaltsökonomie, Göttingen 1991.

Röck, Sabine: Die Behrens-Lampe. Die große Sparbogenlampe der AEG, Berlin 2003.

Rödl, Ernst/Teichmann, Jürgen/Wissner, Adolf: Der gebändigte Blitz. Illustrierte Geschichte der elektrischen Entdeckungen und Erfindungen, Oldenburg, Hamburg 1972.

Rohkrämer, Thomas: Eine andere Moderne? Zivilisationskritik, Natur und Technik in Deutschland 1880–1933, Paderborn 1999.

Roth, Max/Tornow, Peter: Aufsätze zur Medizingeschichte der Stadt Oldenburg/Oldenburg, Oldenburg 1999.

Roth, Max: Aufsätze zur Geschichte der Medizin im Herzogtum Oldenburg, Oldenburg 1921.

Rühle, Otto: Illustrierte Kultur- und Sittengeschichte des Proletariats, Autorisierter Neudruck der Erstausgabe von 1930, Frankfurt/M. 1971.

Schachtschneider, Matthias: Osternburg. Ein Ort mit vielen Gesichtern, Oldenburg 1999.

Scherpe, K. R.: Zur Einführung – Die Großstadt aktuell und historisch, in: Scherpe (Hg.): Die Unwirklichkeit der Städte, S. 7–13.

Scherpe, K. R. (Hg.): Die Unwirklichkeit der Städte. Großstadtdarstellungen zwischen Moderne und Postmoderne, Hamburg 1988.

Schivelbusch, Wolfgang: Licht, Schein und Wahn. Auftritte der elektrischen Beleuchtung im 20. Jahrhundert (Erco-Edition), Berlin 1992.

Schivelbusch, Wolfgang: Lichtblicke, München, Wien 1983.

Schmidt, Heinrich: Oldenburg in Mittelalter und früher Neuzeit, in: Stadt Oldenburg: Geschichte der Stadt Oldenburg, Bd. 1, S. 12–182.

Schmidt, Johann: Oldenburger Seequarantäneanstalten an der Unterweser, in: Oldenburger Jahrbuch, hg. vom Oldenburger Landesverein für Geschichte, Natur- und Heimatkunde e.V., Bd. 80 (1980), Sonderdruck, S. 185–191.

Schneider, Michael: Höhen, Krisen und Tiefen. Die Gewerkschaften in der Weimarer Republik 1918 bis 1933, in: Borsdorf, Ulrich (Hg.): Geschichte der deutschen Gewerkschaften. Von den Anfängen bis 1945, Köln 1987, S. 279–441.

Schrape, Joachim: Franz Noack, Stadtbaumeister in Oldenburg von 1885 bis 1929 (Veröffentlichungen des Stadtarchivs Oldenburg 1), Oldenburg 1993.

Schuh, Bernd: 50 Klassiker Erfindungen. Vom Faustkeil zum Internet, Hildesheim 2003.

Schulze, Heinz-Joachim: Oldenburgs Wirtschaft einst und jetzt. Eine Wirtschaftsgeschichte der Stadt Oldenburg vom Beginn des 19. Jahrhunderts bis zur Gegenwart, hg. vom Gewerbe- und Handelsverein von 1840 e.V., Oldenburg 1965.

Seggern, Andreas von: Großstadt wider Willen. Zur Geschichte der Aufnahme und Integration von Flüchtlingen und Vertriebenen in der Stadt Oldenburg nach 1944 (Fremde Nähe – Beiträge zur interkulturellen Diskussion 8), Münster 1997.

Seitz, Walther: Energie für das Herzogtum Oldenburg um die Jahrhundertwende, in: Oldenburg um 1900, hg. von der Handwerkskammer Oldenburg, der Landwirtschaftskammer Oldenburg und der Oldenburgischen Industrie- und Handelskammer, Oldenburg 1975. S. 159–171.

Silberzahn-Jandt, Gudrun: Wasch-Maschine. Zum Wandel von Frauenarbeit im Haushalt, Marburg 1991.

Simson, John von: Kanalisation und Städtehygiene im 19. Jahrhundert, Düsseldorf 1983.

Sölheim, Hans: Die AEG-Fabrik für Elektrobeheizung Nürnberg – Ein moderner Betrieb, in: AEG Mitteilungen 42, H. 9/10, Berlin 1952, S. 247–248.

Spilker, Rolf (Hg.): Unbedingt modern sein. Elektrizität und Zeitgeist um 1900. Eine Ausstellung des Museums Industriekultur Osnabrück, Bramsche 2001.

Spilker, Rolf: Der Schritt ans Netz. Der Bau des Osnabrücker Elektrizitätswerks, in: Spilker: Unbedingt modern sein, S. 118–125.

Stadt Oldenburg (Hg.): Geschichte der Stadt Oldenburg. 2 Bde. Bd. 1: Von den Anfängen bis 1830, Bd. 2: 1830–1995, Oldenburg 1996/97.

Steen, Jürgen (Bearb.): „Eine neue Zeit...!" Die Internationale Elektrotechnische Ausstellung 1891, Frankfurt/M. 1991.

Steen, Jürgen: Die „fée électricité" trifft Prometheus – Die Internationale Elektrotechnische Ausstellung 1891 und die „Neue Zeit", in: Spilker: Unbedingt modern sein, S. 34–49.

Steenken, Helmuth/Steenken, Sibylle: Biografie einer deutschen Klinik: 100 Jahre Leben und Sterben im Evangelischen Krankenhaus zu Oldenburg, Oldenburg 1990.

Stier, Bernhard: Staat und Strom. Die politische Steuerung des Elektrizitätssystems in Deutschland 1890–1950, hg. vom Landesmuseum für Technik und Arbeit in Mannheim (Technik und Arbeit 10), Ubstadt-Weiher 1999.

Tautz, Joachim: Mehr Licht! Elektrifizierung des ländlichen Raums (Veröffentlichung des Museumsdorfes Cloppenburg), Cloppenburg 2005.

Teichmann, Jürgen: Vom Bernstein zum Elektron. Eine Kurzgeschichte der Elektrizität, hg. vom Deutschen Museum, München 1983.

Tenfelde, Klaus: Über Entwicklungen und Wirkungen der Elektrizität, in: Wessel: Das elektrische Jahrhundert, S. 13–26.

Tepasse, Heinrich: Stadttechnik im Städtebau Berlins. Bd. 1: 19. Jahrhundert, Kompendium Stadttechnikgeschichte: Wasser und Abwasser, Gas und Strom, Berlin 2001.

Tietz, Hans-Peter: Systeme der Ver- und Entsorgung. Funktionen und räumliche Strukturen, Wiesbaden 2007.

Varchmin, Joachim/Schubert, Matthias: Stromerzeugung und Elektrizitätswirtschaft (Bausteine für das Museum für Verkehr und Technik, hg. vom Museum für Verkehr und Technik), Berlin 1988.

VEW AG [Vereinigte Elektrizitätswerke Westfalen] (Hg.): Mehr als Energie. Die Unternehmensgeschichte der VEW 1925–2000, Dortmund, Essen 2000.